新訂
食 用 作 物

東北大学教授
国分 牧衛 著

養賢堂

はしがき

　星川先生の「新編食用作物」の初版は1980年4月に発行された．当時私は東北農業試験場の研究員としていくつかの作物の栽培試験に取り組んでいたこともあり，発行を待ちわびるように購入した．多様な食用作物について，その起原や歴史，作物としての形態的・生理的特性，栽培・利用技術，さらには経営にいたるまで詳述されており，この本1冊で既往の知見が俯瞰できたので助かった．以後30年近くの間，試験設計を練る時，調査で疑問がわいた時と，幾度となくこの本を繙いた．そのため，背表紙は破れ，中身も所々が破損している．振りかえってみると，私にとってこの本は，座右の書であり，バイブルであった．

　初版が発行されて以降，わが国の食料を取り巻く社会状況は大きく変動した．米についてみると，流通制度の改変，輸入の義務化，そして消費量の急減など，米作の根源に関わるような変化が起こった．最近では国際的な原油価格やバイオエネルギー需要の上昇などにより，穀類の価格が大幅に上昇したため，輸入に依存している国々では基本的食料の安定供給が困難な事態が生じている．一方，生産技術の面では，播種，移植，管理および収穫の機械化が進み，労働生産性は格段に向上した．また，30年前には予測できなかった遺伝子組換え技術が実用化し，生態系や健康面への影響が懸念されてはいるものの，南北アメリカを中心にこの技術により作出された品種が主役になりつつある．

　本書改訂の目的は，上記のような社会経済的変化や科学技術の進展を内容に反映させることである．そのため，生産状況，生理的特性や栽培技術，利用技術などに関わる記述は全面的に改め，対応する図表や文献も相当数を入れ替えた．一方，星川先生自ら描かれた植物や器官・組織の絵は写真に勝る説得力を持っており，その多くをそのまま残すこととした．また，類書にない充実した参考文献の記載も本書の特徴であったので，入手困難な古い文献を削除しつつ，最近の重要文献の補充に努めた．

　改訂作業を始めてからほぼ5年余りが経過した．この間，養賢堂の矢野勝也氏（当時編集部長）には，時には仙台まで来られて何度となく督励していただいた．最終原稿の仕上げから出版に至る段階では及川清社長をはじめ，養賢堂の皆さんの尽力によるところが大きい．また，原稿の整理や図表の作成は水多和子氏にお世話になった．これらの方々の協力無くして本書は上梓できなかった．記して深甚の謝意を表したい．

2010年6月　仙台にて
国分　牧衛

目 次

- 第1章 総 論 ·················· 1
  - 1. 作 物 ···················· 1
    - (1) 作物の定義と分類 ············ 1
    - (2) 作物の起源 ··············· 2
    - (3) 作物の伝播 ··············· 4
    - (4) 作物の改良と発達 ············ 5
  - 2. 食用作物 ·················· 6
    - (1) 食用作物の定義と分類 ········· 6
    - (2) 食用作物の意義と重要性 ······· 8
    - (3) 世界と日本の食用作物の
      生産状況 ··················· 9
  - 3. 食用作物学 ················· 11
    - (1) 作物学と食用作物学 ········· 11
    - (2) 食用作物学の発展過程と
      今後の展望 ················ 12
  - 4. 文 献 ··················· 13

- 第2章 水 稲 ················· 15
  - 1. 分類・起源・伝播・歴史 ········· 15
    - (1) 分 類 ················· 15
    - (2) 起 源 ················· 17
    - (3) 伝 播 ················· 17
    - (4) わが国の稲作の歴史 ········· 18
  - 2. 生産状況 ·················· 20
  - 3. 形 態 ··················· 21
    - (1) 籾 ··················· 21
      - 1) 籾の形態 ··············· 21
      - 2) 環境条件と発芽の過程 ······· 23
    - (2) 根 ··················· 24
      - 1) 根の形態 ··············· 24
      - 2) 根原基の分化 ············ 27
      - 3) 環境条件と根の成長 ········ 28
    - (3) 葉 ··················· 29
      - 1) 葉の形態 ··············· 29
      - 2) 葉の分化と発達 ··········· 33
      - 3) 環境条件と葉の成長 ········ 35
    - (4) 茎 ··················· 35
      - 1) 茎の形態 ··············· 35
      - 2) 維管束の分化と走向 ········ 37
      - 3) 環境条件と茎の成長 ········ 38
    - (5) 分げつ ················· 38
      - 1) 分げつの分化・発達 ········ 38
      - 2) 環境条件と分げつの成長 ····· 41
    - (6) 穂および花器 ············· 41
      - 1) 幼穂の分化と発達 ·········· 41
      - 2) 穂と穎花の形態 ··········· 45
      - 3) 環境条件と穂の分化・発達 ····· 46
    - (7) 出穂・開花・受精 ··········· 47
      - 1) 出穂・開花 ·············· 47
      - 2) 環境条件と開花 ··········· 49
      - 3) 受粉と受精 ·············· 49
    - (8) 穎 果 ················· 51
      - 1) 米粒の発達 ·············· 51
      - 2) 胚の発生過程 ············ 53
      - 3) 胚乳組織の形成と貯蔵物質の蓄積
        ···················· 53
      - 4) 果皮・種皮・籾殻の発達 ····· 57
  - 4. 生理・生態 ················ 59
    - (1) 養分吸収 ··············· 59
      - 1) 成長に必要な養分 ········· 59
      - 2) 成長に伴う養分吸収 ········ 60
    - (2) 蒸散と要水量 ············· 63
    - (3) 呼 吸 ················· 63
    - (4) 光合成と物質生産 ··········· 65
      - 1) 単位葉面積当り光合成速度 ···· 65
      - 2) 葉面積指数 ·············· 65
      - 3) 個体群の受光態勢 ·········· 66
    - (5) 収量の生産過程 ············ 67
      - 1) 収量構成要素 ············ 67
      - 2) 収量生産過程 ············ 68

5. 環　境 …………………… 71
　(1) 気　象 ………………… 71
　　1) 気　温 ……………… 71
　　2) 日　照 ……………… 72
　　3) 空気湿度・降水・風 … 72
　(2) 土　壌 ………………… 73
　　1) 土性と水田土壌 …… 73
　　2) 秋落ち田・湿田 …… 74
　　3) 地力とその増進法 … 74
　(3) 灌漑水 ………………… 75
　　1) 灌漑水の必要量と用水量 …… 75
　　2) 灌漑水温と生育 …… 75
　　3) 灌漑水による養分の天然供給量 … 76
　(4) 生　物 ………………… 76
6. 品　種 …………………… 77
　(1) 作物学的分類 ………… 77
　(2) 品　種 ………………… 78
　　1) 品種の変遷 ………… 78
　　2) 品種の特性 ………… 80
　　3) 特殊な品種 ………… 83
7. 栽　培 …………………… 84
　(1) 種籾と予措 …………… 84
　　1) 種籾の採種・選種・種子消毒 … 84
　　2) 浸種・催芽 ………… 85
　(2) 育　苗 ………………… 86
　　1) 育苗の意義 ………… 86
　　2) 機械移植用の育苗 … 86
　　3) 田植機移植以前の育苗 …… 89
　(3) 本田の移植準備 ……… 90
　　1) 耕起・整地 ………… 90
　　2) 施肥（基肥） ……… 90
　(4) 移　植 ………………… 91
　　1) 移植時期・方法 …… 91
　　2) 栽植密度・様式 …… 92
　(5) 本田の管理 …………… 93
　　1) 水管理 ……………… 93
　　2) 追　肥 ……………… 94
　　3) 気象災害の防止 …… 95
　　4) 病害と防除 ………… 97
　　5) 害虫と防除 ………… 99
　　6) 雑草防除 …………… 101
　(6) 栽培型 ………………… 102
　　1) 早期栽培 …………… 102
　　2) 晩期栽培 …………… 103
　　3) 二期作栽培 ………… 103
　　4) 田畑輪換栽培 ……… 104
　　5) 畑地灌漑栽培 ……… 104
　　6) 直播栽培 …………… 104
　(7) 収穫・乾燥 …………… 105
　(8) 脱穀・調製 …………… 107
　　1) 脱穀・籾乾燥 ……… 107
　　2) 籾摺り調製 ………… 108
8. 米の品質 ………………… 108
　(1) 米粒の種類 …………… 108
　(2) 米の粒質 ……………… 109
9. 利　用 …………………… 112
　(1) 貯　蔵 ………………… 112
　(2) 搗　精 ………………… 113
　(3) 食　味 ………………… 114
　(4) 栄養成分 ……………… 115
　(5) 用　途 ………………… 116
10. 経　営 ………………… 117
　(1) わが国の稲作経営の特色 … 117
　(2) 稲作経営の方向 ……… 117
11. 文　献 ………………… 119

第3章　陸　稲 …………… 130
1. 起源・伝播・歴史 ……… 130
2. 生産状況 ………………… 131
3. 形態・生理 ……………… 131
　(1) 種籾と発芽 …………… 131
　(2) 根・葉・茎 …………… 131
　(3) 吸水量と耐乾性 ……… 132
　(4) 収量成立過程の特徴 … 133
4. 品　種 …………………… 133
　(1) 品種の変遷 …………… 133

(2) 品種の特性 ･･････････ 133
　5. 栽　培 ････････････････ 134
　　(1) 気象・土壌 ････････････ 134
　　(2) 播種・施肥 ････････････ 134
　　(3) 管　理 ････････････････ 135
　6. 文　献 ･･････････････････ 136

第4章　コムギ ････････････ 138
　1. 分類・起源・伝播・歴史 ･････ 138
　　(1) 分　類 ････････････････ 138
　　(2) 栽培種の種類 ･･････････ 139
　　(3) 起　源 ････････････････ 141
　　(4) 伝　播 ････････････････ 142
　　　1) 栽培の起源地 ････････ 142
　　　2) パンコムギの伝播 ･･････ 143
　　(5) わが国における栽培史 ････ 144
　2. 生産状況 ････････････････ 145
　3. 形　態 ･･････････････････ 147
　　(1) 穎　果 ････････････････ 147
　　(2) 発芽と幼生器官 ････････ 148
　　(3) 根 ････････････････････ 149
　　(4) 葉 ････････････････････ 150
　　(5) 茎 ････････････････････ 152
　　(6) 分げつ ････････････････ 153
　　(7) 穂と花器 ･･････････････ 154
　　(8) 出穂・開花・受精 ････････ 159
　　(9) 穎果の発達 ････････････ 161
　4. 生理・生態 ････････････････ 165
　　(1) 発　芽 ････････････････ 165
　　(2) 低温障害 ･･････････････ 165
　　　1) 硬　化 ････････････････ 165
　　　2) 寒害・凍霜害・雪害 ････ 166
　　(3) 水分生理 ･･････････････ 166
　　(4) 光合成と物質生産 ･･････ 167
　　(5) 養分吸収 ･･････････････ 168
　　(6) 登　熟 ････････････････ 169
　5. 環　境 ･･････････････････ 171
　　(1) 気　象 ････････････････ 171
　　(2) 土　壌 ････････････････ 172
　6. 品　種 ･･････････････････ 173
　　(1) 品種改良 ･･････････････ 173
　　　1) わが国の品種改良の歴史 ････ 173
　　　2) 育種の諸成果 ････････ 174
　　(2) 品種の特性 ････････････ 174
　　　1) 稈長・草型・穂型 ････････ 174
　　　2) 早晩性・秋播性程度 ･･･ 175
　　　3) 耐病性・穂発芽性・耐寒性・耐雪性
　　　　････････････････････ 176
　7. 栽　培 ･･････････････････ 176
　　(1) 播種期 ････････････････ 176
　　(2) 耕起・整地・施肥 ････････ 177
　　(3) 播　種 ････････････････ 178
　　(4) 管　理 ････････････････ 179
　　　1) 麦踏み・中耕・土入れ・除草 ･･･ 179
　　　2) 病害防除 ･･････････････ 180
　　　3) 害虫防除 ･･････････････ 181
　　(5) 収穫・貯蔵 ････････････ 181
　　(6) 経　営 ････････････････ 182
　8. 品質と用途 ･･････････････ 184
　　(1) 品　質 ････････････････ 184
　　　1) 粒質・粉質・加工適性 ･･･ 184
　　　2) 国産コムギの品質 ･････ 185
　　　3) 栄　養 ････････････････ 186
　　(2) 用　途 ････････････････ 186
　9. 文　献 ･･････････････････ 187

第5章　オオムギ ････････････ 191
　1. 分類・起源・伝播 ･･････････ 191
　　(1) 分　類 ････････････････ 191
　　(2) 起　源 ････････････････ 192
　　(3) 伝　播 ････････････････ 192
　2. 生産状況 ････････････････ 193
　3. 形　態 ･･････････････････ 194
　　(1) 穎果と発芽 ････････････ 194
　　(2) 根・葉・稈・分げつ ･･････ 195
　　(3) 花序(穂) ･･････････････ 196

(4) 開花・登熟・・・・・・・・・・・・・・・・ 197
　4. 生理・生態・・・・・・・・・・・・・・・・・・・・・ 197
　　(1) 発　芽・・・・・・・・・・・・・・・・・・・・ 197
　　(2) 温度と生育・・・・・・・・・・・・・・・・ 198
　　(3) 水分・土壌と生育・・・・・・・・・・ 198
　　(4) 光合成と物質生産・・・・・・・・・ 199
　　(5) 花　成・・・・・・・・・・・・・・・・・・・・ 199
　　(6) 穂発芽性・・・・・・・・・・・・・・・・・・ 200
　5. 品　　　　種・・・・・・・・・・・・・・・・・・・・ 200
　　(1) 世界と日本の品種・・・・・・・・・ 200
　　(2) 育種目標・・・・・・・・・・・・・・・・・・ 201
　6. 栽　　　　培・・・・・・・・・・・・・・・・・・・・ 202
　　(1) 整地・施肥・播種・・・・・・・・・ 202
　　(2) 病害虫防除・・・・・・・・・・・・・・・・ 202
　　(3) 収穫・流通・・・・・・・・・・・・・・・・ 203
　7. 品質と用途・・・・・・・・・・・・・・・・・・・・ 204
　8. 文　献・・・・・・・・・・・・・・・・・・・・・・・・ 205

第6章　ライムギ・・・・・・・・・・・・ 207
　1. 分類・起源・伝播・・・・・・・・・・・・・ 207
　2. 生産状況・・・・・・・・・・・・・・・・・・・・・ 208
　3. 形　　　　態・・・・・・・・・・・・・・・・・・・・ 209
　　(1) 穎　果・・・・・・・・・・・・・・・・・・・・ 209
　　(2) 根・葉・稈・分げつ・・・・・・・ 210
　　(3) 花序(穂)と開花・登熟・・・・ 210
　4. 生理・生態・・・・・・・・・・・・・・・・・・・・ 211
　　(1) 温度・水分・・・・・・・・・・・・・・・・ 211
　　(2) 土壌・施肥・・・・・・・・・・・・・・・・ 212
　　(3) 花成と自家不稔性・・・・・・・・・ 212
　5. 品種・種間雑種・・・・・・・・・・・・・・・ 213
　　(1) ライムギ・・・・・・・・・・・・・・・・・・ 213
　　(2) ライコムギ・・・・・・・・・・・・・・・・ 213
　6. 栽　　　　培・・・・・・・・・・・・・・・・・・・・ 214
　　(1) 栽培管理・・・・・・・・・・・・・・・・・・ 214
　　(2) 病虫害防除・・・・・・・・・・・・・・・・ 214
　　(3) 作付体系・・・・・・・・・・・・・・・・・・ 215
　　(4) 青刈栽培・・・・・・・・・・・・・・・・・・ 215
　7. 利　用・・・・・・・・・・・・・・・・・・・・・・・・ 216

　8. 文　献・・・・・・・・・・・・・・・・・・・・・・・・ 217

第7章　エンバク・・・・・・・・・・・・ 219
　1. 分類・起源・伝播・・・・・・・・・・・・・ 219
　2. 生産状況・・・・・・・・・・・・・・・・・・・・・ 220
　3. 形　　　　態・・・・・・・・・・・・・・・・・・・・ 220
　　(1) 穎　果・・・・・・・・・・・・・・・・・・・・ 220
　　(2) 根・葉・稈・分げつ・・・・・・・ 222
　　(3) 花序と開花・登熟・・・・・・・・・ 222
　4. 生理・生態・・・・・・・・・・・・・・・・・・・・ 223
　5. 品　　　　種・・・・・・・・・・・・・・・・・・・・ 224
　6. 栽　　　　培・・・・・・・・・・・・・・・・・・・・ 224
　　(1) 播種・施肥・・・・・・・・・・・・・・・・ 224
　　(2) 管　理・・・・・・・・・・・・・・・・・・・・ 225
　　(3) 収穫・調製・作付体系・・・・・ 226
　7. 利　用・・・・・・・・・・・・・・・・・・・・・・・・ 226
　8. エンバクの近縁栽培種・・・・・・・・ 227
　　(1) アカエンバク・・・・・・・・・・・・・・ 227
　　(2) ハダカエンバク・・・・・・・・・・・・ 227
　9. 文　献・・・・・・・・・・・・・・・・・・・・・・・・ 227

第8章　トウモロコシ・・・・・・・・ 230
　1. 分類・起源・伝播・・・・・・・・・・・・・ 230
　　(1) 分　類・・・・・・・・・・・・・・・・・・・・ 230
　　(2) 起　源・・・・・・・・・・・・・・・・・・・・ 231
　　　1) テオシント説・・・・・・・・・・・・・ 231
　　　2) 三部説（三元説あるいは
　　　　トリプサクム説）・・・・・・・・・ 231
　　(3) 伝　播・・・・・・・・・・・・・・・・・・・・ 232
　2. 生産状況・・・・・・・・・・・・・・・・・・・・・ 233
　3. 形　　　　態・・・・・・・・・・・・・・・・・・・・ 234
　　(1) 穎　果・・・・・・・・・・・・・・・・・・・・ 234
　　(2) 根・葉・稈・分げつ・・・・・・・ 235
　　(3) 花序(穂)・・・・・・・・・・・・・・・・・・ 236
　　(4) 出穂・開花・登熟・・・・・・・・・ 238
　4. 生理・生態・・・・・・・・・・・・・・・・・・・・ 239
　　(1) 発　芽・・・・・・・・・・・・・・・・・・・・ 239
　　(2) 温度・水分・・・・・・・・・・・・・・・・ 239

(3) 光合成と物質生産･･･････ 240
　　(4) 土壌と養分吸収･･･････････ 240
　　(5) 感温・感光性･･･････････････ 241
　5. 品　　種･･･････････････････････ 241
　　(1) 品種分類･･･････････････････ 241
　　(2) 育種の目標と方法･･････････ 243
　　　1) 育種目標･････････････････ 243
　　　2) 育種方法･････････････････ 244
　　(3) 採種法･････････････････････ 245
　　　1) 一般品種･････････････････ 245
　　　2) 一代雑種･････････････････ 245
　　(4) わが国における主要品種･･･ 245
　6. 栽　　培･･･････････････････････ 246
　　(1) 品種の選択と播種期･･･････ 246
　　(2) 耕起・施肥・播種･･････････ 246
　　(3) 管　理･････････････････････ 247
　　(4) 収穫・調製と作付体系････ 247
　7. 利　　用･･･････････････････････ 248
　　(1) 栄養成分･･･････････････････ 248
　　(2) 利　用･････････････････････ 248
　8. 文　　献･･･････････････････････ 249

第9章　モロコシ････････････････ 253
　1. 分類・起源・伝播･･････････････ 253
　2. 生産状況･･････････････････････ 254
　3. 形　　態･･････････････････････ 255
　　(1) 穎　果･････････････････････ 255
　　(2) 根・葉・稈・分げつ･･･････ 255
　　(3) 花序と開花・登熟････････ 255
　4. 生理・生態･･････････････････ 257
　5. 品　　種･･････････････････････ 257
　6. 栽　　培･･････････････････････ 259
　　(1) 整地・施肥・播種･････････ 259
　　(2) 管　理･････････････････････ 260
　7. 利　　用･･････････････････････ 260
　8. 文　　献･･････････････････････ 261

第10章　キ　ビ･････････････････ 264
　1. 分類・起源・伝播････････････ 264
　2. 生産状況････････････････････ 265
　3. 形　　態････････････････････ 265
　4. 品　　種････････････････････ 267
　5. 栽　　培････････････････････ 267
　6. 用　　途････････････････････ 269
　7. 文　　献････････････････････ 269

第11章　ア　ワ･････････････････ 270
　1. 分類・起源・伝播････････････ 270
　2. 生産状況････････････････････ 271
　3. 形　　態････････････････････ 271
　4. 生理・生態･･････････････････ 273
　5. 品　　種････････････････････ 273
　6. 栽　　培････････････････････ 274
　7. 用　　途････････････････････ 275
　8. 文　　献････････････････････ 276

第12章　ヒ　エ･････････････････ 277
　1. 分類・起源・伝播････････････ 277
　2. 生産状況････････････････････ 278
　3. 形　　態････････････････････ 278
　4. 品　　種････････････････････ 279
　5. 栽　　培････････････････････ 280
　6. 用　　途････････････････････ 281
　7. 文　　献････････････････････ 281

第13章　シコクビエ･･････････ 283
　1. 分類・起源・伝播････････････ 283
　2. 生産状況････････････････････ 284
　3. 形　　態････････････････････ 284
　4. 栽　　培････････････････････ 285
　5. 利　　用････････････････････ 286
　6. 文　　献････････････････････ 287

第14章　トウジンビエ･･････ 288
　1. 分類・起源・伝播・生産状況･･･ 288

2. 形　　態 …………… 289
 3. 栽培・用途 …………… 290
 4. 文　　献 …………… 291

第15章　ハトムギ …………… 292
 1. 分類・起源・伝播・生産状況 … 292
 2. 形　　態 …………… 293
 3. 栽培・用途 …………… 295
 4. 文　　献 …………… 296

第16章　ソ　　バ …………… 297
 1. 分類・起源・伝播 …………… 297
 2. 生産状況 …………… 298
 3. 形　　態 …………… 299
 4. 品　　種 …………… 300
 5. 栽　　培 …………… 300
  (1) 環境条件 …………… 300
  (2) 施肥・播種 …………… 300
  (3) 管　　理 …………… 301
 6. 利　　用 …………… 302
 7. 近縁種 …………… 303
  (1) ダッタンソバ …………… 303
  (2) シュッコンソバ …………… 303
 8. 文　　献 …………… 303

第17章　その他の穀物 …………… 305
 1. アメリカマコモ …………… 305
  (1) 分類・分布 …………… 305
  (2) 形態・生態 …………… 305
  (3) 採集・利用 …………… 306
  (4) 文献 …………… 307
 2. キノア …………… 308
  (1) 分類・形態 …………… 308
  (2) 栽培・利用 …………… 309
  (3) 近縁種 …………… 309
  (4) 文献 …………… 309
 3. アマランサス …………… 311
  (1) 分類・形態 …………… 311

  (2) 栽培・利用 …………… 311
  (3) 文献 …………… 312

第18章　ダイズ …………… 313
 1. 分類・起源・伝播 …………… 313
 2. 生産状況 …………… 314
 3. 形　　態 …………… 315
  (1) 種　　子 …………… 315
  (2) 根 …………… 316
  (3) 根　　粒 …………… 318
  (4) 茎 …………… 319
  (5) 葉 …………… 320
  (6) 花序と受精・稔実 …………… 322
   1) 花　　序 …………… 322
   2) 開花・受精・稔実 …………… 323
   3) 莢の発達と落花・落莢 …………… 324
  (7) 生育時期の表示方法 …………… 327
 4. 生理・生態 …………… 327
  (1) 発　　芽 …………… 327
  (2) 環境と成長 …………… 328
   1) 気温・地温・土壌水分 …………… 328
   2) 日長・日照 …………… 329
  (3) 日長・気温と花成 …………… 329
   1) 日　　長 …………… 329
   2) 気　　温 …………… 331
  (4) 環境と登熟 …………… 331
  (5) 光合成と物質生産・収量 …………… 332
   1) 光合成の支配要因 …………… 332
   2) 物質生産と収量 …………… 333
  (6) 土壌・土壌水分 …………… 334
  (7) 養分吸収 …………… 335
   1) 窒素と根粒菌による窒素固定 … 335
   2) リン酸・カリウム …………… 337
   3) その他の養分 …………… 337
 5. 品　　種 …………… 338
  (1) 品種の分類 …………… 338
  (2) 育　　種 …………… 339
 6. 栽　　培 …………… 340

(1) 整地・施肥・播種‥‥‥‥ 340
　　　(2) 病虫害‥‥‥‥‥‥‥‥‥ 341
　　　　1) 病　害‥‥‥‥‥‥‥‥ 341
　　　　2) 虫　害‥‥‥‥‥‥‥‥ 342
　　　(3) 収穫・調製‥‥‥‥‥‥‥ 343
　　　(4) 作付体系‥‥‥‥‥‥‥‥ 344
　　7. 利　用‥‥‥‥‥‥‥‥‥‥ 345
　　8. 文　献‥‥‥‥‥‥‥‥‥‥ 346

第19章　アズキ‥‥‥‥‥‥‥‥ 352
　　1. 分類・起源・伝播‥‥‥‥‥‥ 352
　　2. 生産状況‥‥‥‥‥‥‥‥‥ 352
　　3. 形　態‥‥‥‥‥‥‥‥‥‥ 353
　　4. 品　種‥‥‥‥‥‥‥‥‥‥ 355
　　5. 栽　培‥‥‥‥‥‥‥‥‥‥ 355
　　　(1) 環　境‥‥‥‥‥‥‥‥‥ 355
　　　(2) 整地・施肥・播種‥‥‥‥ 356
　　　(3) 病虫害‥‥‥‥‥‥‥‥‥ 356
　　　(4) 収穫・作付体系‥‥‥‥‥ 357
　　6. 利　用‥‥‥‥‥‥‥‥‥‥ 358
　　7. 文　献‥‥‥‥‥‥‥‥‥‥ 358

第20章　ラッカセイ‥‥‥‥‥‥ 360
　　1. 分類・起源・伝播‥‥‥‥‥‥ 360
　　2. 生産状況‥‥‥‥‥‥‥‥‥ 362
　　3. 形　態‥‥‥‥‥‥‥‥‥‥ 362
　　　(1) 莢・種子‥‥‥‥‥‥‥‥ 362
　　　(2) 根・茎・葉‥‥‥‥‥‥‥ 363
　　　(3) 花序と受精・結実‥‥‥‥ 364
　　4. 生理・生態‥‥‥‥‥‥‥‥ 366
　　5. 品　種‥‥‥‥‥‥‥‥‥‥ 366
　　6. 栽　培‥‥‥‥‥‥‥‥‥‥ 367
　　　(1) 整地・施肥・播種・除草‥ 367
　　　(2) 病虫害防除・収穫・作付体系 368
　　7. 利　用‥‥‥‥‥‥‥‥‥‥ 369
　　8. 文　献‥‥‥‥‥‥‥‥‥‥ 369

第21章　インゲンマメ‥‥‥‥‥ 371
　　1. 分類・起源・伝播‥‥‥‥‥‥ 371
　　2. 生産状況‥‥‥‥‥‥‥‥‥ 372
　　3. 形　態‥‥‥‥‥‥‥‥‥‥ 372
　　4. 品　種‥‥‥‥‥‥‥‥‥‥ 375
　　5. 栽　培‥‥‥‥‥‥‥‥‥‥ 375
　　　(1) 環境と成長‥‥‥‥‥‥‥ 375
　　　(2) 栽培管理‥‥‥‥‥‥‥‥ 376
　　6. 利　用‥‥‥‥‥‥‥‥‥‥ 377
　　7. 文　献‥‥‥‥‥‥‥‥‥‥ 377

第22章　リョクトウ‥‥‥‥‥‥ 379
　　1. 分類・起源・伝播‥‥‥‥‥‥ 379
　　2. 生産状況‥‥‥‥‥‥‥‥‥ 380
　　3. 形　態‥‥‥‥‥‥‥‥‥‥ 380
　　4. 品　種‥‥‥‥‥‥‥‥‥‥ 381
　　5. 栽　培‥‥‥‥‥‥‥‥‥‥ 381
　　6. 利　用‥‥‥‥‥‥‥‥‥‥ 382
　　7. 文　献‥‥‥‥‥‥‥‥‥‥ 382

第23章　ササゲ‥‥‥‥‥‥‥‥ 383
　　1. 分類・起源・伝播‥‥‥‥‥‥ 383
　　2. 生産状況‥‥‥‥‥‥‥‥‥ 384
　　3. 形　態‥‥‥‥‥‥‥‥‥‥ 384
　　4. 品　種‥‥‥‥‥‥‥‥‥‥ 386
　　5. 栽　培‥‥‥‥‥‥‥‥‥‥ 387
　　6. 利　用‥‥‥‥‥‥‥‥‥‥ 387
　　7. 文　献‥‥‥‥‥‥‥‥‥‥ 387

第24章　エンドウ‥‥‥‥‥‥‥ 389
　　1. 分類・起源・伝播‥‥‥‥‥‥ 389
　　2. 生産状況‥‥‥‥‥‥‥‥‥ 390
　　3. 形　態‥‥‥‥‥‥‥‥‥‥ 390
　　4. 品　種‥‥‥‥‥‥‥‥‥‥ 392
　　5. 栽　培‥‥‥‥‥‥‥‥‥‥ 392
　　6. 利　用‥‥‥‥‥‥‥‥‥‥ 393
　　7. 文　献‥‥‥‥‥‥‥‥‥‥ 394

第25章　ソラマメ …………… 395
1. 分類・起源・伝播 …………… 395
2. 生産状況 ……………………… 396
3. 形　態 ………………………… 396
4. 品　種 ………………………… 398
5. 栽　培 ………………………… 398
6. 利　用 ………………………… 399
7. 文　献 ………………………… 399

第26章　ヒヨコマメ …………… 401
1. 分類・起源・伝播・生産状況 … 401
2. 形態・栽培・利用 …………… 402
3. 文　献 ………………………… 403

第27章　キマメ ………………… 404
1. 分類・起源・伝播・生産状況 … 404
2. 形態・生理・栽培・利用 …… 404
3. 文　献 ………………………… 405

第28章　ヒラマメ ……………… 406
1. 分類・起源・伝播・生産状況 … 406
2. 形態・生理・栽培・利用 …… 407
3. 文　献 ………………………… 408

第29章　その他のマメ類 ……… 409
1. ライマメ ……………………… 409
　(1) 分類・起源・伝播・生産状況
　　　　　　　　　　　………… 409
　(2) 形態・栽培・利用 ………… 409
2. ベニバナインゲン …………… 411
　(1) 起源・伝播・生産状況 …… 411
　(2) 形態・栽培・利用 ………… 411
3. ケツルアズキ ………………… 412
　(1) 起源・生産状況 …………… 413
　(2) 形態・栽培・利用 ………… 413
4. モスビーン …………………… 414
5. タケアズキ …………………… 415
6. テパリービーン ……………… 416
7. フジマメ ……………………… 416
8. ホースグラム ………………… 418
9. バンバラマメ ………………… 418
10. ゼオカルパマメ …………… 419
11. ナタマメ・タチナタマメ … 420
　(1) ナタマメ …………………… 420
　(2) タチナタマメ ……………… 421
12. ルピナス …………………… 422
　(1) エジプトルーピン ………… 422
　(2) シロバナルーピン ………… 423
13. タマリンド ………………… 424
14. ガラスマメ ………………… 425
15. クラスタマメ ……………… 426
16. シカクマメ ………………… 427
17. ハッショウマメ …………… 428
18. イナゴマメ ………………… 429
19. 文　献 ……………………… 429

第30章　ジャガイモ …………… 431
1. 分類・起源・伝播 …………… 431
2. 生産状況 ……………………… 433
3. 形　態 ………………………… 433
　(1) 茎・葉・花 ………………… 433
　(2) 根・塊茎 …………………… 434
4. 生理・生態 …………………… 436
　(1) 萌芽・初期生育 …………… 436
　(2) 塊茎の形成・肥大 ………… 436
　(3) 塊茎の休眠と萌芽調節 …… 437
　(4) 光合成と物質生産 ………… 438
　(5) 気象・土壌と成長 ………… 438
5. 品　種 ………………………… 439
6. 栽　培 ………………………… 440
　(1) 整地・施肥・植付・管理 … 440
　(2) 病虫害防除 ………………… 441
　　1) 糸状菌病 ………………… 441
　　2) 細菌病 …………………… 442
　　3) ウイルス病 ……………… 442
　　4) 虫　害 …………………… 442

目 次 － 11 －

　　(3) 収穫・貯蔵……………… 443
　　(4) 作付体系・採種栽培……… 444
　7. 利　　用………………………… 445
　8. 文　　献………………………… 446

第31章　サツマイモ………… 448
　1. 分類・起源・伝播……………… 448
　2. 生産状況………………………… 449
　3. 形　　態………………………… 450
　　(1) 茎・葉………………… 450
　　(2) 根……………………… 450
　　(3) 花序・種子…………… 451
　4. 生理・生態……………………… 452
　　(1) 種イモの萌芽………… 452
　　(2) 塊根の肥大機構……… 453
　　(3) 光合成と物質生産…… 455
　　(4) 開花・結実…………… 457
　　(5) 環境と成長…………… 457
　5. 品　　種………………………… 458
　6. 栽　　培………………………… 459
　　(1) 育　　苗……………… 459
　　(2) 施肥・植付・管理…… 459
　　(3) 病虫害防除…………… 461
　　(4) 収穫・貯蔵…………… 462
　　(5) 作付体系・特殊栽培… 463
　7. 利　　用………………………… 464
　8. 文　　献………………………… 464

第32章　キャッサバ………… 467
　1. 分類・起源・伝播……………… 467
　2. 生産状況………………………… 468
　3. 形　　態………………………… 468
　4. 生理・栽培……………………… 469
　5. 利　　用………………………… 470
　6. 文　　献………………………… 471

第33章　ヤムイモ…………… 472
　1. ヤムイモの分類………………… 472

　2. ナガイモ………………………… 473
　　(1) 起源・伝播・生産状況… 473
　　(2) 形　　態……………… 474
　　(3) 栽　　培……………… 476
　　(4) 利　　用……………… 476
　3. ダイジョ………………………… 477
　　(1) 起源・伝播・生産状況… 477
　　(2) 形態・栽培・利用…… 478
　4. カシュウイモ…………………… 479
　5. トゲドコロ……………………… 480
　6. ゴヨウドコロ…………………… 480
　7. 文　　献………………………… 481

第34章　タロイモ…………… 482
　1. タロイモ類の分類……………… 482
　2. タ　　ロ………………………… 482
　　(1) 起源・伝播・生産状況… 482
　　(2) 形　　態……………… 483
　　(3) 栽培・利用…………… 484
　3. サトイモ………………………… 484
　　(1) 起源・伝播・生産状況… 484
　　(2) 形　　態……………… 485
　　(3) 品　　種……………… 487
　　(4) 栽培・利用…………… 487
　4. 文　　献………………………… 488

第35章　コンニャク………… 490
　1. 起源・伝播・生産状況………… 490
　2. 形態・生理・品種……………… 490
　3. 栽培・利用……………………… 492
　4. 文　　献………………………… 493

第36章　その他のイモ類…… 495
　1. キクイモ………………………… 495
　　(1) 起源・伝播・生産状況… 495
　　(2) 形　　態……………… 495
　　(3) 栽培・利用…………… 496
　　(4) 文　　献……………… 497

2. アメリカサトイモ ………… 498
　文　献 ……………………… 499
3. クズイモ …………………… 499
　文　献 ……………………… 500
4. クズウコン（アロールート）…… 500
　文　献 ……………………… 501
5. タシロイモ ………………… 501
　文　献 ……………………… 502
6. その他のアロールート類 …… 502
　(1) ショクヨウカンナ ………… 502
　(2) インドアロールート ……… 503
　(3) ガジュツ（シロウコン）…… 503
　(4) フロリダアロールート …… 504
　(5) 文　献 …………………… 504

7. アメリカホドイモ …………… 504
　文　献 ……………………… 505
8. ヤーコン …………………… 505
　文　献 ……………………… 506

第37章　その他の食用作物 …… 507
1. サゴヤシ …………………… 507
　(1) 起源・分類・生産状況 …… 507
　(2) 形態・栽培・利用 ………… 507
　(3) 文　献 …………………… 508
2. アビシニアバショウ ………… 508

索引 …………………………… 509

第1章 総論

1. 作物

(1) 作物の定義と分類

作物とは「農業に利用するために人の保護管理のもとにある作物」をいう．例えば，イネは人間がそれを食料とするために，水田や畑を作り，そこで播種から収穫まで保護管理し，種子の保存まで行う．しかし，野生のイネの穂実を採取し食用とする場合は，同じイネという植物学上の種であっても作物とはいえない．ただし，原始的な形でも，それに施肥や除草などの管理を行っている場合には，野生状態のイネでも作物といってよい．また，山草を趣味に栽培する場合には，それは農業上の利用とは異なるので作物には含めない．

作物は人が利用するものであるから，その分類は人との関係において，主として用途，栽培事情などに基準をおいてなされている．従来研究者により作物についてはいろいろな分類が行われた．しかし，それは利用の部位別と目的別を同列に混用したり，あまりに利用部位の分類に偏したり，あるいは利用の重要度の不均等なものなどがあって，作物の分類としてはいずれも難がある．これらの欠点を考慮した次の分類は最も適切に作物を分類するものとして妥当と考えられる．

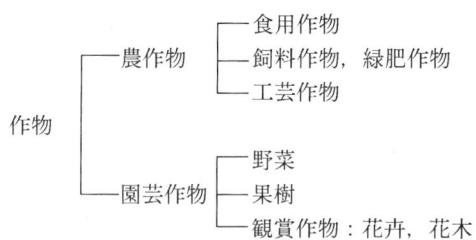

この分類方法は，既往の分類に基づいて戸苅・菅（1957）が分類したもので，園芸作物の内部の分類は星川（1980）によった．農作物と園芸作物の区別は栽培管理の精粗により，また園芸のために用いられる作物とそうでないものによって分けられる．この分類の右欄は，さらに必要に応じて利用を主としつつも，植物学における分類により種のレベルまで細分類することが望ましい．

しかし，個々の作物は，必ずしも植物分類学上の種あるいは変種と一致するわけではない．1種の作物の中に数多くの植物の種や変種を包含することもある．例えば，作物のアブラナには *Brassica rapa*（在来種）と *B. napus*（セイヨウアブラナ）と異なる種が含まれるが，両者は作物としては区別されない．また逆に水稲と陸稲は植物学上はともに *Oryza sativa* L. であるが，それぞれ別の作物として扱われることがあり，また皮麦と裸麦

も同じオオムギ *Hordeum vulgare* であるが作物として別扱いにされることがある．また，作物の名称も植物学上の種名に従わないことが多い．例えば，サツマイモを農業上はカンショ，キャベツをカンランと呼ぶことがあり，またニジョウオオムギをわが国ではビールムギと通称するなどである．また上述の作物の分類では，同一作物（種）で，用途が上述の分類の複数にわたるものは，それぞれのところに重複して分類されることも起こりうる．例えば，ダイズは食用作物であり，また油料として工芸作物にも分類され，さらに飼料作物にも，枝豆として野菜にも分類されることになる．

その他，作物は次のように分類される．
a) 収穫物の用途により，食用作物，飼料作物，工芸作物，観賞作物．
b) 栽培の場の状態により，田作物，畑作物．
c) 栽培地域の環境状態により，寒地作物，温帯作物，熱帯作物，あるいは乾燥地作物，湿地作物．
d) 栽培の順序の関係により，表作物，裏作物，または前作物，後作物．
e) 栽培の目的の主従により，主作物，副作物，随伴作物（companion crop）．
f) その他栽培技術の目的から，捕捉作物（catch crop），被覆作物（cover crop），被陰作物（shade crop）など．

（2）作物の起源

人類が農耕を始めたのは今から約1万年前と推定されている．農耕とは，植物を利用するために栽培すること，すなわち，人為を加えて保護管理し，その生育を助けることである．したがって農耕の起源とともに作物は起源した．

太古から狩猟・採集の生活を続けていた人類は，食料として山野から野生植物の種や果実，イモなどを集めることを続けるうちに，次第に植物の成長，繁殖，再生産の生活史を知るようになったと思われる．特に生活の場の近くに捨てられた採集植物の食べ残りが芽を出し，生育して再び食べられる実やイモを生ずることを知ったことが栽培の契機になったに違いない．しかし，それには人間がある程度一か所に定住し，そうした植物の生活史を観察する機会と時間を持ったことが前提条件となろう．

作物を栽培するためには，土地を耕し，生育を管理する必要がある．原始人がそうした技術を覚え，農耕生活の形態を急にとるようになったとは考え難い．おそらく当初は，原始人達の一定の活動範囲の中で，自然に生えている食料となる植物に，一種の所有権のようなものができ，それを害獣や他人にとられないように守るという形から，次第により確実に所有するために，上述のような機会で知った植物の生活史の知識を応用して畑に栽培する形へと長い時間を経て発達したものではないだろうか．採集・狩猟生活をしている原始的部族の間に，こうした前栽培的過程の姿を見い出すことができる．北アメリカ五大湖周辺に住むネイティブアメリカンのワイルドライスに対する所有権とそれの保護などは，その一例とみてよいだろう．

人類は，作物の栽培を始めるより以前に動物（馬や羊）を飼い馴らし，牧畜を知ったともいわれている．牧畜（主に草食動物の）をするには餌が必要となるから，それを求めて遊牧生活をしたり，餌用に草を刈り与えることが契機になって，植物を育てること，す

なわち農耕を知ったとする説もある．

　作物が多くの野生植物の中から最初に選ばれた条件は，人間の食料その他に有用な形質を持っていたからであるが，その植物が人間の栽培という行為に適応できる性質を持っていたことも重要な条件であった．植物の中には，野生の状態から栽培に移すと生育が困難で，農業には不適切なものも少なくない．食用として美味であるのに，いわゆる山菜の類が今だに野生に置かれているのは，それらの多くが，こうした作物としての成立条件に欠けているからに他ならない．

　興味あることに，作物として成立する条件を持った植物は，地球上に均等に分布していたわけではなく，特定の地域に局在していた．現在我々が利用している作物の起源地は，近縁野生種との形態分類学的比較やその分布，あるいは考古学的，言語学的および遺伝学的知見を加えた植物地理学的研究（Vavilov 1926, Harlan 1971）を経てほとんど明らかにされている．これらの知見を基礎に近年の成果も加味すると，作物の起源のほとんどは次の8つの地域に局限されている（星川 1993）．

　① <u>中国北部地区</u>－キビ，ヒエ，ダイズ，アズキ，ゴボウ，ワサビ，ハス，クワイ，ハクサイ，ネギ，ナシ，アンズ，クリ，クルミ，ビワ，カキ，ウルシ，クワ，チョウセンニンジン，チョマ，タケノコ．

　② <u>中国雲南・インド北部・東南アジア地区</u>－イネ，ソバ，ハトムギ，ナス，キュウリ，ユウガオ，サトイモ，ナガイモ，ショウガ，シソ，タイマ，ジュート，コショウ，チャ，キアイ，シナモン，チョウジ，ナツメグ，マニラアサ，サトウキビ，ココヤシ，コンニャク，オレンジ，シトロン，ダイダイ，バナナ，マンゴー．

　③ <u>中央アジア地区</u>－ソラマメ，ヒヨコマメ，レンズマメ，カラシナ，アマ，ワタ，タマネギ，ニンニク，ホウレンソウ，ダイコン，ピスタチオ，バジル，アーモンド，ナツメ，ブドウ，モモ．

　④ <u>近東地区</u>－コムギ，オオムギ，ライムギ，エンバク，ウマゴヤシ，ケシ，アニス，メロン，ニンジン，レタス，イチジク，ザクロ，ベニバナ，リンゴ，サクランボ，テウチクルミ，ナツメヤシ，アルファルファ．

　⑤ <u>地中海地区</u>－エンドウ，ナタネ，サトウダイコン，キャベツ，カブ類，アスパラガス，パセリ，セルリー，ゲッケイジュ，ホップ，オリーブ，シロクローバ．

　⑥ <u>西アフリカ・アビシニア地区</u>－テフ，モロコシ，トウジンビエ，ササゲ，コーヒー，オクラ，スイカ，アブラヤシ，ヒョウタン，ゴマ，シコクビエ．

　⑦ <u>中央アメリカ地区</u>－トウモロコシ，サツマイモ，インゲンマメ，ベニバナインゲン，カボチャ，ワタ，カカオ，パパイヤ，アボカド，カシューナッツ．

　⑧ <u>南アメリカ地区</u>－ジャガイモ，センニンコク，タバコ，トマト，トウガラシ，セイヨウカボチャ，ラッカセイ，イチゴ，パイナップル，キャッサバ，ゴム．

　これら8つの地域は作物起源中心地と呼ばれているが，図1.1のように世界地図上に示してみると，ほとんどの地域が山岳地や砂漠によって隔離されており，各地域で古代に独立的に作物化が進められたことが推定される．これら作物起源中心地をはずれた所，例えば，日本列島では極めて植生に富んでいながら，固有の植物の中から作物として成立

[4]　　第 1 章　総　論

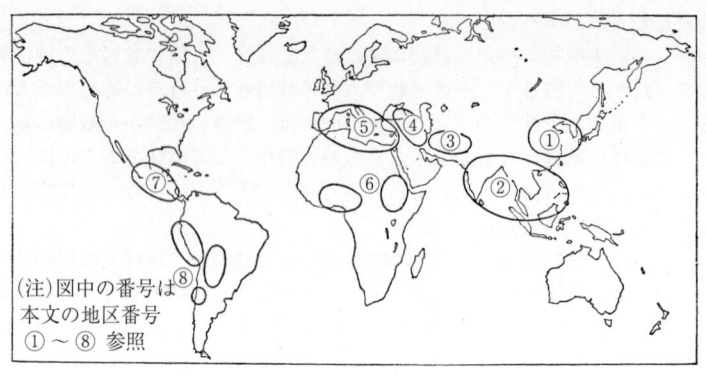

図 1.1　作物の起源中心地．星川 (1980)．

したものは極めて少ない．
　上述した作物の起源中心地域は，いずれも古代文明の発祥地と重なっている．古代文明は農耕の発達によって興ったものであり，これらの文明起源地の人々が，その近隣周囲の多くの植物を積極的に作物化したことを示している．また，本来これらの地域に作物化に適した作物が多く分布したことが，これらの地域に農耕文明を勃興させ発展させる素因になったとみることもできる．

(3) 作物の伝播
　作物はそれぞれの起源地で独立的に起源した後，民族の移動，交易，戦争，宗教の伝布，その他いろいろの人間活動に伴って他地域に伝播された．たとえば，古代の民族大移動は，西アジアのコムギを西ヨーロッパまで広めた．また，古代文明の栄えた所に集まった作物が，その勢力範囲に広められた．西アジア原産の作物は，ナイルの沃野に集められてエジプトの文明を栄えさせ，それが，ギリシャ，ローマへと引き継がれた．そして，ローマ帝国の広大な勢力圏に含まれたイギリスや北ヨーロッパにまで広められた．一方，ペルシャ帝国の繁栄は西側の多くの作物を集め，それをシルクロードを経て中国へ伝え，またインドへと伝えた．そして逆に中国やインド起源の作物を西方へ中継する役割を果たした．アフリカとインドとの間には，古代から海路交流があり，多くの作物が相互に伝播し，さらにインドネシア，南太平洋地域へと普及した．中央アメリカの文明と南アメリカのアンデスに栄えた文明との間にもトウモロコシをはじめ，多くの作物が伝播された．日本列島には大陸からイネが伝えられ，それが日本の農業の始まりの契機となり，さらには国家成立の原動力にもなった．
　中世以降，とくに大航海時代に入ると，作物の伝播は汎世界的になった．コロンブスの新大陸発見 (1492) は，新旧大陸間の作物伝播を引き起こし，世界の作物栽培に大変革をもたらすこととなった．ジャガイモ，サツマイモ，トウモロコシ，タバコ，トウガラシ，インゲンマメなど，現在の世界の主作物となっているものが続々と新大陸から伝来した．一方，旧大陸起源の作物が新大陸へ導入され，植民地経営の基幹作物となった．北

アメリカへはヨーロッパの移民が，ヨーロッパの作物のほとんど全てを携えていった．また，旧大陸起源のコーヒーやサトウキビなどは，新大陸のプランテーションにおいて西アフリカから供給された黒人奴隷により大規模に栽培され，旧大陸の人々の嗜好を満たすこととなった．17世紀以降，オーストラリア大陸へのイギリスの進出により，多数の新・旧大陸の作物が導入された．

（4）作物の改良と発達

作物は，栽培環境に移されたことにより，野生の時とは違った環境（例えば，土壌の肥沃度，水分など）で生育するようになり，そこへ人間による保護，選抜，淘汰などの操作が加わって，野生時代とは形質が次第に異なるものへと発達していった．本質的に持っていた変異のうち特定の形質だけが選抜された．たとえば，発芽の斉一性，収穫物の大きさ，熟期，味覚，耐病性，収穫物の貯蔵性などは，ごく原始的な時代から，ほとんど無意識的にも選抜の規準とされたことであろう（表1.1）．

表1.1 野生植物の作物化に伴う形質変化

形質変化	選抜の目的
種子脱粒性の低下	収穫ロスの低減
厚い種皮や刺の退化	収穫・利用の容易さ
収穫器官の大型化	収穫の容易さ，雑草との競合
発芽の斉一化 （硬実，休眠性の低下）	雑草との競合
開花・成熟の斉一化	収穫・管理の容易さ
多年生から一年生へ	栽培地拡大

また，栽培環境の変化は，遺伝子にも影響して突然変異の発生率を安定した野生時代に比べて格段に高めたと考えられる．原始的な過程ですでに行われていた焼畑や灌漑による土壌の変化は，突然変異誘発の強い要因となったと思われる．作物の突然変異のタイプとしては，とりわけ染色体数の増加が重要で，現在の作物の大部分は原生野生種に対して2～3倍体化している．さらに集団的に栽培されることになった結果，個体間の交雑，あるいは雑草としての近縁野生種との交雑の頻度も高まり，遺伝子についても，ますますその変異は幅を広げ，それに選抜が一層強まって作物の発達は一層加速された．

こうして一つの作物の中に多くの品種・系統が分化した．さらに，それが一層著しく異なるようになると，新しい作物の種を形成した．例えば，トウモロコシは原生野生種が原産地と推定される中央アメリカにも南アメリカにも全く発見されないが，それは，たぶん原生野生種が栽培の過程で近縁の野草と交雑を繰り返し，祖先種とは著しく形質の異なったものが生まれ，それが人間にとって祖先種より好ましかったためそれだけが残され，祖先種の系統は捨て去られて絶滅してしまったと考えられている．パンコムギも，これに似たプロセスで生じたらしい．幸い，コムギの場合は原生種と思われるものも残存し，関係したと思われる近縁野生種も見出され，現在のパンコムギの発達のプロセスが，それらの交配と染色体倍加によって実験的に証明されている（木原 1944）．

作物が原産地から遠くへ伝播されると，新しい自然環境への適応に加えて，原産地とは異なる選抜淘汰が行われ，作物は著しく異なった方向へ分化した．例えば，ダイコンは原産地パレスチナ-コーカサス地域から西方へ伝わったものは，祖先形とあまり大きさ

が変わらず，辛味スパイス的な用途のものとして，小さいハツカダイコンや黒ダイコンとして発達した．これに対して，東方へ伝わったものは著しい変異が引き出され，中国においては辛味をもった華北系のダイコンと，辛味は少なく米食の菜として煮食を主とする大型の華南系に分化し，さらに極東の地，日本に伝来して日本人の生活嗜好に適合した長さ，形，様々な巨大形のダイコンに分化発達した．

近代になると生物の成長の仕組みを科学的に知るようになった人類によって，作物はより積極的に改良されることになった．遺伝の法則の発見（Mendel 1865）により，人為交配が行われ，科学的な選抜淘汰の技術の発達は，改良品種の育成をより容易にした．実際，品種改良の成果は過去100年の間に目覚ましく，多くの作物の形質はそれ以前のものに比べ格段の変化を遂げた．なかでも，収量性を指標とした育種努力の結果，全植物体重に対する子実重の割合（収穫指数）は格段に向上した（図1.2）．また，雑種強勢利用の1代交配品種の利用や，薬品や放射線に

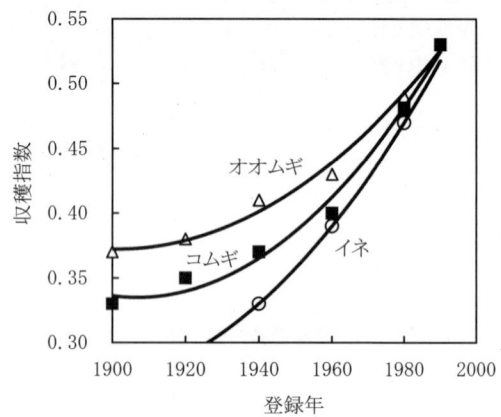

図1.2 イネ，コムギおよびオオムギの収穫指数の変化．Evans（1993）から作図

よる突然変異の誘発による変異の拡大も行われている．さらに近年では，遺伝子組換え技術の進歩が目覚しく，自然変異・交配によっては不可能な遠縁の種の遺伝子を導入することが可能になり，従来の技術では困難であった新しい作物の創出が行われている．遺伝子組換え技術により，不良環境に強い耐性を持つ作物やビタミンを多量に産生する作物など，従来技術では夢とされた新しい形質を備えた作物の創出が可能となった．1990年代以降，欧米の企業などにより多くの遺伝子組換え作物が開発された．なかでも，除草剤耐性や害虫耐性の遺伝子を細菌から導入したダイズやトウモロコシなどの組換え作物は，除草や害虫防除の容易さが生産者に認められ，北・南アメリカを中心に急速に普及が進んでいる．一方，アメリカからこれらの作物を多量に輸入しているわが国では，遺伝子組換え作物の安全性に対する不安から，遺伝子組換え作物を用いた食品を忌避する消費者も多くなっている（山田・佐野 1999）．

2．食用作物

（1）食用作物の定義と分類

作物の分類（前節）による農作物（field crop）のうち，人間の食料とするために栽培するものが食用作物（food crop）であり，人間の主食または主食に準ずるものが多く含まれ

る．広義には，野菜も果物も，また工芸作物の一部も人間の食料とされるので，食用作物ということもあるが，農学の分野では慣例上園芸作物はこれに含めない．ただし，食用作物を草本植物に限定することも慣例であるがその根拠は全くないから，木本類（例えば，パンノキ，サゴヤシ，ナツメヤシ，プランテーン（料理用バナナ）など）を食用作物に含めて差し支えない．作物の用途の規準は，日本だけの事情にとらわれず，世界的視野に立つべきであろう．したがってトウジンビエはわが国や欧米では飼料としてしか用いられないが，アフリカ諸国では主食とされていることから食用作物に分類される．

世界で栽培されている作物の種類は，明峰（1929）によると約2,300種にも上る．このうち食用作物から野菜や果物など園芸作物を除くと170種ほどになる．これらを本書の食用作物の定義に従って分類してみると表1.2のようになる．

表1.2 食用作物の種類数

食用作物の種類	世界	日本
穀類（イネ科）	54	14
イネ科以外の穀類	13	1
豆類（マメ科）	52	18
いも類	42	9
その他	8	0

星川（1980）

穀類（cereals）のほとんどはイネ科（Gramineae）に属する．イネ，コムギ，トウモロコシは世界の三大作物であり，それにオオムギ，エンバク，ライムギ，モロコシなども生産が多く，アワ，キビ，ヒエもこれに次ぐ．その他は局地的に利用されるもので，特にインド，アフリカ地域で多い．イネ科作物（gramineous crops）は，最も主要な食用作物であり，世界の耕地の約半分に栽培される．わが国では，古来イネが農業の基幹をなし，ムギ類がその補助的役割を持っていたが，現在はイネ以外の穀類は，ほとんどを輸入に頼り，国内栽培は著しく減少した．穀類は主として，種子の胚乳が食用とされ，成分としてはデンプンが大部分であるが，タンパク質も比較的多く含むので，主食として栄養的に優れている．

「イネ科以外の穀類」としたものは，植物分類学上，イネ科以外に属する作物で，その種子の胚乳にデンプンが含まれ，イネ科穀類と同様に主食とされるものである．ソバ（タデ科），センニンコク（ヒユ科），キノア（アカザ科）などであり，なかでもソバは温帯の寒冷地に広く栽培され，センニンコクやキノア類は植物学的な種類は多いが，作物としては量的に少なく，主として南米アンデス地域やヒマラヤ地域など局地的に利用されている．わが国では，ソバ以外の栽培はきわめて少ない．

豆類（pulses, leguminous crops）は，全てマメ科（Leguminosae）に属する．マメ科の作物は，食用作物としては主にその種子（豆）を食用対象とするが，若莢，葉あるいは地下にできるいもを食用とするものもある．豆は無胚乳種子で2枚の子葉が食用となる．子葉の主含量はタンパク質と脂質で，デンプンを含まないもの（ダイズなど）とデンプンも多く含むもの（インゲンマメなど）がある．豆だけを主食とすることは少なく，多くは穀類主食に対する副食としている．インドなどでは豆食の比重が高い．ダイズ，インゲンマメ，エンドウ，ソラマメ，ササゲ，ラッカセイなどが主たるもので，その他は主に熱帯地方で局地的に重要性を持っている．わが国では上述の他に，アズキが重要視されるのが特徴である．日本人の食生活はダイズに依存するところが大きいが，現在は，その大

部分をアメリカなどからの輸入に依存している．

いも類（root and tuber crops）は，植物体の地下の一部が肥大成長してデンプンなどの成分を蓄積したものである．植物学的に茎が肥大した塊茎を利用するもの（ジャガイモなど）と根が肥大した塊根を利用するもの（サツマイモなど）とに分けられる．地上部が成長し，開花受精，稔実を経て，はじめて収穫できる穀類や豆類と異なり，いもは栄養体の成長によって得られるもので，栄養繁殖による栽培が特色である．また，いもはカロリーが高く，一定面積当りに生産しうるカロリーも穀類，豆類より高いなどの利点がある．いも栽培は，古くからアジア，アフリカを中心に独特な根菜農業を発達させた．これら旧世界のいもは，主にタロイモ，ヤムイモを中心とした．また，アメリカ大陸の農業もトウモロコシやインゲンマメなど重要な穀，豆類に加えて，サツマイモとジャガイモも重要な作物であった．現在でも世界的に多く生産されるが，特にジャガイモは温帯の全世界で重要である．また，キャッサバ，タロイモ，ヤムイモなどが熱帯で栽培され，アフリカ，南アメリカ，大洋州などの開発途上国で主食とされている．サツマイモはアジア，特に中国で生産が多い．日本では，古くからサトイモが栽培されたが，現在は主食としての価値は失われ，近代に伝来したジャガイモ，サツマイモの栽培が多い．コンニャクはわが国以外ではほとんど生産されない．

「その他」（miscellaneous food crops）は上述以外で主食・常食とされるものであり，南太平洋のパンノキ，熱帯のプランテーン（料理用バナナ），あるいは常食とされるカボチャなど，利用部分が植物学的に果実であるものが多い．わが国の作物には，この分類に入るものはない．

（2）食用作物の意義と重要性

食用作物は人間の主食あるいは副食として常食されるものであるから，人間のあらゆる活動のエネルギー源としての意義が大きい．古代に各地に栄えた文明は，それぞれの土地で優れた食用作物を栽培するようになり，人口の増加を容易にしたことが基盤といえるだろう．メソポタミア文明はコムギ，オオムギにより，またエジプト文明に続くギリシャ，ローマの文明も麦類と地中海域産の豆類を主要エネルギー源としている．中国の黄河文明も伝播した麦類を中心に，ダイズ，アワ，キビなど五穀を主としている．一方，インド，華南，そして日本の文明はイネを基盤に成立し，わが国では華北から伝播した麦類とダイズを加えてその文化を発展させた．アフリカから東南アジア一帯には，いも類を中心とする文明が，次第にイネや豆類を加えて発達した．中南米では，ジャガイモとサツマイモにトウモロコシ，豆類など旧世界とは全く異なった食用作物により独特の文明が栄えた．

このように古代から民族により主とした食用作物は異なったものであったが，作物の伝播が世界的になった現在も，主食用作物は基本的には地域によって異なっており，それはその地域の風土・環境により，栽培に適する作物が異なるためでもある．欧米人は古くから肉食を主とし，食用作物は従とする食生活を続けている．しかし，彼らもコムギなどを常食しており，また家畜の飼料として，食用作物であるオオムギやトウモロコシを大量に用いている．これら食用作物を飼料とするシステムでは，直接人が食用作物

を食べるより，エネルギー効率は著しく低い．したがって，いわゆる文明が進んだ形態とされている畜産食品を多く食べる食形態は，実質的には，きわめて大量の食用作物を飼料として消費していることになる．アジアやアフリカの民族は，食用作物に直接依存する比重がきわめて大きい．かつての日本も魚以外はほとんど肉食をせず，必須タンパクをイネとダイズに依存していたのである．しかし，アジアやアフリカにおいても，生活水準の向上に伴い，畜産食品の消費が増加しているため，穀類の需要は増大している．

世界人口は現在の68億人から，21世紀半ばには90億人を越すと予測されている．世界人口の大部分を占める開発途上国では，今後生活水準の向上により飼料作物の需要が増え，一層食用作物の需要が増えるであろう．このため，食用作物は近い将来不足することが必須とみられている．現在，食用作物の供給量は，世界全体では需要量を満たしているものの，地域による需給の不均衡が顕著であり，アフリカや南アジアを中心に，8億人にも上る人々が慢性的な栄養不足にあるといわれている．次節に示すように世界の食用作物の生産は，近年めざましく増大しているが，それは栽培面積の拡大と単収の増大との双方によっている．地球の陸地面積中の可耕地面積には限りがあり，その開墾・耕地化は今後ますます困難となってきている．したがって，今後の生産増大は，単収の増大に依存せざるをえないのである．このような見地に立つとき，人類のこれからの発展のためには，食用作物の生産増大が必須の課題であることは疑問の余地がない．食用作物生産の基礎となる食用作物学は，この意味できわめて重要であることは論をまたない．

（3）世界と日本の食用作物の生産状況

表1.3に世界の主な食用作物の栽培面積，生産量，単位面積当りの生産量（これを単収あるいは収量と呼ぶ）を示した．栽培面積および生産量はコムギ，イネ，トウモロコシが群を抜いて多く，いわゆる三大作物と呼ばれる．これらに次いで栽培面積の多い作物は，かつてはオオムギ，モロコシ，エンバクなどであったが，近年ではダイズの栽培面積が急増している．いも類は穀類に比べると栽培は少ないが，ジャガイモやキャッサバの生産が多い．豆類では，ダイズが特に多く，20世紀の後半には三大穀物に次ぐ栽培面積となった．インゲンマメやラッカセイも各地で栽培される．

表1.3 主要作物の収穫面積，単収および生産量

		収穫面積, 100万ha	単収, t/ha	生産量, 100万ha
穀類	コムギ	217	2.8	607
	イネ	157	4.2	652
	トウモロコシ	158	5.0	785
	オオムギ	57	2.4	136
	モロコシ	44	1.5	65
いも類	ジャガイモ	19	16.6	322
	キャッサバ	19	12.2	228
	サツマイモ	9	13.9	126
豆類	ダイズ	95	2.3	216
	ラッカセイ	23	1.5	35
	インゲンマメ	27	0.7	19
糖料作物	サトウキビ	22	70.9	1558
	テンサイ	5	46.8	248

インゲンマメには一部他の作物種も含む．
単収：イネは籾，糖料作物は収穫物，ラッカセイは殻付．
2007年産．FAOSTATから作表

これら食用作物の現在の生産量を20世紀中頃と比較すると，穀類では三大穀物はいずれも約4倍と大幅に増えているのに対し，エンバクやライムギなどのいわゆる雑穀類は停滞ないしは減少している．いも類の増加は概して2倍以下であるが，キャッサバだけは約4倍に増えている．豆類の中では，ダイズが10倍以上と著しく増大しており，インゲンマメやラッカセイも約3倍に増加している．

単収は，栽培技術の進歩によって全ての作物で増加を示し，特に三大穀物では2.5〜3.0倍に増えた（図1.3）．ダイズも2倍以上に増えたが，他の豆類およびいも類の伸びは2倍以下に留まっている．

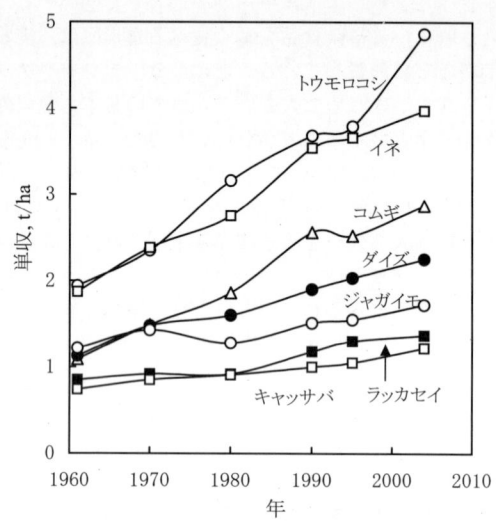

図1.3 主要作物の単収（世界平均）の推移．ジャガイモとキャッサバの単収は×10．FAOSTATから作図

このように，食用作物の生産量は，この50年間一貫して増加してきており，この間の人口増加率を上回る水準で伸びてきたということができる．その要因は，収穫面積の伸びもあったが，それ以上に単収の伸びが目覚しかったからである．

この増大傾向は，今後も続くであろうか？ かつてのような森林伐採による大規模な開墾は期待できないうえに，多くの地域では都市化などにより優良な農地の減少が進んでおり，今後は農地面積の大幅な増大は見込めない．したがって，今後の食用作物の生産量の増大は，単収のさらなる増加に依存するしかないのである．しかし，20世紀後半の単収増加を支えた化学肥料や農薬などの多投は，生態系や食品の安全性への悪影響が懸念されており，これまでのような使い方はできない．このような農地面積や肥料・農薬使用の制約の中で，単収を今後も増やし続けることは容易なことではない．

日本の耕地面積は，1960年代までは約600万haあったが，都市化による転用などにより最近は約461万ha（2009年）に減少した．かつては水田と畑が，ほぼ1：1の比率で，水田では水稲，畑にはその半分にムギ類，他の半分に陸稲，雑穀，いも，豆類などの食用作物と園芸作物が栽培されていた．1960年代に始まる高度経済成長期以降は，農産物の輸入が順次自由化され，それに伴って畑に栽培される食用作物が急速に減少した．農地面積の減少にくわえ，1960年には133％あった耕地利用率も，2009年には92％にまで低下した．この結果，わが国の主要食用作物の自給率は，コメが93％，ジャガイモが76％と高い水準にあるものの，コムギが13％，ダイズが5％ときわめて低く，トウモロコシなどの飼料用穀類とともに需要の大部分を輸入に依存している．

これは，わが国が工業を主とし，その貿易によって経済成長を図ったために，安価に食用作物が輸入されることになり，国内生産が圧迫駆逐された結果である．イネだけはかつての食管法やその後の高関税によって保護政策がとられたため自給は維持されたが，近年では国民の食形態の変化により米の消費が減り，水稲の生産調整政策が強化されている．

このような食用作物の栽培を減少させている日本の現状は，食用作物の生産を増大させている世界の情勢の中できわめて異常な，日本だけの特異な現象である．世界の各国は，工業振興によって高い経済成長策をとっている先進諸国でさえも，食用作物の自国内生産に尽力し，従前より生産の増大を進めている．アメリカなど世界の主要輸出国において，不良天候などによる生産量減少やバイオエネルギー原料としての需要増大により価格高騰を招き，輸入に支障をきたすことはすでに経験済みである．また，13億の人口を抱える中国や11億のインドなどでは，生活水準の向上から飼料用穀類やダイズの輸入が大幅に増えており，今後はなお一層の増加も予想される．さらに，輸入飼料に起因するとみられる狂牛病の発生や輸入食品の残留毒性への懸念など，食料を輸入に依存する危険性も顕在化している．このような状況を考えると，国内において食用作物の安定的な供給を図ることは，国民の健康と社会の安定に不可欠であるということができよう．

3．食用作物学

（1）作物学と食用作物学

作物学（crop science）は，個々の農作物の性質を究明し，農業に利用するためにその知見を整理する学問である．この結果は作物の合理的利用を可能にし，農業の発達に寄与し，社会の幸福と繁栄に資する．この意味で作物学は実学としての性格が特徴である．また，作物学は基本的に各論の学であることも特徴である．例えば，作物学ではイネという作物について，あらゆる性質を調べ，その知見を稲作に有効活用することを第一の目的とする．イネの研究において，作物全般に通ずる原理を探求することがあっても，それは作物としてのイネの性質をより正しく把握するための一手段なのである．この点が同じイネを扱っても植物学（botany）とは根本的に異なる．

作物学では，植物である個々の作物を研究するので，植物分類学，形態学，遺伝学，生理学，生態学などの手法とその知見を取り入れ活用する．また，植物栄養学，土壌学，栽培学，害虫学，植物病理学，育種学など，農学の諸知識もその基盤とし，必要に応じては考古学，人文学，経済学，栄養学などにもわたって，その基盤に組み入れ，その上に作物の性質を配列・整理する．

このように作物学は，作物生産のための学として幅広い領域を研究対象とした実学の性格を持っている．このことは，わが国で独自に発達した作物学の沿革を辿ることによって知ることができる．すなわち，江戸時代から発達した伝統農学は，多くの農書にみられるように，作物を中心とした広い領域に基盤をおいて，その性質を記述する実学，あるいは生活の場であるところに特色があった．このわが国の近世農学の主要部分が，明治以来導入された西欧農学に体系を借りて科学として成立したものが，わが国独自の作

物学である．

　このような見地から，作物学は本質的に総合的視野を必要とする．しかしながら，現実には作物学の発展につれて研究領域・手法が多岐にわたり，それらが個々に深くなるにつれて，研究者個人の能力に応じて分担するようになってきた．そのため，作物学の内部に区画を作ったり，作物学の分野を局限しようとする考え方も出ているが，それは作物学の正しい認識から外れたことである．作物学を「応(有)用植物学」または「農業生物学」なるものの一分科と理解する傾向が一部にあるが，これは妥当でない．

　アメリカに生まれた crop science はわが国の作物学とは性格をやや異にし，作物の遺伝的性質の解明を主研究課題としている．また，西欧に伝統的に存在する agronomy は作物学と栽培学とを関連させた技術学で，作物栽培学とでもいうべきものである．イギリスの agricultural botany は，植物の応用面を主とし，これは植民地経営の学問としての伝統を引き継いでいる．また，ドイツの Pflanzenbaulehre は，わが国の作物学にも大きい影響を与えたが，本質は栽培技術の教典である．

　食用作物学（food crop science）は，作物学のうち食用作物を対象とする部分を指す．わが国では飼料作物学や工芸作物学の発展が遅れ，もっぱら食用作物学がその主流を占めていたから，作物学といえば「食用作物学」を指すものとみて差し支えなかった．しかしその後，工芸作物や飼料作物の研究が進み，「飼料作物学」（江原 1950, 1954）や「工芸作物学」（西川 1960）など学的体系が成立するに至った．そこで食用作物を扱う学問もそれらと区別して「食用作物学」と呼ぶことが多くなった（佐藤ら 1977，渡部ら 1977）．

(2) 食用作物学の発展過程と今後の展望

　わが国では，食用作物学の研究には当初より一貫して，イネが中心に取り上げられている．日本人の主食であり，また，日本の風土環境に適した作物として，イネが多く研究されたのは当然であり，わが国のイネの研究は世界をリードする高いレベルにある．その他の作物については，社会の情勢につれ需要に応じて研究が増減している．たとえば，終戦後の食料不足時代には麦類，いも類，ダイズ，雑穀などの研究に力が注がれた．そしてその後の畑作物の輸入自由化後はコムギやダイズなどの畑作物の研究は著しく減少した．近年では，水田転換政策の一環としてダイズ作が振興され，ダイズを対象とした研究は再び息を吹き返している．

　作物学研究の手法としては，初期は外部形態学的手法が主であったが，次第に内部解剖学的な研究へ進み，さらに化学分析的，生理学的な研究がその主流となり，作物の栄養，光合成，呼吸，代謝などの機構，およびそれらを調節するホルモンの作用などに研究の重点が置かれるようになった．一方，圃場という生態的条件の中での作物の成長の認識から，生態学的側面にも研究が展開された．さらに近年では，分子生物学的手法，リモートセンシング技術や地理情報システムなど，新しい研究手法が用いられるようになってきた．このように，作物学研究の手法としては生物科学の発達に伴う変遷が顕著であるが，優秀な多くの研究者が生理学的研究に集中してしまい，その結果，例えば，作物の分類，形態，および生態の研究者の減少を招き，これらの分野が遅れた状態に低迷するなどの問題が生じた．前述の研究対象作物についても，時勢に従うあまり，例えば，

雑穀・雑豆類についての研究者が少なくなり，この分野の研究が著しく欠落するなどの問題とともに，作物学のこれから克服しなければならない問題となっている．

　従来の作物学は，主として日本国内で栽培される作物について研究対象としてきた．しかし，現在イネの他若干の作物以外は，ほとんど外国で生産されたものを輸入する形となった．コムギもダイズも国内栽培についての知識の整理だけでは不足であり，海外での品種，栽培，調製などについての研究が重要である．日本で作物を栽培しなくなったから，作物学は不要であるとの考えは誤りである．むしろ，輸入依存度が増すにつれて，外国の作物の研究は重要性を増している．また日本から海外へ進出して企業的農業を営む例も増えてきている．この意味で作物学は，その視野を世界的に拡大することが必要である．

　前述したように，世界は将来，爆発的な人口の増加によって，食料不足が起こることは必至とみられており，食用作物の増産は人類の至上命題となるにちがいない．この意味で，その基礎としての世界的視野に立った食用作物学は将来ますます重要なものとして認識されるであろう．

4．文　献

明峰正夫 1929, 1930, 1933, 1942, 1943 日本に於ける作物の種類．農業及園芸 4, 5, 8, 13, 14.
Baker, H.G.（坂本寧男他訳）1975 植物と文明．東京大学出版会．
Bland, B.F. 1971 Crop Production - Cereals and Legumes. Academic Press.
Chrispeels, M.J. and Sadava, D.E. 2003 Plants, Genes, and Crop Biotechnology. 2nd ed., Jones and Bartlett.
大門弘幸編 2008 作物学概論．朝倉書店．
Darwin, C. 1868 The Variation of Plants and Animals under Domestication. Vol. 1, 2, John Murray, London.
江原　薫 1950, 1954 飼料作物学，上下．養賢堂．
Evans, L. T. 1993 Crop Evolution, Adaptation and Yield. Cambridge Univ. Press.
Evans, L. T. 1998 Feeding the Ten Billion. Cambridge Univ. Press.
後藤寛治他編 1973 作物学．朝倉書店．
Harlan, J. R. 1971 Agricultural origins: centers and non-centers, Science 174 : 468-474.
北条良夫・星川清親編 1976 作物－その形態と機能（上・下）．農業技術協会．
堀江　武他 1999 作物学総論．朝倉書店．
星川清親 1970 食用作物図説．女子栄養大出版部．
星川清親 1978 栽培植物の起源と伝播．二宮書店．
星川清親 1980 新編食用作物．養賢堂．
星川清親 1993 植物生産学．文永堂出版．
池田　武・葭田隆治編 2000 植物資源生産学概論．養賢堂．
今井　勝他 2008 作物学概論．八千代出版．
石井龍一他 1999 作物学各論．朝倉書店．
石井龍一他 2000 作物学（Ⅰ）－食用作物編－．文永堂．
石井龍一他 2000 作物学（Ⅱ）－工芸・飼料作物編－．文永堂．
木原　均 1944 普通小麦の一祖先たる DD 分析種の発見（予報）．農業及園芸 19 : 889-890.
木原　均 1947 小麦の祖先．創元社．
Martin, J. H. et al, 1967 Principles of Field Crop Production. Macmillan.

第1章 総論

Masefield, G. B. et al, 1967 The Oxford Book of Food Plants. Oxford Univ. Press.
Mendel, G. J. 1865 Versuche über Pflanzen-Hybriden. Verhandlungen des Naturforschenden Verein Brünn 4 : 3-47.
中尾佐助 1966 栽培植物と農耕の起源．岩波書店．
日本作物学会編 2002 作物学事典．朝倉書店．
日本農学会編 2006 シリーズ21世紀の農学 遺伝子組換え作物の研究．養賢堂．
西川五郎 1960 工芸作物学．農業図書．
野口弥吉 1946 栽培原論．養賢堂．
農林省熱帯農業研究センター 1975 熱帯の有用植物．農林統計協会．
佐野 浩監修 2003 遺伝子組換え植物の光と影II．学会出版センター．
佐藤 庚他 1977 食用作物学．文永堂．
田中正武 1975 栽培植物の起源．日本放送出版協会．
戸苅義次・菅 六郎 1957 食用作物．養賢堂．
Vavilov, N.I. 1926 Studies on the origin of cultivated plants. Bull. Appl. Bot. Plant Breeding 16 : 139-245.
渡部忠世他 1977 食用作物学概論．農文協．
山田康之・佐野 浩編 1999 遺伝子組換え植物の光と影．学会出版センター．
山崎耕宇他編 2004 新編 農学大事典．養賢堂．

第2章　水　稲

学名：*Oryza sativa* L.（アジアイネ），*O. glaberrima* Steud.（アフリカイネ）
和名：イネ，古名：志泥(し ね)（古事記），之弥（倭名類聚抄），伊奈（万葉集）
漢名：稲，水稲，中国名：水稲，粳，稌，秈
英名：rice, paddy rice
独名：Reis，仏名：riz，西名：arroz

1．分類・起源・伝播・歴史

（1）分　類

　イネ属（*Oryza*）はイネ科（Gramineae），イネ族（Oryzeae）に分類され，イネ属には2種の栽培種を含む23種が記載されている（佐野 2004）．熱帯を中心に世界中に分布しており，多年生あるいは1年生草本で，湿地を好むものが多い．染色体の基本数は，$n = 12$である．イネ属植物は，種名が混交しているものがあり，異名が多いものもある．
　イネの栽培種にはアジアイネ（*Oryza sativa* L.）とアフリカイネ（*O. glaberrima* Steud.）の2種があるが（図2.1, 2），アジアイネに比べてアフリカイネの栽培はきわめて少ない

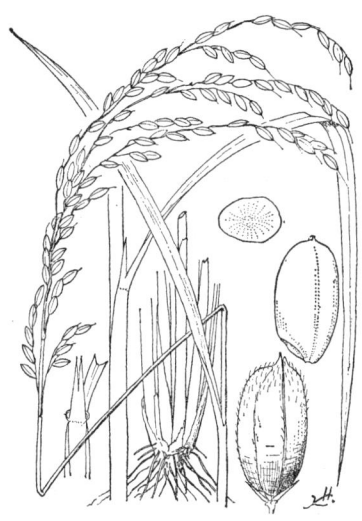

図2.1　アジアイネ（*O. sativa* L.）．
　　　　星川（1980）

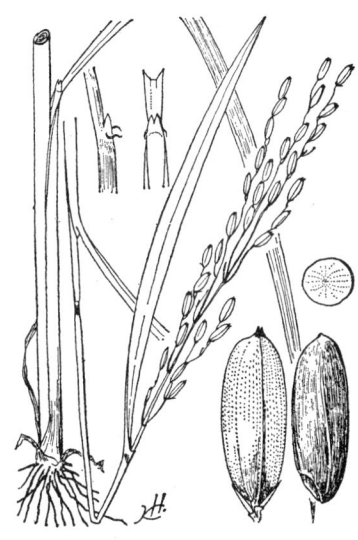

図2.2　アフリカイネ（*O. glaberrima*）．
　　　　星川（1980）

表 2.1 栽培イネ (*Oryza sativa*) の3つの亜種の特徴

形質	ジャポニカ型	インディカ型	ジャワ型
葉身	狭い，濃緑	広い〜狭い，淡緑	広い，剛，淡緑
分げつ性	中	多	少
草丈	短〜中	中〜長	長
籾の毛茸	長，密生	短，疎生	長
芒	無芒〜長	無芒が普通	長 (bulu)，無芒 (gundil)
玄米の形状	短，円い	長〜短，幅狭い	長，幅厚い
脱粒性	難	易	難が多い
感光性	無〜小	大〜小，無	小
アミロース含量	10〜24%	23〜31%	20〜25%
糊化温度	低	低〜中	低
フェノール反応	無	有	無

池橋 (2000) から作表

ので，通常アジアイネを単にイネと呼ぶ．イネは昔からアジアに多く栽培され，インディカ型 (indica type) とジャポニカ型 (japonica type) の2つの亜種に大別される．インディカ型は，ジャポニカ型に比べて茎葉が長く繁茂し，分げつが多く稈が長くてもろく，倒伏しやすい．深水中で育成する場合に稈が伸びて数 m 以上に達する，いわゆる浮稲型を呈するものも含まれる．生育に高温を要し，熱帯に栽培される．これに対しジャポニカ型は，低温でもよく育ち，主に温帯で栽培される．粒は，インディカ型は細長く，ジャポニカ型は短く太い．胚乳デンプンは，両亜種とも粳性と糯性とがある．インディカ型の粳種の胚乳デンプンは，加熱した場合に粘りに乏しく，ジャポニカ型ではかなり粘りが強いのも特徴である．またこの他に，中間的なジャワ型 (javanica type) を分類することもある．ジャワ型は熱帯ジャポニカ (tropical japonica) と呼ばれることもあり，草丈高く，分げつ少なく，米粒は大きくてやや丸型，炊いた胚乳はやや粘りがある．これは，ジャワなど南洋地域やイタリアなどで栽培されることが多い．これら3つの亜種の特徴を表 2.1 にまとめて示した（池橋 2000）．しかし亜種内部でも形質に変異が大きく，亜種間の形態的区別は必ずしも明確ではない．

また栽培型として，3型とも水田で栽培される水稲 (paddy rice) と，畑で栽培される陸稲 (upland rice) とがある．陸稲は水稲に比べて生育にそれほど水を要求しない品種群として作物学的に区別されたものであり，とくに植物分類学的な区別はされていない．本書では陸稲については章を別に解説した．

アフリカイネは主として西アフリカの限られた地域のみで栽培されているもので，籾の毛が少なく，芒が退化している．葉舌が小さいのが特徴で，これにも深水に生える浮稲型と陸稲が分化している．ただし，アフリカイネはすべて粳種であり糯種がない．近年，アフリカイネにアジアイネの多収性を付与する目的で，*O. glaberrima* と *O. sativa* の種間交雑種が育成され，西アフリカ各地で導入されつつある．

（2）起　源

イネ属の野生種はアジア，アフリカ，南米など，異なる大陸に広く分布することから，イネ属の共通祖先種はこれら大陸が分離する以前のゴンドワナ大陸に起源すると推定される（Chang 1976）．野生種は，低湿地，日当たりの良い沼沢地，林地内の半陰地などに自生し，多様な環境のなかで，多年生，一年生などの繁殖様式を分化させている．その後ゴンドワナ大陸は分裂して，インド亜大陸は隔離されるが，この間イネ属は独自の進化を遂げた．そして，インド亜大陸のユーラシア大陸への接合の際，アジアの野生種 *O. rufipogon* は，両大陸の接点であるヒマラヤの南山麓からアジア大陸に上陸して拡散し，この過程で栽培種 *O. sativa* が成立したと推定される（池橋 2000）．一方，アフリカイネは，ゴンドワナ大陸分裂後はアジアイネとは独自の進化を遂げたと考えられる．すなわち，アジアイネとアフリカイネは，いずれもゴンドワナ大陸において起源し，大陸分裂後は独自の進化過程を辿ったと推定される．

栽培種が稔性のある雑種を形成できる野生種は，*O. sativa* は *O. rufipogon*（*O. nivara* を含む），*O. glaberrima* は *O. barthii* のみであることなどから，両栽培種の成立過程は，以下のように推定されている（佐野 2004）．

アジアイネ：*O. rufipogon* Griff → *O. nivara* Sharma et Shastry → *O. sativa*
アフリカイネ：*O. longistaminata* Chev. et Roehr. → *O. barthii* A. Chev.
　　　　　　→ *O. glaberrima*

両種とも，野生種の多年生から一年生への分化を経た後，栽培種へと進化した．なお，アジアイネのジャポニカ型とインディカ型は，野生種の多年生から一年生への進化の段階ですでに分化していたと考えられる．

（3）伝　播

イネの栽培化，すなわち稲作が起源した地域については，インド，雲南・アッサム（渡部 1977），中国長江下流あるいは東南アジアとする諸説がある（中川原 1985）．かつては雲南・アッサム起源説が有力視された．しかし，1976年には中国浙江省の河姆渡遺跡から 4,700 B.C. 頃の稲作遺跡が出土し，その後も長江中・下流域ではさらに古い稲作遺跡の発見が続いたことから，現在は長江下流起源説が有力となっている．一方，起源地を単独の地域とする従来の一元説に対し，DNA分析等の結果から，ジャポニカ型だけが長江中・下流で起源し，インディカ型は熱帯アジア地域で起源したとする二元説も提唱されている（佐藤 1996, 2001, 2008）．

稲作起源地から中国各地や日本への伝播の経路は，起源地をどこと見るかによって異なる．佐藤の二元説（佐藤 1996）に従うと，長江中・下流で起源したジャポニカ型イネは，その後中国各地に伝えられ，1,000 B.C. 頃には現在の稲作地帯のほぼ全域に広まったという．そして，この頃黄河流域からの侵略があり，長江流域の人々は難を逃れるため西方や南方へ移住し，それらの地域に稲作を伝えた．南方ではインディカ型野生種に出会い，それを栽培化することによりインディカ型イネが誕生した．

わが国への伝播の経路には諸説があり，朝鮮半島経由して北九州に達したとする説，江南地方（長江下流の南部）から東シナ海を経て北九州に到達したとする説，および台湾・

琉球列島を経由して南九州に至ったとする説がある．水田跡や炭化米などが各地で発見されており，それらの解析から，わが国における稲作は，縄文時代の晩期の1,000 B.C.頃には開始されたと考えられている．今後の発掘調査・研究が進むにつれ，開始時期はさらに遡る可能性がある．また，前述の佐藤の二元説では，中国からはジャポニカ型が，南方からはジャバニカ型がそれぞれ伝えられた．その後両者は日本国内で交雑した結果，基本栄養成長性と短日性が小さい早生種が出現し，東北でも栽培が可能になったとする．

なお，太平洋諸島やハワイには，19世紀に伝わり，オーストラリアにもこの頃伝わり，20世紀になってから栽培が始められた．

アフリカイネは，西アフリカのニジェール河の中流域で1,500 B.C.頃に $O.\ glaberrima$ の栽培が始まったとされる．しかしその後の伝播地域は西アフリカに限られており，現在では $O.\ sativa$ の栽培が多くなっている．前述のように，アフリカイネが持つ不良環境耐性に，アジアイネの多収性を付与する目的で，両者の種間交雑種の育成と普及が図られつつある．

チグリス・ユーフラテス平野では500 B.C.頃から栽培された．前4世紀のアレキサンドロスの東方遠征の際にギリシャに知られたが，地中海岸のシリアへの伝播は約1,000年も要し，5世紀頃に伝わり，6~7世紀にはエジプトに伝わったという．またこの頃までに，バルカン半島からハンガリーに及んだ．9~10世紀にはアラビア人によりスペイン，イタリアに伝えられた．しかし地中海地域は，乾燥気候に適応したムギ栽培地域であったため，イネはあまり普及しなかった．ことに，ヨーロッパの中世に流行した悪疫の原因が沼気すなわち沼地の悪風のせいだと信じられていたので，水田稲作はイタリアのロンバルジア地方やスペイン南部などの一部を除いては消滅した．

アフリカでは，すでに紀元前にインドから海路伝播し，東海岸やマダカスカルで栽培された．北部では，6~7世紀にエジプトに入り，モロッコに伝わった．また，15世紀にはポルトガル人により西海岸に伝えられ，やがて内陸へも普及した．

アメリカへはオランダから伝わり，17世紀にサウスカロライナ州の湿地に栽培されたのが最初で，20世紀になってカルフォルニア州での栽培が始まった．ブラジルには，16世紀にポルトガルより入り，アマゾン流域に栽培され，同じ頃，中・南米各地にヨーロッパからの移民が伝えた．英領ギアナでは18世紀に栽培が始まった．

現在，イネの栽培の北限はアジア東部では中国黒龍江省（50°N），中央アジアではロシア南部，ヨーロッパではイタリア北部，日本では北海道の北端近く（45°N）である．高度では，ヒマラヤ山脈南麓の2,600 m付近が最高地といわれ（河北新報社 1998），日本では長野県南佐久郡の1,310 mが最高とされている．

(4) わが国の稲作の歴史

縄文末期頃から稲作文化を持った人々が日本に移住し，イネ栽培を始め，それが先住の人々の間にも広まったと思われる．日本での稲作は当初，北九州あるいは南九州に始まったらしい．そして，中国，四国に，さらに近畿地方へと伝播し，3~4世紀には関東に及んだ．こうして弥生時代には，稲作を中心とした農業が発達し，静岡の登呂遺跡に代表されるような，かなりの高度の技術を持った水田稲作も出現していた．こうした水

田稲作は共同体としての生活を発達させ，部族社会が生まれ，それらが次第に政治的に統合されて日本という国家が形成される基礎になったと考えられている．

　平安時代（8世紀）に入る頃には稲作は奥羽地方にまで広まり，延暦時代（781〜805）には，栽培面積は全国で105万haに達した．鎌倉時代（12〜14世紀）には本州の北端にまで及んだ．技術的には当初は直播方式であったが，奈良時代には移植栽培も一般化し，また収穫は古来からの穂刈りから株刈りの方式へと変わり，平安時代初期までには，田植え，株刈りの稲作技術が確立した．早くから早生，晩生などの品種の分化もみられていたが，鎌倉時代にはさらに中生品種もでき，品種，熟期，品質への関心も増し，施肥，除草，裏作などの技術も進んだ．

　江戸時代（17〜19世紀）に入ると種籾の水選，風選，篩選が一般化し，苗代管理及び播種法が集約化し，鍬や犂などが発達した．明渠，暗渠により排水が行われ，客土などの土地改良も始められた．品種はさらに発達し，農民によって地域の気象に適した品種が変わり種の選抜によって作り出され，災害回避用に早・中・晩数品種を組み合わせて栽培し，収量の安定が図られた．江戸時代末までに栽培面積は250万haに及び，10a当り収量は150〜170kgであった．

　明治時代に入ると，稲作は北海道にまで普及し，大正時代には総栽培面積は300万haに達した．10a当り収量は，明治時代に200kgを越し，大正時代末には300kgに近づいた．この収量の増加は，施肥技術の著しい進歩に負う所が大きいが，また土地改良の成果も見落せない．

　わが国の稲作は，昔からたびたび冷害にみまわれ，そのたびに凶作飢饉をもたらした．明治時代後期から始められた国の試験研究機関による品種改良の事業は，民間育種を引き継いで科学的，組織的に進められたが，特に，耐肥性品種と並んで冷害抵抗性品種の育成が大きな目標とされ，陸羽132号を始めとして，次々に優れた品種が育成され，冷害回避に効果をあげた．それでも，昭和に入ってもなお，東北地方は度々大冷害にみまわれた．昭和中期からは，作物栽培学的面からの冷害機構の研究が主体的に進められ，また戦時の需要に応じて多収技術の研究が進められた．

　戦後になると，苗代方式の改良などを基盤に早期栽培と冷害抵抗性品種の組み合わせによる冷害回避の技術が普及され，凶作に到る大冷害は1953年を最後に，1976年までの間発生をみなかった．また機械化による省力が耕耘機，刈取機と進展し，ついに1960年代以降は，田植と収穫も機械化されて，労力は著しく軽減された．また農薬の普及も省力に大きく貢献した．反面，人力以外のエネルギー，資本の投入量は激増した．この結果10a当り収量は，1950年以前の300kg台から，1960年代には400kg台に，1980年代以降には500kgを越すまでに増大した．

　イネはわが国の最重要作物であり，数少ない自給作物のひとつであり，わが国の農家の家計収入の農業依存度が減ったとはいえ，地域によっては稲作への依存度は依然として大きい．しかし，1960年代から，米の需要が減少の一途を辿り，米の余剰傾向が続いている．そのため，作付制限の政策が続けられ，流通は規制が緩和され，米の生産も量より質への時代に入った．

第2章 水稲

イネは，わが国の作物学の中心的課題として，あらゆる面から研究が進められてきた．物質生産の生理生態学的解明，機械化技術や品質に関しての研究も進められて稲作の理論的解明も深まっている．

また世界的に，米の重要性が増すに伴い，1960年には国際イネ研究所（IRRI）がフィリピンに設立され，その成果がアジアにおける緑の革命の原動力となり，熱帯アジアの稲作に大きく貢献した．わが国の農林水産省は，1991年にイネゲノム解析プロジェクトを開始し，わが国の主導のもとに11の国・地域が参画する国際コンソーシアムが組織された．この組織によりゲノムの解読が進められ，2002年には全塩基配列の解読終了が宣言された．今後，この情報を基盤に，イネ科学の飛躍的な発展が期待される．

2．生産状況

世界の米の生産量は20世紀の後半以降，一貫して増加傾向にあり，1980年代に4億トン，1990年台に5億トンを超え，21世紀に入って6億トンに達している．地域的には世界の全生産量の90%以上をアジアが占めているが，なかでも中国とインドが2大生産国でこの2国が世界の半分以上を生産している．この生産量の飛躍的な増加は，作付面積の増加よりも単収の増加により強く依存している（表2.2）．単収（籾収量）は1960年代始めの約2 t/haから現在では約4 t/haにまで増加したが，これには途上国における緑の革命や最大の生産国である中国におけるハイブリッド品種の普及が大きく貢献している．

わが国の水稲の作付面積は明治時代以降，増加の一途を辿り，1930～1960年代には戦時中を除き300万haを越した（表2.3）．また，単収（玄米収量）も20世紀初頭の2 t/ha

表2.2 世界の米の作付面積，単収および生産量

年	作付面積, 百万ha	単収, t/ha	生産量, 百万t
1980	145	2.75	397
1985	144	3.26	469
1990	146	3.54	520
1995	150	3.69	552
2000	154	3.89	599
2005	150	4.17	626

籾収量．FAOSTATから作表

表2.3 日本の米の作付面積，単収および生産量

年	作付面積, 万ha	単収, t/ha	生産量, 万t
1900	273	2.24	612
1910	283	2.42	689
1920	296	3.11	921
1930	308	3.18	979
1940	300	2.98	896
1950	288	3.27	941
1960	312	4.01	1254
1970	284	4.42	1253
1975	272	4.81	1309
1980	235	4.12	969
1985	232	5.01	1161
1990	206	5.09	1046
1995	211	5.09	1072
2000	176	5.37	947
2005	171	5.32	907

玄米収量．農林水産省の統計から作表

強から20世紀末の5 t/ha強へと飛躍的に伸び,世界最高水準にある.それに伴い米の生産量も増え,1960年代後半には約1,400万 tに達した.しかし,1970年代以降,わが国では食の洋風化が著しく,米の消費量は1960年代の1人当り約120 kg/年から最近では約60 kgへと半分近くにまで減退している.これに伴い米の生産過剰が顕著になり,対策として作付面積の調整が行われたため,現在では作付面積は約170万 haに,生産量は800～900万 tに減少している.

3. 形　態

(1) 籾

1) 籾の形態

イネの籾(rough rice, unhulled rice)は小枝梗(pedicel)先端に着生し,副護穎(rudimentary glume),護穎(glume),小穂軸,内穎(palea),外穎(lemma)からなる(図2.3).外穎は内穎よりやや大きく,両者は鉤合して玄米を包んでおり,先端は芒(awn)となる.栽培品種の多くは芒が退化している.内・外穎はごく短い小穂軸に着き,その下部に1対の護穎と副護穎がある.護穎は普通短小だが,品種によっては籾の半ばに達するものがある.籾が成熟すると護穎の基部に離層ができて,籾は自然に脱落するが,ジャポニカ型では離層形成が不充分で自然離脱しにくい.そこで脱穀という作業によって,その下部の1対の副護穎に続く小枝梗の部分で折り取られる.玄米(brown rice)は受精した子房が発達したもので,イネの果実(fruit)に相当し,薄い果皮の内部が真の種子(seed)である.

玄米を包む穎などの玄米以外の部分を籾殻(hull, husk, chaff)または稃と呼ぶ.内部組織構造(図2.4)をみると籾殻は内・外穎とも上表皮の細胞は硅質化して肥厚し,一部の細胞は剛毛になる.表皮下組織は厚膜化細胞や繊維細胞からなる.さらに柔組織および下表皮(内表皮)があ

図2.3　籾の構造
1:横から見たもの,2:縦断面,3～9:籾を分解したもの,3:内穎,4:外穎,5:玄米,6:小穂軸,7,8:護穎,9:副護穎と小枝梗.星川(1980)

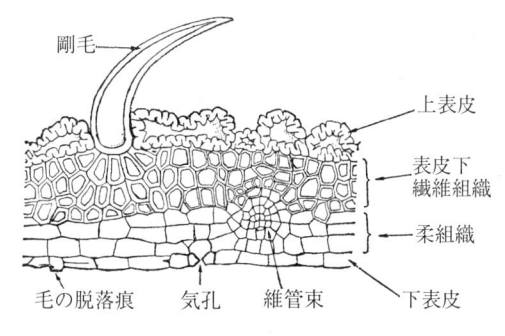

図2.4　籾殻(外穎)の内部構造(横断面).星川(1980)

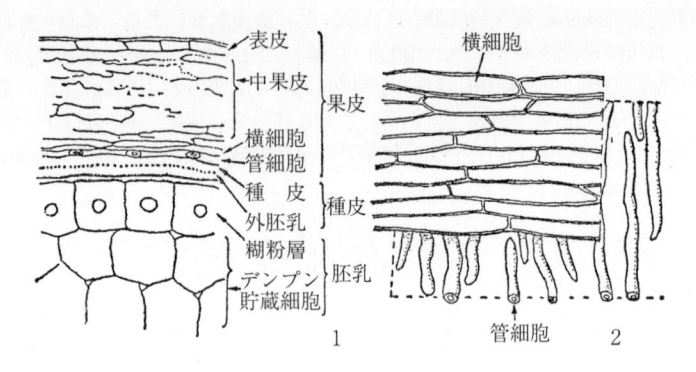

図2.5 果皮・種皮の構造
1：玄米皮部の縦断面, 2：横細胞と管細胞の部分の構造(皮部に平行な面).
星川(1980)

る．下表皮には気孔が存在する．籾殻（内・外穎）は葉（葉鞘）と相同の器官である．種籾では籾殻の全ての細胞は枯死している．

　果皮（pericarp）は上から表皮（外果皮），数層の中果皮，1層の下表皮からなる（図2.5）．中果皮のうち最内層の細胞は粒軸に直角に伸長して横細胞層（cross layer）と呼ばれ，また下表皮は粒軸に平行にのみ伸びるので粒が肥大すると細胞と細胞の間隔があいて管細胞（tube cell）と呼ばれ，両者は互いに直角に交叉して果皮の繊維的役割を果している．果皮の維管束は腹面，両側面，背面に各1本ずつ縦走し，とくに背面の繊維束が太く，これが登熟期に籾内へ貯蔵物質を転流する通路となる．

　種皮（testa）は子房の珠皮（内珠皮）から発達したものである．完熟粒では細胞組織は崩壊して，一様な膜となる．その下に珠心表皮より由来した薄い外胚乳（perisperm）があるが，これも細胞組織は崩壊して膜化し，種皮に癒着している．このため，両者を併せて種皮とみなす．

　種子の大部分は，胚乳組織（endosperm）で占められる．胚乳の最外層は糊粉細胞層（aleurone layer）で，細胞壁の厚い小型の細胞が，腹面は1～2層，側面は1層（品種・環境により部分的に2層），背面は4～6層（インディカ型米では約3層）ある．糊粉細胞には主にアルブミン，グロブリン系のタンパク質よりなる糊粉粒（aleurone grain）と脂肪粒が蓄積され，デンプンは蓄積されない．糊粉層は発芽時の酵素の生成源として機能する．試みに糊粉層を剥離して発芽させると，芽の成長は進まない．糊粉層に包まれた内部は全てデンプン貯蔵柔組織（starch storage parenchyma）で，大型，薄膜の細胞中に貯蔵デンプン粒が充満している．デンプン粒間の小隙には少量の主としてグルテリン系のタンパク顆粒（protein body）が含まれる．また粒形の脂肪粒（fat body）も少量存在する．

　胚（embryo）は粒基部の外穎に面した側に存在し，籾のうち胚のみが全て生細胞からなる．胚は表面からみると楕円形，縦断面でみるとほぼ三角形で，胚乳組織の中へ埋めこまれた形である（図2.6）．胚乳に接する側は盤状体（胚盤，scutellum）で，胚乳に面する

最外層は柵状吸収細胞（epithelium）となり，発芽の際にここから酵素を生じ，またデンプンが糖化した炭水化物などを吸収する器官である．なお，発芽前の胚盤の細胞には，糊粉層におけるものと類似のタンパク顆粒が蓄積される．胚の芽生組織は，上部に幼芽（plumule），下方に幼根（radicle）が分化しており，両者を胚軸（hypocotyl）が繋いでいる．幼芽は鞘葉（幼芽鞘，coleoptile）に包まれて，第1～3葉の原基がすでに分化している．幼根は1本の種子根（seminal root）で，根鞘（coleorhiza）で保護されている．胚盤の上半部には維管束が分布するが，それらは幼芽の基部で1本に収斂して成長点に通じ，また大きく反転して幼根の維管束に通じている．

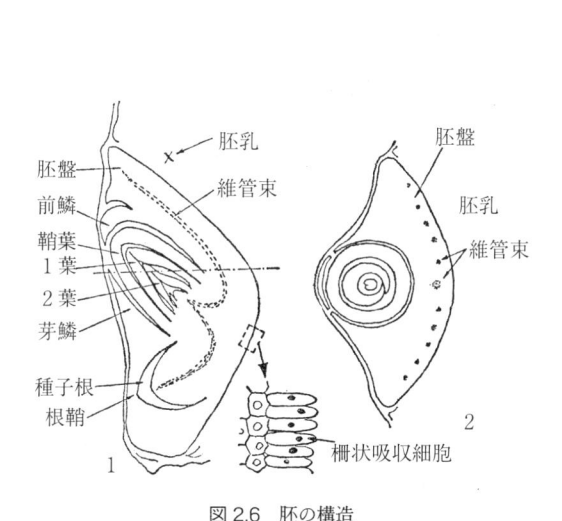

図2.6　胚の構造
1：縦切りにした断面，胚盤の対胚乳面の表層は柵状吸収細胞層でその点線枠部の拡大を示す，2：1の破線のところを横切りにした断面，3枚の葉が捲いているのがわかる．星川（1975）

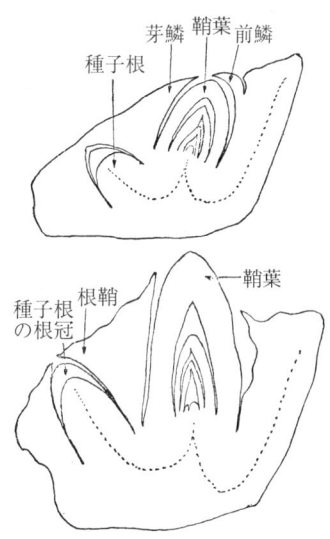

図2.7　発芽に伴う胚の発達
上：発芽前，下：鞘葉が先に抽出，続いて根鞘を破って種子根が抽出する．星川（1975）

2）環境条件と発芽の過程

種籾の発芽（germination）は水分の吸収から始まる．籾殻に徐々に吸収された水は果皮，そして種皮を透過する．胚の各細胞は吸水によって膨張し，胚は肥大してその圧力により外穎の稜線基部を内側から押し破って白く露出する（図2.7）．次いで，前鱗（ventral scale）を破って鞘葉が，また根鞘を破って種子根が抽出してくる．これをハト胸状態になったと表現する．このころから幼芽，幼根の細胞は細胞分裂を始め，成長過程に入る．

急速な吸水後，発芽のための物質代謝が進行する．イネ科作物では胚で合成されたジベレリンが発芽開始のシグナルとなり，これに反応して生じたα-アミラーゼが胚乳の貯蔵デンプンをグルコースにまで分解する（幸田 2003）．グルコースは胚に送られて胚の成長に用いられる．発芽後，胚乳は胚に近い部分から溶解消失し，3.8葉期頃にほとんど

消費し尽くされる（図2.8）.

胚では鞘葉が伸長しきる前からその内部で第1葉原基が伸長し始め，しばらくして第2葉原基が，さらに遅れて第3葉原基が伸長を始める．第3葉原基が伸長し始める少し前に，第4葉原基が分化する．これが芽生えにおける最初の葉の分化である．種子根は伸長しつつ根毛を発生し，また好気条件では根鞘にも根毛（根鞘毛）が発生する．発芽後数日して約5 cmに達した頃に根の基部寄りから分枝根を発生し始める．そしてほぼ同じ頃に鞘葉節から冠根が発生し始める．

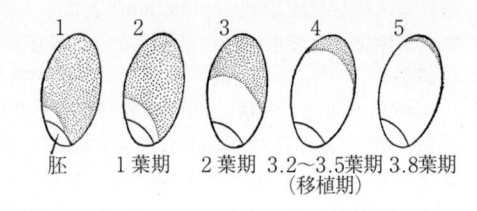

図2.8 発芽に伴う胚乳貯蔵養分の消費経過．白抜きの部分が消費された部分．壇上 (1951) を星川 (1980) が改

発芽は環境によって大きく影響される．特に，温度，水分，酸素の影響が大きい．

温度：発芽の最低温度は10℃，無菌的には5℃（姫田 1970）の記録もある．最高温度は44℃，最適温度は30〜32℃である．発芽最低温度は品種により異なり，寒冷地域の品種ほど低温で発芽できる．世界的にみて，高緯度，寒冷地のイネは低温で発芽が早く，熱帯のイネほど遅いという地理的分布がみられる（永松 1943）．同一品種についても発芽の速度，発芽勢に温度差がある．30℃が最も速く，よく揃った正常な発芽を示し，40℃では発芽が速いが，芽切り以降の発芽成長が異常で，個体変異が大きい．20℃では発芽は遅いが，発芽のプロセスは正常である．

水分：種籾は発芽の最初の過程で急速に吸水し，乾物重の約20％吸水の頃から胚の活動が誘起される．そして約30％吸水するとしばらく吸水は停滞し，この期間の終わりに発芽する．発芽後は再び吸水が増える．発芽に際して幼根と幼芽のいずれが先に出るかは発芽床の水分が関係し，水分90％以上では幼芽が先に出，それ以下では幼根の方が先に伸長してくる．

酸素：発芽に要する酸素濃度は他作物より低く，酸素濃度0.7％まで発芽歩合100％を示す．濃度0％でも発芽歩合80％を示すという（Taylor 1942）．しかし，低酸素濃度下では，外見的には発芽するが，それは鞘葉だけが伸長した異常な発芽形態であり，本葉原基や根原基は成長しない（佐々木 1926, Jones 1933）．酸素不足では酵素の活性が低下する．

（2）根

1）根の形態

イネの種子根（seminal root）は胚の幼根が発達して伸長したもので1本だけ生じる（図2.9）．1次，2次分枝根を生じ，苗時代の養水分吸収の役割を果す．冠根（crown root）は鞘葉節以上の茎の各節部から発生する不定根である（図2.10）．発根部が，茎を取り巻いて環状の発根帯をなし，根が冠状に生ずるため冠根と呼ぶ．

発根帯は各節の直上部と直下部にあり，前者からの根を上位根，後者からの根を下位根と呼ぶ．ただし，茎を節間を構成単位として考える要素説（川田ら 1963）では，ある

節間（要素）の下位に生ずる根をその要素の下位根，上位に生ずる根を上位根と呼ぶ．この要素説の考え方は前述した節根の考え方の上位根，下位根とは逆の表現なので混用しないよう注意を要する．本書では便宜上，節根の考え方で解説する．

最初に発根するのは鞘葉節根であり，その下位根は3本，上位根は2本，計5本であるが，第1節根は上下位各4本，第2節以上節位が高まるにつれて根数は増えるが，第11〜12節で最多となり，さらに上位の節では減少する（藤井 1961）．なお，節の下位根は上位根より概してやや早く発根する．総根数は主茎だけで200本以上，1本植で茎数30本ほどになった個体の全根数は700本前後にも達する．

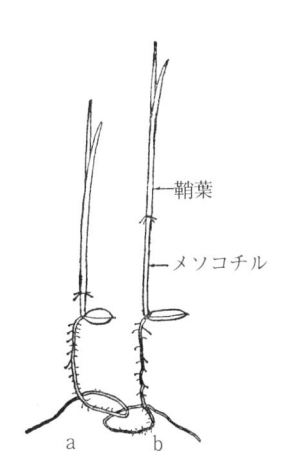

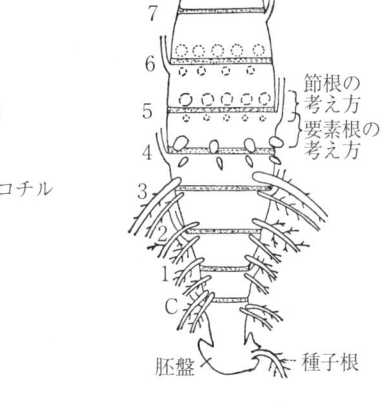

図2.9 暗黒条件で発芽させた芽生え．a：ジャポニカ型，b：インディカ型．星川（1980）

図2.10 冠根の出かたを示す模式図 第7葉抽出期．第4節の上下の根帯で発根が始まり，第6節では根原基が分化中である．C：鞘葉節，1, 2, 3：第1, 2, 3節．星川（1980）

根の太さも上位節の根ほど太くなるが，やはり11節あたりで最も太く，それより上位では細くなる（藤井 1961）．なお，各節の上位根はその下位根に比べて太い．太い根ほど伸長速度が大きく，土壌中を下方へ伸長する傾向が強く，最終的に根長も大きい（川田ら 1963）．また一般に下位根は横方向に伸び，上位根は横から下方向に伸びる傾向がある．この他，極端な深播きや薬品処理を行うと，まれに中茎から多数の細い不定根が出ることがある．これを中茎根（mesocotylar root）と呼ぶ（星川 1975）．

種子根と冠根は伸長しつつ1次分枝根を出し，さらに2次ときには3次分枝根まで生ずる．しかし分枝根はいずれも短かく，細いため，イネの根は全体として冠根を主とするひげ根状根である．これら根の張り方の全体の状態を根系（root system）と呼ぶ．発育初期は根系は土壌の表層に浅く広く分布するが，生育が進むにつれて深くなり，出穂期には深さ90cmに至る（佐々木 1932）．また生殖成長期に入ってから出る，ごく上位節からの冠根は，地表近くを横あるいは斜め上方向にも伸び，分根の発達も盛んで，うわ根と呼ばれる．

種子根，冠根ともに基本構造は同じで，1本の根は根体と根冠からなる．根冠（root cap）は根端を覆う保護組織で，伸長につれて剥離するが，常に根冠始原細胞群から新生され

る.根体の先端には成長点(growing point)があり,2～3個の始原細胞群が分裂を続けている.成長点から基部寄りの部分は細胞分裂の盛んな分裂帯で外側から原表皮(dermatogen),原皮層(periblem),原中心柱(plerome)に分化し,成長点から約200 μm の部分でほぼ細胞の増殖は終了する.そこから基部寄り1～5 mm は各細胞が縦に伸長する伸長帯で,根はこの部分で伸びるとともに,内部諸組織の形成が進む.伸長帯の始まる部分では中心柱(stele)の原生木部(protoxylem),原生篩部(protophloem)がほぼ成熟する.分裂・伸長両帯は呼吸が盛んで,無機塩類の吸収が活発である.伸長帯のさらに基部寄りは成熟帯で,中心柱の後生導管(metaxylem),後生篩管(metaphloem)が完成し,内皮(endodermis)の細胞にはカスパリー線(Casparian band)の肥厚も起こる.表皮(epidermis)の細胞の一部は外側に突起し,根毛(root hair)を発生する.そこで成熟帯を根毛帯と呼ぶこともある.

表皮細胞は伸長帯において,伸長する長細胞と伸長しない短細胞に分化するが,短細胞はRNAに富み,根毛帯の始めの部分で根毛に発達を始める.根毛はふつう根端から3～20 mmの部域に生じ,根毛帯の基部寄りでは根毛は萎れ,脱落する.根毛1本の寿命は僅か数日である.根毛帯はつねに根端からほぼ一定距離にあるため,伸長している根では,根毛帯は常に土中を先へ移動している.

種子根,冠根の内部構造を図2.11～2.14に示す.根毛帯のさらに基部寄りになると,表皮は根毛とともに剥離し,その内層の外皮(周皮,periderm, exodermis)の細胞がコルク化して,その下の厚膜細胞とともに根の外表皮の代わりをなす.皮層(cortex)組織は最も内側の1層(内皮)を除いて退化崩壊し,空洞化して破生通気組織(lysigenous aerenchyma)となる.

中心柱は最外層を内鞘(pericycle)に囲まれ,その所々に原生木部が,その内側には後生木部ができている.木部は種子根では5～6か所あり,中央の髄(pith)の中心に最も太い後生

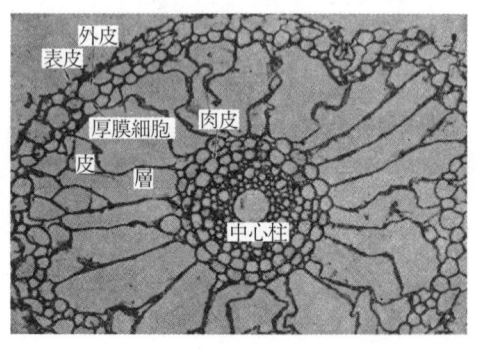

図2.11 種子根の横断面(成熟部).星川(1975)

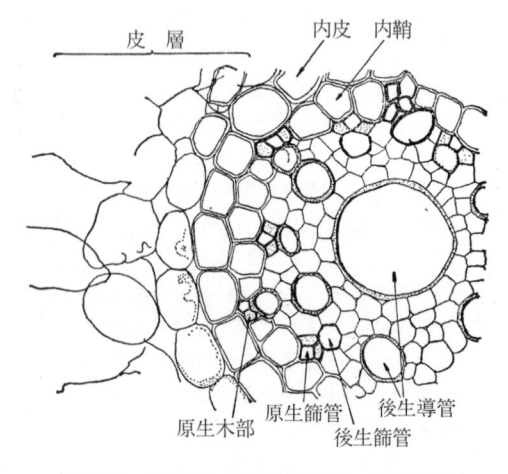

図2.12 種子根の中心柱部横断面.星川(1975)

導管がある．冠根では髄には導管（vessel）がなく，木部は周囲3～5か所に形成され，導管の数は11～12個である．木部と木部の間には内鞘に接して原生篩部が，その内側に後生篩部がある．

分枝根の内部構造も基本的に冠根のそれと同じであるが，細いため構成細胞数が少なく，特に皮層の層数が少なく，細い分枝根では皮層が全くない．中心柱の構造も簡単で，太めのもので中央に1本の導管，周囲に4つの篩部を持つ程度で，細いものは中心に仮導管（tracheid）を1本持つだけである．

2）根原基の分化

茎の成長点近傍では分化したばかりの葉原基から下へ数えて5枚目の葉（抽出展開中の葉）の基部付近の周辺部維管束の外側に接する基本分裂組織で，いくつかの細胞が分裂を始めて冠根の原基となる．原基は周辺部維管束管が，その節の葉の大維管束の葉跡で切断された部位に出来るので，原基の数は葉の大維管束数とほぼ比例する．根原基（root primordia）は節の横隔壁の上部と下部に，茎を取り巻いて帯状にでき，根帯を形成する．根原基は根としての諸組織を分化し，茎の維管束と連絡し，皮層の中を発達したのち，表皮を破って抽出発根する．発根はその節位より3つ上の節の葉が抽出するときと同調している．

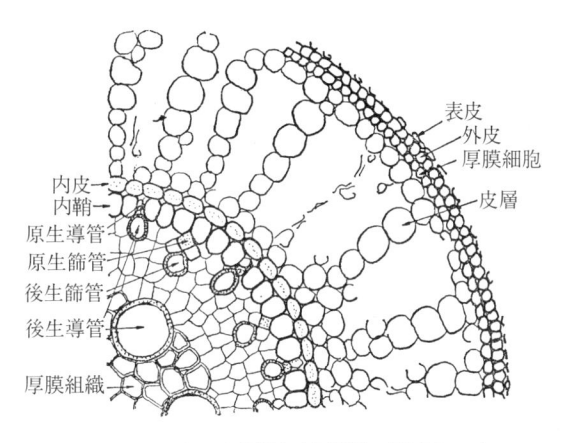

図2.13 冠根の内部構造（成熟帯）．星川（1975）

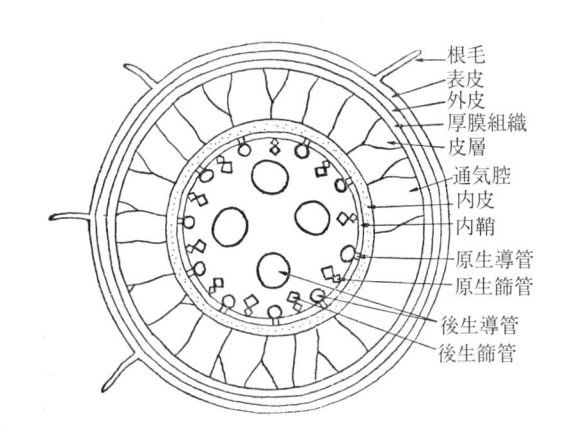

図2.14 冠根の内部構造の模式図．星川（1975）

分枝根の原基は内鞘細胞が起源である．それは2個の原生木部の間の原生篩部に対応する部分であり，ここから母根の維管束と接続する．分枝根が母根の皮層外皮を破って発根するのは根毛帯よりはるかに基部寄りで，根端より数cm離れた所からである．分枝根の周囲の母根の皮層細胞は崩壊しないので，母根の破生通気組織はこの部分で途切れる．

3）環境条件と根の成長

<u>土壌温度</u>：地温は直接的に根の機能に影響し，また間接的に土壌の物理・化学性および微生物学的性質の変化を通じて影響する．根の生育適温は32℃付近で，35℃になると根数や根の全重は大きくなるが，根体が繊維状になる．また約15℃までは温度の低下とともに生育が劣る．地上部と地下部の重量比率（T/R比）は地温が高くなるにつれて大となり，低温では小となる（東条 1935）．

<u>根圏土壌の酸素条件</u>：土壌中に酸素が多い乾田土壌の畑状態では，冠根は長く伸び，多くの分枝根を出す．乾田土壌の湛水状態では冠根の数はやや多いが，伸びも分枝根数も少ない．さらに土壌中の酸素の少ない有機質に富む湿田土壌の湛水状態では，冠根の伸びも分枝数も劣る．

水田状態と畑状態では根の形態は異なる（図2.15）．水田状態では比較的まっすぐ伸び，分枝根の数は少なく，短かい．根毛の発達が悪く，根毛が生ずる成熟帯は表皮とともに剥離し外皮が露出する．これに対し畑状態の冠根は，曲折が多く，長く伸び，とくに太い分枝根が水田状態のものに比べて2倍以上多く発生し，さらに2次分枝根も多く，その太いものからは3次分枝根も出る．根毛の発生も多い．したがって1本の根の表面積，吸収部分（根端）の量は，畑状態の方が格段に多い．このようにイネの根は酸素の多い条件のほうが生育に適するから，酸素が不足しがちの水田の土壌は，乾田化や中干し，あるいは飽水状態の管理などにより，根圏に酸素を供給することが重要となる．

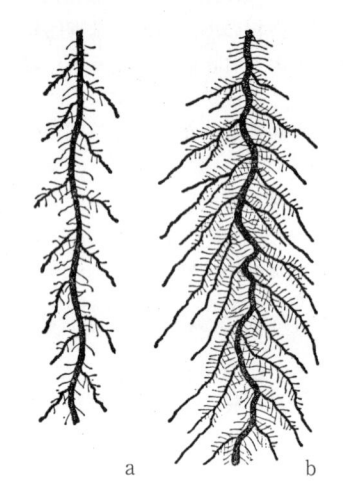

図2.15 土壌の水分状態の違いによる根の成長形態の違い．第12葉期の第5節から出た根．a：水田状態，b：畑状態．藤井(1861)を星川(1980)が改

イネが酸素不足がちの水田で生育できるのは，組織的には皮層内に破生通気組織を持ち，酸素の体内通導に便利な構造を持つこと，また生理的には，根の先部から酸素を出して根圏の土壌を酸化的に矯正しつつ還元土壌中を伸長すること，また根の表面に排出した酸素と土壌中の鉄分により，酸化鉄の皮膜を作って，通気不良のために生じた有害な硫化水素などの害から根を護るなどの諸特性を有するからである．根へ供給される酸素は，灌漑水中の溶存酸素，水中に繁茂する雑草・藻類などの光合成作用による酸素，およびイネ自体の同化作用により生じた酸素が地上から通気組織を通って根に送られたものなどからなっている．

根の酸素の消耗量は7月の晴天日には0.6 mg/時間/個体（山田ら 1954），また他の実験（8月の穂孕期）では0.21 mg/時間/株が観測されている（佐藤・森田 1943）．根の呼吸量は1株当りでみると分げつ期から増大し，穂孕期に最大になり，出穂期以降は減ずる．また1根当りの呼吸量は最高分げつ期に最大になり，その後は次第に低下する．この1株当り呼吸量の最大の時期は，株当り発根量の最大期とほぼ一致する（佐藤・森田 1943）．

体内の栄養条件：発根の多少には茎の基部の窒素含有量が密接な関係を持っており，乾物重当り1％以上の窒素が含まれているときにのみ発根が活発に行われる．またその伸長に対しては炭水化物が充分に供給されることが必要とされる．

根の異常とその原因：根はその環境条件により，図2.16に示すようにいろいろな異常を生ずる．

健全な根は明るい赤褐色で分枝根多く，先端部は白い．赤褐色なのは排出した酸素が，土中の亜酸化鉄を酸化して酸化鉄の被膜を形成するためである．土中の鉄分が不足のとき，あるいは根の排出する酸素が少ないときは，被膜ができないので，硫化水素により，根が腐ることがある．

獅子の尾状根は根端が障害を受け，先の部分から多くの分枝根が発生したものであり，虎の尾状根は酸化鉄の皮膜形成が不十分でマダラになったもので，ともに硫化水素に犯された時に出やすい．生育後期になると硫化水素の発生が多いから，高位節から出た根にこうした被害が多い．腐根も硫化水素が主因で，老化した根に出やすい．黒根は一部または全体が黒ずんで腐る．特に分枝根において著しく発生し，やがて切れて脱落する．生育中期以降に発生する．根の異常はまず根端に現われる．根端が丸く肥大したもの (c) は伸長不振の徴候で，生育が停止すると (d) のようになる．毒物などで根端が犯されると (e) のようになり，さらには (f) のように腐ってしまう．

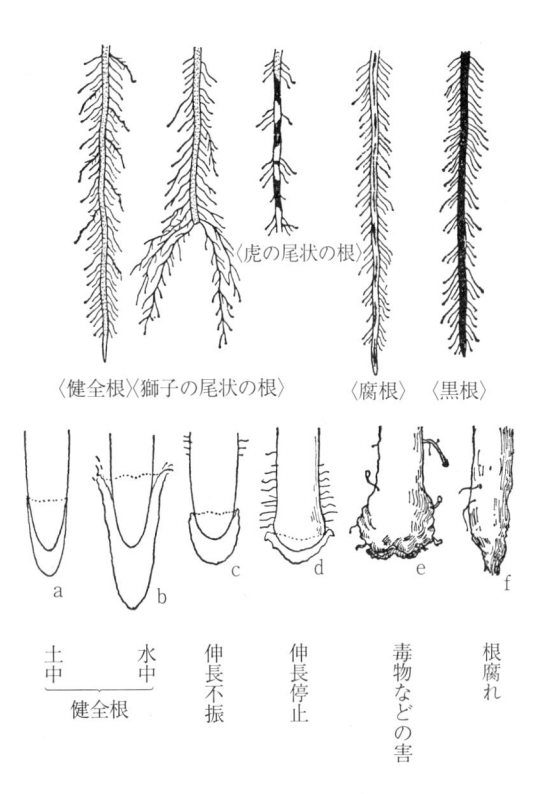

図2.16　根の異常形態
上：全形，下：根端部．星川 (1975)

（3）葉

1）葉の形態

発芽の際最初に出る鞘葉（子葉鞘 coleoptile）は長さ1〜2cm，本葉とは異なり管状を呈し，上端近くに割れ目があり，そこから第1葉が現れる（図2.17）．第1葉は葉身がきわめて微小で，不完全葉と呼ばれることもあるが，発生学的および内部形態的にはより上位の葉と基本的に異なるものではない．第2葉も葉身の発達がやや不十分でサジ形を呈する．第1葉を不完全葉と呼ぶ場合には第2葉を第1本葉と呼ぶが，これは茎や分げつの

第2章 水稲

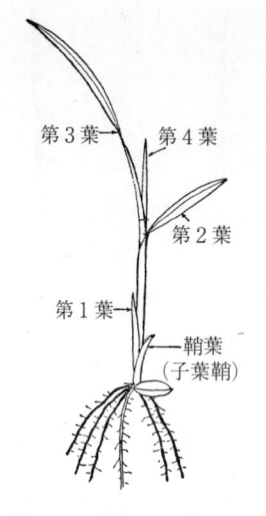

図2.17 葉の名称．図は葉齢3.2と表示される．星川(1980)

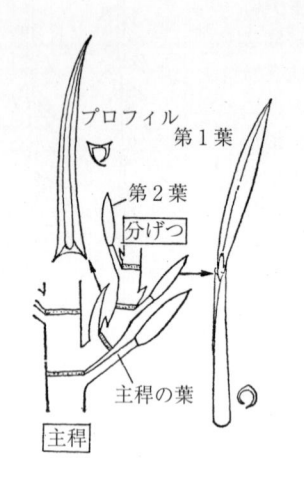

図2.18 分げつの葉．プロフィル，第1葉，第2葉の着き方を示す模式図．星川(1980)

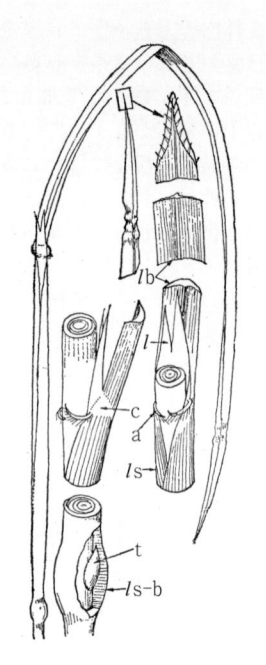

図2.19 葉
lb：葉身，ls：葉鞘，ls-b：葉鞘基部（葉枕），c：葉身基部（葉関節，カラー），l：葉舌，a：葉耳，t：分げつ．星川(1980)

体制を理解するうえにも煩雑であり，イネ科作物に共通な植物形態学的知見からも適切ではない．

第3葉以上は葉身の発達が良く正常な形態を持つ．葉は1/2葉序で互生し，主茎の葉数は品種によって異なるが，一般にジャポニカ型で早生が14～15枚，晩生は16～17枚である．しかし葉数は栽培条件で変動する．イネの生育の齢（age）は，主稈の葉数で表示する葉齢が用いられる．例えば第5葉が完全展開したときを5.0齢，さらに第6葉がその葉身全長の30％抽出中ならば5.3齢というように表示する．なお，最上位の葉は止葉（terminal leaf, flag leaf）と呼ばれ，特徴的に葉身が幅広くて短い．

分げつの最初の節に着く葉は前葉（prophyll）と呼ばれ，葉身を欠く特殊な形態で，発生的には母茎の鞘葉に類似する．また，分げつの第1葉は葉身を持つ完全葉である（図2.18）．葉は葉鞘（leaf sheath）と葉身（leaf blade）からなり，両者の境目に葉耳（auricle）と葉舌（ligule）がある（図2.19）．葉鞘は茎や葉あるいは穂を包み，両縁ほど薄くなって互いに重なり合う．茎の補強の役割が大きい．中央の葉脈が最も太く突出している．葉鞘は基部は通常止葉以外は露出することなく，下位の葉の葉鞘に包まれている．この葉鞘の基部は葉鞘節と呼ばれるやや膨らんだ部分で，葉枕（pulvinus）とも呼ばれる．葉身には，ほぼ中央に1本の太い中肋（midrib）があり，それと平行に多くの大小の葉脈（vein, nerve）が走る．葉身は上位の葉ほど長いが，止葉より下3枚目が最も長く，それ以上の

葉はまた次第に短い．

　葉身の表皮の細胞は葉軸に平行に規則正しい列に並ぶ．維管束上を走る葉脈の両斜面に1～3列の気孔列がある．気孔は2個の細長い孔辺細胞（guard cell）とその外側の2個の三角形の副細胞（subsidiary cell）からなり，その内部に呼吸腔を持つ．気孔の分布密度は高位葉ほど高く，葉の先端ほど多い．気孔数は葉の表面（向軸面）より裏側（背軸面）の方が多い．葉鞘では少ない．葉身の表皮細胞は細胞壁が波状の長細胞と毛茸，珪酸細胞，コルク細胞のような短細胞からなる．長細胞の間に珪酸細胞とコルク細胞が対をなすかあるいは単一で存在する．表皮の毛は小さく細い2細胞性の毛茸，大型の太い単細胞の毛茸，細長い小刺毛，太く長い大刺毛などがあり，いずれも葉先の方へ先端を向けている．

　葉身の先端部の葉縁を走る維管束には巨大な俵状導管があるが，これに対応する表皮には水孔（water pore）がある．また先端部の外縁には剛毛が生え，この辺縁部は内側にめくれこんでいる（図2.19）．葉身基部は細く厚くなり，葉鞘に接する部分は葉関節（blade-joint）と呼ばれ，無色あるいは紫，赤色などに着色している．葉耳は葉身基部の突出物で，一対のカギ状小片に長い毛が生えている．葉舌は葉鞘頂部が突出した白色の舌状膜で，これは葉鞘内部へ水が入るのを防ぐとか，葉鞘内の乾燥を防ぐものといわれるが，その機能は明らかではない．

　葉身の横断面は図2.20に示すように，表皮は珪質化して肥厚し，葉脈と葉脈の間には機動細胞（motor cell）が葉軸に沿って並ぶ．機動細胞は水分が欠乏すると膨圧を失って収縮し，葉を内側に巻いて蒸散を防ぐ役割をする．葉肉（mesophyll）は内側に突出を持った

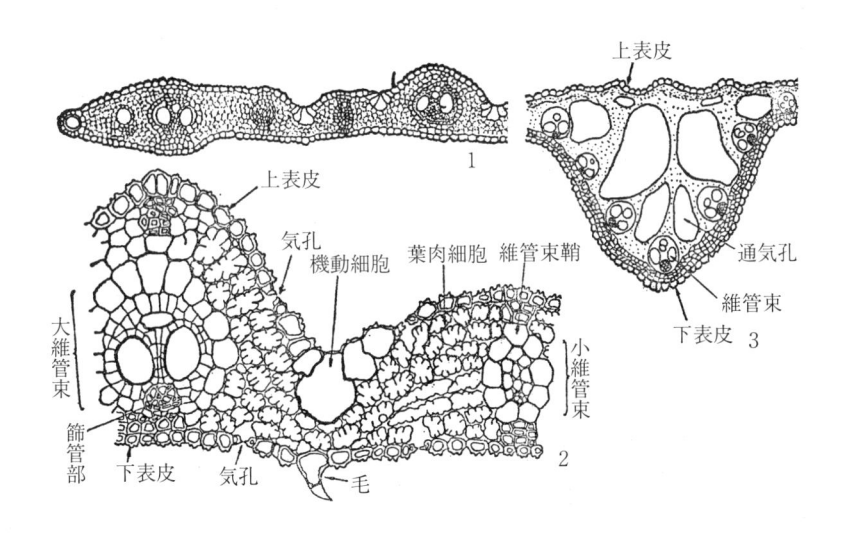

図2.20　葉身の内部構造（横断面）
1：葉身の辺縁部（×70），2：大維管束と小維管束（×210），3：中肋（×70）．星川（1980）

数層の有腕細胞からなる同化組織（assimilatory tissue）で，柵状，海綿状組織の区別はない．有腕細胞は細胞壁が内部に向けて葉軸と平行方向のヒダ状に突起したもので，突起（腕）数は通常5～7である．突起数は高位葉ほど多いが，細胞は薄型となり，突起の直径も小さくなる．細胞内には多くの葉緑体を含む．単位葉面積当りの葉肉細胞数は高位葉において著しく増加し，全細胞表面積も増大する．すなわち，高位葉ほど高い光合成能を発揮するのに適した形態となっている．葉肉細胞間の細胞間隙は呼吸腔に連なり気孔に通じている．

葉肉内には多くの維管束が平行に走っている．大維管束の間に2～4本の小維管束が配列している．維管束は維管束鞘（bundle sheath）に囲まれる．維管束鞘細胞には葉緑体がわずかしか存在しないのがイネの特徴である．その葉緑体もグラナ構造の貧弱なむしろアミロプラストに近い構造と機能である．維管束内の上表面側は木部で，とくに大維管束では2本の導管が目立つ．下表面側は篩部である．維管束と上・下表皮の間は厚膜化した細胞，繊維組織が充填しており，葉肉組織を維管束ごとに区切っている．

中肋部だけは裏面に大きく突出しており，その裏面側に中型維管束が並び，中肋内部には数室に区切られた大きな通気孔がある．中肋部の表皮の下には，厚膜組織が一様に厚く形成されていて，中肋が葉身を支え

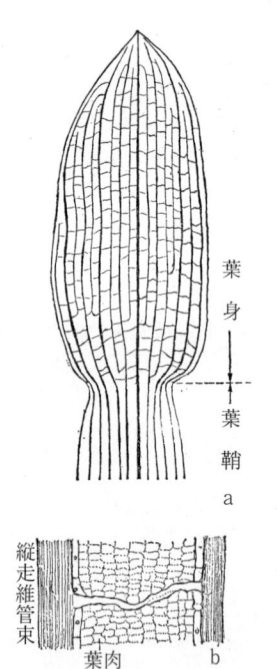

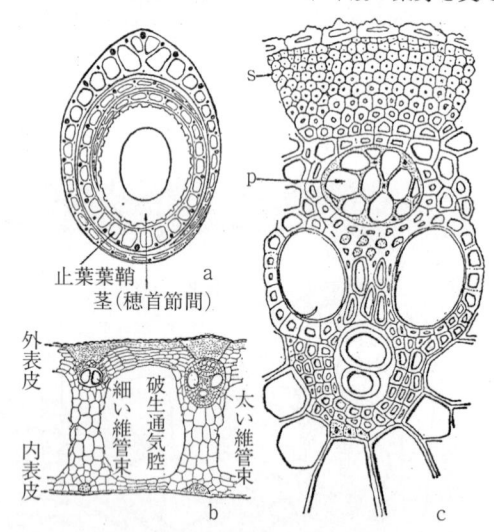

図2.21 葉身の維管束の走行
a：葉身（第2葉）の維管束の走行と葉鞘への連絡．b：葉身の横走維管束（拡大）．長南ら（1974），山崎（1961）から星川（1980）が作図

図2.22 葉鞘の構造
a：茎の断面（上から2枚目の葉鞘部分），中央の茎の周囲を2枚の葉鞘がとり囲む．b：葉鞘の一部，左：細い維管束，右：太い維管束，中央は破生通気腔．c：維管束（太いもの）の拡大（×490），s：厚膜組織，p：篩部．星川（1980）

る中心骨格として特に硬いのはこのためである．中肋は葉身の基部ほどよく発達する．
　維管束のうち大維管束と，大維管束の間の1本の小維管束だけが葉鞘へ入ってゆき，その他の小維管束は葉の基部近くで末端となり，図2.21に示すように横走維管束により，葉鞘に通じる大小維管束に接続する．横走維管束は仮導管を主とする微細な通導組織で，葉の全面に存在し，縦走する大小維管束を連絡している．葉鞘では維管束は全て外表面に近い側に並び，太い維管束と細い維管束が交互にある（図2.22）．維管束は葉身のそれとほぼ同じく，葉緑体をほとんど欠く維管束鞘に囲まれる．しかし維管束内の配置は見かけ上葉身のそれと逆で，外表面側に篩部，内表面側に木部が位置する．大小維管束は互いにところどころで細い維管束連絡組織で連絡されている．葉鞘基部に近づくと，葉鞘の外表面側に並んでいた維管束が，次第に内部へ位置を変え，そして葉鞘から茎内へと入り，細い維管束は節部にある辺周部維管束環に連絡し，太い維管束はそのまま茎の節間を走る維管束となって下降し，2つ下の節の大維管束と連絡する．
　外表皮の内側は数層の厚膜機械細胞に覆われるが，その内部の維管束の間の部分は柔細胞で葉緑体が含まれる．葉鞘で行われる若干の光合成はこの部分で営まれる．ただしこの部分の細胞は葉身のような有腕細胞ではない．葉鞘基部ほどこの葉緑体はグラナ構造を減じて，アミロプラスト的性格を強める．
　葉鞘の葉肉細胞には大きな破生通気腔が，維管束1つに1つの割合で形成される．この通気腔は茎を経てさらに根へ連なる．通気腔は葉鞘のところどころで隔膜（diaphragm）により遮られているが，隔膜は1〜2層の扁平な星形細胞が集まってできており，隙間が多く，通気は可能である．この通気腔をとりまく柔組織細胞にはアミロプラストがあり，デンプンを蓄える．
　葉枕部分には部間分裂組織があり，茎が倒伏などで横たえられたとき，茎を起き上らせる働きをもち，そこの柔細胞はこれに関与するデンプン平衡石（statolith）を含有し，上位葉ではシュウ酸石灰の結晶も沈積している．

2）葉の分化と発達
　茎の成長点の円錐部分のやや下部の表皮細胞が，分裂増殖して葉原基（leaf primordium）となる．1つの葉原基が分化してから，次の葉原基が分化するまでの期間を葉間期（plastochron）と呼び，イネでは通常数日である．葉原基はやがて成長点を包むように広がりつつ高くなり，フード状となり，フードの最も高くなる部分に中肋が分化し，それを中心に左右の裾野部分に次々に葉脈が分化する．それは後に大維管束となる（図2.23）．こうしてまず葉身が先に作られ，約8mmになった頃，基部に窪みがで

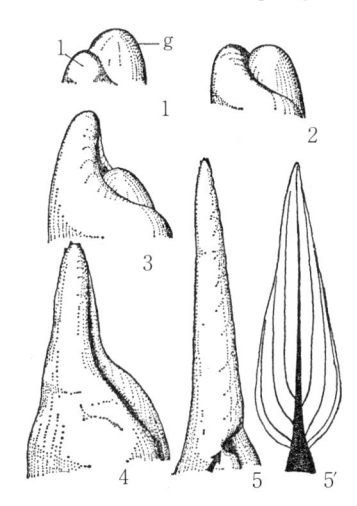

図2.23 葉原基の分化以降の発達
1：原基の分化，g：茎の成長点，2，3：フード状に発達，中肋が分化，4：大・小葉脈の分化，5：葉身と葉鞘の分化，↑部に葉耳，葉舌ができる，5'はその構造模式図．星川（1975）

きて，そこに葉耳，葉舌が分化して，それから下が葉鞘となる．以後，葉身は急速に伸びながら大維管束の間に小維管束を作り，また維管束連絡を分化し，また同時に葉肉組織や表皮の諸組織の細かい部分が作られてゆく．気孔もこの頃に葉身の先端から分化し始め，葉身が抽出した後に葉身の基部まで分化を終了する．

幼葉は下位の葉の葉鞘に包まれた内部を伸びてゆき，やがて下位葉の葉鞘上部から抽出する．この伸長成長は葉身基部にできる部間分裂組織（intercalary meristem）の働きによる．抽出期には葉身はすでにその全長に達しているが，葉鞘はまだ数mmにすぎない．葉鞘は葉身の展開の頃から伸長を始め，内部組織の分化形成を進め，葉身が完全展開の頃に完全長となり，その半ば上部を抽出して成長を終る．

葉は順次ある一定の間隔をもって成長してくる．ある葉の葉身が急伸長している時，その1枚下の葉では葉鞘が急伸長している．葉の抽出の間隔は通常5～6日であり，これを出葉周期という．出葉周期は上位の最後の4～5枚の葉では7～8日と長くなる．

葉の寿命は下位葉ほど短かく，最上位の止葉は最も長い．したがって，葉は茎の下から順次枯れ上がってゆくが，主茎についてみると幼穂形成期から出穂期にかけては5枚以上の既出葉を持ち，1茎当りではイネの一生のうちで最も多くの葉数を持っている期間ということになる（図2.24）．

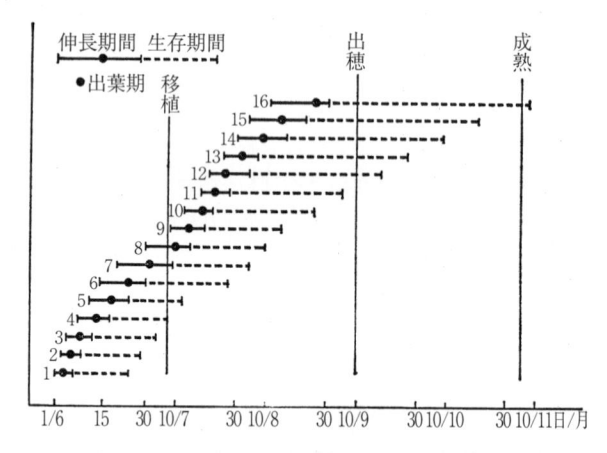

図2.24 葉身の葉位別伸長期間および生活期間の長さ．嵐・江口（1954）

単位土地面積当りの全葉面積を葉面積指数（leaf area index, LAI）とよび，葉面積の大小を表す指標として用いられる．LAIは分げつ数が増加することと，個々の葉の伸長によって拡大するが，出穂期以後は下葉の枯れ上がりが進むために減少する．図2.25のように出穂期頃に最大値に達し，以後は葉面積の減少のために低下する．中・晩生品種では早生品種よりLAIの最大値は

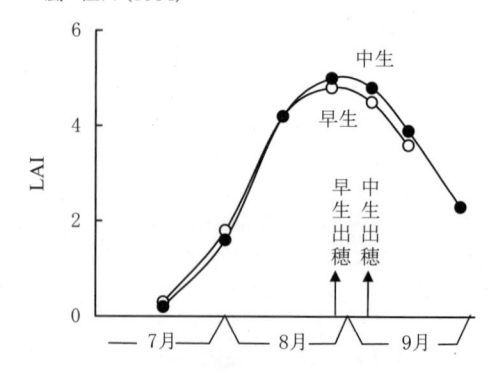

図2.25 イネ葉面積指数（LAI）の変化．村田（1961）を改

3. 形　態　[35]

大きい.

3） 環境条件と葉の成長

温度：葉の伸長には31℃付近が最も適し，成長の最低限界は7～8℃，最高限界は40℃である．35℃付近では多少障害を生ずる．日本各地でのイネ栽培で，品種や土壌条件が異なっているにもかかわらず，成長期（18～28℃）における葉面積の伸長速度と気温との間には高い相関が認められる（Murata and Matsushima 1975）．

光：光不足条件では葉は徒長し，葉の厚さは薄くなる．内部組織的にみると，単位葉面積当りの葉肉細胞数が少なくなり，細胞体積が減少する．また光不足で葉身表面の葉脈部分の稜起が少なくなる．この結果，葉面積と葉肉全表面積の比が減少し，単位面積当りの全細胞面積も減る．さらに光不足では，葉緑素の形成が少ない．光不足葉が光合成能力が低く，物質生産が劣るのは，上記の現象が原因していると考えられる．さらに葉の寿命が短かくなり，下位葉からの枯れ上がりが早い．

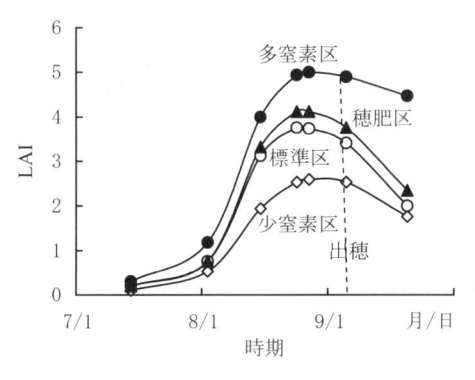

図 2.26　窒素施肥量がLAIに与える影響. 村田（1961）を改

肥料条件：窒素は葉面積の拡大に対して最も大きい影響要因である．窒素が多いと葉は伸長し，組織は軟弱になり，過繁茂状態となる（図2.26）．葉身が水平状に重なると，受光態勢が悪くなる．窒素不足では，葉は短く，剣のように直立し，葉色は淡く，組織は硬くなり，受光態勢は良くなるが，葉面積不足から全光合成量は低下する．

リン酸やカリは葉面積の拡大にほとんど効果がない．しかしリン酸が欠乏すると，分げつ数が減少し，葉も細くなる．またカリが欠乏すると，葉の寿命が短かくなる．これらのため，リン酸とカリの欠乏は葉面積の減少をもたらす．

栽植密度：密植するほど単位面積当り葉面積は増加速度が大きく，早く最大葉面積に達する．しかし葉面積が増えるにつれて養分欠乏や相互遮蔽が強まって，下葉の枯れ上がりが早まるために，出穂期以降の葉面積の減少が早まる．

（4） 茎

1） 茎の形態

茎は節（node）と節間（internode）からなり，多くの日本の品種では主茎では14～17節あり，各節部から葉，分げつ，および根を生ずる．茎は節間を中心としたユニットの重なりとみることができる．すなわち図2.27に示すように，各節間はその上端に1枚の葉を持ち，下端に分げつ芽を持ち，そして節間の上端と下端にそれぞれ根帯を持つ．このユニットは要素と呼ばれ，茎は要素の重なったものと考えられる（川田ら 1963）．

通常，下位から数えて約10節間まではほとんど節間伸長を行わず，全体で2 cmに満た

ない．これを不伸長茎部という．それから上位の5～6節間は生殖成長に入ってから伸長するので伸長茎部という．上位からみると，最上位は穂と境する穂首節（neck node）から止葉節までの節間で，穂首（neck of spike）または穂首節間という．これは節間のうちで最も長く，30 cmほどにもなる．これから下位の節間ほど伸長は少なく，通常上から5番目の節間が1～2 cmである．したがって茎の全長は伸長茎部の長さによって決められる．

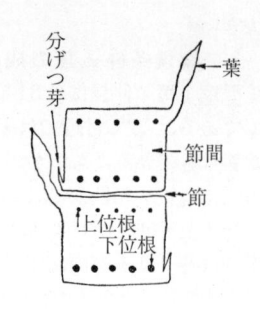

茎の節間は中空で，イネ科植物の場合茎を稈（culm）とも呼ぶ．稈の表面には縦に平行な細い稜があり，表皮は主に縦長の波状の長細胞で構成され，節間の上部ほど長く，下部では短かく，節部では最も短い．これら長細胞に挟まれて所々に，短い珪酸細胞とコルク細胞が上下に対をなして存在する．表皮下の細胞には葉緑体があるので，地上に伸びた稈は淡い緑色である．

図2.27 イネの茎の要素の概念を示す模式図．川田ら（1963）

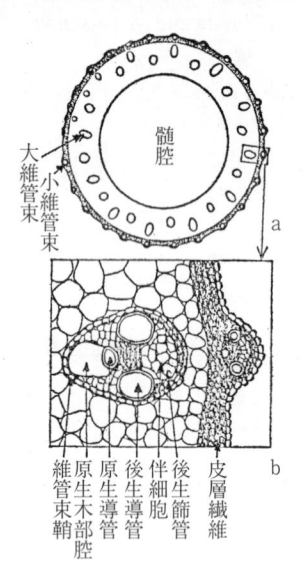

図2.28 伸長節間の横断面
a：横断全図，b：aの口部の拡大．
川原ら（1974）

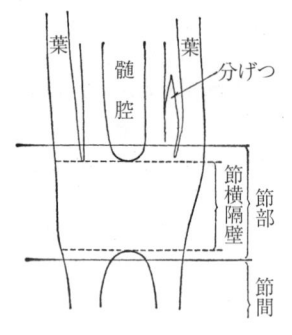

図2.29 節部の範囲．
星川（1975）

伸長茎の節間の横断面は図2.28に示すように，中央に大きな髄腔（medullary cavity）がある輪状であり，最外側は硅質化した表皮，その下は辺周部厚膜組織になっている．この中に一定の間隔をおいて小維管束が並ぶ．上位節間ほどこの辺周部小維管束が表面から突出している．内部の柔組織の中には，小維管束の各々と対応する位置に大維管束がある．大維管束もやや外側寄りに楕円形で大きいものが位置し，その隣はやや内側寄りにわずかに小さい円形の維管束があり，内・外2層に並ぶ．維管束の構造は葉鞘のそれと共通で，維管束鞘に囲まれて外側に篩部，内側に木部が位置している．大維管束の間の柔組織には破生通気組織があり，下位節間ほどよく発達する．

節間の太さは上位ほど細い．それに上位ほど髄腔の比率が大きいので，上位節間ほど肉薄のパイプであるが，辺周部厚膜繊維の比率は高いので，強靭で弾力に富む．節間の上・下端では髄腔は狭くなり，節の部分で，節横隔壁によって仕切られる．図2.29のように，この横隔壁を中心として，それより上部の分げつが，茎とはっきり別れるあたり

までの範囲を節部と呼んでいる.

成長点部では,最も新しい葉原基から下へ数えて3つ目の葉原基の基部に,茎を横切る隔壁(節板)ができ,これが節部の始原となる.以降節板が成長点からわずか1mmの距離になるまでに,茎の内部組織はほとんど形成される.止葉原基分化以降は,既分化の節板と節板の間に部間分裂組織ができるために節間伸長が始まる.伸長に伴う通導組織の形態形成やその他組織の形成は,1つの節間では上部が早く成熟し,上部ほど早く終わる.

2) 維管束の分化と走向

維管束の最初の分化は,葉原基の基部に節板が分化する頃に起こる.それは大維管束で,それらは葉原基内を向頂的に伸びてゆくとともに,茎内を下方へも伸び,1つ下位の茎内で分化した維管束と結合する.こうしてある節(n節)の維管束は,n節の葉が展開した頃,形態形成をほぼ完了するが,それより上部へは維管束は未熟で,n葉の側の上の葉(すなわち2枚上の葉)の節部(n+2節)でようやく通導機能を獲得している.n+2節では新たに上へ向けて大維管束が分化し,まだ小さい葉原基の基部のn+4節で分化して下へ伸びてきた維管束と結合する.こうして,茎の成長につれて,維管束は上へと伸びてゆく.

伸長茎部の維管束の走行を示したものが図2.30である.同図では右半分は大維管束の,左半分は小維管束の走行を示してある.止葉節に入ってきた止葉葉鞘の大維管束 L_1 は節部で肥大した後,第II節間に入って細くなり,第II節で節網維管束(nodal anatomoses)と結合しながらその節を通過し,第III節に至って分枝してその節の肥大大維管束を囲み,基部でこれと結合し,また節網維管束と合流する.この分枝を分散維管束(diffuse bundle)と呼ぶ.このようにして,第II節間以下の節間大維管束のうち,約半分は直上節に着く葉の葉跡(leaf trace)であり,他の半分は直上節間の大維管束,つまり2節上の葉の葉跡である.前述のように節間の大維管束が2つの環に並んでいるのはこのためである.なお,穂首節間の大維管束は,穂に入って1本ずつ1次枝梗に分かれて入る.そのため大維管束数は1次枝梗数とほぼ一致する.小維管束も図2.30で止葉の S_1 を例にみると,節に入って一旦肥大した後下降し,第II節で分枝し,その半分は辺周部維管束環の形となり,根原基の基部を占めるが,残りの半分は節中部で分散維管束と結合し,節基部で節網維管束と結合する.

辺周部維管束環は伸長茎部では節にのみあり,一部は節間を下降して,下位節の辺周部維管束環と連絡する.

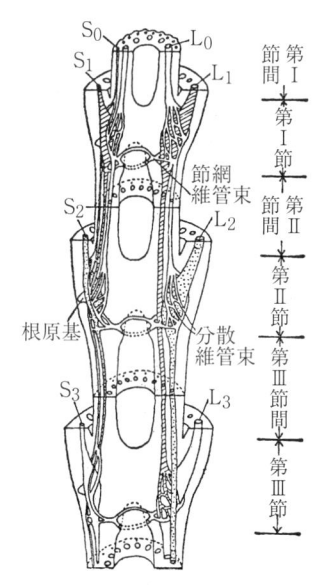

図2.30 水稲の伸長茎部における維管束の走向
L:大維管束,S:小維管束.数字は上から数えた各葉位を示す.
長南(1976)

したがって第II節間以下の節間では，葉鞘から入った小維管束と，上記連絡小維管束とが表層の厚膜組織内に交互に配列している．不伸長茎部の維管束走向も，伸長部と若干異なる所があるが，基本的には同じである（図2.31）．

3）環境条件と茎の成長

葉原基の分化が終了して，茎の成長点に幼穂が分化した頃に，それより3～4節下の節間が伸長を始める．穂首節間をIとし，下方へII，III節間と記号をつけると，最初の伸長開始はV節間で起こる．IVが急伸長して長さ，太さがほぼ決まった頃にIIIが急伸長期に入るというように順次，上位の節間が遅れて伸長を開始する．穂首節間は出穂10日前から徐々に伸び始めているが，出穂の2日前くらいから急速に伸び（約10 cm/日），止葉葉鞘内の穂を押し上げ出穂させる．穂首節間は出穂後も1～2日間伸長を続けて全長に達する．

これら節間伸長は，節間基部にできる分裂帯での細胞増殖と，その直上部の伸長帯における細胞の縦伸長によって起こる．上位節間ほどこの分裂，伸長活動が旺盛であるため節間が長くなる．肉眼的に節間伸長を示している最も下位の節間の下の端から上10 cmまでの乾物重は，稈基重と呼ばれ，穂の重さと密接な正の関係を持つ（片山 1937）．

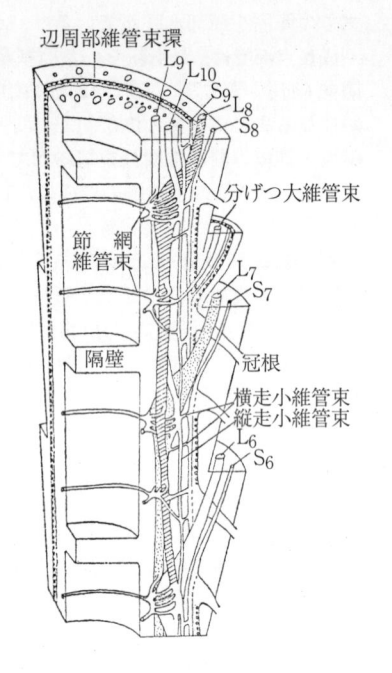

図2.31 水稲の不伸長茎部における維管束の走向
L：大維管束，S：小維管束．数字は下から数えた各葉位を示す．長南（1976）

節間伸長は温度が高いと促進され，低温条件では抑制される．特に冷害年のように低温の場合は，穂首の長さが平年より短いことが特徴的である．節間が伸長する時期に窒素養分が多くあると，その節間は長く伸びる．稈の倒伏は上から数えて第IV～V番目の節間が長いときに起こりやすい．

節数も環境条件によって異なる．特に生育初期の環境によって節数は減ることがある．節数は密植，1株苗数の過密，稚苗のように育苗期に超密播することなどによっても減る．機械移植栽培では，稚苗，中苗のように密播育苗されるため，主稈の節数は移植栽培より約1枚減少する．

(5) 分げつ
1）分げつの分化・発達

分げつ（tiller）は主茎（稈）にできる側芽が発達した枝（分枝, branch）である．分げつ（蘖：ゲツと発音）とは本来，木の伐株から出るひこばえの意味であるが，わが国では昔から，イネ科作物の分枝のことを分げつと呼びならわしている．分げつは主に栄養成長期に，不伸長茎部の各節から1本ずつ出て，伸長茎部では普通は休眠していて出ることは

ない．そこで不伸長茎部を分げつ節部とも呼ぶ（図2.32のB）．したがって分げつは主稈から10本ほど出るだけであるが，この分げつ（1次分げつ）の不伸長茎部からはさらに分げつ（2次分げつ）が出て，さらに2次分げつから3次分げつが出る．このようにして分げつは40本以上も出ることになるが，これは理論上のことで，実際には苗を密播して育てることにより下位節の分げつが休眠し，また苗の移植によっても休眠が起こり，さらに本田での1株苗数が多いほど，また面積当り株数が多いほど休眠分げつ芽が多くなる．この結果，通常の栽培条件では，1茎当り5～6本，1株25～30本の分げつが出るだけである．

生育の後期に出た分げつの多くは，穂を出さずに枯死する．これを無効分げつ（non-productive tiller）と呼び，穂を着ける分げつを有効分げつ（productive tiller）と呼ぶ．全分げつ数を最高分げつ数（maximum tiller number）と呼ぶ．最高分げつ数に対する有効分げつ数の割合を有効茎歩合（percentage of productive tillers）といい，通常60～80％である．

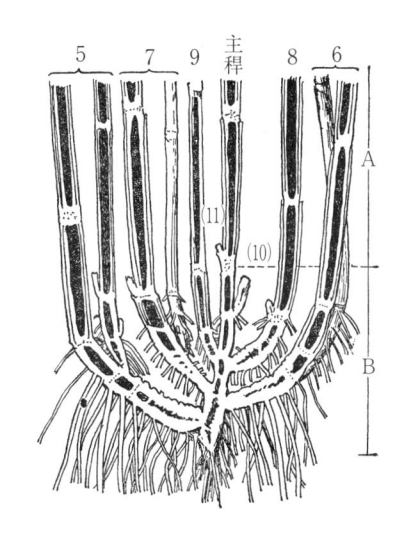

図2.32　主稈から分げつが出ている様子
数字は例えば8は主稈の第8節から出ている分げつを示す．10，11分げつは枯死した分げつ．手植えの場合の1例．
星川（1975）

分げつの出現は葉の抽出と時期的に規則的関係を持ち，ある葉が抽出した時，それより3枚下の葉の葉腋から分げつが抽出する．これを同伸葉，同伸分げつ理論（片山1951）という．この規則性は主稈だけでなく，2次，3次分げつについても適用できる．したがって，主稈のある葉の抽出時に，1次分げつのみならず2，3次分げつもどの位置から出ているかを知ることができる．しかし，生育のかなり後期の高位の2，3次分げつになるとこの規則性はやや乱れる（後藤2003）．

通常，主稈の鞘葉節と第1葉節からは分げつは出ない．疎播育苗の場合や直播の場合には，第1節から分げつが出ることが多い．しかしいずれの場合にも，第1節からの分げつは，第2節からの分げつに比べ以後の生育が劣り，無効分げつになることが多い．また分げつのプロフィル節からも，通常は分げつは出ない．成苗および薄播きの中苗では第2葉節から分げつが出るが，密播の稚苗では第3葉節の分げつから出る．また成苗の場合，移植によって第3，4節分げつが出ないことが多い．これらは，分げつの原基は分化・形成されるが，密播あるいは移植の影響によってそれらが休眠退化するためである．

このような分げつの増え方を理論的に考えてみると，1次分げつ数は図2.33のy_1のように増え，続いて増える2次分げつはy_2のように増えるので，全体としては，A-B-Cの線のように増える（片山1931）．しかし，栽培上は図2.34に示すように増える．すなわち，本田に活着後分げつが現れ始める時期を分げつ開始期と呼び，分げつが最も多くな

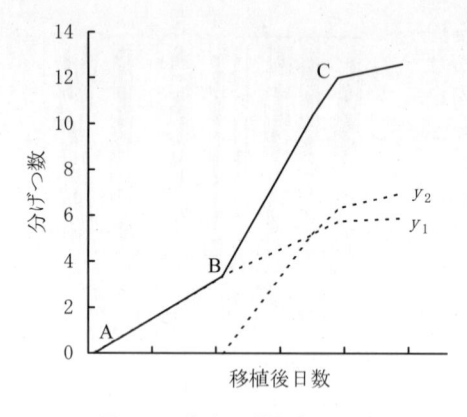

図2.33 分げつの増加曲線の解析
　y_1：1次分げつ数，y_2：2次分げつ数．
　片山 (1931) を改

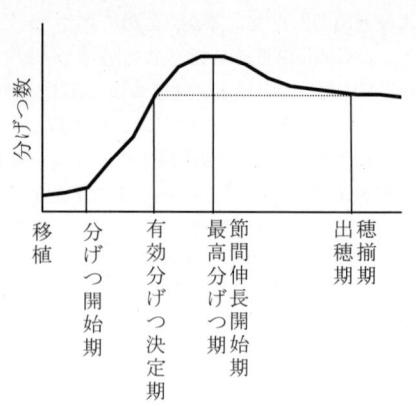

図2.34 分げつと生育過程．星川 (1980)

った時を最高分げつ期という．その後，劣弱な分げつが枯死して，分げつ数は減る．これら生存分げつは，最高分げつ期以前に出たものであり，そのほとんどが有効分げつとなるので，図2.34 の有効分げつ数（穂数）を左へ伸ばした分げつ増加曲線との交点を，有効分げつ決定期と呼んでいる．

　分げつの最も基部の節にはプロフィルが着く．プロフィルは必ず母稈の側に着き，普通葉と異なる2稜を持つ短い葉で，2稜間で母稈を抱き，翼部で分げつを包む．葉身を欠き，形態的に葉鞘に類する．通常，母稈の葉鞘より外に抽出することはない．第1葉は葉身が短く，第2葉から葉身が葉鞘より長くなる．第2葉が抽出するころから，分げつは母稈の葉鞘の抱擁から離れて分げつとして独立する．以下，葉の出かた，各節からの根の出かたなどは，基本的に主稈のそれと同じである．

　分げつの着生節位によって成長形態が異なる．分げつの出現は当然下位のものほど早いが，出穂は下位のものほど早いとは限らない．主稈に比べ，出穂期が早かったり，稈長が長くなるものもある．しかし稈の太さ，稈重などは主稈より劣り，また上位分げつほど劣る．葉数も高位分げつほど少ない．分げつも幼穂発達期の節間伸長は，上位4〜5節間に限られるから，上位分げつほど不伸長茎部の節数が少なく，従って発根数も少ない．このため上位分げつほど穂は小さくなる．不伸長茎部を持たない上位分げつは，根を欠くことにより，穂をつけない無効分げつとなることが多い．

　分げつ原基（tiller primordium）は，葉原基が分化直後のフード状になった時，その葉縁部の直下に分化する．したがって，発芽前の胚にも，葉鞘節，第1節および第2節にすでに分げつ原基は分化している．分げつ原基にはまずプロフィルが分化し，次いで第1，2葉が分化する（図2.35）．この原基が分げつ芽（tiller bud）として形を整えるのは，発生的に対になっている母稈の葉が，その下位葉の葉鞘部から抽出する時期に当る．

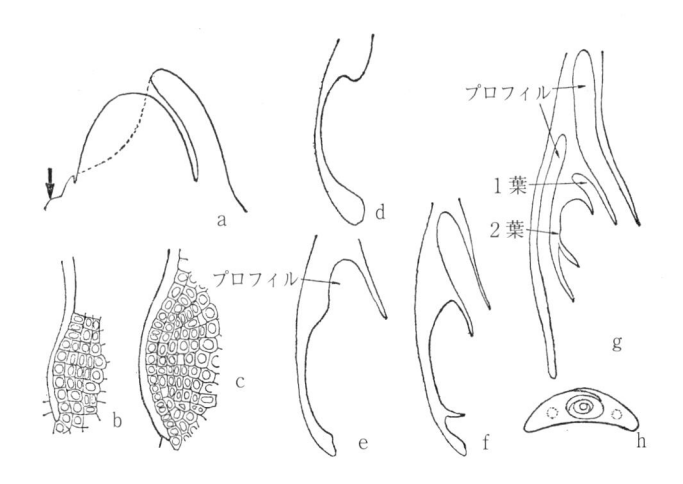

図 2.35 分げつ原基の分化と発達
a：成長点近傍に原基分化（矢印），b~d：細胞の分裂増殖により発達，e, f：プロフィルの分化と発達，g：第1, 2葉も分化，h：gの成長点部の横断面．星川（1975）

2）環境条件と分げつの成長

温度：分げつ数は昼31℃，夜15~16℃の組合わせで最大となるが，分げつの成長には昼夜とも31℃が最適である（角田 1964）．

日照：日照が不足すると分げつの発生が減り，発生が遅延する（植田 1951）．

栽植密度：1株1本植の場合は，分げつ数が最も多くなる．その構成は1次分げつの数が約30％，2次分げつが40~50％を占め，3次分げつも10％ほど生ずる．3本植では，1次分げつが60％ほどを占め，3次分げつは通常発生しない．5本植以上になると，1次分げつの比率がさらに増す．1株苗数が同じ場合でも，面積当り株数を多くするほど1株の分げつ数は減り，主稈と1次分げつの占める比率が高くなる．また有効分げつ限界期が早くなる．

栄養条件：分げつ原基の分化には窒素その他の栄養条件の影響を受けにくいが，原基が成長し始め分げつとして出現するまでの過程には，窒素の影響が大きい．分げつ期の体内窒素含有量が高いほど，分げつ茎数が多くなる（玖村 1956）．分げつ茎の旺盛な増加のためには，体内窒素が3％以上あることが必要とされる．2.5％以下では分げつの発達は停止し，1.5％では分げつの枯死が起こる（石塚・田中 1963）．炭水化物も分げつの成長に必要で，遮光，日照不足で分げつ発生は停止し，枯死を招くこともある．

(6) 穂および花器

1）幼穂の分化と発達

最高分げつ期を過ぎる頃から，茎の成長点では止葉の分化が終わり，穂の原基が分化して，栄養成長（vegetative growth）から生殖成長（reproductive growth）に入る．これを

生育相の転換と呼んでいる．外観的には株が急に縦伸長を始める，すなわち節間伸長が始まる時期で，またこの時には葉色が一時的に褪せる特徴を示す．

なお，後述（品種の特性の項）するように，イネの生殖成長への転換には，日長の長さおよび温度が影響する．温度（高温）に感応して生殖成長に転ずる品種（一般に高緯度，わが国内では東北地方以北などに栽培される早生品種に多い）では，最高分げつ期を過ぎる

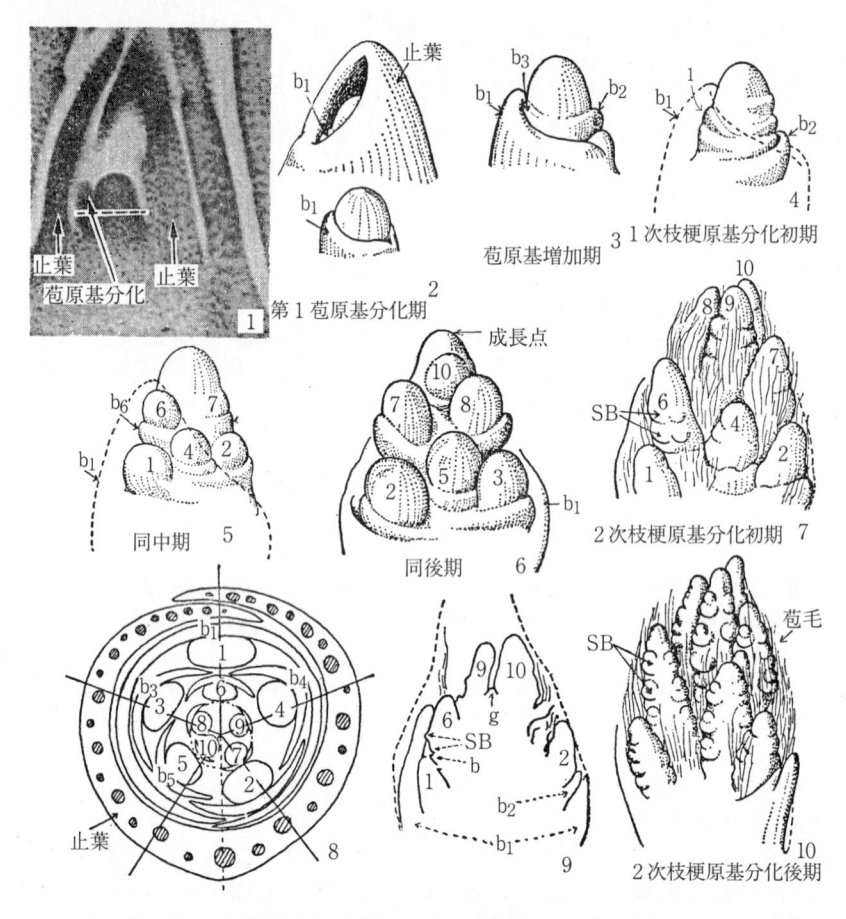

図2.36 幼穂の分化と発達過程（1～20）
1：幼穂分化期の成長点部縦断面，2：1の立体図，下は止葉原基を除いたもの，4～9：図中の数字は1次枝梗原基の記号（下位より），8：1次枝梗原基の形成の開度（2/5）を示す，9：7の縦断面，12：11の先端部の1つの2次枝梗原基，13：穎花原基分化中期（14）の先端部の1次枝梗上の先端部の穎花原基，15～18はその発達過程，19：18の花器部，17～19：20の先端部の1次枝梗の先端部の穎花．b：苞，g：成長点，SB：2次枝梗原基．各図左の縦線は1mmを示す．
星川（1975）

3. 形 態　　[43]

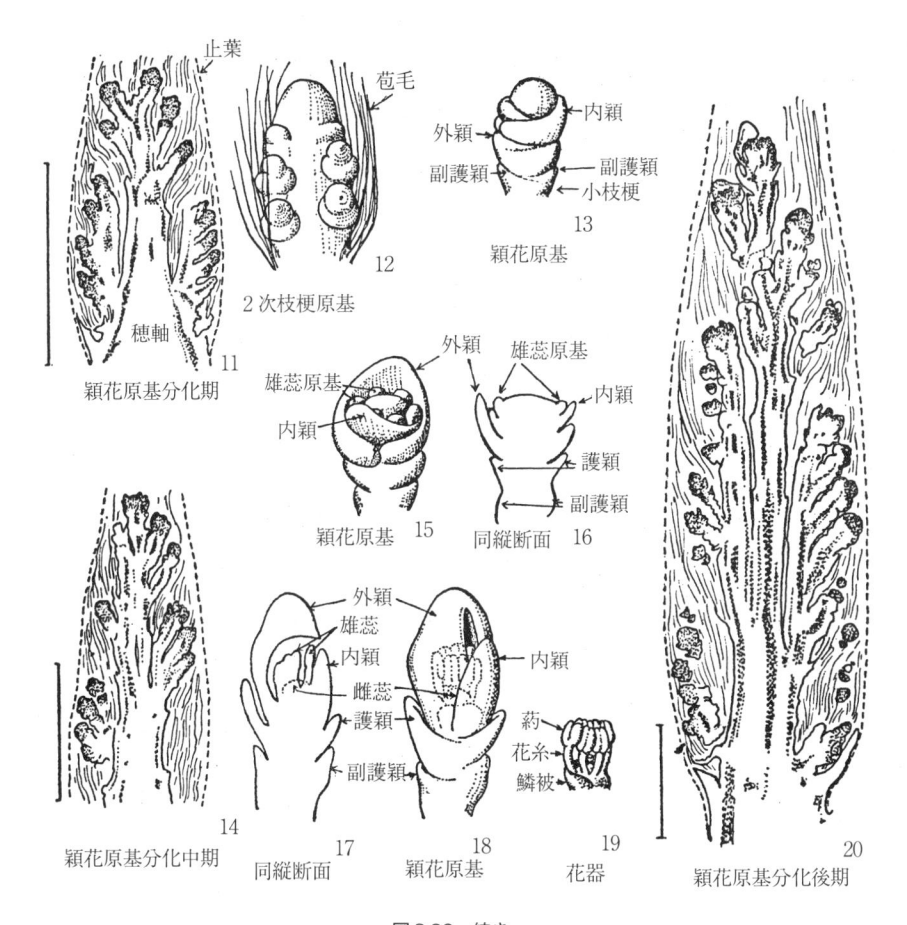

図2.36　続き

と直ちに生殖成長に転ずる．一方，日長（短日）によって生殖成長へ転換する品種（一般に低緯度地域，日本では西南暖地に栽培される概して晩生品種）では，最高分げつ期を過ぎてから，生殖成長へ転ずるまでに若干の期間があり，この期間は栄養成長がそれまでに比べて生理的にも停滞的になる．この期間を栄養成長停滞期（vegetative lag phase）（石塚・田中 1963）と呼んでいる．

　原基が分化・発達して出穂するまでの穂を幼穂（young panicle）と呼ぶ．その経過を図2.36に示す．幼穂の分化は出穂の約30日前に起こる．半円形の成長点部分が縦に伸びて円錐形となり，側部に苞（bract）が分化して襟状に発達する．この苞（第1苞）はその後の環境条件によりまれに葉に変化することがある．

　苞は下位から上位へ2/5の開度で次々に形成され，各苞の直上部に1次枝梗（primary

rachis branch) の原基が分化する．苞が8〜10個できると成長点は成長を停止し，この頃各1次枝梗原基は苞より大きく長く発達する．苞からは苞毛（bract hair）が生じ，発達した1次枝梗原基に2次枝梗の原基が分化する．さらに1，2次枝梗原基は伸びながら，そこに穎花（glumaceous flower）の原基を分化する．この頃になると幼穂全体は1〜2mmになり，肉眼で認められるようになる．穎花原基の発達も上位の枝梗ほど進みが速い．

穎花原基には外・内穎がまず分化し，次いで花器が分化する．出穂20日前頃になると，雌雄蕊の原基も現れ，同16日前頃には花粉母細胞（pollen mother cell）が分化し，同12〜10日前には減数分裂（meiosis）が行われる．この頃幼穂は長さ約8cmに達しており，幼穂は止葉の葉鞘に包まれて，いわゆる穂孕期(ほばらみ)（booting stage）に入る．以後，花粉（pollen）および胚嚢（embryo sac）の発達が進み，出穂の前日に，雌雄の生殖器官は形態的にも生理機能的にも完成する．

以上の幼穂の発達過程は表2.4のように分けることができる．幼穂の発達の各期は，下記のように，出穂前日数，出葉，葉齢指数および葉耳間長などから推測できる．ただし1つの穂でも，先端部と基部では発達に3〜4日の差があるので，表2.4の分期は発達の進んだ先端部域についてのものと理解すべきである．

出穂前日数：出穂から逆算して約30日前に幼穂が分化する．雌雄蕊の分化は約20日前，減数分裂は12日前である．これらは品種や環境条件であまり変わらない．

出葉：幼穂の分化時期は，止葉から下3枚目の葉の抽出始めとほぼ一致する．止葉が出る時期には，穎花原基の中ではすでに花粉母細胞ができている．したがって品種の特性としての主幹葉数がわかっていれば，正常な気候の年であれば出葉数から幼穂の発達程度を推測することができる．

葉齢指数：葉齢を数えて，その品種の主稈葉数で割った値を100倍した値を葉齢指数（leaf number index）という（松島 1957）．葉齢指数と幼穂の発達過程との間には表2.4の

表2.4 幼穂の発達過程と外部形態との関係

発達過程	出穂前日数，日	幼穂の長さ，cm	外形	葉齢指数
苞原基分化開始	30	0.02	止葉より下3枚目の葉抽出	77
1次枝梗原基分化始	28	0.04		81
2次枝梗原基分化始	26	0.1		85
穎花原基分化始	24	0.15	2枚目の葉抽出	87
雄蕊雌蕊原基分化	20	0.2		
花粉母細胞分化	18	0.8〜1.5	止葉抽出	
減数分裂	12	8.0		97
花粉内容充実期	6	19.5	穂孕始め	
胚嚢8核期	4	20.5		
花器内部形態完成	2〜1	22		100
開花	0	22	出穂	

星川（1975）

ような関係がある．幼穂の分化期はほぼ葉齢指数77，減数分裂は97〜98に当る．

葉耳間長：止葉の葉耳とその下の葉の葉耳との間隔をいう．止葉の葉耳が抽出している場合を＋，下の葉の葉耳と同じレベルのときを0，まだ下の葉の葉鞘内にあるときは－とする．葉耳間長は減数分裂期の判定に便利であり，減数分裂期は葉耳間長－10cmから始まり，0の頃減数分裂盛期となり，＋10cmの頃終了期となる（松島 1959）．

2）穂と穎花の形態

イネの穂（panicle, ear, head, spike）は複総状花序で，穂首節間の上端の節（穂首節）から上部である．中央の主軸をなす穂軸（rachis）は8〜10節あって，各節から2/5の開度で1本ずつ1次枝梗が出る．1次枝梗にも多くの節があり，その基部寄りの数節から2次枝梗を出す．2次枝梗の各節および1次枝梗の先の方の各節から短い小枝梗を出し，その先に小穂（spikelet）が着く．小穂の数は1次枝梗の先で5〜6個，2次枝梗で2〜4個である．穂軸の最先端の枝梗の基部近くに小さい瘤状節（図2.37白抜矢印）があるが，これが穂軸の先端（成長点部）の退化したものである．

穂の組織構造は基本的には茎のそれと同じで，枝梗は分げつ（分枝）に相当する．穂軸の各節の1次枝梗基部にかすかな小突起として苞（bract）が認められるが，これは主茎の葉に相当する．穎花は1穂全体では200個ほど着生する潜在能力があるが，品種・栽培条件や環境で変動が大きく，一般の品種・栽培条件では80〜100個が普通である．

内部組織は茎と共通である．穂首節直上部での大維管束の数は，その穂の持つ1次枝梗の数とほぼ一致する．穂軸の維管束は，基部から先端部へ向けて各節で1つずつそこから

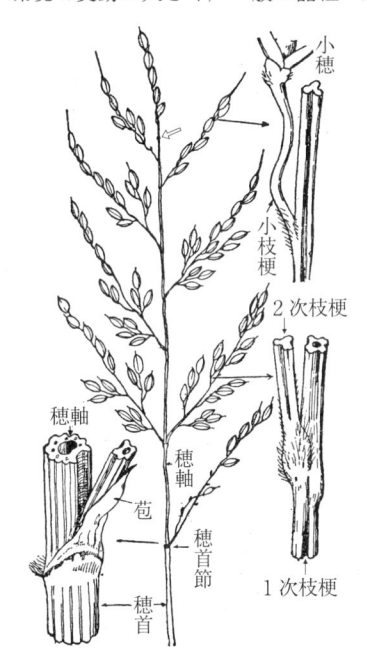

図2.37 穂の形態．星川（1975）

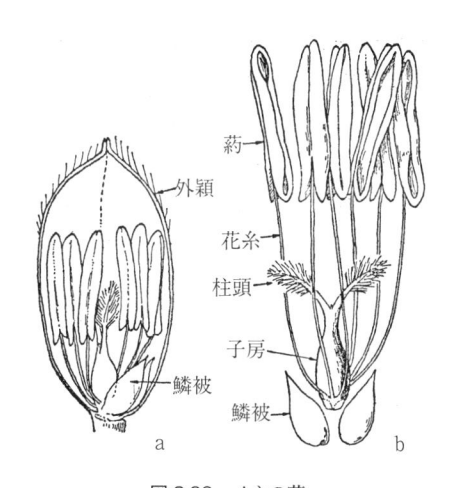

図2.38 イネの花
a：開花直前，b：開花中（穎は除いて示す）．
星川（1975）

分出する1次枝梗へ入るために，上位になるほど数が減り，穂軸の先端部はただ1本の維管束を持つ細いものとなる．

イネの小穂は1小花（floret）からなる．内・外穎に包まれるので，穎花（glumaceous flower）と呼ぶ．花被（花弁）を欠くが最下部外穎側に一対の鱗被（lodicule）があり，これが花弁に相当する（図2.38）．その上部に6本の雄蕊（stamen）があり，葯（anther）は4室からなり，多数の球形の花粉を内蔵する．最上部は長円錐形の雌蕊（pistil）で，花柱（style）の先端は二分し，羽毛状の柱頭（stigma）となる．

雌蕊の子房（ovary）は1室で，倒生の1つの胚珠（ovule）を持ち，中心に胚嚢（embryo sac）がある（図2.39）．胚嚢内には，珠孔（micropyle）に面して1個の卵（ovum, egg）と2個の助細胞（synergid）よりなる卵装置（egg apparatus）があり，また極核（polar nucleus）は2個相接して中央にあり，反足細胞（antipodal cell）は開花時には通常3個である．

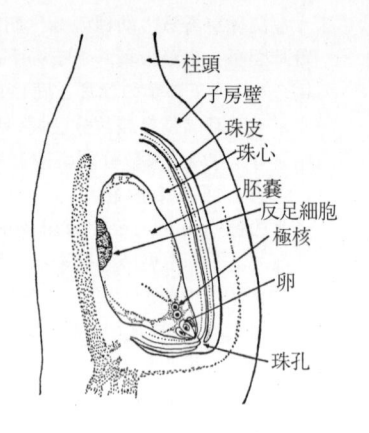

図2.39 雌蕊（子房）の内部構造．星川（1975）

3）環境条件と穂の分化・発達

穂の原基分化以降出穂までの発育期間は，イネの全成長期間のうち生理的変化が最も複雑な時期であり，低温，旱ばつなど不良環境に敏感で，穂の長さ，枝梗数，穎花数（籾数），穎花の生理的活力などが影響を受けやすい．

<u>温度</u>：幼穂は発育期間中，温度に最も鋭敏に反応する．特に20℃以下の低温には葉・茎よりも障害を受けやすい．30日間の幼穂発達期間中，出穂前24日頃と15〜11日頃の2つの時期が低温に弱い．出穂前23〜24日は内・外穎の発達期，また雌雄蕊原基の分化期に当るので，低温では奇形籾が多発する．出穂15〜11日前の頃は幼穂の基部では穎花原基の分化期に当り，この時期に低温に遭うとこれらが発達を停止して退化しやすい．出穂前12〜11日は発達の進んだ穎花では花粉母細胞の減数分裂期およびその直後の小胞子初期であるが，この時期は低温に最も弱く，健全な花粉の数が少なくなり，受精障害が生じて籾数が低下する（寺尾ら 1940，図2.40）．この時期の葯が低温に遭うと，葯壁のタペート細胞（tapete cell）が異常を起こして肥大し，腐死する（図2.41）．このためタペート細胞から栄養を得て育つ花粉は死んでしまう．また，減数分裂そのものや，4分子（pollen tetrad）にも障害が出て，受精能力のない花粉が出来やすい．

<u>水分</u>：幼穂はまた旱ばつ条件にきわめて弱い．特に減数分裂期が最も弱く，穎花分化期，生殖細胞分化期がそれに次いで弱い（和田ら 1945）．出穂前14〜10日，穂孕期の水分不足は穂を小さくし，不稔穎花を増す．それは幼穂基部の若い穎花原基が退化するためと，減数分裂の障害で花粉が不能になりやすいためである．水不足が極端になると，幼穂全体が死に白穂となる．また，穂孕期は冠水にも弱い．穂孕期は呼吸が盛んなため，冠水による呼吸困難は穎花の退化や幼穂全体の腐死を招く．

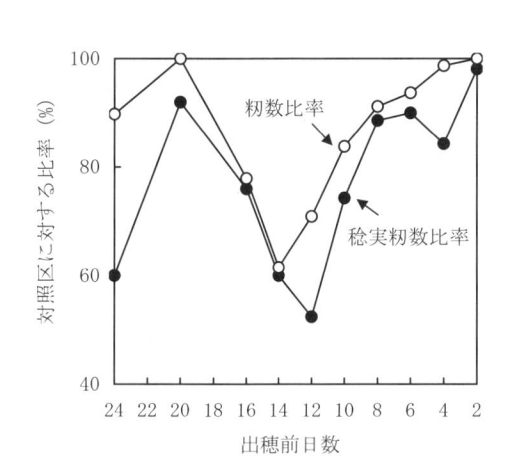

3. 形 態　[47]

図 2.40　幼穂形成期における低温処理が稔実に及ぼす影響．無処理区に対する低温処理（17℃6日間）区の比率，品種は陸羽132号．寺尾ら（1940）を改

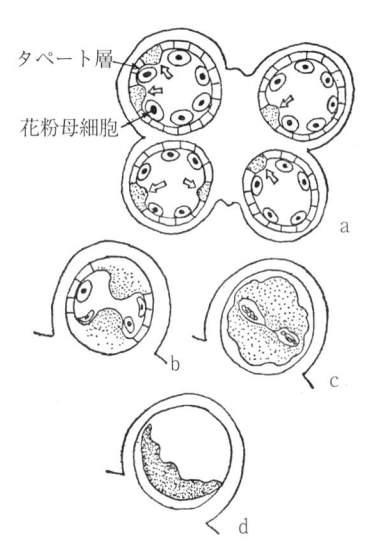

図 2.41　低温による葯のタペート肥大障害
a：葯の横断面．タペート細胞の1部（⇒印）が異常肥大開始，b：タペート異常肥大進行，花粉母細胞が消失していく，c：肥大が極度に達する，d：肥大タペートが急激に退化.
酒井（1949）

肥料：幼穂発育期には多くの栄養を必要とするので，その不足による影響はやはり穂孕期，減数分裂期に著しい．この頃栄養が不足すると，幼穂基部における分化して間もない頴花原基は，頂部の発達の進んだ頴花に栄養を奪われて発育を停止し，退化してしまう．したがって，出穂前25日頃，あるいは17日頃に追肥するとそれが次第にイネに吸収され，幼穂下位の頴花原基の退化を防止する．この追肥を穂肥（ほごえ）と呼ぶ．穂肥は穂の長さを増すとともに，穂の総籾数，特に下位の2次枝梗に着く籾数を増す．

この他，日照不足条件では光合成低下により物質生産が抑制され，幼穂の発達は抑制的影響を受ける．また，密植栽培でも，穂の下位の枝梗および2次枝梗の頴花の退化が多く，穂が小さくなる傾向が著しい．

（7）出穂・開花・受精

1）出穂・開花

穂長が最大になって2～3日後，花器が完成した翌日に穂は止葉の葉鞘の上部を押し開いて出穂（heading）する．出穂は穂首節間の伸長によって起こるが，穂首節間は穂を抽出させて後，開花の期間中でも伸長を続け，出穂2日後頃に伸長は止まり，止葉の葉耳から10～20 cm上まで穂首節を押し上げる．1株全体の茎が出穂を終わるのに約1週間，圃場全体では約2週間を要する．圃場内の一部の株が出穂を始めた時期を出穂始め，圃場全体

第2章 水稲

の穂の50〜60％が出たときを出穂期, そして90％が出穂したときを穂揃期と呼ぶ.

発芽から出穂までの日数は, 日本の品種の場合, 100〜120日で, 品種, 環境, 栽培方法などの条件で変動する. しかし, 一般に幼穂の分化から出穂までの日数はこれらの条件にあまり左右されないから, 出穂期の変動は, 播種から幼穂の分化までの日数がいろいろな影響を受けて変動するために起こる.

一般に出穂直後または出穂途中で開花が始まる. 1穂の全花が開花し終わるのには4〜10日, 平均7日を要する. 開花は穂の上部枝梗の先端の穎花より始まり, 次第に下位の枝梗に及ぶ. また1つの枝梗内では先端の穎花が最も早く, 次いでその枝梗の最も基部の穎花が咲き, 以後順次下位から上位へ逆に咲いて行き, 先端から2番目の穎花が最後に咲く(図2.42). この順序は幼穂における穎花原基の発育の順序とほぼ一致している.

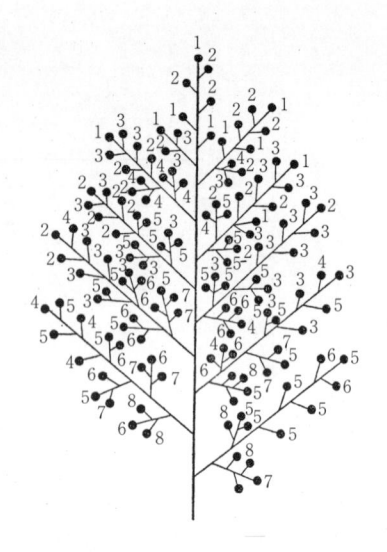

図2.42　1穂内の穎花の開花順序の1例
1, 2, 3…は第1, 2, 3…日目開花を示す. 松島 (1962)

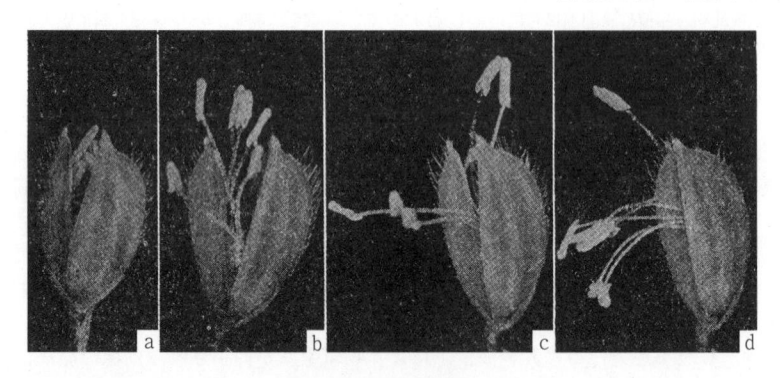

図2.43　開花の順序 (a→d)
a : 開花（穎）始め, b : 開穎盛期, c : 閉穎始め, d : 閉穎. 星川 (1975)

開花は開穎に始まる（図2.43）. まず鱗被が吸水して膨張肥大し, このため外穎は基部を内側から圧迫されて外方に20〜30度傾斜し, 開穎する. 花糸 (filament) は開穎直前に伸び始めて葯が内外穎の先端に達して裂開を始め, 花粉が飛散して自己の柱頭上にかかる. 子房の柱頭はこの時期までに左右に展開して, 花粉がかかりやすい形態をとる.

開穎すると花糸は穎外に直伸し, 葯を穎外に出し, 残りの花粉を空気中に飛散させる. 本来イネは風媒花の性質を持つが, 現在の品種は多くは前述のように開穎直前に自家受

粉 (self-pollination) するので, 自家受精 (self-fertilization) となり, 他家受精 (cross-fertilization) は1%以下となる. したがってイネは受粉には必ずしも開頴を必要としないし, 不良環境では閉花受粉を行う. 花粉飛散後まもなく花糸が萎凋して垂れ下がり, 開頴後1～2時間で鱗被も萎凋して, 外頴は元の位置に戻り閉頴する. 萎れた葯は頴の外に閉め出される.

一般に開花は午前9～10時に始まり, 多くは11時前後に咲き, 12時頃に閉頴する. 午後に開花することは希である. したがって午前中に開花しなかった頴花は翌日の午前中に開花する.

2) 環境条件と開花

<u>温度</u>: 開花の最適温度は30～35℃, 最高50℃, 最低15℃である. 過高温や低温では葯の裂開・受粉に障害が出る. 低温20℃付近では開花が昼頃から始まり, 夕方5～6時頃まで咲き続ける. 40℃程度の高温に遭わせると, 開花が促進されて一斉に咲くが, 開花総数は最適温度より少ない. 低温に対しては減数分裂期がもっとも敏感であるが, 高温に対しては, 開花中の感受性がもっとも高く, 開花直前がこれに次ぐ. 雌蕊の高温耐性は強く, 高温による不受精発生は, 受粉不良と花粉の発芽力の低下である (Satake and Yoshida 1978). 高温耐性の品種では葯が裂開しやすいと推定されている (Matsui and Omasa 2002).

<u>光</u>: イネの開花が前述のような日周期を示すのは昼夜の交替が主な原因で, 実験的に昼暗夜明にすると開花時期は明るい夜に変わるという. 開花には光は必要でなく, 光を遮断しても, 暗黒状態でも開花する. しかし, 光を遮断すると総開花数や開花盛期が変わる. また連続照明では1日中連続して開花が起こることが知られている.

<u>湿度</u>: 開花可能湿度は50～90%, 最適湿度は70～80%である. 湿度の変化は開花を促進する. 午前10時頃の後に開花の最盛期が来るのは, 1日の中でこの時刻が湿度が急変するためであるとも見られている. 雨天の時は一般に低温で, 湿度も飽和に近く, 開花には不適である. 雨天の時は閉花受粉することが多い. 雨が午後になって止むと開花することが多い.

3) 受粉と受精

<u>花粉の発芽</u>: 花粉は柱頭に着いてから1.5～3分後には早くも発芽を始める (図2.44). 花粉壁にある1つの発芽孔から伸び出た花粉管 (pollen tube) は, 5分後には花粉粒径と等しい長さになり, さらに伸びると花粉内容物は花粉管の中に移動する. まず2個の精核 (雄核, male nucleus, sperm) が相接して花粉管の先端部に移動し, その後を栄養核 (花粉管核) が続く. 花粉管は柱頭組織の中にもぐり込み, 花柱の方へ伸び始める頃には花粉は空虚になり, 花粉管も基部から空虚になってつぶれてゆく. 以降伸びてゆく花粉管においては, 精核はつねに先端部にある.

柱頭上には数百粒以上の花粉が付着するが, 受粉後発芽するまでの時間には個体差があり, 早いものは1.5分後に発芽するが, 遅いものは1時間以上もかかる. 多くの花粉は2～5分後に発芽する. また花粉管の伸長にも遅速があり, 発芽の段階で停止してしまうものが多い. 柱頭に着く花粉が少ないと, 花粉管の発芽・伸長は遅い傾向がある. 花粉

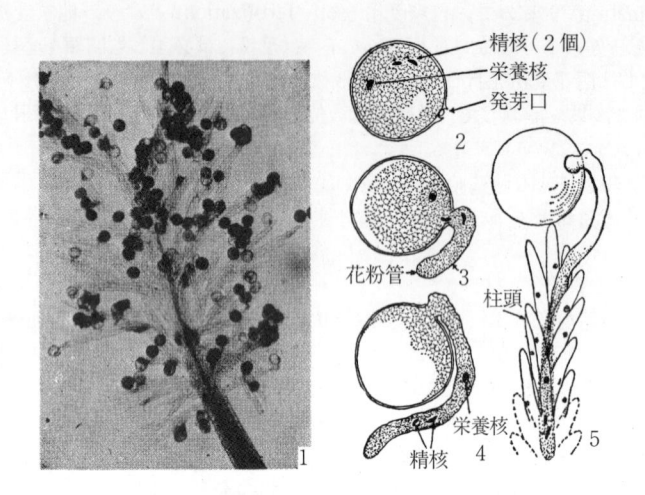

図2.44 柱頭上での花粉の発芽
1（写真）：受粉5分後にはすでに多くの花粉が発芽している，2→5：発芽の順序，2：発芽前，3：発芽（受粉後3〜5分），4：精核が先行，5：花粉内容は空虚となる（受粉7分後）．星川（1975）

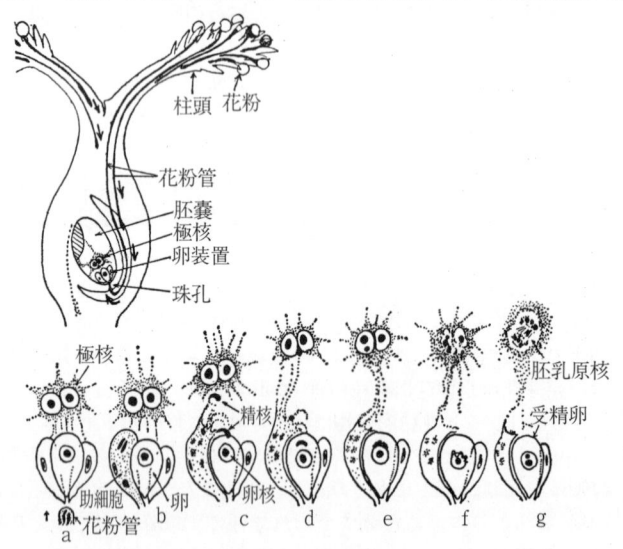

図2.45 イネの受精の経過（a→g）
a：珠孔から花粉管先端が入る，b：管先端は1助細胞に貫入，肥大，c：助細胞とともに管先端が破裂，2精核を放出，d：1精核は卵内に侵入，他の精核は極核に接着，極核は卵装置より離れる，e：極核の1つと精核が融合，f：精核は卵核内へ紐状に変形して侵入，また2極核が融合，g：卵の受精終了，胚乳原核は核分裂の前期を示す．星川（1975）

発芽の最適温度は31～32℃，最低温度は10～13℃，最高温度は約60℃である．また湿潤および乾燥条件では発芽は劣り，特に乾燥の害が大きい．

光については，暗黒条件でも発芽は起こり，受精を完了できる．

受精：花粉管は花柱内を下降し，子房壁の内側および胚珠の珠皮の表面に沿って胚珠の下部（先端）に向けて伸びる（図2.45）．最も早く発芽・伸長した花粉管は受精後30分で珠孔（micropyle）に達する．花粉管の先端は珠孔から胚嚢の中へ入るが，狭い珠孔に入れるのはただ1つの花粉管だけで，それより遅れて伸長してきた花粉管は珠孔に入れないばかりか，その時点で伸長が急に弱まって，まもなく停止してしまう．

胚嚢に入った花粉管先端は，まず助細胞（synergid）の1つに貫入して，卵細胞と極核の間の位置で破裂し，2精核が放出される．2精核のうち1個は卵に，他の1個は極核に接近する．受精後1.5～2時間には精核は変形しながら卵細胞に侵入し，続いて卵核内に入って雌雄配偶子（gamete）の融合（fusion）が行われる．極核と接したもう1つの精核は，2極核のうちの1つと融合し，続いて2極核が融合して3nの胚乳原核（endosperm mother nucleus）を形成する．この重複受精（double fertilization）が完了するのは，受精後4～5時間である．

受精の最適温度も30～33℃程度とみられ，20℃付近では受精所要時間は2倍以上になる．受精できる最低限界は17～20℃で，それ以下および35℃以上の高温では受精障害が起こる．

(8) 穎 果

1) 米粒の発達

受精の翌日から子房は主として縦に伸長し始め，5～6日後に早くも粒の縦長が全長に達し，穎の頂部に届くようになる．次に幅（背腹径）の発達が盛んになり，15～16日目までに腹部が肥大して全長となる．粒の厚さ径は最もゆっくり増えて，20～25日に全長となる（図2.46, 47）．しかし粒内部ではまだ登熟成長が続いており，粒の果皮には葉緑素があって，粒は緑色である．30日目頃から粒は内容の充実につれて水分が減少し，その

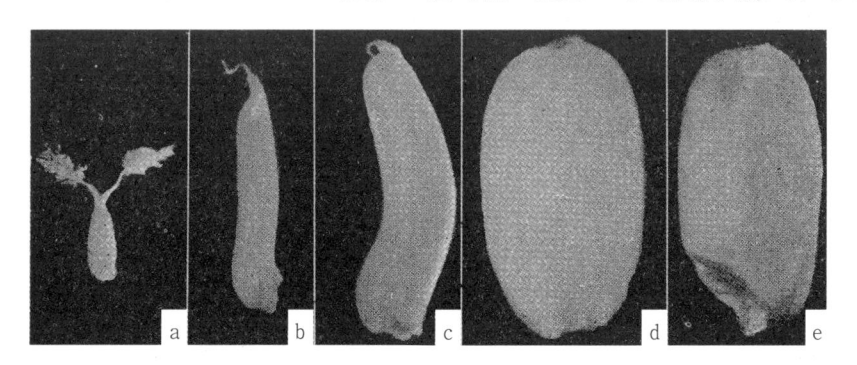

図2.46 米粒の外形の発達 (a→e)
a：開花日の子房（雌蕊），b：3日目，c：6日目，d：25日目，e：45日目．星川 (1980)

ためサイズがわずかに縮小し、果皮も葉緑素を失って玄米本来の色となり、特有の光沢が現れる。この頃から腹白や心白など、粒の形質も明瞭となってくる。また籾殻（内・外穎）も葉緑素を失って黄色となり、45日目頃に登熟は完成する。

玄米生体重は図2.48のように、受精後20日頃まで直線的に増加し、25日頃に最大となり、35日すぎてからはやや減少する。乾物重はS字曲線で、35日頃まで増加する。水分含量は7～8日目に最大となり、以降は減少を続ける。これを粒の水分含有率でみると、登熟と共に減少し、特に乾物重増大の著しい時期に減り方が急速で、乾物重が最大となる35日目頃に20％となり、以降収穫まであまり変わらない（星川 1968）。図2.49は登熟に伴う粒中央部の横断面の変化をみたもので、受精後10日目頃から粒の中心部が透明化し始め、以降次第に透明化部分が拡大し、30日目頃に全面が透明化する。これは、後述する胚乳細胞内への貯蔵物質の充実と水分の減少によるもので、粒が中心部から登熟を完成して行くことを示し、透明化部分の面積比率は登熟の進みと比例するので、肉眼で登熟程度を判定する指標に使われる（松島 1962）。

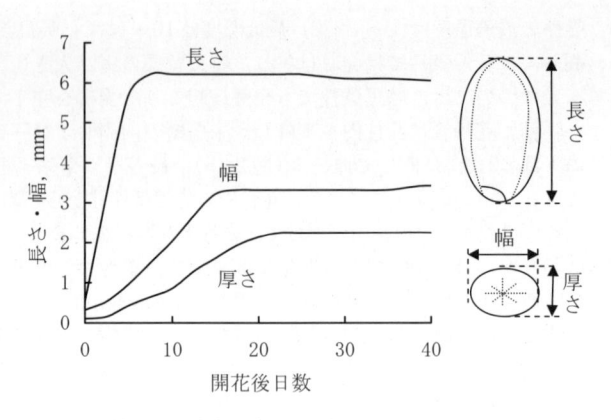

図2.47 玄米の外形の発達過程. 星川（1967）

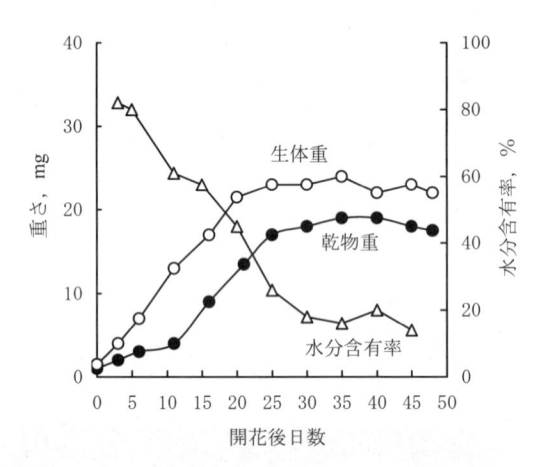

図2.48 玄米の重さと水分含有率の推移. 星川（1968）を改

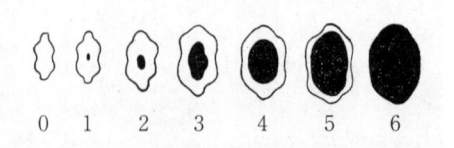

図2.49 登熟にともなう玄米の横断面の透明化とそれによる登熟程度の規準（1～6）. 図の黒部が透明化部分を示す. 松島（1962）

粒の登熟を示す表示としては、乳熟（milk ripe）、糊熟（dough ripe）、黄熟（yellow ripe）、完熟（full ripe）の4期がある。乳熟期は、粒を圧すと胚乳内

容物（主にデンプン）が白い乳状の汁となって出る時期で，デンプン蓄積の初期である．糊熟期はデンプンが糊状に粘り出し，黄熟期は籾が黄緑色からやや黄変し，内容物も固化する．この期の終わりが通常，収穫適期である．完熟期になると米粒は全体が硬くなり，上述の透明化が全域に達し，粒の水分減少はさらに進む．完熟を過ぎると枯（過）熟し，茎葉はすでに枯死して退色し，倒伏や脱粒し易くなる．

2）胚の発生過程

受精卵は1日後に2細胞に分裂し，以降細胞分裂を繰り返して，3日目に桑実状の原胚（proembryo）となり，4日目に茎の始原成長点（幼芽の原基），続いて5日目には種子根原基を分化する（図2-50）．幼芽原基では，鞘葉の原基がまず分化し，それに包まれた成長点近くに，5～6日目に第1葉原基が，6～8日目には第2葉，10日目には第3葉原基が分化する．この間に鞘葉原基は前鱗に覆われ，幼根を覆う根鞘も区別されるようになる．胚盤も発達し，胚盤と幼芽を結ぶ維管束もほぼ完成する．胚の大きさは8～10日目頃に著しく増し，受精後11～12日目までに胚の細胞の分裂・増殖はほとんど終了する．すなわち，胚は受精後約10日間で形態的にほぼ整う．この頃，胚を摘出して培地に移植すると発芽成長する能力も備わっている．以降は，各組織の細かい分化や若干の細胞の肥大などが行われ，25日目頃に胚は形態的に完成する．25日目以降

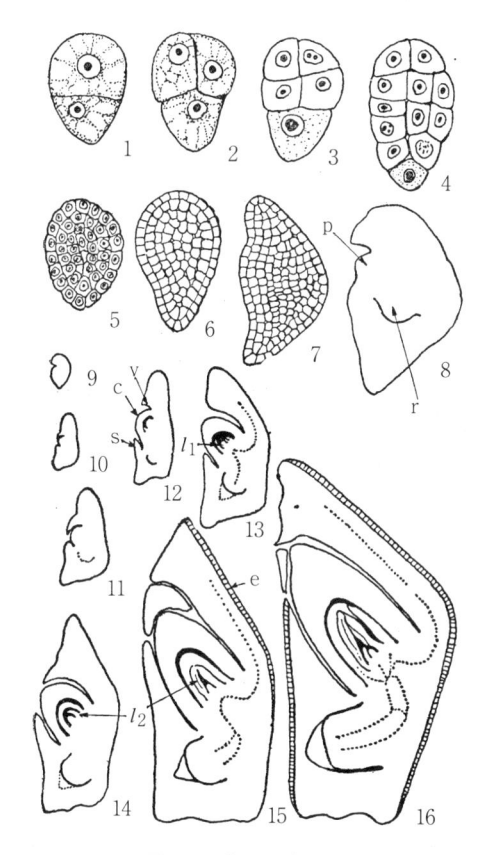

図2.50 胚の発生過程
1：受精1日後，2～4：1～2日後，5：3日目，桑実期，6，7：4日後，原胚期，8，9：約5日後，始原成長点（P）と種子根原基（r）分化，10～12：5日目，前鱗（v），芽鱗（s），鞘葉（c）分化，13：6日目，第1葉（l_1）分化，14：8～10日目，第2葉（l_2）分化，この後第3葉分化，胚盤柵状吸収組織（e）分化，15：11～12日目，細胞分裂停止，16：25日目，胚完成．
星川（1975）

は，胚は生理的休眠状態に入り，粒全体の水分減少に伴って，全体の大きさはわずかに減少して完熟期を迎える．受精から胚の完成までは，早・中生品種では20～25日，晩生品種では約25日である（末次 1953）．

3）胚乳組織の形成と貯蔵物質の蓄積

<u>胚乳の発生</u>：受精後，胚嚢は急速に伸長するが，その中で胚乳原核は受精後数時間で

2核に分裂し（図2.51），その娘核は細胞膜（壁）を形成しないまま，さらに分裂を続ける．増殖した核は原形質を伴って胚嚢の内表面に配列し，3日目頃には一斉に並層分裂して2層の配列となる．この直後，胚の近傍から各核の周囲に細胞膜（壁）が形成され，以降胚乳は細胞組織となる．胚乳細胞の分裂は主に最外層でのみ続けられ，細胞層は増えて，5日目には胚嚢内は細胞によって満たされる．さらに細胞は増え続け，10日目には横断面は中心点（縦断面では中心線）から放射状に多くの細胞が配列して分裂は終了する．分裂の終わった胚乳組織は，横断面では糊粉層も含めて背面から腹面まで約36層の細胞が並び，また，粒の縦径には約150個の細胞が並ぶ．すなわち受精から10日間で，胚乳全体の細胞数は総計15～18万個にも増える．

この細胞分裂は30℃前後の高温では約10日で完了するが，20℃前後では分裂速度は半減し，20日近くかかる．胚乳細胞の分裂は通常深夜から早朝に行われ，日中は休止する日周期がみられる（星川 1967）．

<u>糊粉層の分化と発達</u>：細胞分裂が終了し

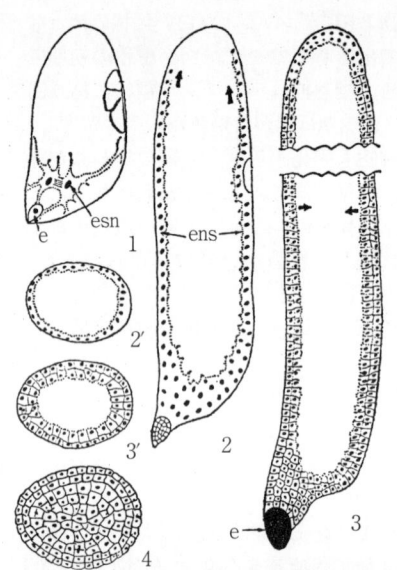

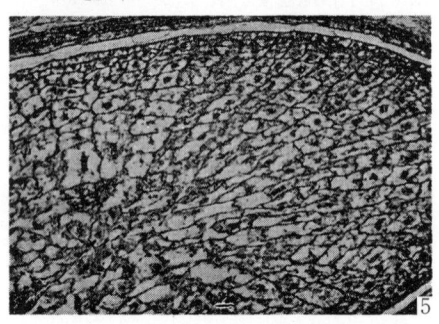

図2.51 胚乳組織の分裂増殖
1：受精直後，胚乳原核は2分裂し胚乳核（esn）形成，2, 2'：3日目，縦断と横断面，胚嚢の内面に沿って胚乳核の層を形成，3, 3'：4日目，核は2層となり胚端から細胞壁形成，4：5日目横断，5：10日目横断，細胞の増殖終了．星川（1968）

た時点で，胚乳組織の表層部は糊粉層（aleurone layer）に，それより内部はデンプン貯蔵組織に分化する．糊粉層は，腹面は1～2層，側面は1層，背面の通導組織に面した部分のみは3～5層の糊粉細胞からなる（図2.52）．糊粉細胞は分化時の

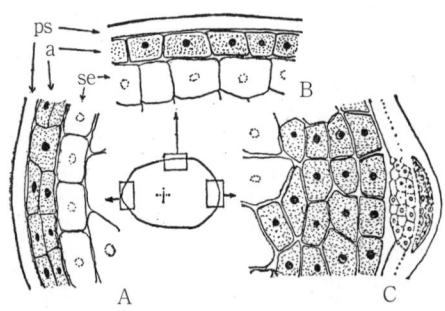

図2.52 胚乳組織の各部分の糊粉層の厚さ（横断面）
A：腹面，B：側面，C：背面，ps：果皮と種皮，a：糊粉層，se：デンプン貯蔵組織．星川（1980）

形態のままあまり肥大成長せず，厚い細胞壁に囲まれ，その後内部にタンパク性の糊粉粒（aleurone grain）や脂肪顆粒を蓄積し，デンプン粒は蓄積されない．

　デンプン貯蔵組織の肥大成長：デンプン貯蔵組織の細胞はその後肥大成長し，これによって米粒は肥大する．細胞の肥大は組織の内部から始まり，以後順次周辺部の細胞が，そして糊粉層に内接する細胞が最後に肥大を終わる．すなわち遠心的成長であり，内部の細胞の肥大終了は開花後15日目頃，最周辺部細胞では30日目頃である．

　完成した胚乳は，縦断面では，粒頂部を除いて細胞は全て横に伸び，縦方向の伸長はない．横断面では，背腹面に沿った部分では細胞は細長く棒状に伸長肥大し，このため粒の幅が大きくなりジャポニカ型米の特徴となる．インディカ型米ではこの部分の伸長肥大が少ないので，細い粒となる．なお，インディカ型米が長形なのは，粒の縦軸に並ぶ細胞数が多いためであって，細胞が縦伸長するためではない．粒の側部では細胞は扇形あるいは多角形に肥大する．また組織内部にある細胞ほど肥大伸長がさかんで，結果として容積が大きく，周辺ほど細胞は小型である（図2.53）．

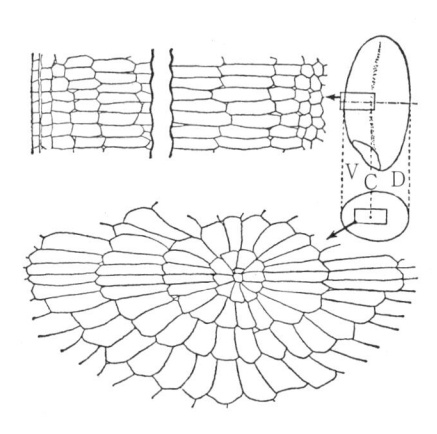

図2.53　胚乳細胞の発達
胚乳組織内の位置により肥大成長の仕方が異なる．V：腹部，D：背部，C：中心線（縦断面）あるいは中心点（横断面）を示す．星川（1967）

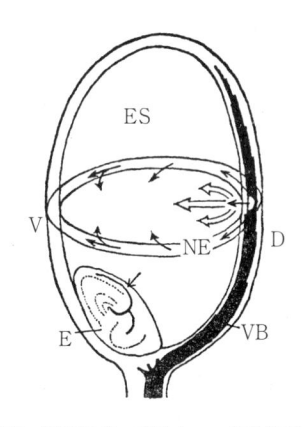

図2.54　貯蔵養分の胚乳内への転流経路
VB：通導組織（維管束），V：粒腹部，D：粒背部，E：胚，ES：胚乳，NE：珠心表皮（後の種皮の一部）．→印は登熟初期の転流経路，⇒印は中後期の転流経路を示す．星川（1980）

　米粒への物質輸送通路：胚乳への物質の蓄積は開花後3日目頃から開始される．小枝梗の維管束を通って送られてきた養水分は，子房（粒）の背面の子房壁内にある通導組織に導かれる．この背部通導組織は多数の導管や仮導管の束からなっており，これら管束は粒の頂端部では数が減っている．したがって貯蔵物質は図2.54に示すように，粒の基部から頂部に至る全背面から，通導組織の内側にある珠心突起細胞に移り，それから胚乳に入るものと考えられる．登熟初期には，転流物質はまず胚乳をとりまく珠心（nucellus）に入り，胚嚢の全周囲表面から胚乳に入るが，糊粉層が分化して以降は，流入口は背面

[56]　第2章　水　稲

の珠心突起組織部分に限られると推定される．これに対面する胚乳の表層には糊粉層が特異的に3～6層できているが，これらの糊粉細胞は他の部分の糊粉細胞と形態が異なり，一種の吸収組織としての機能を持つと推定されている（星川 1967）．

　胚乳組織内には通導組織は全く形成されていないから，胚乳に入った貯蔵物質はすべて，細胞から細胞を通過して，胚乳組織の内部の細胞へと送られ，そこで貯蔵形態に変

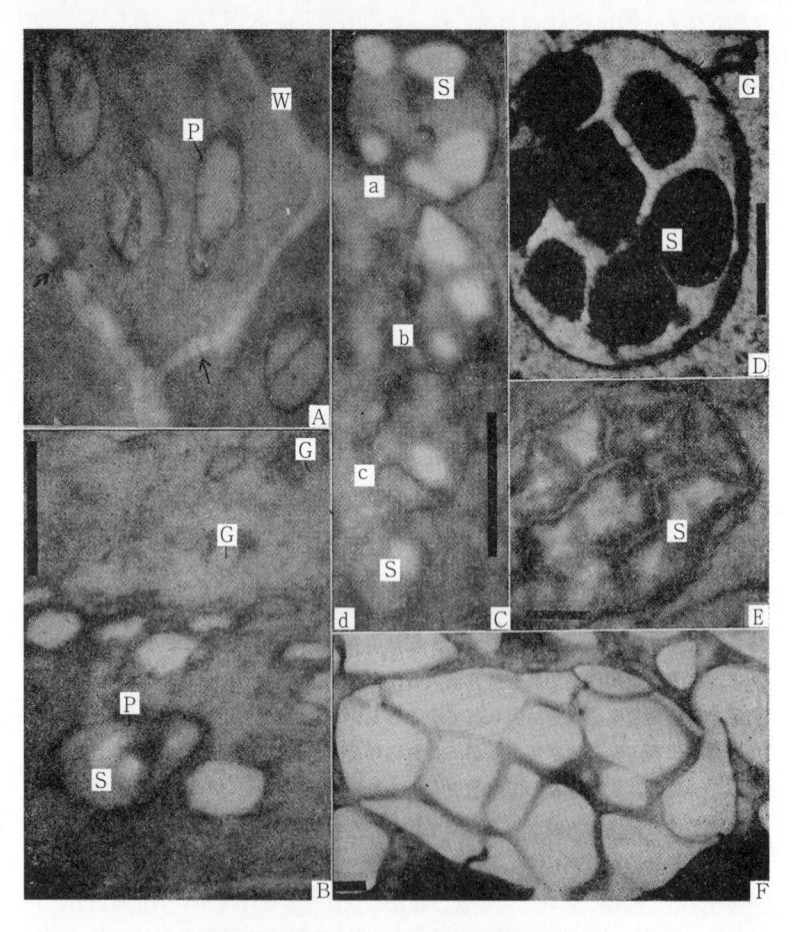

図2.55　胚乳デンプン粒の発達過程（A→F）
A：若い細胞の一部，細胞質中にproplastid（P）があり，細胞壁（W）に原形質連絡（↑）が多い，B：proplastid内にデンプン（S）が蓄積し始める，ゴルジ体（G）が多い，C：デンプン結晶を含んだproplastidの増殖の一例，aからb，c，dとちぎれ増殖したとみられる，D：増殖を終わり，サイズの増大を始める（この頃よりamyloplastと呼ぶ），E：発達途中のamyloplast，F：完成に近いamyloplast．D図のみ炭水化物を染色．図中の黒棒は1μmを示す．星川（1980）

えられて蓄積される．
　<u>デンプンの蓄積</u>：胚乳内へ送られてくる貯蔵物質の大部分は水溶性炭水化物で，主にショ糖とグルコースを主体とした形態であり，これが細胞内デンプンに合成され，非水溶性のデンプン粒として蓄積される．デンプンは貯蔵物質の90％以上を占める．デンプン粒の蓄積は，開花後4日目頃から胚乳の最も内部の細胞において始まり，以降次第に周辺寄りの細胞に蓄積が始まる．内部では開花後15日目頃細胞内にデンプンが充満し，蓄積が終わり，以後蓄積完了域は周辺に及び，糊粉層に内接する細胞では30～35日目に完了する（図2.55）．細胞内に蓄積されるデンプン粒は，細胞のサイズと比例して細胞内部ほど大きく（径約40μm），周辺部ほど小さい（10～20μm）．

　イネの胚乳に蓄積されるデンプン粒は複粒（compound granule）で，楕円形をなし，ジャポニカ型では50～80個（星川1968），ジャポニカ型では約100個（Buttrose 1962）のデンプン小粒からなる．デンプン粒は，分裂能力を失ってから2日ほど経た細胞の細胞質中のproplastid（amyloplastの前駆体）において蓄積形成が始まる．proplastid内に微少なデンプン小粒が出現し，次第にその数を増し，その後各小粒が発達してamyloplast内に充満し，以降全体としてやや楕円体に大きさを増してゆく．各小粒はぎっしりとすき間なく発達し，多角錘（概して4～5面体）状になる（図2.56）．完成したデンプン粒の外皮，すなわちamyloplastの外膜は，デンプンをとり出すと容易に破け，デンプン小粒がバラバラになる．

図2.56　Amyloplastの被膜が破れ，バラバラになったデンプン小粒．
桐淵・中村（1974）

　<u>貯蔵タンパク質</u>：胚乳細胞の中に貯蔵タンパク質が5～8％蓄積される．貯蔵タンパク質もやはり顆粒状をなしており，開花後6～7日目から認められる．タンパク顆粒（protein body）の大きさは直径1～3μmでほぼ球形，断面に同心円的輪層構造を持った比較的硬い結晶状のものの他，輪層構造を持たない不定形のタンパク顆粒も見出されている．これらタンパク顆粒は，細胞内に充満したデンプン粒間のわずかな間隙に押し込められるように存在し，胚乳組織の内部よりも周辺部により多く分布する．貯蔵タンパク質の量は一般に水稲より陸稲にやや多く，また1,000粒重の小さいものに多く，また同じ品種でも，畑栽培したり，出穂後窒素肥料を多く追肥すると増える．

4）果皮・種皮・籾殻の発達
　玄米を覆う果皮・種皮はそれぞれ，子房壁・珠皮から形成される（図2.57）．子房が成長するにつれて，子房壁の上表皮は初期は細胞分裂し，後に伸長して表面にクチクラ層ができる．中間層は20日目頃から細胞内容が消失し，やがて細胞壁も崩壊して海綿状組織となる．その最も内側の層のみは分裂増殖の後，粒縦軸に直角，つまり横方向に伸長し，横細胞となる．横細胞には登熟中期に葉緑素が形成され，30日頃目に消失し，細胞

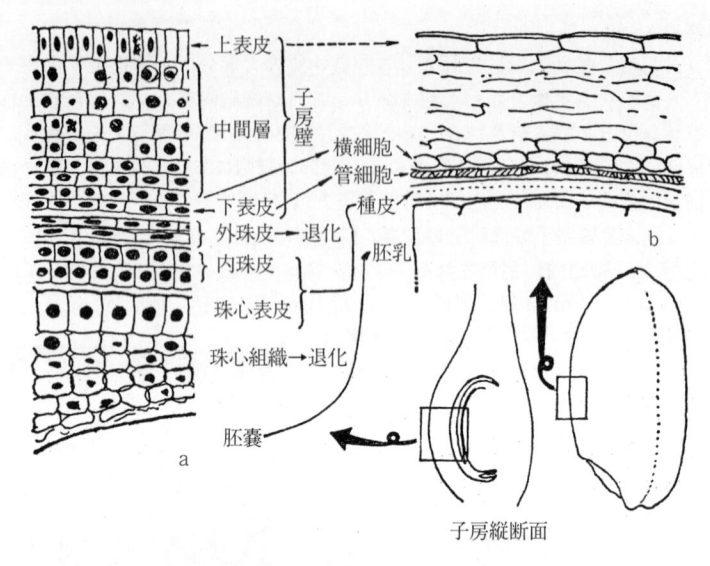

図2.57 果皮と種皮の発達（縦断面）
a：開花時，b：完熟時．星川（1980）

は木化する．未熟米が緑色で青米と呼ばれるのは，この葉緑素が残っているためである．下表皮は横細胞と直角に縦方向にのみ伸長するので，粒が肥大すると各細胞が離れ離れになり，粒横断面でみると管状の細胞が間隔を置いて並ぶ形状なので管細胞と呼ばれる．横細胞と管細胞は果皮の補強繊維の役割を果たしている．

　珠皮（integument）のうち外珠皮は退化するが，内珠皮は分裂増殖して種皮（seed coat, testa）となる．その内部の珠心（nucellus）は胚嚢（乳）の発達のため消化されて消失するが，珠心表皮（nucellar epidermis）は残って胚乳を包む薄い層となる．これが外胚乳（perisperm, exosperm）であるが，完熟に近づくと外胚乳は種皮と癒合して区別がつかなくなり，イネでは共に種皮と呼ばれる．

　内・外穎はともに上表皮，柔組織，下表皮からなるが，若いうちは柔組織の内側の2層に葉緑素を含み，このため籾殻は緑色を呈し，光合成を営む．上表皮は次第にクチクラ化し，上表には珪酸が沈積して堅くなる．柔組織の外側の細胞は退化するが，葉緑素を持つ細胞は30日頃から木化して葉緑素も消失し，穎は黄色となる．下表皮は細胞が崩れ，内容も消失して薄い透明な膜組織となる．

4．生理・生態

（1） 養分吸収
1） 成長に必要な養分

　水稲体を構成する無機成分には，窒素，リン，カリウムが多量に含まれ，ケイ素，カルシウム，マグネシウム，イオウが少量，鉄，マンガンが微少量含まれる．このうち窒素，リン，カリウムは，水稲を含めた作物にとって最も多量に必要な養分（nutrient）なので，これを肥料の3要素と呼ぶ．

　窒素：タンパク質や核酸などを構成する重要な成分であり，イネの養分として最も重要で，成長・収量に大きく影響する．窒素肥料の施用量とその吸収のさせかたは栽培上最も重要である．窒素は，水田ではアンモニウムの形で根に吸われる．アンモニウムは植物体内で同化されグルタミンを経て，核酸や各種タンパク質などの高分子化合物が合成される．このほか，イネを含めた植物には，各種の低分子窒素化合物が含まれる．タンパク質は，茎葉や根の諸器官を成長させる原料として重要であるが，クロロフィルやルビスコの主成分でもあり，光合成の器官や酵素の構成成分としても重要である．

　窒素は葉面積を大きくすると共に，光合成能力を増して炭水化物の形成を多くする．しかし，窒素を与えすぎると，過剰に吸収され，過繁茂から受光態勢を劣化させ，光合成の低下や呼吸量の増大を招き，かえって乾物生産を低下させることになる．また，稈長を増やし，倒伏を招く．急激に窒素を過剰吸収させると，多量のアンモニウムはそのまま，あるいはアミノ酸やアミドでも多く蓄積される．こうした生理状態は，日照不足，水分不足あるいは低温にあって光合成が衰え，稲体内の炭水化物が不足した場合に起こる．このような生理状態のイネはいもち病にかかりやすい．特に出穂期以降は，茎葉の成長が終わり，炭水化物が粒へ転流されるので，相対的に窒素過剰状態になりやすく，穂首や枝梗の軟らかいうちにいもち病にかかりやすい．さらに過剰窒素状態では，メイチュウの被害も大きくなり，風水害にも弱くなる．根の活力も早く衰えやすい．

　リン：リンは，遊離のリン酸あるいはリン酸基が結合した化合物の形で存在する．リン化合物は，DNA，RNAの成分として遺伝情報を，ATPの成分としてエネルギー伝達を担っており，解糖系や光合成のカルビン経路の代謝物質ともなっている．

　リン酸が不足すると葉が細くなり，色が濃くなる．草丈も短く，茎数が少なくなり，出穂期，成熟期が遅れる．また，リン酸欠乏は呼吸作用や光合成を低下させる．またタンパク質の合成を少なくする．東北地方の腐植質火山灰土壌では，リン酸が土壌に固定されており，寒冷地では低温の時期にはリン酸の吸収が悪く，リン酸欠乏症が出やすい．リン酸は過剰になることは少ないが，育苗床の施用量が多すぎると葉先の褐変などの害が出る．またリン酸が多いと，窒素の吸収を促進する作用があるので，リン酸過多は間接的に窒素過剰をもたらす危険があり，またケイ酸の吸収を抑制するので，両者の結果，稲体はいもち病にかかりやすくなる．

　カリウム：高等植物の生細胞中では，カリウムは主に1価の陽イオンとして存在し，細胞pHや浸透圧の調節，酵素の活性化，タンパク質の合成，光合成，気孔の開閉などに関

与している.

　一般に，窒素が多いほどカリウムの必要量も多くなる．したがって窒素含量が多い時は，カリウム欠乏が起こりやすく，一生のうちで窒素含量の最も高い分げつ最盛期と幼穂発達初期に，カリウム欠乏が起きやすい．カリウムが欠乏すると，下葉に含まれるカリウムが上葉に転送されるので下葉が枯れ上がったり，根の活力が衰えたりする．一般にカリウムが不足すると葉色が濃くなり，草丈は短くなる．しかし，リン酸欠乏と異なって茎数の減少は起こらず，出穂期はかえって早まる．病害としては，小粒菌核病，ごま葉枯病，白葉枯病にかかりやすくなる．稈は弱くなり，倒伏しやすくなる．

　カルシウム：カルシウムは，安定なイオン的性質を持つ複合体を形成しやすいので，陽イオンとしての作用を持ち，植物体内での多くの機能に関与している．また，組織の構造維持にも重要な役割を担っている．カルシウムは生育の初期から後期まで吸収され続け，体内に入ると再移動しにくいので，古い器官におけるほど含有量が多い．

　カルシウムは体内に蓄積される有害な有機酸と結合してこれを中和し，生理的系外へ排出する役割があるともいわれている．イネではシュウ酸カルシウムの結晶が葉枕部分に見出され，また葉身の葉肉組織にカルシウムが多く含まれている．

　ケイ素：植物はケイ酸の形でケイ素を吸収するが，イネでは茎葉中にケイ酸を10～20％も含まれているのが特徴である．根から吸われたケイ酸は葉に転流され，葉の表皮細胞に蓄積される．葉の表面はケイ質化して硬くなり，いもち病菌，ごま葉枯病菌の侵入を防ぐ役目をする．稲体のケイ酸と窒素の比率（SiO_2/N）が高いほど稲体は健全である．したがって窒素が多い場合は，この率が低下しないようにケイ酸も多く吸収させることが必要である．またケイ酸を多く含むイネは倒伏しにくい．

　ケイ酸は作土中および灌漑水中から多く供給されるが，生育が盛んな場合は不足となる．その場合は，稲わら堆肥（7％含有）や焼籾殻，山野草の他，溶成リン肥，鉱滓（ケイ酸石灰）を施用して補う．

　マグネシウム：葉緑素の構成成分であり，欠乏すると葉の黄化を起こすことがある．またタンパク質の合成とケイ酸の吸収を少なくするので，欠乏するとごま葉枯病やいもち病にかかりやすくなる．マグネシウムの吸収はカリウムによって抑制される性質がある．

　その他，マンガンは欠乏するとごま葉枯病に顕著に弱くなる．

2）成長に伴う養分吸収

　イネは発芽して幼根が伸び出すと，ただちに養分吸収を始める．特に，2.5～3.0齢に胚乳中の窒素がほとんど消尽してからは，窒素吸収量は急増する（図2.58，戸苅ら 1962）．これは第1葉節からの冠根の発生によるところが大きい．発芽初期に根から吸収される窒素は，胚乳養分の発芽・幼根への移行を増進させる効果も認められている．胚乳養分の移行が増進すれば，それだけ幼植物の形態形成が早まり，光合成も早く始められるので，体内炭素含有率が高まり，それが，また根からの窒素の吸収を促進する結果になる．リン酸の吸収も発芽当初から行われる．

　本田以降の一生の養分吸収の様子を各要素の1日当り吸収量で調べたものを図2.59に示す．成長が進むにつれて各要素の吸収量は増加し，窒素，リン酸，カリウムは，分げ

つや根の形成・伸長が盛んな生育中期に最大の吸収を示す．ケイ酸とマンガンは，稲体が最大になる出穂の前頃に最も多く吸収される．窒素，リン酸，カリウム，マグネシウムなど多くの無機養分は，大部分が出穂以前に吸収される．それは出穂後は根の機能が低下するためと，土中の養分が吸い尽くされることによる．追肥や緩効性肥料の施用は，吸収パターンを生育後半へ移行させる．

吸収した養分は形態形成の素材あるいは生理的代謝に使われる．窒素やリン酸などは，体内で再転流して繰り返し利用される．これに対してカルシウム，ケイ酸，鉄などは体内

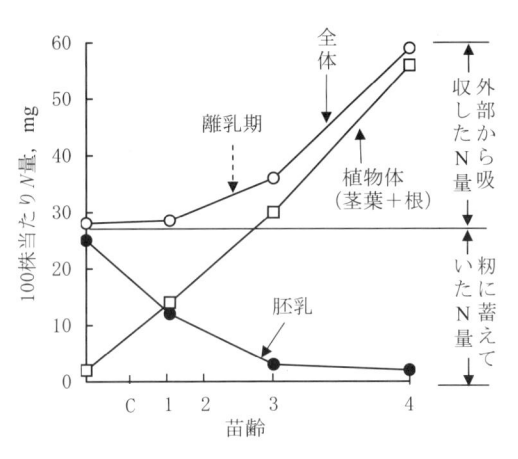

図2.58 幼苗の生育に伴うN吸収と胚乳からの移行．戸苅ら (1962) を改

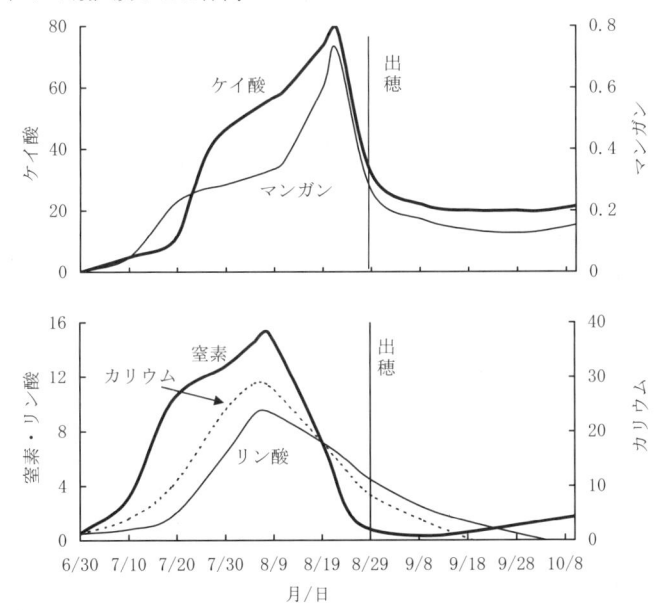

図2.59 生育に伴う養分吸収量 (mg/株・日) の推移．馬場 (1962) を改

での再転流は少なく，生育の後期まで必要量を根から吸い続ける．

植物は，各種の土壌養分を，主にイオンの形で根の細胞内に取り込む．この時，イオンは細胞膜を通過するが，細胞膜はイオンを選択的に輸送する機能を持っており，エネ

ルギーとイオン運搬の輸送体が介在する能動輸送と，エネルギーを必要としない拡散による受動的な輸送とがある．リン酸，カリウム，ケイ酸などは主に能動輸送により，カルシウムなどは受動輸送により吸収されるが，この区別は固定的ではなく，植物体の栄養状態や土壌のイオン濃度によって変動しうる．

養分吸収は環境因子によって大きく影響を受ける．

<u>温度</u>：最適温度は30℃前後とされ，これより高温でもまた低温でも，窒素，リン酸，カリウム，ケイ酸の吸収が衰える（図2.60）．

<u>土壌水分</u>：土壌の過湿，適湿，過乾の条件により，根の吸収機能が直接影響を

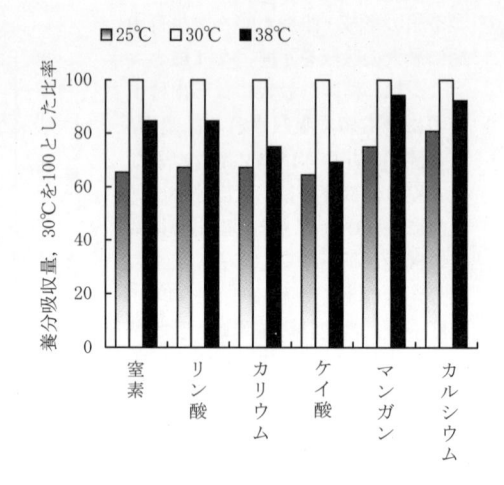

図2.60 温度が養分吸収量に及ぼす影響．馬場（1962）を改

受けるとともに，養分の濃度や溶存形態にも変化を及ぼして，間接的にも吸収量が変わる．水分がやや減ると窒素，カリウム，カルシウムの吸収量は増えるが，リン酸やケイ酸の吸収が減り，さらに水分不足になるとリン酸，ケイ酸の吸収が著しく減る．

<u>pH</u>：イネの成長には土壌のpHが5以上7以下の範囲が好適である．pHが4以下あるいは7以上になると，根の生理機能の低下と，養分が化学的および物理的変化を起こして吸収しにくくなることの双方から養分吸収が衰える．例えば，鉄はpH6以上で不溶性となるので吸収が悪くなる．また，pH4.8以下になると，土壌中のアルミニウムの溶出などが起こり，根の機能に障害が起こり，他の養分の吸収が劣る．

<u>土壌通気・有害物質</u>：土壌通気が不充分で，根に供給される酸素が不足すると，根の呼吸や代謝が不活発になり，吸収が悪くなる．イネは地上部に通気組織が形成され，地上部から根の先まで酸素を送っているが，それでも根の周囲の酸素が不足すると，ほとんど全ての種類の養分吸収が減る．

また，根の呼吸により，根の周囲は二酸化炭素が多くなるが，二酸化炭素の除去が不充分だと二酸化炭素過剰害が出る．一酸化炭素も有害である．

水田では，しばしば硫化水素が発生する．硫化水素は，根の呼吸を阻害し，代謝を弱めるので，リン酸，カリウムの吸収を著しく減らす．また，生わらや分解不充分な堆肥（有機物）の多い水田では，高温により急速な分解が起こるために酸素不足を招き，酪酸，酢酸など低級有機酸が多く発生する．これら有機酸類も多くなると硫化水素に似た呼吸阻害を起こす．干拓地の塩化ナトリウム，鉱山下流の採鉱廃物の銅，カドミウムなど，黒ボク土のアルミニウムなども，根の生育に障害を与えることを通じて養分吸収を衰えさせる．

<u>光</u>：日照が不足すると各養分の吸収が減る．特に窒素，リン酸，マンガンなどの吸収

の減少が顕著である．これは光不足が光合成の低下を招き，ひいては根端部での代謝エネルギー源の不足を招くための間接的影響とみられる．

（2）蒸散と要水量

液体が気体に相変化する現象を蒸発（evaporation），植物体からの水の蒸発を蒸散（transpiration）と呼ぶ．耕地では両者が同時に起こっているので，両者を合わせて蒸発散（evapotranspiration）という．蒸散量は蒸発量と同様に，日射量，気温，大気の水蒸気圧などの気象要因によって影響されるほか，植物側の要因によっても影響される．植物側の要因としては，葉の大きさや空間的な配置，葉の表皮の形質および気孔の密度や開度などが影響する．

湛水状態で生育するイネでは，晴天の場合，午前中には日射量や気温の増加に伴う大気の飽差の増大により気孔開度は低下するが，蒸散速度は増加を続けて日中に最大に達した後，午後には低下する．飽差がきわめて大きい場合，湛水状態にあるイネでも，蒸散が盛んな晴天日では，気孔が閉じて（気孔伝導度が低下して）光合成速度の低下がみられるとの指摘がある（石原・齊藤 1987）．

植物体が生育期間中に吸収した全水量を全乾物重で割った値を要水量（water requirement）という．また一定期間における総蒸散量を，その期間の総乾物生産量で除しても求めることができ，この場合には蒸散係数（transpiration coefficient）という．すなわち，1 gの乾物重を増やすのに必要とした吸水量で，それはほぼ蒸散量に等しい．

イネの要水量は表2.5のように，ムギ類やトウモロコシなどイネ科の主要な他作物に比べてかなり高いことが特徴である（玉井 1961）．これは，水稲が水田栽培を有利とする理由の1つである．

表2.5 主な作物の要水量

作物	要水量，mm
水稲	211～300
陸稲	309～433
コムギ	164～191
オオムギ	175
トウモロコシ	94
ダイズ	307～429
サツマイモ	248～264

玉井（1961）

（3）呼 吸

呼吸（respiration）により，呼吸基質を分解して生命活動に必要な科学エネルギーをATPの形で獲得するとともに，有機物を分解して種々の体構成物質を得ている．イネは，葉から茎を経て根に至る通気組織を持ち，かなりの湛水条件でも葉など体の一部が空気中に出ていれば，そこから体内へ空気（酸素）を送ることができ，好気呼吸ができる．イネの葉身から根の先端へ向かって，含有する空気の酸素濃度が低くなっていることはそれを裏付けている．またイネは，嫌気呼吸の能力をも持ち，酸素不足の湛水条件下でも成長できる．

水害にあって完全に水没冠水した場合には，しばらくは無気呼吸で生活できる．しかし，無気呼吸ではやはり効率が悪く，炭水化物が急速に消費され，呼吸基質が欠乏するために，長く冠水していると死に至る．高温ではその衰弱死が早いが，水が流動していると大気中の酸素が水に溶けこむために，また水が澄んでいると水中でも若干は光合成ができるので，酸素と呼吸基質の補給ができるため，ある程度の期間は冠水状態でも死

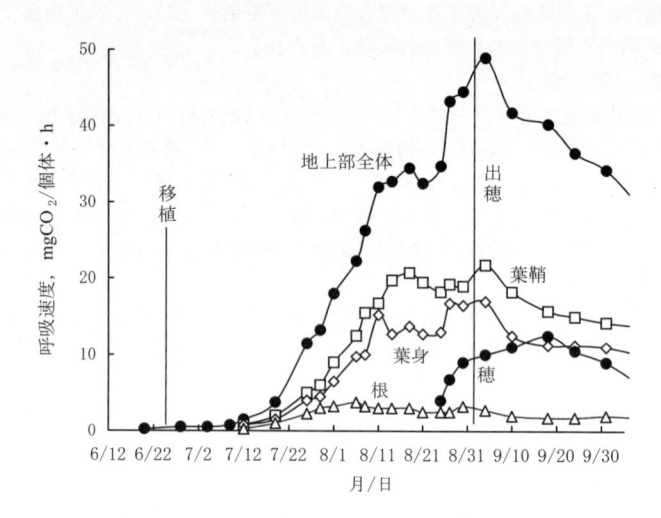

図 2.61　個体当り呼吸速度の推移．馬場（1962）を改

ぬことはない．近年，冠水抵抗性を付与する遺伝子（Sub-1）が発見され，実用品種への導入が試みられている．

水稲の個体当りの呼吸量は，図2.61に示すように，移植後急激に増大し，出穂直後に最高に達し，登熟期に入ると低下する．注目されるのは穂の呼吸量で，出穂後に最高となり，最高時には1株全体の呼吸量の1/3を占めている．根の呼吸量は，分げつ盛期頃から登熟期にかけ

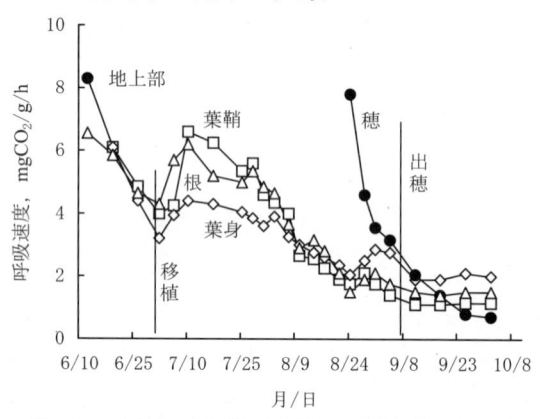

図 2.62　乾物重当り呼吸速度の推移．山田ら（1953）を改

て少しずつ減少してゆく．呼吸を乾物1g当りの呼吸活性の値としてみると，一生のうち発芽時が最も高く，成長が進むにつれて次第に低下する（図2.62）．しかし，これを器官別にみると新生された器官ほど呼吸活性は高く，それが成長するにつれて低下している．分化が盛んな幼穂が特に高い呼吸速度を示すが，出穂にかけての低下も著しい．このような変化は，組織中のタンパク態窒素が多い場合に呼吸速度が大きく，それが減ると低下するからである．

呼吸活性に強く影響を及ぼす要因は温度である．イネの呼吸の温度係数は15℃から45℃の範囲で $Q_{10}=1.8\sim2.1$ である（山田ら 1954）．内的要因としては，呼吸基質の供給

量の影響が大きい．夜間の呼吸量は，その日の昼間の日射量，つまり光合成量に比例している．

よく繁茂した個体群では，根は慢性的に炭水化物飢餓状態にあるとみてよく，日照不足だとますます呼吸基質の不足をきたして根の呼吸は低下する．その結果，エネルギーを必要とする養分の吸収は低下することになる．養分との関係については，窒素，リン酸が増加すると呼吸は増大し，それらの不足で減少するが，カリウムが不足するとかえって呼吸は増大する．

(4) 光合成と物質生産

植物体を乾燥して得られる乾物は，約85％が炭水化物，タンパク質，脂質等の有機物であり，残りの15％が種々の無機物である．有機物の大部分を占める炭水化物は光合成によって合成される．したがって，光合成の速度の大小は，ほぼ一義的に植物の物質生産速度を左右する．

作物の物質生産を考える場合には，個体群レベルで光合成量を考えなくてはならない．作物個体群のみかけの光合成量，あるいは単位時間当りのみかけの光合成速度（以後，単に光合成速度という）は，次のような3つの要因，(a) 単位葉面積当りの光合成速度，(b) 葉面積指数 (Leaf area index, LAI)，(c) 個体群の受光態勢から成っている．つまり個体群の光合成速度はただ単に，葉の光合成能力のみでなく，葉の量そして個体群内部の光条件によって決まる．

1) 単位葉面積当り光合成速度

イネの光合成速度は，好適条件下では$30 \sim 50 \, mg \, CO_2/dm^2/hr$と，$C_3$植物としては比較的高い値を示す（村田 1961）．そして，光を葉の表側，裏側いずれから照射しても光合成速度は変わらない．

葉の内部要因で最も重要なものは窒素濃度である．光合成速度と葉の窒素濃度との間には強い正の相関関係があるが，これは窒素がクロロフィル，ルビスコなど光合成関連窒素化合物の主要な構成元素であることに起因する．葉位別に個葉の光合成速度を測定すると，上位葉から下位葉へ向けて光合成の最高値および呼吸速度は低下し，また光飽和点も低くなる．こうした傾向は葉が陰葉化したことと，老化するためである．陰葉化すると葉は薄くなり，また老化によりタンパク質の分解が起こり，光合成・呼吸の活性は低下する．

イネは湛水条件で栽培されるが，根の呼吸能力が低下したり，葉温が上昇して周囲の空気との間の水蒸気圧差が増加したりすると，葉身内の水ポテンシャルが低くなって気孔が閉鎖する．そのため，光合成が低下することがあり，夏期の日中には光合成の昼寝現象，あるいは同じ光強度でも午後の光合成速度が午前よりも低いという現象がみられる（宮坂ら 1969，石原ら 1971）．

2) 葉面積指数

葉面積指数 (LAI) は，単位土地面積上にある植物個体群の全葉面積で表され，その植物個体群の繁茂度を示す．図2.63のように，LAIが大きくなるほど葉身すなわち光合成器官の量が増加するため，個体群の真の光合成量は増加する．しかし同時に，葉身の相

互遮蔽も強くなり，LAIの増加に伴う真の光合成量の増加は鈍ってくる．一方LAIの増加は全植物体の量の増加をも伴うため，呼吸量はLAIとほぼ比例的に増加する．したがって，真の光合成量から呼吸量を引いた純生産量は，あるLAIの所で最高値を示し，純生産量に対する最適LAIの存在が予測される．LAIを人為的に制御する手段は，栽植密度と窒素施用量の調節である．栽植密度や窒素施用量を調節することにより，最適なLAIを維持することが純生産量を最大にすることにつながる．しかし，LAIが大きくなり，個体群内の光強度が弱くなると呼吸量も抑制されるため，高いLAIのもとで純生産は飽和しても減少することはないという考えもある．LAIの増加にともない純生産量が増加しなくなる，いわば限界のLAIは，イネでは4〜7といわれている（Yoshida 1972）．

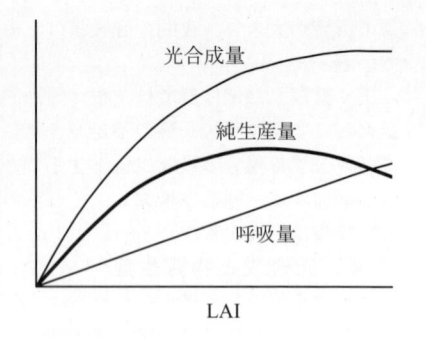

図2.63 LAIと光合成量，呼吸量および純生産量との関係（模式図）．

イネ個体群の光合成速度と光強度の関係をみると，LAIの小さい場合には個葉の場合と同じく，光合成速度はある光強度で飽和する．しかし，LAIが増加するにつれて飽和しなくなり，高い光強度を光合成に有効に利用できるようになる（田中・松島 1971）．

以上のように，イネ個体群の光合成速度あるいは純生産速度を高いレベルに保つ最も重要な要因はLAIである．品種についてみても，新しい多収性品種になるほど高いLAIを有するといわれている（Hayashi 1969）．また，高温によって葉面積の拡大は著しく促進され，高温による成長速度の増大は，こうした光合成器官の増大を通して行われる（佐藤 1972，渡辺ら 1979）．

3）個体群の受光態勢

LAIが大きくなるほど個体群光合成は大きくなるが，同じLAIでも個体群の受光態勢により個体群光合成速度は異なる．受光態勢を左右する最も大きな要因は，個体群を構成する葉身の傾斜角度である．葉身が立っている場合には光が個体群の内部にまで浸透し，個体群内部の光強度が高くなるため，光合成速度が増加する．図2.64はイネ葉身の先端部に重りをつけ，葉身を彎曲させた個体群と，彎曲させなかった個体群の光合成を比較した結果を示している．図からも明らかなように，葉を彎曲させた個体群の光合成は低く，

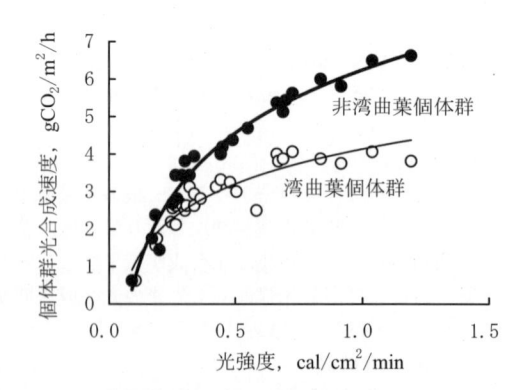

図2.64 湾曲葉個体群と非湾曲葉個体群の光強度と光合成速度との関係．田中ら（1969）を改

また飽和傾向を示している（田中ら 1969）．

この葉身傾斜角度は品種によっても異なり，傾斜角度が大きい（葉身が立っている）品種ほど光エネルギーの利用効率は良く，多収性品種と一致する（Tsunoda 1959, Hayashi 1969）．また，窒素施用量によっても葉身傾斜角度は異なり，多肥になると葉身傾斜角度は小さくなり，受光態勢は悪化する傾向がある．

（5）収量の生産過程
1）収量構成要素

イネの収量（玄米，単位面積当り）は，穂数（単位面積当り），1穂籾数，登熟歩合，1粒重（玄米）の積として表される．これを4つの収量構成要素（yield components，松島 1957）と呼ぶ．

穂数（単位面積当り）は，標準的な代表株の平均穂数と，単位面積当り株数の積で表される．1穂籾数は，代表株の全ての籾数を，穂数で割った平均1穂籾数の値である．登熟歩合は，代表株の全ての籾を乾燥し，比重1.06（糯品種では1.02）液に漬けて沈んだ籾数を全籾数で割った値である．すなわち穂についた籾のうち，完全に稔実して商品価値のある籾になったものの割合を示す．この概念を，ジャポニカ型品種に限らずイネ全体，さらに禾穀類全般に通じて用いることのできるものとして，本書では稔実籾（粒）数割合という用語に置き換えて解説したい．なお，粃以外の稔実籾（粒）（不充分な稔実に終わった籾（粒）も含む）の全籾数に対する比を稔実歩合と呼ぶ．1粒重（玄米）は，完全に稔実した粒（玄米）の重量で，日本の水稲粳品種の場合は，登熟歩合を得る際の，1.06の比重選で沈んだ籾の平均玄米重である．

すなわち，収量構成4要素は次式のように表される．

単位面積当り玄米収量＝（単位面積当り穂数）×（1穂籾数）×（稔実籾数割合）
　　　　　　　　　　×（玄米1粒重）

穂数は苗の条件および栽植密度によってもある程度影響を受ける．しかし実際には移植後の環境によって決められるもので，特に分げつ最盛期の影響が大きい．分げつ最盛期以後10日を過ぎると，ほとんど影響がなくなる．図2.65では，その影響程度が斜線の山の高さで示している．1穂籾数は，幼穂に分化した穎花数とその後退化した穎花数の差で決まる．穎花分化の状況は，斜線の山で示されているが，特に2次枝梗分化期が最も影響を受けやすい．穎花の退化の程度は，基準線からの谷で示されており，減数分裂期に減少が著しい．稔実籾数割合（図2.65の登熟歩合）は，不稔や登熟不良籾などマイナス要因が大きいほど低くなるから，図では谷で示されている．稔実籾数割合は，すでに幼穂分化初期から潜在的に影響を受け始めており，減数分裂期，出穂期，および登熟盛期が特に低下の影響を受けやすい時期である．玄米1粒重（図2.65の1,000粒重）は，籾殻の大きさと中で肥大する玄米の大きさで決まる．籾殻の大きさは2次枝梗分化期から穎果発達期にかけての条件で決まる．玄米の大きさ（重さ）は，穎花原基の発達期特に減数分裂期と，登熟過程の中では特に登熟盛期の環境条件によって強く影響される．

以上4要素の図を総合すると図2.65下の収量の図となる．ここで上向きの山は収量を積極的に増やす影響程度，下向きの谷は収量を減少させる力と解釈してよい．すなわち，

上向きの山は穂数と分化穎花数からなり,それは幼穂がまだ小さい穎花分化期にすでに終わる.このことは総籾数つまり収量の"入れ物"がこの時期までに決まるということであり,収量の可能最大限度が,ここで決まるということに他ならない.その後は,収量の"入れ物"に充填する"中身"の充実程度についての要因であり,穎花退花の程度,稔実籾数割合および玄米粒重などを通して,収量が最終的に決まる過程である.

2) 収量生産過程

収量構成要素に,物質生産の概念を加味して,収量の成立過程を生理的に考えてみると,収量の生産過程は,

a. 収量の"入れ物"(最大容量, capacity)の決定
b. "中身"の生産体制の確立
c. "中身"の生産
d. "中身"の穂(籾)への転流

の4過程に分析できる(村田 1977).

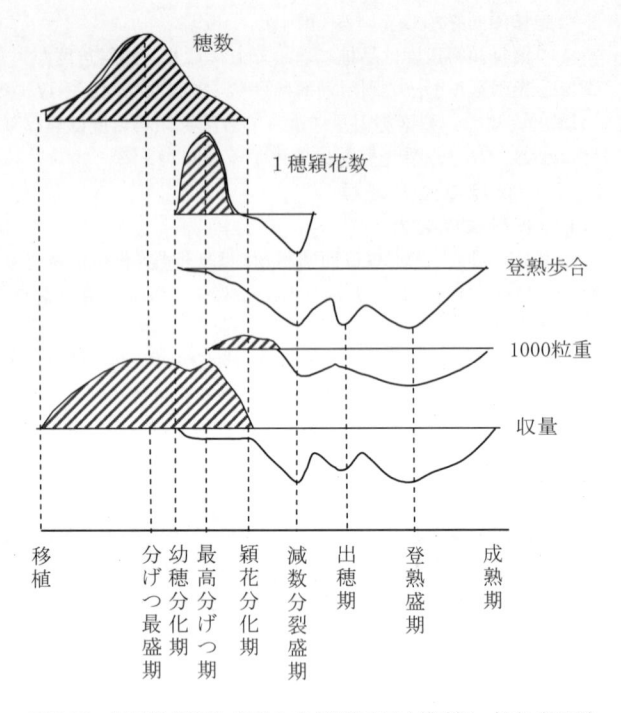

図2.65 収量構成要素・収量の成立過程を示す模式図. 松島 (1959) を改

(a) 最大容量(収量 capacity)の決定

イネの収量の最大容量は,単位面積当り穂数×1穂穎花数×籾殻容積 で決まる.単位面積当りの穂数は,分げつ総数と無効分げつ数の差で決まる.分げつ総数は,窒素施用量と栽植密度に影響されるところが大きい.無効分げつの数は,最高分げつ期前後の日射量に影響される.したがって,単位面積当り穂数は,基肥の窒素量と移植後40日間の日射量によって大きく左右される.

1穂穎花数は,分化穎花数と退化穎花数の差である.分化穎花数は,分化初期の窒素供給量に影響され,退化には分化後の日射量が支配的である.したがって,1穂穎花数は,幼穂発達期の窒素と日射量との両方に左右される.籾殻の大きさは,穂孕期までに決ま

る．出穂前1〜2週間に窒素不足や日射量不足の条件では小さい内穎・外穎が形成され，以後発達しない．それ以降に，いかに光合成物質が充分に供給されても，米粒の大きさは籾殻の容量に制限されてしまう．すなわち，最大容量の決定には，基肥と穂肥による窒素供給量と，移植後40日間と幼穂分化から穂孕期までの日射量が最も大きい影響を及ぼしている．

(b) "中身" の生産体制

優れた生産体制とは，高い光合成能力を持った充分な葉面積があり，それが能率高い受光態勢を持って配置されることである．葉面積の拡大は基肥の窒素量と栄養成長期の気温が主たる影響要因で，その他に栽植密度が高いと増える関係もある．受光態勢は細い葉が立ち，群落の中まで光が入射するような態勢がすぐれ，これは品種の特性でもあるが，肥料特に窒素条件などでも調節され，密植すると一般に葉が立って受光態勢がよくなる．

(c) "中身" の生産

収量の"中身"すなわち，玄米として蓄積されるものは主として炭水化物である．炭水化物は出穂前に合成されて葉鞘や稈内にデンプンとして蓄えられ，出穂後に穂へ転流される分すなわち出穂前蓄積分と，出穂後に光合成されて穂へ転流される分すなわち出穂後生産分とがある．

<u>出穂前蓄積分</u>：出穂前蓄積分は，出穂前3週間頃から蓄えられ始め，出穂期に最大量となる．図2.66の底部の斜線の山である．幼穂発達期頃は光合成量は最も多くなるが，栄養体の形成に費やされる量はもはや少なく，幼穂の成長に費やしてもなお余剰が生じ，これがデンプンの形で体内に貯蔵される．したがって，この期間に窒素量を葉の光合成能力維持と幼穂の発達のために必要な量以上に過剰にすると，栄養体の成長が盛んになり，いわゆる過繁茂となり，光合成量と成長呼吸消耗量との間のバランスがくずれ，出穂前蓄積量が減る．また出穂前の過繁茂は節間伸長を助長し，倒伏を起こしたり，いもち病などにかかりやすい体質を招くなど，こうした影響からも収量に悪影響を及ぼす．

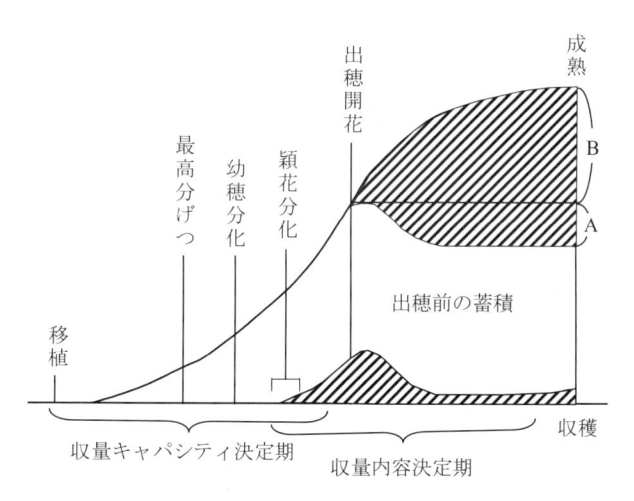

図2.66 物質生産からみた収量の決定機構
A：収量の出穂前蓄積分，B：収量の出穂後同化分．村田 (1977)

開花, 受精, 登熟初期には, 急激に多量の炭水化物を必要とするが, 出穂前蓄積分はこの過程に対して特に重要である. それが少ないと籾相互に炭水化物の奪い合いが起こり, 弱勢頴花は発育停止を起こしやすい. すなわち, 出穂前蓄積分は稔実籾数割合を高めるために大切な働きをする. 出穂前蓄積分を増やすには, 栽植密度を高めることも有効である. それは, 密植によって生育初期の葉面積の拡大速度が大きくなり, 他方, 土壌中の養分が早目に欠乏気味になるので, 栄養体の無駄な成長が抑制され, 出穂前蓄積量が増すためである.

出穂後同化分：出穂後同化分は, 収量の60〜80％を占めるが, 生育期間の短い早生品種や栄養成長期を短くする栽培法によるほど, その比重が高くなる. 生育日数の少ない品種ほど登熟期の葉面積当り光合成能力は高く, また栄養成長期間が短いとそれだけ出穂前蓄積量が少ないためである.

出穂後は, 植物体が日毎に老化し, 基肥は無くなり, 土壌条件も悪化するなどのため, 葉面積の減少と光合成能力の低下が進む. したがって出穂後同化分を多くし収量を増やすためには, 葉の枯れ上がりを防ぎ, 葉の光合成能力を高い状態で長く維持することが必要となる. 窒素追肥はこの目的に最も有効で, 穂肥によって光合成能力は高く保たれ, 実肥によってそれを長びかせ, かつ葉面積の維持をはかるのである. このように, 穂肥や実肥の増収効果は大きいが, 玄米の窒素含有率を高めて食味を低下させる効果があるため, わが国では実施されなくなっている.

水田土壌の水管理も影響するところが大きい. 地下排水によって, 土壌中には酸素が供給され, 還元は弱まり有害物質は溶脱される. これにより根の活力が高まり, 光合成能力が維持されることになる. 最高分げつ期前後の中干しもこれと同じ効果があり, さらに栄養成長を抑制して無効分げつ発生を抑え, 生殖成長への転換を進める効果もある. 出穂後の間断灌漑は, 土壌表層へ酸素を供給することにより, うわ根をはじめ土壌表層部に分布する登熟期に働く根の活性を高める効果がある. また登熟期に入っても, 窒素の無機化が多すぎる土壌では脱窒を進めるのにも役立つ. 地温が高すぎる西南暖地では, 登熟期の冷水掛け流しで地温を下げ, 根腐れを防止する効果もある.

これらの管理条件で高く保たれた光合成能力を十分に発揮させるのに必要な条件が, 登熟期の温度と日射量である. 特に十分な日射量は, 出穂後同化分の増大に及ぼす最大の要因で, 出穂後約4週間の日射量は多いほど同化分は多くなる.

(d)"中身"の穂 (籾) への転流

収量が決定される最終の直接的過程が籾への物質の転流である. イネでは, 光合成によって生産された炭水化物は, 主にショ糖の形で転流される.

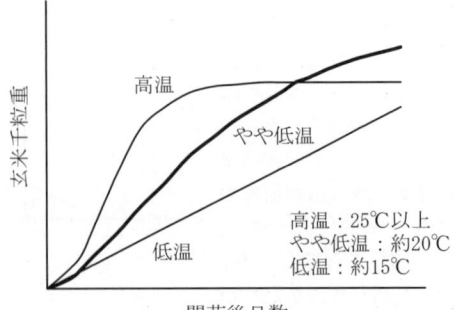

図2.67 登熟に対する気温の影響 (模式図).
星川 (1980)

高温：25℃以上
やや低温：約20℃
低温：約15℃

この転流に対する最大の要因は温度である．17℃以下では，転流速度は著しく劣り，籾は完全に充実しないこともある．これは遅延型冷害による減収の主因として知られている．温度が17℃より高くなるほど転流速度は速くなる．しかしあまり高温では，炭水化物が呼吸の増大のために消費されてしまい，"入れ物"である籾の老化，転流経路の枝梗維管束の老化も早いので，結局転流される総量はかえって少なくなる．登熟期の温度が30℃以上になるような場合には，高温障害が起こり，登熟は著しく低下するとともに，玄米の品質も低下する．図2.67のように，出穂後40日の平均気温20～22℃では，転流速度は中くらいであるが，転流が長く続き，結局最終"中身"は最も多くなる．

5．環　境

（1）気　象

気象要素はイネの地理的分布を制約し，豊凶に影響する．また，イネの生育は水田の微気象や局地気象に影響されるので，栽培管理と関連する．

1）気　温

気温は地上部の機能に直接影響するだけでなく，水田の水温や地温に影響して地下部の生理機能を左右し，それがまた間接に地上部に影響を及ぼす．気温，水温，地温の推移を測定すると，生育前半は水温＞気温＞地温であり，生育の後半では三者の差が小さくなる．生育時期別の気温および水温の日変化を比較すると，7月下旬は水温の日較差がきわめて大きい．8月中旬になると気温と水温の日較差の差は小さくなり，9月には気温の方が日較差が大きい．それはイネの生育が進んで茎葉の陰が多くなり，水温を高める日射が不十分になるからである．生育期間の毎日の平均気温を積算した積算温度は，2,500～4,500℃である．

生育時期によって最適温度と限界温度は異なる．栄養成長の段階では，30℃前後に適温域がみられるが，登熟に関してはそれより低い20～25℃が最適である（表2.6, Yoshida 1981）．わが国の各地の気温とイネの生育期の温度との関係をみると，播種後の温度は，北海道・東北地方では，最低発芽温度10℃と同じかそれ以下なので，育苗には保・加温が必要である．移植期は稚苗の活着低限温度12℃以上になったとき，東北では5月上旬からとなる．出穂開花期には，最高気温が全国的に25℃以上となるので，受粉，受精には支障がない．登熟期には，初～中期は平均23℃以上であることが望ましいが，以降はかなり低温でも成熟が遅れるだけで登熟には支障がない．

育苗技術の発達と早生品種の育

表2.6　生育時期別の限界温度と適温

生育時期	限界気温（℃）		適温（℃）
	低温	高温	
発芽	10	45	20～35
出芽・苗立ち	12～13	35	25～30
活着	16	35	25～28
葉の伸長	7～12	45	31
分げつ	9～16	33	25～31
幼穂形成	15～20	38	－
開花	22	35	30～33
登熟	12～18	30	20～25

発芽を除き日平均気温で示す．Yoshida (1981) を改．

成により，東北地方では夏季のもっとも気温が高い時期に出穂させることが可能になったため，東北地域の収量は従前に比べ飛躍的に向上し，現在では他地域を上回っている．わが国の都道府県別に米の収量を比較すると，東北各県が上位を占めるが，これは東北地域の多くが登熟期に適温域にあることから説明される．西日本では気温と収量との正の相関は低く，逆に真夏の気温が高すぎると作柄が悪化する．特に近年では夏季の温暖化が顕著になり，高温による品質低下が問題になっている（森田 2008）．

昼夜の温度差，すなわち日較差が大きいことは生育・登熟に適する．夜温が低いと呼吸量が減り，体内養分の消耗が少なく，それだけ有利となるからである．上述のように，東北地方で高い収量が得られているのも，日較差が大きいことが有利に働くことが一因である．また同じ地域でも，日較差の大きい年の方が少ない年より収量が多い．日較差は米の品質にも影響し，日較差の大きい方が良質となる．実験的に夜間を自然状態より6～7℃高温にすると，乳白，心白，腹白米など不完全米歩合が増し，米質が低下する．近年，世界各地で高温による収量・品質の低下が指摘されているが，それには夜温の上昇が大きな要因と考えられている（Peng et al. 2004）．

2）日 照

わが国では，「日照りに不作なし」の諺があるように，灌漑水が不足しない限り，多照の年ほど収量が多い．苗代期の日照不足は苗の組織を軟弱化し，乾物増加速度を低下させ，移植後の種々の障害を受け易くする原因となる．分げつ数と穂数は分げつ期の日照の多少に大きく影響される．さらに出穂も日照不足で遅延する．幼穂発達期から登熟期にかけての日照不足は生理機能を弱め，米粒への養分の蓄積を抑制して成熟を遅延させ，発育停止籾などを多くする．

日照不足の影響は主に弱勢穎果に現れる．収量構成要素のうち，穂数は穎花分化直後，1穂穎花数は出穂前十数日間，稔実籾数割合は出穂後，1,000粒重は出穂後十数日の時期の日照に，それぞれ最も影響を受けやすい（松島 1959）．乳熟期以前の日照不足は登熟に大きい影響があり，特に分げつ最盛期および出穂期の前の15日間（穂孕期）と出穂後の15日間（登熟初期）はとりわけ密接な影響を与える．

3）空気湿度・降水・風

土壌水分が十分であれば，空気湿度はかなり低くてもイネの生育に害はない．しかし穂孕期から出穂期にかけては，空気湿度が低下すると白穂を生ずることがある．イネの条間は，水田の外界と比べて著しく湿度が高いが，湿度の過多は蒸散を妨げ，イネの体を軟弱にし，徒長や倒伏を多くすることになり，病害の発生を助長する．

雨天が多いと稲体は軟弱化し，開花期では受精，登熟期には結実などに悪影響を及ぼす．対して少雨の場合は，天水田などでは旱魃が起こる．北海道や東日本では8月に，東海・近畿地方では9月に降水量・降水日数が少ないほど多収の傾向がある．西日本では，降水量・日数と密接な関係のある時期は場所により一定していない．日本海側では，降雪または多雨が湿田や排水不良田を多くし，裏作を不可能とし，また融雪期が遅いために本田準備作業が遅れるなどの制約を受ける．

微風は蒸散と光合成を促進して生育に良い影響を与える．また成熟期の風は籾乾燥に

役立つ．しかし，移植期の強風は葉の強制乾燥，活着不良を招き，水面に波浪を起こし，苗の倒伏や浮苗を生ずる．夏から秋に襲う台風は稲体，特に出穂開花期には穂に機械的障害を与え，籾ずれによって屑米を多く出す原因となる．また，開花・受精を妨げ，白穂を生ずる場合がある．成熟期の強風は倒伏させ，雨を伴った場合には収量・品質を著しく低下させる．

(2) 土　壌
1) 土性と水田土壌

土性により水稲の生育相が異なる．埴土 (clay) は，養水分の保持力が強いが透水性と通気性に乏しく，また地温の上昇が鈍いので概して生育が緩慢となる．砂土 (sand) は，初期成長が促進されて肥切れが起こりやすく，特に窒素が一時に効きすぎていもち病などの発生を助長する傾向がある．壌土 (loam) は，両者の中間的性質である．日本の土壌は，埴土ないし壌土が多く，その多くは酸性土壌である．水田の底土は，徐々に水を浸透するものが適し，減水深（水田の灌漑水の消費量，通常1日当りの日減水深で表す）は約20 mm程度が望ましいとされている．

湛水状態の水田の作土 (plow layer) は，上層に酸化層 (oxidized layer)，下に還元層 (reduced layer) が分化し，そのまた下部にすき床 (plow sole)，心土 (subsoil)，さらにその下に青い粘土層が形成される（図2.68）．酸化層は空中・水中の酸素，または藻菌類の同化作用による酸素によって酸化状態となったもので，普通は1 cm程度の薄い層で，酸化鉄により黄灰色をしている．還元層は土壌有機物の分解のために酸素を消費して，還元状態になったもので，Ehは0.1～0.3である．還元層の亜酸化鉄は，上部に拡散し酸化層の境で含水酸化鉄となり沈殿するので，両層の境界に赤褐色の薄い層ができる．土壌が有機物に富む場合，特に地温の高い場合には，還元層の分化が急速に行われる．

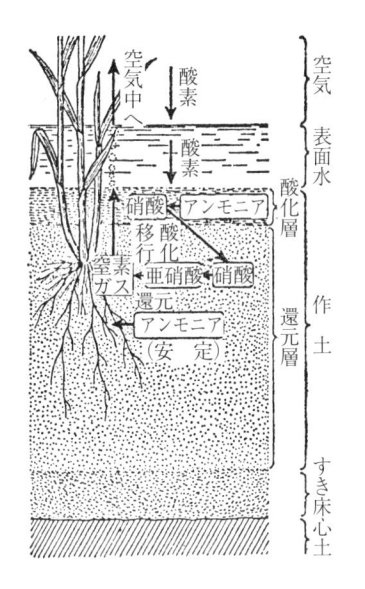

図 2.68　水田の土壌の構造と脱窒現象．星川 (1980)

湛水状態の水田にアンモニア態窒素を施すと，酸化層で酸化されて硝酸または亜硝酸に変わり，土壌に吸着されにくくなり還元層に移動し，ここで還元されて窒素ガスとなって，いわゆる脱窒現象 (denitrification) を起こす．したがって，硫安は耕起後施用し，砕土・整地作業の際に土に深く混ぜた後に水を入れる．つまり初めから還元層に施す全層施肥法が合理的である．また，水田土壌では，地温上昇に伴い微生物の活動が盛んになるため，還元性が高まってpHが高くなり，土壌中の不溶解性だったリン酸が溶け出して有効化しやすい．

2）秋落ち田・湿田

茎葉が繁茂したわりには収量が少ない現象を秋落ち（autumn decline, "akiochi"）という．耕土の浅い場合，速効性肥料を早期に施した場合，および病害や高夜温などの場合に起こるが，主因は水田土壌の老朽化である．このような水田を老朽化水田（degraded paddy field）という（塩入 1943, 1944, 1945）．水田では，鉄化合物が還元されて可溶性の還元鉄となり，浸透水に伴って下層土に流れ，酸化状態の層に至って酸化鉄となって集積する．この状態が長く続くと，表層では鉄が欠乏し土は灰白色となる．他方，土壌中の硫酸塩が還元されて硫化水素が生じ，これがイネの根を侵す．この際，根の周りに活性鉄があれば硫化鉄の被膜を形成して根を保護し，硫化水素の害を防ぐことができる．老朽化水田では鉄が欠乏しているので根は害を受け，その結果カリウム，ケイ酸の吸収が不良となる．また土壌中からマンガンも欠乏するために，ごま葉枯病も発生し，さらに根腐れを起こして減収，すなわち秋落ちを呈する．

排水不良の水田は，その程度により半湿田，湿田，過湿田と区別される．湿田（ill-drained paddy field）は概して地温が低く，有機質肥料の分解が遅く，通気が悪いなど，土壌の理化学的性質が劣る．そのため，微生物の繁殖が不良で，ごま葉枯病などの病害が多くなる．さらに裏作や動力利用の点からも不利である．しかし，有機質の集積が多く，肥料分の保持力が大で，還元度が高いから不可給態のリン酸を可溶性にするなどの利点もある．

3）地力とその増進法

イネの生育・収量は地力（soil fertility）に依存するところが大きい．地力は地質により異なり，一般に新しい地質は古い地質よりも肥沃で，母岩の種類では花崗岩系の土は秋落ちを生じやすい．黒ボク土はリン酸を強く吸着してリン酸欠乏を起こさせやすい．土性からみると壌土，埴壌土は地力が大である．その他，耕土の厚さ，土壌の構造，地下水の高低などによっても地力が異なる．

地力を増進するために，次のような手段がとられる．

<u>堆肥の施用</u>：堆肥は3要素の他にケイ酸を含むので，稲体を強健にし土の物理・化学的性質を改善する．土壌の強酸性化を防ぎ，団粒構造（aggregated structure）を増して通気をよくし，地温を維持し，土壌微生物の繁殖を促す．さらに砂質土では養・水分の保持力を高める．特に重要なことは，土壌の腐植（humus）の含有率を高めることである．日本の水田の平均腐植含有率は2.5％であるが，多収穫田のそれは4％である．

<u>深耕</u>：浅い作土では，肥切れや秋落ちが起こりやすく，倒伏も多く，旱ばつにも弱い．深耕はこれらの欠点を改善する．しかし一時に行うと下層の痩せた土が混じることになり，地力がかえって劣化する．また，過度の深耕は，すき床の破壊などを招き有害である．日本の水田では，耕深は15～18 cmが適当とされている．

<u>輪作</u>：裏作（off-season cropping）または田畑輪換（paddy-upland rotation）により，土壌を乾かして有機物の分解を促し，また土壌の物理・化学的性質や生物的環境を変えることにより有利な点が多い．反面，長期にわたる田畑輪換の繰り返しは地力の減退を招く（住田ら 2005）．

<u>乾土</u>：乾土は，土壌を充分に乾燥した後に再び湛水することで，細菌の種類が変わって，新たに肥料が分解され土の肥沃度が高まり，いわゆる乾土効果（air-drying effect）が発揮される．特に有機質の多い湿田に効果が大きい．

<u>客土</u>：客土（soil dressing）は，土壌の物理・化学的性質を積極的に変えることで，砂土，礫土などの水田で有効である．

（3）灌漑水

1）灌漑水の必要量と用水量

水稲は湛水という特殊な環境で栽培されるため，灌漑水の重要性は著しく高い．湛水の効用には，温度の調節，土壌侵食の防止，肥料分の天然供給と分解調節，水中に棲息する藻菌類による肥料分の間接的供給，雑草の抑制，風害防止などがあげられる．反面，土壌中の酸素の欠乏，土壌物質の溶脱，機械作業の困難さなどを伴う．

イネが乾物1gを生産するのに要する水量，すなわち要水量（warer requirement）が施肥量，気温，空気湿度などによって異なることは前述した．しかし実際の栽培管理において灌漑に要する水量は要水量より多い．この水量を用水量（irrigation requirement, duty of water）と呼ぶ．用水量は次式で示される．

　　　用水量＝葉面蒸散量＋株間水面よりの蒸発量＋地下浸透量－有効降水量

葉面蒸散量と水面蒸発量は，品種（早晩性）により異なるが，蒸散量は全生育期間で250～450 mm，蒸発量は約130 mm，両者の合計は400～600 mmと推定される．地下浸透量は，普通水田では300～1,000 mm，新造田ではこの数倍以上となる．わが国の5～8月の降水量は600～1,000 mmで，その70～80％が稲作に利用される有効降水量である．昔から用水量は，米1升（1.8 L）に水2石（360 L）といわれており，10 a当り約1,000～1,400 kL必要となる．なお用水量の他に整地，代掻きなど移植直前に少なくとも10 a 当り90 kLの水を要する．水稲の生育に伴う時期別用水量は図2.69に示すように，移植・活着期に多く用いるが，生育初期中期はあまり多く要せず，幼穂発達期，特に穂孕期に最も多くの水を要する．

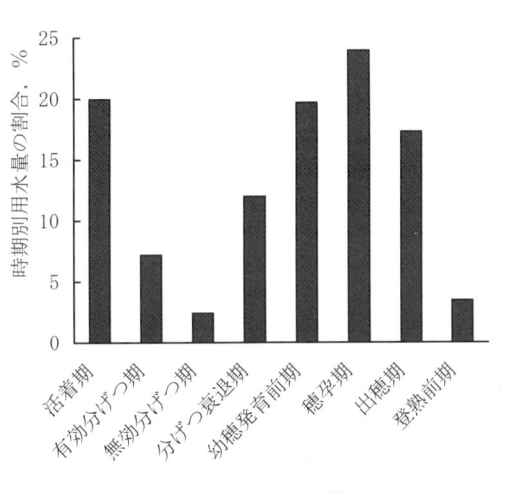

図2.69　生育時期別用水量．伊藤（1962）を改

2）灌漑水温と生育

生育に最適の水温は30℃前後，最高は40℃，最低は13～14℃である．灌漑水温が25℃以下に低下すると，1℃につき1日の割合で出穂期は遅延し，20℃以下では不稔が多発する．また暖地の盛夏のように水温が40℃以上になると，根の活性を阻害するので，灌

漑水の掛け流しにより，水温を3～4℃低くすることができる．一方，灌漑水は保温作用があり，寒冷地はもちろん，温暖地でも苗代期および移植直後は灌漑水は保温の役割が大きい．かつての水苗代や保温折衷苗代は，この性質を利用したものである．移植後に低温の時は，深水にすると活着促進にも効果がある．また，幼穂発達期の低温対策として，深水による保温は効果が大きい．

灌漑水の深さは一般に，寒冷地では10 cm程度の深水，暖地では3 cm程度の浅水が良いといわれる．概して深水は保温の効果があるが，イネの体は軟弱になりやすく，草丈は増すが，葉数は少なく葉幅も狭く，分げつ節位が上昇する傾向がある．また深水は雑草の生育を抑制するので除草に実用されている．

3）灌漑水による養分の天然供給量

灌漑水による肥料分の天然供給量は条件により相違があるが，窒素およびカリウムは約4 kg，リン酸は3～4 kg/10 aである．このように灌漑水による天然供給量が多いので，イネは無肥料でも10 a当り約200 kgの収量をあげ得る．さらに水田の灌漑水中に棲息する藻類，菌類，特にアゾトバクターなどの遊離窒素固定菌またはこれと藻類との共生作用により窒素の固定が行われる．例えば湛水90日間に乾土100 g当り10～20 mgの窒素固定があることが報告されている（塩入 1943）．

（4）生　物

イネは水田に生活する他の多くの生物と競争および共生関係にある．雑草や病害虫との間には生存競争が行われ，土壌微生物による肥料分の分解などはイネに有益に働く．土壌には細菌，糸状菌，藻類，原生動物などの微生物が無数に棲息するが，一般的に排水のよい土地には好気性微生物が多く，そうでない土地には嫌気性のものが繁殖する．これらのうち，真菌類を主とする微生物の寄生とウィルスによる病毒により，イネが病害を受けることが重要である．すなわち，いもち病，ごま葉枯病，縞葉枯病，菌核病，白葉枯病などがある．熱帯地域の水田では，イネ根圏や根の表皮・皮層に菌が棲息し，窒素固定を行い，イネに窒素を供給しているとする報告がみられる（大山 2001）．

昆虫では，イネを食害するメイチュウ，ウンカ，ドロオイムシなど多くの害虫とその害虫を食餌とするクモ，トンボ，寄生蜂類などの益虫が天敵として生活している．その他，小動物としてユリミミズ，ザリガニなど，さらにモグラ，ネズミ，スズメ，カモなどが害獣害鳥として顕著なものである．

雑草は，イヌビエを始め日本全国で約130種に及び，その種類や繁殖および被害の程度は，気候，土壌，肥料，灌漑水，栽培法などで異なる．雑草はイネの養分を奪い，日照を妨げ，通気を悪くし，病害虫の伝播を助ける．もし，水田の雑草を人為的に防除しないと，イネの収量は激減し，これを数年放置すると，イネの収量はほとんどなくなるといわれる．

水田には，イネの生育に直接影響する生物種の他に，多くの水生植物やタニシ，ドジョウ，ミミズ，トンボ，さらには渡り鳥など，無数の生物が住み着いている．このため，湛水水田とそれに連なる水路，溜池などの生態系には多様な生物が棲息することから，生物多様性の維持に寄与する場として保全を図る動きがみられる．このような生物多様性

維持の場として活用するためには，冬季も含めた長期湛水（守山 1997）や水田と水路を生き物が往来できるような構造への変換（中川 1998）が必要である．その一環として，冬季湛水による生物多様性維持と水稲生産を結合させた栽培方法が各地で試みられている．

6．品　種

(1) 作物学的分類

イネ (*Oryza sativa* L.) は，ジャポニカ型（japonica）とインディカ型（indica）の2つ，あるいは，さらにジャワ型（javanica）も加えた3つの亜種に分類されることはすでに述べた（本章 第1節）．これに加えて，作物学的に形態，生理，生態，交雑不稔性などに基づいて，いくつかの群に分類されている（表2.7）．

表 2.7　イネ品種の分類

型あるいは群			出典
ジャポニカ型	ジャワ型	インディカ型	加藤ら (1928)
Ia, Ib群	Ic群	II, III群	寺尾・水島 (1942)
A型	B型	C型	松尾 (1952)
温帯島嶼型	熱帯島嶼型	熱帯大陸型，温帯大陸型	Oka (1958)
ジャポニカ	ブルー	アマン，アウス	Morinaga (1968)
ジャポニカ型	山地1, 2型	インディカ型，中国型	中川原 (1976)

世界各地で栽培されているイネは，その地域に適応した農業生態型の品種群がある．インドでは，Aus と呼ばれる早生品種と Aman と呼ぶ晩生品種，および冬季に栽培できる Boro の3品種群がある．インドネシアでは，Bulu と Tjereh の2群があり，中国には，籼（Hsien）と粳（Keng）の区別がある．Aman と Tjereh は典型的なインディカ型で，Aus はジャポニカ型に近く，Bulu はジャポニカ型の亜流といえる（盛永 1955）．籼はインディカ型で，粳はジャポニカ型である．

東南アジアや南アジアで雨期に洪水が起きやすい地帯では，浮稲と呼ばれる品種群が栽培される．浮稲は，水深が1mを超すような深水状態でも数か月も生育できる適応力を持つ．このような適応力は，「深水による酸素濃度の低下→エチレンの発生量増加→アブシジン酸レベルの低下→ジベレリンに対する反応性の増加→節間伸長」というプロセスによって発現すると推定されている（Kende et al. 1998，東ら 2009）．IRRI（2008）の推計によると，世界における浮稲の栽培面積は420万 ha で，全稲作面積の2.8％に相当する．

イネの実用的分類としては，昔から水稲と陸稲に大別され，これを熟期の早晩，植物体の大きさ，芒の有無などによって細分する方法と，また別に，用途に関して粳（うるち）と糯（もち）に分けて，それを粒の形，色，香りなどによって細分する方法が一般的である．

a) 栽培に関しての分類

　　熟期の早晩：早生，中生，晩生

　　植物体の大きさ：大稲，中稲，小稲，矮性稲

芒の有無：有芒種，無芒種
特殊稲：巨大稲，塩水稲
b) 用途に関する分類
粳と糯：粳稲（non-glutinous rice），糯稲（glutinous rice）
粒の形：狭粒種，長粒種，短粒種
粒の大きさ：大粒種，中粒種，小粒種
粒の色や香り：常色（白色）米種，香米種，特色米種

（2）品　種

栽培イネは稈の長短，分げつの多少，熟期の早晩，耐病性の強弱など栽培に関係する形態，生理，生態的特性を示す多くの遺伝子型を持っており，それらが品種として識別され，固有の名前が付けられている．

野生から栽培化されたイネが環境の異なる各地に伝播すると，適応によって新しい品種が分化し，新品種はさらに新地域への伝播を容易にし，それに加えて人為的な選択，改良が品種分化を一層促進した．今日では，全世界に数万もの品種が作られている．

1）品種の変遷

わが国でも昔から現在までに1,000種以上の品種が作られ，栽培されてきている．それらの品種は，栽培技術の進歩や社会情勢の変化に応じて，時代と共に変遷してきた．わが国では，縄文時代の終わり頃から，幾度となく個別にイネが伝来したと考えられ，それが各地で栽培され始め，すでに弥生時代では多様な性質の品種が識別されていたと思われる．記録がようやく始まった頃に，すでに出雲種，古志種，日向種などが知られていた．しかし当時は，同じ圃場に栽培されたものも遺伝的に雑ぱく（heterogeneous）であったと考えられ，それが年々の栽培を重ねるうちに，自然に，あるいは人為的に次第に選択淘汰を受けて斉一化される方向に進められた．イネがほとんど自家受精であることは，この斉一化に好都合であった．8世紀（奈良時代）までは，主として粳，糯の区別および早稲と晩稲の区別があるのみであった．8〜12世紀（平安時代）になると，中生稲も区別されるようになり，チモトコ，ソデノコなど品種の固有名も付けられるようになった．平安時代の末頃には大唐米（トボシ，ホウシゴ）と呼ばれるイネが伝来して栽培されるようになった．13〜15世紀（戦国時代）には，栽培上の特性や品質に応じた品種を積極的に選択するようになり，17世紀（江戸時代初期）には熟期，色，毛の有無，稈の強弱，収量などについて，水田の地力，乾湿，水温，地温に応じて品種が選ばれるようになり，品種の数は急速に増してきた．江戸時代後期には栽培の安定と多収を目標に品種が選択され，早，中，晩生の組み合わせによる災害回避が図られた．品種の命名には，生態的特性も考慮された．また，突然変異による個体を見つけ出し，それから品種を育成することも農民の手によって行われた．藩の為政者や農民の間には品種の重要性が認識され，優れた品種の藩外への持ち出しが禁止された．農民たちは藩外に出ることを許される唯一の機会のお伊勢詣りを利用して，各地の優れた品種の種籾を求め，竹杖の節を抜いた中に隠して，密かに持ち帰るなどの苦心が払われたと伝えられている．

明治時代に入り，各地の農家によってきわめて優れた品種が在来のイネの中から選び

出され，それがその地域一帯から時には全国に広まった．それら多くが現在の日本のイネの品種の祖先となっている．その例を以下に示す．

関取－嘉永3年，三重の佐々木惣吉育成．稈が丈夫で倒れにくく，食味良質で，江戸のすし米としても評価が高く，当時最も優れた品種とされた．

神力－明治4年，兵庫の丸尾重次郎育成．主に西日本で明治・大正時代を通して最も広く作られ，昭和中期まで栽培され続けた．

愛国－明治23年，静岡の外岡利蔵育成．中部～関東の主品種となり，第2次大戦後まで栽培があった．

亀ノ尾－明治26年，山形の阿部亀治育成．大正にかけて東北地方の主要品種．いもち病に弱かったが食味に優れ，多収であった．

銀坊主－明治41年，富山の石黒岩次郎育成．耐肥性が強く品質も愛国より優れていた．北陸一帯に，第2次大戦中まで中堅品種として栽培された．

旭－明治42年，京都の山本新次郎育成．大正末期から神力に代わって全国的に栽培された．いもち病に強く，短稈で，第2次大戦頃までの主要品種であった．

この他，大場，竹成，撰一，雄町などの多くの著名な品種がある．

一方，明治中期に農事試験場が開設（明治23年）され，イネの品種の育成・普及は国の研究機関によって行われるようになった．まず，従来の品種分布，来歴，特性が調査整理され，前述の優良な諸品種を中心として科学的に品種改良が進められた．方法としては，メンデル遺伝の法則による交雑育種と系統の選抜淘汰を用い，各地域に適した品種の育成が図られた．全国各地に試験場が設置され，それぞれの地域に適した品種の育種が進められた．その結果，大正時代の末頃から，優秀な品種が続々と育成され全国各地に普及され始めた．まず，農事試験場陸羽支場（秋田県大仙市）では，愛国と亀ノ尾のそれぞれの後代の交配から陸羽132号が育成され，冷害に強い品種として普及し，特に昭和8年の東北大冷害の年に真価を発揮した．この陸羽132号（×森田早生）から，農林1号が生まれたのが昭和6年のことで，早生の多収品種として北陸から関東にかけての早場米として普及した．この頃から，交配による優良品種が輩出し，順次，農林番号品種として各地に普及された．

戦後も国や県の試験場による育種が盛んに続けられ，昭和25年（1950年）以降育成された新品種には，農林番号の他に固有の通称が付けられ親しまれるようになった．東北では冷害に強い藤坂5号，北陸にはマンリョウ，関東には中生新千本，東海に金南風，中国・四国にミホニシキ，九州にホウヨクなどの著名な品種が普及し，各地域の稲作に貢献した．1960年代にはホウネンワセ，コシヒカリ，フジミノリ，越後早生などが作付面積の上位を占めた．1966年には，全く新しい放射線育種によるレイメイができ，多収品種として作付けが増えた．この頃から始まった田植機を始めとする稲作の機械化に適した品種として，日本晴が作付け面積第1位になった．また，早期栽培に適する品種として，越後早生，コシヒカリなどの早生品種が，西日本にも広く栽培されるようになった．1960年代には豊作が続き，米が余剰気味となったことから，食味のよい良質米の需要が強まり，東北地方ではササニシキ，北陸・関東以西ではコシヒカリが二大良食味品種として

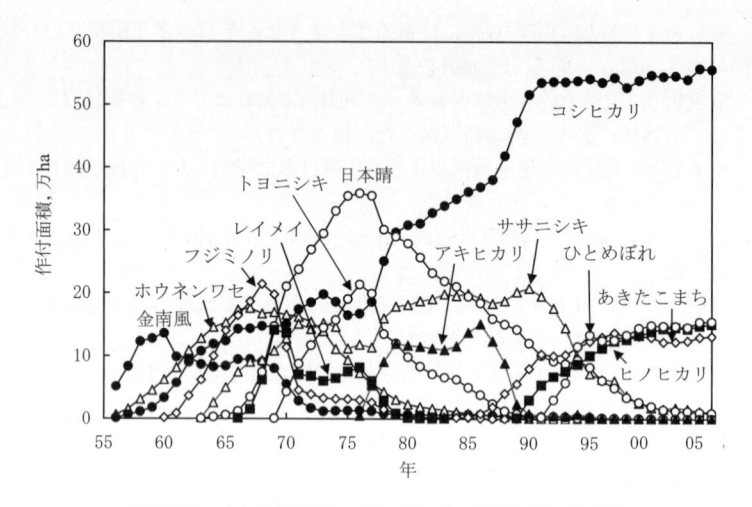

図2.70 イネ主要品種の変遷．農水省の統計資料から作図

人気を二分した．しかし，東北地方では1993年に冷害が発生し，ササニシキの耐冷性が低いことが認識され，この品種の作付けは急減した．一方，コシヒカリは良食味のうえ，耐冷性が強いことがわかり，寒冷地の良食味・耐冷性品種の母本として大いに用いられ，ひとめぼれなどの耐冷性・良食味品種が育成された．現在のわが国の水稲品種は，コシヒカリとその子孫の作付比率が著しく高くなっている（図2.70）．なお，品種の呼称は，国家予算で育成されたものはカタカナ，それ以外はひらがなや漢字を用いていたが，1990年以降は育種主体による区別は行わないこととなった．

バイオテクノロジーの進展を背景に，1997年には，イネゲノムの全塩基配列の解読を目指した国際的な研究が組織され，2004年には完全解読が完了した（International Rice Genome Sequencing Project 2005）．このプロジェクトには日本の研究グループが大きく貢献した．今後，ゲノム情報を活用した育種が期待される．

2）品種の特性

早晩性：熟期については，極早生，早生，中生，晩生，極晩生の5種類に区別され，その差は播種から幼穂分化までの期間の長さにあり，幼穂分化から出穂まで，また登熟期間の長さにあまり品種間差がない．したがって早晩性は普通出穂期の早晩で表す．早晩性は品種固有の特性であるが，日長や温度と密接な関係を持ち，播種期や栽培地（緯度など）により変動する．一般に，収量は早生種より晩生種で多い．

基本栄養成長性・感光性・感温性：イネは短日植物に分類され，短日条件下で花芽を形成する．また，適温域においては高温ほど花芽分化が促進される．生殖成長に転換（幼穂分化）するのに最も好適な環境条件（短日，高温）を与えた場合の栄養成長の長さを基本栄養成長性（basic vegetative growth）という．また生殖成長が高温あるいは短日によって促進される性質を，それぞれ感温性（thermosensitivity），感光性（photosensitivity）と

いう．これら3性質およびこれらが1つの品種の中で占める割合は，品種によって異なり，熟期と関連する実用的特徴として重要である．一般に基本栄養成長性の大きい品種は感光性，感温性がともに小で，その小さい品種には，感温，感光性の様々なものが存在する．

感温性の高い品種は，ある程度の高温に遭うと長日条件でも出穂する．したがって，感温性の品種は早期出穂を必要とする高緯度地方で栽培される．暖地で栽培するには，早植えして高温に遭わない前に十分栄養成長をさせておかないと，栄養成長不十分のまま出穂するので収量が少なくなる．感光性品種は，出穂が日長に左右され，気温や播種期に影響され難い．したがって，その栽培地域において出穂期が一定する．生育後期に短日となり，また二毛作のために晩植となりやすい中緯度地方に栽培される．高緯度地方では，長日条件下の初夏に花芽形成が必要なので，感光性の低い品種が栽培される．

基本栄養成長の大きい品種は，出穂が日長や温度に支配されにくいので，生育期間の変動が小さい．その分布がインドの Aus，ジャワの Tjereh のように低緯度地方に多いのは，高温短日下でも一定の栄養成長をしてから出穂し，収量が安定するからである．ただし，高～中緯度地方にも基本栄養成長性の比較的大きい品種が若干栽培されているし，低緯度地方にも，インドの Aman，ジャワの Bulu のように基本栄養成長性と感光性ともに大きい品種が多くあり，さらに感光・感温性の割合の多い品種もある．

わが国における品種の地理的分布をみると，南から北に行くにつれて，感光性の大きい品種から感温性の大きい品種へと移行している．

草型：品種の草型（plant type）は，穂数型，中間型，穂重型に分けられる．穂数型は，穂重型に比べて，穂が小さく，稈は短く，分げつが多く，根は浅いが倒伏し難い．穂数型品種は，一般に肥沃地や多肥栽培に適し，痩せ地では秋落ち的生育となり，穂が小さくなって減収する．穂重型は，長稈であるうえ穂が大きく，倒伏しやすいので，肥沃地や多肥栽培に向かない．

穂数型は疎植，穂重型は密植に適し，穂重型は穂肥の効果が大きい．中間型は，両者の中間の性質であり適応性が大きい．草丈の低い，葉身の立つ姿勢の品種は多肥密植栽培に適する．草型に関連して耐倒伏性はきわめて重要である．コシヒカリなど現在の良食味品種の中には耐倒伏性の弱いものがあり，これらの耐倒伏性強化に育種努力が払われている．

耐肥性：収量を上げるために肥料，特に窒素を多肥すると，過繁茂や，稲体の軟弱化，いもち病耐性の弱化などで，倒伏や病気にかかり易くなる．多肥しても，これらの悪影響を

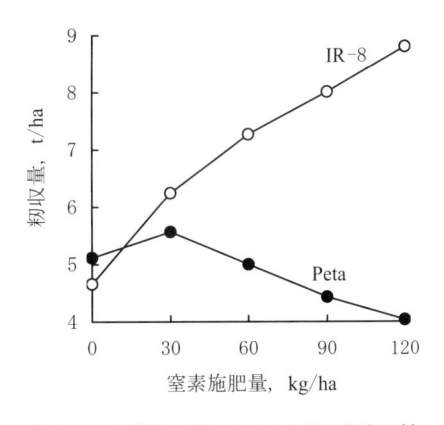

図2.71 耐肥性の異なるイネ品種の窒素に対する反応
IR-8：耐肥性強，Peta：耐肥性弱．
フィリピンにおける乾期の栽培．
Chandler (1969)

表わし難い特性を耐肥性といい，それを強く持つ品種を耐肥性品種という．明治以来，わが国の品種改良の目標の一つは，耐肥性の強化にあった．図2.71はIRRI（国際稲研究所）で育成された耐肥性の品種IR-8と，在来型の品種Petaとの耐肥性を比べたものである．Petaは窒素施用量を30 kg/ha以上にすると減収しているが，IR-8は120 kg 施用でもなお増収を示している．昔から除草を完全にし，多肥栽培してきた日本の品種は全般に耐肥性が強いが，東南アジアでは肥料をほとんど与えず，雑草と競合させる粗放栽培であったから，成長が旺盛で草丈の高くなる品種が用いられ，耐肥性は弱かった．しかし東南アジアでも最近は多肥・多収を上げることが必要となり，IR-8を始めとする耐肥性の品種が育成されてきた．また韓国でも，IR-8などにジャポニカ型品種を交配して，耐肥・多収性に優れる品種（統一，維新，密陽23号など）が次々に育成・普及され，著しく単収が増大した．

耐肥性の強い品種は，草丈低く耐倒伏性で，分げつ旺盛，多窒素にしても乾物生産効率が低下し難く，出穂前炭水化物蓄積も比較的減少せず，根腐れに強い（馬場・岩田 1962）．特に草丈が低い性質は物理的に倒伏しにくいだけでなく，成長抑制因子を持っている．そのため多肥条件にしても栄養体の成長があまり刺激されず蓄積型の生育をする．表2.8に示すように，窒素を追肥した場合，耐肥性の強い品種は弱い品種に比べて呼吸の促進率（R）は少ない．それに反して光合成能力の増大率（P）は高い（長田 1966）．耐肥性品種の出穂前の炭水化物蓄積が多肥の場合でも比較的高い（高橋ら 1959）のはこのためである．

養分ストレス耐性：世界の土壌には，イネの生育に必要な養分が不足している場合が少なくない．なかでも，窒素，リン酸，鉄の不足やアルミニウムの過剰は影響が大きい．鉄欠乏に応答する遺伝子発現を誘導することにより，石灰岩質土壌における鉄

表2.8 窒素追肥による光合成速度（P）と呼吸活性（R）の促進率の品種間差異

品種	耐肥性	P	R
北陸52号	極強	17	10
農林25号	強	15	18
金南風	強	7	19
農林8号	強	8	32
千葉旭	弱	2	26
玉錦	極弱	6	35

水耕栽培したイネの出穂期．P：N少施用区（5ppm）に対するN中施用区（20ppm）とN多施用区（60ppm）の促進率（％）の平均．R：N中施用区（20ppm）に対するN多施用区（60ppm）の促進率（％）．

欠乏に耐性を示す品種の作出が試みられている（Ishimaru et al. 2007）．鉄欠乏に耐性を示す品種はコメの鉄含有量も高いことから，ミネラル価が高まることも期待されている．

耐冷性：同じ生育期に低温に遭っても，品種によって耐冷性（cool weather resistance）に強弱がある．耐冷性の弱い品種は，低温により生育が遅延したり，花器形成不全を起こしたり，いもち病にかかり易くなったりする．耐冷性の強い品種は一般に少収であるが，耐冷性でしかも多収性を持った品種育成の努力が続けられてきた．中でも，穂孕期の低温による障害型冷害に耐性の品種育成に重点がおかれ，冷水処理による耐冷性検定法（恒温深水法）が開発され，ひとめぼれなどの耐冷性でかつ食味の優れた品種が育成されている（松永 2005，佐々木 2005）．

耐病性：イネの最大の病気であるいもち病については，いもち菌の侵入に対する抵抗性が品種により異なり，ケイ酸/窒素率の高いもの，あるいは体内可溶性窒素の少ないものは抵抗性が大きい．また表皮細胞のケイ質化の多い品種も抵抗性が強い．概して，葉いもち病に強い品種は首いもち病，穂いもち病にも強いが，中には一方だけに強い品種がある．

外国品種には，わが国に分布するいもち病菌に抵抗性を有するものがあり，これらの抵抗性遺伝子を導入したいわゆる高度抵抗性品種が育成された．しかしこれらの抵抗性品種は，短期間で罹病化した．これはいもち病の菌型が分化するからで，ある菌型に抵抗性のある品種が普及すると，新しい菌型ができ，これを侵すようになるからである．このような多様な菌型に対して，それぞれの菌型に抵抗性を持つ複数の同質遺伝子系統からなる多系品種（multiline variety）が育成されており，これらの品種を混合栽培することによって被害を最小限に抑制する方法が開発されている（佐々木ら 2002）．この他，白葉枯病，ごま葉枯病，菌核病などの耐病性にも品種間差異があり，抵抗性品種の育成が行われている．

耐虫生：最大の害虫であるニカメイチュウに対しては，産卵数，幼虫の食入難易などについて品種間差異が知られ，概して組織の軟らかい品種，移植時の草丈の高い品種，葉鞘の葉脈間隔が幼虫の頭の幅より広い品種が食入被害が大きい．外国稲，特にインディカ型は被害抵抗力が高い．ウンカ，ヨコバエ，カラバエなどにも耐虫性の品種間差異があり，抵抗性の機構解明と抵抗性品種の育成が試みられている．

脱粒性：品種の脱粒性（shattering habit）の違いは顕著である．従来の手刈り，稲架乾燥，収納を経て脱穀（threshing）する方法では，脱粒性難の品種が有利であり，主にその方向に育種が進められてきた．しかし，脱穀作業が機械化されるに伴って，むしろ脱粒易の品種が有利となり，コンバイン生脱穀の時代になって一層その方向に向いている．

低温下での発芽性：発芽歩合，発芽速度および発芽後の初期生育などの品種間差異は，適温より低温において明瞭に発現する．一般に，北海道の品種は九州の品種に比べて低温での発芽性がすぐれる（松田 1930）．世界的には，高緯度，寒冷地産のイネは，低温での発芽が早く，低緯度地方の品種は遅い（永松 1943）．15℃での発芽歩合を比較した試験では，ジャポニカ型品種はインディカ型品種より高かった（輪田 1949）．熟期別では，早生ほど低温下での発芽が速い（中村 1938）．低温下での発芽性は，寒冷地における直播栽培に適した品種の重要な特性である．

直播適応性：わが国の稲作はほとんどが機械移植でなされ，直播（direct seeding）はきわめて少ない．しかし，大面積を短期間で移植する必要がある大規模経営では，直播が行われる場合がある．直播では種籾は水温あるいは地温の低い時期に播種されるので，低温発芽性および子葉鞘の低温伸長性の優れた品種を育成する努力がなされている（Miura et al. 2004）．

3）特殊な品種

生産量は少ないものの，炊飯以外の様々な用途に向いた品種が開発されている．

有色米：赤米（red rice）は，果皮にタンニンやカテキンなどの色素がある米で，古く伝

来した大唐米の系統が多い．山間地や神撰田に栽培され，また長らく普通品種の中に混種していて，米の品質を下げるものとして嫌われてきたが，これらの混種の赤米は近年ではほとんど消滅した．この他，黒米（black rice）や紫黒米と呼ばれるものがあり，果皮にアントシアンなどの色素を持つ．これらの色素成分は機能性のあるポリフェノール類であり，健康食品としての用途が期待され，近年，いくつかの品種が育成されている．

香米：世界の米の中には，炊飯すると，普通米に比べて強い香りを発散させる品種があり，香米（aromatic rice, scented rice）と呼ばれる．これを普通米に混ぜて炊飯すると，古米でも新米のような芳香になるので，わが国でも古くから用いられ，各地に小規模ながら栽培が続いている．東南アジアやアメリカなどでも香米が栽培されている．代表的な香米品種のバスマティ（Basmati）は，インドやパキスタンでは普通米より高価である．

低アミロース米・低タンパク米・巨大胚米：アミロース含量が5～16％の低アミロース米は，粘りが強く，冷えても硬くなりにくいので，チルド寿司や混米に適している．消化され易いタンパク質のグルテリンの含量を低下した低タンパク米は，腎臓病や糖尿病の病態食用として用いられる．また，胚芽が通常の3～5倍もある巨大胚芽米も，胚芽中のビタミンB，ビタミンE，γ-アミノ酪酸を多く含むので，機能性食品としての用途が期待されている．

多用途米・飼料用稲：青刈り飼料用，サイレージ用，わら利用，観賞用など，通常の炊飯米以外の用途に適した品種の育成が行われている．特に，近年では，自給飼料の確保と米の過剰対策から，飼料用稲品種の開発努力がなされ，実用品種が育成されている．

7．栽　培

多収で高品質を目指す栽培では，用いる品種の遺伝的特性と栽培地の環境条件とそれらの相互関係を理解し，労力，経営，販売等の諸条件をも考慮して行わなければならない．

（1）種籾と予措
1）種籾の採種・選種・種子消毒

イネは実質的に自家受精作物なので，自家採種の種籾が用いられるが，自然交雑率が0.9％ほどあり，また突然変異や混種の可能性もあるので，長い間自家採種を続けると品種は遺伝的に退化（degradation）する．実際上は2～3年ごとに更新するとよい．また不良環境での採種は種籾の充実が劣るため，次代の生育が弱くなり，生理的にも退化をきたす．冷害あるいは病害にあった場合には翌年は種籾を更新すべきである．

現在わが国では県単位で採種組織が設けられ，健全な種籾が農家に供給されている．県では試験場の管理により奨励品種の原々種を維持し，その種子を原種圃で増殖し，市町村または指定種籾生産業者による採種圃で増殖して農家に配布している．

採種栽培は，地力中庸，日射および通風の良い環境で窒素肥料をやや控え，特に病虫害のない状態で育て，倒伏しないようにし，成熟を斉一にする．収穫は普通栽培よりやや早く，黄熟期に行う．黄熟期に採った種籾のほうが完熟籾より発芽力が優れ，かつ斉一であり，また次代の生産力が高いからである．収穫した種籾は自然乾燥し，回転衝撃

の少ない脱穀機で脱穀する．急激な乾燥をもたらす火力乾燥は避け，胚の活力を損なわないようにし，また胴割れを防ぐ．

種籾は自然状態で保存された場合，2年以上経つと発芽能力が著しく衰える．実際栽培では，前年産種籾を用いるのが安全である．近年では種籾の冷温貯蔵が行われるようになり，利用年限が拡大された．種籾としては発芽が揃い，発芽歩合の高いことが必要である．

生脱穀籾，火力乾燥籾は発芽力が損なわれている場合がある．胚乳は充実して重いことが望ましい．重い種籾から良い苗が育つから，篩や唐箕で風選する他に，塩水選を行う．種籾内の玄米が充実しているほど籾殻との隙間が少ないため，重い比重液で沈むことになる．食塩あるいは硫安により，表2.9のように比重液を作って浸し，沈んだ籾を用いる．比重液は，粳と糯あるいは芒の有無により調製する．この比

表2.9　塩水選に用いる溶液の比重

品種	比重	水10リットルに加える	
		食塩の量, kg	硫安の量, kg
粳・無芒	1.13	2.5	2.9
粳・有芒	1.08 - 1.10	1.7 - 1.8	2.0 - 2.1
糯	1.08 - 1.10	1.7 - 1.8	2.0 - 2.1

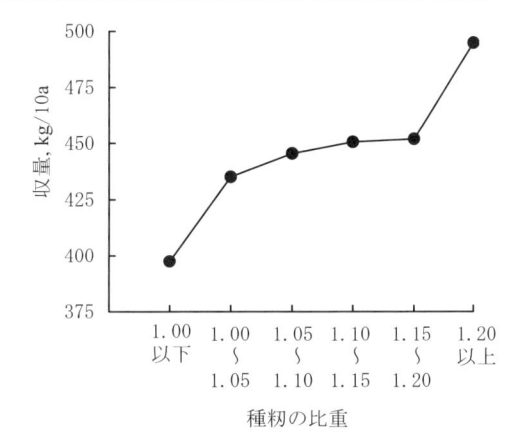

図2.72　種籾の比重と収量との関係．山口農試の成績から戸苅・菅(1957)が作図したものを改

重選と収量との関係は相関が高い（図2.72）．塩水選後は籾は十分に洗い，塩分を除く．

種籾には，前年に発生したいもち病，ごま葉枯れ病，ばか苗病などの胞子が付着しているから，これらの病原予防のため消毒する．種子消毒は漬種の前に行う．薬剤は所定の濃度・量を粉衣するか，あるいは希釈液に浸漬する．薬剤を用いない方法として，63℃の湯に5分間（あるいは60℃10分間）浸漬する温湯浸漬法がある．温湯浸漬はいもち病，ばか苗病，苗立枯病に抑制効果がある．温湯浸漬は塩水選後1時間以内に行い，消毒後は流水で冷やした後に浸種する．

2）浸種・催芽

浸種（seed soaking）は，催芽（hastening of germination）の前段階として種籾に吸水させる過程である．イネの種籾は，風乾重の約15％の水分を吸うと胚の発芽活動が始まる．したがって全ての種籾をその段階まで吸水させることが浸種の目的である．個々の種籾の吸水速度は等しくないから，吸水の早い種籾は15％以上吸水すると次の発芽過程に進む．そこで浸種には，吸水は行うが発芽活動が始められない低温，即ち約13℃以下で行うのが望ましい．10〜13℃では7〜8日を要する．しかし実際には，寒冷地を除いて，浸種時期に13℃以下の低温は得られないので，15℃では5〜7日，20℃では4〜5日程度

とする．積算水温で80～100℃が目安であるが，休眠性の強い品種では1～2日長くする．浸種はまた，籾殻内に含まれる発芽阻害物質を溶出除去させる役割もあるとされる．浸漬した水は毎日取り替える．

催芽は，十分吸水した種籾に胚の成長に最適の温度を与え，芽を出させることである．催芽程度は，幼根・幼芽が1mm出る程度，いわゆる鳩胸程度が適する．芽を伸ばしすぎると播種時に損傷が大きく，また播種機の操作に支障をきたす．催芽温度は30～32℃が最適で，発芽速度，発芽歩合，発芽揃いともに最も優れる．32℃では鳩胸催芽までにほぼ24時間を要するが，これより高温では発芽速度は早くなる．浸種から催芽まで一貫して行える催芽機が開発利用されている．

(2) 育 苗

1) 育苗の意義

わが国の稲作のほとんどが移植 (transplanting) 栽培である．健全な苗を育て本田に移植する方式によって，生育の安定と多収が可能となるからである．移植栽培は韓国，中国や東南アジア各地，ヨーロッパなどでも行われており，世界的に多収が求められるようになるにつれて，粗放な直播栽培 (direct sowing) から移植方式をとるようになってきている．

イネの幼植物を小面積の苗床 (苗代) で育てることが，育苗 (raising of seedling) である．育苗は周到に管理することによって抵抗力の弱い幼植物時代が病害虫や災害から保護され，とりわけ雑草の害から守れることが大きい利点である．また，温度不足の場合には保温あるいは加温して早い時期に育苗が可能であり，その結果，移植時期を早めて栄養成長を十分に行わせ，出穂期を早めて遅延型冷害から回避させることができる．さらに，灌漑水の節約の利点もある．一定の成長した苗を，望ましい栽植密度に植えることによって，収量生産に対し，計画性と確実性を高めることができるのも移植栽培の大きい利点である．特に前作の収穫を終わってからイネの苗を移植することにより，二毛作を可能にし，土地利用率を高め得ることは，麦の裏作を可能とし，土地生産性を高めるうえでも重要な意義を持つ．

2) 機械移植用の育苗

田植機で移植するためには，田植機に装填できる形式に，そして田植機の移植機構に適合した形式に苗が育てられる．箱育苗の手順は通常，一定の規格 (60×30cm) の育苗箱 (nursery box) を用い，これに床土 (bed soil) を入れ，催芽籾を播種し，灌水，覆土して，電熱育苗器に入れて出芽 (emergence) させる．

苗の種類：箱育苗では，移植時の葉齢により，葉齢が1.8～2.5の乳苗，3.0～3.5の稚苗，4.5程度の中苗，5以上の成苗の区別がある (表2.10, 図2.73)．これらの苗を比較すると，箱当りの播種量は乳苗でもっとも多く，育苗期間はもっとも短い．一方，単位面積当りの移植に要する箱数は成苗がもっとも多い (表2.10)．東北では中苗，北海道では成苗が相対的に多い．寒冷地では遅延型冷害の危険があり，これを回避するには，生育の進んだ苗が有利であるためである．乳苗の普及は少ない．移植後に新根を出して成長を始める，いわゆる活着する低温の限界は，葉齢の若い苗ほど低い．

表 2.10 苗の種類と生育量および育苗方法

苗の種類	生育		育苗方法		必要箱数, 10a当り
	葉齢 (葉)	草丈 (cm)	播種量, 乾籾, g/箱	育苗日数	
乳苗	1.8～2.5	7～8	200～250	5～7	10～15
稚苗	3.0～3.5	10～13	150～200	15～20	18～22
中苗	4.0～5.0	13～18	80～120	30～35	30～35
成苗	5.0～7.0	>15	35～50	35～50	45～55

図 2.73 成苗, 中苗, 稚苗の草姿. 数字は葉位. 星川 (1975)

種籾は発芽後，まず種子内の胚乳養分に依存しながら成長し，光合成の開始に伴って光合成による同化産物と胚乳養分の両方から養分を受けて成長を続ける．胚乳養分が消費し尽くされた後は，苗は独立栄養成長となる．図2.74に示すように，胚乳養分の消費は葉齢2.0までは少なく，葉齢2.0〜2.2にかけて急激な消費がみられ，それ以降は再び緩やかな消費を示す．この胚乳の消費パターンは光条件や温度条件にかかわらず共通してみられる（佐々木 2001）．地上部乾物重の増加も，葉齢2.0から2.2にかけて急激な増加を示す．すなわち，葉齢2.0〜2.2の時期は胚乳養分を急激に消費しながら，その後の成長を担う第3葉を展開させる．2.4葉期頃以降は胚乳養分から離れ，光合成による独立栄養に転換する．

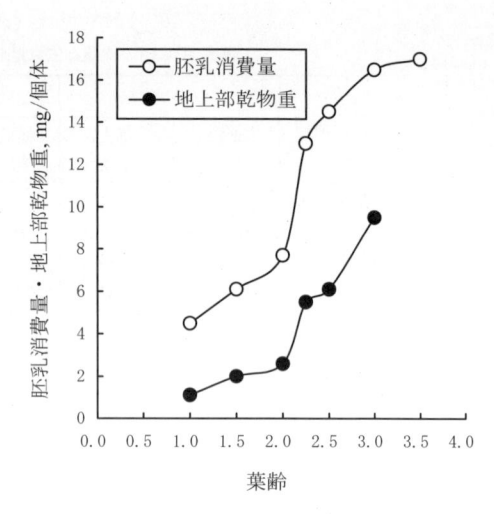

図2.74　葉齢の進展に伴う胚乳消費量および地上部乾物重の推移．佐々木(2001)から作図

育苗の手順：床土は田畑の表土，山土あるいは土を母材とした人工床土や土以外の物質（パルプ，ウレタン，ピートモスなど）による人工培地が用いられる．肥料は窒素，リン酸，カリウムを箱当たり各1〜2g施用を基本として，寒冷地では多めに施用する．床土のphは苗の生育に最適な約5に調製し，立枯病予防のため殺菌剤を混入する．播種量は，上述の苗の種類に応じた量の催芽籾を播種する．灌水，覆土後に，温度30〜32℃で出芽させると2昼夜で出芽長約1cmに揃う．無加温の出芽法では，播種後の育苗箱をビニールで被覆し，ビニールハウス内で保温し，出芽させる．加温・無加温いずれでも，幼芽は1cm以上に伸びないように注意する．

出芽後，苗箱を弱い光に当て，25℃前後に保って2日間おくと，黄化していた鞘葉から緑色の第1，2葉が抽出してくる．これを緑化（greening）と称する．次に苗箱を，ビニールハウスまたはビニール

図2.75　硬化過程中の苗

トンネル内に並べ,初期は20℃前後に保温し,生育につれて次第に自然の気温に慣らす.これを硬化(hardening)の過程と呼ぶ(図2.75).移植時期には,全ての個体の根は密にからみあってマット状となっており,これを育苗箱から取り出して田植機の台にセットし,移植機で1株ずつ掻き取りながら,本田に植えてゆく.1株植付苗数は4～5本が適当とされる.

中苗や成苗育苗では,播種量は苗齢に応じて調整する.箱数や床土量は稚苗より多く要し,そのため出芽には育苗器を用いず,ハウス・トンネル内で保温出芽を行う場合もある.育苗日数も長く要する.このため,かつての保温折衷苗方式で管理する場合もある.なお,中苗育苗には,ペーパーポットや型枠など特殊な床装置も用いられる.

<u>ロングマット苗</u>:箱育苗では60×30 cmの育苗箱が多数必要であり,育苗箱の運搬や移植機への搭載に労力を多く要する.近年開発されたロングマット苗は,1度の苗補給で約30 aの移植が可能である.ロングマット育苗では,幅28 cm,長さ6 mの枠に不織布などのシート状の補強材を敷き,その上に播種した後,水耕栽培を行う.この育苗では土を使わないので軽く,6 mの長さのマットでも持ち運びができる.大区画圃場では従来の箱苗では苗補給が困難であり,ロングマット苗の利用が期待されている.

<u>育苗センター</u>:稚苗育苗では,人工的に調節された環境のもとで短期間に苗を生産できるので,大型の共同育苗施設が作られ,ここで苗を生産して農家に配布する組織が普及しており,これを育苗センター(seedling center)と呼んでいる.育苗センターの大型のものは1シーズン中に育苗を繰り返し行い,多量の苗を生産する.育苗センターでは緑化終了までを行い,以降,個人で硬化終了まで育てるという仕組みの所もみられる.

<u>播種期</u>:播種期は移植適期から育苗期間を逆算して決められる.稚苗は,北海道,東北地方では4月初～中旬,関東,東海から西日本では4月下旬～5月上旬となる.中苗ではこれより10日程度早く播種する.

3) 田植機移植以前の育苗

田植機が普及し始めた1960年代以前は,手植え用苗が苗代(nursery bed)で育苗されていた.現在では苗代の育苗はほとんど消滅したが,その技術を簡単に説明しておこう.

<u>苗代の種類</u>:水管理から見ると,湛水状態の水苗代(paddy rice-nursery),畑状態の畑苗代(upland rice-nursery),生育の時期によって水苗代にしたり畑苗代にしたりする折衷苗代(semi-irrigated rice nursery)に分けられる.温度管理から見ると,露地の自然条件のままの露地苗代,保温あるいは加温する保護苗代に分けられる.後者には保・加温の程度によって,温床苗代,冷床苗代,被覆苗代などがある.

水苗代は古くからのもので,湛水によって雑草発生も少ないが,土中酸素が不足しがちで根の発育が弱く,水温が低いと苗腐病などが発生し,水温が高いと軟弱徒長するなど障害が出やすい.畑苗代は根の発育が良く,活着力の強い健苗育成に適するが,土壌水分が不足しやすく,生育不揃いや雑草の害などが出やすく,根が強く張っているために苗取りに手間がかかる.

折衷苗代は育苗の前半を水苗代方式,後半は溝のみ灌水し,床面を湿潤状態にして育苗するもので,水苗代と畑苗代の長所を備えたものである.前半の過程をポリエチレン

フィルムなどで保温するものを保温折衷苗代（protected semi-irrigated rice nursery）という。保温折衷苗代は，1950年代から寒冷地の早植えや暖地の早期栽培に普及され，当初は保温に油紙が用いられた．この育苗方式はわが国の水稲作の安定・増収，特に冷害回避に顕著な貢献をした．畑苗代に保・加温したトンネル式ビニール畑苗代などは，東北北部や北海道など寒冷地で行われた．

(3) 本田の移植準備

1) 耕起・整地

耕起：耕起（plowing）は本田の耕土を軟らかくし，土壌条件を良くするとともに，有機質の多い水田では土壌中の潜在窒素の肥効を高める，いわゆる乾土効果を促す．雑草の発生を抑制する効果もある．耕起の時期は秋耕，あるいは春耕があり，秋・冬耕は乾土効果が大きい．以前は人力や畜力（牛耕，馬耕）で行われたが，現在はトラクターによる．耕起方法は，かつては深耕が推奨され，プラウが用いられたが，現在はロータリー耕（rotary tillage）に変わった．ロータリー耕は砕土性が良く，砕土と整地を兼ねることができ，省力的であるが，耕起が浅く，乾土効果が少なく，土壌還元が助長される難点がある．

泥炭土やグライ土などの低湿重粘土では排水不良が問題となる．排水不良田は，機械の走行に困難をきたし，田畑輪換にも支障がある．また，土壌の還元が進みやすい欠点も持つ．このような圃場では，暗渠の施工などにより排水性の改良が望ましい．

整地：耕起の次に行う整地（land grading）作業は，水を入れつつまず畦塗りをして水漏れを防ぐ．初めは漏水が多いが，土が膨潤するにつれ次第に湛水する．湛水してから，砕土と田面の均平を目的に代掻き（puddling and leveling）を行う．代掻きは，漏水を防ぎ，肥料の分布を平均にするとともに，移植作業を容易にし，雑草発生を抑制し，有機物の分解を促進するなど多くの効果がある．代掻きはロータリーティラー（rotary tiller）を1回かけるのが普通であるが，漏水田では2回丁寧に行って，水田の床を締める．田面の均平は水がかりの均一と生育の揃一のために重要であり，砕土機の後部に均地板を取り付けて行う．最近は水田の一筆面積が大きくなったので（以前は5〜10 a，現在は10〜30 aが多い）代掻きによる均平はより重要となった．

2) 施肥（基肥）

水田の施肥量は，気候，土壌，品種，栽培条件により異なるが，原則として次式で計算される．

$$施肥量＝（必要成分量－天然供給量）/吸収率$$

普通，玄米100 kgを収穫するために，N 2.5，P_2O_5 1.0，K_2O 2.3 kgが必要であり，10 a当り玄米600 kgを収穫するには各6倍の値が必要成分量となる．天然供給量は10 a当りN 4.2〜7.2，P_2O_5 1.1〜4.9，K_2O 3.4〜6.0 kgと見積もられる．吸収率は一般にN 50〜60％，P_2O_5 20％，K_2O 40％と考えられる．

また，堆厩肥は玄米収量100 kg当り200〜300 kgを施すのが良いとされる．堆厩肥中にはNは0.4％，P_2O_5 は0.2％，K_2Oは0.7％含まれる．多くの場合，ケイ酸石灰10 a当り80〜200 kgを施す必要がある．施肥量は地力の低い水田，寒冷地あるいは目標収量

が高い場合には多めにする．

　リン酸肥料は流亡しにくいので原則として全量基肥で与え，カリウムも一部を追肥にするかあるいは大部分を基肥で与えてよい．窒素は全量を基肥で与えると初期成長に対しては多すぎ，また流失・脱窒して肥効を失うので，追肥を与える．特に生育期間の長い暖地では追肥の割合を多くする．

　窒素の施用方法は水稲の生育相に大きく影響することから，わが国では多様な窒素施肥法が開発されてきた．施肥の方法は，耕起前に施肥する全層施肥法をとると，後期の生育が盛んになり，穂重型に育つ．灌排水の便の良い水田では，この方法で窒素肥料の能率を高めることができる．これに対し，代掻き後に施肥する表層施肥では，前期に強く肥効が現れ，後期に欠乏して，穂数型の生育になる．かつては単収の向上を主眼に窒素の施肥法が考えられてきた．なかでも，松島（1973）のV字型稲作や田中（1974）の深層追肥稲作は広く普及し，単収向上に大きく寄与した．近年では食味が重視され，単収向上に有効である生育後期の窒素追肥を控えるのが一般的である．

　基肥は普通，移植前に耕土全層に混和されるので，移植直後の苗の根圏における肥料濃度は薄い．そこで，苗の根に近い位置（横3 cm，深さ3～5 cm）に粒状あるいはペースト状の化成肥料を条状に施肥するいわゆる側状施肥法（side dressing）が開発された．この方法では，苗の根の位置に高濃度の肥料を施用できるので，水稲による養分の吸収が早く，初期生育の促進が期待できる．また，肥料の利用効率は全層施肥より40～50％高まる．

　肥効調節型肥料（controlled availability fertilizer）は，肥料成分を樹脂で被覆したもので，従来の即効性の肥料に比べ徐々に窒素成分が溶出する．肥効持続日数が30から100日にわたる種々のタイプがあり，条件に応じた使い分けが可能である．このような肥効調節型肥料を従来の即効性肥料と組み合わせることにより，追肥を省略した省力的な施肥が可能となっている．

（4）移　植
1）移植時期・方法

　稲作期間の短い北海道・東北地方や，秋の天候が悪く収穫を急ぐ必要のある北陸地方などでは，極力早期に田植えをする．暖地では秋が長く，二毛作の便宜のためにも一般に晩植である．一般に同じ品種で，移植時期が早いほど収量が多くなる．これは栄養成長期間が長く取れることと，比較的低温に遭うことによって分げつ数が増え，また出穂前のデンプン蓄積量が多くなって登熟に有利となるためである．しかし，早植にも限度がある．稚苗では活着低限温度が12℃，中苗では13～14℃とされるので，日平均気温がこの温度になった時が移植の早限である．

　手植の時代の田植期はかなり遅かったが，1950年代から早期栽培が普及して田植期は全般に半月から1か月早まった．機械移植になって苗齢の少ない稚苗を植えるようになってから，移植期はさらに10～20日早まった．北海道や東北地方では早限ぎりぎりの所で移植するようになっている．現在，北海道，東北地方は5月上～中旬，高冷地では5月下旬，関東以南は5月下旬～6月上旬である．ただし，秋の洪水回避をはかる利根川流域や，

二期作をする四国南部での第一期作などは4月下旬には移植を終わる．また沖縄県南部では1～2月に移植が行われる．東北では，兼業農家の労力の都合から，4月下旬～5月上旬の連休中に田植をする地帯が多くなった．このため，穂孕期が7月中旬の梅雨明け前に早まり，この時期の低温による障害型冷害の危険性が高いことが懸念されている．

現在はわが国の稲作の大部分が田植機（rice transplanter）によって植えられる．かつて行われた手植えはほとんどみられなくなった．また，種籾を直接播種する直播は少なく，全作付面積の1％以下にすぎない．田植えは，稲作作業過程が順次機械化された中で，最も機械化が遅れていたが，1960年代に箱育苗した土付稚苗を植える動力田植機が開発されて以来，急速に普及した．当初は2～4条植の歩行型であったが，最近ではより多条植えの乗用型田植機（図2.76）や，施肥も同時に行える施肥田植機が普及している．田植機の性能は改良を加えられて向上しているが，移植精度を高めるには，圃場の均平や移植時の湛水深に注意が必要である．移植精度が劣

図2.76　乗用田植機による移植

る場合には，若干の手植えによる補植が必要である．田植えは従来，稲作作業のなかで最も重労働であり，10 a 当り25～30時間を要したが，高性能の田植機によれば1時間以内に移植ができ，しかも密植も可能である．

移植時の水深は1～2 cm 程度に調整する．植付けの深さは2～3 cm が望ましく，深いと分げつの発生を抑制し，浅いと根が浮いて浮苗が発生する．乳苗や幼苗のような草丈の短い苗の場合には，水深や植付け深の調整に細心の注意が必要となる．

2）栽植密度・様式

栽植密度（planting density）は，目標とする収量に必要な穂数を確保することを基準として決められる．1 m^2 当り18～25株が標準で，これより疎植にすると分げつは多くなるが有効茎歩合が低下して，面積当り穂数が少なく，収量は少ない．またこれ以上は密植するほど採光，通風が悪く，軟弱生育，倒伏，病気などのため，収量は減少するおそれがある．基本的には，肥沃地，多肥，晩生品種，穂数型品種，早植えなどの場合は疎植とし，これらの逆の場合は密植とする．中苗では薄まき育苗するために，1株苗数が稚苗に比べて少なくなりがちである．1株苗数は乳苗で5～6本，幼苗で4～5本，中・成苗では3～4本が標準である．

栽植密度が同じでも，条間と株間との関係によっていろいろな栽植様式（planting pattern）がある．機械移植では概して条間（interrow space）は28～30 cmとほぼ固定され，

走行速度や植付爪の回転速度の調節で株間（intrarow space）を変えることによって栽植密度を変えている．

かつての手植えでは，条間と株間が等しい正方形植え（square planting），条間より株間の狭い長方形植え（rectangular planting），株間が条間の1/2より狭いものを並木植え（row planting）と呼んだ．正方形植えは，初期生育が盛んになるので，肥沃地，多肥，穂数型品種，晩植に適し，25×25 cmが標準であった．長方形植えは株間の競合が早く始まるので，初期生育が抑制されるが，条間は競合が遅く始まるので後期の衰え方が少ない．したがって，少肥，早植え，密植などに適する．並木植えは通風や採光が良いために強剛に育ち，病虫害や倒伏が少なく，登熟を良くするのに適するため，多収穫栽培に多く用いられ，現在の田植機移植ではほとんどが並木植えである．

（5）本田の管理
1）水管理

灌漑水はイネの生育に必要な水を供給するとともに，天然養分を水田に供給し，また土中の養分の分解や肥料の効き方を調節し，雑草・病虫害の発生を抑制するなどの効果がある．さらに寒冷地では保温の効果があり，生育促進に重要である．しかし湛水状態を長く続けると，土壌の還元が進んで根の生育が害を受ける．特に，気温，水温が高い場合に害が出やすく，また地下浸透が少なく，排水不良の水田ほど被害が著しい．

生育時期別の水管理は以下のようにする．

<u>活着期</u>：移植後新根が発生して活着するまでの数日間は6～10 cmの深水にして保温につとめ，以降は2～4 cmの浅水とする．

<u>分げつ期</u>：深水は分げつ発生を阻害するので，できるだけ飽水状態に近く保ち，時々田面が露出するまで減水して土中に酸素を入れるようにする．しかし寒冷地では気・水温の低いときには湛水が必要であり，また急に上昇したときは，肥料の急激な分解を抑制するために深水にし，いもち病の発生を予防する．

幼穂分化開始の10～15日前から中干し（midseason drainage）を行う．水を落として田面を乾かし，地面に亀裂が入るまでにする方法で，無効分げつを抑制し，土中に酸素を供給して根を健全にし，根を深く伸ばさせる効果がある．また土壌は酸化的になり，土中の養分を有効化して吸収しやすい形に変える．埴土や湿田では特に効果が大きい．中干しは幼穂分化直前まで続け，それから徐々に灌水する．灌水によって肥効が現れ，追肥したのと同じ効果を生ずる．この場合に急激に深水にすると根の生理を害することがある．

<u>幼穂発達期</u>：中干し後は，1～3日おきに1～3日間ずつ落水する間断灌漑を続ける．根や植物体の強健性のためには落水するのが望ましいが，穎花の形成には水分不足は悪影響を及ぼすので，その調節がこの時期の水管理のポイントである．穂孕期から出穂開花にかけては水を最も必要とする時期であるから，6～10 cmの深水とする．この時期の灌水を，花水と呼ぶ．寒冷地で低温と曇天が続く場合は，幼穂発達期間も湛水を続け，穂孕期に20℃以下の低温のおそれがある場合は12～15 cmの深水湛水にして，危険期の幼穂を保護する（図2.77）．

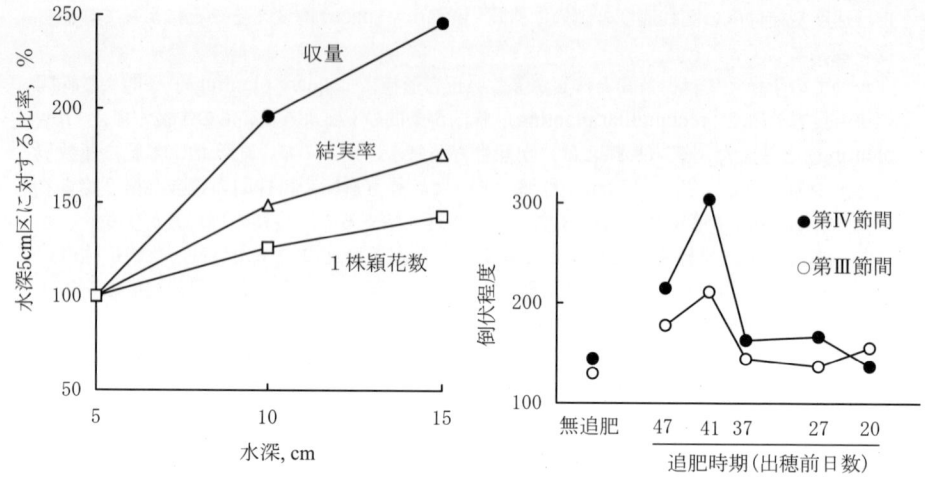

図2.77 低温時の深水灌漑の効果．酒井（1949）を改

図2.78 追肥の時期と倒伏の程度．倒伏程度：値が大きいほど倒伏の大きいことを示す．瀬古（1962）を改

登熟期：水をあまり必要としないので漸次減水し，玄米が充実に近づいたら落水する．コンバインが走行しやすいように，落水をやや早目にする傾向があるが，落水が早すぎると登熟障害を招き，収量・品質を損ない，いもち病にかかりやすくなる．

2）追　肥

追肥として施されるものは主に窒素である．本田期間を数回に分けて追肥を行うが，イネの生育段階によってその効果が異なる．

分げつ期の追肥は穂数を増やし，幼穂分化期および穎花分化中期の追肥は主に1穂籾数を増やす効果がある．幼穂の穎花分化中期の追肥を穂肥と呼ぶ．減数分裂期直前の追肥は穎花の退化を防止して，これも籾数増加に効き，籾殻の大きさを増して，1,000粒重増大に寄与するところが大きい．穂揃期の追肥は稔実籾数割合の増大に効き，これを実肥と呼ぶ．最高分げつ期近くの追肥は，無効分げつを増やし，過繁茂をもたらし，図2.78のように倒伏しやすくなり，登熟を悪くするので，砂質で水持ちの悪い水田など特別の場合を除いて，一般には行わない．

追肥が稔実籾数割合および収量に及ぼす効果は，幼穂分化期を中心に鋭角的に低下し，穂孕期以降では向上する．幼穂分化期の多窒素は，丁度下部節間の伸長開始期に当るので草丈を伸ばすことになり，また葉身を伸ばして過繁茂を招く（松島 1973）．したがって出穂前43日から20日までの期間は窒素吸収を抑制し，出穂前18日になってから穂肥を施し，穂揃期に実肥を施用すると，増収に卓効がある（図2.79）．この施肥法は，上述の肥効のカーブの型からV字理論と呼ばれて普及し，稲作収量レベルの向上に貢献した．

また基肥を少なくし，耕土の還元層に穂肥を施す深層追肥法（田中 1974）は，有効茎歩合を高め，1穂籾数を増加し，登熟を盛んにする効果があり，青森県などで普及し，高

表2.11 近年における水稲の主要減少要因と被害量

年次	気象災害（冷害）	病害（いもち病）	虫害
1993	303 (233)	73 (60)	7
1995	47	27	7
1998	65	27	7
2003	120 (69)	39 (32)	6

玄米：万t．農林水産省の統計資料より

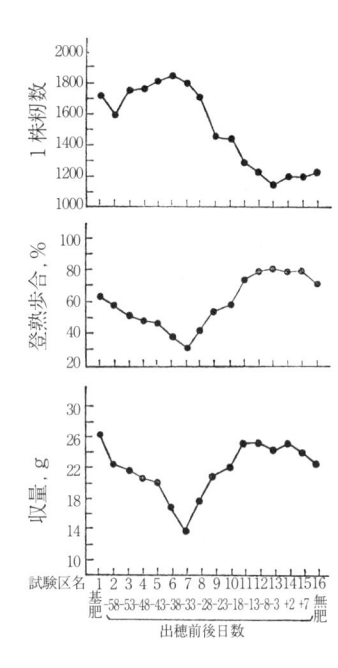

図2.79 生育各期の窒素多施が籾数・登熟歩合および収量に及ぼす影響．追肥は10a当り硫安76 kg，農林25号，鴻巣，1957～59年，グラフは3年の平均．松島(1973)を改

い収量をあげることに寄与した．このように，栄養成長期の過繁茂を抑えて，生殖成長期の物質生産と登熟の向上を図ることが，追肥技術の目標とされ，従前の基肥重点から追肥重点の施肥法がとられた．

上述の施肥法は高収量に主眼を置いたものである．しかし，近年は品質と食味が重視されるようになり，追肥方法も品質と食味を考慮したものが求められている．特に，玄米のタンパク質含有率が高いと食味が低下することが指摘されている．そのため，実肥などの出穂期以降の追肥は避けるようになってきた．

3）気象災害の防止

稲作の気象災害には，冷害，高温害，水害，風害，干害，潮風害（塩害），霜害，雹害などがある．これらの災害は相互に関係して併発することも多い．例えば，冷害といもち病，風害と塩害，高温害と干害の組合わせである．気象災害の中では，冷害の割合が大きい．例えば，1993年では，全気象災害による減収303万tのうち，冷害による分は233万tと見積もられている（表2.11）．

a) 冷害

東北地方は過去に何度も冷害（cool summer damage）を受けてきた．20世紀の100年間で，東北地方全体の作況指数が80以下の年次は9回にも及んでいる（表2.12）．特に，太平洋に面した地域で被害が大きく，作況指数が50以下の年次も見られる．冷害には次の4つの型が知られている．

<u>生育遅延型冷害</u>：栄養成長期間に低温少照の天候が続き，成長速度と出穂が遅延して，登熟不十分のうちに秋冷に入り，収量が大きく減少するものである．傾穂はみられず，稲体が緑色のままで，これを青立ち（straight head）と呼んでいる．著しい場合は出穂しないこともある．

表 2.12 過去100年間の東北の冷害（東北の作況指数が80以下の年次）

年次	東北	青森	岩手	宮城	秋田	山形	福島
1902	55	**45**	**35**	**48**	72	70	57
1905	**45**	66	**29**	**12**	71	70	**23**
1906	77	55	86	63	98	95	66
1913	**48**	**19**	59	**46**	67	**47**	**48**
1934	56	**45**	**44**	56	72	53	65
1941	72	**40**	69	70	83	98	73
1980	78	**47**	60	79	99	97	74
1993	56	**28**	**30**	**37**	83	79	61
2003	80	53	73	69	92	92	89

太字：作況指数が50以下．東北農業試験場 編「やませ気候に生きる－東北農業と生活の知恵－」(1999) などより

遅延型冷害に対しては，早生品種は晩生品種より出穂が早いので，実質的には耐冷害性があるということになる．感光性が低く，基本栄養成長性の大きい品種は出穂遅延程度が大きい．したがって対策としては，品種の選択，健苗育成，早期栽培，水温上昇，漏水田の改良などがあげられる．

障害型冷害：減数分裂～花粉形成期の低温により主として花粉不全を起こし，不稔籾を多発し減収する冷害である．発生機構については，佐竹らの研究により，低温に最も弱い時期は，花粉母細胞の減数分裂期直後の4分子期と第1収縮期を含む小胞子初期であることが明らかにされた（Satake and Hayase 1970）．この時期は出穂10～12日前を中心とした時期に相当し，この時期の低温により，花粉数が減少し，稔実歩合が低下し，障害型冷害の可能性が高くなる（図2.80）．開花・受精期の20℃以下の低温も花粉発芽不全，受精不全，胚・胚乳の発生初期異常などの障害を起こし不稔の原因となる．

障害型冷害に対しては，品種の耐冷性の差が顕著であるから，品種選択が重要である．近年は耐冷性が強化された良食味品種が育成され，被害軽減に寄与している（本章の6節参照）．また，出穂期の異なる品種を組み合わせることに

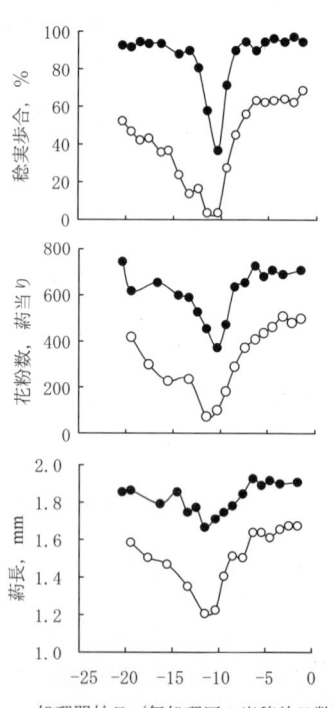

図 2.80 生育時期別低温処理による葯長，花粉数，稔実歩合の変動
品種：○農林20号，●はやゆき（耐冷性）．低温処理：12℃・3日間，育成温度24/19℃．Satake (1991) を改

よっても，被害の回避軽減が可能である．
　混合型冷害：上記の両型が併発したもので，著しい長期低温型の気象の年には発生しやすい．
　いもち病型冷害：出穂後に穂いもち病が蔓延し，不稔となるもので，生育遅延型や混合型冷害と併発することが多い．いもち病型冷害に対しては，いもち病の発生しやすいイネ側の生理条件，すなわち，体内窒素成分の過多，軟弱過繁茂，根の弱化などを起こさないように管理するとともに，出穂前の葉いもちを出穂後にズリ込みいもちにならないよう完全に防除し，また出穂後の薬剤防除による予防および駆除に努める．

　b）冷水害
　寒冷地には冷水の被害田が少なくない．このような水田では水漏れがひどく，冷水を絶えずかけ流している場合が多く，水口を中心に生育・出穂が遅れ，登熟遅延や不良を招き，いもち病も発生し，冷害と同様の被害が起きる．対策としては床締めや客土を行い，水漏れを少なくして水温上昇を図る．冷水被害を少なくする水管理としては，短時間灌水しては水口を塞ぐ止め水灌漑，間断灌漑，土が湿っている程度の無湛水灌漑など，冷水のかかる時間と量をできるだけ少なくする方法がある．またやむなく冷水をかけ流す場合は，ホースを用いて数日おきに水口を変更したり，夜間だけかけ流して昼間は止め水にして，水・地温の上昇を図るなどの対策をとる．
　なお，西南暖地では水温が高すぎて（35℃以上）生育・収量に悪影響が及ぶことがある．このような場合は，掛け流しや日中高温になる前に排水して地面を露出し，地温を下げるなどの対策をとる．

　c）風水害
　梅雨期（6月〜7月）と台風襲来の多い9月の両期は，大雨による田の流出・冠水などの水害（flooding damage）が起こる．また風害（wind injury）では強風による茎葉の機械的障害，開花期の稔実障害，出穂後の倒伏および損傷を受けた部分からの病原菌の侵入などが起こる．対策としては，早中晩生品種の組合わせや早植による回避，および堆厩肥の増施，湛水，防風林の設置などがある．近年では水田区画が30〜100 aと拡大したことにより，移植直後の強風による波浪が浮苗などの害を起こすことがある．

　d）干害
　干害（drought injury）は西南暖地で多い．用水不足は田植えを遅延させたり，ときには不能にし，活着を害し，分げつを妨げる．とくに幼穂の発達過程および出穂開花期の旱ばつは稔実を著しく不良にする．対策としては品種の選択，畑苗代による健苗の育成，堆厩肥の施用，作期の変動，計画配水の実施などである．ポンプなど揚水施設，貯水池や用水路の敷設なども基本的な対策である．

　4）病害と防除
　イネの病害（disease injury）の種類は200種以上あり，そのうち特に防除を要する病害は約20種である．苗期は苗腐病，苗立枯病，いもち病，ばか苗病などが発生する．本田ではいもち病を始め，紋枯病，白葉枯病など多くの病気がある．
　いもち病（blast，稲熱病）：いもち病菌（*Pyricularia oryzae* Cavara）の寄生による．イ

ネ病害の中で最大の被害をもたらす．被害はわが国全域に及び，生育の全期を通し発生する．曇天が続き，日照が少なく，やや低温（25℃くらい）で湿度の高い条件で発生しやすい．したがって，冷害年には登熟障害と併発することが多い．苗に発生するものを苗いもちと呼び，葉を侵す葉いもち病は最も多く発生する．また，穂首につく穂首いもち病，穂を侵す穂いもち病がある．穂いもちには枝梗を犯す枝梗いもち，節いもち，籾を侵す籾いもちなどがある．特徴的な病斑を生ずるが，図2.81のようないろいろな型が区別される．

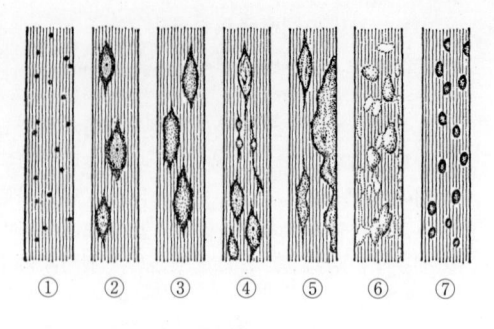

図2.81 いもち病の病斑①～⑥とごま葉枯病⑦
①褐点型，②激発型，③標準型（成葉），④標準型（老葉），⑤急性型，⑥白点型，⑦ごま葉枯病．星川（1980）

　病気が進むと苗は枯れ，本田では葉が枯れ，穂首が黒褐色に腐り，出すくみや白穂を生じ，また穂の枝梗や籾は黒色に腐り，著しい場合は収穫皆無となる．伝染性が強く，広域に蔓延する．菌の胞子は籾やワラあるいはイネ科雑草に付着して残り，次年の発生源となる．苗代では厚播きで発生しやすいので，箱育苗では種籾消毒が大切である．本田では晩植，深植え，密植で発病しやすい．圃場に放置された補植用の苗も発生源になりやすい．窒素肥料が多すぎると寄生を受けやすく，ケイ酸含量が多いと発病を防ぐ効果がある．冷水田では穂首いもちが出やすい．

　対策は，抵抗性品種を選択し，上述の発生しやすい諸条件を回避することが基本になる．また，各県で発生予察を行っているので，それを活用して適切な時期に薬剤防除を行う．発病が広範囲なので，動力噴霧器やヘリコプターによる空中散布など共同防除が行われている．

　ごま葉枯病（brown spot）：ごま葉枯病菌（*Cochliobolus miyabeanus*（S. Ito et Kuribayashi）Drechsler ex Dastur）の寄生による．葉に濃褐色で，周囲のはっきりした長円形のゴマ粒大の病斑が多数発生し，籾にも褐色の斑点ができる．全国的に発生し，特に暖地に多い．肥料の保持力が無く，地力の低い田や，基肥が多くて初期生育は良いが後に肥切れして生育の衰えるような秋落ち田に多発する．苗から収穫期まで発生する．

　客土，堆肥の増施などで地力を高め，追肥で地力を維持することが基本対策である．ごま葉枯病は根腐れに伴って起こることが多いので，石灰窒素，塩安，尿素など硫酸根を含まない肥料を用いるとともに，カリウムやケイ酸質肥料を多施し，時々落水して土中に酸素を供給する．

　紋枯病（sheath blight）：紋枯病菌（*Rhizoctonia solani* Kuhn）の寄生による．初夏から主に下位の鞘葉部に，不定形黒色斑紋ができる．次第に上部に移り，成熟前に葉を枯らす．早期栽培と多肥化によって発生が増えた．菌核で越年し，湛水すると浮いて，田植え後水際からイネに侵入する．高温，多湿の年に発生が多い．窒素の多施用を避け，極

端な密植あるいは疎植を避ける．幼穂分化期から穂孕期にかけて病状が進むので，その時期に薬剤散布で防除する．

　小粒菌核病（stem rot）：小球菌核病菌（*Nakatae sigmoideum*（Cavara）Hara）と小黒菌核病菌（*Nakatae irregulare*（Cralley et Tullis）Hara）の寄生による．葉鞘の暗色の斑点，茎にも点状の黒色斑ができ，葉鞘の内側に小粒の黒色の菌核が多数形成される．暖地では7月頃より発生し，9月に入って涼しくなると病状が進み，倒伏しやすくなる．秋落ち田などでカリウムが欠乏すると発生しやすい．カリウムを十分に与え，分げつ期に浅水にし，時に中干しして田面を乾かす．発病した場合はワラのすき込みをしない．

　ばか苗病（'bakanae'）：ばか苗病菌（*Gibberella fujikuroi*（Sawada）S. Ito）の寄生による．種籾に着いていた胞子が苗床で繁殖して伝染する．菌糸は体内に入り，葉を異常に長く伸ばす．4～5葉で枯死するものが多い．罹病しても苗期の形状は正常の保菌株もあり，これは本田に移植されてしばらくは正常に育つが，イネの抵抗力が弱まると発病して徒長し，出穂しない．箱育苗で密植になって，ばか苗病が全国的に著しく増えた．防除は，薬剤や温湯により種籾を消毒することが重要である．

　苗立枯病（damping-off）：*Fusarium* spp., *Rhizopus* spp. などいくつかの土壌中の菌が苗の根から侵入し苗を枯らす．箱育苗や畑苗代で発生する．幼植物が低温に遭い生理的に異常となり，その後急に高温になった場合などに出やすい．また床土のpHが高いと出やすく，pH5前後に調整すると発生が少ない．症状は病原菌の種類で多少異なる．初期症状は葉が巻くのが特徴で，やがて全体が一様に枯れるもの，枯れた苗に白い粉が出るものなどがある．根は腐っており，引き抜くと容易に籾部から抜ける．播種前に薬剤を床土に混ぜて防除する．

　白葉枯病（bacterial leaf blight）：白葉枯病細菌（*Xanthomonas campestris* pv. *oryzae*（Ishiyama 1922）Dye 1978）の寄生による．罹病すると葉の縁より波状に黄色となる．暖地の地力の高い水田や多肥栽培で発生しやすく，特に風水害のあとに蔓延しやすい．品種の抵抗性の強弱が明確なので，多発地帯では抵抗性品種を採用する．

　縞葉枯病（stripe）：ウイルス（rice stripe virus）による．葉に黄白色の縞状の病斑が出て，巻いて幽霊のように垂れるので，別名ゆうれい病とも呼ぶ．全体は淡色で，茎は徒長し，穂は出すくみになりやすい．暖地に発生が多い．媒介するヒメトビウンカの防除が必要で，苗代の後期から移植後1か月間の防除が大切である．発病株は抜き捨てる．抵抗性品種の採用や薬剤により防除する．

　萎縮病（dwarf, stunt）：ウイルス（rice dwarf virus）による．分げつ期頃から萎縮し，葉は濃緑となり，白い小点が縦に連続して生ずる．株全体が萎縮して出穂しないことが多い．早期栽培になって，縞葉枯病とともに，ウイルス媒介の本病は発生が増えた．苗で伝染することが多い．媒介昆虫のツマグロヨコバイ，イナズマヨコバイを防除する．

5）害虫と防除

　わが国のイネの害虫（insect pest）は百数十種に上る．このうち全国的に被害の著しいものは30～40種である．害虫の防除は，発生予察による薬剤散布が行われている．一部の害虫には抵抗性品種が開発されている．

ニカメイチュウ：ニカメイガ（striped stem borer, *Chilo suppressalis* Walker）の幼虫（図2.82）．二化螟虫の名の通り，年2世代発生するが，寒冷地では1世代，暖地では3世代発生する個体群もある．幼虫は刈株やワラの中で越冬し，西日本では6月と8月に羽化する．成虫は体長約15 mmの灰白色の蛾で苗代や本田に飛来して葉に産卵する．幼虫は葉鞘や稈を食害し心枯れ症状を呈し，イネの生育後期では幼穂は枯れ，白穂となる．かつては最も被害の大きい害虫であったが，1970年代以降は発生が少ない．茎の細い穂数型で早生の品種の普及やコンバイン収穫に伴う稲ワラ処理の変化が原因と考えられる．発生予察により，発蛾最盛期と終期に薬剤で防除する．

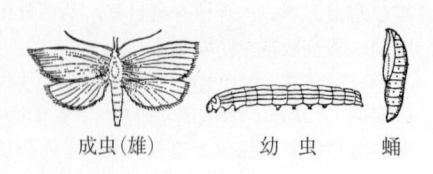

図2.82 ニカメイチュウ．星川（1980）

サンカメイチュウ：三化螟虫（yellow stem borer, *Scirpophaga incertulas* Walker）は年に3回，一部では2回発生する．かつては西南暖地ではニカメイチュウと並んで被害が多かったが，近年は発生が少ない．

ウンカ類，ヨコバイ類：イネを食害するウンカ（planthopper）類は50余種あるが，発生が多く被害の大きいものは，セジロウンカ（white-backed planthopper, *Sogatella furcifera*），トビイロウンカ（brown planthopper, *Nilaparvata lugens*），ヒメトビウンカ（smaller brown planthopper, *Laodelphax striatellus*），ツマグロヨコバイ（green leafhopper, *Nephotettix cincticeps*）などである．

夏に発生のピークがみられるセジロウンカは夏ウンカと呼ばれ，トビイロウンカは秋口になって害が大きいので秋ウンカと呼ばれる．気候によって発生が異なり，暖冬の次年は発生が多く，夏が高温多湿の場合には秋に大発生する．いずれも稲作期間に数世代を経過し，日本では越冬せずに大陸から飛来するものもある．幼虫も成虫も共にイネの汁液を吸ってイネを弱らせ，文字通り雲霞のように大発生すると，イネは倒伏して収穫はほとんどなくなる．また，ウンカやヨコバイ類は，イネ病害ウイルスのベクターとしても重要である．

イネカラバエ：イネカラバエ（rice stem maggot, *Chlorops oryzae*）はイネキモグリバエともいい，長さ2〜4 mmの黄色いハエで，幼虫は白色透明なウジである．幼虫でイネ科雑草中で越冬し，年2回発生し，幼虫が葉や幼穂に喰入して，部分的に白い不稔粒をつけた傷穂にする．品種により抵抗性がある．

イネハモグリバエ，イネヒメハモグリバエ，イネドロオイムシ：この3種はともに寒冷地の代表的な害虫であり，生育初期に葉を食害する．イネハモグリバエ（rice leaf miner, *Agromyza oryzae*）とイネヒメハモグリバエ（smaller rice leaf miner, *Hydrellia griseola*）は，徒長した苗の葉が水面に浮いた所へ飛来して産卵し，幼虫（ウジ）が葉肉を食害する．

イネドロオイムシ（イネクビホソハムシ leaf beetle, *Oulema oryzae*）は成虫で越冬して春産卵し，幼虫は背中に糞を背負っており，梅雨期頃に葉を食害し，食痕が白く斑状になる．早植えした田や冷水がかりの田で被害が著しい．成虫は4〜5 mm，青い翅の甲虫

である.
　カメムシ類：カメムシ（plant bug）類がイネの穂を吸汁すると，その部位は玄米に斑点が着き，斑点米として品質低下の原因となる．斑点米を生ずるカメムシ類は40種を越す．主な種は，ホソハリカメムシ（*Cletus punctiger*），クモヘリカメムシ（*Leptocorisa chinensis*），シラホシカメムシ（*Eysarcoris ventralis*）などである．これらの種は多くは，成虫で越冬し，雑草上などで増殖し，イネが出穂すると飛来し，幼虫，成虫ともにイネの体液を吸う．

6）雑草防除

　水稲の湛水栽培および移植栽培の目的の1つは雑草防除（weed control）にあった．かつては水田の除草（weeding）は人手により，雁爪，人力回転除草機（田打車），畜力除草機などが用いられ，活着後の一番草から土用干しの頃の三番草まで，さらに出穂期頃のヒエ抜きなど何回も除草が行われ，春から盛夏期にかけての重労働であった．また除草に失敗すると著しく収量を減じた．第2次大戦後，2, 4 - D（2, 4 - dichlorophenoxy acetic acid）の開発を契機として，多くの除草剤（herbicide）が実用化された．今日では除草剤のみで完全に除草できるようになり，稲作の管理労力は大幅に削減された．

　雑草の種類は多く，水田雑草は43科191種類に上る（笠原 1967）．全国的に発生の多いものは，コナギ，キカシグサ，タマガヤツリ，カヤツリグサ，アブノメ，マツバイ，タ

図2.83　主な水田雑草
(a) コナギ，(b) キカシグサ，(c) タマガヤツリ，(d) カヤツリグサ，(e) アブノメ，(f) タイヌビエ，(g) アゼナ，(h) ミズハコベ，(i) ヒルムシロ，(j) ウリカワ，(k) マツバイ．星川（1980）

イヌビエ，アゼナなど十数種類である（図2.83）．その他，ミズガヤツリ，クログワイ，ホタルイ，ウリカワなども害が多い．

除草剤は，雑草の種類やイネの生育にあわせて，2～3回にわたって処理する方法が一般的である．近年では，1回の散布で多種類の雑草に有効ないわゆる一発処理除草剤が開発され，除草の省力化に寄与している．しかし，これらの新除草剤では，クログワイ，オモダカ，セリなどの防除が困難であることが問題となっている．また，特定の除草剤への耐性雑草の発生が報告されており，新たな除草体系が必要になっている．

なお，かつての手取りや除草機の除草作業は水田の中耕（intertillage）も兼ねた．しかし現在では，一般に水稲では中耕の効果はほとんどないとされているので，中耕作業は行われていない．

<u>ノビエ</u>：ノビエ類（*Echinochloa* spp.）は，日本の耕地では最も重要な雑草である．全国的に発生するイヌビエ，タイヌビエ，ヒメイヌビエのほか，温暖地に発生するヒメタイヌビエがある．ノビエの草状および生態がイネと酷似するが，葉耳，葉舌が無いので判別できる．種子は水田に落下し，また一部は種籾に混じって次年の苗床に生えることになる．土中の種子は10年以上生存することもある．ノビエが多発すると水稲の収量は激減する．現在も出穂期の頃のヒエ抜き作業をしている農家が少なくない．

（6） 栽培型

わが国は南北に長く，気象条件が多様なので種々の栽培型がある．寒冷地では作期が限定されるが，暖地では早期，普通期，晩期栽培の区別がある（図2.84）．

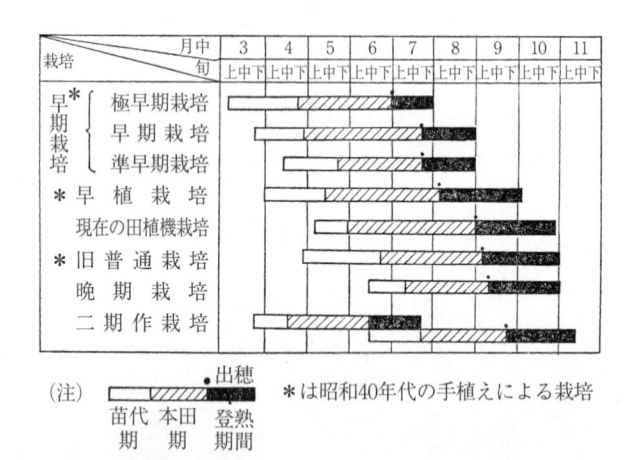

図2.84　わが国の暖地における水稲栽培型の一例．星川（1980）

1） 早期栽培（early-season culture）

その地方の最大限度の早期に播種・田植し，収穫をできるだけ早期にする栽培法である．現在，東北，北海道地方ではこの定義通りの栽培法をとっている．暖地では，1950

年代から，市場に早く出荷するため，収穫の早期化を目的に早期栽培が行われるようになった．もともと暖地では，晩生品種を晩植する型の栽培が普通だったので，作期が大幅に早期化することになった．早期のため，暖地でも初期は寒冷条件になるので，出穂を早めるために感温性品種を用いる．

早期栽培によって生育期が早い方にずれるので，秋の台風が回避でき，ニカメイチュウやサンカメイチュウの被害が回避できる．また，暖地では後作として秋作物が導入できることも利点である．生理的には，従来の暖地の晩期栽培では，最高分げつ期と幼穂分化期までの間にいわゆる lag phase と呼ばれる成長の停滞期間があったが，早期栽培ではこれが短縮され，イネの生理活性が高く維持され，生産効率が高くなることも利点とされる．また根の活性が後期まで高く維持されるので，秋落ちになることが少ないなどの利点もある．播種期の早限は関東地方で3月下旬，九州地方では3月中・下旬で，この場合収穫期はそれぞれ9月上旬，8月下旬になる．

東北や北海道で行われている栽培型を早植え栽培（early-planting culture）と呼ぶことがある．これは，収穫期を早める目的で早期栽培する暖地とは異なり，寒冷地では生育期間と生育量を確保して多収を得ることが目的なためである．

2）晩期栽培（late-season culture）

<u>暖地型晩期栽培</u>：サンカメイチュウの被害回避を目的として，1920年代頃から熊本で普及され，九州，四国など暖地に広まった．現在では農薬の開発でこの目的の意義は薄れたが，イグサ，タバコ，果菜類，飼料作物などの後作としての栽培法として用いられる．遅播き，遅植えを限界近くまで遅らせた作型で，感光性の強い品種を用い，6月頃から播種し，高温のための徒長を抑制しつつ中苗を育てる．移植は7月に入って行われるが，晩植限界は九州では8月上旬，東海地方では7月下旬とされる．出穂の限界は九州で9月下旬，東海地方は9月上旬である．分げつ期間が短いので密植とする．晩植栽培では生育後半の気温が低くなり，登熟に50日以上を要するし，この間に台風の被害の危険も大きい．また穂数や1,000粒重，稔実籾数割合の減少から高い収量は期待し難い．施肥量は前作の残効に左右される．

<u>寒地型晩期栽培</u>：東北地方でも南部では二毛作を可能にするため，晩期栽培が行われる．感温・感光性ともに低く，低温下で登熟力の強い品種を選ぶ．移植は6月中・下旬が限界であるが，低温の年は遅延型冷害の危険もある．

3）二期作栽培（double cropping）

同一圃場に1年に2回イネを栽培するもので，土地の高度利用および台風被害の危険分散などが目的であり，従前からわが国では高知県や沖縄県で行われた．基本的には早期栽培と晩期栽培の組み合わせ型で，条件としては日平均気温16℃以上の期間が180日以上あることが必要である．第1作期は早生品種を用い，3月下旬に播種して稚苗育苗し，4月下旬移植，7月下旬に収穫する．第2期作は高温栽培のため，感光性の大きい晩生の穂重型で，また，いもち病，白葉枯病抵抗性で，低温登熟性の品種を用いる．6月中～下旬に播種して，第1作期の収穫後直ちに耕起・整地して移植する．出穂は9月下旬，収穫は11月中旬となる．第2期作は第1期作に比べて収量・品質が劣る．二期作栽培は，夏

期に収穫と移植が重なって多労であり，生産調整政策もあり，現在ではほとんど行われない．

4) 田畑輪換栽培 (paddy-upland rotation culture)

水田を一定期間畑状態にして畑作物を栽培し，次に再び水田に戻して水稲を栽培することを周期的に反復するもので，裏作だけ畑作とする水田二毛作とは異なる．わが国では，米の過剰対策と畑作物の自給率向上策から，田畑輪換栽培が増加している．畑作物としては，ダイズ，コムギなどの普通作物の他，園芸作物や飼料作物が多い．

畑作期間中に水田雑草が減り，また畑作にとっても水田化で畑雑草が減るので雑草防除効果が大きい．土壌伝染性の病気，害虫が雑草同様に輪換で防除できる．畑地化により，乾土効果が発現し，土壌団粒化が進み，透水性，土壌孔隙量が増し，酸化還元電位が高まり，腐植化度が高まるなど土壌の物理・化学性が向上する．これらの利点のため，輪換田では，連作田に比べて，養分吸収が多いため旺盛な生育となり，一般に増収が期待される．しかし，長期の田畑輪換は，地力の減耗を招くことから，地力維持対策が必要になっている．

5) 畑地灌漑栽培 (upland irrigation culture)

水稲を畑地に植え，時々灌漑して栽培するものである．湛水栽培に比べて酸化還元電位が高くなり，根の活性は高められ，稲体が強健に育つ．灌漑の方法には畦間灌漑やスプリンクラーによる散水灌漑があり，灌漑水量は生育に応じて蒸散量，降水量，土壌の保水力などによって決められる．

6) 直播栽培 (direct sowing culture)

本田に種籾を直播きする栽培法で，育苗と移植の労力を要しない省力栽培法であるが，反面，苗立ちが不安的で，多収安定性に問題がある．また，鳥害も大きな障害なため，普及率は1%程度に止まっている．直播栽培法にはいくつかの方法があるが，播種時の湛水の有無から，乾田直播と湛水直播の2つに大別される．

乾田直播：本田を耕起，砕土し，播種機で種籾を条播きあるいは点播する．覆土は厚目 (2〜3 cm) とし，鳥害や乾害を防ぐが，厚すぎると発芽を害する．発芽後約30日間は乾田状態で生育させ，その後施肥して徐々に水を入れる．以降の管理は普通栽培と同じである．苗立ち率が低く，漏水や肥料の流亡が多く，倒伏し易いなど問題が多く，適用地も特に水利の点で限定される．インドなどアジアの伝統的な栽培法である．アメリカ南部などではドリル播きによる乾田直播が多く行われている．わが国では，1950年代頃から暖地に普及し始めたが，現在では少ない．

湛水直播：水田状態に直播する方法で，代掻きするので雑草や水漏れが少なく，排水不良田でも採用できる．湛水の保温効果が期待できることから，低温地域での直播に用いられる．しかし，表面播種した場合には，出芽後の浮き苗や転び苗とその後の倒伏が発生しやすく，土壌中に播種した場合は，出芽率が低下しやすい．このように，出芽・苗立ちの不安定さや倒伏のし易さが大きな障害である．これらの障害に対しては，播種後の落水，種子コーティング（過酸化カルシウムや鉄），種子予措などの対策技術が開発されている（古畑 2009，山内 2010）．アメリカのカリフォルニアやオーストラリアでは，

航空機による湛水直播が行われている．アジアでは伝統的に行われている．

　湛水土中直播：湛水直播の欠点は，播種された籾が湛水中で酸素不足のために発芽が不良になることと，種籾が土壌表面に置かれるので苗の根が浅く転びやすいことである．湛水土壌中直播は，酸素発生剤を粉衣した種子を土壌中に播く方法で，前述の苗立性と耐倒伏性の欠点を補う比較的新しい方法であり，わが国では，この方法が主流となっている．酸素発生剤としては過酸化酸素（CaO_2）が用いられる（太田・中山 1970）．この方法は出芽苗立ちが安定するが，粉衣作業と特別の播種機が必要となる．

　折衷直播：無代掻きの畑状態で播種し，出芽直前に湛水する方法で，乾田直播と湛水直播の折衷的な方法である．漏水田や排水不良田以外で実施可能で，播種期に雨の少ない北海道で主に行われている．

　この他にも，播種してから苗立ちまで湛水しない潤土直播や，種籾を土中に打ち込む播種機などが考案されており，わが国の直播技術は精緻なものになっている．しかし，播種法が複雑になるほど，低コストという直播の本来の利点が失われる矛盾を抱えている．

（7）収穫・乾燥

　イネの収穫から籾摺りまでの作業工程は収穫の方法によって異なる（図2.85）．

　出穂から収穫期までの日数は，品種による変動は少なく，ほぼ積算温度によって決まり，平均出穂後45日である．収穫時の玄米の水分含量は22～26％で，黄熟期から完熟期に入る頃である．目安は，寒冷地では穂軸の上部2/3が黄変した頃，暖地では穂首まで黄変した頃である．収穫が適期より早すぎると，未熟米や青米が多くなり，水分含量が高いので，生脱穀の場合には胴割れが多くなる（図2.86）．また遅すぎると立毛中に胴割れが出て，収穫時の脱粒が多くなる．

　収穫期を地域別に見ると，北海道，東北北部は9月下旬から10月上旬，東北南部から北関東，中部高冷地は10月上旬，東海，近畿，中国地方は10月上・中旬，四国，九州は10月中～下旬と西南暖地ほど遅くなる．しかし地域の事情によって例えば，千葉，茨城など利根川沿岸は水害回避のため収穫が早く9月上旬，新潟から福井に至る北陸一帯は秋雨

図2.85　イネの刈取りから籾摺りまでの作業工程

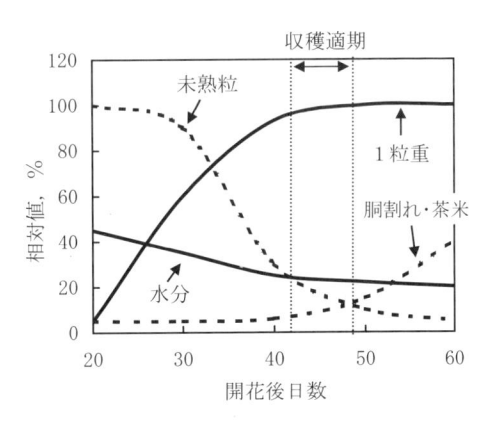

図2.86　イネ玄米の開花後日数に伴う1粒重，水分および未熟粒と胴割れ・茶米の発生率の変化

気象を避けて9月上・中旬である.

収穫は,かつては鎌で株を地際から刈り,結束し,架に掛けて乾燥させたが,近年ではコンバイン収穫が主流となった(図2.87).東南アジアでは穂だけ摘み取る収穫法(穂刈法)が広く行われており,わが国でも弥生時代から平安時代の頃までは穂刈りが行われていた.手刈りは,稲作労働のうちで田植えとともに多くの労力を要するので,これの解消策として,1960年代以降いろいろな刈取機械が開発された.初期は刈倒機,次いで刈取結束機(バインダー binder)が普及し,そしてわが国の水田規模にあった自脱式コンバイン(combine harvester)が開発され,1970年代以降に急速な普及をみた(図2.88).

手刈やバインダーで刈取る場合は,まず結束して天日乾燥し,玄米の水分を刈取時の24%前後から脱穀に便利なように17%程度以下まで落とす.乾燥には地域によって独特の方式があり,地干しと架干しに大別される.地干しは降雨少なく,乾田で,裏作のない地方で行われ,地面に稲束を立てて寄せて置く島立て方

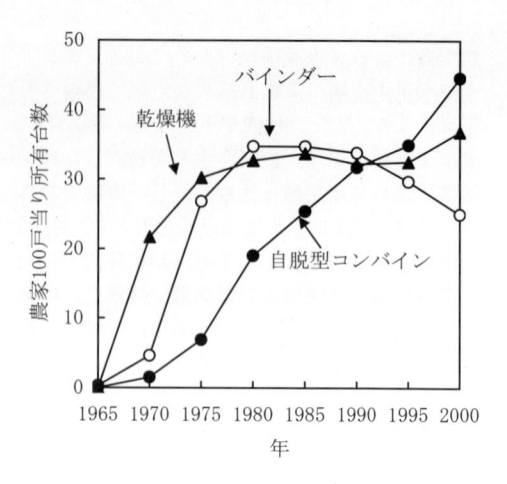

図2.87 収穫,乾燥機械の普及割合
台数は個人あるいは数個所有を対象とし,大きな組織単位のものは除外.農林水産省の資料より作図

図2.88 コンバインによる収穫

式が多い.架干し(rack drying)は,湿田や乾燥時の天候不良の場合にも能率の良い方法で,全国的に多い.架干しにもいろいろな型がある.横木を使わない棒掛けや1または2段の横木に掛ける架掛けが多い.北陸から山陰地方は,横木の架を多段式に高く作るのが特徴である.近年はコンバイン収穫が多いので,架干しは少なくなったが,天日干しの米は商品価値があり,依然として残っている.乾燥の期間は,暖地は1週間,寒冷地は半月に及んだが,近年はある程度乾燥したら早めに脱穀し,さらに乾燥機で仕上げ乾燥する方式が増えた.

コンバイン収穫では,刈取りと同時に高水分の籾を生脱穀するので,通常は乾燥機による仕上げ乾燥が必要である.

(8) 脱穀・調製
1) 脱穀・籾乾燥

脱穀 (threshing) は，穂から籾を離脱する作業で，昔は2本の竹の間で穂をしごく扱箸 (threshing sticks) が用いられ，やがて鉄製の大型の櫛状の千歯扱き (threshing comb) を用いるようになり，明治時代の後期には回転式の円筒に扱き歯をつけた脱穀機 (thresher) が発明され，昭和に入ってからは，それが足踏み式から動力式に変わり，さらに自走式自動脱穀機へと発達した．現在主流のコンバインは，刈取機と脱穀機を結合 (combine) した機械で，自走しつつ刈取った稲体から籾を離脱し，自動的に籾を袋に収納し，ワラは結束するか細断する．

脱穀した籾は，掛け干しのもので15〜17%，地干しでは17〜20%，コンバインでは生脱穀で22〜26%の含水率である．したがって，いずれも次の籾摺りや貯蔵には水分が多くて不適当であるから，仕上げ乾燥を行う．

個別農家での乾燥方法：従来は，筵に広げて天日乾燥したが，現在は火力による人工乾燥機が発達し普及した．籾を穀槽に入れて加熱した空気を強制送入して乾かす静置式（平型と立型がある）と籾を乾燥空気の中を循環させる循環式とがある．急激な乾燥を行うと，米粒の表層部と中心部に水分差が生じて，胴割米 (cracked rice kernel) が生じる．そのため，乾燥前の水分に応じて熱風の温度を調整する必要がある（図2.89）．胴割れの起こる前に乾燥を時々中断し，粒の内外の水分を平衡させると胴割れしにくい．このような間欠乾燥を行うことをテンパリング (tempering) と呼び，この方式が乾燥機の主流となっている．

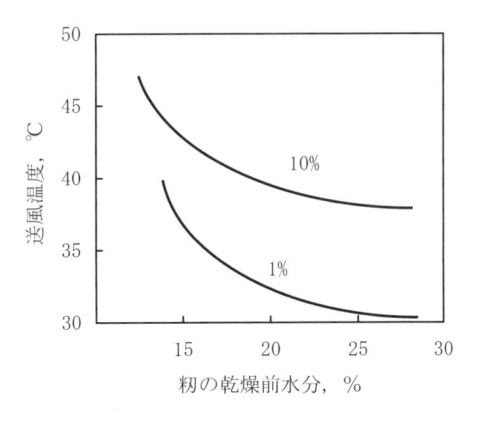

図2.89 籾の乾燥前水分と乾燥機の送風温度が玄米の胴割れ発生率に与える影響
曲線：胴割れ発生率が10%あるいは1%が想定される送風温度と籾の乾燥前水分の組合わせ．

大型共同乾燥施設：農村各地に大型の共同乾燥施設が建設されており，農家は予備乾燥して脱穀した籾，あるいはコンバイン脱穀の生籾を搬入し，乾燥を委任する．これには，ライスセンターとカントリーエレベーターがある．

ライスセンター (rice center) は，共同乾燥調製施設である．地域により品種の単一化が進み収穫期が揃い，さらにコンバインが普及して一時に多量の生籾が搬入される．運営は農協などにより，個人別，荷口別扱いの個人処理方式がとられ，乾燥だけでなく籾摺り，調製，包装までも行う．

カントリーエレベーター (country elevater) は，大規模共同乾燥調製貯蔵施設で，ライスセンターより大規模でサイロを備えている．農家の搬入した籾は，近代的な大型の連

続送り込み方式の乾燥機で，1次（半）乾燥，2次（仕上げ）乾燥を経て乾燥し，それを大型貯蔵槽（サイロ，silo）に20℃以下で籾のままバラ貯蔵される．カントリーエレベーターは荷口は全て一括処理され，大量均一処理によって品質の向上と統一を図っている．そして，適宜，籾摺りを行い，計量，包装も行って出荷する．

2）籾摺り調製

籾摺り（hulling, husking, shelling）は，籾を籾摺り機にかけて籾殻を除去し玄米にすることである．籾摺り機は2つの逆回転するゴムロールの狭い間隔を籾が通過する際に，摩擦と圧力をうけて籾殻が離脱されるものである．籾殻は，従来は唐箕を用いて除いたが，現代は自動籾摺り機に内蔵されている風選機で，同時に風選除去される．また一部の屑米や粃も除かれる．

調製は，玄米を選別して不完全米やごみを除き，商品価値を高めるものに仕上げることである．米選機（rice sorter）は，一般には縦線米選機，大型施設では回転ドラム式米選機が用いられる．これによって精玄米と屑米とに仕分けされる．

8. 米の品質

(1) 米粒の種類

粳米（nonglutinous rice）は，デンプン（starch）の組成はグルコースがα-1, 4結合で直鎖状に並んだアミロース（amylose）が15～30％を占め，残りはグルコースがα-1, 4結合により分枝状に結合したアミロペクチン（amylopectin）から成る．ヨウ素と結合しやすく，ヨウ素反応で青色を呈する．精白米の吸水率は，2時間後で20～24％で糯米より低い．

糯米（glutinous rice, waxy rice）は，形状は粳米と同じで，色も収穫直後は粳米と区別がつかないが，乾燥すると胚乳が白色不透明に変化する（図2.90）．これは"ハゼる"と呼ばれ，デンプン貯蔵細胞の中に非常に小さな気泡が多数発生し，これが細胞の境界面で光を散乱するためであるといわれる．品種によってはこの変化がほとんど起こらないものがある．一般成分，アミノ酸組成，油脂性状などは，粳米と大差がなく，差はデンプンの組成である．糯米のデンプンは，ほぼ100％アミロペクチンから成っているから，ヨウ素との

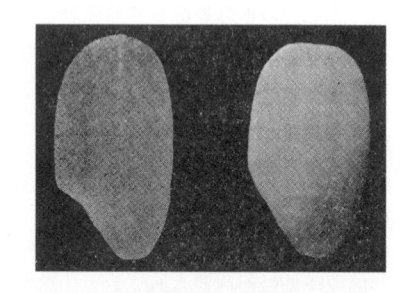

図2.90 粳米（左）と糯米（右）
いずれも精白したもの．星川（1979）

結合は弱く粳米のような青色は呈さない．アミログラムは粘度が高い．糊化した場合の粘性，弾性は，粳米より小さくゲル化し難い．しかし，糊化したものをさらに150℃以上に加熱すると膨化して，そのまま網状構造を固定する特性がある．これが米菓に利用される．精白した糯米の吸水性は粳米より高い．

ジャポニカ型，インディカ型は，イネの分類であるが，米粒についても両型の差がある（図2.91）．米粒の形は，ジャポニカ型は短，円形（長さ/幅の比で1.7～1.8），インディカ型米は長，細形で長幅比は2.5～3.5である．インディカ型米はジャポニカ型米より米質が硬く，吸水率は低い．希アルカリ液による膨潤崩壊性は，ジャポニカ型米が大きく，インディカ型米は小さい．アミロース含量は，インディカ型米が26～31％に対し，ジャポニカ型米は17～20％と低い．インディカ型米の飯は粘りがなく，ボロボロしている．精米の遊離アミノ酸含量はジャポニカ型米が多い．

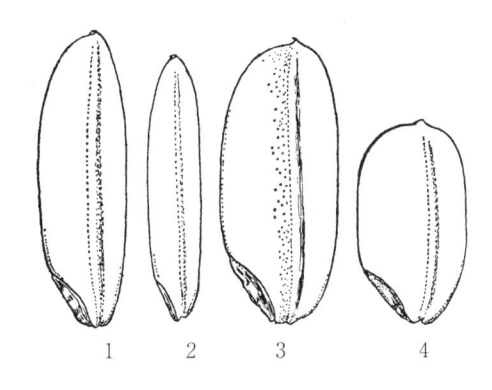

図2.91 玄米の諸タイプ
1：長粒（インディカ型，Fortuna），2：細粒（インディカ型，Rexoro），3：中粒（インディカ型，Blue Rose），4：短粒（日本型，Caloro）．星川（1979）

軟質米と硬質米の呼称は，主として昔からの米の商習慣による区別で，必ずしも米粒の硬軟の区別ではない．一般に北海道から東北，北陸，山陰地方の産米は乾燥時の気候が湿潤なため粒水分が多く，これらの地方の産米を軟質米と呼び，その他の地域の水分が少ない米を硬質米として取り扱われている．米粒組織では，軟質米は背腹軸に長形細胞が多く，硬質米はそれが少ない．また，粒各部の硬度を調べると，軟質米は本質的に軟い部分を持っている（長戸 1962）．成分的には，軟質米は遊離の糖や窒素化合物など低分子化合物を多く含み，酵素作用が強い．またタンパク態窒素とデンプンの比率および全糖と可溶性窒素の和が硬，軟米に差があるとされる（三鍋 1966）．

(2) 米の粒質

登熟が完全に行われ，その品種の特徴である粒形を十分に示している米粒を完全米（perfect rice grain）という．完全米は豊満で左右，上下均整がとれ，籾殻内一杯に肥大し，側面の縦溝が浅く，粳米では全体透明質で，表面が特有の光沢を持つ．

完全米以外の，粒形，大きさ，色沢などにどこか異常な欠陥を持った米粒を不完全米（imperfect rice kernel）といい，次に述べるいろいろなタイプがある（図2.92）．これらは品種の特性，遺伝的要因で起こるものもあるが，多くは登熟期以降の内的および外的異常要因によって起こるものである．登熟過程で起こる不完全米は弱勢穎花に発現し易く，これらの多少は稔りの良否を示す指標とされる．不完全米の種類から，その米がどのような環境のもとで登熟期以降を経過したかを類推することができる．

腹白米（white-belly rice）：玄米の腹部が白く不透明な粒．一般に粒の肥大および粒重が優れ，幅の広い粒に育った米，特に強勢穎花に出やすく，腹部周辺の数層の細胞にデンプン集積が劣り，粒の脱水収縮過程で，この部分に多くの微少な空気スペースが発生するため光の乱反射で白く見える．実用上は差し支えなく，完全米的に扱われるが，腹白米があまり多い場合は品質が劣ると評価される．

1	2	3	4	5
完全米	腹白米	心白米	背白米	基白米

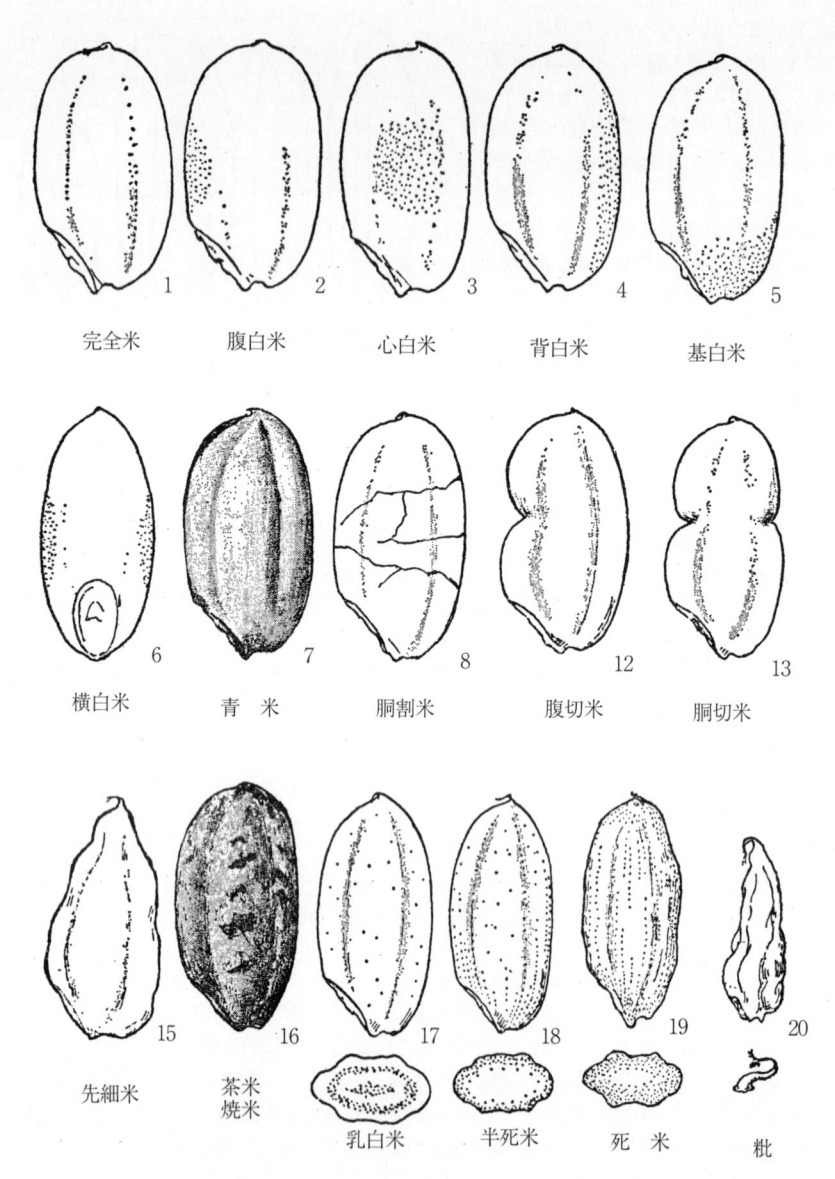

6	7	8	12	13
横白米	青米	胴割米	腹切米	胴切米

15	16	17	18	19	20
先細米	茶米 焼米	乳白米	半死米	死米	粃

図2.92 完全米と不完全米のいろいろ．星川（1979）

<u>心白米</u>（white core rice）：粒中心部が白いもので，その部分にデンプン蓄積が劣り空隙が多いため白く見えるといわれている．大粒に出やすく，品種の遺伝的特性になってい

るものもあり，それらは酒米（rice for sake brewery）として用いられる．

　背白米，基白米，横白米：粒形はほぼ完全だが，それぞれ背部，基部胚近く，両側部が白色不透明のものをいう．腹白米に比べて出現頻度は少ない．

　青米（green rice kernel）：果皮に葉緑素が残っているため緑色を呈する米．早刈りすると開花の遅かった籾は青米となる．搗精すると緑色は除ける．完熟直前のつやのある活青米が少量混入するのは，新米の証拠，遅刈りでない証拠として，むしろ歓迎されるが，つやのない死青米は，充実不良で，搗精すると砕け米となる．

　胴割米（cracked rice kernel）：ひび割れしている粒で，完全に登熟しているが，遅刈りして雨にあてたり，生籾の高温強制乾燥などで出やすく，搗精すると砕け米になる．

　胴切米・腹切米（notched-belly rice kernel）：粒の中央部にくびれのあるもの．腹側だけにくびれのあるものを腹切米，希に背側がくびれるものを背切米という．粒の発達初期の一時的低温や旱害で発生する．くびれが深いと搗精時に砕け米となる．

　ねじれ米，先細米：米粒がねじれたり，基部は正常でも先端の肥大が劣り，三角形となる米．出穂期頃の台風による障害で籾がゆがんだり，三角籾になるときに生じる．

　茶米（rusty rice），焼米（burnt rice）：茶米は銹米ともいい，粒が褐色で斑紋がある．台風によりできた籾の傷口から菌が入り，果皮に繁殖して横細胞に色素を生じたものである．粒の発達も劣り，搗精しても脱色されにくい．焼米は，褐，紫，赤黒色などの汚斑を持ち，斑紋米ともいう．茶米に似るが，着色が強く，精白しても色は除けない．刈取り後の堆積や生籾貯蔵で菌の侵入を受けて発生する．

　乳白米（milky white rice kernel）：粒表面は白色不透明だが光沢を持つ．横断面は，内部が白色不透明，表層部が透明化している．登熟初・中期に養分の集積が悪く，後期に回復したもので，登熟期の低温，あるいは早期栽培の高温でも多発する．

　死米（opaque rice kernel）：不透明で光沢のない白色で，内部もほとんど白色の粒．全体にデンプン集積が不十分で重量も小さい．内部が透明でも表層部が白色不透明の場合も死米とみなされる．表層部の透明化が不完全で，発育停止したものを半死米という．これらは搗精しても不透明で砕けやすい．

　粃（abortive grain）：受精障害の子房の残骸や，登熟のごく初期に発育を停止したものが，粃になる．

　芽ぐされ米：穂発芽した粒で，胚部は黒変している．大抵胴割れになる．

　肌ずれ米：籾摺りの際に玄米皮部に機械的な傷が付いた米で，籾の乾燥が不十分な時に生ずる．貯蔵性も悪くなる．

　変質米：生籾貯蔵中に蒸れて醗酵し，着色したり，斑紋が付いたり，不透明になったりした粒で醗酵米ともいう．

　その他：登熟中に胚だけが死んだ場合は無胚米となり，1胚珠内に胚嚢が2つできておのおのが受精・発生した場合は双子米となり，1胚嚢内に2卵ができた場合などには双胚米ができる．これらの出現頻度はきわめてまれである．無胚米は種籾用以外は利用上の不利はないが，他は屑米となる．

　生産された米は，農産物規格規定による米穀検査によって品質が評価され，一般飯米

表2.13 米の検査規格（水稲うるち玄米）

等級	最低限度			最高限度							
	容積重, g	整粒, %	形質	水分, %	被害粒・死米・着色粒・異種穀粒・異物, %						
					計	死米	着色粒	異種穀粒			異物
								籾	麦	＊	
1等	810	70	標準品	15	15	7	0.1	0.3	0.1	0.3	0.2
2等	790	60	標準品	15	20	10	0.3	0.5	0.3	0.5	0.4
3等	770	45	標準品	15	30	20	0.7	1	0.7	1	0.6
等外	770[1]	—	—	15	100	100	5	5	5	5	1

＊：籾・麦を除いたもの，　1）：最高限度．農産物検査規定より

用の米は1～3等に格付けされる．粳米についての規格を表2.13に示す．各等級ごとに容積重と整粒歩合の最低限値，水分，被害粒，死米，着色粒，異種穀粒やゴミなど異物の混入許容最高限度が決められている．その他に，粒ぞろい，粒形，光沢，腹白程度など外観的品質が調べられるが，これらについては各等級ごとに検査標準品（サンプル米）が作られ，それと比較して判定される．水分については，検査規格での上限は15％となっているが，1989年より当分の間16％で運用されている．これは，過剰な乾燥は食味を低下させることに加え，低温貯蔵の普及で高水分米の品質維持が可能になったことを反映したものである．

9. 利 用

(1) 貯 蔵

米は日本以外の国々では籾のままで商品として流通する．したがって貯蔵も籾で行なわれる．わが国では，昔から玄米が流通形態で，貯蔵も玄米で行われる．貯蔵性としては，籾のほうが変質が少なく有利であるが，籾では容積が大きく（玄米の約2倍，重量で約1.3倍），取引に不便なためである．

わが国では，玄米は昔はワラで編んだ米俵に4斗（60 kg）単位で収納した．現在では，米俵は用いられず樹脂袋（ビニール紐編みの袋），紙袋あるいは麻袋に入れられる．量目はかつては60 kgであったが，現在は30 kgが多くなっている．

米は包装された形で農業倉庫に貯蔵される．貯蔵中の管理は，温度と湿度を一定に調節して病害虫の防除と米の変質を防ぐことである．このためには，温度10～15℃，湿度75％以下であることが望ましい．また玄米の水分含量が高いと貯蔵性は著しく減じる．水分14％以上では貯蔵中に蒸熱を発生して変質しやすく，またコクゾウムシ，ココクゾウなどの害虫やカビが発生しやすい．しかし，水分10％以下に乾燥しすぎると胴割米を増す．

温度と湿度の調節は，従前から土蔵など建物の構造を工夫して行われている．これを常温倉庫という．常温倉庫は夏期は高温多湿になりやすく，病虫害発生を防ぐため薬品

で薫蒸消毒する必要がある．また，夏季の高温を経過すると食味が低下する（図2.93）．低温貯蔵により，カタラーゼ，パーオキシダーゼおよびアミラーゼの活性低下やビタミン B_1 の減少も抑制される（谷ら 1964）．近年は空調機を備えた低温倉庫が利用されるようになった．低温倉庫では，温度は15℃以下，湿度も70％以下に保つことができるので，病虫害防除の薬品薫蒸も通例は無用になり，米の変質程度も少なくなった．低温貯蔵は，経済的な面から，夏季を中心にした半年程度行う倉庫が多い．

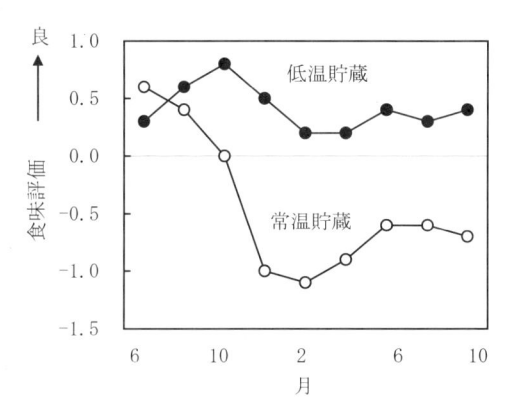

図2.93 貯蔵方法と食味の変化．農林省食糧研究所（1969）から作図

なお前述のように，近年のカントリーエレベーターの普及により，わが国でも籾貯蔵も行われるようになった．この場合，バラ状態で大型の貯蔵タンクに貯蔵される．

米は貯蔵年数などにより呼称を異にする．

<u>新米</u>（new [crop] rice）：収穫後すぐに出荷された米をいう．新鮮な特有の香があり，季節感で好まれるが旨味には欠ける．

<u>古米</u>（old [crop] rice）：貯蔵によって変質した米をいうが，流通上は米が収穫されてから1年経って，次年の米（新米）が収穫された後に古米と呼ばれる．したがって貯蔵による変質・品質の低下が少ないものでも古米，2年貯蔵されると古古米と呼ばれる．

<u>腐化米</u>（"Fuke" rice, absidia diseased rice）：貯蔵中に変質した米の呼名で，昔は貯蔵法が未熟だったので変質が起こりやすかった．貯蔵中に害虫に犯された米を空洞米と呼んだ．また，昔は産地から消費地へ送るのに時間がかかり，風雨や波に濡れた米を沢手米と呼んだ．カビで黄色になった黄変米（yellowed rice）は，カビの毒素マイコトキシンの1種であるシトリニンを含み有害である．

（2）搗精

搗精（milling）とは，玄米の皮部すなわち果皮，種皮および胚乳の糊粉層および胚を除去して，胚乳のデンプン貯蔵組織だけにすることである．これを精米ともいう．除かれる部分を糠（rice bran）と呼び，糠を完全に除去したものが白米である．玄米に対する白米の重量割合を精米歩合と呼び，普通90～92％である．精米の程度により，玄米－三分搗き－五分搗き（半搗き）－七分搗き－白米の段階がある．糠が多いものほど，繊維やミネラルが多く含まれる．皮部を完全に除糠し，胚だけを着けたものを胚芽米と呼ぶ．

搗精は，昔は唐臼で杵を用いて搗き，人力や水車の動力を用いた．現在は，搗精機（rice mill）で，米粒の表面を高速回転の研削砥石で削り取る方式と，米粒相互間，あるいは金属網などと摩擦させて表面を剥離除去する方式とがあり，現在は両方式を組合わせたコ

ンパス式精米機を用いて効率的に搗精される．現在，農家の自家用を除き，流通機構により流通している米は，大規模な搗精工場で，搗精，選別，混米，計量，包装まで行われ，消費者に販売されている．

東南アジアその他の国では，籾から直接搗精される．その一方法で古くから，アジア諸国で行われていたパーボイリング（parboiling）法は，籾を吸水させてから軽く蒸煮し，乾燥させたものを籾摺り搗精するもので，蒸煮によって米粒表面が糊化されてから乾燥されているので，搗精の際に砕米になりにくい．砕けやすいインド型の細長い米の搗精には適した方法であり，貯蔵性もよく，白米のビタミン含量も増える．現在では欧米でも行われ，その改良方式もある．

搗精された白米の表面を研磨して，研磨米（polished rice）とすることもある．米を日本酒の吟醸酒醸造用の原料として用いる場合，通常の白米よりさらに表面を研磨して用いる．炊飯に際して洗う必要がない不洗米と呼ばれる米を製造する場合にも研磨して糠を完全に除く．白米の表面に，ブドウ糖，有機酸カルシウムなどをコーティングして光沢を与えたり，美麗な色に着色したりすることもある．

(3) 食　味

政府は，米不足の戦時中に食糧管理法（食管法）を施行（1942年）して以来，前述の等級品位差以外は価格差を認めず，食味の良い米も悪い米も同じ統一価格に設定してきた．また，流通のルートや流通業者を指定するなど，米の生産から流通に至るさまざまな規制を行ってきた．しかし，1960年代以降，米の過剰傾向が顕著になり，1970年からは米の生産調整が開始された．それに伴い，流通や価格の規制が緩和され，食管法が廃止されるに至り，新たに「食糧法」が制定された（1995年，2004年改正）．これにより，流通は自由化され，価格に市場原理が導入された．また一定量の輸入が容認され，輸入米との競争にもさらされるようになった．このため，米の品質，特に食味の重要性は米作にとって一層大きな比重を占めることになった．

食味は，官能検査や理化学的特性により評価される．

官能検査：米の食味は，飯とした場合の香り，味わい，口中での触感（硬さ，粘りなど）それに色，つやなどの外観などに対する嗜好が総合されたものである．これら人間の官能による感覚は，個人差がかなり大きいから，米の食味に対する客観的な科学的な評価が必要とされる．そこで，個人の主観による食味評価を統計学的に調査して，できるだけ客観的に食味を評価する方法として，パネル（試験者集団）による官能試験（sensory test）が，食味試験法として標準化され実施されている．食味試験は，パネリストとして老若男女を標準24人選び，飯は炊飯方法，試食用の器，試食場所，時刻などを全く同一条件として，さらに試食する米の種類の順序などについても偏りのないように配慮し，試食結果を各人に飯の外観，香り，粘り，硬さ，呈味，総合評価などについて評価させ，これを統計的に処理する．その結果は完全ではないが比較的再現性の高い評価が得られる．

理化学的評価：分析化学的方法として，米のアルカリ崩壊性，糊化特性，飯の粘弾性など，物理・化学的性質についての比較が研究されている．口腔内での咀嚼を模擬化した機械であるテクスチュロメーターを用い，炊飯米の硬さ，粘性，付着性などの物性を

評価できる．

　食味は化学成分によっても左右される．通常の粳品種のアミロース含有率は15～25％であるが，アミロース含有率が低いと炊飯米の粘りが増し，食味評価が向上する．一方，タンパク質含有率が高まると，炊飯米が硬くなり，粘りが低下し，食味評価は落ちる．タンパク含有率は窒素施用量と関係があり，生育後半の追肥により含有率が増す．脂質は米の貯蔵中に分解が起こり，遊離脂肪酸が生成され，食味が低下する．遊離脂肪酸の生成量は，品種によって差が認められる．また，高温，高湿で生成量が増加する．

　上述のような物理・化学的性質と食味の関係を基礎に，いくつかの食味計が開発され，利用されているが，未だ官能検査よりも確実な客観評価を決めるまでには至っていない．

　米の食味は，米の生産から調理・消費に至るまで，多くの要因に影響される．従前から米の味は品種，次いで産地による差異が大きいとされていたが，食味試験からもこのことは明らかにされている．その他，表2.14に示すような要因があげられる．この表に示すように，食味は，生産，貯蔵や調整そして炊飯方法などの要因が複雑に関係している．

（4）栄養成分

　米の化学成分は，表2.15のように，炭水化物に富み，カロリー源として優れ，主食としての重要性を示している．タンパク質は，他の穀類に比べて必ずしも多くはないが，アミノ酸組成については，必須アミノ酸，リジンについて小麦などより優れ，栄養的タンパク価は78で，植物性食品中，最も優れるものの1つである．

　わが国では従来必須タンパク質の約1/3を主食としての米から摂取していた．現在は，米の消費量の減少と副食からの摂取が増え，米への依存度は一貫して低下してきている．脂肪は少ないが，主に糠層中に含まれるので，搗精で除いた糠中には含有率が高く（15～20％），重要な搾油原料となる．糖質は主としてデンプンであり，無機質はリンが多いが，食品としてカルシウム，鉄などミネラルに

表2.14　米の食味を支配する要因

要　因
生産段階
1. 品種
2. 産地（地形，土質，水質）
3. 気象条件（気温，日照，降雨）
4. 栽培法（作期，施肥，農薬，諸管理）
5. 収穫（時期，方法）
6. 乾燥，調製
貯蔵・流通段階
7. 貯蔵法（温度，湿度，貯蔵期間）
8. 精米加工（搗精歩合）
消費段階
9. 炊飯（淘洗，浸漬，蒸らし）

表2.15　米の栄養成分

成分	玄米	精白米
カロリー, kcal	350	356
水分, g	15.5	15.5
タンパク質, g	6.8	6.1
脂質, g	2.7	0.9
炭水化物, g	73.8	77.1
食物繊維, g	3.0	0.5
灰分, g	1.2	0.4
無機質, mg		
リン	290	94
ナトリウム	1	1
カルシウム	9	5
マグネシウム	110	23
鉄	2.1	0.8
ビタミン, mg		
B_1	0.41	0.08
B_2	0.04	0.02
ナイアシン	6.3	1.2

粳米100g中．食品成分研究調査会編，五訂日本食品成分表（2001）より

乏しい．米は，主に白米として利用されるが，表2.15に明らかなように，玄米に比べて白米は灰分，無機質，ビタミンが少ない．特にビタミンB_1などの必須栄養分が，白米偏重の食生活を続けると不足することがあり，副食からの補充を配慮しないと，脚気その他の疾病を招くことになる．胚には，ビタミンはじめミネラルなどが多く含有されているので，胚芽米や玄米を主食とすることは，その弊害を防ぐために合理的である．

(5) 用途

粳米の大部分 (90%以上) は飯用にされる．飯の類としては，粥，雑炊などにする他，加工米飯としてアルファ米 (高温乾燥)，乾飯やインスタント飯などがある．また，寿司などに加工する．アジアでは飯とする利用が多いが，欧米でもピラフなどに調理され，またこれらは副食として利用されることが多い．糯米の飯は強飯や粽のほか搗いて餅とし，さらに加工して，あられなど煎餅類や氷餅など菓子用にする．

米にコウジカビを繁殖させた米麹は，醸造工業用の重要な原料である．アルコール発酵により，清酒，米焼酎，甘酒などが作られる．米麹は味噌の原料ともなる．なお米は，ビールの主要な補助原料にもされる．糯米を材料としての醸造では味醂がある．さらに酢酸発酵により米酢ができる．

米の粉としては，生の米を製粉した米粉と，糊化してデンプンをα化してから，粉としたものとに大別される．粳米の生米粉は，上新粉，上用粉など，糯米からは白玉粉，求肥粉が得られ，いずれも大福餅，柏餅，白玉団子，求肥などの菓子材料とされる．α化した米粉としては，粳米原料の早並粉，糯米からは寒梅粉，ミジン粉，道明寺粉などが作られる．米の粉は，ビーフン，米うどんなどめん類や，パン (特に玄米パン) の原料としても利用されてきた．最近では，輸入小麦の価格高騰の影響や製粉技術の改良もあり，米粉を原料としたパンの商品開発が盛んに行われている．

米のデンプンは，複粒が分解して，微少なしかも角ばった粒形であるため良質の糊となる．また，布の染め抜きに用いられる．塩基性色素の吸着力が強いため，カラー印画に使われる他，化粧料の白粉にも使われる．屑米は安価な菓子用粉原料や飼料用にされる．種籾用には生産量の1％が当てられる．

搗精によって除かれた糠には15～20％の半乾性油が含まれ，これを搾ると米油 (rice oil) が得られる．米油は，栄養的にも良質の食用油で工業用にも使われる．また糠には，ビタミンB_1が多く含まれるので，これを抽出して利用される．その他，糠は漬物，料理，つや出し剤，飼料，肥料などに用いられる．

イナワラ (rice straw) は，縄，かます，筵，俵などに編み，畳，マットや椅子の芯に用い，しめ飾り，民族工芸などにも使われる他，飼料，堆厩肥原料，マルチ用など広範な用途がある．

籾殻 (chaff, hull, husk) は，果物や卵の輸送充填材，枕の充填材などにされ，焼籾殻 (carbonized chaff) は製鉄などに使われる他，農業用にはかつては育苗床材として用いられた．

近年では，輸入飼料の価格上昇から自給飼料生産の必要性が高まり，新たに開発された乾物生産量や栄養価の高い品種を用いた飼料としての用途も増加しつつある．

10. 経　営

(1) わが国の稲作経営の特色

わが国の水田面積は約250万haあるが，そのうち約90万haが生産調整の対象となっているため，実際の作付け面積は160万haほどである（2009年）．農家当りの平均水田面積は1.23haときわめて零細である．このため，わが国では集約的栽培（intensive cultivation）により，10a当り収量（yield）を高めることが稲作の重点目標とされてきた．その結果，わが国の収量は明治初期の200kg台から，目覚ましく増え続け，現在では全国平均では500kgを越すまでに到達し，一部の地域では，600kgを越す水準にある．この収量増大は，耐肥・耐病性などの品種の改良，育苗技術の進歩，施肥法の改善，農薬の開発など多くの栽培技術の改善・進歩と，地力の培養や水田基盤の整備など土地改良の成果とがあいまって実現したものである．

かつては稲作単一経営が多くみられ，特に東北や北陸では稲作への依存度は高かったが，近年ではその比重は低下してきている．近年の生産調整に伴い，ダイズやコムギなどの畑作物と輪作されることが多くなっている．

単位面積当り収量の増大のため，わが国では多くの労力と資材を投入している．かつては10a当り180～200時間の労力をかけていた．しかし近年は，省力化が進んで約30時間にまで減ってきた．耕耘機やトラクターの導入で耕起，整地が省力化され，農薬の普及で除草など防除労力も減った．1960年代からは動力刈取機が入って，刈取の労力を大幅に減らし100時間を割るに至り，さらに1970年代には田植機が普及して，田植労力を著しく削減した．さらに，ライスセンターやカントリーエレベーターの利用により乾燥・籾摺り・調製の労力がなくなり，省力は一層進められている．

生産に要する費用を費目別にみると，労働費の割合がもっとも大きく約35％を占め，次いで農機具費の約19％である（図2.94）．規模の大きな経営ではこの2つの費目の割合が低下し，費用合計も少なくなる．このことから，規模拡大による労働生産性の向上と機械の効率的利用が稲作のコスト減に有効であるといえる．

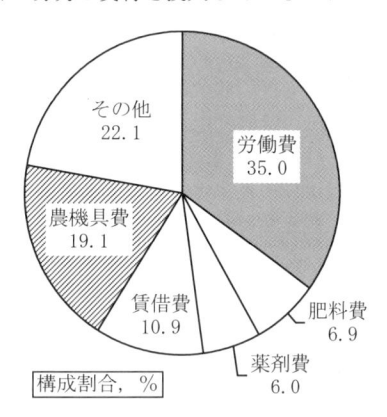

図2.94　稲作の10a当り費用（2007年）費用合計は115,721円，数字は各費目の構成割合（％）．農林水産省のHPより作図

(2) 稲作経営の方向

前述のように，わが国の稲作は省力化してきているとはいうものの，なお多くの労力と膨大な機械エネルギーを投入している．そのため，米の価格は国際市場に比べて，数倍にもなっている（為替レートなどにより10倍を超す場合もある）．タイ，アメリカ，オーストラリアなどの諸国は米を重要な輸出品目としており，価格面では圧倒的な優位性を

持っている．品質面では日本産に比べて劣るとされるが，これらの国では日本への輸出を想定した品種改良も行っており，日本人の嗜好に合った品質の向上が図られている．一方，国内では，食生活の変化から米の消費は年々低下し，そのために米の余剰が増大し，産地間の競争が激しさを増している．これら内外の要因が，わが国の稲作農家の経営を脅かしており，わが国の稲作経営の将来はかつての安定的な状況とは異なり，楽観できないものになっている．そのため今後の稲作経営にとって栽培技術的面からは次のような諸点に改善を図る必要がある．

<u>収量の向上</u>：生産性を向上させ，稲作経営を安定させるために，栽培技術的見地から第1に指摘できることは収量の向上である．現在わが国の収量は世界的にも最高水準にあるが，まだ向上の余地がある．作物学的に考えると，10 a 当り 1 t 以上の収量が可能であり，すでに農家の実証でも 1 t を超える収量を得たケースもある．

収量向上には，品種の遺伝的改良とそれに対応した栽培技術の改良が必要である．また，現在のわが国には，土地の条件の劣った水田がまだかなり多い．したがって，多収品種の開発や栽培技術の改良に合わせ，土地条件の改良を行うことが収量増加への基本対策である．また従来からの化学肥料の連用や，田畑輪換によって，地力の低下している水田も少なくない．堆肥の施用や土壌改良資材の施用などで地力を高めることも必要である．

<u>品質の向上</u>：新しい食糧法のもとで，米の商品性が強まり，従来の量の時代から，質へ重きを置く時代になった．良質・良食味米に対する需要の増大に応じて，農家にとって，米の品質向上は，経営上きわめて重要な要因となってきた．しかし注意しなければならないことは，高価に売れる品種は有利ではあるが，それらの中には耐病，耐肥，耐冷性などの点で劣るものもあるということである．したがって，良食味品種ということは主眼としつつも，地域の気象，土地条件に適合するということも考え合わせた品種の選択が必要である．施肥法や水管理など栽培法を適切にすることももちろん必要である．また，近年，食品としての安全性がきわめて重視される．そのため，農薬，肥料の施用量を極力減らすことにより，消費者が安心して消費できる品質が望まれている．

<u>省力化</u>：労力費の比率がまだ高い現状で，一層省力化が望まれるが，省力化には機械化と集団化による規模拡大とがある．機械化は単なる人力の機械化にとどまらず，1人当り負担面積の拡大により，農業所得の拡大を図ることが目標とされる．機械の能率良い使用には基盤となる土地条件の整備が必要である．すなわち，水田の団地化，乾田化，農道や灌排水路の整備などである．機械の利用には，機械の大きさや作業の種類に応じた適当な利用面積がある．利用面積は作業時間と作業能率との関係や単位面積当り経費などから決められる．一般に能率の高い大型作業機械の利用面積は，現在のわが国の個別水田面積より大きいから，適当な規模への水田の集団化による機械の共同利用が必要となる．

集団栽培は，品種や移植期を統一し，育苗から収穫までの主要管理作業について共同作業を行う．これにより省力化が図られるとともに，特に統一的技術の適用により，技術水準の低い農家の収量が高められるため，全体の収量向上も期待できる．また近年は

経営や作業の受託によって栽培面積を拡大し，機械の利用を効率化し，単位面積当りの労力と生産経費の節減を図る方策が，意欲的な農家によって行われている．

<u>田畑輪換と水田の高度利用</u>：前述のように，水田面積の 30 % 以上に転作作物を栽培しなければならない現状である．現在，自給率の低いダイズやコムギが転作作物として奨励されている．また，水田の利用度はきわめて低いが，作付け面積の小さい所では多毛作による高度利用が望まれる．そのためには，水田を乾田化することが基本的に重要である．水稲と組合わせる作物としては，ダイズやコムギのほか，園芸作物など収益性の高い作目を導入することも良い．しかし，田畑輪換を長期間繰り返すと，地力の減耗がみられるので（住田ら 2005），堆肥や緑肥の導入で水田地力の増進を図ったり，畜産との組み合わせで飼料作物を裏作に導入するなど，いろいろの工夫が必要である．

<u>イネの飼料用栽培</u>：現在わが国では畜産が著しく盛んになったが，そのための飼料は膨大な量の穀物を海外から輸入することによって賄っている．この飼料をできるだけ国内生産することは，わが国の畜産の安定のためにも望まれるところである．

従来わが国では，イネは人間の食用だけに栽培され，これを飼料として栽培することはなかった．しかし，わが国の自然環境および農地の条件のもとでは，イネは最も適した作目であり，安定的に大量生産できる作物であることを考えれば，イネの一部を飼料として生産することは，当然考えられて良いことである．まして，現在米が余剰になり，作付け制限までなされている状況下では，稲作をやめて他の飼料作物栽培に切り替える水田転作の方向の他に，イネそのものを飼料として栽培することは，これからの稲作の方向の 1 つとして考えるべきことである．それは水田として整備されている現在の耕地基盤を変えなくてすみ，栽培の用具，技術もそのまま転用できる点でも都合が良い．

イネの飼料用利用には，茎葉の青刈給与あるいはサイレージなどとする方法と，米粒を飼料とする方法がある．イネの茎葉は青刈飼料として利用することが可能であることはすでに実証されており，また青刈用には従来の米用品種とは別に，栄養成長の著しく優れたジャポニカ型以外の品種も利用することができる．また米粒を飼料用とするには，従来の人間用に重要だった味や粒質を考慮する必要がなく，もっぱら多収を目的とすればよい．しかし安価な輸入穀物と対抗するためには，現在より飛躍的な増収が必要である．このため，例えば巨大粒で超多収のジャポニカ型以外の品種を選ぶことも考えられる．近年，このような目的に合致した飼料用品種が育成されており，普及が望まれている．

11. 文　献

相見霊三・村上高・藤巻和子 1956 水稲の登熟機構に関する生理的研究．日作紀 25：124.
アジア経済研究所 1962 アジアの稲作．東大出版会.
秋元真次郎・戸苅義次 1950 水稲栽培における挿秧期の早晩と耕起の深浅について．日作紀 11：490-498.
秋田重誠 1980 作物の光合成，光呼吸の種間差 第 1 報 光合成，光呼吸および生育の酸素濃度に対する反応の種間差，第 2 報 光合成，光呼吸および物質生産の炭酸ガス濃度に対する反応の種間差．農技研報 D 31：1-59, 60-94.

秋田重誠 1990 アメリカ合衆国の稲作を支える技術と研究 (2, 3). 農業技術 45： 392-399, 459-464.
秋田重誠 1995 コメ. 東京大学出版会.
秋田重誠 2000 イネ 石井龍一他共著, 作物学（I）－食用作物編－. 文永堂. 3-85.
天辰克巳 1961 水稲早植栽培と早期栽培. 農及園 36：7, 8, 9, 10, 11, 12.
安藤広太郎 1951 日本古代稲作史雑考. 地球出版.
荒井邦夫・河野恭広 1978 水稲の穂の発育に関する研究 (1). 日作紀 47：699-706.
嵐 嘉一・江口 広 1954 水稲の葉の発育経過に関する研究 (1, 2). 日作紀 23：21-27.
嵐 嘉一・新田英雄 1955 水稲及び禾本科植物に於ける通気系としての稈の崩潰間隙に関する研究. 日作紀 24：78-81.
嵐 嘉一 1960 水稲の生育と秋落診断. 養賢堂.
嵐 嘉一 1974 日本の赤米. 雄山閣.
嵐 嘉一 1975 近世稲作技術史. 農文協.
有門博樹 1953 稲の通気組織に関する一知見. 日作紀 22：49-50.
有門博樹 1955 本田期における水稲の通気圧. 三重大農学術報 9：8-29.
有門博樹 1958 通気系の発達と作物の耐湿性との関係 (10) 地上部の有無と根の硝酸還元力との関係. 日作紀 27：215-216.
東 哲司・笹山大輔・伊藤一幸 2009 浮稲節間の伸長成長-植物ホルモンによる調節と細胞壁の変化-. 日作紀 78：1-8.
馬場 赳 1957 水稲の胡麻葉枯病及び秋落の発生機構に関する栄養生理的研究. 農技研報 D7：1-157.
馬場 赳 1962 水稲の生理. 作物大系 I. 稲 I. 養賢堂.
馬場 赳・岩田岩保 1962 耐肥性の概念と品種の生態. 育種学最近の進歩 3：66-76.
Brown, R.C. et al. 1996 Development of the endosperm in rice (*Oryza sativa* L.): cellularization. J. Plant Res. 109：301-313.
Buttery, R.G. et al. 1983 Cooked rice aroma and 2-acetyl-pyrroline. J. Agric. Food Chem. 31：823-826.
Buttrose, M.S. 1962 Formation of rice starch granules. Naturwissenschaften 49：307-308.
茶村修吾 1975 米粒の糊粉細胞における燐酸ならびに脂質の蓄積に関する組織科学的研究. 日作紀 44：243-249.
Chandler, R.F. 1969 Physiological responces to N in plants. In Eastin, J. D. et al. ed., Physiological Aspects of Crop Yield. ASA, CSSA.
Chandraratna, M.F. 1955 Genetics of photoperiod sensibility in rice. J. Genetics 53：215-223.
Chang, T.T. 1976 The origin, evolution, cultivation, dissemination, and diversification of Asia and Afrian rices. Euphytica 25：425-441.
Chapman, A.L. et al. 1963 Effect of dissolved oxygen supply on seedling establishment of water-sown rice. Crop Sci. 2：391-395.
Cho, J. 1956 Double fertilization in *Oryza sativa* L. and development of the endosperm, with special reference to the aleurone layer. Bull. Nat. Inst. Agr. Sci. D6：61-101.
丁 主一 1933, 1937 水稲の根に関する研究 (1, 2). 農及園 8, 12.
長南信雄 1965-71 禾穀類の葉における同化組織に関する研究 (1～7). 日作紀 33：388-393, 35：78-82, 36：291-296, 297-301, 39：426-430, 40：425-430.
長南信雄・川原治之助・松田智明 1974 イネ科作物の葉の維管束に関する組織形態学的研究 (1). 日作紀 43：425-432.
長南信雄 1976 作物の葉, 作物の茎. 北条良夫・星川清親編, 作物－その形態と機能. 農業技術協会.
長南信雄・川原治之助・松田智明 1977 水稲の葉肉細胞における形成過程の電子顕微鏡観察. 日作紀 46：147-156.
長南信雄・川原治之助・松田智明 1977 水稲葉緑体の微細構造に及ぼす窒素施用の影響. 日作紀 46：387-392.
檀上 勉 1951 水稲の育種. 佐々木喬監修, 総合作物学, 稲作の部. 地球出版, 178-199.

江幡守衛 1972-78 測光法による米の粒質診断に関する研究 (1, 2, 3, 4). 日作紀 41:384-352, 353-358, 514-520, 47:400-407, 408-416, 417-424.
江幡守衛・田代 亨 1973-75 腹白米に関する研究 (1, 2, 3, 4). 日作紀 42:370-376, 43:105-110, 44:86-92, 205-214.
Erygin, P. S. 1936 Change in activity of enzymes, soluble carbohydrate and intensity of respiration of rice seed germination under water. Plant Physiol. 11.
Evenson, R.E. et al. eds. 1996 Rice Research in Asia : Progress and Priorities. CAB International.
Food and Agriculture Organization of the United Nations (FAO) 2008 FAOSTAT (http://faostat.fao.org/site/567/default.aspx#ancor).
藤井義典・田中典幸 1952, 1955 水稲の根および葉における通気組織 [1, 2, 3, 4]. 佐賀大農学彙報 1:1-11, 12-16, 3:14-21, 22-29.
藤井義典 1961 稲・麦における根の生育の規則性に関する研究. 佐賀大農彙報 12:1-117.
藤原宏志 1998 稲作の起源を探る. 岩波新書.
福家 豊 1931 水稲の出穂調節に対する短日法並に照明法操作開始期及び期間に就いて. 農事試彙報 1:263-284.
福家 豊 1955 a 本邦における主要水稲品種の出穂期の差異をきたしむる遺伝因子並に之等因子が温度及日長時間に対する反応に及ぼす関係に就いて. 農技研報 D5:1-71.
福家 豊 1955 b 水稲に於ける日長感応性の遺伝に就いて. 農技研報 D5:72-91.
福家 豊・近藤頼巳 1939 水稲の冷害現象に関する実験的研究 [1] 寡照低温による生育障害, 特に稔実籾数の減少機構に就いて. 農及園 14:2049-2060, 2261-2269.
古畑昌巳 2009 湛水直播水稲の出芽・苗立ち向上に向けて. 日作紀 78:153-162.
Glaszmann, J.C. 1987 Isozymes and classification of Asian rice varieties. Theor. Appl. Genet. 74:21-30.
後藤雄佐 2003 水稲の分げつ性. 日作紀 72:1-10.
後藤雄佐・新田洋司・中村 聡 2000 作物 I [稲作]. 全国農業改良普及協会.
Green, V.E. Jr. 1957 The culture of rice in organic soils - a world survey. Agron. J. 49:468-472.
浜田秀男 1948 稲作の起源に関する考察. 日作紀 18:106-107.
原田哲二 1960 水稲の二期作. 地球出版.
原田登五郎 1950 老朽化水田とその改良. 農及園 25:43-48.
Hasegawa, T. and Horie, T. 1997 Modelling the effect of nitrogen on rice growth and development. In Kropff, M.J. et al. eds., Applications of Systems Approaches at the Field Level. Kluwer. 243-257.
橋川 潮 1985 イナ作の基本技術. 農文協.
Hayashi, K. 1969 Efficiencies of solar energy conversion and relating characteristics in rice varieties. Proc. Crop Sci. Soc. Japan 38:495-500.
林 政衛 1961 稲の早期栽培と早植栽培. 養賢堂.
姫田正美 1970 水稲種子の発芽最低温度に関する一知見. 日作紀 39:244-245.
姫田正美 1973 水稲の冬播栽培法に関する研究. 農事試報告 18:1-70.
姫田正美 1995 直播稲作への挑戦. 櫛引欣也監修, 第1巻 直播稲作研究半世紀の歩み. 農林水産技術協会.
平野 俊 1960 水稲の安全多収栽培法. 朝倉書店.
Hirano, H.Y. and Sano, Y. 1998 Enhancement of Wx gene expression and the accumulation of amylose in response to cool temperature during seed development in rice. Plant Cell Physiol. 39:807-812.
平岡博幸 2005 マレーシア Muda 灌漑地域の水稲直播栽培法の確立に関する研究. 国際農業研究情報 No.41. 国際農林水産業研究センター. 1-80.
氷高信雄 1968 水稲の倒伏と被害の発生機構に関する実験的研究. 農技研報 A15:1-175.
北海道農業試験場 1999 北の国の直播－乾田直播の技術開発と挑戦－. 北海道農業試験場.
堀江 武 1981 気象と作物の光合成, 蒸散そして生長に関するシステム生態学的研究. 農技研報 A28:1-181.

堀江　武・桜谷哲夫 1985 イネの生産の気象的評価・予測に関する研究.（1）個体群の吸収日射量と乾物生産の関係.農業気象 40：336-342.
Horie, T. et al. 1995 The rice crop simulation model SIMRIW and its testing, rice production in Japan under current and future climates. In Mattews, et al. eds., Modeling the Impact of Climatic Change on Rice Production in Asia. CAB International. 51-66, 143-164.
Horie, T. et al. 2000 Crop ecosystem responses to climatic change：rice, In Reddy, K.R. and Hodges, H.F. eds., Climate Change and Global Crop Productivity. CABI Publishing. 81-131.
星川清親 1967-70 米の胚乳発達に関する組織形態学的研究（1-12）.日作紀 36：151-161．203-209, 210-215, 216-220, 221-227, 389-394, 395-402, 403-407, 37：87-96, 97-106, 207-216, 39：298-300.
星川清親 1975 解剖図説イネの生長.農文協.
星川清親 1976 稚苗・中苗の生理と技術.農文協.
星川清親 1976 穀粒の登熟.北条良夫・星川清親編, 作物-その形態と機能 下, 農業技術協会. 94-127.
星川清親 1978 作物の胚乳の発生.遺伝 32：50-56.
星川清親 1978 栽培植物の起源と伝播.二宮書店.
星川清親 1979 米.柴田書店.
星川清親 1980 新編食用作物.養賢堂.
星野孝文・松島省三・富田豊雄・菊池年夫 1969 水稲収量の成立原理とその応用に関する作物学的研究(88) 苗代期の気温・水温の各種の組み合わせ処理が同一葉齢の水稲苗の諸形質に及ぼす影響.日作紀 38：273-278.
伊н黎乃輔 1997 暖地水稲における穂首分化期追肥効果の解析.鳥取県農試特別研報 5：1-96.
池橋　宏 2000 イネに刻まれた人の歴史.学会出版センター.
池橋　宏 2008 稲作渡来民「日本人」成立の謎に迫る.講談社.
井村光夫 1986 イネおよび数種イネ科作物におけるメソコチルの維管束系に関する解剖学的研究.石川農短研報 17：1-50.
稲田勝美 1967 水稲根の生理的特性に関する研究-とくに生育段階ならびに根の age の観点において.農技研報 D 16：19-156.
稲作史研究会 1954 出土古代米.農林協会.1-38.
猪ノ坂正之 1953 水稲の節網維管束について.日作紀 22：51-52.
猪ノ坂正之 1958 水稲の葉相互及び葉と分蘖との連絡について.日作紀 27：191-192.
井上直人 1997 植物の根に関する諸問題[52]－イネ種子根のラセン運動の生態学的意味.農及園 72：1225-1233.
井上重陽 1935 種子の発芽温度に関する研究（第一報）.日作紀 7：200-217.
International Rice Genome Sequencing Project 2005 The map-based sequence of the rice genome. Nature 436：793-800.
IRRI 1965 The Mineral Nutrition of The Rice Plant. John Hopkins Press. IRRI.
IRRI 1986 Rice Genetics. IRRI.
IRRI 2008 Distribution of Rice Crop Area, by Environment. In Rice Statistics
　(http：www.irri.org/science/ricestat/data/).
石原　邦他 1971-78 水稲葉における気孔の開閉と環境条件との関係（1-7）.日作紀 40：491-496, 497-504, 505-512, 41：93-101, 47：499-505, 515-528, 664-673.
石原　邦・齊藤邦行 1987 湛水状態の水田に生育する水稲の個葉光合成速度の日変化に影響する要因について.日作紀 56：8-17.
石井龍一編 1994 植物生産生理学.朝倉書店.
石井龍一 1999 イネ, 石井龍一他共著, 作物学各論.朝倉書店. 4-22.
石井龍一 2000 役に立つ植物の話 栽培植物学入門.岩波書店.
Ishimaru, Y. et al. 2007 Mutational reconstructed ferric chelate reductase confers enhanced tolerance in rice to iron deficiency in calcareous soil. Proc. Natl. Acad. Sci. USA 104：7373-7378.

石塚喜明・田中　明 1952 寒地暖地水稲栽培技術の比較．農及園 27：537-541.
石塚喜明・田中　明 1963 水稲の栄養生理．養賢堂．
伊藤隆二 1962 水稲の栽培．戸苅義次編，作物大系I，稲IV．養賢堂．
泉　清一・姫田正美 1964 稲の直播栽培．農業図書．
Jones, J. W. 1933 Effect of reduced oxygen pressure on rice germination. J. Am. Soc. Agron. 25：69-81.
Juliano, B. O. 1968 Physiological properties of protein of developing and mature rice grain. Cereal Chem. 45：1-12.
河北新報社 1998 オリザの環．日本評論社．
菅菊太郎 1944 我が国の稲及び稲作の起源に関する研究．農及園 19：395-400.
神田己季男・柿崎洋生 1956-57 水稲の栽植密度に関する研究 (1, 2)．東北大農研彙報 8：73-90, 9：271-290.
神田己季男・柿崎洋生 1958 水稲の栽植密度に関する研究 (3) 栽植様式と栽植密度の相互関連性について (2)．日作紀 27：177-178.
金田忠吉 1986 話題の「ハイブリッド稲」を考える．農林水産技術情報協会編，21世紀と農業技術．農林水産技術情報協会．
笠原安夫 1967 日本雑草図説．養賢堂．
片山　佃 1931 水稲に於ける分蘗の分解的研究．農事試彙報 1：327-374.
片山　佃 1937 水稲に於ける出穂期と苗代日数との関係，並にその品種間差異に関する研究．農事試彙報 3：1-30.
片山　佃 1951 稲・麦の分蘗研究－稲麦の分蘗秩序に関する研究．養賢堂．
加藤茂苞他 1928 稲の異なる種類間における類縁関係の血清学的研究．九大農学雑 3：16-29.
Kato, S. 1930 On the affinity of the cultivated varieties of rice plants. *Oryza sativa* L. Jour. Coll. Agric. Kyushu Imp. Univ. 2：241-276.
加藤茂苞 1933 日照及び温度の稲に対する重要時期に就いて．日作紀 5：314-323.
Kaufman, P. B. 1959 Development of the shoot of *Oryza sativa* L. (1, 2). Phytomorphology 9：228-242, 277-311.
川田信一郎・山崎耕宇・石原　邦・芝山秀次郎・頼　光隆 1963 水稲における根群の形態形成について，とくにその生育段階に着目した場合の一例．日作紀 32：163-180.
川田信一郎・石原　邦・塩谷哲夫 1964 畑状態の土壌に生育した水稲冠根の根毛について．日作紀 32：250-253.
川田信一郎・副島増夫 1974 水稲における"うわ根"の形成過程，とくに生育段階に着目した場合の一例．日作紀 43：354-374.
川田信一郎・片野　学 1976 水稲冠根の土壌中における伸長方向．日作紀 45：471-483.
川原治之助他 1966-1977 稲の形態形成に関する研究 (1-11)．日作紀 35：329-339, 茨大農学報 16：7-41, 日作紀 7：372-383, 384-393, 399-410, 597-607, 43：389-401, 44：61-67, 46：82-90, 91-96, 537-542.
川島長治 2002 イネ，形態と機能．日本作物学会編，作物学事典．295-304.
Kende, H.E. et al. 1998 Deep water rice: a model plant to study stem elongation. Plant Physiol. 118：1105-1110.
木戸三夫 1962 稲作の技術と経営．朝倉書店．
木原　均・平吉　功 1942 稲花粉粒の発達．農及園 17：685-690.
Kihara, H. 1959 Consideration on the origin of cultivated rice. Seiken Jiho 10：68.
木根淵旨光 1969 水稲稚苗移植栽培技術の確立ならびに機械化技術における実証的研究．東北農試研報 38：1-151.
木根淵旨光 1967 これからの稲作改善増収法．養賢堂．
桐渕滋雄・中村道徳 1974 米種子の発芽の際の澱粉の分解機構．澱粉化学 21：299.
幸田泰則 2003 植物の成長と植物ホルモン．幸田泰則他共著，植物生理学．三共出版．
近藤万太郎 1935 米穀の貯蔵．養賢堂．

近藤頼己 1939 温湯除雄法に依る稲の人工交配に就て．農及園 14：41-52．
近藤頼己 1943 水稲の冷害に対する実験的研究．農及園 18：605-608, 710-714, 809-814．
近藤頼己 1952 水稲品種の冷害抵抗性に関する生理学的研究．農技研報 D3：113-228．
近藤頼己 1951 保温折衷苗代．養賢堂．
河野常盛 1951 米麦貯蔵の理論と実際．河出書房．
熊野誠一・関　寛三・金　忠男 1985 水稲の機械移植栽培における代掻きに関する研究．東北農試研報 72：1-53．
玖村敦彦 1956 水稲に於ける炭水化物の生産及行動に関する研究 (3, 4, 5)．日作紀 24：324-330, 25：122-123, 214-218．
玖村敦彦・武田友四郎 1962 水稲における収量成立過程の解析 (7)．日作紀 30：261-265．
玖村敦彦他 1985 新版食用作物学．文永堂．
櫛渕欽也 1992 日本の稲育種．農業技術協会．
櫛渕欽也 1995 直播稲作への挑戦．農林水産技術情報協会．
櫛渕欽也監修 1996 美味しい米．農林技術情報協会．
Maeda, E. et al. 2002 Microtopography and shoot-bud formation of rice (*Oryza sativa*) callus. Plant Biotech. 19：69-80.
Makino, A. et al. 1987 Variations in the content and kinetic properties of ribulose-1, 5-bisphosphate carboxylase among rice species. Plant Cell Physiol. 28：799-804.
丸山幸夫 2003 イネの栽培管理．日本作物学会編，温故知新．137-142．
松葉捷也 1991 イネの穂の着粒構造の分析およびその形成機構論．中国農研報 9：11-58．
松田清勝 1930 低温に於ける稲の2, 3品種の発芽に就いて (予報)．日作紀 2：263-268．
松田智明・川原治之助・長南信雄 1979 水稲子房における転流と登熟に関する組織・細胞学的研究，第1報 登熟期における子房の構造変化と転流経路について．日作紀 48：155-162．
松江勇次 2003 コメの食味．日本作物学会編，温故知新．189-192．
Matsui, T. et al. 1999 Mechanism of anther dehiscence in rice (*Oryza sativa* L.). Ann. Bot. 84：501-506.
Matsui, T. and Omasa, K. 2002　Rice (*Oryza sativa* L.) cultivars tolerant to high temperature at flowering: anther characteristics. Ann. Bot. 89：683-687.
松永和久 2005 イネ穂ばらみ期耐冷性の高精度検定法「恒温深水法」の確立と耐冷性遺伝子集積による高度耐冷性品種の育成．宮城県古川農試研報 4：1-78．
松尾孝嶺 1952 栽培稲の特性に関する種生態学的研究．農技研報 D3：1-111．
松尾孝嶺編 1960 稲の形態と機能．農業技術協会．
松尾孝嶺 1960 栽培稲の起源と分化．農及園 35：73-76, 417-420．
松尾孝嶺他編 1990 稲学大成 第一巻 形態編，第二巻 生理編，第三巻 遺伝編．農文協．
松島省三 1957 水稲収量の成立と予察に関する作物学的研究．農技研報告 A5：1-271．
松島省三 1959 稲作の理論と技術．養賢堂．
松島省三 1962 水稲の生育．戸苅義次編，作物大系I, 稲II．養賢堂．
松島省三 1973　稲作の改善と技術．養賢堂．
Matsushima, S. 1976 High-yielding Rice Cultivation. Univ. Tokyo Press.
Matsushima, S. 1980 Rice Cultivation for The Million. Japan Sci. Soc. Press.
三本弘乗 1983 東北地方北部における水稲苗の活着に関する研究．青森農試研報 27：1-69．
三鍋昌俊 1966 軟質米の特性とその生成理論．科学技術社．
三石昭三 1982 水稲の湛水土壌中直播法が成立するまで．農業技術 37：294-298．
Miura, K. et al. 2002 Introduction of the long-coleoptile trait to improve the establishment of direct-seeded rice submerged field in cool climates. Plant Prod. Sci. 5：219-223.
Miura, K. et al. 2004 Genetical studies on germination of seed and seedling establishment for breeding of improved rice varieties suitable for direct seeding culture. JARQ 38：1-5.
宮坂　昭・棟方　研・秋田重誠・村田吉男 1969 連続測定による水稲個体群の光合成，呼吸に関する研究 (3) 水稲個体群の光合成の日変化に関する研究．日作紀 38 (別2)：41-42．

水島宇三郎・近藤晃 1960 日本稲と外国稲との交雑による育種の基礎的研究 2. 花青素着色形質の異常分離から帰納される供試日本及びインド品種間の染色体構造差異. 育雑 10：1-9.
盛永俊太郎 1925 Catalase activity and the aerobic and anaerobic germination of rice. Bot. Gaz. 79.
Morinaga, T. 1954 Classification of rice varieties on the basis of affinity. Studies on rice breeding. Japan. J. Breed. 4 (suppl.)：1-14.
盛永俊太郎 1955 日本稲の系譜. 農及園 30：1275-1277. 同（続）33：439-443.
盛永俊太郎 1957 日本の稲. 養賢堂.
Morinaga, T. 1968 Origin and geographical distribution of Japanese rice. JARQ 3：1-5.
盛永俊太郎編 1969 稲の日本史, 上下. 筑摩書房.
盛永俊太郎 1972 日本のイネとその伝来, アジア栽培稲の種類と生態分類. 木原 均編, 黎明期日本の生物史. 養賢堂. 60-73, 74-96.
Morishima, H. et al. 1963 Comparison of modes of evolution of cultivated forms from two wild rice species, *Oryza breviligulata* and *O. perennis*. Evolution 17：170-181.
森田 敏 2008 イネの高温高熟障害の克服に向けて. 日作紀 77：1-12.
守山 弘 1997 水田を守るとはどういうことか. 農文協.
村田吉男 1961 水稲の光合成とその栽培的意義に関する研究. 農技研報 D 9：1-169.
Murata, Y. and Matsushima, S. 1975 Rice. In Evans, L. T. ed., Crop Physiology. Cambridge Univ. Press. 73-100.
村田吉男・玖村敦彦・石井龍一 1976 作物の光合成と生態. 農文協.
村田吉男 1977 イネ, 生理的・生態的特徴. 佐藤庚他共著. 食用作物学. 文永堂. 58-100.
永松土己 1942, 1943, 1949, 1956 栽培稲の地理的分化に関する研究 (3, 4, 5, 9). 日作紀 14：132-145, 15：33-37, 18：81-84, 24：185-187.
長戸一雄 1941 穂上位置による米粒成熟の差異に就いて. 日作紀 13：156-169.
長戸一雄 1952 心白・乳白米及び腹白米の発生に関する研究. 日作紀 21：26-27.
長戸一雄・菅原精康 1952 穂上位置による稲種子の発芽力について (2) 未熟種子の発芽. 日作紀 21：77-78.
長戸一雄・江幡守衛 1958 心白米に関する研究 (1) 心白米の発生. 日作紀 27：49-51.
長戸一雄・江幡守衛 1960 登熟期の気温が水稲の稔実に及ぼす影響. 日作紀 28：275-278.
長戸一雄 1962 米粒の硬度分布に関する研究. 日作紀 31：102-107.
長戸一雄・江幡守衛・石川雅士 1964 胴割米の発生に関する研究. 日作紀 33：82-89.
長戸一雄・江幡守衛 1965 登熟期の高温が頴果の発達ならびに米質に及ぼす影響. 日作紀 34：59-66.
長戸一雄 1969 米の検査等級と米質との関係. 日作紀 38：31-38.
長戸一雄・山田記正・Chaudhry, F. M. 1971 チッソ追肥に対する日本型及び印度型水稲の反応. 日作紀 40：170-177.
Nakagawa, H. and Horie, T. 2000 Rice responses to elevated CO_2 and temperature. Global Eviron. Res. 3：101-113.
中川昭一郎 1998 水田の圃場整備と生物多様性保全を考える. 農林水産研究ジャーナル 21：3-8.
中川原捷洋 1976 遺伝子の地理的分布からみた栽培イネの分化. 育種学最近の進歩 17：35-44.
中川原捷洋 1985 稲と稲作のふるさと. 古今書院.
中村誠助 1938 稲品種の発芽現象に於ける特異性. 日作紀 10：177-182.
中山 包 1941 稲の穂上に於ける花の発育と開花順序との関係に就て. 農及園 16：1224-1226, 1389-1391.
日本農業経営学会 2003 新時代の農業経営への招待 新たな農業経営の展開と経営の考え方. 農林統計協会.
西尾敏彦 1979 機械移植栽培のための水稲苗の物理的性質に関する研究. 農試研報 29：1-131.
西山岩男 1985 イネの冷害生理学. 北大図書刊行会.
Nishiyama, I. and Blanco, L. 1980 Avoidance of high temperature sterility by flower opening in early morning. JARQ 14：116-117.

西山岩男・佐竹徹夫 1981 イネの高温による障害の研究. 熱帯農業 25：14-19.
農文協 1981 稲作全書Ⅰ,Ⅱ. 農山漁村文化協会.
農文協 1991 稲作大百科Ⅰ〜Ⅴ. 農山漁村文化協会.
野口弥吉 1957 水田農業立地論. 養賢堂.
農林省食糧研究所 1969 米の品質と貯蔵, 利用. 農林省食糧研究所.
農林水産省 2008 ホームページ- 統計情報（http://www.maff.go.jp/j/tokei/index.html）.
小川直之 1995 摘田稲作の民俗学的研究. 岩田書院.
Oka, H. 1958 Intervarietal variation and classification of cultivated rice. Indian J. Genet. 18：79-89.
岡 彦一 1963 栽培稲における品種間雑種不稔性の機構. 育種学最近の進歩 4：34-43.
Oka, H. and Morishima, H. 1982 Phylogenetic differentiation of cultivated rice ⅩⅩⅢ. Potentiality of wild progenitors to evolve the indica and japonica types of rice cultivars. Euphytica 31：41-50.
Okamoto, K. et al. 2002 Structural differences in amylopectin affect waxy rice processing. Plant Prod. Sci. 5：45-50.
岡島秀夫 1962 イネの栄養生理. 農文協.
Olsen, O.A. 2001 Endosperm development：Cellularization and cell fate specification. Ann Rev. Plant Physiol. Plant Mol. Biol. 52：233-267.
長田明夫 1966 水稲品種の光合成能力と乾物生産との関係. 農技研報 D14：177-188.
太田保夫・中山正義 1970 湛水条件下における水稲種子の発芽におよぼす過酸化石灰粉衣の影響. 日作紀 39：535-536.
大山卓爾 2001 窒素固定の役割と共生的窒素固定, 森 敏他編, 植物栄養学. 文永堂. 103-110.
Peng, S.B. et al. 2004 Rice yield decline with higher night temperature from global warming. Proc. Natl. Acad. Sci. USA 101 (no. 27)：9971-9975.
Saitoh, K. et al. 2002 Effects of flag leaves and panicles on light interception and canopy photosynthesis in high-yielding rice cultivars. Plant Prod. Sci. 5：275-280.
齊藤邦行・速水敏史・石部友弘・松江勇次・尾形武文・黒田敏郎 2002 有機栽培を行った米飯の食味と理化学的特性. 日作紀 71：169-173.
酒井寛一 1949 冷害におけるイネ不稔性の細胞組織学的並に育種学的研究, 特に低温によるタペート肥大に関する実験的研究. 北海道農試研報 43：1-48.
酒井寛一 1949 イネの冷害に深水灌漑. 農及園 24：405.
佐野芳雄 2004 作物の起原と分化, イネ. 山崎耕宇他編, 新編農学大事典. 養賢堂. 426-429.
Sasaki, H. and Ishii, R. 1992 Cultivar differences in leaf photosynthesis of rice bred in Japan. Photosyn. Res. 32：139-146.
佐々木良治 2001 水稲乳苗の苗素質と活着に関する研究. 東北大学学位論文.
佐々木喬 1926 空気の供給を制限せる場合に於ける稲種子の異常発芽に就いて（予報）. 農学会報 288.
佐々木喬 1932 水稲の根群の形貌に関する予報. 日作紀 4：200-225.
佐々木武彦 2005 水稲の穂ばらみ期耐冷性遺伝子源の解明と耐冷・良質・良食味品種「ひとめぼれ」の育種. 宮城県古川農試研報 4：79-128.
佐々木武彦ら 2002 ササニシキの多系品種「ササニシキ BL」について. 宮城県古川農試研報 3：1-35.
Satake, T. and Hayase, H. 1970 Male sterility caused by cooling treatment at the young microspore stage in rice plants. V. Estimations of pollen developmental stage and the most sensitive stage to coolness. Jpn. J. Crop Sci. 39：468-473
Satake, T. and Yoshida, S. 1978 High temperature-induced sterility in Indica rice at flowering. Jpn. J. Crop Sci. 47：6-17.
Satake, T. 1991 Male sterility caused by cooling treatment at the young microspore stage in rice plants. ⅩⅩⅩ. Relation between fertilization and the number of engorged pollen grains among spikelets cooled at different pollen developmental stages. Jpn. J. Crop Sci. 60：523-528.
佐藤 庚ら 1955-1974 稲の組織内澱粉に関する研究 (1-14). 日作紀 23：261-263, 24： 154-155, 286-287, 26：19, 28：28-29, 30-32, 30：19-22, 23-26, 30：131-136, 33：29-34, 35-40, 34：

403-408, 40：439-443, 43：111-122.
佐藤 庚 1972-1974 環境に対する水稲の生育反応（1-6）．日作紀 41：388-393, 394-401, 43：402-409, 410-415, 46：239-242.
佐藤 庚ら 1973-1976 高温による水稲の稔実障害に関する研究（1-5）．日作紀 42：207-213, 214-219, 45：151-155, 156-161, 162-167.
佐藤 庚 1977 イネ．佐藤庚ら共著，食用作物学．文永堂．8-57.
佐藤健吉・森田常四郎 1943 水稲の根の呼吸，特に水中溶存酸素の消耗に就いて．日作紀 14.
佐藤健吉 1962 水稲の発根力に関する研究．農電研報 3：1-74.
佐藤敏也 1961 日本の古代米．雄山閣．
佐藤洋一郎 1996 DNAが語る稲作文明．日本放送出版協会．
佐藤洋一郎 2001 イネの起源と系譜．山口裕文他編，栽培植物の自然史．北大図書刊行会．
佐藤洋一郎 2003 イネの文明．PHP研究所．
佐藤洋一郎 2008 イネの歴史．京都大学出版会．
瀬古秀生 1962 水稲の倒伏に関する研究．九州農試彙報 7：419-495.
Shibayama, M. and Akiyama, T. 1991 Estimating grain yield of maturing rice canopies using high spectral resolution reflectance measurements. Remote Sens. Environ. 36：45-53.
塩入松三郎 1943 水田土壌の化学．大日本農会．
塩入松三郎 1944 水稲の「根腐」及び秋落と老朽化水田．農業 769：8-17.
塩入松三郎 1945 水田土壌の老朽化並にその改良法の研究．農及園 20：39-40.
食品成分研究調査会編 2001 五訂日本食品成分表．医歯薬出版．
Sinclair, T.R. and Horie, T. 1989 Leaf nitrogen, photosynthesis, and crop radiation use efficiency: A review. Crop Sci. 29：90-98.
Soejima, H. et al. 1995 Changes in the chlorophyll contents of leaves and in levels of cytokinins in root exudates during ripening of rice cultivars Nipponbare and Akenohoshi. Plant Cell Physiol. 36：1105-1114.
末次勲 1953 稲品種に於ける胚の発育に関する形態学的研究．農技研報 D4：23-52.
住田弘一・加藤直人・西田瑞彦 2005 田畑輪換の繰り返しや長期輪換に伴う転作大豆の生産力低下と土壌肥沃度の変化．東北農研セ研報 103：36-52.
Suzuki, Y. et al. 2002 Isolation and characterization of a rice mutant insensitive to cool temperature on amylose synthesis. Euphytica 123：95-100.
高橋治助・柳沢宗男・河野通佳・矢沢文雄・吉田武彦 1955 作物の養分吸収に関する研究．農技研報 B4：1-84.
高橋治助・村山 登・大島正雄・吉野 実・柳沢宗男・河野通佳・塚原貞雄 1955 窒素の施用量の相違が水稲体の組成に及ぼす影響．農技研報 D4：85-122.
高橋成人 1982 イネの生物学．大月書店．
高橋保夫・岩田岩保・馬場 赳 1959 水稲品種の耐肥性に関する研究 第1報 品種の耐肥性と窒素及び炭水化物代謝との関係．日作紀 28：22-24.
Takami, S. et al. 1990 Quantitative method for analysis of grain yield in rice. Agron. J. 82：1149-1153.
高谷好一 1990 コメをどう捉えるか．日本放送出版協会．
武田友四郎・丸田 宏 1955-56 作物の瓦斯代謝作用に関する研究，（4）水稲の登熟期における種々の同化器官の稔実への貢献のしかた，（6）照度並に栽植密度が移植後の水稲の光合成に及ぼす影響．日作紀 24：181-184, 331-338.
武田友四郎・玖村敦彦 1957-1959 水稲における収量成立過程の解析（1, 2, 3, 5, 6）．日作紀 26：165-175, 28：175-178, 179-181, 29：31-33.
武田友四郎・広田 修 1971 水稲の栽植密度と子実収量との関係．日作紀 40：381-385.
竹生新治郎監修 1995 米の科学．朝倉書店．
Takeoka, T. 1963 Taxonomic studies of *Oryza* (3). Key to the species and their enumeration. Bot. Mag. Tokyo 76：165-173.

Takeoka, Y. et al. 1992 Reproductive adaptation of rice to environmental stress. Japan Sci. Soc. Press / Elsevier.
武岡洋治 2000 環境ストレスと生殖戦略. 農文協.
滝田　正 1996 育種によるイネの多収化. 育種学最近の進歩 38：69-72.
玉井虎太郎 1961 戸苅義次編, 作物生理講座3. 朝倉書店. 66-102.
玉置雅彦 2003 コメの品質形成. 日本作物学会編, 温故知新. 196-199.
田中　明 1954-1958 葉位別に見た水稲葉の生理機能の特性及びその意義に関する研究 (1-11). 土肥誌 25：53-57, 26：341-345, 413-418, 27：223-228, 257-264, 28：231-234, 271-274, 332-343, 29：291-294, 327-333.
田中　明 1971 熱帯稲作生態論. 養賢堂.
田中　明 1975 Source-Sink関係よりみた多収性の解析－水稲およびトウモロコシについて－. 育種学最近の進歩 15：29-39.
田中　明・山口淳一・島崎佳郎・柴田和博 1968 草型よりみた北海道における水稲品種の歴史的変遷. 土肥誌 39：526-534.
田中　稔 1974 深層追肥稲作. 富民協会.
田中孝幸・松島省三・古城斉一・新田英雄 1969 水稲収量の成立原理とその応用に関する作物学的研究 (90) 稲群落の姿勢と光一同化曲線との関係. 日作紀 38：287-293.
田中孝幸・松島省三 1971 水稲収量の成立原理とその応用に関する作物学的研究 (102) 水稲個体群における繁茂度と光一同化曲線との関係. 日作紀 40：356-365.
田中孝幸 1972 水稲の光一同化曲線に関する作物学的研究－特に受光態勢制御との関係－. 農技研報 A 19：1-100.
谷　達雄 1963 米の貯蔵と品質検査. 戸苅義次編, 作物大系I, 稲VIII. 養賢堂.
谷　達雄・竹生新治郎・岩崎哲也 1964 低温貯蔵槽における米の化学的品質の変化 その1. 栄養と食糧 16：436-441.
田代　亨・江幡守衛 1975-77 腹白米に関する研究 (4, 5). 日作紀 44：205-214, 45：616-623.
Tatsumi, J. and Kono, Y. 1980 Nitrogen uptake and transport by the intact root system of rice plants – comparison of the activity in roots from different nodes –. Jpn. J. Crop Sci. 49：349-358.
Taylor, D. L. 1942 Effects of oxygen on respiration, fermentation and growth in wheat and rice. Science 95：116-117.
寺尾　博・大谷義雄・白木　実・山崎正枝 1940 水稲冷害の生理学的研究 (予報) (2) 幼穂発育上の各期に於ける低温障害. 日作紀 12：177-195.
寺尾　博・大谷義雄・土井弥太郎・趙　重九・藤原恒雄 1940 水稲冷害の生理学的研究 (予報) (6) 開花後の低温処理に因る授精障害. 日作紀 12：216-227.
寺尾　博・水島宇三郎 1942 稲に於ける所謂「日本型」及び「印度型」の区別に就いて. 農事試報告 51：1-22.
寺島一男 2003 直播栽培. 日本作物学会編, 温故知新. 157-163.
戸苅義次・松尾孝嶺編 1956 稲作講座1～3. 朝倉書店.
戸苅義次・龍野得二編 1956 稲作の新機軸. 地球出版.
戸苅義次・菅　六郎 1957 食用作物. 養賢堂.
戸苅義次監修 1962 作物大系1, 稲. 養賢堂.
戸苅義次・武田友四郎・伊藤浩司 1962 水稲の初期生育に及ぼす光ならびに肥料の影響. 農電研所報 3：75-85.
東北農業試験場稲作研究100年記念事業会 1996 東北の稲研究. 東北農業試験場.
東北農業試験場創立50周年記念事業会 1999 やませ気候に生きる－東北農業と生活の知恵－. 東北農業試験場.
東条健二 1935 稚苗に対する土壌温度の影響の研究. 吉川教授在職25年記念作物学論集.
津野幸人 1970 イネの科学, 多収技術の見方考え方. 農文協.
角田公正 1964 水温と稲の生育, 収量との関係に関する実験的研究. 農技研報 A11：75-174.

Tsunoda, S. 1959 A developmental analysis of yielding ability in varieties of field crops. II. The assimilation system of plants as affected by the form, direction and arrangement of single leaves. Jap. J. Breed. 9 : 237-244.
角田重三郎 1960 形態と機能から見た多収性品種．松尾孝嶺編，稲の形態と機能．農業技術協会．180-228.
角田重三郎 1964．作物品種の多収性の研究－生育解析の立場より－．日本学術振興会．
Tsunoda, S. and Fukoshima, M. 1986 Leaf properties related to the photosynthetic response to drought in upland and lowland rice varieties. Ann. Bot. 58 : 531-539.
内田重義 1922 米粒の発芽に就いて．札幌農報 59.
植田幸輔 1951 光線の強度が水稲の生育に及ぼす影響 (1, 2)．三重大農学部学術報告 2.
Umemoto, T. et al. 1994 Effect of grain location on the panicle on activities involved in starch synthesis in rice endosperm. Phytochemistry 36 : 843-847.
梅本貴之 2003 コメの理化学的性状．日本作物学会編，温故知新．192-196.
和田栄太郎・馬場 赳・大谷義雄 1945 水稲の旱害防止に関する研究 (2) 水稲生育時期に依る旱害程度の差異について．農及園 20 : 131-132.
和田栄太郎・野島数馬 1952, 1954 稲の感温性及び感光性に関する研究 第1-3報，育雑 2 : 55-62, 22-26, 3 : 27-35.
和田源七 1969 水稲収量成立におよぼす窒素栄養の影響－とくに出穂期以後の窒素の重要性について－．農技研報 A 16 : 27-167.
輪田 潔 1949 原産地を異にせる稲種子の発芽に及ぼす低温の影響．日作紀 18 : 2-4.
和田 学 1981 暖地水稲の Vegetative Lag Phase に関する作物学的研究－とくに窒素吸収パターンとの関連－．九州農試報 21 : 113-250.
渡部忠世 1977 稲の道．日本放送出版協会．
渡辺順子・石井龍一・村田吉男 1979 温度と作物の生長 (1) 栄養生長期のイネの乾物生長速度と温度との関係．日作紀 48 (別2) : 95-96.
Yajima, M. 1996 Monitoring regional rice development and cool-summer damage. JARQ 30 : 139-143.
山田 登・村田吉男・猪山純一郎 1953 作物の呼吸作用に関する研究 (2) 水稲体各部呼吸量の発育に伴う消長．日作紀 21 : 195-196.
山田 登・村田吉男・長田明夫・猪山純一郎 1954 作物の呼吸作用に関する研究 (5) 移植及び直播栽培に於ける水稲体の呼吸作用．日作紀 22 : 53-54. 同 (6) 水稲根に対する地上部からの酸素の供給．日作紀 22 : 55-56.
山川 覚 1962 暖地における栽培時期の移動に伴う水稲の生態変異に関する研究．佐賀大農彙報 14 : 23-159.
山本由徳 1991 水稲の移植における植傷みとその意義に関する研究．高知大農紀要 54 : 1-167.
山本由徳 1997 作物にとって移植とはなにか．農文協．
山本由徳 2003 苗と移植 日本作物学会編，温故知新．166-172.
山内 稔 2010 鉄コーティング湛水直播と種子の大量製造技術による稲作の省力・規模拡大．農及園 85 : 70-75.
山崎耕宇 1961 水稲の葉における維管束連絡について．日作紀 29 : 400-403.
Yokoo, M. 1980 Female sterility in an Indica-Japonica cross of rice. Japan. J. Breed. 34 : 219-227.
横尾政雄・平尾正之・今井 徹 2005 1956～2000年の作付面積からみた稲の主要品種の変遷．作物研究所研究報告 7 : 19-125.
Yoshida, R. and Oritani, T. 1971 Studies on nitrogen metabolism in crop plants. 13. Effects of nitrogen topdressing on cytokinin content in the root exudate of the rice plant. Proc. Crop Sci. Soc. Japan 43 : 47-51.
Yoshida, S. 1972 Physiological aspects of grain yield. Ann. Rev. Plant Physiol. 23 : 437-464
Yoshida, S. 1981 Fundamentals of Rice Crop Science. IRRI. (翻訳本：村山 登他 1986 稲作科学の基礎，博友社).

第3章 陸　稲

学名：*Oryza sativa* L.
和名：オカボ
漢名：陸稲，干稲
英名：upland rice, mountain rice
独名：Bergreis

1. 起源・伝播・歴史

　陸稲は，水稲の中から用水量が比較的少ない生態型が畑地栽培に適したものとして選抜されてできたものと推定される（丁 1961）．一方，陸稲は水稲より古くからあるもので，陸稲から水稲ができたとする説もある（浜田 1949）．あるいは，水稲と陸稲はそれぞれ別個に分化したとの見方もある（渡部ら 1987）．形態，生理および細胞遺伝学的に見て，陸稲と水稲との間には何ら本質的な差は認められない．

　陸稲は，古代に熱帯アジアの山岳地帯において，水稲より漸次発達したものが中国，朝鮮を経て日本に比較的新しく渡来したとする説の他，日本の陸稲は日本で水稲から転用されたもの，中国の秈系統の伝来のもの，朝鮮の乾稲ないし陸稲に由来するもの，南方系統のもの，さらには各種の起源のものが混在すると推定するなどの諸説がある．日本，東南アジアの品種間の交雑親和性の研究から，日本の陸稲品種は日本水稲に最も近く，インディカ型特に秈に最も遠い．したがって，日本の陸稲品種は，日本の水稲ときわめて類似した分化経過を辿ってきたものと思われる．しかし，ジャワ型に近いものや，インディカ型と親和性のある品種もある．このことから，日本の陸稲と外国の陸稲は，それぞれ別個に水稲から分化したものであり，外国で分化した陸稲の一部が，近年になって日本に追加伝来したと推定される（長谷川 1963）．

　陸稲は，東南アジアを中心に，山岳地帯や水利の悪い地方に広く栽培されているが，陸稲の伝播の事情や外国での栽培史はほとんど明らかでない．

　アメリカへは18～19世紀にインドシナからカリフォルニアやテキサスに導入された．南米では19世紀始め頃からブラジルのコーヒー園の間作などに栽培され始めた．わが国における栽培史は不明であるが，弥生時代から水稲とは別個に栽培があったと推定されている．13～14世紀の古文書（野辺地文書 1229，阿蘇文書 1353）には畑作物として野稲という記載がある．また明治以降も日清戦役の兵士が持ち帰った戦捷，凱旋などのように新しい品種の渡来，普及があった．近年には，水稲品種から陸稲へと転化した品種もいくつか知られている．

2. 生産状況

　栽培面積は，明治初期の約3万haから大正時代には13万haまで増え，さらに昭和に入って戦後は17万haにまで増大した．しかし，その後減少傾向にあり，近年は約3,000～4,000haにすぎない．収量は，明治初期の10a当り約100kgから次第に増加し，最近は約200kgを越す年次が多いものの変動が大きい．生産量は，戦後の最盛期で約30万tあったが，近年では1万t弱で，米の全生産量に占める割合はきわめて小さい．主栽培地域は茨城を始めとする北関東と南九州の畑作地域であり，特に茨城県の占める割合が高い．

　陸稲はかつては主食米の一翼を担っていたが，1960年代以降は水稲の生産過剰と良食味化が進んだため，陸稲粳米の需要が減少した．現在では，スナック菓子などの加工用としての糯の需要に限定される．

　このように，わが国では主食米としての陸稲の地位は低下したが，集約的な野菜栽培における連作障害を軽減する作物としての利用がみられる．特に，ハクサイの根こぶ病，キュウリのつる割れ病，ネコブセンチュウの寄生などを軽減する効果を持つ（大久保 1976）．

　世界的には陸稲の栽培面積は多く，稲作面積の約10％を占める（Maclean et al. 2002）．特に西アフリカや中央アメリカでは主要な稲作形態であり（Maclean et al. 2002, Supta and O'Toole 1986），これらの地域の陸稲栽培に，日本の研究成果が活かされる場面があろう．

3. 形態・生理

（1）種籾と発芽

　水稲に比べて種籾の長さと幅がやや大きく，厚みはわずかに小さく粗剛である．玄米も水稲より長く，幅は差がなく，厚みはやや少ない．3径の積は陸稲の方が大きく，1,000粒重もやや大きい．また籾重に対する籾殻重の割合が大きい（小倉 1951）．

　発芽の形態は，水稲と特に差はない．発芽の適温も水稲と変わらないか，あるいは陸稲の方がやや低い．また発芽および芽生えの成長のための酸素要求度は陸稲の方が大きく，最適酸素濃度は水稲が21％に対し陸稲は50％である．陸稲は水中での発芽が遅れ，幼芽，特に幼根の伸長が劣る．陸稲は土壌水分の低い場合でも良く発芽する．鞘葉の維管束数は，水稲は2本であるが，陸稲には3本あるいはそれ以上のものが少なくない（輪田 1949）．

（2）根・葉・茎

　根系は水稲に比べて深さ20cmまでは根数が少ないが，深層では逆に多い．根重はいずれの深さでも陸稲が勝る．陸稲は根が太くて深根性である（長谷川ら 1960）．

　陸稲は水稲に比べて葉が大きく，また葉身/葉鞘比（重量）が高い．したがって上位葉は先が垂れ下がり易く，このために密植適応性が低い（長谷川 1963）．第2葉の葉身も水稲に比べてはるかに大きい．

内部構造としては，葉身の小維管束の裏面にある機械組織の発達が弱い．これは，耐乾性が強いことと関連している（小野寺 1929）．稈は一般に長大で倒伏しやすい．稈の外層部には，機械組織と同化組織とがあって，水稲では同化組織が小ブロックに分割して並んでいるが，陸稲ではそれが良く発達して帯状に連なっている（図3.1，原島 1936）．

陸稲は水稲に比べて分げつが一般に少なく早生の傾向があり，出穂が不揃いになり易い．水稲では，第1葉の葉腋からの分げつを欠くのが普通であるが，陸稲ではこれが発生するものがかなり多く（数十％），第2葉からの分げつは100％出現する（原島 1936）．しかし，陸稲でも第1葉からの分げつの成長はそれより上位の分げつより弱く，無効茎となり易い（小倉 1951）．また，第2～4葉位の分げつは陸稲の方が強勢であるが，高位分げつは水稲より弱勢である．

開花時刻は水稲と同様であるが，開花最盛期の時刻は水稲に比べて若干早い傾向があり，午前10～11時である．これには，開花適温が水稲では32℃であるのに対し，陸稲では28～30℃とやや低いことが関係しているとみられる（小倉 1949）．

（3）吸水量と耐乾性

陸稲は畑状態で栽培するから，水稲より要水量ははるかに小さいように考えられるが，実際には，水稲と同じかやや多い．吸水量は，生育につれて増加し，幼穂発達期間が最大で，出穂以降は次第に減少し，20日後にはきわめてわずかとなる（図3.2）．一方，蒸散量は気象条件に大きく影響される．

前述のように，陸稲は水稲に比べ，低土壌水分での発芽力が優り，深根性であることや葉の機械組織の発達程度などから，耐乾性が強い．また陸稲は，全生育期を通じて体内の浸透圧が水稲より高く，これも耐乾性が強い要因である．水陸稲ともに土壌水分が欠乏すれば稈長比，収量比が減少するが，その減少の割合は陸稲が小さい（小野寺 1931）．これらのことから，陸稲は水稲より耐乾性が強いことが証明される．しかし陸稲は，畑作物の中では最も耐

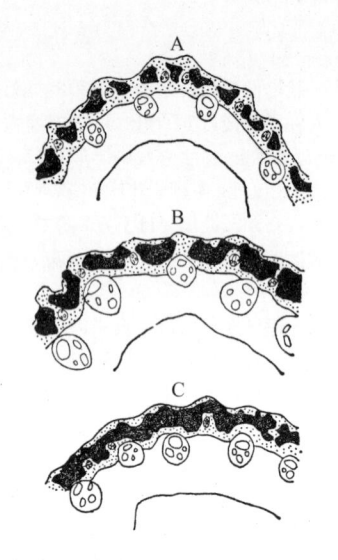

図3.1 水稲と陸稲との稈における機械組織の差異
黒色の部分：同化組織，細点の部分：機械組織．
観察部位：穂首節間，品種：水稲は保村8号，陸稲は戦捷．A：水稲の水田栽培，B：陸稲の水田栽培，C：陸稲の畑栽培．原島（1936）

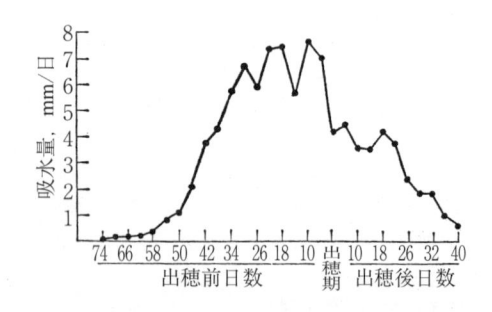

図3.2 玄米収量400kg/10aの時の1日当り吸水量．関東東山農試（1954～1957）

乾性が弱い作物であり，降雨の不十分な地域や年次には著しい減収を招く．陸稲品種の耐乾性は，根の発達程度や内部構造および水利用効率を指標として改良が可能であること，また根系の発達は窒素施肥法によってもある程度可能であることが示されている (Kondo 2005)．

(4) 収量成立過程の特徴

水稲と陸稲を，水田と畑に栽培して生育を比較すると，畑では陸稲は水稲より栄養成長著しく旺盛であり，水田ではその差が少ない．収量は畑では陸稲が優るが，水田では劣る．畑では陸稲は多肥にしてもあまり増収しないが，水稲は増収する．その結果，籾/ワラ比は陸稲では低下する．すなわち，陸稲は多肥適応性が小さい．

登熟に対して，炭水化物の出穂前蓄積量と出穂後同化量の比をみると，陸稲では水稲に比べて前者の比率が高い．水稲でも畑栽培では前者の比率が高まることが知られている．なお陸稲は水稲に比べて，出穂前蓄積炭水化物の穂への転流率が高いことが知られている．また，出穂後同化量の比率の少ない原因は，出穂後の光合成能力が陸稲では水稲より低いためであり，これが施肥量の増大によって一層低くなることも明らかにされている (長谷川 1962)．これは陸稲の特徴であるとともに，水田栽培に比べた畑栽培の特徴でもある．したがって，陸稲では，栄養成長を旺盛にして出穂期までに炭水化物の蓄積を多くする特性を活かした栽培技術によって増収を図ることが要点といえる．

4．品　種

(1) 品種の変遷

陸稲の品種の数は水稲に比べて少ないが，糯品種が多いのが特色である．明治時代までは，民間で育成された品種が栽培され，主に長稈穂重型のものであった．明治の中期以降，農事試験場で純系淘汰された凱旋糯系や戦捷(粳)系統など，多肥栽培に適する新しい品種が普及した．昭和に入ると，さらに食味のよい晩生多収性の藤蔵糯，美濃糯が，粳では浦三系統(関東)や葉冠(九州)などの品種が普及した．その後，農事試験場で交雑育種により育成された農林糯1号，農林12号(粳)，農林糯26号，農林24号などが広く栽培された．現在は粳品種の栽培は少なく，陸稲のほとんどが糯品種である．1986年に登録されたトヨハタモチが全栽培面積の約75％を占めており，キヨハタモチがそれに次いでいる．

陸稲の組織的な育種は1929年に5つの指定試験地で開始されたが，現在では茨城県農業総合センター生物工学研究所でのみ行われている．

(2) 品種の特性

陸稲では多収性の他に，早生性，耐乾性，耐病性，品質などが品種の特性として特に重要視される．現在の主力品種であるトヨハタモチは，早生，強稈，良質多収性を備えている．一般に糯は粳より耐乾性が弱いとされる．そのため，深根性で吸水力が強く干ばつ害の回復が早いなどの特性を備えた品種の育成が目指され(根本 1995)，深根性で耐乾性がきわめて強い品種「ゆめのはたもち」が育成された(根本ら 1998)．

播種期を変えて出穂期の変動を調べると，陸稲は水稲より変動が大きいことから，一

般に感温・感光性は水稲に比べて低く，基本栄養成長性がやや大きいとされる．

イネの畑栽培は水田栽培よりいもち病の発生が多くなる．特に干ばつ後の多雨や低温少照の気候で葉いもち，穂いもちが発生する．そのため，いもち病に対する抵抗性が重視される．水稲同様，茎葉にケイ酸含量の多い品種ほど耐病性が強いことが知られている．

陸稲粳は水稲に比べて品質・食味が劣るとされ，現在では陸稲粳の需要はほとんどない．陸稲の糯は水稲よりも伸展性や滑らかさが劣り，食感が悪いため，餅ではなく米菓子用として利用される．近年では需要は糯品種に限定され，スナック菓子用などに加工される場合がほとんどであり，それらに適応した加工適性が重視される．

5．栽　培

（1）気象・土壌

陸稲は発芽温度は水稲よりやや低いが，畑作のため湛水保温効果は得られないから，栽培地域は水稲より制限を受け，北限は中国の東北部では水稲の50～51°Nよりやや南の46°50′N，わが国では青森県が北限である．

陸稲は畑作地帯に栽培され，灌漑施設が備わっていない所が多いので，生育は降水量に大きく左右される．特に分げつ最盛期および出穂期前後の降水量と収量との間には高い相関があり，この時期の降水量により収量の年次変動が大きい．

保水力の強い壌土や埴壌土で，耕土が深く腐植質に富むこと，また地下水位が比較的高い土地が適する．陸稲の主栽培地の関東地方や南九州地方は，ともに黒ボク土で腐植に富み，表土が深いので陸稲栽培に適する．また陸稲は酸性の土壌を好み，pH 5.0～5.5が最適である．土壌水分は最小限度30％で，40～60％までは土壌水分が多いほど生育・収量が多くなる（関塚1935）．生育期のうちでは穂ばらみ期が最も土壌水分欠乏に弱く，生育初期と登熟期は比較的乾燥に強い．図3.3は，実験的に3日間ずつ断水処理を行い，生育・収量に及ぼす影響を調べた結果である．1株茎数は出穂前34日以前，主稈の1穂籾数は出穂前19～7日間の断水によって顕著に

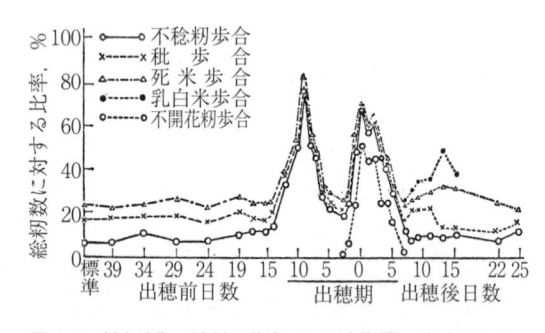

図3.3　断水時期が陸稲の稔実に及ぼす影響．長戸（1949）

少なくなり，また不稔籾は出穂前9日頃と出穂直後，乳白米は同13日頃の断水で増えている（長戸1949）．

（2）播種・施肥

種籾の比重選の比重液は水稲の場合よりやや軽くする．気温が約13℃になった頃から播種期となる．図3.4のように，関東地方ではほぼ6月10日を境として，それより播種

期が遅くなると収量は著しく減る．陸稲では，ほとんどが直播栽培である．条播と点播があるが，一般には条播の方が収量が多く，干害にも強い．

畦幅は60 cmとし，畦30 cm当り寒地では15株，暖地では5～10株となるように播種する．播種量は10 a当り寒地で3 kg，暖地で1～2 kgとなる．覆土は1～2 cmとする．

肥料は10 a当り窒素6～10 kg，リン酸とカリは各々5～6 kgが標準である．寒冷地では，これより多目に与え，暖地は少な目とし，また前作の肥効が残っている場合には，その分だけ少な目とする．窒素だけは基肥に全量の約40％を施し，残りは2～3回に分けて追肥する．

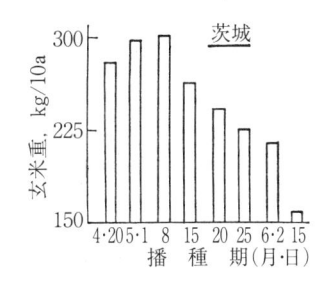

図3.4 陸稲の播種期と収量の関係．長谷川 (1963)

陸稲は干ばつに弱いので，窒素肥料の多施は茎葉過繁茂から蒸散が多くなり，水分不足を招く．また，窒素含量の増大は生理的にも耐乾性を低下させる．アンモニア態窒素は硝酸態窒素よりも適応性が広い．硝酸態はpH 6以上では生育が著しく抑制されるので，そのような土壌では，硫安や塩安など酸性肥料を用いるほうが良い．畑状態では土壌が酸化状態であるから，硫安として施したアンモニア態窒素も酸化されて硝酸態に変わる．硝酸態窒素は土壌に吸着されず水に溶けて流亡し易い．陸稲の栽培地の関東や九州では降雨量が多いので，基肥として施した窒素は梅雨期あけにはほとんど流亡してしまう．このため，陸稲の窒素施用は追肥として分施するのが合理的である．堆厩肥はなるべく多く施した方が生育・収量に有効である．堆肥はまた微量要素であるマンガンや鉄の給源として重要である．また裏作の麦類，ことにオオムギは酸性に弱いので石灰を多施するが，これは表作となる陸稲にとっては生育に悪影響を与える．堆肥はその緩衝能のために，土壌への適応性の異なる両作物を両立させることになる．陸稲への堆厩肥施用効果の一例を図3.5に示す．

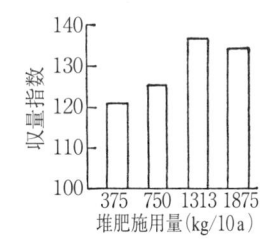

図3.5 無堆肥区を100とした時の堆肥施用区の収量比率．長谷川 (1963)

（3）管　理

発芽後，間引きあるいは補植して苗立を揃える．中耕は分げつ期間に2～3回行う．また培土により，無効分げつの発生を減らし，倒伏を防止する．雑草は早期防除が重要で，中耕・培土と除草剤施用を組み合わせて防除する．陸稲栽培ではビニールマルチの利用が多いが，マルチは雑草防除，土壌乾燥防止および生育初期の地温上昇による生育促進の効果がある．不耕起栽培により，土壌の乾燥が遅れ，干害が軽減されるとの報告がある（辻ら 2000）．

病害としてはいもち病，紋枯病，条葉枯（すじはがれ）病などがあり，害虫にはメイチュウ，ウンカの害が大きく，年によってアブラムシ類やコガネムシ類の幼虫の大発生をみて被害が大きいこともある．

収穫およびそれ以外の管理は水稲の場合と同様に行われる．

畑地灌漑栽培は，うね間に灌水したり，畑全面に散水する栽培法で，後者では畑に配管してスプリンクラー（sprinkler）で自動的に行う．干害を防ぐための積極策として行われ，多肥栽培が可能となり増収が期待される．この場合も窒素は追肥重点で施用する．

しかし灌漑によって雑草の発生が多くなり，メイチュウ，いもち病，紋枯病などの発生も増えるので，薬剤防除を徹底することが必要となる．

陸稲を連作すると年々収量が低下する（図3.6）．連作障害の原因は複合的であるが，1つには病害虫の発生が増加するため，特に土壌線虫が連作により激増する（渡辺・安尾 1960）．さらに，これに *Fusarium* などの土壌病害菌が根に寄生して被害を大きくするものと見られている．この場合は，土壌消毒によって防げるが，広い面積については困難である．そこで，他の作物を組み合わせて輪作を行うことによって連作障害を軽減する．輪作に導入する作目は，関東地方ではサツマイモ，ダイズ，タバコおよびダイコンなどの蔬菜類，冬作はムギ類とし，九州地方ではサツマイモ，ダイズ，ソバ，冬作はムギ類や緑肥作物などである．

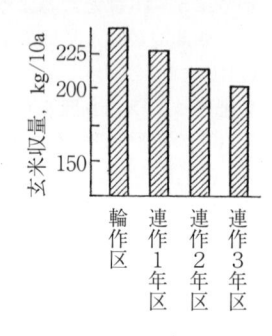

図3.6 連作による陸稲の減収．茨城県農試石岡試験地の成績

6．文　献

De Datta, S.K. et al. 1988 A field screening technique for evaluating rice germplasm for drought tolerance during the vegetative stage. Field Crops Res. 19：123-134.
藤井道彦・堀江　武 2001 乾物生産からみたイネの干ばつ抵抗性の品種・施肥レベル間差異に対する耐性と回避性の寄与度の定量的評価．日作紀 70：59-70.
Fukai, S. and Cooper, M. 1995 Development of drought-resistant cultivars using physio-morphological traits in rice. Field Crops Res. 40：67-86.
古谷義人 1959 陸稲の早期栽培．畑作農業の新技術．農技協会．
浜田秀男 1949 稲作の起原に関する考察．日作紀 18：106-107.
原島重彦 1936 幼作物の形態に就き水稲及陸稲の比較．日作紀 8(2)：192-210.
長谷川新一 1962 水稲の畑栽培に関する研究．農事試研報 1：109-156.
長谷川新一 1963 陸稲．戸苅義次編 作物大系 1-IX. 養賢堂.
長谷川新一・中山兼徳 1959 水田・畑両条件下に於ける水稲及び陸稲の生育・収量の比較．日作紀 27：354-356.
長谷川新一・八田貞夫・臼井恵治 1959 畑作物の吸水特性について．日作紀 28：63-65.
長谷川新一・中山兼徳・臼井恵治 1960 畑作水陸稲の吸水特性の比較．日作紀 28：279-280.
平澤秀雄 1998 極良食味・高度耐干性陸稲品種「ゆめのはたもち」の育成．農業技術 53：111-114.
IRRI 1975 Major Research in Upland Rice.
Ito, O. et al. eds. 1999 Genetic Improvement of Rice for Water-limited Environment. IRRI.
猪山純一郎・村田吉男 1961 畑作物の光合成に関する研究 (2) 土壌水分と数種畑作物および水稲の光合成との関係．日作紀 29：350-352.
川延謹造・加藤泰正 1959 畑作除草作業体系の確立に関する研究 (2) 陸稲の生育収量に及ぼす雑草の影響．日作紀 28：68-72.

6. 文 献

川延謹造・加藤泰正・町田寛康 1960 畑作除草作業体系の確立に関する研究 (3) 陸稲の生育収量に及ぼす畦内雑草の影響. 日作紀 29：139-142.
小葉田亨 1987 日本おかぼの干ばつ抵抗性資質. 生物科学 39：28-32.
Kobata, T. and Takami, T. 1989 Water status and grain production of several japonica rices under grain-filling stage drought. Jpn. J. Crop Sci. 58：212-216.
Kondo, M. 2005 Stabilization of rice production under water stress in rainfed lowland and upland conditions. In M. Kondo and H. Kato eds., Stabilization of Rice Culture under Water Stress in the Tropics Using a Broader Spectrum of Genetic Resources. JIRCAS Working Report No. 40. JIRCAS.
黒崎正美 1955 陸稲の安全増収法. 養賢堂.
Lilley, J.M. and Fukai, S. 1994 Effect of timing and severity of water deficit. Field Crops Res. 37：215-223.
Maclean, J.L. et al. eds., 2002 Rice Almanac, Third edition. IRRI.
前満源三・野崎国彦 1954 陸稲と落花生の混作に関する研究. 九州農業研究 13：92〜94.
松葉捷也・平澤秀雄 2004 陸稲. 山崎耕宇他編, 新編農学大事典. 養賢堂. 460-461.
長戸一雄 1949 萎凋が陸稲の生育に及ぼす影響. 日作紀 17：11.
中村兼able 1973 早期栽培による陸稲の災害回避に関する研究. 農試研報 19：61-100.
中村公則・御子柴晴夫・村田孝雄 1960 畑作物の初期生育促進に関する研究 (1) 陸稲の初期生育に及ぼす肥料並びに土壌水分の影響. 日作紀 29：23-25.
中宇佐達也・加藤 治・山崎正枝 1959 陸稲の連作障害に関する研究 (3) 連作害の原因について. 日作紀 27：438-440.
根本 博 1995 陸稲育種の現状と今後の方向. 農業技術 50：213-217.
根本 博・平山正賢・岡本和之・宮本 勝・須賀立夫 1998 陸稲新品種「ゆめのはたもち」の育成. 茨城農総セ生工研報 2：57-74.
小倉忠治 1949 陸稲に関する研究 (2) 開花特性に就て. 日作紀 17：12.
小倉忠治 1951 水稲と陸稲の比較. 佐々木喬監修, 綜合作物学, 稲作の部. 地球出版, 東京. 494-525.
大久保隆弘 1976 作物輪作技術論. 農文協.
小野寺二郎 1929 稲葉に於ける機械組織発育程度の変異並に耐旱性との相関現象. 農事試彙報 1：163-174.
小野寺二郎 1931 稲品種間の耐旱性と土壌水分欠乏に対する形態学的及生理学的特性並収量の変化に就て. 日作紀 3：91-116.
関塚清蔵 1935 陸稲の生育と土壌水分との関係について. 宇都宮高農研究会誌 10.
Supta, P.C. and O'Toole, J.C. 1986 Upland Rice, A Global Perspective. IRRI.
鈴木幸三郎 1961 陸稲の早期栽培とこれからの問題. 農及園 36：503-508.
丁 穎 1961 中国水稲栽培学. 農林出版社, 北京.
戸苅義次・天辰克巳共編 1959 陸稲の早期栽培. 地球出版社.
辻 博之・山本泰由・松尾和之・臼木一英 2000 陸稲の干ső に及ぼす不耕起栽培の影響. 日作紀 69：20-23.
角田重三郎 1953, 1954 我国在来陸稲品種の分類 (1, 2). 育種雑 3.
Tsunoda, S. and Fukoshima, M.T. 1986 Leaf properties related to the photosynthetic response to drought in upland and lowland rice varieties. Ann. Bot. 58：531-539.
Turner, N.C. et al. 1986 Responses of seven diverse rice cultivars to water deficit. 1. Stress development, canopy temperature, leaf rolling and growth. Field Crops Res. 13：257-271.
輪田 潔 1949 禾穀類幼作物の内部形態. 日作紀 18：35-37.
渡部忠世他編 1987 稲のアジア史 1〜3. 小学館.
渡辺敏夫・安尾正元 1960 陸稲の連作障害に関する研究 (1, 2). 農業技術 15：111-113, 154-158.

第4章　コムギ

学名：*Triticum aestivum* L.
和名：コムギ，マムギ（古名），古牟岐（本草和名），末牟岐（倭名類聚抄）
漢名：小麦
英名：wheat
独名：Weizen
仏名：froment
西名：trigo

1. 分類・起源・伝播・歴史

(1) 分 類

コムギはイネ科，ウシノケグサ亜科（Festucoideae），コムギ族（Triticeae），コムギ属（*Triticum*）に属する．コムギ属はA，B，D，Gゲノムからなる異質倍数体である．コムギ属には20種以上の種が含まれ，リンネの分類（Linnaeus 1753）以降いろいろな分類が行われたが，倍数性を基準にして，2倍体（1粒系），4倍体（2粒系），6倍体（普通系）の3

表4.1　コムギ属（*Triticum*）に属する栽培種

倍数性 （ゲノム型，染色体数）	学名	普通名
2倍体（1粒系） （AA，2n = 14）	*T. monococcum* L.	ヒトツブコムギ（Einkorn wheat）
4倍体（2粒系） （AABB，2n = 28）	*T. dicoccum* Schubl. *T. turgidum* L. *T. durum* Desf. *T. polonicum* L. *T. pyramidale* Perc. *T. orientale* Perc. *T. oersicum* Vav.	エンマコムギ（Emmer wheat） イギリスコムギ（English wheat） デュラムコムギ（Durum wheat） ポーランドコムギ（Polish wheat） ピラミッドコムギ（Egyptian cone wheat） コラサンコムギ（Khorasan wheat） ペルシャコムギ（Persian wheat）
6倍体（普通系） （AABBDD，2n = 42）	*T. aestivum* L. *T. compactum* Host. *T. spelta* L. *T. sphaerococcum* Perc. *T. macha* Dak. et Men.	パンコムギ（Bread wheat） クラブコムギ（Club wheat） スペルトコムギ（Spelt wheat） インド矮性コムギ（Indian dwarf wheat） マッハコムギ（Macha wheat）

最近の分類では，2粒系は *T. turgidum* (L.) Thell. に，普通系は *T. aestivum* (L.) Thell. にそれぞれ一括し，4倍体（AAGG）のチモフェービ系コムギ（*T. timopheevi* Zhuk.）と6倍体（AAAAGG）のジュコブスキー系コムギ（*T. zhukovskyi* Men. et Er.）を加える．

系に分類する方法（表4.1）が広く用いられてきた．最近では，遺伝学的解析によるゲノム構成を基準にして，上記3系にチモフェービ系とジュコブスキー系とを加えた5系5種とする分類法が提唱されている（大田 2004）．すなわち，2倍体（1粒系）は1種（*T. monococcum* L.），4倍体は2粒系コムギを *T. turgidum* (L.) Thell. に一括しチモフェービ系（*T. timopheevi* Zhuk.）を加えた2種，6倍体は普通系を *T. aestivum* (L.) Thell. に一括しジュコブスキー系（*T. zhukovskyi* Men. et Er.）を加えた2種とする．この分類では，かつてはそれぞれの系に分類されていた種の多くは亜種として扱われている．

後述するようにコムギ属の小穂は4～6小花よりなるが，そのうち最も基部の1小花だけが結実するもの，2小花だけ結実するもの，3～4小花が実るものとに分けられ，それぞれ1粒系，2粒系，普通系と呼ばれて，分類の大きな目安とされる．またこれら3系は，染色体がそれぞれ2倍体（14），4倍体（28），6倍体（42）であり，染色体ゲノム構成は，それぞれ AA，AABB，AABBDD である．*T. timopheevi* と *T. zhukovskyi* はゲノム構成が異質で G ゲノムを有する．

上記栽培種の多くは，かつては各地で広く栽培されていたが，近年ではパンコムギ（*T. aestivum*）とマカロニコムギ（*T. durum*）の改良品種の普及に伴い，他の種の栽培はきわめて少なくなった．

(2) 栽培種の種類

栽培種は，種によって穂の形状などに特徴がみられる（図4.1）．

ヒトツブコムギ：*T. monococcum* L. Einkorn wheat, one-grained wheat, small spelt などと呼ばれる．栽培種の中で最も原始的なもので，野生1粒コムギ（*T. boeoticum* Boiss.）に由来する．ヨーロッパでは新石器時代から栽培され，当時の主食物であったらしい．味は良いが脱穀が困難で収量は少ない．地力の低い所で生育することができるので，主に飼料として地中海沿岸の小アジア，クリミヤ地域，ドイツ，スペインなどにごく少量の栽培がある．

エンマコムギ：*T. dicoccum* Schubl. フタツブコムギ，2粒スペルトの別名がある．ヨーロッパで新石器時代より，また古代エジプトでは第1王朝時代（5,400 B.C.）から広く栽培された．現在ではパンコムギにとって替わられ，栽培は著しく減ったので，ヨーロッパや小アジアに局所的に栽培が残っているにすぎない．

イギリスコムギ：*T. turgidum* L. ポーラードコムギ（Poulard wheat），リベットコムギ（rivet wheat）などとも呼ばれる．古代ギリシャ・ローマ時代およびそれ以前の記録はなく，栽培起源地は不明である．16～18世紀にイギリスでかなり栽培されたのでイギリスコムギの名があるが，今は栽培されていない．現在はスペイン・ポルトガル・イタリアおよびトランスコーカサスの一部などに小規模に栽培されるのみである．粒は軟質で，グルテンの含量少なく，パン用には不適で，ビスケットなどを焼くのに用いられる．

デュラムコムギ：*T. durum* Desf. マカロニコムギ（macaroni wheat），硬粒小麦などとも呼ばれる．歴史時代以前に存在したか否かは不明であるが，ギリシャ・ローマ時代にはすでに栽培されていた．乾燥・高温の気候に適し，霜には弱い．主要栽培地は地中海沿岸地域，旧ソ連南部，アビシニア，中央アジア，北アメリカなどに多く栽培される．粉

第4章 コムギ

普通系コムギ　左からパンコムギ，クラブコムギ，スペルトコムギ，インドコムギ，マツハコムギ

1粒系コムギ　(左) ヒトツブコムギ　(右) 野生ヒトツビコムギ

2粒系コムギ　左からイギリスコムギ，デュラムコムギ，ポーランドコムギ，ピラミッドコムギ，コラサンコムギ，エンマコムギ，野生エンマコムギ，ペルシャコムギ

図4.1　各種コムギの穂の外形．星川 (1980)

はグルテンに富み，きわめて硬質性で，パン用には適さず，マカロニやスパゲッティ用に使われる．

　ポーランドコムギ：*T. polonicum* L.　17世紀中頃に東部ヨーロッパで他の栽培種から生じたらしい．草丈は約2mになり，穂も長大で，粒も長さ1～1.5 cmもあり，粒質は硬質だがグルテンは少なく，パン用品質は良くない．温暖肥沃地を好み，春播に適する．イギリスでは17世紀に栽培の記録があるが，今は地中海域にわずかに栽培が残るのみであ

る.

　ピラミッドコムギ：*T. pyramidale* Perc.　イギリスコムギに似るが非常に早熟で乾燥・暑熱の土地の山岳地帯に栽培され，デュラムコムギより耐乾性が強い．主に地中海域東部に分布の中心がある．これも栽培はきわめて少ない．

　コラサンコムギ：*T. orientale* Perc. イランの Khorasan の灌漑畑地から得た標本に命名されたもので，*T. dicoccoides* と *T. dicoccum* とに親縁関係が深いといわれる（Percival 1921）．

　ペルシャコムギ：*T. persicum* Vav.　栽培史は明らかでない．6変種が知られるが，コーカサスに限られて分布し，ペルシャ（イラン）には分布しない．早生で高地に栽培される．

　パンコムギ：*T. aestivum* L.　普通小麦（common wheat）は現在栽培されるコムギ類の大部分（栽培面積で90％以上）を占めている代表種である．作物として種々の栽培条件に適し，収量も最もすぐれ，粉質もパン用に最適で，食味も優れるので，現在は食用作物の中でも最も広域に栽培され，かつ作物中イネやトウモロコシと並んで最大の生産があり，地球上の人口の半分近くの人々の主食とされている．日本では本種のみが栽培される．

　クラブコムギ：*T. compactum* Host.　密穂コムギ，蜜粒コムギ（hedgehog wheat）とも呼ぶ．パンコムギに近い種で植物体の形状はパンコムギに似るが，穂軸の節間が短く，穂が密につまった形をしているのが特徴である．ヨーロッパの新石器時代に一粒コムギやエンマコムギと共にすでに栽培されていた．パンコムギよりも低温・干ばつおよび病害に抵抗性が強く，痩せた土地にも良く育つのが特徴である．今はパンコムギにとって替わられて，ヨーロッパの一部や中央アジア，それにアメリカ北西部太平洋岸地方に栽培されるだけである．粒は豊満で軟質・粉状で菓子用，軟質粉用である．

　スペルトコムギ：*T. spelta* L.　穂は細長く，穂軸がややもろく折れやすく，粒は穎に固く包まれていて，普通系の中では最も野生に近い型である．栽培起源地は明らかでないが，青銅器時代に西スイスの湖棲人の遺跡（2,200～1,300 B.C.）から出土するので，栽培はかなり古くからあったものとみられる．現在はスペインの一部，南フランス，ベルギーなどで小規模の栽培が残っているのみである．グルテン含量は中位で，菓子用とされたが，今は主に飼料用である．

　インド矮性コムギ：*T. sphaerococcum* Perc.　インド北部の固有種で，粒は非常に小型．概して耐乾性が強く，病害にも抵抗性が強いという．

　マッハコムギ：*T. macha* Dak. et Men.　コーカサスのグルジア西部の固有種で，由来および栽培史は不明である．

（3）起　源

　野生の1粒系の *T. boeoticum* はトルコ南東部からイラク北部，イラン西部を中心に広く自生している．この種とほとんど重なった分布地域から，さらに地中海寄りの平地にまで分布の中心を持つ *Aegilops* 属の野生種クサビコムギ（*A. speltoides*）があるが，この両者が一緒に生えている地域で自然交雑し，その倍数化を起こして AABB ゲノムを持つ2粒系コムギが形成されたと推定される．この中から *T. dicoccum* などの2粒系が栽培種と

なり，シリア南西部とヨルダン北西部から次第にカスピ海南部へ広がっていった．

イラン北部やカスピ海南岸地帯にはタルホコムギ（*Aegilops squarrosa*）が野生し，これはトルクメンスカヤ北部，アフガニスタン北部をさらに東へ広がってパキスタン東部まで及んで分布している．ABゲノムを持つコムギの栽培種とこのタルホコムギは主にカスピ海南部で自然交雑を繰り返し，その間に染色体の倍数化も起こって，ここにABDゲノムを持つ普通系が生じ，それらの中から現在のパンコムギの祖先型が発生したと考えられる（図4.2）．このようなABD型の成立の推定は，AB型コムギとDゲノムを持つ*A. squarrosa*との人工交雑試験によって証明された（Kihara 1951, McFadden et al. 1944）．

なおDゲノムの親となったタルホコムギは大陸性ステップによく適応した強い耐乾性を持つが，これが普通系のコムギに，世界の半乾燥地域全域でも栽培できる強い適応性を備えさせ，また秋播性という優れた特性を与えた．このようなパンコムギの成立過程は，図4.3のようになる．

（4）伝　播
1）栽培の起源地
パンコムギの最も古い炭化種子が5,500 B.C.前後の遺跡から発見されている．それらはトルコの各地，イラクのチグリス河畔のテノヒエス・サワ

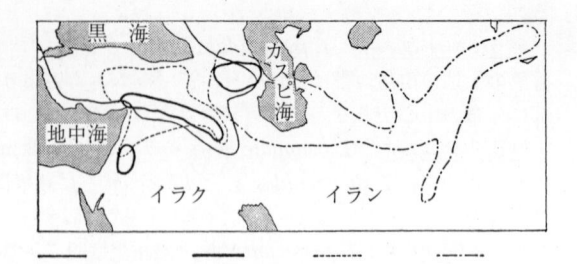

図4.2　栽培コムギの祖先野生種の地理的分布．田中（1975）

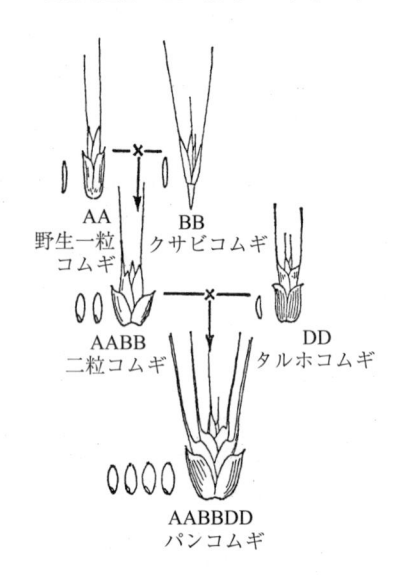

図4.3　パンコムギの成立．各構成種の小穂形，その左の粒は1小穂に実る粒数を示す．星川（1980）

ンであるが，当時この地にはエンマコムギは栽培されていたが，タルホコムギが全く野生していないので，パンコムギはトランスコーカサスから伝播したものと考えられる．しかしトランスコーカサス・ペルシャ地域ではこのような古い時代のパンコムギは発見されていない．そこで一応考古学的材料に基づいて，パンコムギの発生は5,000 B.C.頃と推定される（田中 1975）．

広くコムギ属の利用の歴史をみると，人類が農耕を始めた1万〜1万5,000年前から最初の作物であったとみられる．考古学的資料によると，8,400 B.C.〜5,000 B.C.の間のトルコ，イラク及びイラン地域の諸遺跡から野生1粒コムギの種子が発掘される．この時代

1. 分類・起源・伝播・歴史　[143]

は野生のものを採集してきて利用していたものと思われる．メソポタミア文明の遺跡である 6,700 B.C. 頃のイラクのザクロス山脈にあるジャルモからは，1粒系の野生種と栽培種の中間型の種子が発見されており，おそらくメソポタミアで1粒系コムギの栽培が成立したと考えられる．しかしこの地方には新石器時代にすでに2粒系コムギの原始的な栽培型が出土するので，メソポタミア周辺のトルコやシリア地域で最も積極的な利用が行われたとみるのが妥当であろう（田中 1975）．結局，栽培型1粒コムギの起源年代は 7,000～5,000 B.C. と推定される．

2粒系コムギは前述のジャルモ遺跡から野生型と栽培型の両方が1粒系と共に出土している．つまり人類がコムギを利用し始めた頃には1粒系も2粒系も存在しており，野生型の2粒系から栽培型のエンマコムギが起源されたと考えられる．エンマコムギはイラン，イラクおよびトルコにわたる限られた地域の中の 7,000～6,000 B.C. の遺跡から出土している．これらのことから，栽培エンマコムギの起源地はメソポタミアのザクロス山系地帯と推定されている．その後有稃種だったエンマコムギから，種子が稞性のデュラムコムギが 1,000 B.C. 頃に，たぶん突然変異で出現したと考えられ，その起源地もやはりメソポタミア地帯と推定されている．

そしてこのデュラムコムギが伝播する過程で突然変異や，他の種との交雑によっていろいろな2粒系コムギが生まれた．イギリスではイギリスコムギが，トランスコーカサスではペルシャコムギが，エチオピアではアビシニアコムギ（*T. abyssinicum*）などができた．その他各地で成立した栽培2粒系は全てデュラムコムギに由来している．コムギ属の間の進化の体系は図 4.4 のように推定される（田中 1975）．

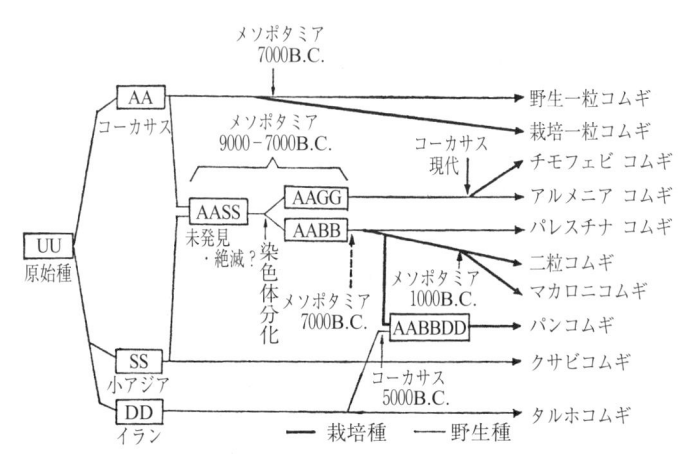

図 4.4　コムギの進化．田中（1975）

2）パンコムギの伝播

トランスコーカサス地域で発祥したパンコムギは 5,000～4,000 B.C. 頃には西南アジア，小アジアを経てヨーロッパのドナウ川とライン川流域に入り，また黒海の西岸から南ロ

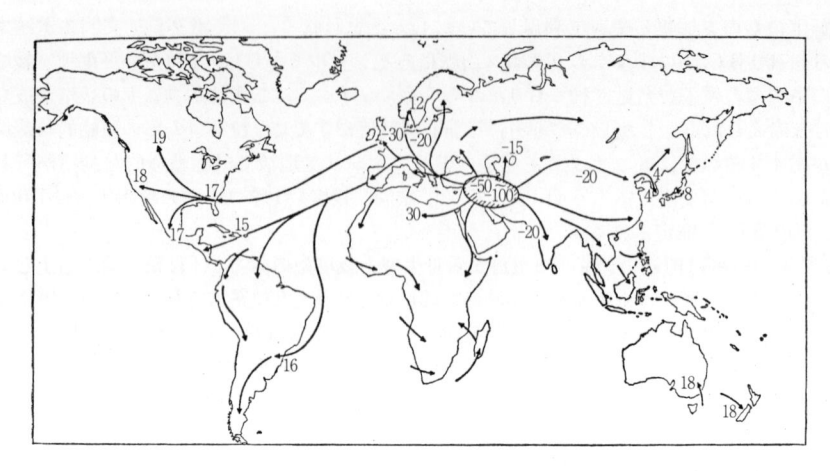

図4.5 コムギの伝播経路. 星川 (1980)

シア一帯に広まった．3,000 B.C.にはヨーロッパ全域に広まったが，ヨーロッパでは中生まではコムギ栽培はオオムギより少なかったといわれ，近世に入ってからようやく主食の座を占めた．また，近世まではコムギの中でもエンマコムギ，デュラムコムギなど2粒系コムギが主で，パンコムギは近年になってそれらを駆逐して栽培が広まった．一方メソポタミアから，アラビアを経て3,000 B.C.には北アフリカに入り，エジプトを中心に広く栽培された．

東方へは，まずメソポタミアを経てアフガニスタンからカイバー峠を越えて2,000 B.C.にインドに伝わり，ここからビルマを経て雲南，四川の経路を通って中国へ入った．また，北東へはトルキスタンの平原から1,500 B.C.頃にアラル海地域に広まり，モンゴルを経て中国北部へは2,000 B.C.には伝わっていた．

新大陸へは1528年にスペインから伝わり，米国へは1602年にヨーロッパから伝わったとされる．オーストラリアには18世紀初頭に開拓民がイギリスから伝えた．このようなコムギ伝播の様子を示したものが図4.5である．

現在コムギはスカンジナビア半島の64°N地点，ソ連やアメリカでは60°N地点を北限とし，南限地は45°S付近である．熱帯地域では高温のため栽培に適さないが高地では栽培できる．標高ではヨーロッパではアルプスの南側で1,640 m，スペイン，シエラネバダで1,900 m，メキシコ，エチオピア，ヒマラヤなどでは3,000 m，中国のチベット，四川省の境では3,700 m，南米のペルーでは3,500 mなどが高所の栽培として知られる．

(5) わが国における栽培史

わが国の神話によると，保食神（日本書紀）あるいはまた大宜都比売神（古事記）の遺体の一部より麦が生じたとされるが，近年まで弥生時代の遺跡からは麦粒は検出されなかった．しかし記紀の編纂された8世紀にはすでに麦が栽培されていたから，麦の伝来は，おそらく4～5世紀に朝鮮半島を経て伝来したと推定された．当時はコムギとオオムギを

一緒にして「麦」と記しており，区別が難しい．とくにコムギとオオムギのいずれが早く伝来したかは不明である．しかし倭名類聚抄にコムギを古牟岐，別名未牟岐（まむぎ）というと記されており，一般に新しい似た作物が普及した場合に，それよりも古くから利用されていたものに「マ」という接頭語をつけるわが国の古代の命名の慣習からみて，コムギの方がオオムギより早く伝来していたであろうと推察された（鋳方 1941）．

その後弥生時代前期の遺跡からコムギの粒や花粉が発見されており，コムギの栽培が弥生時代の初期に行われていたらしい証拠が出ている（阪本 1996）．オオムギもほぼこの時代の発掘物があり，コムギ，オオムギのわが国への伝来は従来考えられていたよりかなり古く，イネとあまり変わらない時代とも推定される．

奈良時代以降，コムギの栽培は急速に普及し，当時は調味料としての醤の原料や菓子原料とされ，作付面積は大きくはないが広い地域に栽培されたらしい．8〜12世紀には米に対する備荒作物として朝廷が栽培を奨励し，鎌倉時代（13世紀）には水田裏作としての栽培が始まった．室町時代（14〜15世紀）には裏作麦が急激に増加した．従前から米は租税の対象とされたが，麦は免租または祖が軽かったので農民の自家食糧として栽培が増えたのである．そこで鎌倉・江戸時代を通じて裏作麦は領主から作付制限を受けることが多く，それに対応して農民は土入れ，追肥など技術的改良を計り，また従来裏作にはコムギが多かったが，早熟でイネに影響の少ないオオムギ栽培への転換が図られた．こうして明治時代初期には，コムギは約36万 ha の栽培が行われていた．

明治以後，西洋式の食事としてパンが普及し，また菓子や麺類としての需要も増えたため，コムギは商品価値を増し，生産の増大が計られ，大正時代には50万 ha まで増えた．また従来より生産性が高く，品質の優れた品種の育成が農業試験場で進められ，肥料の普及や栽培技術の向上もあり，収量は2倍以上に増大した．この結果，昭和に入って戦時の食糧増産時代には70〜80万 ha（明治初期の2倍以上）の作付にまで発展した．第2次大戦中および戦後の食糧不足時代には米の代用食としてのコムギの需要は増し，さらに戦後は欧米式のパン食が一層普及奨励された．これは当時生産過剰となったアメリカのコムギの消費拡大が，占領軍によって強力に進められたからである．そこで増大した需要は国内産麦より安価なアメリカ小麦の大量の輸入を招くことになり，わが国のコムギ，オオムギ作は急速に減少し，1970年代には10万 ha を割り，自給率は4〜5％にまで低下した．その後，米の余剰対応策として稲作の制限，畑作への転換指導の一環としてコムギ作も奨励したため，コムギの作付けは再び増加し，近年では，作付面積約20万 ha，収穫量は80万 t を超すまでに復活した．作付面積のうち，北海道が50％以上を占め，水田の割合が50％を超えている．

2．生産状況

世界のコムギは1960年には栽培面積が約2億 ha，生産量は約2億4,000万 t であったが，2008年には栽培面積が約2億2,356万 ha，生産量は約6億9,000万 t となっており，栽培面積は微増に対して，単収の伸びが大きいため生産量の増大は著しい．世界の主生産地はヨーロッパからロシアに及ぶ大陸中央平原地帯，北アメリカの中央平原地帯，イ

ンド北西部，中国の北部それにオーストラリアの南部，南アメリカ南部などの比較的乾燥した平原地帯である．国別では中国が最も生産が多く，約1億tを生産している．次いでインド，アメリカ，ロシア，フランス，ドイツ，オーストラリアなどが2,000万t以上を生産する国である（表4.2）．オーストラリアは近年干ばつが頻発し，平年の生産量を大幅に下回る年次が続

表4.2 主要国におけるコムギ栽培面積，単収，生産量

生産国	栽培面積, 100万ha	単収, t/ha	生産量, 100万t
世界計	223.6	3.1	689.9
中国	23.6	4.8	112.5
インド	28.0	2.8	78.6
アメリカ	22.5	3.0	68.0
ロシア	26.1	2.4	63.8
フランス	5.5	7.1	39.0
ドイツ	3.2	8.1	26.0
オーストラリア	13.6	1.6	21.4

2008年産．FAOSTATより

いており，世界的なコムギ供給能の不安定要因となっている．

単収は1960年には1ha当り1.2tであったものが，2008年には3.1tと大幅に増え，この間の生産量の大幅な増加の原動力となっている．インド，ロシア，オーストラリアなどは世界の平均単収より低いが，ドイツ，フランス，イギリスを始めとするヨーロッパ諸国は，6〜8t前後の高水準にある．

アメリカ，ロシア，オーストラリアなど大面積の生産国では栽培は高度に機械化され，面積当り労力の投入量はきわめて少ない．ヨーロッパ諸国ではかなり機械化されているものの，上述の国々よりは集約的栽培であり，輪作に組み入れた合理的栽培によって単収を高めている．北アフリカ，西アジア，インドでは，乾燥地帯のために灌漑による栽培が行われ，収量は低く，自給の段階にあるところが多い．水田裏作にコムギが栽培されるのは中国中部と日本だけの特色である．世界各国のコムギの収穫期をみると，緯度や気候の違いによって，コムギは1年中を通して世界のどこかでは必ず収穫されている．これをコムギカレンダーと呼んでいる．

アジアやヨーロッパ諸国では生産したコムギは自国内で消費され，なお不足して輸入する国が多い．大生産国のロシアも時々凶作により供給が不足し，大量に輸入することがある．主な輸入国はロシアを除いて日本，中国，イギリス，ブラジル，オランダなどである．一方アメリカ，カナダ，アルゼンチン，オーストラリア，フランスなどは国内消費をはるかに上まわる生産があり，世界各地へ輸出している．

前節で述べたように，わが国のコムギ栽培は，1940年代の70万ha代から著しく減少して，一時は10万haを割るまでに落ち込んだが，近年水田転作作物として栽培が増加したため，現在では約20万haの作付けで，80〜90万tの生産がある．しかし，約500万tの輸入量があり，国内自給率は15％程度にすぎない．

地域別の作付け面積では北海道がわが国の50％強を占め，北関東と北九州が次ぐ．また，水田の作付け割合は50％を超えている．単収は約4.1tであり，世界平均よりは高いが，フランスやドイツなどのヨーロッパの高収国にははるかに及ばず半分程度にすぎない．

3. 形　態

(1) 穎　果

コムギの"種子"は植物学的には果実（穎果，caryopsis）に相当し，薄い果皮に種子が包まれている．穎果は豊楕円形，大きさは品種によって異なるが長さ4.5〜6.9 mm，幅2.5〜3.9 mm，厚さ2.1〜3.3 mmである．日本の品種の穎果は概して小型で，1,000粒重は20〜40 gであるが，外国品種には日本より大粒のものが多く，60 gを超すものがある．頂端には短い刷毛（brush）が密生し，背面に縦溝（groove）が，腹面の基部に胚がある（図4.6）．なお欧米ではコムギ粒の縦溝のある側を腹（abdomen），胚のある面を背（back）と呼んでいるので，わが国での呼称と逆である．日本では米についての呼び方をコムギにも当てはめている．

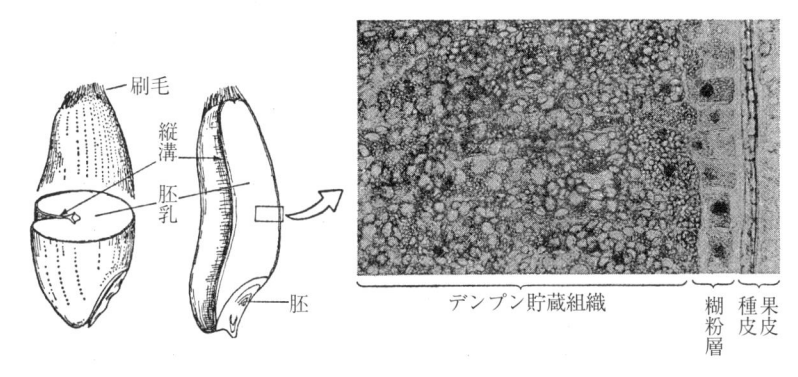

図4.6　コムギの穎果とその内部構造
左：外形と横断面，中：縦断面，右：胚乳の内部構造（中の□内部分の拡大）．星川（1980）

穎果の内部構造は，その断面を図4.7に示す．最外層は果皮（pericarp）で，果皮は外表皮，中間組織（middle layer），横細胞，管細胞（内表皮）からなっている．その内部に種皮（testa）があり，きわめて薄い2層の細胞からなる．種皮に接してほとんど退化した外胚乳，さらに内部が胚乳（内胚乳）である．これらの構造は基本的にイネと共通である．胚乳は穎果の全重量の87〜89％を占め，その最外層の1層が糊粉層で，その内部は全てデンプン貯蔵組織である．デンプン貯蔵組織の細胞中にはデンプンやタンパ

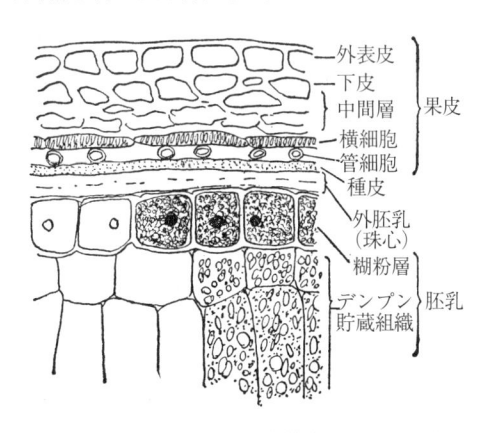

図4.7　コムギの穎果の内部構造．星川（1980）

ク質が蓄積され，その形状により，硬くて緻密なガラス質（flinty）と，比較的軟らかい粉状質（mealy）とに区別される．粒の色には白，黄，赤（茶）色などがあるが，これは主に種皮に沈積する色素の違いによる．

胚は大きさや基本的構造（図4.8）がイネの胚と類似するが，種子根がイネのように1本ではなく，中央の初生種子根の基部に左右に2本ずつ，また腹面に1本の計6本が分化することが特徴である．

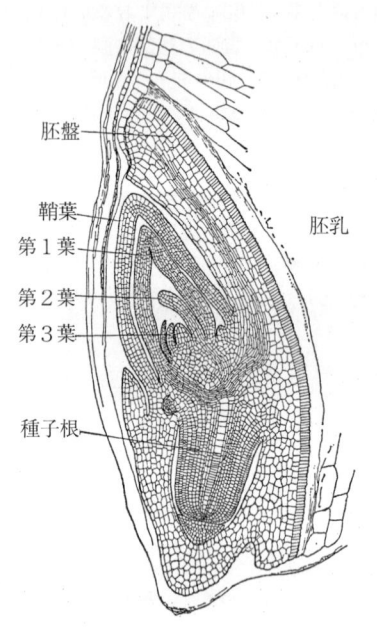

図4.8 コムギの胚（縦断面）．星川（1980）

図4.9 コムギの発芽
A：発芽前，B：胚部縦断面，C：発芽前の胚の内部構造，D→F：発芽の順序．c：鞘葉，cr：根鞘，e：胚，es：胚乳，l：葉，r：種子根，s：胚盤．星川（1980）

（2） 発芽と幼生器官

発芽に際し穎果は吸水し，胚は膨張して種皮と果皮を破って根鞘が白く現れ，次いで幼芽（鞘葉）が現れる（図4.9）．根鞘を破ってまず1本の初生種子根（primary seminal root），続いてその基部の胚軸の両側から1対の第1対生種子根（first opposite seminal roots），さらにその上部から第2対生種子根，さらにしばしば胚軸腹面からもう1本の種子根（計6本）が出る．胚には第1～3葉原基まで分化しており，順次伸長を開始する．鞘葉は長さ3～5 cm伸び，それが完全伸長した後，頂端近くの割れ目を裂いて内部から第1葉が抽出する．

発芽温度は最高40～42℃，最低3～4℃，最適温度は25～30℃である．最適温度は品種や熟度その他により変動するものと推定される．種子の寿命は常温貯蔵で正常な発芽を示すのは2年後までで，3年目になると急に発芽力を失う．

3. 形　態　[149]

　発芽は吸水量が風乾種子の約30％になると始まり，40％吸水の時に最も盛んである．吸水量は発芽を始めると急に多くなる．発芽の際の酸素要求度は他の作物に比べて多いので，発芽床に水分が多過ぎて酸素が不足すると，発芽は著しく不良となる．播種に際して，水分過剰を避け，覆土は浅くする必要があるのはこのためである．

　発芽は光線と無関係であるが，暗黒条件ではイネと異なりメソコチルは伸びることはなく，そのかわり鞘葉と第1節間が著しく伸びる．深播きの場合も同様で，鞘葉の伸長とその中を第1節間が伸びることによって地表近くの明るい所へ成長点を押し上げる．この節間伸長は深播きした場合に起こり，著しい深播き例えば7cm前後ではさらに第2節間も1〜3cm伸び，10cmになると第3節間も伸びることがある（Percival 1921）．すなわち深播きされた場合も，冠根が多く発生する位置（これを冠部crownという）を必ず地表近くに移動させる働きを持っている．なお，深播きの場合のイネ，コムギ，トウモロコシの出芽の特性の違いを図4.10に示した．

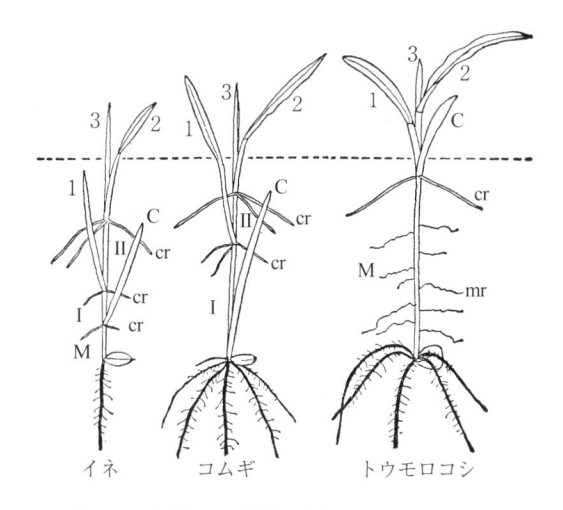

図4.10　深播きした場合の作物による出芽の違い
第3葉抽出期までを模式的に示す．黒：種子根，白抜き：冠根（cr）．イネはメソコチル（M），第I節間（I），第II節間（II），鞘葉（C），第1葉（1），第2葉（2）が伸長することによって出芽し，第2節の冠根（cr）で定着．コムギは第I節間，第II節間，鞘葉と第1葉が伸びて出芽，第1または第2冠根で定着．トウモロコシはメソコチルのみが伸長して出芽，メソコチルからはメソコチル根（mr）が多く出て，鞘葉節冠根で定着．下線部の器官が出芽に主要な役割を持つ．星川（1980）

（3）根
　根は種子根と冠根とがある（図4.11）．種子根は数cm以上伸びると枝根を生じ，約15〜20cm伸びる．第6番目の種子根は伸長が比較的劣る．種子根は幼植物時代の養分の吸収を担うが，特にそれが5〜6本も多く出ることは，秋季，低温期に向けて発芽し，早く定着することを要するためで，ウシノケグサ亜科の種

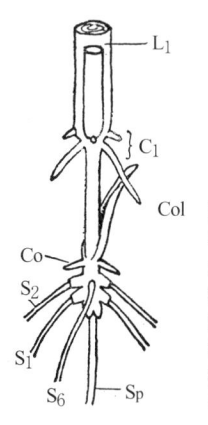

図4.11　種子根と冠根の発生
L_1：第1葉，Col：鞘葉，C_1：第1節からの冠根，C_0：鞘葉節から出る第3対生種子根，Sp：初生種子根，S_1：第1対生種子根，S_1'：第2対生種子根，S_6：芽鱗上部に出る（6番目の）種子根．Percival（1921）を星川（1980）が改

に共通な特性である．種子根の働きは，秋季に発達してから翌春までかなり長く続く．水耕試験によると種子根は登熟期まで活力を保持するという (Krassovsky 1926)．

冠根はイネ（イネ亜科），トウモロコシ（キビ亜科）などで，鞘葉の節以上の各節から出る不定根をいうが，コムギの場合には通常鞘葉節からは冠根を生じない．ただしコムギの鞘葉節からは時に1対の種子根的な根が発生し，これを第3対生種子根（coleoptile pair）と呼ぶことがある (Percival 1921, 末次 1962)．冠根は種子根より太く，第1節以上の各節部から生じ，種子根より長く発達し根系を形成する．冠根は下位節から上位節へ順次一定の周期をもって発根する（片山 1951, 藤井 1957）．枝根は比較的短かく，全ての根の先端近くには根毛を生ずるが，根1 mm当り700〜1,000本，あるいはそれ以上も生じる．根系は初期は地表近くに，後期には深層へ伸長する．普通は株の周囲約20 cm，深さ30 cmほどであるが，条件によって1〜2 mの深さまで達する．

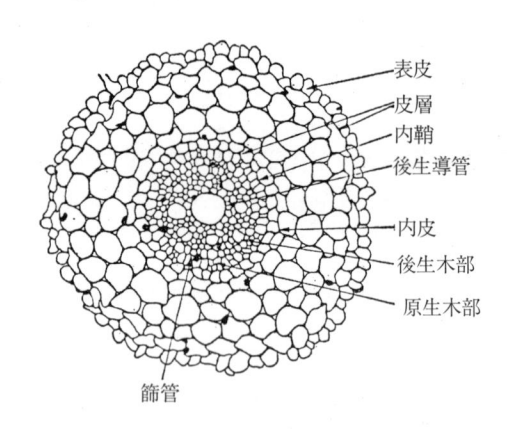

内部形態は基本的にはイネの根と同じく，表皮，皮層，内皮および内鞘より内部の中心柱からなる（図4.12）．種子根は中心柱の中央に1個の太い後生導管を持ち，冠根ではそれを欠き髄の周りに数個の導管を持つという点もイネと同様である．イネと違うのは表皮の下の外皮，厚膜細胞がなく，内皮の中には破生通気組織はなく，柔細胞が充満しているなどの諸点である．根は古くなると表皮は破滅し，内側の表層最外層細胞がコルク化して表皮に代って根を保護する．さらに古くなると皮層組織全体が収縮して暗褐色となり壊滅する．

図4.12 コムギの根の横断面．星川 (1980)

土壌が湿潤であると根系の発達，特に枝根の発達が地表近くに限られ，発生密度は低い．根毛も水分が多いと発生が減るが，その減少程度は水分が同じ場合，ハダカムギ＞カワムギ＞コムギの順であり，コムギは他のムギ類より耐湿性が高い (Fujii et al. 1956)．過乾条件では根系は疎になる．地温が高くて土壌が乾きやすい条件では，低温で多湿の場合より根系の発達は速く，しかも深い所まで伸びる (Worzella 1932)．あるいは地温が高い所では地表面近くに根系が分布し，寒冷地では深くまで発達するという（浜田・佐々木 1953）．

根系の形は品種の耐寒性の強弱によっても異なり，耐寒性の強いものは種子根，冠根とも深い所まで根系を形成する深根性であり，耐寒性が弱い暖地型のものほど浅根性であることも知られている．

（4）葉

葉は葉身と葉鞘からなり，その境目に葉舌と1対の葉耳がある．イネと異なり第1葉も

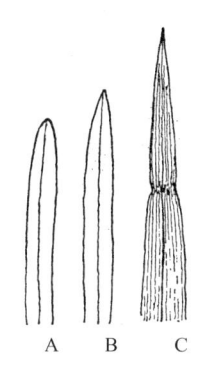

図 4.13 葉身の先端の形態
A：第1葉，B：第2葉，C：上位の葉．星川（1980）

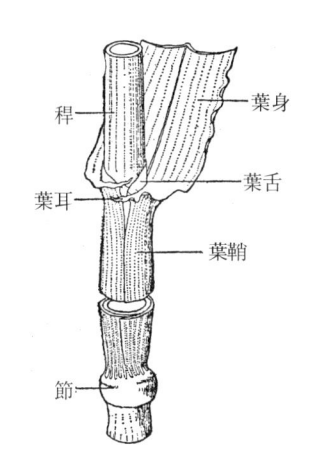

図 4.14 コムギの葉．星川（1980）

葉身がよく発達しているが，第1葉の葉身の先端は，上位葉の先端が鋭頭であるのと異なり鈍頭である．また上位葉は全て先端近くにくびれがある（図 4.13）．葉鞘は稈を包み，稈の強固性を補助している（図 4.14）．葉舌は白色の薄膜で，葉耳は淡緑色または淡紅色，周辺部に少数の単細胞の毛を有する．コムギの葉耳はオオムギより小さく，ライムギよりは大きい．なおエンバクは葉耳を欠く．

葉の表面に蝋状物質を帯びるものがあり，その有無多少によって品種固有の葉色を呈する．日本の品種の主稈葉数は9～14枚である．なお葉数は主稈が最も多く，高位分げつほど少ない．最頂葉を止葉と呼ぶ．葉身と葉鞘の合計長は下位葉から順次上位へと長くなり，最上葉では小さくなる．葉鞘は下位葉では葉身より長く，上位葉では逆転する．なお，分げつの最初に出るプロフィルは発芽の際の鞘葉に相当するもので，普通2～3cmあり，葉身を欠く．

葉の内部形態は葉身，葉鞘とも基本的にイネに類似する．その横断面の一部を図 4.15，および 4.16 に示す．葉の維管束の周囲にある維管束鞘（vascular bundle sheath）はウシノケグサ亜科の特徴として発達が悪く，葉緑体を含まない．維管束の数は第1葉の中央部で11～13本，先端部は3～5本であり，上位葉の中央部では9～13本の大維管束とその間に数本の小維管束が並び，所々で横走維管束で連絡している．葉

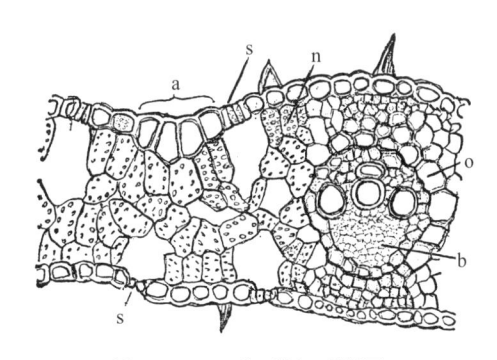

図 4.15 コムギの葉身の横断面
a：機動細胞，s：気孔，n：柔細胞，b：篩管部，o：外部維管束鞘．星川（1980）

原基は，第1葉の抽出期に第4葉原基が分化，第2葉抽出時に第5～6葉が分化するというように，3～4葉のずれをもって順次1/2の葉序で分化する（江原 1947）．

（5）茎

茎（稈）は上部の4～6節間だけが伸長し，節間長は上位ほど増大する．したがって稈長は伸長節間の長さによって決まり，日本の品種は0.8～1.0 mであるが，外国品種は1.0～1.3 mで長稈が多い．近年は外国品種もやや短稈のものが育成されている．概してオオムギより長稈である．下位の不伸長茎部の節数は栄養成長期間の長短および幼穂分化の遅速によって異なり，早生品種では節数が少ない．節間は中空で，中央部の節間が最も太く，上位と下位の節間はそれより細い．節部はやや隆起し，節部に葉と分げつを生ずる．

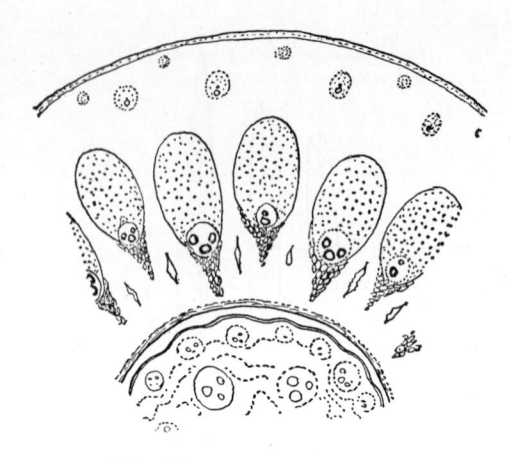

図4.16 葉鞘の基部に近い部分の横断面．下の円内は茎の横断面．星川（1980）

内部形態は図4.17のように，表皮上表には蝋状物質を生ずることが多い．表皮には気孔や毛耳を生じ，これは露出する上位伸長節間において著しい．表皮に近い周辺部に細い維管束が並び，その間に同化柔組織がある．表皮の気孔はこの部分に連なっている．内部の基本柔組織中には，大維管束が並ぶ．鞘葉の基部の節から下の節間（イネのメソコチルに相当）と，鞘葉節から第1葉節に至る節間とは，

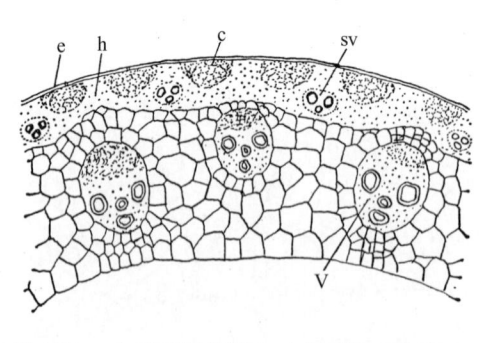

図4.17 コムギの稈の横断面．上位節間の中央部．e：表皮，h：下皮，c：下皮内の同化柔組織，sv：下皮内の小維管束，V：大維管束．星川（1980）

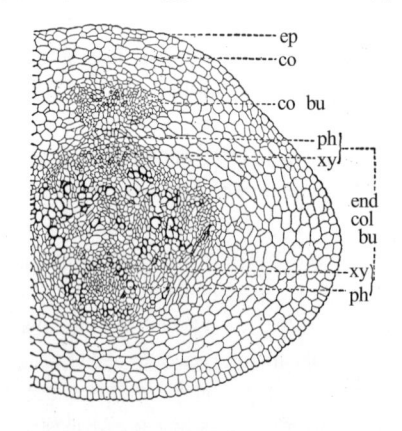

図4.18 コムギの鞘葉節から下の節間の下部位の横断面
co：皮層，co bu：皮層維管束，end col bu：内原型並立維管束，ep：表皮，ph：篩部，xy：木部．Avery（1930）

上位節間と維管束の配列が異なり，根から正常な茎への"転換部域"（transition region）と呼ばれる（Hayward 1938）．鞘葉節下の節間では中央に内原型並立維管束があり，それと並んで細い1本の皮層維管束（皮走条，cortical bundle）がある（図4.18）．鞘葉節と第1節の節間（第1節間に相当）は図4.19のように，維管束の配列はやや上位節間に類似するが，全ての維管束はなお連続環状であり，周辺部には小維管束がない．

節間伸長が始まる時期は，品種や環境条件によって異なり，伸長開始の早い品種では幼穂分化の頃，遅い品種では幼穂の小穂分化前期頃である．1株内の主稈と分げつ茎の節間伸長は，分げつの節位，次位に関係なく一斉に始まる性質がある（竹上 1946）．

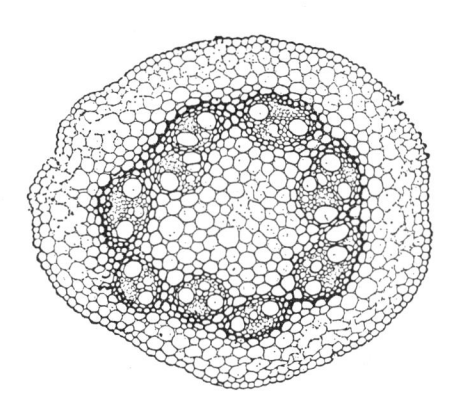

図4.19 コムギの第1節間の横断面．Hayward (1938)

(6) 分げつ

分げつの発生についてもイネと同様な規則性があり，母稈の葉の出方と関係して，表4.3のように，母稈の第n葉が出る時にそれより3枚下の葉（n − 3）の葉腋から分げつが発生する（片山 1951）．表4.3で，I, II … の記号はそれぞれ第1, 2 … 葉節の分げつを意味し，Ipは第1葉節からの第1次分げつのプロフィル節からの第2次分げつを表す．この規則性は栽培条件で多少変動し，たとえば早播きでは高位の1次分げつよりも低位の2次分げつが早く出る傾向がある（野田・茨木 1953）．

表4.3 標準的に分げつしている個体における葉齢の推移と分げつ発生の順位

主稈葉齢	出現葉位	第1次分げつ	第2次分げつ	第3次分げつ
1葉時	1/0			
2	2/0			
3	3/0			
4	4/0	I		
5	5/0	II		
6	6/0	III	I_p	
7	7/0	IV	I_1, II_p	
8	8/0	V	I_2, II_1, III_p	$I_p - P$

上表に示される茎数13本の場合の標準型分げつの所属を1次分げつ別に示せば次のとおり．0（主茎）のほかI [$I_p・I_1・I_2・I_{1p}$]，II・[$II_p・II_1$]，III・[III_p]，IV，V．1次分げつだけの出現期と主稈発現葉位との関係をみると，主稈4葉出現時にI，5葉出現時にII，8葉出現時にVが現れ，それらの間の葉（節）位の違いは3となる．末次（1962）を改

分げつは3月頃まで続き，遅発の高位，高次分げつは十分な栄養成長を果たさず無効分げつとなる．有効分げつの割合は50％足らずである．分げつ数は十分な空間がある場合に，1本の主茎から30～100本も出る (Martin et al. 1949) が，普通は10本内外であり，アメリカでの普通栽培では，多くても5～6本であるという．すなわち主稈の下位の主に第1～5節からの分げつと，それらからの2次分げつが有効茎となる．アメリカでの分げつの少ない理由は，秋の播種期の乾燥のため，一般に深播きするので下位節の分げつが休眠してしまうことと，密植傾向のためである．わが国でもドリル栽培の場合には，有効分げつは2～3本である．

すでに述べたように，分げつの発生に最も影響するものは播種深度である．深播きあるいは高温晩播の場合は，鞘葉の腋芽は休眠するか発育しても不全となる．5 cm以上深播きすると第1節の分げつ（I）も発育が抑制されるし，II以上の分げつは発生するが生育が劣る．しかし深播きでの分げつ芽の抑制の程度はオオムギに比べれば少ない．このため発芽時の乾燥がない限り，できるだけ浅播きが良いことになるが，浅播きは冬季に寒害を受けやすく，無効分げつの増加を招く．また病害も多発する傾向がある．

温度は生育に不適でない限り，ある程度低いと分げつを促す．高温では感温性の品種では幼穂分化が早まるために，分げつが早く停止してしまう．一方低温過ぎても生育が抑制されるため，分げつ発生が遅れて，分げつ発生が少ない結果となる．また，踏圧すると主稈が折曲し，これが芯止め的効果となって，分げつ潜芽の活動を促進するといわれる（大谷 1950）．

(7) 穂と花器

幼穂の分化する時期は，暖地における早い品種（暖地春播型）では，発芽後2～3週間，遅い品種（秋播型）では発芽後1か月以上経ってからである．幼穂の発達過程は，表4.4，図4.20に示すような段階を経る．胚嚢母細胞 (embryo sac mother cell) の形成は開花前25～19日（穂長8～25 mm），減数分裂は前18～17日（穂長30 mm）で，出穂後も徐々に生殖器官が発達して，胚嚢は開花前日に生理的受精機能を備えるが，形態的完成は開花当日である（星川・樋口 1960）．したがってコムギでは幼穂原基が分化してから開花するまで，きわめて長い日数を要する．もちろんそれは，冬季の低温で成長が遅いためでもあるが，幼穂の分化時期がイネよりはるかに若い時期に始まるからである．

葯の長さ0.15 mmの頃に，葯内に組織が分化するとともに，葯の4隅に胞原細胞 (archesporial cell) が分化し，これが図4.21のように発達し減数分裂して花粉となる．完成した花粉は，内部に栄養核と2個の雄核（精子）を持つが，それらはいずれも半数染色体 (n) である．

一方，子房内に胚珠が発達し，1個の胚嚢母細胞を分化し，減数分裂後そのうち1個だけが発達して胚嚢となる．完成した胚嚢内には，珠孔極に卵と2つの助細胞，中央に2極核があることはイネと同じであるが，カラザ極に多数の反足細胞からなる反足組織を持つことが特色である（図4.22）．

コムギの穂は複穂状花序 (compound spike) で，穂型 (spike type) には錐状，棒状，紡錘状などがあり，品種の特性となる．穂軸は約20節からなり，各節から小穂 (spikelet)

表 4.4 ムギ類における穂・花部の発育段階

穂の発育期		発育段階区分	説明
a) 葉の分化期		I～II	成長点付近に葉の原基の分化だけ認められる時期.
b) 苞分化（幼穂原基分化）	前期	III～IV	成長点付近に止葉原基の分化が終わり，その上部に幼穂の原基が分化し，最初の苞原基が分化する時期.
	後期	V	数枚の苞原基が分化し，その頂部がやや伸長して小棒状となり，穂となるべき部位が分化してくるが，未だ小穂の分化は認められない時期.
c) 小穂分化	前期	VI	幼穂中央に小穂原基の小突起分化，基部には苞と小穂原基の二重の隆起を認める時期. 幼穂長 0.7～0.8 mm.
	中期	VII	幼穂最下位の苞腋に小穂の分化が明確となり，稈と穂の区別が定まる. 幼穂長 1 mm.
	後期	VIII	幼穂最頂位の小穂が分化し小穂数が決定. 1.5～2 mm.
d) 穎花分化	前期	IX	各小穂の基部に近い部域で，穎花の諸器官（内外穎・雌雄蕊）の原基分化. 3 mm.
	後期	X	各小穂の頂部の穎花の諸器官の原基が分化する時期で，小穂の基部の穎花では胞原細胞の形成が始まり，一小穂当たりの穎花数定まる. 5～8 mm.
e) 花器発育期			生殖細胞形成上最も重要な時期で，花粉母細胞および胚嚢母細胞の減数分裂が行われ，花粉四分子が形成される. 穂長もこの時期急速に伸長する. 10～30 mm.
f) 花器完成期			穂長は最大に達し，花粉粒は内容充実し，胚嚢の核分裂も完成し，生殖細胞は完成の域に達する. 80～100 mm.

星川（1980）を改

が互生する．ただし，穂の頂上の小穂のみは，その下位の小穂に対して 1/4 の開度で着く特徴がある（図 4.23）．小穂は，基部に 2 枚の護穎（苞穎, glume）があり，小穂軸は 5～10 節あり短く，各節に 1 花ずつ小花が着くが，普通上位の小花は退化または発育不全で，開花するのは下位の 3～5 小花，完全に稔実するのは基部の 3～4 小花である．

小花（穎花）は，緑色の薄い膜質の外穎と内穎に包まれ，外穎の先端に長い芒がある．品種により芒が退化したものがあり，これを無芒品種と呼ぶ．穎の内側は花器で下位から外穎に面して，1 対の鱗被，3 本の雄蕊，そして 1 個の雌蕊がある（図 4.24）．

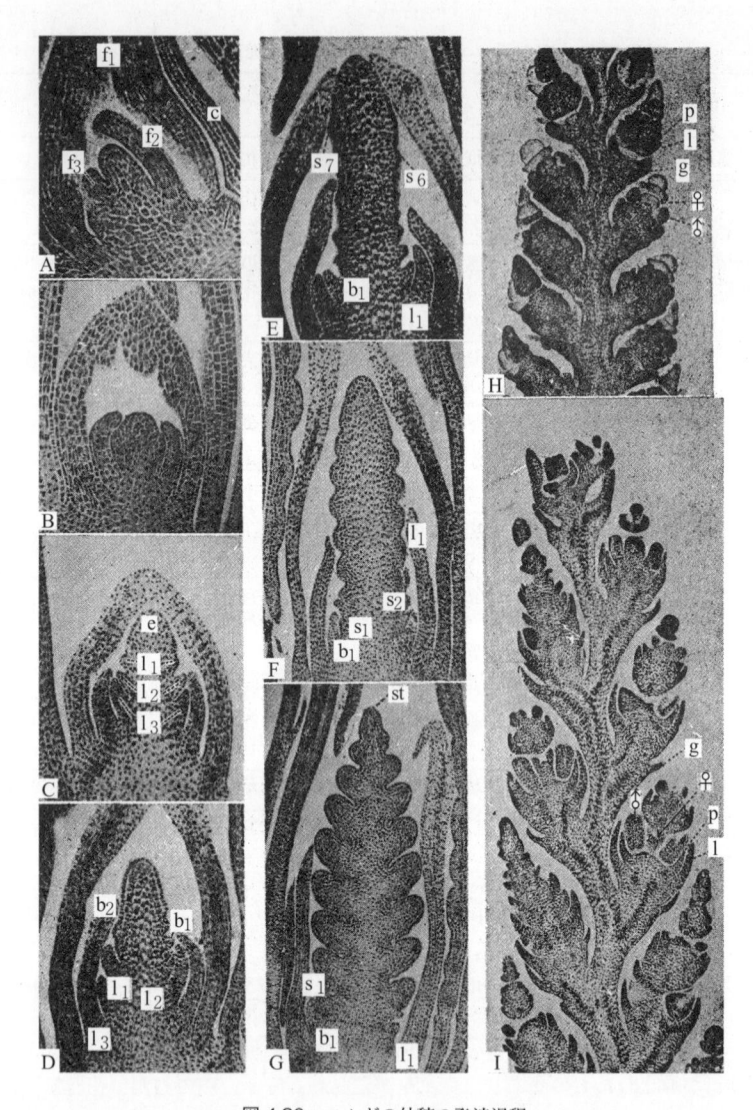

図 4.20 コムギの幼穂の発達過程

A：播種前の種子の胚の成長点付近（幼穂は未分化）．B：栄養成長期の成長点（穂は未分化）．C：幼穂原基分化期，e：幼穂原基，l_1：止葉原基．D：苞原基分化前期，b_1, b_2：第1, 2苞．E：小穂分化前期，s_6, s_7：穂の下部から数えて第6, 7の小穂原基．F：小穂分化中期，s_1, s_2：第1, 2小穂原基．G：小穂分化後期，最頂小穂 (st) と最下小穂 (s_1) の分化．H：頴花分化前期，p：内頴，l：外頴，g：護頴．I：頴花分化後期，♀：雌蕊，♂：雄蕊原基．末次 (1950)

3. 形 態　[157]

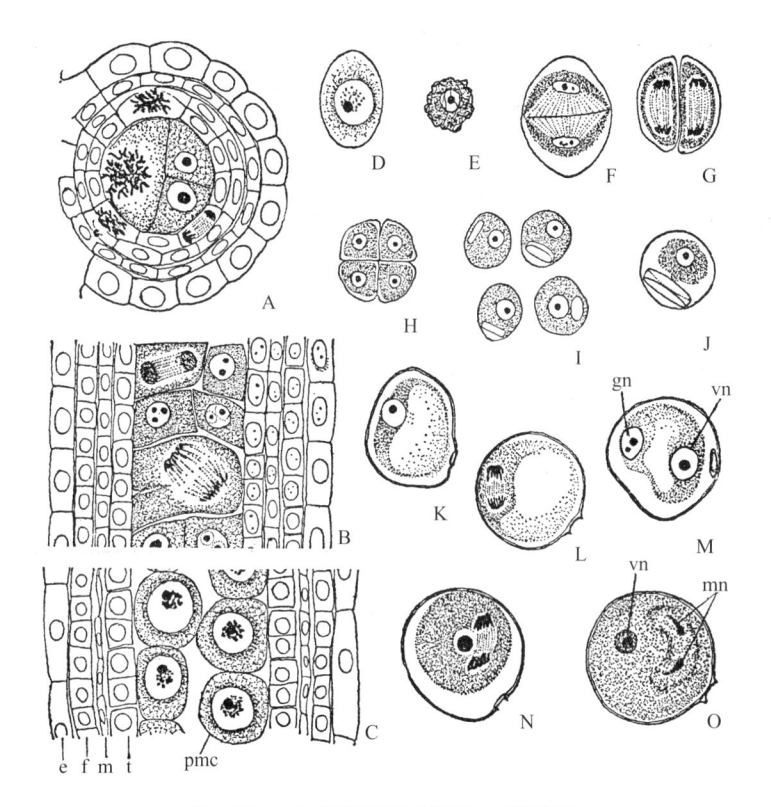

図 4.21　コムギ雄性配偶子（花粉）の発達過程
A：葯室内に胞原細胞分化（横断面）．B：同胞原細胞の増加（横断面）．C：花粉母細胞（pmc）分化，葯壁は外側から，表皮（e），繊維層（f），中間層（m），タペート層（t）．D：花粉母細胞．E：収縮期．F：減数分裂（第1分裂）．G：減数分裂（第2分裂）．H：花粉四分子．I：四分子の独立．J：花粉成長開始．K：花粉発芽口形成・収縮期．L, M：核分裂（栄養核（vn）と精原核（gn）を形成）．N：精原核分裂．O：花粉内容充実完成．1栄養核（vn）と2雄核（mn）がある．　星川（1980）

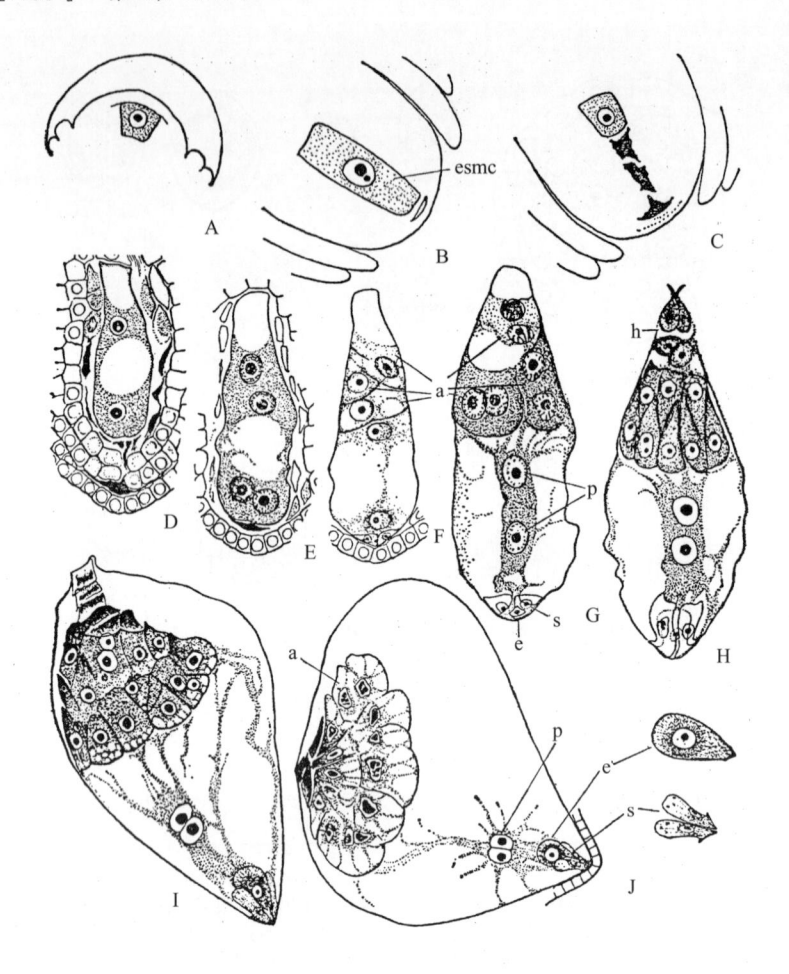

図 4.22 コムギの雌性配偶子（胚嚢）の発達過程
A：珠心組織先端，表皮下に胞原細胞分化．B：胚嚢母細胞発達．C：減数分裂後，3細胞は退化し，最奥の1細胞が発達，胚珠は頂生から次第に倒生に変わる．D：胚嚢核分裂，2核期．E：4核期．F：8核期，珠孔極の3核は細胞化し卵装置となり，カラザ極の3核も反足細胞 (a) となる．G：中央の2核は接近，極核 (P) となり，反足細胞分裂．H：反足細胞発達，カラザ極に吸足 (h) できる．I：胚嚢肥大開始．J：開花前日，胚嚢完成，反足細胞やや退化．卵細胞 (e) と2助細胞 (s) を拡大して別に示す．星川・樋口 (1960)

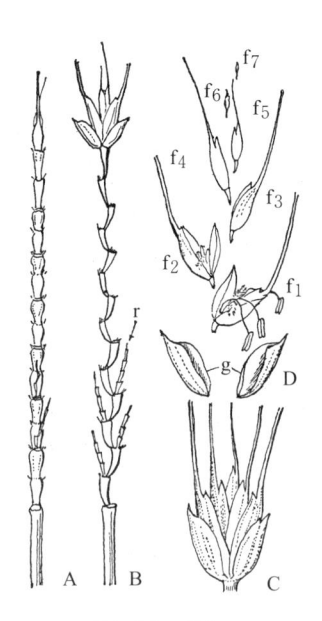

図4.23 コムギの穂と小穂の構造
A：穂軸．B：同，Aに対し直角方向の面，r：小穂軸．
C：小穂．D：小穂の分解図，基部2枚は護穎（g），その上は小花（f）．星川（1980）

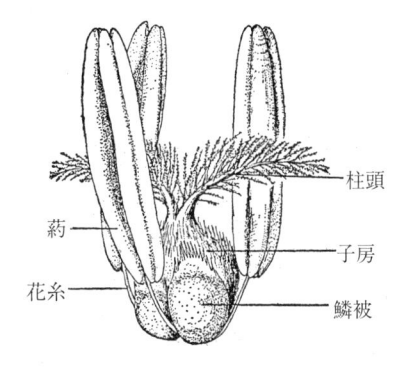

図4.24 開花直前のコムギの花器．内・外穎を除いたもの．星川（1980）

(8) 出穂・開花・受精

穂首節間の伸長により穂孕期を経て出穂する．出穂は開花に先立つこと数日である．出穂始めから全穂の出穂完了までは，普通2～4日を要する．開花は，出穂3～7日後から始まる．開花は穂の中央よりやや上部の小穂から始まり順次穂先と基部に及び，1小穂の中では基部の小花から先端へと咲く．1個体の全ての穂が咲き終わるには7～8日を要する．ただし，1粒系コムギと2粒系の野生エンマコムギは，穂先の小穂から開花する（Percival 1921）．開花は鱗被の膨張によって外穎が開き始めると同時に，雄蕊の花糸が急に伸長し，同時に葯の先端が裂開して，花粉の一部が出て雌蕊の柱頭に付着する．花糸の伸長により葯は穎外に出る．雌雄同熟（homogamy）であり，しかも，このような咲き方のため自家受粉となり，自然交雑率は1％以下である．なお，クラブコムギでは1～2個の葯が穎内に留まり，ポーランドコムギでは葯は全く抽出しない．パンコムギでも葯の抽出不充分なことがあり，これが赤かび病の発生と関係を持つ（竹上 1957）．

開穎から閉穎までの時間は環境条件により異なるが30～40分である．開花時刻はイネのように特定ではなく，午前中より午後がやや多く，夜間は少ない（南・御園生 1933）．出穂後開花までの日数は気温により異なり，九州では3～5日であるが，寒冷地では5～7日である．開花の最適気温は18℃である（Hoshikawa 1960）．開花は夜間でも起こるから，光はあまり関係がないらしい．湿度は一般に70～80％の時に開花が最も多い．雨天の時も開花するが，時に気温の低下を伴って開穎不全となり，閉花受粉することがある．また，もし開穎中に雨滴や濃霧により柱頭が濡れると，花粉が破裂して受精できないことがあり，その場合，不受精の小花は子房が数日後に異常肥大して再び穎が開くこ

とがある．この再開穎花はわずかに受精能力があるが，二次的受粉の機会に恵まれず，ほとんど全て不稔に終わる（星川 1960）．

受粉後，数分経つと花粉は柱頭上で発芽し始め，花粉管は花柱を経て胚珠に入り，受粉後30〜60分で胚嚢に入り，助細胞の1つに貫入したのち2精核を放出し，卵および極核の受精が行われる（図4.25）．雌雄両性核の融合をもって受精完了とみた場合，卵およ

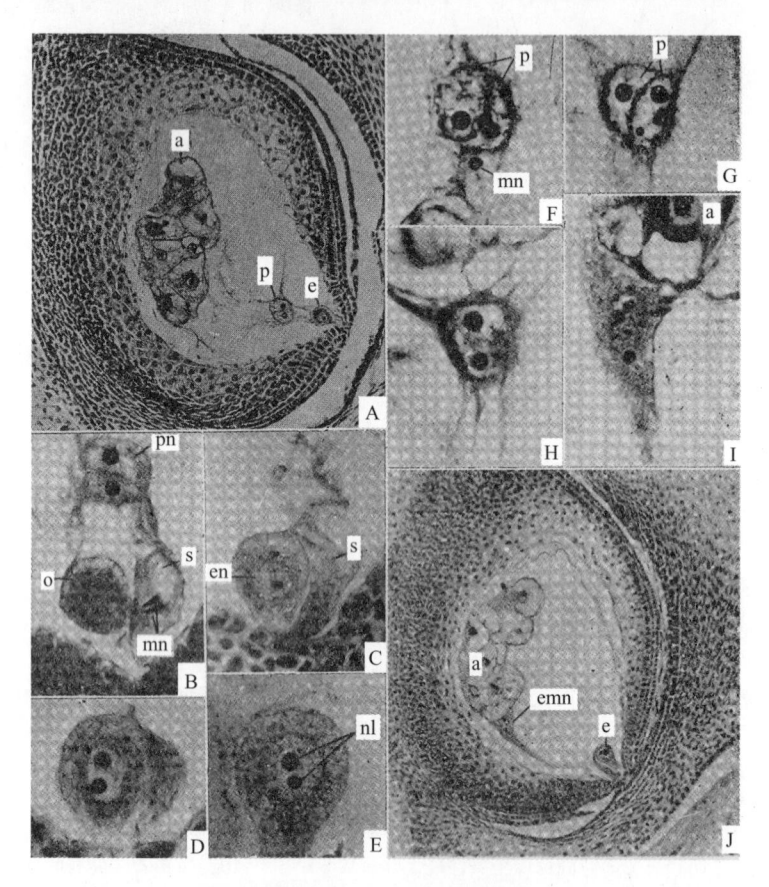

図4.25 コムギの重複受精

A：開花時の胚珠縦断面，胚嚢内に卵装置 (e)，極核 (p)，反足細胞 (a)．B〜E：卵細胞の受精．B：助細胞 (s) 内へ花粉管先端侵入，2雄核 (mn) がみえる，極核 (pn) は卵装置に近接，o：卵細胞．C：雄核は卵細胞内に入り，卵核 (en) に近接．D：雄核は卵細胞内に入り，卵核内には雄核由来の仁（上）と卵核の仁（下）がみえる．E：休止期の受精卵，2仁がある．F〜I：極核の受精．F：1雄核 (mn) が極核 (p) に近接．G：雄核は1極核（右側）内に入り，大小2仁がみえる（第1次核融合）．H：2極核の境目消失し始める．I：3重融合と同時に受精極核（胚乳原核）は分裂の前期に入る．J：受精完了時の胚嚢，胚乳原核 (emn) は反足組織 (a) に接着，受精卵 (e) は休眠に入る．Hoshikawa (1959)

び極核の受精はほぼ同時に完了し，受精からの所要時間は，普通約5時間である（Hoshikawa 1959）．

受精所要時間は温度によって異なり，30℃では受粉後3.5時間，20℃で5時間，10℃では8.5時間を要し，35℃以上，および9℃以下では24時間以上経っても受精は完了せず，結局異常受精に終わる．また体内の窒素が過多または過少に育った場合は適量施肥区に比べて，各温度ともに受精所要時間が長くかかる（星川・樋口 1960）．

（9）穎果の発達

受精後，子房は発達して穎果となる．穎果（粒）の発達はまず，長さが急速に伸びて15〜18日で最大長に達し，少し遅れて24〜30日後に幅および厚さが最大となる（図4.26）．この長さ，幅，厚さの発達は品種，すなわち長粒，円粒，中間粒などによって異なる．その後穎果の各サイズは水分を失って縮小する．

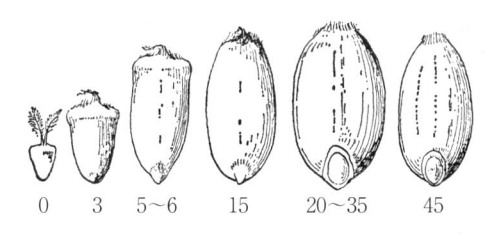

図4.26 コムギの穎果外形の発達過程．下の数字は開花後日数．星川（1980）

表4.5 コムギの胚および胚乳の発達段階

発達段階		受粉後日数	熟期
胚	胚乳		
Ⅰ 受精卵分裂開始期	Ⅰ 胚乳原核分裂期	1	
	Ⅱ 胚乳核分裂増殖期	1〜3	
	Ⅲ 胚乳細胞壁形成期	4	
	Ⅳ peripheral層完成期	5	
	Ⅴ 胚乳組織が胚嚢を満たす時期	6	
Ⅱ 始原成長点分化期	Ⅵ 第1次デンプン粒蓄積開始期	7〜8	
Ⅲ 幼芽鞘分化期		9	
Ⅳ 第1葉分化期	Ⅶ 胚乳内部細胞分裂停止期	11	
Ⅴ 第2葉分化期		15	乳熟
	Ⅷ 第2次デンプン粒蓄積開始期	17	
	Ⅸ 胚乳全細胞分裂停止期	18	
Ⅵ 吸収層分化期	Ⅹ 胚乳細胞成長期	20	
Ⅶ 第3葉分化期		23	糊熟
Ⅷ 胚完成期	Ⅺ 胚乳内部細胞完成期	30	
	Ⅻ 胚乳全細胞成長停止期	37	黄熟
	ⅩⅢ 胚乳細胞収縮完成期	40	完熟

品種：農林67号．星川（1961）

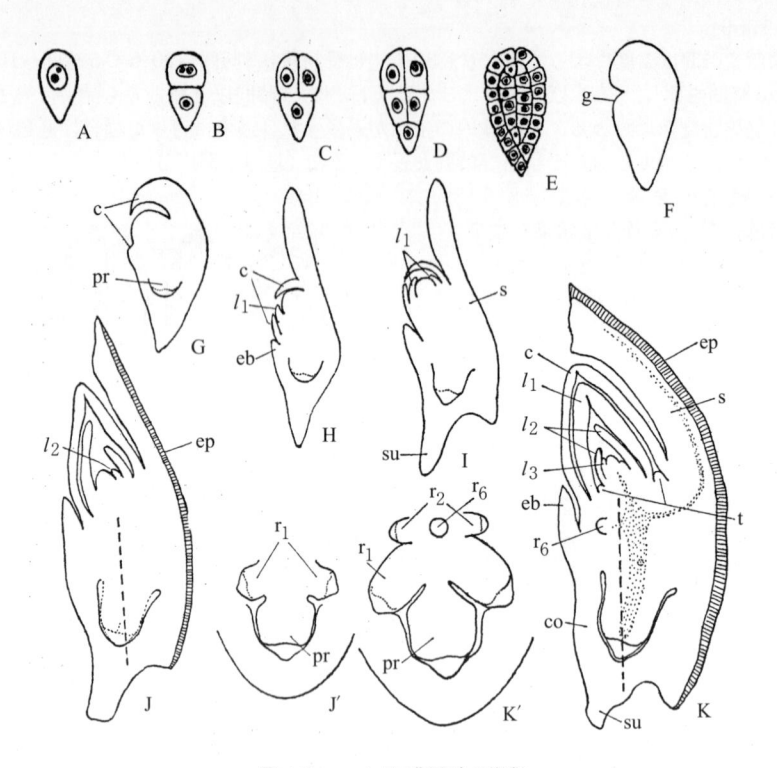

図4.27 コムギの胚発生の過程
A：受精卵．B：1日後．C, D：3日後．E：5〜7日後．F：8日後，成長点 (g) 分化．G：9日後，子葉鞘 (c)，種子根原基 (pr) 分化．H：11日後，第1葉 (l_1)，芽鱗 (eb) 分化．I：15日後．J：20日後，第2葉 (l_2)，胚盤吸収層 (ep) 分化．J'：Jの点線部縦断面，第1対生種子根 (r_1) 分化．K：35日後，第3葉 (l_3) 分げつ (t) 分化．K'：Kの点線部縦断面，第2対生種子根 (r_2)，第6種子根 (r_6) 分化．co：根鞘．s：胚盤．su：垂状体．星川 (1976)

　粒の外形が完成するのは33〜37日後である．粒重は粒幅の発達と平行的に増加し35〜40日頃に最高値に達し，あとは水分減少に伴って減少する．登熟の完了は日本では普通45〜50日，冷涼地，例えばイギリス，北ヨーロッパなどでは60日ほどを要する．
　成熟の過程は，乳熟，黄熟，完熟，枯熟の4期に分けられる．乳熟期 (milky ripe stage) には粒を圧すと乳状の液が出る．黄熟期 (yellow ripe stage) は果皮から葉緑素が消失して，粒は指で強く圧すると潰せる程度で内部はまだ軟らかく，特にこの時期の前半を糊熟期 (dough-ripe stage) と呼ぶことがある．完熟期 (full ripe stage) になると，粒は硬くなり，品種特有の粒色を呈する．枯熟期 (dead ripe stage) になると穂軸が折れやすくなり，脱粒してしまう．

3. 形　態　[163]

　受精卵は受精後十数時間経過した後，最初の分裂を行い，以後細胞分裂を繰り返して数日後に紡錘形の幼胚となり，8日目に始原成長点を分化し，以後発達を続け，ほぼ30日後に胚の成長を完了する（図4.27）．その後，穎果全体の収縮に伴って胚の形も若干収縮し，胚は休眠に入る（表4.5）．

　極核が受精してできた胚乳原核は，受精完了と同時に分裂を始め，3〜4時間後には2核となり，以後4日目まで核分裂を続ける．胚乳核は原形質を伴って胚嚢の内周辺部に層膜状に配列し，4日目には全ての胚乳核の周囲に細胞壁が形成される．以降は細胞分裂の時期に入るが，細胞分裂は主として組織の最外層の細胞において続けられ，胚乳細胞を遠心的に増やす．5〜6日目には胚嚢内部は胚乳細胞組織で満たされ，デンプンなどの蓄積が開始される．細胞の増殖は18日頃まで続いて終了するが，20日以降は細胞はさらに肥大を続け，37日頃にその肥大も終了し，以後はわずかに収縮して40〜45日に発達を終わる（表4.5）．

　胚乳細胞の増殖は胚嚢（胚乳組織）の両側面で盛んなために，胚乳は両側部が膨出した扁円形となり（図4.28 A），その後，両側部が盛んに細胞分裂しながら背面の方へ肥大するために，両側の膨出部は図4.28 Bのように彎曲し，いわゆる"flank"を形成する．背腹軸を中心とする部分は細胞があまり増えないので，この部分は両flank部をつなぐ狭い"bridge"となり，最終的には左右のflankが肥大して，図4.28 Cのように背面にある養分通導組織を内側に取り込んだ形の縦溝が形成される．

　16〜18日目の細胞増殖の終了期に，最後に分裂した最外層の1層の細胞は，糊粉層に分化する．糊粉層は1層（粒の末部では2〜3層）で細胞壁の厚い，立方体の細胞が並ぶが，背部の縦溝の通導組織に対する部分では，細胞は長い不整形である（星川1961）．

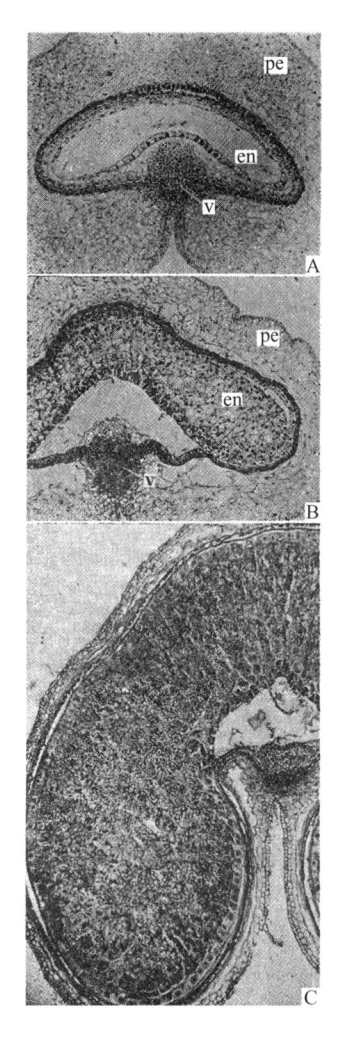

図4.28　胚乳の発達（横断面）
A：受精後4日，胚乳(en)は2層，pe：果皮，v：通導組織．B：受精後7日目，flankが突起しbridgeができる．C：11日目，flankの発達が著しい．星川(1961)

　図4.29は胚乳の発達に伴う細胞の肥大と，その中に蓄積されるデンプンの形状を示したものである．コムギの胚乳に蓄積されるデンプン粒には，形態的に2種類のタイプがあり，第1次および第2次デンプン粒と呼ぶ（星川 1961）．第1次デンプン粒は，受精後6

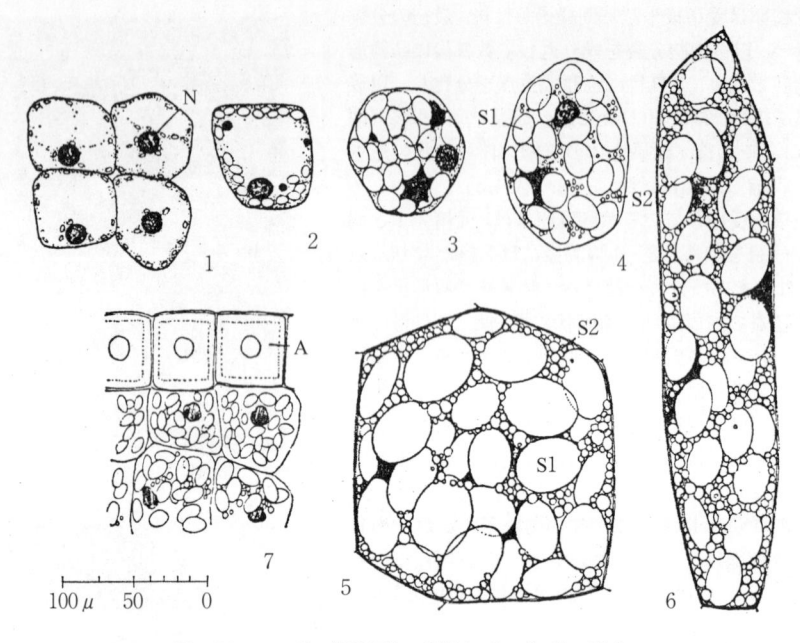

図 4.29　コムギの胚乳細胞の発達とデンプン粒の形成
1：開花後8日目，デンプン粒形成始め（Nは核）．2：9日目．3：16日目．4：17日目，発達した第1次デンプン粒（S1）の周りに小さい第2次デンプン粒（S2）が出現．5：30日目，ほぼ完成したflank部内部細胞．6：同bridge部細胞．7：胚乳周辺部の細胞，糊粉層（A）に接する細胞ではデンプン粒が小さく，第2次デンプン粒が形成されない．星川（1961）

〜7日目から胚乳組織の最も内部の細胞に蓄積され始め，次第に周辺部組織に蓄積されるようになる．初期は微少な腎臓形で，次第に大型のレンズ形に成長し，完熟した胚乳では長径20〜40 μmになるが，組織の内部の細胞に蓄積されるものほど大きい（図4.29）．また，いずれの位置でも1細胞内に存在するデンプン粒のサイズは斉一である．第2次デンプン粒は，17日頃から第1次デンプン粒の隙間に出現し，以降長期に亘って，その数を著しく増すが，大きさは10 μmに達しない小球形である．糊粉層に近接する1または2層の細胞には蓄積されない．

なお，貯蔵タンパク粒の蓄積開始は受粉後10〜13日からである．タンパク粒は細胞の液胞内に，あるいは細胞質の中の単膜層で境された袋の中に形成され始める．成熟粒ではタンパク粒は径20 μmになるが，同じ細胞内でも大きさに変異があり，最も小さいものは径0.5 μmほどであり，充実したデンプン粒の間にやや歪んだ形になっている．完成タンパク粒は，ラメラ構造のリポプロテイン膜に包まれている（Jennings et al. 1963）．

4．生理・生態

(1) 発　芽

コムギの胚は，受精後10～13日の乳熟期にすでに発芽力を持つようになるが，16日目以降は発芽しなくなる．穎果（種子）が形態的に完全に成熟した後も一定期間発芽せず，休眠（dormancy）する．この間に胚が生理的に成熟して，その後に再び発芽能力を示すようになる．これを後熟（afterripening）といい，後熟によって胚が発芽力を獲得するから胚熟ともいう．また，それまでの後熟期間を休眠期間と呼ぶ．しかし，この期間も種子は休止しているのではなく，内部で盛んに生理的変化が起こっているので，後熟のことを生理的成熟ともいう．後熟期間の長さは品種によって差異がある．後熟期間の長いものは約1か月に及ぶ．一般に日本在来の品種は後熟期間が長い．わが国では，種子の成熟期はちょうど梅雨の季節と重なるため，後熟期間の長いものが長年の栽培の間に選抜されたものと考えられる．

完熟種子の発芽を抑制しているものは果皮と種皮に存在し，これを傷つけ酸素を流入させると休眠が破れる．この他穎にも抑制する原因があるとみられている．休眠種子の水，メタノール，およびエーテル抽出物を発芽床に添加すると，後熟後の種子も発芽が抑制される．休眠の浅いコムギ種子では，種子の成熟期に長雨に遭うと穂発芽を起こし，品質が低下する．休眠から覚醒したコムギ種子にABAを施与すると休眠が誘導されることから，コムギ種子の休眠はABAが関与していると推定されてきた．しかし，休眠中の種子と休眠が醒めた種子のABA含量には差がないことから，未知の休眠誘導物質の存在が指摘されている（幸田 2003）．休眠期間を人為的に短縮させるには，吸水後5℃の低温に6時間晒すと，ほとんど後熟を完了させることができる．

乾燥種子および催芽種子を低温処理（vernalization）すると，前述の後熟完了の効果のほかに，成長や花成・出穂などに種々な影響を生ずることが知られている．催芽種子を0～3℃で20～40日処理すると，節間の伸長や幼穂の発達が早まるとともに，稈基部の節間長が短くなり，稈径が太くなって稈の倒伏抵抗性が高まる．また，収量に対しても，特に秋播性の高い品種では約5％の増収効果が認められている（小田 1963）．

(2) 低温障害

コムギの種子は，−200℃以下の超低温においても短時間であれば，発芽力を維持する（中山 1960）．しかし，一旦発芽すると耐寒性は弱くなり，葉齢3～4で胚乳の消尽期の頃，最も耐寒性が弱まり，その後再び耐寒性を増す．

1) 硬　化

一般に，植物の細胞が低温に遭遇すると，細胞壁内に氷晶が生じ，細胞内の水分が細胞間隙に出て凍り，さらに低温になると一層細胞内の水が奪われて細胞は脱水収縮する．また，細胞内に氷晶ができると細胞内膜は障害を受け，細胞は死に至る．

秋播コムギは気温が徐々に低下する環境で生育するために，次第に低温耐性を獲得する．特に越冬前に低温（4～0℃）に遭うことによって，その後さらに氷点下の温度環境に置かれても生存する能力を獲得し，外気温が−25℃でも生存可能である．この過程を硬

化（hardening）あるいは低温順化（cold acclimation）と呼ぶ．硬化により，細胞内にグルコースなどの糖類が増えて凝固点が降下し，低温による凍結や脱水が防止され，耐寒性が高まると推定されている．

2）寒害・凍霜害・雪害

硬化によって耐寒性は強まるが，著しい低温に遭うと寒害（cold injury）を受ける．この場合，硬化が十分に行われていると，細胞質中に糖が多く浸透圧が高いため，寒害が起こりにくい．体内に炭水化物が多い場合は少ない場合より害を受けにくい．茎葉部は光合成をしている昼間の方が夜間より寒害を受けにくい．これも糖含量から説明される．一般に，C/N率が高く，乾物率が大きい状態では耐寒性が大きい．

寒害の起こるもう一つの機構は，根からの吸水力が弱まり，茎葉の萎れを起こすことによる．寒地では，冬季は地表下に凍結層ができるが，コムギの根がこの層より下まで伸びていないと，根は表土とともに凍上して，乾燥害を受け，吸水不能となる．凍上が著しい時は，根は切断されることがある．

春になって節間伸長し，幼穂の形成が進んでから低温に遭って起こる害で，寒害とは区別して凍霜害，または霜害（frost injury）という．霜害は，寒害だけでなく，植物体が霜で覆われることの被害が大きい．霜害には，まだ幼穂の生育があまり進んでない時期に発生する幼穂凍死型と，出穂・開花・受精の時期に発生する不稔型とがある．

幼穂凍死型は，幼穂の置かれている稈の高さが影響し，稈長5 cm以上になると発生が多くなる．幼穂の凍死は−3℃〜−4℃が数時間続くと起こる（大谷 1942）が，最低気温と低温持続時間との相互関係，すなわち氷点下積算温度で発生の状況が異なる（小田 1963）．

不稔型は，−1〜−2℃に3〜4時間置かれると起こるが，特に開花期は，+2℃でも持続時間が長いと発生する．受精期と花粉形成期，特に花粉第1核分裂期が鋭敏であるといわれ（大谷 1942），この時期に低温により登熟異常や不稔を起こしやすい．

雪害（snow injury）は，深い積雪に長時間覆われることによって起こる．積雪により光不足のため光合成が行われない一方，積雪下では植物体の周囲は0〜−1℃で比較的暖かいため，かなりの呼吸が行われ，炭水化物の消耗が進み乾物重が減る．これが進むと，タンパク質の分解も起こり，そこへ雪腐病菌が侵入する．積雪下は多湿条件であるから作物体の衰弱と病原菌の伝染に好都合な条件である．雪害は，これらの要素の複合したものである．根雪期間日数は雪害程度と最も関係が深く，根雪期間と稈長，粒数，1,000粒重，収量との間には，高い負の相関がある（橋本・松浦 1956）．また，被害は播種期の遅延や根雪直前の窒素肥料追肥などによって助長される．

（3）水分生理

コムギの要水量は，研究者によりいろいろな値（160〜641）が得られているが，わが国では160〜190（長谷川 1957）で，水稲に比べるとかなり低い値である．地下部の温度が35℃までは，高温ほど吸水・蒸散ともに増大する．蒸散量が大きいほど収量は増大する関係がみられる．しかし，蒸散は葉面積が大きくなると増大するから，乾燥地域における多収では光合成と蒸散のバランスが重要となる．蒸散を担う気孔は，葉の表面積1 mm^2

当り約50個あり，裏面ではその70％ほどである．しかし，この密度は環境によって変動し，乾燥状態で生育すると少なくなり，湿潤条件では増加する．

生育に伴い，吸水量は増大し，特に節間伸長の増大に伴って急増し，出穂期頃に最大となり，以降登熟期間に急減する（図4.30）．蒸散が盛んな場合は，主に受動的吸水を行うが，蒸散が少ない場合には，積極的吸水が多くなる．また，土壌中にリン酸，窒素，イオウなどの養分が欠乏すると吸水は減少し，特にリン酸欠乏の影響が著しい．

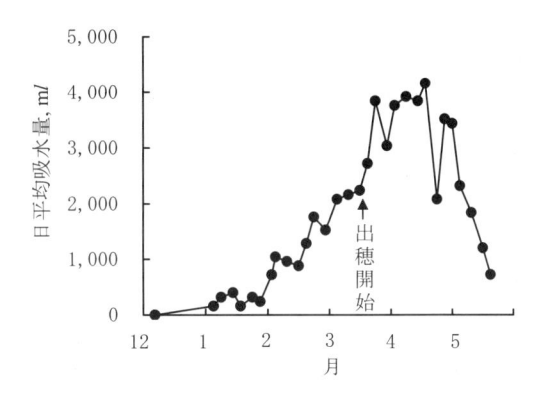

図4.30 コムギの生育時期別吸水量．玉井（1951）を改

（4）光合成と物質生産

わが国ではコムギは多くは冬作物として栽培される．したがって，コムギの光合成，物質生産上の最大の特徴は低温下で光合成を行い，物質生産を営んでいることにある．コムギの光合成に対する適温は比較的低く，15℃前後といわれる．しかしこの適温は生育前歴により異なり，10～25℃の間で変化するようである．たとえば，冬期野外で生育させたものは約10℃に，ガラス室内で生育させたものは20℃に適温がある．さらに，野外に生育させたコムギをガラス室内に入れると，24時間以内にみかけの光合成速度の適温はガラス室内で生育させたものに一致する（Sawada and Miyachi 1974）．このように，コムギは温度変化に対し比較的敏感に反応する．圃場条件下でも前夜の気温が0℃以下になると，光合成速度は朝には抑制されるが，昼に温度が高くなるとその抑制は解除される（高・玖村 1973）．そのため，同じ光強度で比べると，午後の方が午前よりもみかけの光合成速度は高くなる（図4.31）．このように，冬期間は日中の温度上昇を有効に利用して光合成を行うが，低温のため葉面積の拡大は抑えられ，寿命の長い少数の葉により，光合成が行われる．したがって，光合成産物が新しい光合成器官の形成には使われないため，

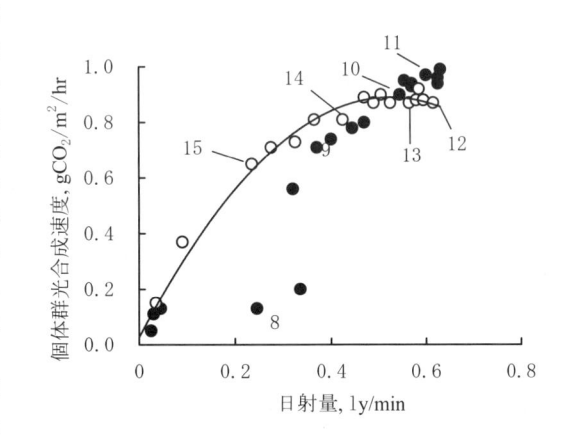

図4.31 コムギの個体群における日射量と光合成速度の関係
●：午前，○：午後，図中の数字は時刻を表す．1月9日．高・玖村（1973）を改

根，葉鞘などに多く蓄積される．春になると，それまで蓄積された光合成産物と，気温上昇によって活発になる光合成の産物を用いて急激な成長を行う．

コムギの野生種と近年の栽培種を比較すると，単位葉面積当りの光合成速度は栽培種の方がむしろ野生種より低くなっている．しかし止葉の葉面積が大きい方向へ進み，結局止葉全体の光合成速度は栽培種の方が高くなっている．また栽培種では収穫指数（harvest index）すなわち全乾物重に対する子実重の比率が，大きい方向に改善がなされている（Evans and Dunstone 1970, Evans 1993）．

また，コムギの場合にも，イネと同じく個体群の純生産速度の上昇には，LAIが最も大きく貢献する．したがって，密植・多肥栽培により個体群の物質生産を高めることができるが，コムギはイネよりも密植に対する耐性がないといわれ，多肥条件では倒伏しやすい．しかし品種改良により，たとえば日本の農林10号のように草丈が低く，多肥・密植によっても倒伏しにくいものも育成されている．いわゆる緑の革命といわれたメキシコでのコムギ新品種の育成には，短稈性の農林10号の血が導入されている．

コムギの収量と光合成との関係については，主にヨーロッパとオーストラリアで系統的な研究がなされている．一般にムギ類の子実生産においては，穂の光合成の貢献度が大きいとされているが，コムギでは比較的小さく，およそ10〜15％とみられている．止葉の葉身と葉鞘の光合成が，子実生産に果たす役割は大きく，子実の炭水化物の約60％は止葉の光合成に由来するといわれる（Thorne 1973）．また，子実はイネと違い，その容積が頴によって物理的に制限されることがないため，シンクとしての子実容積は変わりうる．温度を変えた場合に，粒重は30％程度の変異を示すといわれる（Asana et al. 1965）．そのため，シンク容量は頴花数と粒の容積により決まる．イネは比較的日射量の多い時期と地域に栽培されるため，LAIが十分確保されていれば，収量に対してシンク容量が大きな限定要因となる．コムギの場合には，日射量の少ないヨーロッパなどでは主にソースの側が，そしてオーストラリアのように日射量の多い地域では主にシンクの側が，それぞれ収量に対して限定要因になっていると考えられている（Thorne 1973）．

（5）養分吸収

種子根からの養分吸収は，生育に伴って増加し，節間伸長期に最大となり，その後減少する．冠根の養分吸収は，初期は種子根より劣るが，節間伸

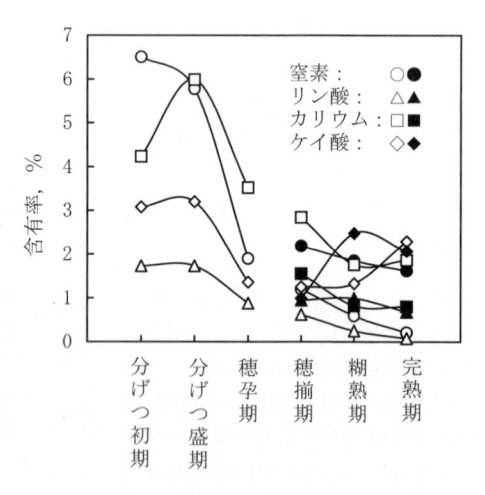

図4.32　コムギの植物体の主要成分の生育に伴う変動　分げつ初期〜穂孕期：植物体全体．穂揃期以降：白抜きは茎葉，塗りつぶしは穂．香川農試のデータから作図

長期からは種子根より優り，出穂期から乳熟期にかけて最大となる（Krassovsky 1926）．体内成分の生育時期別の変化をみると，生育初期は各成分の含有率は高く，生育が進むにつれて減少する．茎葉中の成分含有率は，初期には窒素とカリウムがリン酸やケイ酸より高く，生育後期にはケイ酸が高い傾向がある（図4.32）．穂の成分含有率は，登熟の進行に伴い各成分とも低下するが，ケイ酸は糊熟期に高まる傾向がみられる．養分吸収は温度により影響を受け，低温によって養分吸収は低下する．

生育時期別の養分の要求程度をみると，窒素は幼穂分化期から出穂期にかけ特に要求度が高く，リン酸は分げつ期に，またカリウム，カルシウム，イオウは幼穂発達の初期に最も必要とされる．

窒素：窒素は，主として生育の前半，栄養成長期の分げつ最盛期までに全吸収量の50％が吸収され，とくに幼穂発達の初期から出穂にかけて多く吸収され，穂孕期までには約90％が吸われる．窒素の欠乏は他の要素の欠乏よりも収量に悪影響を及ぼす．窒素欠乏により生育が悪くなり，分げつが減り，ケイ酸の吸収が増加する．登熟期には栄養体が含有する窒素量の約66％が穂へ転流される．水稲に比べ，穂の窒素含有率がかなり高い（志賀 1982）．

リン酸：生育初期から必要とされるが，分げつ最盛期までの吸収量は約27％と少なく，その後，急に吸収が多くなり，穂孕期までに82％，穂揃期までに90％と窒素より遅いペースで吸収される．登熟期に入ると栄養体の含有量の80％が穂に転流され，貯蔵タンパク質の構成材料とされる．リン酸は収量の増加に貢献するだけでなく品質を良くし，成熟期を早める効果も認められている．

リン酸は，土壌中の鉄，アルミニウムなどと結合して，難溶性のリン酸鉄，リン酸アルミニウムとなるため，施用効果が低い．特に酸性黒ボク土ではこれが著しいが，わが国のコムギ栽培地にはこのような土壌が多いため，コムギのリン酸吸収率は非常に低い．標準培養液による水耕試験でも，リン酸の吸収率は窒素，カリウムに比べて低く，施用量に対し6％にすぎない（石塚 1947）．

カリウム：生育全期にわたって必要とされ，吸収パターンはリン酸の場合と似ているが，穂揃期に最高となり，開花期以降も吸収され続ける．登熟期の穂への転流率は13％でリン酸，窒素に比べて少ない．体内にカリウムが減少するとリン酸が増加する．欠乏すると，稈の細胞組織の弱化を招き，倒伏しやすくなる．イネと比較して，カリウム欠乏はリン酸欠乏とともに減収割合が大きい．

カルシウム：根系の発育や体内の過剰酸や有毒酸の中和に働き，ペクチン酸の塩となって細胞組織を維持する機能があり，また炭水化物やアミノ酸の穂への転流に関与する．カルシウムは，カリウムと拮抗作用があり，高濃度の場合にはカリウムイオンの吸収を阻害する．登熟期にも吸収が続くが吸収率はカリウムよりもさらに低い．

（6）登　熟

各種貯蔵養分が穎果に集積される過程をみると，タンパク質およびグルテンは出穂後45日目頃まで増加を続け，全炭水化物およびデンプンは42日目頃まで増大した後一定となる（図4.33）．粒内貯蔵タンパク質の多い硬質コムギでは，軟質コムギよりもグルテン

の集積期間が長く，45日目以降も集積が続く（渡辺ら 1957）．

　胚乳に蓄積されるタンパク質の量は品種によって異なるが，いずれの品種も，栄養成長期は茎葉や根のタンパク質含量に差が認められない．出穂期以降になると，高タンパク質品種は低タンパク質品種に比べて，茎葉・根ともにタンパク質含量が減り，同時に穂や粒のタンパク質含量が高くなる（Seth et al. 1960）．

　胚乳への養分の転流は，穂軸から小穂軸の維管束を経て運ばれた転流物質が，粒の背部の縦溝内部に縦走する通導組織に入って終点となり，その導管あるいは仮導管から内部の珠心突起（nucellar projection）組織を経て，胚乳の糊粉層から胚乳内へ取り込まれる．開花後30日をすぎる頃から珠心突起は退化し始め，それと並行して背部通導組織の間の部分（内珠皮内層に連続する細胞層を中心に完熟期には5〜6層になる）に，好スーダン性黄色物質の沈積が増加する（星川1964）．この色素の沈積は，pigment strand（Sofield et al. 1977）とも呼ばれ，これが胚乳への水の流入を次第に阻止するものと思われ，養分の集積もこのために終了することになる．

　開花後の粒の発達は，登熟期間の光合成量および開花期までに茎葉に蓄積された同化産物量の穂への転流量によって左右される．このうち，開花期までに茎葉に蓄積された同化産物量の穂への転流量は10％以下と少ないので，登熟の良否は主として登熟期間の光合成量に支配される（Evans et al. 1975）．したがって，開花期以降の葉面積の維持と適切な養分供給により，群落の光合成能を高めることが多収に結びつく（Evans et al. 1975）．

　開花時およびそれに続く数日間の高温，日照不足，水分欠乏は登熟に悪影響を及ぼす（Wardlaw 1970, Fischer 1973）．登熟期間が高温であると粒重の

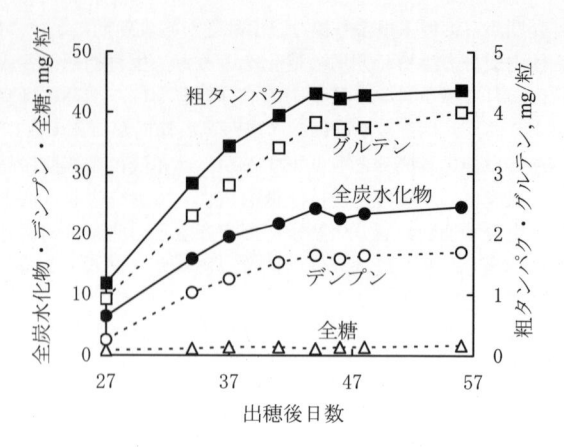

図4.33　硬質コムギの登熟に伴う粒内成分の変化．渡辺ら（1957）から作図

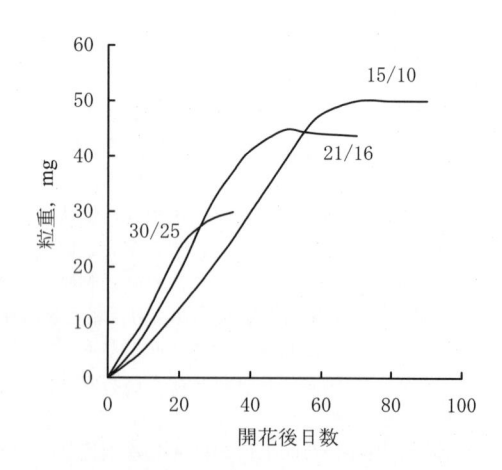

図4.34　登熟期の昼/夜温（℃）とコムギの粒重増加の関係．Sofield et al.（1977）

増加速度は大きいが，登熟期間は短縮され，最終粒重は小さくなる．図4.34のように，昼/夜温が30/25℃と高い場合は，低い場合に比べて登熟期間が短く，最終粒重が小さい．15/10℃では，粒重の増加速度は小さいが，登熟期間が長く，最終粒重は最も大きい（Sofield et al. 1977）．

また，登熟期の光が強いほど登熟期間が短縮されるとする見解と，光の強さは粒重には影響することがあるが，それぞれの完熟までの期間の長さには影響がみられないとする考え（Sofield et al. 1977）もある．1穂粒数については，登熟期間が高温であるほど減少し，また光が強いほど増加する傾向が知られている．

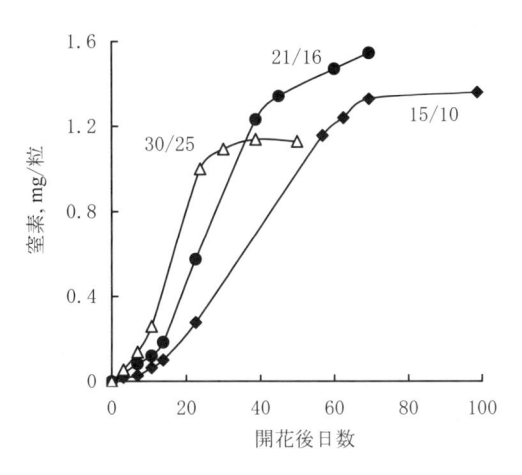

図4.35 登熟期の昼/夜温（℃）が粒内への窒素の集積に及ぼす影響．Sofield et al. (1977)

粒内のタンパク質の集積経過にも温度は影響し，図4.35のように，1粒当り窒素は乾物重の増加ときわめてよく似た傾向を示し，中庸の温度条件（21/16℃）の場合が最も集積量が多い．

5．環境

（1）気象

世界の主なコムギ栽培地域は，比較的乾燥した温暖な気候の地帯にあり，その中で，特に半湿潤型で平均気温10～18℃の，やや冷涼な土地が最適とされる．降水量は年間最小100 mmから最大1,500 mmの範囲で，特に400～900 mmの地域における栽培が多い．400 mm以下の所では灌漑が必要である．日本は平均気温10～16℃であるが，年降水量が1,200～1,800 mmと多く，生育の全期にわたって水分の過剰が障害となっている（山下1991）．特に登熟期が梅雨期に当り，高温・多湿となるのでコムギ栽培には好適とはいえない．

気温，日照および降水量と収量との関係をみると，秋季は全国的に気温が低いことが望ましい．冬季は降雪の多い地方では気温が高く降雪の少ない方が良く，対照的に温暖な九州などでは気温が低い方が良い．登熟期には全国的に気温が低目で降水量少なく，日照が多いことが望ましい．世界のコムギの生産地は，上述の望ましい気象条件を備えており，特に登熟期・収穫期には好天が続く大陸性の気候である．世界最高水準の多収を達成しているイギリス（ロンドン）と中位水準の日本の関東地方（水戸）の気温と降水量を比較すると，イギリスはコムギの生育期間を通じて冷涼でやや乾燥であり（図4.36），このような気象条件が多収の大きな要因であることが理解される．

わが国のコムギ生産地の北関東と九州地方は1月の平均気温2～5℃で雪が少なく，越冬に適するが，関東では春季に凍霜害が起こりやすい．北海道と東北の太平洋側では厳寒のために越冬に問題があり，北海道の一部では春播きが行われている．東北の日本海側，北陸，山陰地方は秋から冬に雨や雪が多いために，四国などは高温のためにそれぞれ栽培には不適で，栽培が少ない．

登熟期間中あまり高温にならない大陸性気候では，グルテンに富んだ硬質のコムギが生産される．一方気候温和で降雨の多い海洋性気候では粉状質のコムギを産する．日本は概して後者の気候であるから，日本のコムギは，ほとんどが粉状質であり，わずかに登熟期以降雨の少ない北海道において硬質のコムギが，また山間冷涼地や東北地方に半硬質のコムギが生産される．

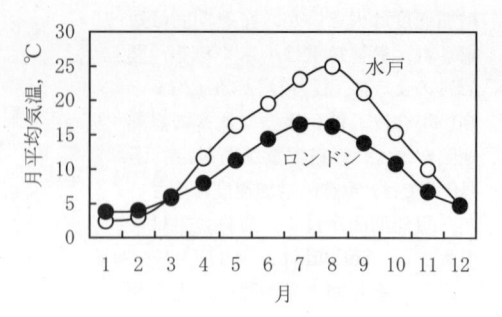

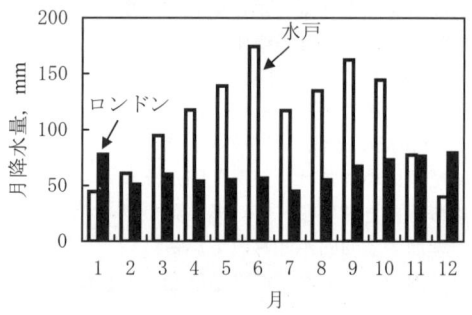

図4.36　日本（水戸）と英国（ロンドン）の気温と降水量の比較．理科年表（2000）より作図

(2) 土　壌

コムギの生育に最適の土壌は気候にも左右され，乾燥気候では粘質，多湿気候の所では，やや軽い土壌が良く，多雨の日本では，埴壌土が適地とされている．一般に，コムギはオオムギよりも粘質土を好むといわれる．肥沃度については，適応の幅が広い．土壌の酸性に対しては，ライムギやエンバクよりは弱いが，オオムギよりは強く，最適pHは6.0～7.0であり，5.0になると著しい減収となる．なお，耐酸性には品種間差異も知られている．

最適土壌水分は生育全期を一定に保った場合，容水量70～80%である．生育時期別に見ると，冬季は乾燥気味の方が適し，分げつ期から節間伸長を経て登熟前までは土壌水分を多く必要とする．特に穎花分化～受精の時期は乾燥に最も敏感で，水分欠乏はその後の登熟，すなわち粒数や粒重に悪い影響を及ぼす．しかし，分げつ期あるいは伸長期の過湿は地下部の発育を阻害するので，分げつ増加の抑制など生育に悪い影響がある．

コムギ畑の地表下5cmの地温は，平均気温に近い変動を示す（竹内・長谷川 1959）．春コムギでは，生育の適地温は20～22℃で，22℃以上では生育が減少する．冬コムギでは適温はさらに5～6℃低い．コムギの根端の伸長適温は26～28℃で，30℃では伸長が衰え，35～40℃で伸長は止まる．

6. 品　種

（1）品種改良
1）わが国の品種改良の歴史

わが国のコムギ品種は，明治時代までは民間精農家によって，主として突然変異個体の発見と選抜によって行われてきた．20世紀初頭以降，科学的育種事業が国の事業として開始された．国や県の農事試験場では，まず各地の在来品種を集めて比較試験を行い，その後純系淘汰法による育種が始められ，従来品種が改良されて，江島新力，新中長など主要品種が育成された．また，人工交配による育種も始まり，1940年には全国7ケ所に小麦育種試験地を設置して組織的育種が進められた．その結果，外国品種の優れた性質を取り入れた多くの優良品種が次々に育成され，1945年には約80の農林番号品種が育成され，これらの品種が栽培面積の大半を占めるようになった．

交配母本にはパンコムギ以外の種も用いられた．たとえば，デュラムコムギとの交配から農林3号が作出された．また，チモフェービコムギやライムギの耐病性遺伝子が導入された．放射線（γ線）照射による突然変異の育成も行われ，ゼンコウジコムギが作られた．これらの育成品種は農林番号によって命名され，戦後に育成された品種はイネと同様，農林番号の他に固有名称を付けて普及された．これら育成品種の中では，農林61号，シラサギコムギなどがめん用として主に関東以西で広く栽培された．従来，北海道産のコムギは硬質でタンパク質含量が高く，めん用としては適性が低かったが，1970年代以降，チクゴムギが普及して製めん性の評価が高まった．その後は，1996年育成のホクシンが急速に普及し，全国の約56％のシェア（2006年産）を占めている（図4.37）.

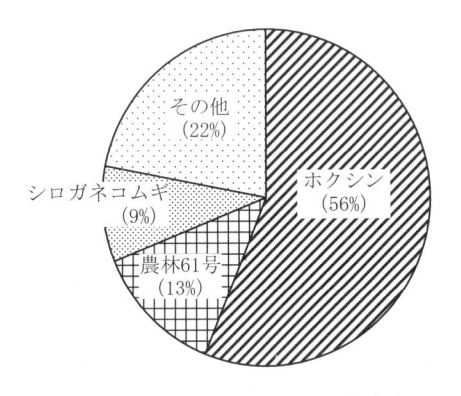

図4.37　わが国のコムギ品種別収穫量割合（2006年産）.農林水産省の統計資料より作図

わが国では，古来から各地域で生産されるコムギに合わせためんが作られており，地域の名産品にもなってきた．また，わが国のコムギ品種はパン用としては適性が低いこともあり，育種対象はめん用に主眼が置かれてきた．1960年代以降，輸入コムギが増加して競合が激しくなり，国産コムギは輸入コムギに比較して，製粉性，粉色，食感などが劣るとの評価がなされてきた．特に，めん用として評価の高いオーストラリア産コムギ（ASW＝オーストラリア・スタンダード・ホワイト）より劣るとされ，ASWに匹敵する品質を持つ品種の育成が目標とされている．近年，「さぬきの夢2000」（2000年育成）など，製めん適性の優れた品種が育成されつつある．

一方，パン用品種についても育種の努力がなされ，アオバコムギ，コユキコムギ，ハ

ルユタカなどが育成されたが，これまでの育成品種では輸入コムギ並みの品質評価が得られず，パン用としての利用は少ない．近年育成された「ゆきちから」(2002年育成)は，輸入コムギに匹敵する品質・食味の評価が得られており，今後の普及が期待されている．

2) 育種の諸成果

ヨーロッパでも古くから農民による選抜，淘汰で改良が進められてきたが，19世紀からは科学的・組織的な品種改良が欧米各国で始められて急速にその成果をあげた．初期は優良な純系の選抜，そしてメンデルの法則を利用した交配育種へと進んだ．最も大きい成果の一つとして，カナダにおけるMarquisの育成(インド産早生品種Culcuttaとポーランド産 Red Fifeの交配)は著名である．

欧米各国やオーストラリアなどには著名なコムギの研究所があり，コムギは現在もなお欧米の作物学の中枢的対象主題として研究され，多くの改良品種が作出されている．メキシコに本部を置く国際トウモロコシ・コムギ改良センター(CIMMYT)においても，1960年代以降，途上国を対象とした育種が行われ，多くの優良な品種が育成・普及されている．なかでも，日本の短稈品種農林10号の持つ半矮性遺伝子を導入した品種群は，耐病，多収性で，メキシコやインドなどに普及されて，コムギ生産の飛躍的増大に寄与した．この成果は，「緑の革命」と呼ばれ，リーダーのノーマン・ボーローグ博士(Noman Borlaug)はノーベル平和賞に輝いた．1970年代以降，ヨーロッパ諸国においても半矮性遺伝子を持つ品種が育成され，多収栽培法との組合わせにより，イギリスやドイツなどは年次によっては8 t/haもの高い収量水準に達している．

コムギにライムギを交配して作られた属間雑種は，ライコムギ(triticale)と呼ばれ，6倍種(AABBDDRR)と4倍種(AABBRR)があるが，これらはライムギの強健な草性と耐冬性をコムギに導入したものとして注目される．カナダ・スペインなどで研究が進められ，1969年カナダで育成された品種Rosnerは最初の実用的なライコムギ品種として知られている(Lartner et al. 1970)．その後，欧米では多数のライコムギ品種が育成され，ドイツ，ポーランドなどのライムギの生産地帯を中心に栽培されている．

春化処理によって世代の短縮が可能で，受精後20日ほどの未熟種子を催芽し，播種後無覆土で，8℃で24時間連続照明を28日間続けて春化させ，後20℃前後の温度で栽培すると，秋播性程度IVの品種では，14日後に出穂する(百足ら 1975)．この方法を用いると一世代を80日ほどで経過させる短縮栽培が可能で，育種技術に用いられている．

(2) 品種の特性
1) 稈長・草型・穂型

長稈の品種は概して分げつが少なく，倒伏しやすく，収量も少ない．しかし，瘠地や少肥栽培に適する．短稈品種は倒伏し難く，瘠地では生育が劣るが多肥にするほど増収する．最近は多肥栽培となり，また機械化栽培となったために，一層耐倒伏性が要求され，短稈・強稈の品種が育成されてきている．日本の在来品種を含め，アジア系の品種は，欧米系の品種に比べると比較的短稈であった．日本の農林10号が半矮性メキシココムギ育成のもとになったことは前述したが，それらは現在はオーストラリアやヨーロッパなどにも導入されて，世界各地のコムギの短稈化が進められている．

冬季の分げつ期における幼植物の草型には，分げつが直立する直立型（erect type）と地面に這伏する匍匐型（prostrate type）および中間型（intermediate type）がある．匍匐型は耐寒性が強いので寒冷地に栽培され，秋播性程度が高い．直立型はその逆に温暖地に適し，秋播性程度は低い．節間伸長期に入ると草型の形態的識別は難しくなる．

穂型は日本の古い品種は，紡錘状や棒状のものが多く，錐状のものが少なかった．しかし近年育成されている農林番号品種には錐状のものが多い．また，穂長は現在では従来より長い傾向がある．

2）早晩性・秋播性程度

日本では，コムギはオオムギより10〜15日遅く成熟し，刈取期が梅雨期に当り，倒伏や穂発芽の障害を伴うので，できるだけ成熟期の早い品種が必要である．しかし早生品種は概して収量が少ないし，幼穂の発達が早いので晩霜の害を受ける危険が大きい．そこで，一般には中生品種のうちの早いものを主として，それに早生と晩生の品種を組合わせた栽培が行われてきた．機械化栽培では間作ができないから，近年は早生品種の重要性が一層増している．

コムギは，秋に播いて幼植物で越冬してから，春の長日条件で出穂する秋播性品種（冬コムギ，winter wheat）と，春になってから播種し，夏までに出穂結実する春播性品種（春コムギ，spring wheat）とに区別される．秋播性品種は冬の低温を経過しないと穂の分化，出穂が困難な性質があり，春播きすると栄養成長のみに終わり，いわゆる座止現象を呈する．概して耐寒性が強いから，寒冷な地方に適している．春播性品種は低温の要求性がきわめて低く，春に播いても開花結実する．これを秋に播いても出穂するが，しかし耐寒性が弱いので寒冷地の秋播きは越冬困難である．この両者の間には多くの中間型がある．

秋播性品種は生育初期の低温により，生殖成長に入るための生理的体制を得る．これを春化（vernalization）という．春化によって秋播性が消去されて，その後は長日条件によって花成が起こる．そこで，多くの品種について催芽種子または幼植物を0〜2℃の低温で処理し，秋播性を消去するのに要する日数を調べると，低温処理必要日数の小さいものから大きいものまで8段階（I〜Ⅷ）に分級される．I, Ⅱは春播性品種であり，V〜Ⅷは秋播性品種，Ⅲ〜Ⅳは中間の品種である．寒冷，積雪地では，低温抵抗性を備えさせるために，秋季早播きしても寒さのくる前に幼穂分化しない秋播性程度の高い品種を用いる．温暖地では冬季に充分な低温が得られないので，秋播性程度の低い品種を用いる．このような品種は，早播きでは年内に幼穂が分化発達して寒害に遭うおそれがあるので，早播きでは中間型品種がより安全である．冬季厳寒の地方では，春になってから春播性品種を播く．また，コムギは秋播性程度の低い品種ほど早生である．わが国の暖地では，登熟期が遅くなると梅雨にかかるので，それを避けて早生品種が用いられる．

以上のような理由から，世界的には，寒冷地では秋播性品種が，暖地では春播性品種が主として栽培される．わが国では，北海道や東北北部には秋播性品種が，東北南部から中国地方にかけては中間型品種が多く，九州，四国の西南暖地では春播性の品種が栽培される．また北海道の厳寒地帯にはIに分級される春播性品種が春播きされる．北海

道に栽培される春播性品種は感光性が大きく，九州の春播性品種は感温性が大きい特徴がある．

3）耐病性・穂発芽性・耐寒性・耐雪性

全国的に発生する赤さび病やうどんこ病などの多くの病害があり，品種の耐病性は重要であるが，現在のところ全ての病害に抵抗性という品種はない．したがって，それぞれの栽培地で最も被害の多い病害に対する耐病性に重点を置いて品種が選択される．

成熟した穂が長雨に遭うと，立毛中または刈取り後の架乾中に発芽して収量，品質を低下させる．これを穂発芽（preharvest sprouting）と呼ぶ．穂発芽した粒はα－アミラーゼにより胚乳デンプンが分解され，デンプンが低粘度化（低アミロ化）するため，加工適性が悪くなる．穂発芽性には品種間差異があり，それは種子の後熟性（休眠性）と関係があり，休眠しない品種や休眠の短い（後熟の早い）品種に起こりやすい．日本ではコムギの収穫期は梅雨に当り穂発芽が発生しやすい環境なので，早生化による梅雨の回避と穂発芽耐性の付与がきわめて重要である．わが国の穂発芽研究は1930年代から始められ，多くの品種の耐性を比較した結果，耐性品種は西南地域の品種に多く，東北・北海道や外国の品種には少ないことが分かった．その後も，育成場所では耐性品種の育成の努力が続けられているが，十分な耐性を備え，かつ他の実用形質をも備えた品種の育成は容易ではない（天野 2000）．

コムギは耐寒性の強い作物であるが，著しい低温，霜柱による凍上害などにより障害を受ける．これらの障害に対しては品種間で抵抗性に差異が認められる．また，北海道，北陸および東北の多雪地帯では，根雪期間が100日を超え，積雪下での生理的な衰弱や病害の発生が問題となる．耐雪性には雪腐病への耐性が大きく関与しており，ホクシンなどの雪腐病に耐性の品種が育成されている．しかし，雪腐病に対しては品種の耐性のみでは不十分であり，依然として薬剤による防除が必須とされている（桑原 2000）．

7．栽　培

（1）播種期

播種適期は北ほど早く，東北地方で9月中・下旬，東北の南部，中部地方および北関東地方では10月上・中旬，北陸，山陰地方で10月中・下旬，関東南部で10月下～11月上旬，東海から九州地方にかけては11月中・下旬である．寒冷地ほど適期の幅は狭く，早播きしすぎると低温のくる前に生育の進みすぎから寒害を受け，幼穂凍死を招き，また萎縮病や立枯れ病が発生しやすい．遅播きになると，有効分げつが少なく，出穂が遅れ，成熟も遅れて減収となる．晩播対策としては，芽出し播きや播種量の増加，あるいは春播性品種に変えるなどの対策が必要になる．

近年，寒冷地では，慣行の播種期よりもかなり遅い，初冬に播種する方法が注目されている．初冬（根雪前）に播種することにより，北海道中央部では，通常の春播栽培より成熟期が早くなり，降雨による品質低下が回避できる（佐藤・沢口 1998）．東北では，慣行の播種期におけるコムギ播種とイネの収穫作業との労力回避や，播種時における秋の多雨を回避できる（荻内ら 2004）．岩手県における試験例では，根雪前（12月上旬～下

表 4.6 冬期播種栽培の生育と収量構成要素

栽培法	穂数,本/m^2	有効茎歩合,%	1穂粒数	千粒重,g	収量,g/m^2	子実タンパク含有率,%
冬期播種	518	98	19.9	41.2	379	14.4
慣行播種	341	37	29.8	44.2	400	13.0

冬期播種は12月上旬〜下旬に播種した区の平均．慣行播種は10月上旬播種．荻内ら(2004)より

旬)に播種した場合，慣行播種に比べ生育量は小さいものの，穂数が増え，倒伏が少なくなり，収量は慣行栽培に比べて95％を確保できた(表4.6)．この方法は，水稲との作業競合を回避できるだけでなく，麦踏みや雪腐病防除が省略できるメリットも認められる．

(2) 耕起・整地・施肥

耕起・整地は，耕起-砕土-均平-鎮圧の順に行う．大型機械による慣行的な方法では，プラウにより耕起し，ハローで砕土し，ローラーやカルチパッカーで均平・鎮圧を行う．わが国では，プラウやハローを用いずに，耕起-砕土-均平を同時に行うロータリ耕が多用されている．水田転換畑では砕土率を上げるため，排水を図り乾田化することが大切である．

近年，北・南アメリカ諸国では，耕起を行わない不耕起栽培が，コムギやダイズ栽培で増加している(国分 2001)．この方法では，耕起はせず，播種溝を切りながら播種する．わが国でも研究が行われているが，普及は少ない．

コムギを始めムギ類は，イネに比較して，収量に対する施肥の影響が大きい(橋元 1976，表4.7)．従来から「イネは地力でとり，ムギは肥料でとる」と言われてきた．窒素肥料は10 a当り10〜13 kgを与えるのが標準である．しかし冬の間に流失する量が多く，春先は節間伸長と共に多くの窒素を必要とするので，基肥に30〜60％を施し，残りは分げつ盛期の12月〜2月の間と，出穂40〜50日前に追肥として施す．前者を寒肥(winter dressing)と呼び，後者は春肥(spring dressing)と呼ぶ．春肥は，特に適期追肥が重要で，適期を失すると過繁茂して倒伏やうどんこ病，さび病などの原因となる．穂ばらみ期以降の窒素追肥は粒のタンパク質含量を高めるが，粉色などの品質に悪影響を与える場合があるので 注意を要する．

表 4.7 肥料3要素の効果の作物間比較

作物	無肥料	NPK	－N	－P	－K
水稲	70	100	75	97	93
陸稲	39	100	46	66	90
コムギ	33	100	46	69	72
カンショ	67	100	93	84	63

橋元(1976)

リン酸肥料は初期生育，特に根系の発達に有効であり，また耐寒性を強める．また節間伸長期以後にも多く吸収されて登熟に重要な働きをする．リン酸は10 a当り7〜9 kgが標準量である．リン酸肥料はほとんど流失することはないので，基肥で全量を与える．黒ボク土壌では有効分が少ないので多めに与える．水田裏作では，イネの残効リン酸があ

るが，畑状態になっているので，コムギには吸われにくい形に変わっており，畑の場合と同量を施してよい．ただし次期のイネには施用量を減らすなどの配慮が必要である．

カリ肥料は幼植物の耐寒性の強化に有効であり，分げつ期に吸収量が多い．10a当り5～8kgを与える．カリウムも冬期間の流出は少ないから基肥だけでよい．開墾地ではカリウムの肥効が大きい．

堆肥はリン酸やカリウムを多く含むだけでなく，カルシウムを多く与えて中和した畑で起こりがちのマンガン欠乏に対してマンガンを補う役割がある．また酸性土壌で起こりやすいマグネシウム欠乏にも効果があるなど，微量要素の補給効果が期待できる．堆肥は10a当り1～2t施用が望ましい．なお，黒ボク土壌では堆厩肥にリン酸質肥料を混合して与えるとリン酸の肥効が高まる．

肥料の形態としては，機械栽培には粒状肥料が適し，またドリル播き栽培などでは追肥が困難なので，流出が少なく肥効が長く続く緩効性の複合肥料が適当である．

（3）播　種

選種は水稲に準じ，塩水選を行うが，塩水の比重は1.22を用いる．選種の後，種子伝染性の病害を防除するため，種子消毒を行う．対象とする病原菌には，種子の内部に侵入しているコムギ裸黒穂病，種子表面に付いているなまぐさ黒穂病，コムギ堅（かた）黒穂病，紅色雪腐病，赤かび病などがある．

種子消毒の方法には，温湯浸法，冷水温湯浸法および薬剤消毒法がある．温湯浸法は45℃の湯に種子を浸し，自然に湯温が下がるようにして8～10時間放置する．冷水温湯浸法は，15℃の冷水に6～7時間浸した後に50℃の湯で数分温め，さらに54℃の湯に5分間浸してから冷水で冷やし，すぐに播種する．薬剤消毒は，薬剤を種子紛衣あるいは希釈液に所定の時間浸種を行う．病原菌が種子の内部に侵入しているコムギ裸黒穂病に対しては，種子の表面を薬剤消毒しただけでは不十分であり，温湯浸法を実施する．

麦の播種様式には，普通条播，密条播，散播，点播，広幅播および不耕起播種など多様である（図4.38）．従来の標準的播種法（普通条播）は，条間50～70cm，播幅10～15cm，播種量4～6kg/10aであった．これは中耕，除草，培土，土入れなど手作業による管理に便利なためである．近年では，大型の機械を使用し，除草剤や耐倒伏性品種を用いての密条播（ドリル播）が一般的となっている．また，南北アメリカ諸国では，不耕起播種法も増加している．

普通条播　　　　密条播　　　　全面全層播

図4.38　ムギ類の播種様式

<u>密条播（ドリル播）</u>：ドリルシーダーやロータリシーダーによって一度に多条を播く．条間は 15〜30 cm，株間は 2〜3 cm である．この方法では，施肥，播種，覆土，鎮圧を連続して一度に済ます．さらに，除草剤散布を行う機種もある．日本では 4〜8 条のシーダーが多いがアメリカでは十数条から 20 条もの多条播種機が使われる．播種量は 10 a 当り 8〜10 kg とする．覆土は乾燥した欧米では 4〜8 cm であるが，わが国では秋に適当な降雨もあるので 3〜4 cm を限度とする．

<u>全面全層播</u>：人力やブロードキャスターを用いて土壌全面に播種と施肥を行い，ロータリで深さ 6 cm 程度で表土を攪拌し，除草剤を散布する．省力的な播種法であるが播種量は 12〜15 kg/10 a 必要で，施肥量も条播より多目にする必要がある．また，生育や品質が不均一になりやすい．

<u>不耕起播種</u>：播種前の耕起・整地を行わず，特別の播種機を用いて播種する方法である．耕起に伴う土壌浸食が起きやすい地域で，土壌浸食を防止する目的で導入された．土壌浸食防止効果が高く，かつ省力的なため，北・南アメリカ大陸で急速に普及しつつある．わが国でも研究されているが，普及は少ない（国分 2001）．

（4）管　理

1）麦踏み・中耕・土入れ・除草

かつては冬に麦踏み，年内と春先に中耕，節間伸長が始まる頃に土入れを行った．麦踏み（踏圧，treading）は，他の作物にはみられない特異な作業で，霜柱による根の浮上を抑え，主稈の芽を踏み折ることによって分げつを盛んにさせ，徒長を抑制するなどの働きが期待される（大谷 1950）．特に，黒ボク土では霜柱による根の浮上が障害となるので有効である．しかし，土壌が多湿の場合には踏圧によって土壌が固まり，根の生育を阻害することになるので注意が必要である．かつては人力で行ったが，現在ではトラクターでローラを牽引して行う．近年では，麦踏みは必要な管理作業でないとされ，ドリル播や全層播などでは，省力の見地からも行わない場合が多い．

中耕は，雑草を防除し，表土を膨軟にし，肥料の分解を促す役割がある．土入れは，条間の耕土を株間から株の内部までふるい込む作業で，特殊な土入れ器を用いて行った．株の根元を寒害から保護して，分げつを増進させ，雑草を抑え，後期には無効分げつの抑制や倒伏防止の目的を持つ．中耕や土入れは，かつては 4〜5 葉期から春先まで 3〜4 回行った．現在では，雑草は除草剤施用に依存する方法が主となっており，中耕や土入れは行わないことが多い．

なお，生育調節剤であるクロルメコート（サイコセル液剤）を出穂前に散布することにより，上位節間が短くなり，倒伏を軽減できる．ヨーロッパにおける多収栽培では，本薬剤の散布が広く行われており，多肥による多収栽培の重要な技術要素となっている（山下 1991）．

秋播きでは雑草の発生が多い．雑草の発生は秋の耕起の際に土を反転することと，除草剤の利用によって抑制できる．密条播では畑全面にコムギが繁茂するので，初期の除草をうまく行えば，雑草はコムギに被覆されて発生が少ない．生育期の除草は，中耕を行うか，除草剤を散布する．

コムギの雑草：特に問題となる水田裏作での雑草は，スズメノテッポウとノミノフスマである．他にヤエムグラ，ハコベ，スズメノカタビラ，カモジグサなどがある．スズメノテッポウ（*Alopecurus aequalis* Sobol var. *amurensis*（Komar.）Ohwi）はイネ科の越年草で，半湿性の土地によく繁茂する．ノミノフスマ（*Stellaria alsine* Grimm. var. *undulata*（Thunb.）Ohwi）はナデシコ科の越年草である．

２）病害防除

コムギの主要病害は，赤かび病，さび病類，うどんこ病，雪腐病，萎縮病などである．

赤かび病（scab）：本病の病原菌はわが国では7種が認められているが，*Gibberella zeae*（不完全世代 *Fusarium graminearum*）および *Michrodochium nivale* の寄生によるものが多く分布している（佐藤 2000）．赤かび病は，コムギの収量，品質を大きく低下させるだけではなく，赤かび病菌が人畜に有害なかび毒を生成するので，コムギ栽培の大きな障害となっている．出穂後，穂の一部または全体が褐色になり，小穂が点々と褐色になり，枯れた頴の合わせ目に沿って桃色のかびが生える．被害粒は稔実できない．穂軸が犯された場合は，それより上が枯れて白穂になる．黒点状の子のう殻ができて伝染する．茎葉にも発病する．発病した茎葉や粒を食べると家畜や人間に中毒症状が起きる．塩水選で被害種子を除き，種子消毒し被害ワラの処理を万全にし，耐病性品種または出穂期が雨期にかからない品種を選ぶ．発生が認められたら薬剤を早めに散布する．

さび病類：コムギ，オオムギのさび病には4種類あり，コムギはそのうちの3種（赤さび病 *Puccinia recondita* Roberge ex Desmazieres，黒さび病 *P. graminis* Persoon，黄さび病 *P. striiformis* Westendorp）に罹病する．病原菌はいずれも *Puccinia* 属であるがそれぞれ種が異なる．共通した病徴は，葉や茎にさび状の粉質の斑点（夏胞子層）を生じ，後にその部分や近傍に黒褐色の斑点（冬胞子層）を作る点である．罹病すると穂数や粒数および1粒重の低下を招き，減収する．

赤さび病（leaf rust）は全国的に広く発生するが，黒さび病（stem rust）と黄さび病（stripe rust）は年次間変動が大きく，発生地域が限られる．発生時期も菌によって異なり，春に最も早く発生するのは黄さび病で，次いで赤さび病，黒さび病の順である．中間宿主は赤さび病菌はアキカラマツ類であるが，黄さび病菌については不明である．多窒素や暖冬で発生が多くなる．対策としては耐病性品種を選び，中間宿主植物を駆除する．

コムギうどんこ病：うどんこ病（powdery mildew）は，*Erysiphe graminis* de Candolle が寄生して，茎葉に白い粉（分生胞子）の着いた病斑を生ずる．4月中旬頃から下葉にまず発生し，病斑は初めは白いかびが生え，後にうどん粉を落としたような塊になる．灰色のかびの中に黒い子のう殻ができて，これが麦わらについて秋または翌春の伝染源となる．全国的に発生し，発病すると減収になる．多雨，連作，多肥栽培，日照不足の場合に発病しやすい．対策は，耐病性品種を選択し，多肥・密播を避け，罹病株をすき込まないようにする．

雪腐病（snow blight）：雪腐病を起こす病原菌には，属を異にする5種があり，症状が異なる．雪腐褐色小粒菌核病（*Typhula incarnatea* Lasch）は，北海道，東北，北陸の積雪地帯に発生する．葉にアワ粒状の菌核を多数形成する．雪融け頃に畑全面の葉が腐り，乾

いて灰色になる．雪腐黒色小粒菌核病（*Typhula ishikariensis* S. Imai）は主として北海道に発生する．小さい黒色の菌核を形成する．株は完全枯死することが多い．雪腐大粒菌核病（*Myrioclerotinia borealis* (Bubák et Vleugel) Booth）は，寒冷少雪地に多く発生し，黒色の菌核を生ずる．紅色雪腐病（*Myrioclerotinia nivalis* (Schaffnit) Booth）は，長野以北に発生し，雪融け後病株が灰色に腐り，乾くと桃色のかびが生える．菌核は作らない．褐色雪腐病（*Pithium iwayamai* S. Ito）は，滞水しやすい圃場に発生する．雪融け時は灰褐色に腐り，白い綿状のかびが発生する．

雪腐病防除には，抵抗性品種，適期播種，積雪前に幼植物に抗性を付与するなど，病気を招く要因を防ぐことが大切である．

縞萎縮病（yellow mosaic）：土壌生息性の原生動物 *Polymyxa graminis* により媒介される土壌伝染性のウイルス病であり，罹病すると葉に黄化したかすり状のモザイク斑が現れ，症状が進むと萎縮してロゼット状になる．コムギとオオムギの両種に発病する．コムギ，オオムギに萎縮症状を起こす病徴には，葉色が淡く黄化するものと濃緑になるものとの2種があり，別のウイルス種とされている．早播で多発しやすいので，晩播は防除に有効である（大藤 2005）．

3）害虫防除

コムギは生育期間が低温であるため，昆虫の活動は少なく被害も比較的軽微である．コムギの害虫は約70種知られているが，害の多いものは，トビムシモドキ，キリウジガガンボおよびアブラムシ類などである．

トビムシモドキ（snow flea）は，トビムシモドキ属（*Onychiurus*）の3種の昆虫，特にヤギトビムシモドキの幼虫が地下で越夏していて，秋から地表に出て発芽したての芽を食害する．成虫は体長2〜3mmの羽も複眼もない白い虫である．

キリウジガガンボ（rice crane fly, *Tipula aino* Alexander）は，その幼虫である土色のウジが，若い芽や根を食害する．特に秋の食害が著しく，第1世代の成虫は4〜5月，第2世代は8〜10月に出現する．有機質の多い湿田に発生が多い．

アブラムシ（aphid）には，ムギヒゲナガアブラムシ（Japaneaseｇrain aphid, *Sitobior akebiae*）やキビクビレアブラムシ（corn leaf aphid, *Rhopalosiphum maides*）などが，幼苗期の葉裏に群生して吸汁して葉を枯らす．若い穂にも群をなして集まり吸汁して完全粒を減らし，粒張りを損なう．

（5）収穫・貯蔵

収穫期は，粒の80％が淡褐色に変わり，硬くなった時，あるいはそれより数日後が適期で，普通出穂後40〜45日目である．わが国では収穫期は雨が多いので，穂上で発芽する穂発芽（preharvest sprouting）やかびが発生しやすいので，早目に収穫するのが望ましい．かつては人力による刈取り・結束後，地干しまたは架乾した．現在はコンバイン収穫が普及している．コンバイン収穫は，粒水分が約30％以下になってからが可能である．多くの場合，粒水分が多い状態での脱穀（生脱穀）になるので，カントリーエレベータなどの貯留乾燥施設が必要である．脱穀後の粒水分が多い場合，このままでは品質の劣変や病害虫の寄生を招くので，乾燥施設により，40℃以下の穀温で水分12.5％以下まで乾

燥し，米選機で選別する．調製・選別後は，60 kgあるいは30 kgの袋詰めにするか，バラの状態で出荷される．

コムギの品質は農産物検査法に基づき検査され，規格により等級が分けられるので，規格に適合した品質になるように選別・調製を行う．検査では量と品質が調べられる．品質については，容積重，整粒歩合，粒ぞろい，水分（12.5％），被害粒・異物の混入割合などが検査項目となる．また，近年では加工適性が重視されるようになり，タンパク含有率，フォーリングナンバー（デンプン粘度）も検査項目に加えられた．うどんなどの麺用の場合，タンパク質含有率は9.5〜11.5％，フォーリングナンバー300以上が望ましい．

わが国でのコムギの貯蔵は，かつては袋詰めにしたものを穀物倉庫に貯蔵するのが普通であったが，近年はカントリーエレベータを利用した貯蔵も増えている．

貯蔵中の病害虫は，米の場合より多く，被害程度も大きい．主な害虫はコクゾウムシ類である．コクゾウムシ（rice weevil, *Sitophilus zeamais*）は，黒色の甲虫で，粒に穴をあけて産卵し，幼虫は粒を食害して蛹化して成虫となる．これを年に3〜4回繰り返す．ココクゾウムシ（small rice weevil, *S. oryzae*）は，わが国では中部以南に発生し，コクゾウムシより小型の赤褐色の甲虫で，年に4〜5回以上も世代を繰り返す．バクガ（grain moth, *Sitotroga cerealella*）は，登熟期間中に産卵し，幼虫が収穫・貯蔵中に粒を食害して蛹化する．そして貯蔵中に成虫（ガ）になり，再び粒に産卵という世代の経過を，冬までに4〜5回も繰り返す．本種はかつては大きな被害を与えたが，近年では発生が稀になってきた．

害虫の防除法は，穀粒の乾燥を十分にすることを基本に，穀温を12〜13℃以下とする冷温貯蔵により昆虫の活動を抑える．薫蒸薬として，メチルブロマイドが使用されてきたが，本剤はオゾン層破壊物質に指定され，わが国では2005年以降には使用できなくなった．

(6) 経　営

麦類の流通は，コメと同様，かつては政府が生産者から買入れて政府を経由して実需者に流通させていた．しかし，1999年以降，生産者と実需者（製粉業者など）が直接取引する民間流通が導入された．これに伴い，「作れば売れる」時代ではなくなり，実需者の求める品質と価格のコムギを生産することが必須となった．

わが国のコムギ栽培は2000年の歴史を持つが，気象的にみて，コムギの生育に好適とはいえず，品質の点でも不利がある．そのうえ，イネを中心とした栽培体系の中で裏作という条件に置かれるため，排水，整地に特別な労力がかかり，2毛作では収穫時期や機械利用に制約を受けるなど悪条件が重なる．また，その背景には経営規模が小さいことがあって，機械化が能率的に行われ難いため，労働力が多くかかり，生産費を高くしていることが致命的な弱点である．

わが国のコムギ10 a当りの所要労働時間は5〜6時間程度であり，水稲作よりかなり少ない．作業別にみると，収穫，脱穀，調製に多くの労力を費やしている．栽培圃場を集団化し，作業を協同化することで，労働時間はさらに短縮可能である．これをアメリカのコムギ生産労働時間と対比してみると，比較にならないほどの差異である．したがっ

てこのような多くの労力を要することが，次に示す生産費にも大きく影響している．

生産費をみると図4.39のように，10a当り約5万円となっている．内訳をみると，賃借料・料金が30.4％，肥料費が15.3％，農機具費が13.6％，労働費が12.7％，農薬費が9.3％となっている．したがって，生産費の大幅な低減のためには，土地や機械の利用形態の改善や肥料・農薬の節減が必要不可欠である．

前述のように，わが国のコムギ作では，輸入品では得難い品質のものを供給するとともに，生産費を下げることが重要である．育種努力により，わが国独自のコムギ品種の作出が期待される．生産費の削減には，ドリル播きなどを主とした機械化と除草剤の合理的な利用などにより，中耕，除草，土入れ，土寄せ，麦踏みなどをできるだけ省略して，新しい栽培体系に改革することが必要である．また，大型トラクターやコンバインの導入による労働時間の大幅な短縮が可能である．さらに，コムギの前，後作を工夫することも大切であるが，機械化によって，後作の準備やその作付けに要する時間も短縮できる．

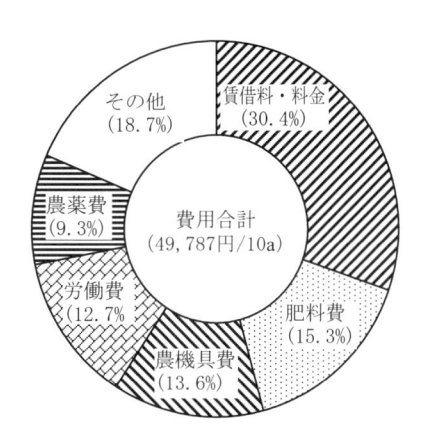

図4.39 コムギの生産費の構成割合（2007年産）．農林水産省の統計から作図

こうした機械化に当たっては，機械の利用度を高める規模の拡大が必要となる．品種や栽培法がまちまちで，環境条件も不適当なままに個別に小規模な栽培をしていては，機械化のメリットは少ない．将来はわが国の中でもコムギに適した条件の所で集中して栽培し，品種，栽培法を統一して品質の揃ったものの大量生産化を計ることが重要であろう．そうすることによって，栽培はもちろん，収穫調製，商品価値の向上の点についても有利となるはずである．

ムギ類は，わが国においては輸入外麦との競争圧力の下に，有利性に乏しい作目である．しかし，畜産や園芸など，他の農業部門と結合した経営の一部門として取り入れるときには，必ずしも不利な作目とはいえない．飼料作物としての利用，あるいは野菜類との輪作体系に組み入れるなど，経営全体の合理化の一環として考慮することが可能なはずである．また，耕地面積が狭く限定されたわが国の農業にとっては，耕地の高度利用を図ることが必要であり，そのための冬期の裏作という点では，ムギ類は好適な作目である．機械化，省力を計る一方で，労力についても冬季の労力の活用という年間の経営全体としての視点で考慮する必要がある．コムギは莫大な，しかも増大しつつある需要を持つ作目であるから，国民食料の自給率の向上と食品の安全性の視点からも，その生産振興を図る必要があろう．

8. 品質と用途

(1) 品質

コムギは，製粉原料としての品質が重要である．品質の主たる条件としては，粒質，粒形，夾雑物の多少，乾燥程度，麩質量，粉質などがある．

1) 粒質・粉質・加工適性

コムギの粒質は，硝子（しょうし）質，粉状質，中間質に分けられる．硝子質の粒を硝子粒（glassy or flinty kernel）といい，穀粒の断面の観察によって，ガラス状に透明で堅い部分の多いものである．粉状質の粒は，粉状粒（mealy kernel）といい，断面に透明部分がなく全面が白く粉っぽく軟らかいものである．硝子粒の割合を硝子率（glassiness）といい，硝子粒に1.0，半硝子粒に0.5，粉状粒に0を与えて，その和の調査粒数に対する％で表わされる．硝子率の高いコムギは，粉にするとザラザラしており，後述の硬質粉が得られる．硝子率は，品種によって異なる遺伝的形質であり，硝子率70～100％を示すコムギ品種を強力コムギと呼び，また，これからは硬質粉がとれるので硬質コムギ（hard wheat）と呼ばれる．わが国の品種には，硬質コムギは少ないが，欧米やオーストラリアの品種には多い．また粉状粒のコムギは，軟質コムギ（soft wheat）と呼ばれる．わが国の品種はほとんど全て軟質，または中間質である．

粒質に粒色や春秋播性，産地などを加えて粒質銘柄が分類されており，コムギの貿易に用いられている．北米のコムギはほとんどが赤コムギで，オーストラリアは白コムギである．わが国は赤コムギのみが生産される．硬質赤冬コムギ（hard red winter）は，世界的には最も多い．硬質赤春コムギ（hard red spring）はアメリカの一部やカナダの主要品種がこれに属し，パン用として評価が高い．軟質赤冬コムギ（soft red winter）は，アメリカの一部の品種が該当する．軟質白冬コムギは，アメリカの西海岸でwestern whiteと呼ばれる．また，デュラムコムギには，red durum, hard amber durum, Canada western amber durumなどの銘柄がある．

製粉した粉がザラザラしたものを硬質粉，なめらかな肌ざわりで軟らかいものを軟質粉と呼ぶ．硬質粉は顕微鏡で見ると，微少な結晶状体が多く含まれる（図4.40）．これは，デ

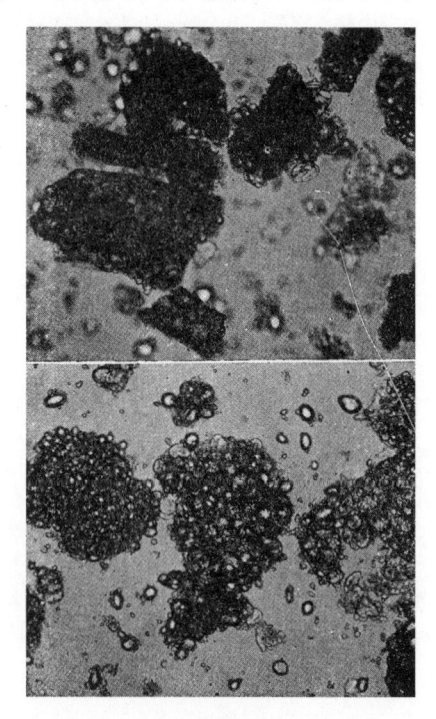

図4.40 コムギ粉の顕微鏡写真．上：強力粉，下：薄力粉．星川（1980）

ンプン粒がタンパク質により漆喰のように固められた塊であり，タンパク質の含量が11％以上ある．これに対して軟質粉には結晶状体はほとんど含まれず，デンプン粒が疎に集中した塊になっており，タンパク質含量は10％以下である．

　コムギ粉の分類は，表4.8に示すように，強力粉，準強力粉，中力粉，薄力粉といった「種類」と，1等，2等，3等，末粉などの「等級」を組み合わせて分類する．「種類」は主としてタンパク質含量が，等級は灰分含量が基準となる．硬質粉でタンパク質が約11.5％以上の

表4.8　コムギ粉の種類とタンパク質含量および用途

種類	タンパク質含量，％	用途
強力粉	11.5～13.0	パン用
準強力粉	10.5～12.5	パン用
中力粉	7.5～10.5	めん用，菓子用
薄力粉	6.5～9.0	菓子用

ものを強力粉（きょうりきこ）といい，パンに用いられる．硬質または半硬質粒から得られたタンパク質10.5～12.5％の粉は準強力粉と呼び，パンの配合用および中華めんなどに用いられる．中間質粉でタンパク質含量ほぼ7.5～10.5％のものが中力粉と呼ばれ，主にめん用，あるいは菓子用にされる．軟質コムギ（粒）から得られるタンパク質含量9％以下の軟質粉は薄力粉（はくりきこ）と呼ばれ，ケーキ，ビスケットなどの菓子用にされる．強力，薄力というのは，もともとパンを作るために粉を練った際に，粘り（腰）の強さを基準にした分類で，練った粉を水で洗って，デンプンを除き麩質を取りだして，その重量（麩質量）が35％以上あるものを強力粉，25％以下（〜約12％）を薄力粉，その中間を中力粉と測定している．麩質（グルテン）の多い粘りの強いものは製パンの際，イーストによる発酵から発生する炭酸ガスをを逃がさないので，よく膨れたパンに焼け，製パン性が優れる．なお，デュラムコムギの粉は特に強い強力粉であるが，パン用には不適でもっぱらマカロニ，スパゲッテイ用にされる．等級の基準となる灰分含量は，1等が0.3～0.4％，2等が0.5％，3等が1.0％，末粉が2～3％が目安となる．これらの等級は製粉工程で作られていく．

　加工適性として，1次および2次加工適性がある．1次加工適性は製粉適性のことである．すなわち製粉の難度や製粉歩留りに関係した性質で，容積重，粒重，水分，灰分，被害粒や夾雑物の量，皮（果・種皮と糊粉層）の厚さ，製粉時の皮離れの難度などの要因が関与している．2次加工適性は粉の適性で，タンパク質の質やその含有率が関与している．コムギには7〜15％のタンパク質が含まれるが，粉を水で練って生地（dough）を作った場合，そのタンパク質の約80％がトリモチ状のグルテン（麩質gluten）を形成する．この生地をファリノグラフ（farinograph），エキステンソグラフ（extensograph）やアミログラフ（amylograph）などの機械によって，それぞれ粘弾性，伸張性，酵素力を調査して評価する．製パン性は評価がさらに複雑で，最終的には，一定の基準でパンを焼いてみて決められる．

2）国産コムギの品質

　国産のコムギは，外国産に比べ一般に，製粉時の皮離れが悪く，製粉歩留りが低く，製粉性が劣る（長尾 1995）．粒質では中〜軟質のものが大部分で，粉は中間質から軟質で

あり，タンパク質は8.5〜10.5％が多く，中力粉扱いである．ごくわずかの品種がタンパク質11％以上であり，これを強力小麦と称して，取引上も別扱いされているが，その品質は地域や栽培条件によってある程度のブレがあって，カナダやアメリカの硬質コムギに比べると品質が劣る．そのため，わが国のコムギは主にめん用にされ，一部は輸入強力粉に増量用に混入されてパン用にされる．

3）栄　養

コムギ粒の成分は，表4.9に示すように約70％が糖質で，主としてデンプンであり，タンパク質を多く含み，カロリーが高い．これを製粉したコムギ粉は皮部や胚が除かれるため，粒に比べ灰分，無機質，ビタミンが減っている．これらが胚に多く含まれるためである．タンパク質は胚乳にも含まれているため，製粉しても減少率は少ない．ビタミン類は，B_1（チアミン），B_2（リボフラビン），B_6（ピリドキシン）などの水溶性のものと，脂溶性としてE（トコフェノール）が比較的多く含まれる．しかし，ビタミンA，CおよびDはほとんど含まれていない．主食として優れた栄養を持つが，タンパク質を構成する必須アミノ酸のうち，リジンがコメの約3/4と劣っていることが特徴で，タンパク価はコメ78に対して56である．

表4.9　コムギ粒とコムギ粉の成分（100 g中）

成分	コムギ粒	コムギ粉
エネルギー，kcal	334	366
水分，g	13.0	14.5
タンパク質，g	13.0	11.7
脂質，g	3.0	1.8
炭水化物，g	69.4	71.6
灰分，g	1.6	0.4
無機質，mg		
ナトリウム	2	2
カリウム	340	80
カルシウム	26	20
マグネシウム	140	23
リン	320	75
鉄	3.2	1.0
亜鉛	3.1	0.8
銅	0.43	0.15
ビタミン，mg		
B_1	0.35	0.10
B_2	0.09	0.05
B_6	0.34	0.07
E	1.20	0.30
食物繊維，g	11.4	2.7

コムギ粒は輸入硬質，コムギ粉は強力粉・1等．食品成分研究調査会（2001）より

（2）用　途

コムギの国内消費量は年に約600万tであり，このうち約80％が食料用，20％が飼料用である．食料用のほとんどが製粉用で，多様な食品に加工される．国産コムギは主としてめん用に用いられる．製粉の際，篩で除かれた皮部と胚がコムギふすまで，タンパク質，ミネラル，ビタミン，繊維が多く，飼料にされる．また，胚芽は健康食品として利用される．コムギのデンプンは，食品加工材料や菓子原料とされる他，繊維，紙，段ボールの接着，医薬用，生分解性プラスチックなどにもされる．デンプンを除いて残る麩質は，生麩および焼いて焼麩として食用にされる．粒は味噌・しょう油などの醸造原料としても重要である．

コムギには，イネなど多くの穀物のように糯・粳の区別がなく，全て粳性とされてきたが，わが国において世界で初めての糯性コムギが育成された（Nakamura et al. 1992）．また，ビール醸造には通常オオムギの麦芽を原料とするが，白ビールにはコムギも用い

る．

　コムギのワラは，強靱性に乏しいので，稲ワラのように縄などの加工には用いられないが，家畜の敷ワラ，作物のマルチなどに用いられる．

9．文　献

天野洋一 2000 穂発芽．農林水産技術会議事務局編，麦 高品質化に向けた技術開発．農林水産技術会議事務局．260-281.
Asana, R.D. et al. 1965 The effect of temperature stress on grain development in wheat. Aust. J. Agr. Res. 16 : 1-13.
Avery, G.S. 1930 Comparative anatomy and morphology of embryos and seedlings of maize, oats and wheat. Bot. Gaz. 89 : 1-39.
Barnard, C. 1955 Histogenesis of the inflorescence and flower of *Triticum aestivum* L. Anst. J. Bot. 3 : 1-20.
Borlaug, N.E. 1981 Breeding methods employed and the contribution of Norin 10 derivatives to the development of the high yielding broadly adapted Mexican wheat varieties. 育種学最近のシンポ 22 : 82-102.
Bradbury, D. et al. 1956 Structure of the mature kernel of wheat. Cer. Chem. 33 : 329-342, 342-360, 361-373, 373-391.
Bremner, P.M. 1972 Accumulation of dry matter and nitrogen by grains in different positions of the wheat ear as influenced by shading and defoliation. Aust. J. Biol. Sci. 25 : 657-668.
Brenchley, W. E. et al. 1921 Root development in barley and wheat under different conditions of growth. Ann. Bot. 38 (140) : 532-556.
Buttrose, M.S. 1963 Ultrastructure of the developing wheat endosperm. Aust. J. Biol. Sci. 16 : 305-317.
Carver, B. F. 2009 Wheat : Science and Trade. Wiley-Blackwell, UK.
檀上 勉 1951 禾穀類の発芽における胚乳貯蔵栄養分消費に関する研究 (2)．麦類の初期成育との関係．日作紀 20 : 77-79.
Dunstone, R. L. et al. 1973 Photosynthetic characteristics of modern and primitive wheat species in relation to ontogeny and light. Aust. J. Biol. Sci. 26 : 295-307.
Dunstone, R.L. et al. 1974 Role of changes in cell size in the evolution of wheat. Aust. J. Plant Physiol. 1 : 157-165.
江原 薫 1947 麦類幼植物の葉の分化に関する研究．日作紀 17 : 9.
Evans, A. D. 1970 Development of the endosperm of wheat. Ann. Bot. 34 : 547-555.
Evans, L.T. and R. L. Dunstone 1970 Some physiological aspects of evolution in wheat. Aust. J. Biol. Sci. 23 : 725-741.
Evans, L.T. et al. 1975 Wheat. In L.T. Evans ed., Crop Physiology. Cambridge Univ. Press. 101-149.
Evans, L.T. 1993 Crop Evolution, Adaptation and Yield. Cambridge Univ. Press.
Fischer, R. A. 1973 The effect of water stress at various stages of development on yield processes in wheat. In Plant Response to Climate Factors. UNESCO. 233-241.
藤井義典・田中典幸 1956 小麦における葉と根の生育についての規則性．日作紀 25 : 78.
Fujii, Y. et al. 1956 Some considerations on the difference of resistance to the excessive soil moisture injury among wheat, barley and naked barley. Agr. Bul. Saga Univ. 4 : 17-25.
藤井義典 1957 水稲及び小麦における節位別の根の生理形態的差異について．日作紀 26 : 156-158.
藤吉正ейз 1953 小麦とハダカ麦における秋播性程度及び播種期と生育量との関係について．麦の播種期に関する基礎的研究．九州農試彙報 1 : 375-406.
Gauch, H. G. et al. 1940 The influence of awns upon the rate of transpiration from the heads of wheat. J.

Agr. Res. 61 : 445-458.
Gericke, W. F. 1927 On the quality of bread from wheats supplied with nitrogen at different stages of growth. Cereal Chem. 4 : 73-86.
Gries, G. A. et al. 1956 Responses of spring wheat varieties to day-length at different temperatures. Agron. J. 48 : 29-32.
浜田秀男・佐々木信介 1953 寒冷地小麦の根系（凍土における秋播小麦の根系形成について）. 兵庫農大研究報告 1 : 1-6.
長谷川新一 1957 農業改良 7 : 21-36.
橋元秀教 1976 土壌の化学性と肥沃度. 高井康雄他編, 植物栄養土壌肥料大事典. 養賢堂. 511-517.
橋本 勉・松浦 映 1956 積雪と小麦の生育収量. 農及園 31 : 1535.
Hayward, H. E. 1938 The structure of economic plants. MacMillan. 141-178.
Hoshikawa, K. 1959 Cytological studies of double fertilization in wheat (*Triticum aestivum* L.). Proc. Crop Sci Soc. Jpn. 28 : 142-146.
Hoshikawa, K. 1960 Influence of temperature upon the fertilization of wheat, grown in various levels of nitrogen. Proc. Crop Sci. Soc. Jpn. 28 : 291-295.
星川清親 1960 小麦における再開穎小花について. 日作紀 29 : 103-106.
星川清親・樋口 明 1960 小麦の胚嚢形成に関する研究. 日作紀 29 : 107-113.
星川清親 1961-1964 小麦の稔実に関する研究（1～7）. 日作紀 29 : 253-257, 29 : 415-420, 30 : 228-231, 32 : 333-337, 32 : 338-343, 33 : 119-124.
鋳方貞亮 1941 日本古代の麦に就いて－特にその由来－. 農業経済研究 17 : 602-625.
石原愛也 1957 コムギにおけるバーナリゼーションの生理学的研究 (1) 成長点近傍の組織におけるバーナリゼーションの保持. 日作紀 26 : 20-23.
石塚喜明 1947 小麦の生育と養分の吸収利用に関する肥料学的基礎研究. 寒地農学 1 : 1.
Jennings, A. C. et al. 1963 Cytological studies of protein bodies of developing wheat endosperm. Aust. J. Biol. Sci. 16 : 366-374.
片山 佃 1951 稲麦の分蘖研究－稲麦の分蘖秩序に関する研究. 養賢堂.
Khan, M. A. et al. 1971 Comparative leaf anatomy of cultivated wheats and wild relatives with reference to their leaf photosynthetic rates. Japan. J. Breed. 21 : 143-150.
Kihara, H. 1924 Cytologie und genetische Studien bei wichtigen Getreidearten mit besonderer Rücksicht auf den Verhalten der Chromosomen und der Sterilität in den Bastarden. Mem. Coll. Sci. Kyoto Imp. Univ. B.1.
Kihara, H. 1951 Genome-analysis in *Triticum* and *Aegilops*. (10). Concluding review (by F. A. Lilienfeld). Cytologia 16 : 101-123.
木原 均 1954 小麦の研究. 養賢堂.
Kmock, H. G. et al. 1957 Root development of winter wheat as influenced by soil moisture and nitrogen fertilization. Agron. J. 49 : 20-25.
高 清古・玖村敦彦 1973 コムギの光合成と物質生産に関する研究. (1) 生育各期における個体群の CO_2 交換の日変化の特徴. 日作紀 42 : 227-235.
幸田泰則 2003 植物の成長と植物ホルモン. 幸田泰則他共著, 植物生理学 分子から個体へ. 三共出版. 101-141.
国分牧衛 2001 南米における不耕起栽培の現状と課題. 日作紀 70 : 279-282.
Krassovsky, I. 1926 Physiological activity of the seminal and nodal roots of crop plants. Soil Sci. 21 : 307-322.
桑原達雄 2000 雪害・凍害・寒害. 農林水産技術会議事務局編, 麦 高品質化に向けた技術開発. 農林水産研究文献解題 No. 23. 農林水産技術会議事務局. 282-291.
Lartner, E.N. et al. 1970 Rosner, a hexaploid Triticale cultivar. Can. J. Plant Sci. 50 : 122-124.
Martin, J. H. et al. 1949 Principles of Field Crop Production, Third edition, Collier MacMillan.
McFadden, E. S. et al. 1944 The artifical synthesis of *Triticum spelta*. Gen. Soc. Am. Records 13 : 26-27.

McFadden, E. S. et al. 1946 The origin of *Triticum spelta* and its free-threshing relatives. J. Hered. 38 : 81-89, 107-116.
南鷹次郎・御園生義一 1933 禾穀類の開花観察. 北大農場特別報告 4 : 1-98.
百足幸一郎・神尾正義・細田　清 1975 東北農試研報 51 : 1-50.
村上正雄 1978 ムギ類を加害する害虫とその防除対策. 農及園 53 : 1129-1135.
長尾精一編 1995 小麦の科学. 朝倉書店.
Nakamura, T. et al. 1992 Expression of HMW Wx protein in Japanese common wheat (*Triticum aestivum* L.) cultivars. Japan. J. Breed. 42 : 681-685.
中世古公男 1999 コムギ. 作物学各論. 朝倉書店. 22-31.
中山　包 1960 発芽生理学. 内田老鶴圃.
Nass, H. G. et al. 1975 Grain filling period and grain yield relationship in spring wheat. Can. J. Plant Sci. 55 : 673-678.
野田健児・茨木和典 1953 暖地麦類の生育相に関する研究（1）小麦の生育過程における有効・無効分げつ分岐及び幼穂の分化発達と節間伸長との関係. 九州農試彙報 1 : 407-424.
農林水産技術会議事務局編 2000 麦 高品質化に向けた技術開発. 農林水産研究文献解題 No.23. 農林水産技術会議事務局.
農山漁村文化協会 1981 畑作全書 ムギ類編.
小田桂三郎 1963 麦の生理・生態. 戸苅義次編 作物大系 2. 麦類 II. 養賢堂.
荻内謙吾・高橋昭番・作山一夫 2004 岩手県地方における秋播性コムギ冬期播種栽培の播種適期と最適播種量. 日作紀 73 : 396-401.
大田正次 2004 作物の起源と分化，コムギ. 山崎耕宇他編，農学大事典. 養賢堂. 429-433.
大谷義雄 1942 春季に於ける麦類の凍害 (1, 2). 農及園 17 : 285-292, 417-425.
大谷義雄 1950 麦の踏圧の生理学的研究. 農試彙報 67.
大藤泰雄 2005 コムギ縞萎縮病の発生生態に関する研究. 東北農研研報 104 : 17-74.
Percival, J. 1921 The Wheat Plant ; A Monograph. London.
阪本寧男 1996 ムギの民族植物誌. 学会出版センター.
佐藤導謙・沢口敦史 1998 北海道中央部における春播コムギの初冬播栽培に関する研究－播種期と越冬性について－. 日作紀 67 : 462-466.
佐藤剛 2000 赤かび病 防除技術の開発，農林水産技術会議事務局編，麦 高品質化に向けた技術開発. 95-101.
Sawada, S. and S. Miyachi 1974 Effects of growth temperature on photosynthetic carbon metabolism in green plants. I. Photosynthetic activities of various plants acclimatized to various temperatures. Plant Cell Physiol. 15 : 111-120.
Schiemann, E. 1951 New results on the history of cultivated cereals. Heredity 5.
Seth, J. et al. 1960 Nitrogen utilization in high and low protein wheat varieties. Agron. J. 52 : 207-209.
志賀一一 1982 イネ科穀類，田中　明編，作物比較栄養生理. 学会出版センター.
食品成分研究調査会 2001 五訂日本食品成分表. 医歯薬出版.
Sofield, I. et al. 1977 Factors influencing the rate and duration of grain filling in wheat. Aust. J. Plant Physiol. 4 : 785-797.
Sofield, I. et al. 1977 N, P_2O_5 and water contents during grain development and maturation in wheat. Aust. J. Plant Physiol. 4 : 799-810.
末次　勲 1950 小麦品種における胚の発育に関する形態学的研究. 農試彙報 4 : 91-103.
末次　勲 1962 麦の生育. 戸苅義次編 作物大系 第2篇 麦類. 養賢堂.
竹上静夫 1946-47 麦の節間伸長期（幼穂形成期）晩期追肥と増収への応用. 農及園 21 : 571-574, 22 : 21-24.
竹上静夫 1957 小麦の葯の抽出現象の品種間差と赤黴病発病上の意義. 日作紀 26 : 31.
竹内史郎・長谷川浩 1959 土壌温度が作物の生育に及ぼす影響 (5). 日作紀 28 : 213.
玉井虎太郎 1951 戸苅義次編，作物生理講座 (3). 66-102.

田中正武 1975 栽培植物の起源. 日本放送出版協会.
Thorne, G. N. 1973 Physiology of grain yield of wheat and barley. Rothamsted Exp. St. Rep. Part 2 : 5-25.
内島立郎 1978 麦類の凍霜害 (1, 2). 農及園 53 : 545, 653.
和田栄太郎・秋浜浩三 1934 小麦品種の春播性程度と地理的分布との関係並にその育種的意義. 日作紀 6 : 428-434.
和田道宏 2002 コムギ. 日本作物学会編, 作物学事典. 朝倉書店. 333-341.
Wardlaw, I. F. 1970 The early stages of grain development in wheat: response to light and temperature in a single variety. Aust. J. Biol. Sci. 23 : 765-774.
渡辺篤二他 1957 内地小麦の製粉加工上からみた性質に関する研究 (1). 農化誌 31 : 443-449.
Worzella, W.W. 1932 Root development in hard and nonhardy winter wheat varieties. J. Amer. Soc. Agron. 24 : 626-636.
山下 淳 1991 麦作技術の国際比較, 農業研究センター編, 日本農業の技術開発戦略 第2巻. 38-49.
吉田智彦 2000 コムギ. 石井龍一他共著. 作物学-食用作物編-. 文永堂出版. 85-108.
吉田智彦 2004 コムギ. 山崎耕宇他共編, 新編農学大事典, 養賢堂. 462-465.

第5章　オオムギ

学名 : *Hordeum vulgare* L.
和名 : オオムギ (総称および6条種), ニジョウオオムギ (2条種)
漢名 : 大麦
英名 : barley, six-rowed barley (6条種), two-rowed barley (2条種)
独名 : Gerste
仏名 : orge
西名 : cebada

1. 分類・起源・伝播

(1) 分　類

　オオムギはイネ科, ウシノケグサ亜科 (Festucoideae), コムギ族 (Triticeae), *Hordeum* 属に分類される越年草本で, この属は温帯に約30種が分布する. これらはさらに分類学的に2つの節 (section) に分けられ, 1つは多年生あるいは1年生の野生種からなる節で, 他の節には野生種と栽培種が含まれている. オオムギには6条種 (six-rowed barley) と2条種 (two-rowed barley) がある. 穂の各節に3つずつ小穂が着き, それらが互生して穂に粒が6条並ぶものを6条オオムギと呼ぶ. その各節の3小穂のうち両側の2小穂が退化して中央の小穂のみが稔るもの, すなわち穂に2条だけ粒が着くものを2条オオムギと呼ぶ (図5.1). いずれも染色体数は2n=14で相互に交配可能で後代は稔性を持つ. 2条種と6条種はかつては別種として扱われたが, 現在では同一種とされる.
　なお, 4条種 (tetrastichum), 中間種 (intermedium), 不斉条種 (irregulare), 欠条種 (deficiens) などの分類もあるが, これは小穂の配列, 退化などの状態から分類されたもので, 形態の花序の項で解説する.

図5.1　6条オオムギ
a : 普通の直芒の品種, b : 同小穂の拡大, c : 三叉芒の品種.
星川 (1980)

　オオムギは作物学的には6条オオムギ, 2条オオムギに大別し, わが国では6条オオムギを普通種として単にオオムギと呼ぶことが多い. 6条, 2条ともに穎が穎果に癒着しているものを皮麦 (hulled barley, covered barley), 癒着していないものを裸麦 (naked barley, hull-less barley) とに分ける (表5.1). わが国では6条皮麦を6条オオムギと呼び,

第5章　オオムギ

表5.1　オオムギの分類

条性	皮裸性	名称	主な用途
6条種	皮性	6条オオムギ	食用・飼料用
	裸性	ハダカムギ	食用・飼料用
2条種	皮性	2条オオムギ	食用・飼料用
		2条オオムギ（ビールムギ）	醸造用
	裸性	わが国での栽培はまれ	

6条裸麦を単に裸麦と呼ぶ．2条オオムギは栽培品種の大部分が皮麦であり，裸麦は少ないので，両者を区別せず，2条オオムギと呼んでいる（図5.2）．農林水産省の統計では，6条オオムギ，裸麦，2条オオムギの3種に区別し，これにコムギを加えて四麦（よんばく）として扱っている．

（2）起　源

中近東一帯に野生2条オオムギ（*H. spontaneum* C. Koch）が広く野生するが，これらが栽培オオムギとよく交雑し，染色体数も同じ2n＝14であることから，これが原生野生種であると考えられた．そしてオオムギの地理的起源は紅海からカスピ海に至る一帯と推定された．当時の研究者たちは，2条オオムギから6条オオムギへと進化してきたと考えたのである．

図5.2　2条オオムギ．星川（1980）

その後，東チベットで野生の6条オオムギ（*H. agriocrithon*）が発見され，これが栽培6条オオムギの祖先と考えられた．この考えでは，野生6条種から野生2条種が生じ，野生6条種から栽培6条種が中央アジア東部で成立して東西に伝播され，西に伝播して野生2条種と自然交雑し，その中から栽培2条種ができたとした．

現在では，穂の脱落性などから推察し，2条種から6条種が進化したという説が有力である（佐藤　2004）．最近，野生型の2条種の1つの遺伝子の突然変異により6条種が成立したとする報告がなされた（Komatsuda et al. 2007）．

（3）伝　播

6条種の起源地は中近東地域か，またはより東のチベット，ネパールとの説もある．このあたりから，古代にコムギやキビと共に，古代民族の移動に伴って西方へ伝播したらしい．2条種がイランのAlikoshの遺跡から発掘され，7900 B.C.のものと推定され，これが現在では最古のものとされている．6条種がこの地域に現れたのは6000 B.C.頃のことといわれる．

ヨーロッパへは新石器時代に伝わっていたことがスイスの湖棲民（2000～3000 B.C.）の遺跡の発掘物で知られている．エジプトには5000 B.C.以前に伝わっており，ミイラの胃の中から6条種が発見されている（Aberg 1950）．その後ギリシャ・ローマ時代にはヨー

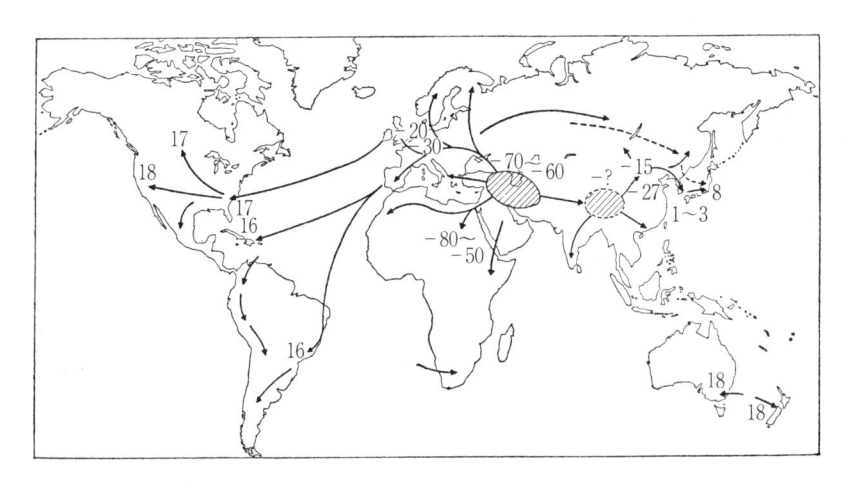

図5.3 オオムギの起源地と伝播. 星川 (1980)

ロッパ各地に広まり，当時はコムギよりも重要な主食とされていた．北アメリカへは初期の移住者がイギリスから1602年に伝え，カナダでは1606年に栽培された．2条オオムギは比較的新しく，1900年頃にスウェーデンやドイツから導入された．オーストラリアへは18世紀に伝えられた．東方へはまず中国へ伝わり，2700 B.C.頃の神農の五穀播種の儀式の中にオオムギがあるので，当時すでに栽培されたものと推定される．また当時の亀甲や骨片にオオムギの形象が記されている．インドへも古代に伝播したことはヒンズー教の古儀式から推定される．

日本へは紀元前後に朝鮮より伝来したと思われる．最初に伝来したのは6条種であり，東洋では，最近まで2条種は栽培されていなかったらしい．2条オオムギは日本へは明治以降になってからヨーロッパから導入された．

オオムギの世界各地への伝播の経路は図5.3のようになる．

2. 生産状況

オオムギはコムギ，イネ，トウモロコシに次ぐ世界第4位のイネ科穀類として，世界中の温帯，亜熱帯で栽培されている．世界の総生産量の推移をみると，1970年頃までは主産地のヨーロッパや北・中米を中心に大幅に増大したが，その後は停滞している．世界の地域別の生産量をみると，表5.2のように，ヨーロッパが世界の2/3を占め，次いでアジアおよび北部アメリカでの生産が多い．国別では，ロシア，ドイツ，カナダ，アメリカで多い．単収はヨーロッパや北米で高く，アジア，アフリカ，オセアニアは低い．

わが国ではオオムギは昔から水田の裏作として広く栽培されてきた．明治初期は皮麦約60万ha，裸麦約45万haの栽培があった．その後皮麦は減少の傾向を示し，裸麦は増加したため，大正時代からは裸麦の栽培の方が多くなった．第2次大戦後，農業生産が回復した時点で，皮麦，裸麦いずれも50万ha前後が作付けされたが，これ以降は米の生産

増加などにより，作付けは急速に減少の一途をたどり始めた．従来米の補完的役割を持っていたオオムギの需要が減ったためである．現在（2009年）では，皮麦が17,600 ha，裸麦は4,350 haの作付けにすぎないが，植物繊維が多いことなどから，生産が復活する兆しがある．皮麦は北陸・関東地方が，裸麦は四国・九州が主産地となっている．

2条オオムギはビール醸造用原料として，皮麦・裸麦が急速な減少を続けた時代にも，約10万 haの作付けがしばらく続いていたが，1970年頃から原料麦の輸入が増加し，国内の2条オオムギは急速に減少した．現在（2009年産）では，栃木や佐賀などで約36,000 haの作付けがある．

表5.2 オオムギの地域別栽培面積，単収，生産量

地域	栽培面積, 万 ha	単収, t/ha	生産量, 万 t
世界計	5,677	2.78	15,764
アジア	1,180	1.66	1,963
ヨーロッパ	2,916	3.62	10,553
アフリカ	484	0.98	484
北米	503	3.38	1,700
中米	32	2.55	81
南米	108	2.51	271
オセアニア	455	1.59	723

2008年産．FAOSTATより

3．形　態

オオムギはコムギと形態的に類似する点が多いので，コムギの章での記述と重複することを避け，特に相違する点について解説する．

（1）穎果と発芽

穎果は外穎と内穎に包まれるが，皮麦では子房壁からの分泌物質によって内・外穎は粒の果皮に癒着している．裸麦では癒着物質を分泌しないので，完熟・乾燥の後は，穂に物理的衝撃を与えるとコムギ粒と同様に内・外穎から粒が容易に取り出せる．また皮麦と裸麦の中間的な性質のものもあり，これを半裸大麦と呼ぶ（図5.4）．裸性は皮性に対して劣性を示す．穎果は両側がややとがり，背面には縦溝がある．大きさは品種によってかなり異なるが，概して2条オオムギは6条オオムギよりも豊満で粒重も大きい．1,000粒重は皮麦で25〜35 g，裸麦は25〜29 g，2条オオムギは40〜50 gである．

図5.4 オオムギの穎果
A：穎果の腹面（外穎側）．B：穎果の背面（内穎側）．g_1, g_2：第1，第2護穎．b：底刺．C：皮麦の穎を除いたもの，穎が果皮に癒着している．D：裸麦の穎果腹面．E：同背面．F：同縦断面．G：裸麦の横断面．H：半裸麦横断面．I：皮麦横断面．l：外穎，p：内穎．星川（1980）

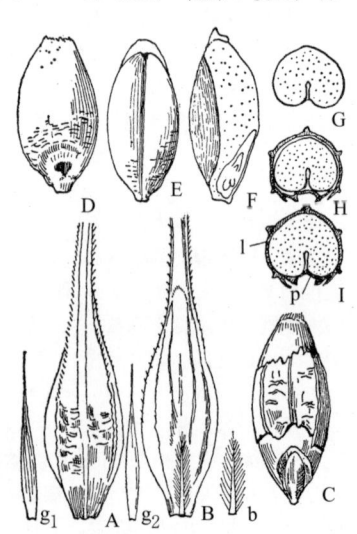

内部構造は，稃（内・外穎）は表皮，厚角組織，柔組織よりなり，稃の内表皮は果皮の表皮に癒着している．果皮・種子の構造はコムギに類似する．胚乳は外表に糊粉層，内部がデンプン貯蔵組織となっているが，糊粉層はコムギと異なり，皮麦・裸麦など6条オオムギでは約3層，2条オオムギでは3～4層の糊粉細胞よりなる厚い組織である．また糊粉層に青色の色素を含み，青色を呈する品種系統がある．なお色素は品種によって果皮に含むものもあり，稃に含まれることもある．デンプン貯蔵組織に充満しているデンプン粒には，大型のレンズ型と小型の球形の2種類がある（図5.5）．デンプンは大部分の品種では粳性であり，糯性品種もあるが栽培は少ない．貯蔵タンパク質にはコムギのようなグルテンが含有されない．

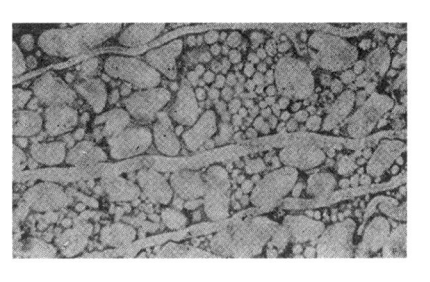

図5.5 オオムギのデンプン粒．星川（1980）

胚の形はコムギに似るが，芽鱗を欠き，根鞘と胚盤の区別が不明瞭である．種子根は，6条種は普通5本，2条種では普通7～8本分化している．また，幼芽には葉原基が第4葉まで分化している（末次 1951）．これらの諸点はコムギと異なっている．

発芽に際し，皮麦では鞘葉が果皮の下を粒頂部の方へ伸びてから果皮を破り，外穎の頂部から外に現れる．裸麦では鞘葉が粒中央部で果皮を破って外に現れる（図5.6）．種子根は3～6本発生し，概してコムギよりも少ないが，2条オオムギでは10本以上も発生する品種がある．第1葉は成長につれて葉身が捩れる特徴がある．

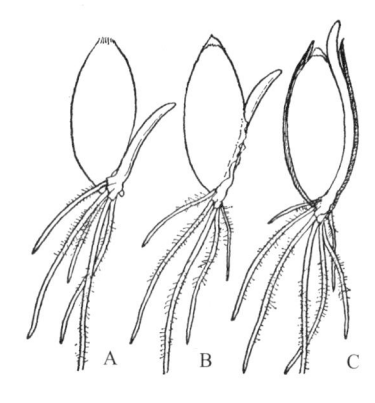

図5.6 麦類の鞘葉の出現のしかた
A：コムギ，B：裸麦，C：皮麦．星川（1980）

(2) 根・葉・稈・分げつ

根の外部および内部形態はともにコムギとよく似ている．根系は半径15～30 cm，深さは1 m程度まで分布し，コムギよりやや浅い．特にオオムギでは湿潤地や固結土壌では浅い根系となる性質が強い．一般に北日本の品種は深い根系を作り，暖地の品種は浅い傾向がある（高橋・板野 1947）．

葉はコムギよりやや短いが幅広く，このため幼植物の時はコムギより大柄に見えるためオオムギの呼名が付いたともいわれる．葉耳はコムギより大きい．止葉は短小で品種の特徴をなす．主稈葉数は13～18枚であり，主稈葉数と出穂期の間にはコムギと違って相関関係がほとんど認められない（片山 1951）．

オオムギの品種は長型（並性）と短型（渦性）の2型に区別されるが，この区分は鞘葉の伸びる長さが暗黒条件下で37 mm，明条件で34 mmを境にして分けることができる（高

橋 1943). 長型の長稈品種では稈長1.8mになるが，一般には1m前後で，日本では概して90cm以下の品種が多く，一般にコムギより低い．短型品種は短稈で，草丈，葉長，穂や芒の長さ，粒長などについても長型品種より短い性質がある．草型についてもコムギと同様に直立型，匍匐型，中間型の区別がある．

オオムギの各節間の伸び方もコムギと類似する．しかしオオムギには登熟期に，穂首節間が細長く伸びて下垂するものと，短くて直上するものとがある．前者は2条オオムギの品種に多くみられる．オオムギの稈の強さはコムギやエンバクに比して劣るとされる．

分げつは不伸長茎部の各節から発生し，その出方はコムギと同じであるが，一般の栽培条件では個体当り3～6本であり，分げつをほとんどしない品種（uniculm）もある．概して2条オオムギは6条オオムギよりも分げつが多く出る．

（3）花序（穂）

穂状花序で長さ3～12cm，穂軸は10～14節からなり，その各節に3個ずつの小穂が互生する．小穂は無柄で1小花よりなる．6条オオムギは3個の小穂が全て稔性であるから，粒が6列（条）並んだ形となる．一部のものは3個の小穂の中の中央の小穂が穂軸となす角度が小さいために，穂が4角柱に見え，4条種（tetrastichum）と呼ぶ．また中央小穂のみ稔性で，両側小穂が不稔（雄蕊のみで雌蕊が退化）のものは粒が穂軸を中心に対称に2列並ぶため2条オオムギと呼び，特に両側列小穂の雄蕊すらも完全に退化したものを欠条種と呼んでいる．両側小穂が不完全稔性であるものを中間種という．側列小穂が，ある場合は小穂軸にまで退化し，それらが穂の上に不規則に分布しており，他の側列小穂は稔性だったり，あるいは不稔や著しい退化をしているものを不斉条種と呼ぶ（図5.7）．

小穂は1小花からなり，その構造形態はコムギとよく似ている．各小穂は最外側に小さく細い芒状の一対の護頴がある（図5.4）．外頴は大形で粒をほとんど包み，品種により先端に芒の有無，芒の長短，刺毛・鋸歯の有無などの区別がある．特に芒が図5.1cのように三叉冠状のものもあり，これを三叉芒（または僧帽芒，hooded awn）品種と呼ぶ．内頴は外頴と同長であるが薄く，成熟期には外頴の両縁により

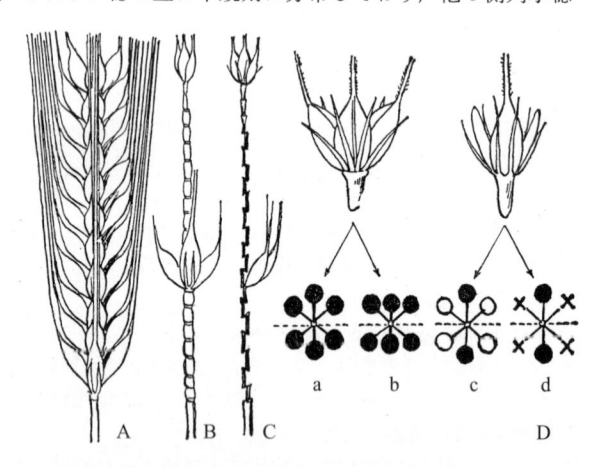

図5.7 オオムギの穂と小穂の構造
A：6条種の穂の外観．B：穂軸とその1節に小穂が着いている状態．C：同側面．D：小穂の着き方．●：稔性小穂，○：雄蕊不稔または不完全稔性の小穂，×：完全退化不稔の小穂．
a：6条種，b：4条種，c：中間種，d：2条種および欠条種．
星川（1980）

堅く包まれ，穎果の背面上部にわずかに現れるだけとなる．穎に青，紫，赤，黒などアントシアン系の色素を持つ品種がある．

小穂の内側基部には底刺（basal bristle）があり，これは小穂軸の変化したもので，単細胞あるいは多細胞からなり，その形もいろいろで分類の基準とされている．底刺は普通2.5 mmの長さで，中軸に多くの刺毛が生えている．皮麦では穎果に付着して穂軸より脱離するが，裸麦では底刺は穂軸上に残り，穎果には底刺は付着しないのが特徴である．

（4）開花・登熟

開花は出穂3～4日後から始まる．開花は穂の中央部より少し上位の部分から始まる．3小穂の中では中央小穂が先に咲く．開花時に開穎するものとしないものとがある．概して6条種は閉穎のままで受粉するものが多く，2条種では中央小穂はほとんど開穎しないし，4条種は全てよく開穎するなど，この性質は種の特徴とされる．1穂の開花は4～5日で終わり，1株の開花は7～10日に及ぶ．開花時間は20～30分である．開花時刻は早朝より始まり，午前中が最も盛んで，夕方まで開花するものがある．オオムギではほとんどが自家受粉となる．受粉5分後から花粉管発芽が始まり，5～6時間で重複受精を完了する（Pope 1937）．

表5.3に示すように，胚は受精後7～8日で初めて発芽能力を備え（末次 1951），約25日でほぼ形態的にも生理的にも完成する．28～30日目になると胚は休眠する．胚乳は受精後約25日で乳熟期，30日前後で黄熟期になり，34～35で完熟期となる．40日たつと枯熟期に入る．登熟はコムギより5～7日早い．この稔実の過程で，皮麦は子房壁から出る分泌物により果皮と内外穎が癒着する．

表5.3 オオムギの胚の発育段階

発育段階	受粉後日数
Ⅰ 受精完了期	1～3
Ⅱ 始原成長点分化期	7～9
Ⅲ 幼芽鞘分化期	8～9
Ⅳ 第1葉分化期	8～12
Ⅴ 第2葉分化期	12～20
Ⅵ 吸収層分化期	17～20
Ⅶ 第3葉分化期	20
Ⅷ 第4葉分化期	20～40
Ⅸ 胚完成期	25～28

末次（1951）を改

4．生理・生態

（1）発　芽

種子の寿命は普通の貯蔵条件では2～3年である．しかし1年後の発芽率は貯蔵環境によって著しく異なり，高温多湿条件では発芽力の減退が進みやすい．貯蔵湿度は65％以下に保たれる必要がある．

発芽温度は最低は0～4℃，最高は約40℃，最適は約25℃である．吸水して発芽活動が始まると共に呼吸作用が盛んになり，4～5日目には最高になり，その後しばらく維持するか，低下するという（山田 1949）．呼吸量は裸麦が皮麦より多い．発芽後，地温15℃の場合には17日前後の第2葉抽出時に胚乳養分は消尽する．

オオムギの種子が発芽に必要とする吸水量は，風乾重の約46％で，コムギ，エンバクの60％より少ない．種子を水に浸漬しておくと，水温が高いほど早く発芽能力を失う．30℃の水では，皮麦は1日でほとんど発芽しなくなるが，裸麦は5日目に完全に発芽力

を失う.その原因は皮麦の稃と穎果の間に含まれた水が発芽を阻害するためであり,皮麦が水浸に対して本質的に発芽力が弱いということではない.なお水浸温度が60℃になると10分間で発芽力を失う(滝口 1932).土壌水分が30％の乾燥状態になると,また容水量の100％の水分になると,オオムギはコムギと比べて発芽率の低下が著しい.

(2) 温度と生育

オオムギの成長温度は最低3～4℃,最高28～30℃,最適20℃であり,最適温度はコムギより5℃ほど低い.

オオムギの耐寒性はコムギより弱く,エンバクよりは強い.一般に皮麦は裸麦より寒冷な気候に強く,わが国では中部,北陸以北に皮麦が,以南に裸麦が栽培される.しかし,裸麦も温暖な地方では,一般に気温が低い方が生育及び収量が良い.なお,皮,裸麦とも短型品種群は耐寒性,耐雪性が弱く,中部以南の温暖地に分布し,北限線は1月の平均気温0℃の等温線と一致する.一方,長型品種群は寒冷地にも暖地にも分布がみられる.2条オオムギは6条オオムギより気温に鋭敏であり,ヨーロッパでは温和な大陸性気候の温帯地域に栽培が限定される.

オオムギの幼穂分化限界温度はコムギより低く,春化終了後まもなく幼穂発達を開始し,比較的低温条件でも幼穂が発達を続ける.このためコムギよりも寒害を受けやすく,これが秋播オオムギがコムギより耐寒性が劣る一因である.オオムギ品種の中には,春播性でも耐寒性が強いものがある.

出穂は高温によって促進されるが,出穂後開花するまでの期間も短縮される.出穂から開花までの日数は,開花前15日間の平均気温が13～14℃では3～4日であるが,平均気温17～18℃になると出穂とほぼ同時に開花し,18～20℃以上の高温となると出穂前に止葉の葉鞘内で開花してしまうことがある.出穂後の登熟は,気温特に最高気温が高く,降水量が少ないことが粒の充実を良くする.

(3) 水分・土壌と生育

オオムギの要水量は170～188(玉井 1951)で,外国での春播きオオムギでは300～500である.生育に伴う1日当たり吸水量は図5.8のように,節間伸長開始とともに盛んになり,出穂頃に最高に達し,以降成熟するにつれて減少する.

わが国では,降雨の多すぎることが問題となる場合が多い.登熟期に梅雨の長雨にあうと,粒重が低下し,とくに登熟前期の15日間の降雨は粒重の低下が著しい.また後期の長雨は汚染粒の多発や倒伏を招き,品質を低下させる.生育後期に湿害を受けると,いわゆる枯れ熟れを引き起こしやすい.枯れ熟れとは登熟が未完成のうちに地上部全体が灰白色に

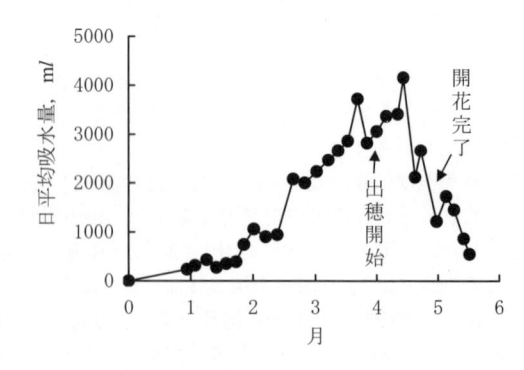

図5.8 裸麦の生育時期部吸水量.玉井(1951)を改

なり，株全体が水分を失い，葉は煤けた灰黄色となって萎縮し，立枯れ状態となる現象である．このため粒の充実が悪く，収量・品質を著しく低下することになる．とくにわが国の西南暖地に多くみられる．

オオムギの生育には，耕土の深い腐植質を含む壌土で，排水のよい土地が最適であるが，わが国では多雨のために，むしろやや軽鬆な砂質壌土が適する．

土壌水分は，生育期間を通じて一定にした試験の結果では，土壌容水量の60～75％の場合に最も収量が高い．これはコムギの70～80％に比べて，やや乾燥を好むということと解釈できる．しかし強度の乾燥に対してはコムギよりも弱い．生育期別の土壌水分の必要量は，特に分げつ期と出穂前後に高い．生育後期に土壌に一時的還元が起こり根に障害を与えると，枯熟れの原因となる．生育の初～中期は地下水位が高くてもあまり害は受けないが，節間伸長以後，穂数・粒数の決定する生育後期に地下水位が高まると被害が大きく，減収となる．オオムギが

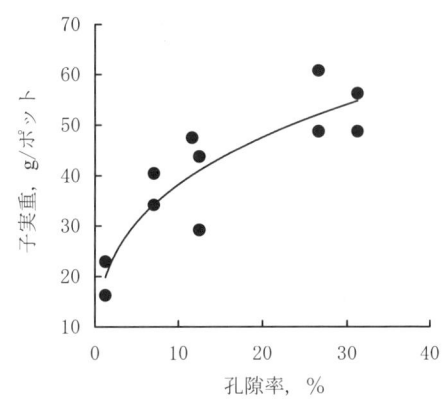

図5.9 土壌孔隙率とオオムギ子実重との関係．小田 (1963)

湿害を回避し得る土壌孔隙量は30～35％との報告がある（山崎 1952）．図5.9に示すように，土壌孔隙量が30％以下になると収量は低下する（小田 1963）．土壌中に炭酸ガスが増えると生育は低下し，酸素が適度に増えると生育は促進される．酸素濃度が高くても炭酸ガス濃度が20～30％になると障害が出る（Kramer 1949）．

土壌pHは7.0～7.8が最適で，コムギに比べると酸性に弱く，酸性土壌では黄枯れ症状を呈し，根は細い分岐根が少なくなり，肥大した異常根となり，地上部の草丈・茎数を減らし黄化して，減収となる．とくにpH 5.5以下になると被害が大きくなる．オオムギは作物の中でも酸性を嫌う作物として著名である．土壌が湿潤状態でEhが低いときは根の伸長が悪い．不耕起層では著しくEhが低いので，根の張りが劣る．また450 mV以下の還元層でも根の伸長がきわめて劣る．

（4）光合成と物質生産

オオムギの光合成についての特徴は，ほぼコムギと同じである．しかし，オオムギではその子実生産に対して穂の光合成が大きな役割を果たしている点でコムギとは異なっている．その貢献度については研究者により様々であるが，最高55％というデータから最低28％というものまである（Thorne 1973，武田 1978）．しかし，いずれにしてもオオムギの値はコムギの値よりもはるかに高い．これはオオムギの穂が長い芒を持っているためと考えられ，芒の表面積は止葉の表面積に匹敵する．

（5）花成

オオムギにも秋播型と春播型があり，わが国のオオムギ品種の秋播性程度はコムギと

類似した Ia, Ib, II〜VI までの7段階に区別される（高橋 1943）．これによると Ia と Ib, すなわち春播型のものは主に外国系品種であり，これらと II の品種が，寒さが厳しくて秋播きのできない北海道に主に分布する．東北・北陸・山陰地方には秋播型の品種が分布し，温暖地には秋播型と春播型の両者が見られる．

オオムギを発芽後0℃の低温に10〜60日間処理すると，秋播性の低いものは処理の有無に無関係に出穂するが，秋播性の高いものはその程度に応じて長期の低温処理を行って初めて出穂する．例えば，秋播性の III, IV 品種は30日処理で，VI は60日処理で秋播性が消去される．また秋播性品種が出穂するためには低温処理が前提条件となり，その後に長日処理すると出穂が促進される．したがって，オオムギの出穂反応は低温感温性・日長感応性・純粋早晩性の3主要素の複合的結果である（山本 1949）．

日本のオオムギには短日春化性（short day vernalization）を持つ品種が多く，とくに裸麦で著しい．コムギではきわめて少ないことと好対照である．短日春化性とは，幼植物を短日処理すると幼穂分化が促進されることである．短日春化の効果は，播種前の低温処理程度や生育条件によって異なる．短日春化の効果は処理期の温度によって異なり，オオムギ幼植物では20℃で効果が最も大きい．低温春化効果が高温によって容易に消去されるのに比べて，短日春化効果は高温によってわずかしか消去されない．しかし，短日処理期間中に長日処理を挿入する（短日処理日数の合計を同じにして）と短日春化効果が減少する（中条 1961）．光中断や長日処理挿入によって短日春化効果が消失することは，オオムギの短日春化反応が「短日反応」であることを示している．

短日春化反応には限界日長があり，それは品種によって異なる．短日春化性が同じでも，限界日長は異なり，短日春化性の大小と限界日長の長短の間には一定の関係がない．また両者の性質と秋播性程度，あるいは品種の分布地域などとの間にも一定の関連は見られていない（中条 1976）．

（6）穂発芽性

オオムギの成熟期はコムギより早い．わが国では丁度梅雨期に遭うため，穂発芽して品質・収量を損なうことが多い．オオムギの穂発芽性は品種によりかなり異なり，穂発芽性80〜100％，つまり非常に穂発芽しやすいもの（I）から，0〜20％のもの（V）までに分類され，またおのおのについて穂発芽に要する日数により，aからeまでに区分し，両者を組み合わせた14階級に分けられている．この穂発芽性は休眠期の胚の酸素要求量と負の相関がある（山本 1950）．

5．品　種

（1）世界と日本の品種

世界的に見ると秋播きオオムギより春播きオオムギが広く栽培されている．西欧諸国では皮麦が多いが，アジアの諸地域では裸麦が重要視されている．ロシアでは6条種の皮麦を春播きし，食用にすることが多い．カナダは春播きで6条種を飼料用に，2条種を醸造用に用いる．ビール醸造の盛んなドイツでは，2条種を秋播きする．アメリカでは6条種が主として秋播きされるが，温暖地には春播き品種もある．

5. 品　種　[201]

わが国では概して東日本に皮麦，西日本に裸麦が分布する．裸麦は耐雪性およびやせ地適応性が劣るためであり，また皮麦には西南暖地に適した早熟品種が少ないことなどによる．皮麦のうち，関東地方には短型（渦性）品種が多く，東北，北陸，東山の寒冷地には長型（並性）品種が作られる．

皮麦は，かつては関東でも長稈，やせ地向きの並性品種が多かったが，1900年頃から化学肥料の使用が始まり，耐肥性が強い短稈肥沃地向きの関取，竹林系品種が純系分離により育成され普及した．1941年以降，交配育種により会津4号，横綱，信濃1号などが栽培され，1950年頃から組織的育種により，極早生のサツキムギ（皮麦農林1号）や短稈多収のアズマムギ，その後はムサシノムギ，ドリルムギ，カシマムギ，シュンライなどが育成され主要品種となった．1980年以降，縞萎縮病抵抗性が重視され，マサカドムギやすずかぜが育成された．北陸地域では，耐寒雪性強で精麦品質極良のミノリムギが主要品種となっている．東北など寒冷地では，1950年頃からショウキムギ，コウゲンムギ，はがねむぎなどが普及した．近年では，ミユキオオムギ，べんけいむぎなどが多く作られた．2006年産では，全国ではファイバースノウ，シュンライ，カシマムギの作付けが上位を占めている．

裸麦は1900年頃から，短型のコビンカタギなどが作られ，以降多収の赤神力が急増した．1941年以降は組織的育種による品種である，香川裸1号，御島裸，愛媛裸1号が普及し，その後ユウナギハダカ，キカイハダカなどが普及した．現在は，イチバンボシとマンネンボシが2大品種となっている．

2条種は皮麦より耐寒性が劣るため東北地方南部以南で作られ，北海道では春播きが行われる．本格的栽培の始まった1900年頃から，北海道ではシバレーが，本州ではゴールデンメロンが栽培された．その後ゴールデンメロンの長稈，晩熟の欠点を改良した品種が純系分離により育成され，ニューゴールデンが関東に，さつき二条，成城17号などが東海以西で戦後から増え，1971年には，より短稈早生のアズマゴールデンが育成されて普及した．2006年産では，ミカモゴールデン，ニシノチカラ，ニシノホシ，ほうしゅんの4品種が全国の収穫量割合でそれぞれ10％を超えている．ニシノチカラは縞萎縮病耐性で，味噌・焼酎用として優れた精麦特性を持つ．

（2）育種目標

オオムギの育種では，他の作物と同様に多収性，耐病性で用途に応じた高品質性が目標となる．これらに加えて，わが国のオオムギの育種では早生化に重点が置かれている．特に水稲との二毛作の場合，稲作の早期化のため，少しでも早生の品種が求められる．またわが国特有の梅雨という条件と関連しても，早生化は重要である．さらに最近は機械化によって短稈強稈化が育種目標に加えられている．機械化はまた密植化となるが，これに伴う耐病性の強化も現在の主要育種目標である．耐病性では，土壌伝染性のウイルス病であるオオムギ縞萎縮病（barley yellow mosaic）への耐性が重視されている．品質の点では，飼料用としてのTDNとタンパク質のアミノ酸組成の向上が目標とされており，食用としては粒形，粒大，縦溝の深さ，穎や果・種皮の厚さなどが精麦歩留まりと関係して改良が図られている．また，米と混炊した場合の白度も重視される．近年需要が増

えている麦茶用に関しては，加工適性や品質検定の研究が少なく，明確な評価・選抜基準が設定されていない．

ビール用2条オオムギについては，粒が豊満で大きさがよく揃い，発芽力が大きいもの，またタンパク質含量が一定水準内にあり，デンプン含有率が高く，香気に富むものが良品質とされる．1穂の着粒が疎である2条オオムギが適するとされるのもそのためであるが，今日ではさらに，麦芽エキスおよび酵素力を高めることが品質面での課題とされている．

これらの粒の品質は，栽培条件によっても変動するので，ビール会社は農家と契約栽培し，ある程度の品種や栽培条件を決めている．その栽培条件には，1) 条間を狭くして密播し，生育を抑制して成熟を揃える，2) 窒素肥料を少なめにし，リン酸，カリウムを多く与える，3) 酸性肥料は避け，追肥時期を遅くしないように注意する，4) 適期収穫を守る，5) 乾燥に留意し，脱穀調製に当っては胚を傷つけないようにする，などがある．

6. 栽　培

栽培方法は概してコムギと同様である．したがって本章では，コムギ栽培と異なる点を中心に解説する．

(1) 整地・施肥・播種

覆土が細かく砕土され，土の抵抗が少ないと，裸麦の場合10 cmの深さに播かれても60％は出芽する．しかし水田裏作などで砕土が困難な場合には，4 cmの覆土でも出芽が困難になり，オオムギ特に裸麦では，コムギよりその傾向が著しい．土粒は径1.5 cmより細かくすることが望ましい．

施肥量はコムギの場合よりやや多肥とし，10 a当り窒素とカリウムは10 kg，リン酸は15 kgを標準とし，土壌の種類や堆肥施用の有無に応じて加減する．窒素は約半量を追肥とするが，ビール用2条種では，子実タンパク含有率が一定の範囲内 (10～11％) になるよう追肥の量に留意する．オオムギはコムギより多肥に適し，やせ地ではコムギより減収の割合が高い．オオムギは酸性に弱いので，石灰を散布して酸性を矯正することが有効である．

塩水選の比重は皮麦は1.13，裸麦は1.22が適当である．播種期は，オオムギは耐寒雪性が弱いので，秋の播種期が遅くならないように注意する．特に裸麦では適期の幅が狭いので注意する．播種量は，慣行では裸麦は10 a当り3～6 kg，皮麦では6～10 kgである．播種深度はコムギよりやや浅目とする．特に渦性（短型）品種では鞘葉が短いため土壌貫通力が弱いので，機械播種の場合に整地を良くし，深播きにならないよう注意する．

(2) 病害虫防除

ほぼコムギに準ずる．オオムギの病虫害については下記のものが被害が大きい．

オオムギの災害のうち最も大きいものは病害である．とくにさび病，白渋病，赤かび病の3病害が最も著しい．これらの病害はコムギの場合と共通であるが，とくにオオムギのみに発生するものとしては次のようなものがある．

<u>オオムギ裸黒穂病</u>：(loose smut)：*Ustilago nuda* (Jensen) Rostrupの菌糸が種子内に入

り，発芽と共に菌糸が成長点に伸び，オオムギの成長に伴って体内に繁殖して遂に穂に発病し，黒粉状の胞子を多数生じ，それらが風により飛散伝染し，雌蕊の柱頭から子房内に入り種子伝染する．種子の温湯浸法，冷水温湯浸法で防ぐ．

オオムギ堅(かた)黒穂病：(covered smut)：*Ustilago hordei* (Persoon) Lagerheim の胞子が種子に付着し，発芽後，厚膜胞子も発芽して鞘葉から幼芽に侵入し，成長点に達して，穂に至って発病する．収穫期まで薄い白皮を被り，収穫・脱穀の際に破れて黒粉（厚膜胞子）が伝染する．オオムギのみに発生し，コムギには発病しない．防除は種子消毒を行う．

オオムギ斑葉病：(stripe)：*Pyrenophora graminea* S. Ito et Kuribayashi が寄生し，4月頃葉に淡黄白色の病条ができ，やがて暗褐色に変わり，黒粉を生ずる．葉は枯れ，穂が出ても稔らずに枯れて，黒粉に覆われる．黒粉（分生胞子）は風により飛散し，他の穂の粒に付着して種子伝染する．2条オオムギが特に弱く，広範囲に被害が出るとともに，常習的になる傾向がある．種子消毒で防ぐ．

オオムギなまぐさ(腥)黒穂病：(bunt)：*Tilletia controversa* Kuhn による．山間地帯に発生し，草丈は短く，穂が白く枯れ，粒内には茶褐色のなまぐさい臭気の粉（厚膜胞子）ができ，脱穀の際に飛散して種子伝染する．また畑土に落ちて越夏し，秋そこへ播種すると幼植物に伝染する．

オオムギ雲紋病（雲形病, scald）：*Rhynchosporium secalis* (Oud.) J. J. Davis の寄生による．秋口から葉に暗褐色紡錘形または不整形のいもちに似た病斑ができ，4～5月から病状が目立ち，葉は枯れる．裏日本や山間の陰湿な気候の土地に発生しやすい．病斑部にできた胞子が風で飛散し，穂の粒やワラに着いて伝染する．品種によって耐病性が異なる．防除は種子消毒を行う．

オオムギ縞萎縮病（barley yellow mosaic）：ムギ類萎縮病（rosette, green mosaic）と共にウイルスによる病気で，草丈が短くなり，分げつ数も減り，株は淡緑色または黄化し，葉に微少な紡錘形の病斑が出るが後に消える．土壌で伝染するので，耐病性品種の採用のほか，播種期を遅らせることや30 cm程度の深い反転耕で被害を軽減できる．

小さび病（dwarf leaf rust）：さび病のうちオオムギに普通のもので，*Puccinia hordei* Otth. により，コムギ赤さび病に似た病徴を示す．ムギ類のさび病菌は他の植物にも寄生し，中間宿主はオオアマナ類といわれる．早播きのオオムギ，こぼれ粒に秋のうちに発病し，越冬して広がる場合が多い．耐病性品種がある．

オオムギ網斑病(あみはん)：*Pyrenophora teres* Drechsl. が寄生し，下葉に紡錘形，黄褐色の地に黒い網目のある病斑を生じ，葉が黄変する．被害ワラや種子で伝染する．遅播きで発生することが多い．種子消毒，被害ワラ処理で防除する．

主な害虫はコムギと共通であるから省略する．

(3) 収穫・流通

オオムギはコムギより生育期間がやや短く，コムギより7～15日早く収穫期になる．雨による穂発芽や腐敗を防ぐため，黄熟期に入ったら天候をみて早目に収穫する．収穫法および以降の調製法はコムギと同じである．

オオムギの生産費は10 a 当り3.6～6万円程度で，コムギに比べ，裸種は多いが，6条

種と2条種は少ない．いずれの種でも，農機具費，肥料費，労働費，賃借料・料金が費用の大半を占める．

オオムギの流通もコムギと同様，民間流通となった．裸麦は60 kgあるいは30 kg単位で，皮麦では50 kgあるいは25 kg単位で袋詰めされる．

7．品質と用途

オオムギの成分は表5.4に示すように，白米と似た成分である．白米に比べてナトリウム，カリウム，カルシウムなどの無機質や食物繊維が多い．食物繊維が多く含まれることから，コレステロール低下やガンの予防効果が期待されている．

オオムギは世界的にはほとんどが飼料とされ，一部が醸造用にされる．中国，インドなどでは一部が人間の食糧とされている．わが国では昔から米食の補助食糧とされ，米と混ぜて炊き，麦ごはんとして食べられてきた．わが国でも一部が飼料とされ，2条オオムギがビール醸造用に用いられる．

オオムギは搗精によって，穎，果皮，種皮，糊粉層および胚を除き，胚乳だけの粒（丸麦）とし，それをさらに精白する．精白したものを蒸した後，ローラーで押しつぶし押麦とする．押麦は，茶色の縦溝が残る．縦溝部に沿って切断した後に，同様の方法で押しつぶした製品を白麦と呼んでいる．近年では，縦溝部に沿って切断しただけで押しつぶさない米粒麦が増えている．外国では高度に搗精した丸麦を pearl barley と呼んでいる．これらは，いずれも米と混ぜて炊いて食べる．これら食用の品質としては精麦歩留まりが高く，また白色が優れる（白度が高い）ことが好まれる．

表5.4　オオムギの成分（100 g中）

成分	押麦	米粒麦	精白米
エネルギー，kcal	340	343	356
水分，g	14.0	14.0	15.5
タンパク質，g	6.2	7.0	6.1
脂質，g	1.3	2.1	0.9
炭水化物，g	77.8	76.2	77.1
灰分，g	0.7	0.7	0.4
無機質，mg			
ナトリウム	2	2	1
カリウム	170	170	88
カルシウム	17	17	5
マグネシウム	25	25	23
リン	110	140	94
鉄	1.0	1.2	0.8
亜鉛	1.2	1.2	1.4
銅	0.40	0.37	0.22
ビタミン，mg			
B_1	0.06	0.19	0.08
B_2	0.04	0.05	0.02
B_6	0.14	0.19	0.12
E	0.1	0.1	0.2
食物繊維，g	9.6	8.7	0.5

食品成分研究調査会（2001）より

オオムギはグルテンを含まないので，パン用に適さず，また微量の不味物質も含まれるので粉食には向かない．一方酵素力が強いので醸造用にされ，ビール用には2条オオムギが，タンパク質少なく，デンプンの比率が高いので適する．わずかではあるが，6条オオムギやコムギもビール用にされる．オオムギは，ウイスキー原料としても重要である．また，わが国では焼酎の原料としても用いられる．醸造用にはオオムギを発芽させて作る麦芽（malt）が原料とされるが，麦芽は水飴として菓子用にもされる．その他，味噌，醤

油の原料にもされる．オオムギはさらに，炒って粉にしてハッタイ粉とし，菓子原料にもされる．

8．文　献

Aberg, E. 1950 Barley and wheat from the Saqquar pyramid in Egypt. Agr. Coll. Sweden Ann. 17 : 59-63.
麦酒酒造組合　1968　日本の二条大麦．
中条博良　1960-63　大麦の短日春化性に関する研究 (1, 2, 3)．日作紀 29 : 114-116, 30 : 56-60, 31 : 150-154.
中条博良　1973　作物の春化と日長．農業技術 28 : 164-169.
中条博良　1976　春化現象．北条良夫・星川清親編，作物-その形態と機能（上）．77-94.
榎本中衛　1929　麦類における春播型と秋播型との生理的差異に関する研究．農事試彙報 1．
Harlan, H.V. et al. 1922 The germination of barley seeds harvested at different stages of growth. J. Hered. 13 : 72-95.
Heimsch, C. 1951 Development of vascular tissues in barley root. Amer. J. Bot. 38 : 523-537.
Helbaek, H. 1959 Domestification of food plant in the Old World. Science 130 : 365-372.
Hills, C. H. et al. 1938 The nature of the increase in amylase activity of germinating barley. Cer. Chem. 15 : 273-281.
片山　佃　1951　稲・麦の分蘖研究－稲麦の分蘖秩序に関する研究．養賢堂．
小松徹郎・川出武夫　1950　大麦の播種・移植期と生育・収量との関係．東北農試報 1 : 38-47.
Komatsuda, T. et al. 2007 Six-rowed barley originated from a mutation in a homeodomain-leucine zipper I-class homeobox gene. Proc. Natl. Acad. Sci. USA 104 : 1424-1429.
Kramer, P. J. 1949 Plant and Soil Water Relationships. McGraw Hill.
Leonard, H. 1947 Barley culture in Japan. J. Am. Soc. Agron. 39 : 643-658.
Leonard, H. et al. 1956 Complementary factors for height inheritance in barley. Jap. J. Gen. 31 : 229-240.
Miskin, K. E. et al. 1970 Frequency and distribution of stomata in barley. Crop Sci. 10 : 575-578.
Miskin, K. E. et al. 1972 Inheritance and physiological effects of stomata frequency in barley. Crop Sci. 12 : 780-783.
光永俊郎　2008　オオムギについて I－歴史・文化・科学・利用－．FFI ジャーナル 213 : 1162-1171.
中山　保　1962　ビール麦．戸苅義次編　作物大系 2．麦類．養賢堂．
農林水産技術会議事務局，2000　麦　高品質化に向けた技術開発．農林水産研究文献解題 No. 23．農林水産技術会議事務局，東京．
小田桂三郎　1963　麦の生理・生態．戸刈義次編，作物体系 2．養賢堂．
生沼　巴　1952　栽培大麦の起源．科学 22 : 25-30.
Pope, M. N. 1937 The time factor in pollen-tube growth and fertilization in barley. J. Agr. Res. 54 : 525-529.
Pope, M. N. 1943 The temperature factor in fertilization and growth of the barley ovule. J. Agr. Res. 66 : 389-402.
Reisenauer, H. M. et al. 1961 Effects of nitrogen and sulfur fertilization on yield and malting quality of barley. Agron. J. 53 : 192-195.
阪本寧男　1996　ムギの民族植物誌．学会出版センター，東京．
佐藤和広　2004　作物の伝播　オオムギ．山崎耕宇他編，農学大事典．養賢堂．446-447.
佐藤健吉　1929　大麦秋播性及び春播性の生理学的研究．(1) 種子の発芽及吸水力の差異に就いて．日作紀 1 : 42-46.
佐藤健吉　1934　二，三主要作物種子の種子吸収力に就いて．日作紀 6 : 245-258.

関塚清蔵 1950 麦類品種の幼苗期に於ける根貌の差異に就いて．育種研究 4.
東海林英夫・高橋成人 1975 ビール用大麦の種子発芽性に関する研究．東北大農研報 26 : 147.
Smith, L. 1951 Cytology and genetics of barley. Bot. Rev. 17 : 1-51, 133-202, 285-355.
Staudt, G. 1961 The origin of cultivated barleys. Econ. Bot. 15 : 205-212.
Stevenson, F. J. 1928 Natural crossing in barley. J. Am. Soc. Agron. 20 : 1193-1196.
末次 勲 1951 大麦, ライ麦及びオート麦に於ける胚の発育に関する形態学的研究．農技研報 D1 : 49-82.
高橋隆平 1943 大麦品種の春播性・秋播性とその生態並びに地理的分布．農学研究 35.
Takahashi, R. 1955 The origin and evolution of cultivated barley. In Advances in Genetics. vol. VII. Academic Press. 227-266.
高橋隆平・板野弥寿夫 1947 大麦幼植物の特性に関する研究 (2)．農学研究, 37.
武田元吉 1978 麦類の光合成と物質生産 (2)．農業技術 33 : 497-499.
滝口義資 1932 冷水温湯浸法が禾穀類種子の発芽及び初期生育に及ぼす影響．農及園 7 : 398-408.
玉井虎太郎 1951 作物の要水量，戸刈義次他編, 作物生理講座 3. 38-54.
田中丸重美・井之上準 1976 作物の出芽に関する研究．二条大麦の出芽と播種後覆土の鎮圧．日作紀 45 : 57-62.
Thorne, G. N. 1973 Physiology of grain yield of wheat and barley. Rothamsted Exp. St. Rep. Part 2 : 5-25.
露埼 浩・武田和義・駒崎智亮 2000 チベット高原地域におけるオオムギ品種の特性とその栽培状況．日作紀 69 : 345-350.
von Bothmer et al. 2003 Diversity in Barley. Elsevier.
Woodward, R.W. et al. 1957 Hood and awn development in barley determined by two gene pairs. Agron. J. 49 : 92-94.
山田 登 1949 麦類の発芽種子及び幼苗に於ける呼吸作用に就いて．最近の農業技術．
山本健吾 1949 水稲及び大麦品種の出穂早晩に関する研究．東北大農研彙報 1 : 181-206.
山本健吾 1950 大麦品種の"穂発芽現象"に関する研究．東北大農研彙報 2 : 95-134.
山本 正 1951 大麦の不稔性に関する研究 (1) 不稔粒の生ずる機作について．日作紀 20 : 80.
山崎 伝 1952 畑作物の湿害に関する土壌化学的並に植物生理学的研究．農技研報 B1 : 1-92.
四方治五郎 1967 大麦の発芽-酵素の生成を中心として．化学と生物 5 : 506-510.

第6章　ライムギ

学名：*Secale cereale* L.
和名：ライムギ
漢名：黒麦
英名：rye
独名：Roggen
仏名：seigle
西名：centeno

1．分類・起源・伝播

　イネ科，ライムギ属（*Secale*）の2年草で，染色体は2n＝14，コムギと近縁で，交雑が可能であり，野生種を含むライムギ属植物は，コムギの遺伝子給源植物としても重要である．栽培種 *cereale* の原生野生種は，従来から *S. montanum* Guss.（mountain rye）とする考えが有力であった．この野草は地中海沿岸から小アジアにかけて，さらにイラン北西部にまでも広く分布し，多年草で穂軸が折れ易く，栽培種と交雑可能なことからも注目された．また中近東に野生する *S. anatolicum* から由来するとする説（Brewbaker 1926）もある．しかし，ライムギの考古学的証拠は断片的にしか見つかっておらず，起源を明確に判断するには資料に乏しい（阪本 1996）．

　現在も，小アジアからイラン，トランスコーカサス，アフガニスタンに至る一帯で，ライムギはコムギやオオムギの畑の雑草として生えているが，高地では栽培されている．例えば，アフガニスタンでは標高2,000m以上では，秋播ライムギが秋播コムギと混播され，異常厳寒などでコムギが枯死した場合に，それより耐寒性の強いライムギを収穫しようとする，いわゆる対凶作物とされ，さらに2,000～2,500mの高地では秋播ライムギが単播され，2,700～3,000mとなると春播ライムギが単播されている．また，土壌についてもコムギ，オオムギの生育し難い土地にライムギが栽培されている．このようにライムギは，まず雑草としてムギ畑に生えているものが，オオムギ，コムギの栽培不安定地域で，次第に独立した作物として栽培化されるに至ったものと考えられる．このような作物を二次作物（secondary crop）と呼ぶ．

　以上のように，ライムギが栽培化された年代は，コムギやオオムギよりはるかに新しく，トランスコーカサス地域およびトルキスタン，アフガニスタン地域では3000～2500 B.C. に栽培が始まり，後者の地域から北方陸路を経由して，北ヨーロッパへ青銅時代（2500～2000 B.C.）にコムギに追伴して伝わったと考えられている．中欧へは1500 B.C. 頃，そして南ヨーロッパへはローマ時代（紀元前6～1世紀）に伝播した．こうして1世紀頃までには，北はデンマークから南はトルコに至るまでの広い地域に栽培されるに至っ

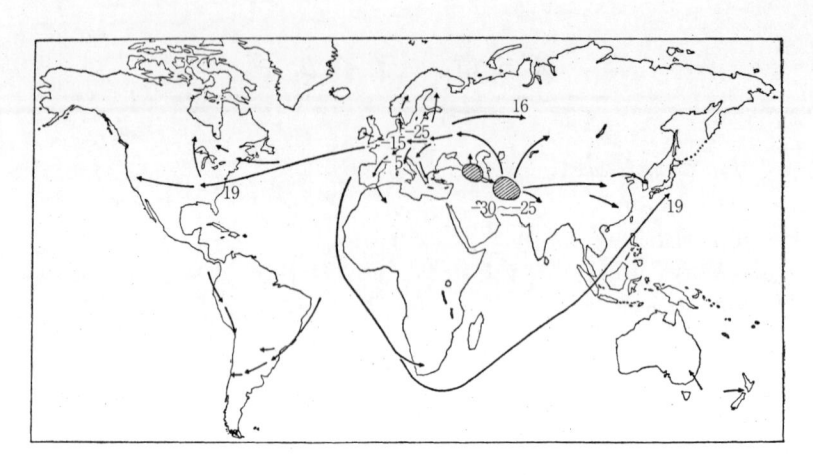

図 6.1 ライムギの伝播. 星川 (1980)

た. その後スウェーデン, フィンランドなど北ヨーロッパに伝わった. なお, 古代エジプトにはライムギの記録は見当たらない. アメリカへは 19 世紀の始めに, イギリスやオランダの移民により伝えられ, 特に北アメリカで重要視されて栽培され始め, 次第に西部へ伝播した. また南アメリカへもアルゼンチンなどに伝わった (図 6.1).

　東方への伝播は比較的遅れた. シベリアへはロシア人の侵入により 16 世紀から広まり, 中国, インドへも古代には伝播の記録がなく, 比較的近年に伝わったとみられる. 日本へは明治時代初期に初めてヨーロッパから導入され, 北海道を始め各地に少量栽培された.

2. 生産状況

　ライムギは, ヨーロッパにおいてはルネッサンス時代頃には, コムギよりも多く利用され, イギリスやフランスでは, 19 世紀まではパン用穀類としてコムギよりも重要なものであったが, 19 世紀以降次第にコムギに置き換えられた. 世界の総作付面積は, 1940～50 年代は約 4,000 万 ha であったものが, 1970 年代に入ると 1,500 万 ha と急速に減り, 2000 年代に入り 700 万 ha 弱にまで減少している. これは, ヨーロッパ諸国でのライムギからコムギへの転換がなお続いていることを示している. 2008 年の世界総生産量は 1,775 万 t であり, その大部分はヨーロッパで生産される. ヨーロッパの中でも, ロシアやウクライナなどの旧ソ連邦諸国, ポーランド, ドイツが主産国であり, これらの国ではコムギの栽培に不適な地域を中心に栽培されている. 単収は, 世界平均で約 2.6 t/ha で, ドイツなどは約 5～6 t/ha と高い. これら子実用のほか, 青刈り用としても広く栽培されている.

　日本では, 明治時代に初めて伝来したが, 以降も主食物とはならず, 第 2 次大戦前は数百 ha, 戦後は一時 6,500 ha ほどに増えたのを最高に, その後は減少の一途を辿り, 現在

の作付けは少なく，北海道，山形，長野などの山間高冷地にわずかに栽培されるにすぎない．10 a当り収量は約200 kgである．なお穀実用の他に青刈り栽培として1950年代には1万ha近くまで栽培があり，20万tレベルの青刈飼料が生産されたが，これも1960年以降は著しく減少した．

3. 形　態

(1) 穎　果

穎果はコムギに似て，やや細長く，背面に縦溝があり表面に皺が多い（図6.2）．粒色は淡黄色，淡緑色，淡褐色，黒，赤褐色など色々で，これは果皮，種皮および糊粉層に含まれる色素の色による．特にトランスコーカサス地域のものは多様であるが，中央アジアに栽培されるものは黄色に限られている．粒重はほぼコムギ程度で，わが国に多い品種ペトクーザによると，1,000粒重36 g内外，1 l重670 gである（熊谷 1962）．粒重は穂上位置によって異なり，穂の中央からその上部1/3部分に稔る粒は最も重く，上下両端部になるほど小さい．

内部構造はコムギに似る．図6.3のように糊粉層は一層であり，デンプン貯蔵組織に蓄積されるデンプンは単粒である．胚の構造は図6.4のように，基本的にはイネ科の胚の形態と共通であるが，芽鱗を欠き，胚盤の上部はコムギなどよりも長く伸長発達している．幼芽には鞘葉に包まれて第1～3葉まで原基が分化し，幼根には中央の大きい種子根の他に，やや短い種子根が3本，合計4本が分化している．正縦断面では中央種子根とその前面にもう1本の発達した種子根の断面が，さらに前面に最も小さい種子根の原基が認められる．

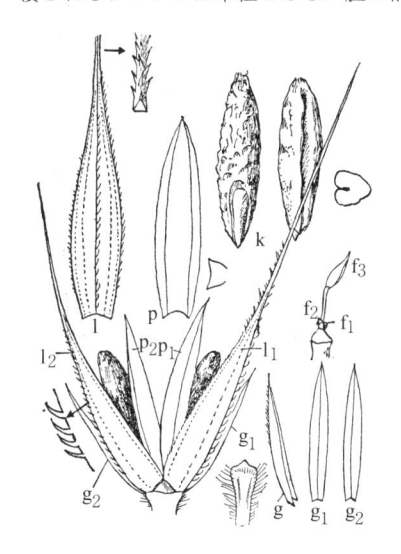

図6.2　ライムギの小穂と穎果
g_1, g_2：護穎，l_1, l_2：第1小花及び第2小花の外穎，p_1, p_2：第1小花及び第2小花の内穎，k：穎果，f_1, f_2：小穂軸に第1小花(f_1)，第2小花(f_2)が着いている部分を示す．第3小花(f_3)は退化．
星川 (1980)

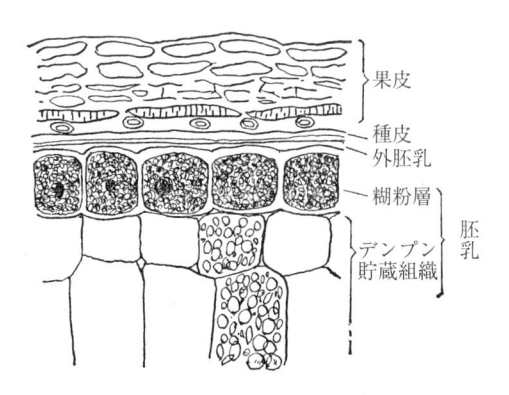

図6.3　ライムギ穎果の内部構造．星川 (1980)

(2) 根・葉・稈・分げつ

　種子根の発達に続いて冠根が生じる．秋播ライムギでは開花期まで伸長が続き，その後登熟期に入ると根の伸びは止まるが，根重は乳熟期まで増大を続ける．春播きライムギでは，根系の広がりは秋播きライムギより少ないが，根長の伸びは乳熟期まで続く．根系はよく発達し，播種後120日目の根系の調査では，1個体の総根数は1,830万本，総根長60万m，全表面積は237万m^2，根毛の数は個体当り140億本と見積もられ，根毛の面積まで加えると根系表面積は地上部の130倍になるとの報告がある．

　鞘葉は赤色を帯びるのが特徴である．本葉は青みがかった緑色で，幼葉の上表はビロード様の毛で覆われる．葉形は概してコムギより小さく，葉身は長さ13〜21cm，幅は0.7〜1cmである．止葉がそれ以下の葉に比して小型であることは，他のイネ科作物に共通している．葉舌は小さく白色で，葉耳はきわめて小さい．

　深播きの場合，メソコチルは伸長せず，第1，2節間が伸びて地表近くに冠部（crown）を形成する性質はコムギとよく似ている．4cmの深播きでは，分げつは2ないし3番目の節から出る．生育初期からよく分げつする．分げつ数は品種，土壌，栽培密度により異なるが普通栽培条件では5〜6本が多い．伸長茎部は5〜6節，まれに4または7節である．稈長は1.3〜1.8m，まれには3mに及ぶ．稈の表面は，蝋質で被われる．

(3) 花序（穂）と開花・登熟

　穂状花序で，長さ10〜18cm，やや扁平で概形は2条オオムギに類似する（図6.5）．穂型には直立型から下垂型まで，また棒状，紡錘状などがある．穂軸には7〜45節あるが，25〜30節のものが最も多い．穂軸の節間長は2mmほどの密のものから，3.8mm以上の疎のものまである．

　穂の各節に1小穂がつく．小穂は3小花からなるが，最上部の小花は普通不稔である（図6.2）．護穎は2，外穎は船底型で大きく強靱で先端は長い芒となる．芒は長さ3〜8cm，概して春播ライムギは秋播きライ

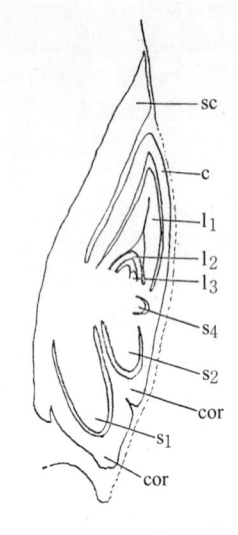

図6.4　ライムギの胚の内部構造
sc：胚盤，c：鞘葉，l_1，l_2，l_3：第1，2，3葉，s_1，s_2，s_4：第1，2，4種子根原基，cor：根鞘．星川（1980）

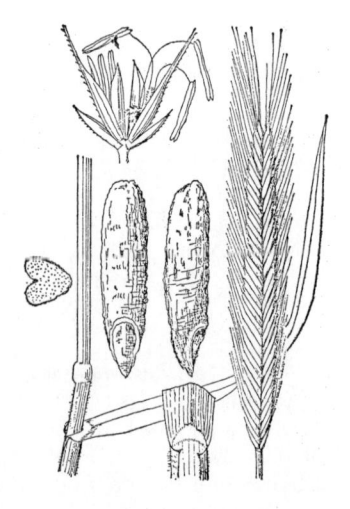

図6.5　ライムギ．星川（1980）

ムギより短い．内穎は外穎より小さく薄膜質である．花の構造はコムギに似るが，図6.6に示すように葯が著しく長く大きいのが特徴である．

　開花は普通主稈の穂から始まる．1穂の中では中央部の小穂が最初に咲いて，順次それより上下部小穂に及ぶ．1小穂内では基部の第1小花から咲く．開花時刻は朝に多く，気温12℃以上に達すると開花する．曇天，霧などでは開花が遅れ，夕方になることもある．穂を擦る刺激は開花を促す．1穂の全小花の開花所要日数は3～4日，1株全部では8～14日かかる．

　ライムギは風媒花で，他のムギ類と異なり他家受精することが多く，自殖の場合はかえって稔実歩合が悪い．品種維持に自殖する場合には300～500 mの距離をとって隔離栽培する必要がある．花粉粒は長径60～70μmの長球形で黄色であり，受精能力は16～18℃で2日間持続する．開花後，約40日で穎果が完熟する．稔実すなわち胚，胚乳の発達の様相はコムギの場合とほぼ同じである．

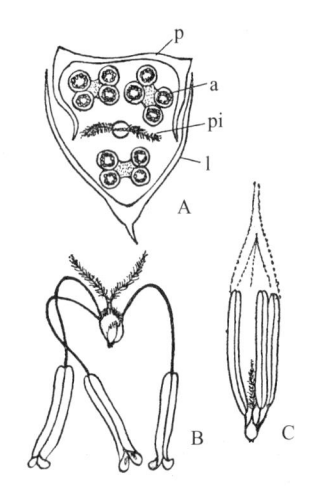

図6.6　ライムギの花の構造
A：小花の横断面．p：内穎，l：外穎，a：葯，pi：雌蕊．B：開花時の花．C：開花前の花．
星川(1980)

4．生理・生態

(1) 温度・水分

　種子の発芽温度は最低1～2℃，最高30℃，最適20～25℃で他のイネ科作物に比して最も低温に適応している．地温4～5℃では，コムギは発芽に6～7日を要するが，ライムギでは4日で発芽できる．なお，種子の寿命は普通の貯蔵条件では約2年，他のムギ類に比べてやや短いとされる．幼植物は冬期間中0℃以上で土が凍結しない場合には，生育を続けることができ，0℃以下で生育を停止した場合も耐寒性が強い．分げつには7℃からやや高い温度が適し，成長も冷涼気候が適する．しかし出穂期は日最高気温の高いことが望ましく，20℃前後が最適である．出穂開花期には13～16℃の低温も必要といわれる．一方，25℃以上では開花に長時間を要する．登熟期は15～18℃と比較的低温が好適である．開花までの積算温度は，1,225～1,425℃，成熟までの日数と積算温度は秋播きで280～320日，2,250～2,950℃，春播きで110～140日，1,750～2,190℃である．

　このように，ライムギは耐寒性が強いため，他の穀物の生育できない不良環境に栽培可能である．このことがライムギの作物としての成立の起因となったことは前述した．栽培の北限はノルウェーで秋播きが50°49′N，春播きは69°N，フィンランドで65～69°N，シベリアで60°Nである．また高地限界は，アルプスで約2,000 m，アフガニスタンでは，春播きは3,000 mまで作付けされる．ヨーロッパ東部の主要栽培地は47～53°Nの範囲である．

ライムギの要水量は研究者や条件によって異なるが，いずれもコムギ，オオムギよりもかなり多い．ライムギの根系は土壌深くよく伸び，根毛まで考慮すると地上部表面積の130倍もの表面積を持つ．年降雨量500 mm以上の地域が適するが，生育期別には次のように適雨量が異なる．すなわち，発芽期の秋期は80 mm以下の少雨が良く，冬期には140 mm以上を必要とし，最適は200 mm，春の伸長開始期は75 mmが適当で，それ以上になると有害である．出穂期までは50 mm以下20 mm程度が適当で，多過ぎると倒伏する．開花期は少雨・多照が増収を招く．成熟期には倒伏しない限り50〜80 mmが良いとされる．

（2）土壌・施肥

乾燥した砂質壌土または壌質砂土が最適であり，pHは5〜6が適する．しかし，泥炭地，砂地，強酸性土壌の土地，あるいはアルカリ性土壌にも作付けられ，適応の幅が広い．ドイツなどにおいて，ライムギが広く栽培されるのは，気象条件よりもむしろ土壌条件への広い適応性に起因するといわれる．ライムギは根の張りが良く，軽砂質で侵食，流亡しやすい土地に植えられ，侵食防止に効果が認められている．しかし，重粘で多湿の土壌にはコムギよりも弱い．

ライムギは根系が良く発達し，吸肥性が強いので痩地でも比較的丈夫に生育し得る．しかし，土壌養分の多い土壌に栽培されれば増収する．施肥量は気候や土壌によって異なるが，生育月別養分要求量を調べた一例（Remy 1925）によると表6.1のようになる．窒素吸収は出穂頃まで盛んで必要量の吸収を終えるが，登熟期にも要求量が大きい．カリウムは幼植物から栄養成長期に主として吸収され，リン酸は出穂前頃から登熟期に多く吸収されて登熟に寄与する．窒素を多く施用すると多収になり，粒のタンパク含量は高まり，デンプン含有率は小さくなる．カリウムは多収に有効だがタンパク質含量は低下する．マグネシウムは正常な成長と多収に有効である（Baumeister 1940）．

表6.1 ライムギの月別養分要求量，kg/ha

月	窒素	リン酸	カリウム
10	2	1	<1
11	3	2	<1
12			
1			
2			
3	12	19	5
4	29	41	12
5	16	20	9
6	19	9	8
7	15	5	6

Remy (1925) より

肥料の量や施用法はコムギに準ずる．冬期温暖な場合には，成長が続くので秋季施肥の効果が大きく，また軽鬆土では窒素の流亡があるため，春に追肥として与えることが必要である．

（3）花成と自家不稔性

秋播ライムギと春播ライムギでは，花成に関する温度および日長に対する反応は著しく異なる．秋播ライムギでは，発芽時の低温が花成促進に必要な条件である．しかし，高温で発芽した場合も，その後短日条件が与えられると花成が誘起される．また，秋播ラ

イムギの催芽種子を0～13週間春化させ、開花までの日数を比較すると、自然日長では春化処理期間の長さに比例して開花が早まるが、播種後に短日過程を経ると出穂しないものがあるという (Gott 1955)．春播ライムギでは，発芽時の低温は影響がなく，短日条件ではかえって出穂が遅延し，純粋に長日植物としての性質を示す (熊谷 1962)．

ライムギは他家受精作物であり，強い自家不稔性を持つ．人為的に自家受精させると稔性が著しく低下し，ときには完全に不稔となる．品種の自家稔性程度は，ロシアにおいては南方品種より北方品種の方が高いという．これは，北方の冷涼湿潤な気象のために正常な開花が妨げられ，自家受粉となる機会が増え，自家稔性個体を選抜することが多くなったことに起因すると思われる．自家稔性程度は栽培種が野生種より高く，また品種間でかなり差がある．現在では，選抜によって自殖率50％に及ぶ系統が得られている．なお，自家不稔性は，優性の遺伝性を示す．

1つの穂の中に，いくつかの頴花が不稔となる現象で，畑の周縁の個体，風上にある個体などには欠穀性が多い．また開花前に倒伏した個体でも欠穀が生ずる．すなわち，欠穀は柱頭への受粉がうまく行われないことが主因である．欠穀性は，遺伝する．ブルガリアのライムギは欠穀性が高いが，それはある特定の染色体に異常性があるためで，おそらく S. montanum と S. cereale の自然交雑に原因しているといわれる (Popoff 1939)．欠穀となるライムギでは花粉不稔性，および雌性不稔性の両者がみられる．

5．品種・種間雑種

(1) ライムギ

秋播ライムギは春播ライムギより耐冬性が強い．耐冬性は，耐寒，耐霜，耐雪，耐氷，雪腐病抵抗性などの総合された性質である．また秋播ライムギは春播ライムギに比べて分げつが旺盛で収量が多く，また品質もパン用により適している．粒色（紫色系，黄色系，中間系）についても品種の差がある．0.1％フェノール溶液に染色しない粒の数によっても品種を群別できるという (Löhlein 1935)．また，鞘葉および第1葉の赤味がかった色についても品種差がある．

わが国で栽培されている品種は，ほとんどがペトクーザ (Petkuser) に由来している．ペトクーザは，ドイツにおいて「プロブスタイル」から集団および個体選抜を続け，50年かけて育成された優秀品種であり，世界各国で育種母材にされている．わが国では，導入後，昭和10年から3年間，北海道農試で試作検討したのち，優良品種と決定されて普及した．稈長は140～185 cm，茎は強剛で太く，出穂前後に蝋質の白粉が強く現れる．穂長はやや短く，稔実性が高い．粒は豊満で青みをおびる．また，製粉歩合が高い．その他には，アメリカから導入したローゼン (Rosen) やサムサシラズなどがあり，主に青刈用の飼料作物として栽培されている．

(2) ライコムギ

ライムギの花粉を，コムギの雌ずいに交配すると比較的容易に交雑する．この逆交雑は不稔である．この雑種をライコムギ (Triticale) と呼ぶ．コムギにライムギの耐寒性など栽培的に望ましい遺伝子を導入させる目的で人工的に育種されている．図6.7に示すよ

うに穂首上部は微毛を密生し，小穂は3〜4小花からなり，普通下位の2小花が稔り，第3小花が稔るものは少ない．小花や穎花についてはライムギよりもむしろコムギに似ている．

ライコムギは，当初，8倍体が用いられたが，染色体の不安定性，低稔性などから，実用品種ができなかった．その後，6倍体が用いられ，最初のライコムギ品種「Rosner」が育成された（Larter et al. 1970）．その後，欧米を中心に多数のライコムギ品種が育成されている．近年では，人為的に合成した2倍体コムギゲノムにライムギを加えた4倍体ライコムギが育成されている（牧野 2000）．4倍体ライコムギは，染色体の不安定性，稔性が優れている．

ライコムギはコムギの栽培に不適な地域を中心に栽培が増加しており，2008年では，世界全体で栽培面積389万 ha，単収3.6 t/ha，生産量1,402万 t を記録している．国別ではポーランドが446万 t と最大で，次いでドイツ，フランス，ベラルーシが200万 t 前後の生産を

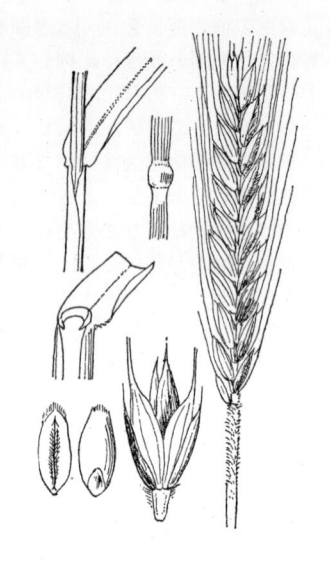

図6.7 ライコムギ．星川（1980）

挙げている．ドイツなどヨーロッパ諸国は約5〜6 t/ha の高い単収を得ている．食用の他，家畜の濃厚飼料やホールクロップサイレージ用としての利用が多い（Juskiw 1998）．わが国での栽培はほとんど無いが，近年ポーランドなどで育成された品種は，コムギやライムギよりも多収性であることが，北海道において実証されている（義平ら 2005）．

6．栽　培

（1）栽培管理

ライムギの発芽温度は他のムギ類より低いが，播種期は他のムギ類とほぼ同じ頃，すなわち秋播きで，北海道では9月上・中旬，東北で9月下旬から10月，暖地では11月頃までに播種する．春播きは4月下旬までに播種する．

普通，条間45（北海道）〜60 cm（本州）とし，播幅約12 cm の条播とし，播種量は10 a 当り約6 kg，青刈栽培では7〜8 kg とする．

管理は，概してコムギの場合に準ずるが，稈長が長く倒伏しやすいので，培土を周到に行う．収穫期は，黄熟期が適当で，北海道では秋播きで7月下旬から8月上旬，春播きで8月中・下旬である．コムギの場合と同じ収穫機で収穫する．収穫後の乾燥が不完全だと穂発芽や赤かび病被害が出やすい．

（2）病虫害防除

雪腐病：紅色雪腐病菌（snow mold, *Micronectriella nivalis* Booth）の他，属を異にする数種の菌による病害の総称である．ライムギは耐寒性が強いが，長い積雪に遭うと雪腐病にかかりやすい．紅色雪腐病は，薄紅色を呈し腐敗する．種子消毒することと，晩播

をしないようにし，窒素，リン酸を十分に施すことで予防する．大粒雪腐病（*Sclerotina graminearum* Elen.）は，北海道東岸に発生し，茎葉にネズミ糞状の菌核ができて葉が腐る．リン酸を十分に与えることで防ぐ．雪腐小粒菌核病（*Typhula incarnatea*）は，茎葉が褐色となり，無数の小さい球状菌核ができる．積雪下で発生しやすい．

<u>麦角病</u>：麦角菌（ergot, *Claviceps purpurea* (Fr.) Tulasne）が雌蕊の柱頭に付いて子房中に侵入寄生して，最初は黄色粘稠密液が分泌され，乾くと暗褐色となり，子房が異常肥大して，紫黒色の1〜2 cmの長さの角状塊となる．この麦角には，エルゴトキシンなどの有毒物質が含まれ，人畜がこれを食べると危険である．ライムギを用いた黒パンを主食とするヨーロッパ諸国では，しばしば中毒例が報告されている．しかし婦人病の出血を止める収縮剤や血圧上昇剤として医療品原料に用いられる．種子の塩水選（20〜32％食塩水）で被害種子を除去する．

（3）作付体系

ライムギは深根性で吸肥力が強いため，連作すると地力を損耗する．したがって施肥管理に配慮するとともに，輪作を合理的に行うことが大切である．北海道での3年輪作の場合の一例は，ライムギ－ジャガイモ－インゲンマメ－ライムギ－ジャガイモ－ソバ－インゲンマメである．

ヨーロッパでは，古くからライムギをコムギや豆類と混作することが行われている．コムギとの混作は不良環境に対する安全策であり，軽い土壌ではライムギの，重粘土ではコムギの比率を多くする．マメ類との混作は，例えば，エンドウやベッチを混ぜ，ライムギをマメ類の支柱として生育させる．マメ類からの窒素供給によりライムギは多収となり，しかも充実度のよい粒が得られ，地力の消耗も防げる．ライムギを飼料作物などの保護作物（nurse crop）として利用することも行われている．

（4）青刈栽培

ライムギは青刈り作物として栽培し，飼料あるいは緑肥として土地の肥沃化と土地利用の高度化を図るうえに，きわめて有効な作物である．ライムギは耐寒性が強いばかりでなく，融雪後もいち早く旺盛に生育して，他の牧草などに先んじて新鮮な生草を大量に得ることができる．水田裏作で10 a当り生草収量は1,100〜1,900 kg得られ，これを緑肥とすると表作の水稲の著しい増収が期待される（田中・白戸 1951）．

青刈り用栽培は，秋早目に播種して年内に刈取ることも可能で，栄養および消化率の高い良好な生草が得られる．また年内の刈取りは1回刈りが適し，多数回刈りより合計収量も多く，その後の寒害軽減にも効果がある．翌春の利用は出穂後になると茎が硬くなり，不消化の繊維率が増して飼料価を減ずる．したがって青刈用刈取りは栄養成長量の多い出穂期頃が適する．後作を考慮すれば穂孕期の刈取りが良く，飼料として質的にもより優れる．サイレージ用には乳熟期が適当である．エンバクに比して利用期間が短いので，刈取適期を逃さないことが大切である．多数回の刈取りをする場合は，再生を良くするため低刈りを避ける．施肥は，窒素を多くすると可消化粗タンパク質の含有率が増加する．収量および飼料価を向上させるため，マメ科飼料作物，例えばベッチ類などと混播することが有効である．

7. 利 用

ライムギの栄養成分は，表6.2に示すようにコムギに類似する．タンパク質はコムギと同程度である．ライムギのタンパク質はプロラミン，グルテリン，アルブミンおよびグロブリンからなる．全粒で利用した場合，ライムギは他の麦類に比べて食物繊維が多い．

食用として製粉する．ライムギ粉はコムギ粉に次いで良質のパン用粉である．粉はやや黒みを帯び，コムギ粉に比して粘りがやや少ない．水で練った粉を醱酵させて粘りを出させる．同時に酸味が出るので，ライムギのパン，すなわち黒パンは酸味を持ち，これが特有の風味を生ずることになる．ライムギパンは東ヨーロッパの諸国では，今なお主食の地位を占めているが，これらの国々でも，コムギ粉を約25～50％混ぜてパンを焼くことが多い．その他麺類，ビスケットなど焼き菓子材料にもされる．

ライムギの麦芽からは黒ビール，ウイスキーを醸造し，またウオッカ酒の原料とされる．味噌，醬油にもされる．また粒は，濃厚飼料としても有用である．この他，青刈り飼料や緑肥としても好適である．ワラは長稈のため加工用になり，家畜の敷きワラに利用される．

表6.2 ライムギ，エンバク，オオムギ，コムギの成分 (100g中)

成分	ライムギ	エンバク	オオムギ	コムギ
エネルギー，kcal	334	380	343	328
水分，g	12.5	10.0	14.0	14.5
タンパク質，g	12.7	13.7	7.0	12.8
脂質，g	2.7	5.7	2.1	2.9
炭水化物，g	70.7	69.1	76.2	68.2
灰分，g	1.4	1.5	0.7	1.6
無機質，mg				
ナトリウム	1	3	2	2
カリウム	400	260	170	330
カルシウム	31	47	17	26
マグネシウム	100	100	25	140
リン	290	370	140	310
鉄	3.5	3.9	1.2	3.1
亜鉛	3.5	2.1	1.2	3.0
銅	0.44	0.28	0.37	0.42
ビタミン，mg				
B_1	0.47	0.20	0.19	0.34
B_2	0.2	0.08	0.05	0.09
B_6	0.22	0.11	0.19	0.33
E	1.1	0.70	0.1	1.20
食物繊維，g	13.3	9.4	8.7	11.2

ライムギとコムギは全粒粉，エンバクはオートミール，オオムギは米粒麦．
食品成分研究調査会 (2001) より

8. 文　献

Andrews, A.C. et al. 1991 Evaluation of new cultivars of triticale as dual-purpose forage and grain crops. Aust. Exp. Agric. 31 : 769-775.
Arseniuk, E. and T. Oleksiak 2002 Production and breeding of cereals in Poland. Proc. 5th Int. Triticale Symp. 1 : 14.
Baumeister, W. 1940 Der Einfluss mineralischer Düngung auf den Ertragund die Zusammensetzung des Kornes der Sommerroggenpflanze. Bodenkunde u. Pflanzenernähr. 17 : 67-89.
Brewbaker, H.E. 1926 Studies of self-fertilizatiom in rye. Univ. Minnesota Agr. Exp. Sta. Tech. Bull. 40 : 40.
Chin, T.C. 1943 Cytology of the autotetraploid rye. Bot. Gaz. 104 : 627-632.
Chin, T.C. 1946 Wheat-rye hybrids. J. Hered. 37 : 195-196.
Dittmer, H.J. 1937 A quantitative study of the roots and root hairs of a winter rye plant (*Secale cereale*). Amer. J. Bot. 24 : 417-420.
Florell, V.H. 1931 A genetic study of wheat'rye hybrids and backcrosses. J. Agr. Res. 42 : 315-339.
Florell, V.H. 1936 Chromosome differences in a wheat-rye amphidiploid. J. Agr. Res. 52 : 199-204.
Gott, M.B. et al. 1955 Studies in vernalization of cereals ; (13) Photoperiodic control of stages in flowering between initiation and ear formation in vernalised and unvernalised Petkus winter rye. Ann. Bot. (Ns) 21 : 87-126.
Gregory, F.G. et al. 1936 Vernalization of winter rye during ripening. Nature 138 : 973.
Hakansson, A. 1948 Behavior of accessory rye chromosomes in the embryo sac. Hereditas 34 (1-2) : 35-59.
Hakansson, A. et al. 1950 Seed development after reciprocal crosses between diploid and tetraploid rye. Hereditas 36 : 256-296.
Juskiw, P. 1998 Triticale production by country 1997/1998. Proc. 4th Int. Triticale Symp. 2 : 1.
熊谷　健 1962 ライ麦．戸苅義次編，作物大系2．麦類．養賢堂．117-138.
Larter, E. N. et al. 1970 Rosner, a hexaploid Triticale cultivar. Can. J. Plant Sci. 50 : 122-124.
Leith, B. D. et al. 1938 Fertility as a factor in rye improvement. J. Am. Soc. Agron. 30 : 406-418.
Löhlein, H. 1935 Der jahrige Verleichende Untersuchungen an 27 Roggensorten. Ztsch. Zücht. Reihe A. Pfl-zuchüt. 20 : 23-61.
Lundqvist, A. 1954 Studies on self-sterility in rye. Hereditas 40 : 278-294.
牧野徳彦 2000 種属間交雑．農林水産技術会議事務局編，麦 高品質化に向けた技術開発．農林水産技術会議事務局．591-600.
Muntzing, A. 1954 An analysis of hybrid vigor in tetraploid rye. Hereditas 40 : 265.
中島吾一 1943 小麦ライ麦間に於ける三元雑種の細胞遺伝学並びに育種学的研究．日作紀 14 : 268-272.
大野康雄 2000 収集雑穀の研究．第16報 ライムギおよびライコムギの品種と栽培，第17報 ライムギおよびライコムギの生育特性と栽培方法．雑穀研究 13.
Popoff, A. 1939 Untersuchungen über den Formen-reichtem und die Schartigkeit des Roggens. Angew. Bot. 12 : 4.
Purvis, O.N. et al. 1952 Studies in vernalization of cereals ; (12) The reversibility by high temperature of the vernalised condiion in Petkus winter rye. Ann. Bot. 14 : 1.
Putt, E.D. 1954 Cytogenetic studies of sterility in rye. Can. J. Agr. Sci. 34 : 81.
Remy, T. 1925 Pfl. Jarhg. 2, 23 (Becker, D. J. 1927 より).
阪本寧男 1996 ムギの民族植物誌．学会出版センター．
Skovmand, B. et al. 1984 Tritocale in commercial agriculture: progress and promise. Adv. Agron. 36 : 15-26.

田中　稔・白戸幸雄　1951　寒地におけるライ麦の水田裏作青刈の効果と作り方．農及園 26：1060．
Vavilov, N.I. 1917 On the origin of cultivated rye. Bul. Appl. Bot. 10：561-590.
吉田智彦　2000　ライムギ，ライコムギ．石井龍一他，作物学－食用作物編－．147-150.
吉田智彦　2004　ライムギ．山崎耕宇他編，農学大事典．養賢堂 466.
義平大樹・唐澤敏彦・中司啓二　2005　北海道で多収を示す秋播性ライコムギの成長解析－コムギ，ライムギとの比較－．日作紀 74：330-338.
Youmgken, H.W. Jr. 1947　Ergot- a blessing and a scourge. Econ. Bot. 1：372-380.

第7章　エンバク

学名：*Avena sativa* L.
和名：エンバク，オートムギ
漢名：燕麦
英名：oats
独名：Hafer
仏名：avoine
西名：avena

1．分類・起源・伝播

　エンバクはコムギ，オオムギ，ライムギの3者と異なり，イネ科エンバク族（Aveneae）のカラスムギ属に属する．カラスムギ属は染色体数7を基本とし，6倍種（2n＝42）には主栽培品種であるエンバク（*A. sativa*）の他，アカエンバク（*A. byzantina* C. Koch），ハダカエンバク（*A. nuda* L.）が栽培され，またカラスムギ（*A. fatua* L.）も一部で栽培される．野生種には *A. ludoviciana* や *A. sterilis* がある．4倍種（2n＝28）には *A. abyssinica* などが栽培され，他に野生種や雑草種がある．2倍種（2n＝14）にも *A. strigosa* など2,3種が栽培され，他に野生種や雑草種がある．主栽培種である *A. sativa* の祖先種は *A. fatua* あるいは *A. sterilis* であるとする説（Stanton 1936）の他，*A. fatua* も *A. sativa* も *A. byzantina* から生じたとする説（Coffman 1946）が出されている．

　原産地は中央アジア，アルメニア地域とされている．最初はエンマコムギやオオムギ畑の雑草であって，麦類の伝播に伴って広まっていった．そのうちに気候が悪い年，不良な土地などで麦類が稔らないような場合にもエンバクは稔実することができることに着目され，次第に作物として利用され，不作に備えて他の麦類と混播されるようになり，やがて独立の作物になったと考えられる．この成立事情はライムギの場合と似ており，畑の雑草から作物化した，いわゆる二次作物（secondary crop）である．

　ヨーロッパへは黒海の北を経てドイツ，ライン地方へ入った経路と，小アジアを経由してギリシャへ入った経路とが知られている．時代としてはオオムギ，コムギの伝播よりやや遅れ，ヨーロッパの青銅時代（2200〜1300 B.C.）らしい．ドイツでは紀元前から軍馬の飼料，庶民の食糧として特に重要視されていたという．中部ヨーロッパへのローマ軍の侵入を契機に，作物としてドイツからギリシャ，ローマに伝えられたらしい．しかし南ヨーロッパでは当時（1〜2世紀）は飼料や医薬用として用いられ，飢饉の時だけ人間の食糧にしたという．その後次第に全ヨーロッパに栽培が広まり，イギリスへは中世以前に入り，西ヨーロッパでは1600年頃に栽培が定着した．アメリカへはヨーロッパからの移民が1602年に初めてもたらし，次第に広まってカナダへも伝わった．

原産地から東方へは，中国へは唐代（7～10世紀）に西域から伝えられ，また唐代に北方地帯で栽培された記録がある．インドへは古代の梵語にはエンバクを意味する語がないことから，古代には伝わっていなかったらしい．日本へは明治時代になって初めてヨーロッパから導入された．1900年頃 Wright 卿がイギリスから数品種を導入し，北海道で試作したのが最初という．そして北海道を中心に栽培され，主として馬の飼料とされた．

2．生産状況

エンバクの世界総作付面積は約1,133万 ha，約2,578万 t（2008年）の生産がある．穀類の中では，かつてはコムギ，イネ，トウモロコシ3大作物とオオムギに次ぐ世界第5位の生産があったが，近年次第に減少しており，20世紀中頃に比べ，作付面積で1/5，収穫量では1/3に減少し，現在ではソルガムより生産が少ない．特にヨーロッパ各国および北米およびアジアでの作付けの減少が著しい．これはエンバクが従来は主に馬の飼料として重要であったが，交通動力源の発達により馬が減ってきたためである．主生産国はロシアが最も多く（341万 t），次いでカナダ，オーストラリア，アメリカ，ポーランド，スペインなど欧米諸国であり，アジアや温・熱帯のアフリカ，南米諸国では生産は少ない．単収は世界平均約2.3 t/haである．

日本では明治中頃から畜産振興に伴って生産が増し，とくに軍馬の飼料として重要視され，1942年には約15万 ha 栽培され，約17万 t の生産があった．しかし，第2次大戦後は作付けが急減した．現在は生産がやや回復し，2008年では58,200 ha（飼料用は7,400 ha）が作付けされている．その80％近くは北海道が占めている．

3．形　態

(1) 穎果

穎果の形は図7.1のように，表面に微毛が疎生し，背面に縦溝があり，胚と反対の粒端には刷毛がある．粒の長さは8～26 mm の範囲で品種および環境条件によりかなり差があり，粒の太さも変異がある．小花の位置によっても粒の大きさが異なる．概して小穂基部の第1小花の粒が大きい．1,000粒重は37～48 g，1 l 重は裸種で約600 g，有稃種で440 g内外である．エンバクにはオオムギのように粒が稃に密着して離れないもの（有稃種）と，容易に離れるもの（裸種）がある．有稃種の稃の重量割合を稃率と呼び，25～33％で，品種によって異なり，栽培上は稃率の少ない品種が良いとされる．

胚部は図7.2のように，盤状体の上部が著しく発達伸長し，鞘葉の内部に第1，2葉原基が分化している．他のムギ類と異なり，第3葉原基は分化していない．幼根は3～5本分化していて，これら種子根の発生点（根節）と茎の成長点部分との間は明確に離れ，その部分は胚軸である．胚乳部は図7.3に示すように，稃は上表皮，数層の厚角組織からなる下皮，海綿状組織および下表皮からなる．果皮は表皮，柔組織，横細胞，内表皮よりなり，その内側にはさらに薄い種皮と珠心表皮の残存した外胚乳層がある．胚乳の糊粉層は普通1層であり，内部はデンプン貯蔵組織である．

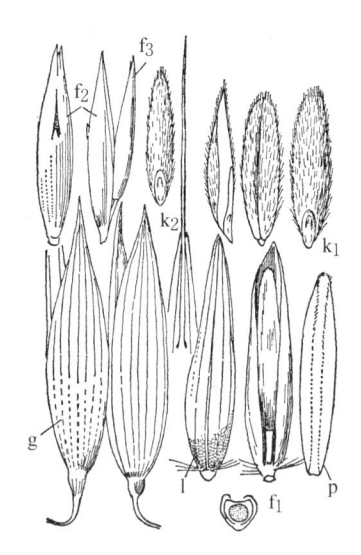

図 7.1 エンバクの穎果と小穂
g：護穎, l：外穎, p：内穎, f_1, f_2, f_3：第 1, 2, 3 小花, k_1, k_2：第 1, 2 小花の穎果. 星川 (1980)

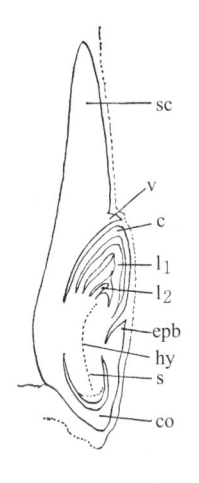

図 7.2 エンバクの胚
sc：胚盤, v：前鱗, c：鞘葉, l_1, l_2：第 1, 2 葉, epb：芽鱗, hy：胚軸, s：種子根, co：根鞘. 星川 (1980)

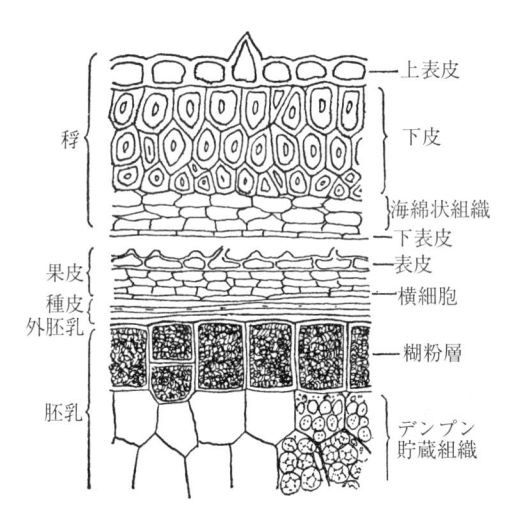

図 7.3 エンバクの穎果の断面図. 星川 (1980)

（2）根・葉・稈・分げつ

　種子根は中央の1本の他に2〜4本発根し，鞘葉節から上の各節に冠根を発生する．根の伸長は旺盛で全期を通じコムギより優り，オオムギと比べても分げつ期から出穂期までは根量が著しく多い．また深根性である．

　発芽に際し，鞘葉は果皮の下を粒頂部に向けて伸長し，粒頂近くで果皮を破って外に現れる．葉はコムギより概して幅広く，葉身基部および葉鞘には短毛を帯びるものがある．葉舌は短く，薄膜環状，周辺に鋸歯があり，葉耳を欠く．稈は長さ60〜160 cm，6〜12節あり，下位の3〜6節間は不伸長部で上部の節間ほど伸長し，穂首節間は最も長い．分げつは下部の不伸長節間から普通3〜6本発生する．

（3）花序と開花・登熟

　花序（穂）は複総状花序で，全長15〜30 cm，穂軸に4〜9節あり，5〜6節のものが多い．各節に1次枝梗を4〜5本輪生し，さらに2次枝梗を出す（図7.4）．穂型には散穂型と片穂型の2型がある．散穂型は枝梗が穂軸を中心に左右に開散するもので，栽培品種の大部分がこれに属する．これに枝梗が強靱で斜上するもの（硬軸型）と，枝梗が細く水平に開き先の小穂が下垂するもの（懸穂型）とがある．片穂型は枝梗が一方に偏しているもので品種数は少ない．

　小穂は図7.5のように，細長い小枝梗を持ち，2枚の長い護穎は膜質で，ツバメの翅の姿に似ているので"燕麦"と呼ばれる．1小穂は2〜3小花よりなり，上位小花ほど発達が

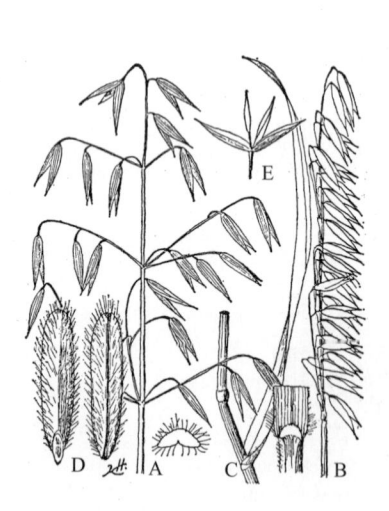

図7.4　エンバク
A：散穂型の穂，B：片穂型の穂，C：茎（稈）と葉，D：穎果，E：小穂．
星川（1980）

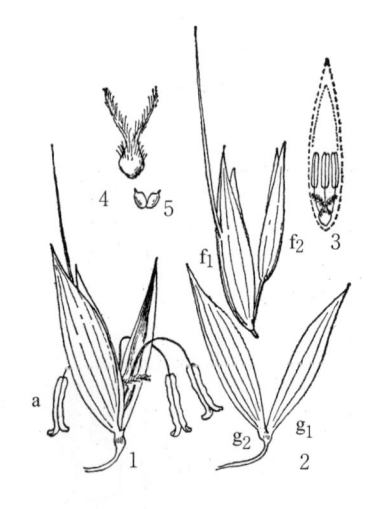

図7.5　エンバクの小穂
1：全姿，a：葯．2：小穂の分解．g_1，g_2：護穎．f_1, f_2：第1，2小花．3：開花前の小花．4：雌蕊．5：鱗被．
星川（1980）

劣り，第3小花は大抵雄・雌蕊が不完全であり不稔となる．したがって普通2小花が稔実するが，第2小花は第1小花より小型である．第1小花の外穎は20～30 mmになり，7～11条の脈があり，中央の脈のほぼ中央部より芒が出ている．芒は品種により小突起程度のものもある．内穎は外穎より短く膜質で，果に密着する．色は成熟時に黒，赤，灰，黄，白色など品種によって特徴的である．雄蕊は3本，雌蕊は柱頭が2つに分岐している．

開花は穂の先端から始まって順次下へ向かって進み，1次枝梗内では先端の小穂から順に咲き，1小穂内では下位の小花から咲く．1穂の開花が完了するには良い環境で8日を要する．1個体では主稈から始まり下位分げつから順次上位に及ぶが，1株の全花が咲き終わるには21～31日かかる（Misonoo 1936）．開花時刻は12時頃から始まり午後2～4時が最も盛んに咲き，午後5～6時まで咲き続ける．1花が開花（穎）している時間は1時間余りである．第1小花に比べて第2小花の開穎角度は小さい．

受精後の子実の発達はコムギなどに比べて早いが，これはエンバクの開花期がコムギよりも晩く高温の影響を考慮する必要があろう．普通開花後30～38日で胚乳は完熟し収穫される．成熟の途中で有稃種はオオムギのように穎が果皮に密着して離れなくなる．

4．生理・生態

発芽の最低温度は0～2℃で，ライムギとともに著しく低く，最高は約40℃，最適温度は25℃前後である（井上 1939）．生育温度は最低4～5℃，最高30℃，最適温度25℃である．生育の積算温度は最低1,200℃，最高2,500℃とされる．

冬季は温和で夏季は比較的冷涼な気候帯が適し，栽培期間中の月平均気温が24℃以下が良いとされる．秋播きでは最寒月の月平均気温が−4℃の地域が北限とされる．春播きでは7月（最暑月）の月平均気温が25℃の地域が南限とされる．世界的には北限はノルウェーで69°N，ロシアで65°N，カナダでは53°Nであり，ヨーロッパの主栽培地帯はフランスの45°Nからノルウェーの65°Nにわたる地帯である．南半球では36～50°Sの間である．高度限界はスイスで1,400 m，アジアの高原では2,800 mとされる．これらエンバクの栽培範囲は，オオムギやライムギに比べるとやや狭い．

開花のためには15～32℃が必要で，これより低温では開花しない．また開花日の午前8時の気温と最高時の気温較差が，3～8℃あることが開花の誘因として必要であるといわれ，日昼の温度変化がきわめて少ない場合には，開花は見られないという．

他のムギ類よりも多量の水分を必要とする．要水量は，ライムギより少ないがオオムギ，コムギより多い．特に生育最盛期の6～7月に多くの水を要するが，世界の主要栽培地帯では，6～7月の降水量が多い．わが国では5, 6, 7月の降水量が60～80 mmが適当とされる（中山 1948）．特に穂孕期から開花期は湿潤で雨が多い気象が適するとされ，この点，他のムギ類とは著しく異なる．なお同時に日照量もかなり多いことが必要とされる．

開花時には湿度がかなり重要で，朝の湿度と日昼の最小湿度との較差が10～20％あること，そして最小湿度の時刻より1～2時間以内に湿度が増加するときに開花が始まる．最適湿度は56～60％である（Misonoo 1936）．開花はまず湿度の降下によって鱗被の細

胞に変化が誘発され，それから湿度の上昇によって鱗被の膨張が起こり，外穎を内側から押し開いて開穎（開花）が起こると説明されている．なお日光，光，降雨，風などは開花には直接影響しないという．

土壌は腐植に富み，やや湿気のある埴壌土が最適とされる．最適土壌水分は60～80％である．しかし適応の幅は大きく，北海道では泥炭，黒ボク，重粘，酸性の土地にも広く栽培されている．生育可能な土壌pHは4～8とされ，耐酸性の点でオオムギ，コムギなどより優る，アルカリ性土壌にも生育できる．土壌湿度の不足に対する適応性はやや弱く，特に幼穂分化期から出穂期にかけての期間に土壌が乾燥しすぎると収量低下が著しい．

5．品　種

早生品種ほど収量は少なく，中生品種は晩生品種よりも多収のものが多い．晩生品種は気象条件が登熟に不適な高温乾燥に遭遇し易く，災害や病気の危険が大きい．エンバクの播性はほとんどの品種がコムギにおけるI～IV分級に相当する範囲の中に入る．暖地での秋播き青刈用栽培では，幼穂が容易に分化せず栄養成長を続ける春播き程度の低い品種が好都合である．

エンバクは倒伏しやすいが，中には耐肥性が強く，強稈性の品種がいくつか選抜されている．また冠さび病（crown rust）などに対する抵抗性は，主要な育種目標とされ，*A. sterilis*など野生種からの抵抗性遺伝子の導入が図られ，抵抗性品種が育成されている．わが国では明治時代から北海道農試により，エンバクの育種事業が進められたが，ビクトリー1号，前進（オンワード），北洋などの欧米からの導入品種が主に栽培された．近年，夏播き年内収穫の作型に適した品種育成を目標にした育種が進められ，北海道農試の「アキワセ」（田端ら 1992）や九州沖縄農業研究センターの「はえいぶき」（上山ら 2001）などが開発された．「はえいぶき」は，秋季に安定して出穂する特性をメキシコ品種から導入している．

6．栽　培

（1）播種・施肥

一般に，寒冷地では春播き，暖地では秋播きされるが，わが国の暖地では，夏に播種し，年内に収穫できる品種が開発され，普及しつつある．春播きの場合，寒冷地では融雪後できるだけ早く播種する．エンバクは生育期間が概して長いので，播種期が遅れると生育収量に悪影響がでるためである．北海道では普通4月下旬から5月中旬の間である．晩霜による減収程度は他のムギ類に比べると少ないほうに属する．一般に平畦の条播が多く，畦間約50 cmで播幅12 cmくらいに播く．ドリル播きでは18～20 cm幅とする．播種量は10 a当り5～6 kgである．

エンバクは倒伏しやすいので，施肥量は土壌条件，品種の耐倒伏性を考慮しながら多すぎないように留意する．北海道の黒ボク土の一例では10 a当り窒素3.8 kg，リン酸4.5 kg，カリ3.0 kgを施用している．最近の育成品種は耐倒伏性が改良されているので，従

来よりも多肥栽培が可能になっている.窒素の吸収は生育初期は緩慢であるが,分げつ期から出穂期の間の吸収はきわめて著しいので,この時期の窒素肥料の追肥は,分げつ数,穂数および収量増加に好結果をもたらす.また微量要素としては Mn, Cu, Zn は生育に不可欠で,Mg に対する反応はムギ類の中でも特に鋭敏であり,欠乏すると葉の黄変など,特異的な欠乏症が出て生育障害を招く.

(2) 管 理

幼苗期と節間伸長期に各1回中耕を行い,伸長期には培土を行う.エンバクはムギ類中最も倒伏しやすく,特に多肥の場合は倒伏しやすいので,培土を丁寧に行う.

中耕は除草も兼ねる.幼苗期に1回は播溝内の除草をするが,ドリル播きや大面積の栽培では発芽直前と直後にハローにより除草する.除草剤などの処理は他のムギ類に準じる.

エンバクはムギ類中干ばつ抵抗性が最も弱い.北海道では生育初期の5~6月に乾燥しやすく,年により干ばつ害を招く.また出穂前の要水量の多い時期に雨量が少ないと稔実障害を起こし,収量が著しく減少する.対策としては,中耕除草を行って土壌水分の蒸散を抑制すること,密植を避け,また堆厩肥などを十分に与えて深耕し,根の発達を促すことである.

降雨が続き日照が少ない場合には,茎葉が徒長し倒伏を招く.登熟期には雨が多いと稔実障害を起こす.また赤かび病や穂発芽が起こり,大被害を与える.対策としては排水対策や窒素肥料の多用を避けるほか,品種選抜としては早熟性品種がよい.

小穂の一部が白色ないし淡緑白色となり花器が退化し,成熟時には小枝梗だけになる穂を白穂と呼ぶ.幼穂の発育期,特に出穂前10日以降の水分欠乏により,発達の遅い小穂が退化するために起こるといわれる (Rademacher 1931).白穂の発生率には品種間差が知られており,品種ビクトリーにおける発生の調査例によると,穂の上部に少なく,下部に40%ほども発生する.

エンバクの主要な病虫害には次のものがある.

<u>裸黒穂病</u>(loose smut, *Ustilago avenae* (Persoon) Rostrup):黒穂となり,種子に付いている菌が病源となる.種子消毒を行う.

<u>冠さび病</u>(crown rust, *Puccinia coronata* Corda):稈・葉に橙黄色の病斑を生ずる.耐病性品種を採用し,また窒素の過多施用を避けるなどで予防する.

<u>斑葉病</u>(葉枯病, leaf stripe, *Pyrenophora avenae* S. Ito et Kuribayashi):茎葉から穂にも発生する.黄褐色の斑紋を生じ,下葉から枯れ上がる.連作で発病しやすい.種子伝染であるから種子消毒で防ぎ,病稈は焼却する.

<u>赤かび病</u>(scab, *Gibberella zeae* (Schweinitz) Petch):開花期以降の長雨で穂に発生する.罹病種子は飼料にすると家畜が中毒を起こす.倒伏防止や収穫後の乾燥を十分にするなどで予防する.

<u>ハリガネムシ</u>:発芽時の種子や幼植物の地下部の茎を食害するので幼苗は黄変枯死する.

(3) 収穫・調製・作付体系

穂の大部分が黄変し，茎葉の2/3がなお緑色を残している頃が収穫の適期である．乾燥は地干しや島立乾燥する．乾燥が不十分だと穂発芽したり赤かび病を発生する．

連作には強いが，輪作した方が収量，品質ともに高まる．エンバクは吸肥力が強く，前作を選ぶことが少ない．

エンバクは茎葉の生育が旺盛で収量多い，環境適応性が大きくて病害も少ない，栽培管理が容易である，などの利点がある．また飼料としての栄養価値も高いうえ，家畜の嗜好性も高いので，飼料作物として好適である．わが国では，冬作の飼料作物としてはイタリアンライグラスに次いで多く栽培されている．

播種はやや冷涼地でベッチ類と混播では10月上旬，また3月頃から播種すると6〜7月に利用できる．暖地では8〜9月頃播種して年内に利用できる．このような若刈り利用では，播種量は多目にする．ベッチとの混播では，エンバクを多く播くと多収が得られ，逆に質的に良い生草を得るにはベッチの方を主，エンバクを従として播く．肥料はマメ科牧草との混播では窒素は少なくする．窒素が多いとエンバクは旺盛に生育するが，マメ科の生育を抑制する結果となる．刈取は可消化養分量が最大である乳熟期が適期である．暖地での2回刈りは夏〜秋播きして年内の11月中旬に第1回を刈り，その後に追肥して再生を促進させ，翌年に第2回を刈る．

7．利　用

エンバク穀粒の栄養成分はライ麦の章の表6.2に示したように，他の麦類に比べ，タンパク質と脂質が多く含まれる．カルシウム，無機質も他のムギ類より多い．ビタミンは他のムギ類に劣らないなど栄養価値に富んでいる．

穀粒は精白し食糧とされる．特に古くは主食あるいは救荒食糧とされ，また押麦として炊蒸したり粥とした．欧米では精白したものの焙煎，挽割りまたは押麦をオートミール（oat meal）として朝食に常用している．これは粒の精選，焙炒，精穀，圧扁の過程を経て作る．オートミールはわが国でも消費されているが，多くは輸入である．エンバク粉はビスケットやケーキ材料にもされる．粉は粘り気がないのでコムギ粉を混ぜる．なおエンバクのデンプンは粳性で，デンプン粒は他のムギ類と異なり，むしろイネに似た複粒である（図7.6）．その他ウィスキー，アルコール，味噌の原料ともなる．

現在は用途の大部分は家畜の飼料である．かつては軍馬の飼料として重要であったが，現在は競走馬用に用いられる．馬だけでなく，乳牛，肉牛，豚，鶏，めん羊の飼料にもされる．少量だが含有する繊維質の消化率が34％と低いのが特徴で，多食しても消化不良を起こす懸念が少ない利点を持つ．デンプン価は25以上で飼料価は高い．

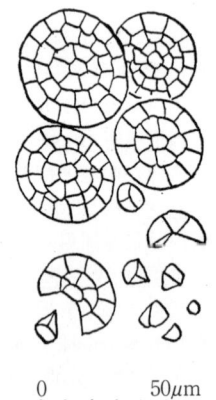

図7.6　エンバクのデンプン粒．下は複粒デンプンが崩れたもの．星川（1980）

8. エンバクの近縁栽培種

(1) アカエンバク

アカエンバク (*Avena byzantina* C. Koch, red oat) は地中海沿岸から西アジア一帯を原産地とする越年草で，栽培面積はエンバクに比べれば少ないが，近東諸地域を始め南アフリカ地域，南米，オーストラリアなどにおいては普通エンバクよりも，むしろ本種が多く栽培されている．品種もかなり多くある．茎は50～80 cmで稈が赤味を帯びる．エンバクより細く，小型で倒伏し易い．小穂は2～3花よりなり，外穎の芒は長く，ねじれ曲がっている (図7.7)．内穎はエンバクより大きく，穎果を堅く包み，暗褐または黄色などを呈する．普通第2小花は第1小花に密着している．製粉してパンにする他，飼料用とされる．

(2) ハダカエンバク

ハダカエンバク (*Avena nuda* L., naked oat, hullles oat) は内外穎が穎果をゆるく包み，果皮と密着しないので熟すると穎果だけが脱落し，穎は枯れた穂軸に着いたまま残るのが特徴である．小穂には5～7小花がある．小規模に栽培される．アカエンバクも本種も日本には全く栽培されていない．

図7.7 アカエンバク (左) とハダカエンバク (右)．星川 (1980)

9. 文 献

Aamodt, O.S. et al. 1934 Natural and artificial hybridization of *Avena sativa* with *A. fatua* and its relation to the origin of fatuoids. Can. J. Res. 11 : 701-727.

Atkins, R.E. 1943 Factors affecting milling quality of oats. J. Am. Soc. Agron. 35 : 532-539.

Bonnett, O.T. 1961 The oat plant. Its histology and development. III. Ag. Exp. Sta. Bul. 672 : 1-112.

Brown, C.M. et al. 1954 Behavior of the interspecific hybrid and amphidiploid of *Avena abyssinica* × *A. strigosa*. Agron. J. 46 : 357-359.

Brown, C.M. et al. 1957 Pollen tube growth, fertilization, and early development in *Avena sativa*. Agron. J. 49 : 286-288.

Clarke, J.M. et al. Effect of kernel moisture content at harvest and windrow vs. artificial drying on quality and grade of oats. Can. J. Plant Sci. 62 : 845-854.

Coffman, F.A. 1946 Origin of cultivated oats. J. Am. Soc. Agron. 38 : 983-1002.

Coffman, F.A. 1961 Origin and history. In Oats and Oat Improvement. Am. Soc. Agron. Monograph Vol. 8 : 15-40.

Frey, K.J. et al. 1958 Dry weights and germination of developing oat seeds. Agron. J. 50 : 248-250.

古庄雅彦 2002 エンバク. 日本作物学会編, 作物学事典. 朝倉書店. 347-348.
後藤雄佐・中村 聡 2000 エンバク. 後藤雄佐・中村 聡著, 作物Ⅱ [畑作]. 全国農業改良普及教会. 57-60.
Griffee, F. et al. 1926 Natural crossing in oats. J. Am. Soc. Agron. 17 : 545-549.
Gul, A. et al. 1960 Accumulation of nitrates in several oat varieties at various stages of growth. Agron. J. 52 : 504-506.
林 英夫・八幡策郎 1956 青刈エンバクの飼料価値に関する研究. (1) 生育に伴う消化率並びに可消化養分含量の変移について. 中国農試報告 3 : 187-198.
井上重陽 1939 種子の発芽温度に関する研究. (3) 小麦・燕麦. 日作紀 11 : 366-382.
川竹基弘・志村 清・石田良作 1957 水田裏作用青刈飼料作物の種類と播種及び刈取時期に関する研究. (I) 水稲後作用飼料作物. 東海近畿農試研報, 栽培 4 : 83-104.
Kehr, W. R. et al. 1950 Studies of inheritance in crosses between Landhafer, *Avena byzantina* L. and two selections of *A. sativa* L. Agron. J. 42 : 71-78.
Kihara, H. et al. 1932 Genetics and cytology of certain cereals. III. Different compatibility in reciprocal crosses of *Avena*, with special reference to tetraploid hybrids between hexaploid and diploid species. Jap. J. Bot. 6 : 245-305.
熊谷 健 1962 燕麦. 戸苅義次編, 作物大系2. 麦類. 養賢堂.
Langer, I.K. et al. 1978 Production response and stability characteristics of oat cultivars developed in different eras. Crop Sci. 18 : 938-942.
Martin, J.H et al. 2005 Oat. In Martin, J.H et al., eds., Principles of Field Crop Production, fourth edition. Pearce / Prentice Hall. USA. 455-470.
MeHargue, J. S. et al. 1930 The effect of manganese, copper, zinc, boron, and arsenic on the growth of oats. J. Am. Soc. Agron. 22 : 739-746.
Misonoo, G. 1936 Ecological and physiological studies on the blooming of oat flowers. J. Fac. Agr. Hokkaido Im. U. 37 : 211-337.
中世古公男 1999 エンバク. 石井龍一他共著, 作物学各論. 朝倉書店. 34-35.
中山林三郎 1948 北海道に於ける燕麦の数種特性, 特に単位面積当収量の変異について. 寒地農学 2 : 57-72.
西村修一・荒田 久・下浦晃嗣・斎藤幸雄 1954 ベッチとオートの混ぜ播栽培に関する研究. (1) 混ぜ播の割合及びベッチの施肥量について. 四国農試報告 1 : 23-39.
Nishiyama, I. 1929 The genetics and cytology of certain cereals. I. Morphology and cytological studies on triploid, pentaploid, and hexaploid *Avena* varieties. Jap. J. Gen. 5 : 1-48.
Nishiyama, I. 1934 The geneics and cytology of certain cereals. VI. Chromosome behavior and its bearing on inheritancre in triploid *Avena* varieties. Coll. Ag. Kyoto U. Mem. 32 : 1-157.
Nishiyama, I. 1939 Cytogenetical studies of *Avena*. III. Experimentally produced eu- and hyper - hexaploid aberrants in oars. Cytologia 10 : 101-104.
Nishiyama, I. 1953 Cytogenetic studies of *Avena*. V. Genetic studies of steriloids found in the progny of a triploid *Avena* hybrid. Kyoto U. Res. Inst. Food and Sci. Mem. No. 5 : 14-24.
Rademacher, B. 1931 Die Weissährigkeit des Hafer. ihre verschiedenen Ursachen und Formen. Zugleich ein Beitrag zur Symptomatik der wasserbilanztörung. Arch. Pflanzenbau. 8 : 456-526.
Rodgers, D.M. et al. 1983 Impact of plant breeding on the grain yield and genetic diversity of spring oats. Crop Sci. 23 : 737-740.
清水矩宏 2004 飼料用ムギ類. 山崎耕宇他編, 新編農学大事典. 養賢堂. 595-597.
Stanton, T. R. 1936 Superior germ plasm in oats. USDA Yearbook : 347-413.
Stanton, T. R. 1961 Classification of *Avena*. In Oats and Oat Improvement. Am. Soc. Agron. Monographs. Vol. 8 : 75-111.
田端聖司・尾関幸男・高田寛之 1992 えん麦新品種「アキワセ」の育成とその特性. 北農試研報 157 : 25-53.

Taylor, J. W. et al. 1938 Effects of vernalization on certain varieties of oats. J. Am. Soc. Agron. 30 : 1010-1019.

Toole, E. H. et al. 1940 Variations in the dormancy of seeds of the wild oat, *Avena fatua*. J. Am. Soc. Agron. 32 : 631-638.

上山泰史・桂　真昭・松浦正宏・大山一夫・佐藤信之助 2001 青刈り用エンバク (*Avena sativa* L.) 新品種「はえいぶき」の育成. 九州沖縄農研セ報 39 : 1-13.

Vavilov, N. I. 1947-50 The origin, variation, immunity, and breeding of cultivated plants. Chrom. Bot. 13 : 1-364.

Wiggans, S. C. 1956 The effect of seasonal temperatures on maturity of oats planted at different dates. Agron. J. 48 : 21-25.

Wiggans, S.C. et al. 1957 Tillering studies in oats. (2) Effect of photoperiod and date of planting. Agron. J. 49 : 215-217.

吉田智彦 2000 エンバク. 石井龍一他共著, 作物学（Ｉ）－食用作物編－. 文永堂. 145-147.

第8章　トウモロコシ

学名：*Zea mays* L.
和名：トウモロコシ，トウキビ
漢名：玉蜀黍（唐諸越）
英名：maize, corn, Indian corn
独名：Mais
仏名：mais
西名：maiz

1．分類・起源・伝播

（1）分　類

　トウモロコシはイネ科キビ亜科（Panicoideae）トウモロコシ属（*Zea*）に属する1年草である．トウモロコシ属は1属1種で染色体数は $2n = 20$ である．近縁属としてはユークレナ属（*Euchlaena*）があり，そのテオシント（teosinte, *Euchlaena mexicana* Schrad., 図8.1）は飼料作物として栽培されている．染色体数およびゲノム型ともにトウモロコシと同じく $n = 10$ である．またトリプサクム属（*Tripsacum*）も近縁の属で，染色体の基本数は18である．

図8.1　テオシント．星川（1980）　　　図8.2　ガマグラス．星川（1980）

Euchlaena 属はメキシコ南部の斜面や中央高原からグァテマラに分布する．この地帯は古代にマヤ文明の栄えた地帯であり，夏に雨期があり，その他の時期は乾燥した亜熱帯性気候である．現在ではトウモロコシ畑の雑草として生えているか，路傍にみられる．トウモロコシと同じく雌雄異花である．雌性花序は2列のみで，その先に退化した小さい雄花を持つ．

 Tripsacum 属は2倍種，4倍種の数種からなり，やはりメキシコとグァテマラを中心地としている完全な野生種である．ただ，このうちの1種ガマグラス（Gamagrass, *T. dactyloides* L.，図8.2）は北アメリカ東南部に生えているもので，$2n=20$で，トウモロコシと交雑し，そのF_1にトウモロコシを戻し交雑するとほぼテオシントと同じものが生ずる．*Tripsacum* では茎の頂部の同じ穂に，雌性と雄性の花序が部分別にでき，穂の上部は雄性，下部が雌性花序で，雌性花序はテオシントと同じく2列に雌花が並んでいる．

 これらがトウモロコシの起源と関わりを持つものとして，研究の対象となってきた．

（2）起　源

 トウモロコシの起源については，これまで多くの研究があるが，未だに解決されずに，原種と確定される植物も発見されていない．祖先種に関する多くの説のうち，現在はテオシント説と三部説といわれる説が有力である．

 1）テオシント説

 テオシント（和名ブタモロコシ）は前述のように染色体数，ゲノム型もトウモロコシと同じであり，トウモロコシと容易に交雑し，雑草を作るなど，トウモロコシと最も近縁である．このテオシントが何らかの原因で突然変異を起こしてトウモロコシの祖先型を生じたとする説（Blingham 1917）などが出されている．テオシントの種子も焼くとポップコーンのようにはじけることから栽培されるようになり，栽培中に突然変異と選抜が繰り返されて，現在のトウモロコシになったとする見方（Beadle 1939）も興味深い．

 しかし近年，地層から発掘される古代花粉の研究から，トウモロコシ（多分野生の）の花粉はメキシコ市付近では8万年前あるいは25,000年以上前のものが発見されているのに，テオシントの花粉はずっと新しい地層からしか発見されないこと，またテオシントの自生地がないことなどがテオシント説の不利な点とされている．

 2）三部説（三元説あるいはトリプサクム説）

 トリプサクム説は，原始的な栽培トウモロコシはかつて南米の多分ボリビアの低地からメキシコにかけて広く野生していたポッドコーン（wild podcorn, *Zea mays* L. var. *tunicata*，図8.3）から起源したもので，それが北のメキシコ，グァテマラまで伝播したところで自生のトリプサクム属のある種と自然交雑してテオシントが成立し，その後テオシントと原始的トウモロコシが交雑を繰り返して，近代的な栽培トウモロコ

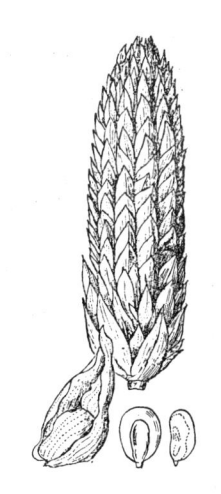

図8.3　ポッドコーン．
星川（1980）

シに発達したとみる説である（Mangelsdorf and Reeves 1939, 田中 1975, 図8.4）. ポッドコーンは穂の種子が1つ1つ苞で被われているもので，原始的な形のトウモロコシである. 三部説についてはその後, *Tripsacum* がトウモロコシと交雑が可能なこと，およびその遺伝子のトウモロコシへの取り込みも人為的に証明されている. ただし，これらの交雑から実際にテオシントを合成することは，未だに実証されていない.

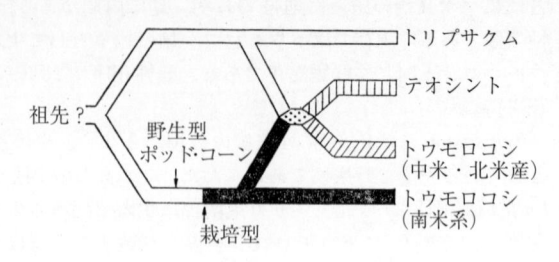

図8.4 三部説によるトウモロコシの進化. Mangelsdorf and Reeves (1939) から田中 (1975) が作図

前述のごとく，野生型トウモロコシの数万年前の花粉が発掘されているし，また古代遺跡からの発掘炭化物の年代からも，メキシコでは紀元前5000年を出発点として最初の2000年間はポッドコーンのような野生型であり，農耕が成立した紀元前2000年頃になると急に新しい多様な形質のものが出現している. これは，野生型トウモロコシとトリプサクムとの雑種起源によるテオシントからの遺伝子導入のせいであろうと推定されている.

古い野生型のポッドコーンはA.D. 1000年頃に絶滅したとみられている（Mangelsdorf and Reeves 1939）が，この三部説も野生原形種が現在のところ発見されていないので確実とはいえず，批判論も多い. 三部説を唱えてきたMangelsdorf自身，その後自説を修正し，テオシントがトリプサクムとトウモロコシの雑種から生じた可能性は低いとしている. 結局，テオシント説との間の多くの論争も，どちらが正しいか解決されておらず，起源論はむしろ"迷宮入り"（田中 1975）ともいえる状態である.

(3) 伝　播

アメリカ大陸内で農耕が始まった2000 B.C.頃からトウモロコシは栽培され，南北大陸に広まっていた. コロンブスがアメリカにやってきた頃，トウモロコシは南は南米ラプラタ渓谷から北米にまで分布していた. コロンブスは新大陸発見の航海で，キューバで初めてトウモロコシを見て（1492年），それをスペインへ持ち帰った. その後わずか30年間に，フランス，イタリア，トルコ，北アフリカなど各地に伝播された（図8.5）.

西アフリカへは，ポルトガル人が南米へ黒人奴隷を輸送する際の食物とする目的で，西アフリカの植民地へ16世紀頃に導入したのが最初で，南アフリカには，オランダが植民地を設けた時にはすでに陸路伝播していた. また，16世紀初頭にはポルトガル人がインド，中国，東インド諸島に伝え，また，ヨーロッパから陸路トルコ，アラビア，イランを経てインドへ伝えられた. インドからはチベット経由で中国へも1590年に入った.

日本へは元正7年（1579年）にポルトガル人が長崎に伝えたのが最初で，明治初年には北海道の開拓民がアメリカから導入した.

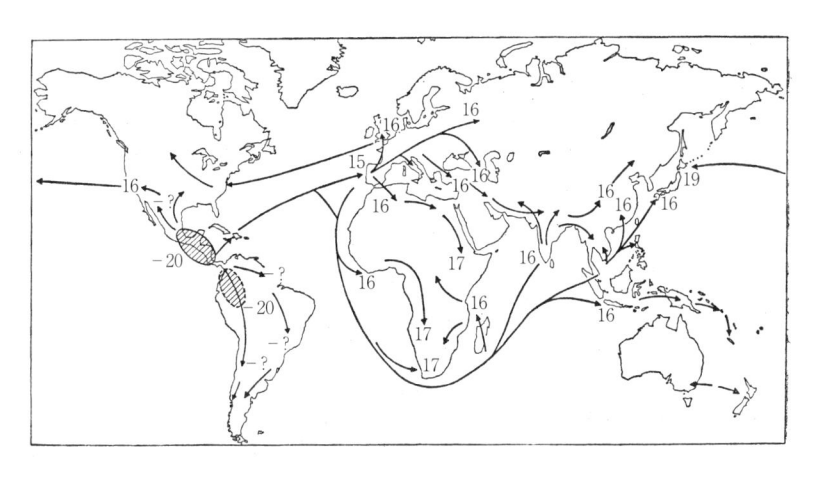

図 8.5 トウモロコシの伝播. 星川 (1980)

2. 生産状況

トウモロコシは世界の作物のうち，コムギやイネと並んで生産量が多く，約8億tもの生産がある．生産は近年増加の一途を続けており，20世紀中頃に比較し，単収は約3倍，生産量は5〜6倍にも増している．大陸別に生産状況を比較すると（表8.1），作付面積ではアジアがもっとも多く，次いで北米が多い．単収は，世界平均約5 t/haに対し，北米では約9 t/haと高く，アフリカ平均の1.8 t/haとは5倍もの差がみられる．単収の高さを反映し，生産量では北米がもっとも多い．

主要生産国の生産状況をみると，生産量および単収はアメリカが他を圧倒しており，約9 t/haの単収で3億tを超す生産（2008年）がある．アメリカは世界全体の20％強の作付面積で40％強を生産していることになる．近年，原油価格の高騰などもあり，アメリカではトウモロコシからのバイオエタノール生産が盛んになり，需要がさらに急増している．第2位の中国は1億5千万t，3位のブラジルは5千万tの生産がある．この3国に次いで，メキシコとアルゼンチンが約2千万t，続いてインド，インドネシア，フランス，カナダなどで，これらの国の生産量も1千万tを越す．

日本では，明治時代から昭和前半まで長らく5〜6万haを維持し，第2次大戦

表8.1 トウモロコシの地域別生産量

地域	作付面積，100万ha	単収，t/ha	生産量，100万t
世界	161.0	5.1	822.7
アジア	52.2	4.6	237.6
アフリカ	29.2	1.8	53.2
ヨーロッパ	15.5	6.2	93.1
北米	33.0	9.6	318.0
中米	9.2	3.0	27.8
南米	21.5	4.3	91.9
オセアニア	0.1	6.6	0.6

2008年産．FAOSTAT

後は3万ha台から4万haに回復したものの，その後は急速に減少した．現在では子実用の生産はきわめて少なく，もはやわが国のトウモロコシの子実用の生産は消滅に近い状態になっている．

アフリカ，インド，中南米などでは主食とされている所もあるが，世界的には多くは飼料として用いられる．主産国アメリカでは，その3/4以上がその生産地での自家用の家畜・家禽の飼料とされ，残りの多くも外国へ飼料として輸出されている．また，近年，バイオエタノールとしての需要が急増している．わが国では飼料用やデンプン製造用として毎年1,600～1,700万tにも上る量を輸入している．また，トウモロコシは青刈飼料，サイレージ用としてきわめて重要で，わが国でも北海道を始め，東北，関東・東山，九州などで8～9万ha，450万t前後の生産がある．

3．形　態

(1) 穎果

穎果(粒)の形は系統・品種により異なるが，図8.6に示すように，概して扁球形が多く，大きいものは長さ20mm，小さいものは3mmほどで，色は黄，白，赤，紫色などがある．果皮は薄く透明で硬く，外表皮，中間層，海綿状組織，管状細胞層，内表皮からなり，赤色色素はここに含まれる．種皮はきわめて薄い層である．胚乳の糊粉層は1～

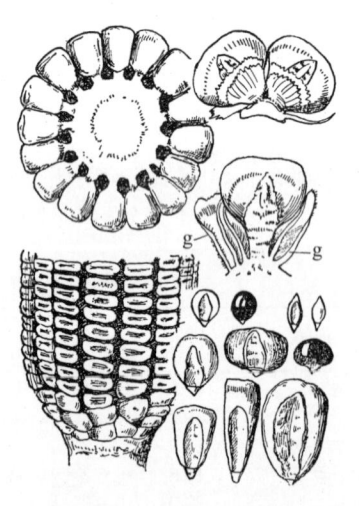

図8.6　トウモロコシの穂と穎果
左上：成熟穂の横断面，左下：穂の下部外観，右上：穂の上部からみた穎果，右中：穎果の着きかた，右下：いろいろな穎果の形．g：護穎．星川 (1980)

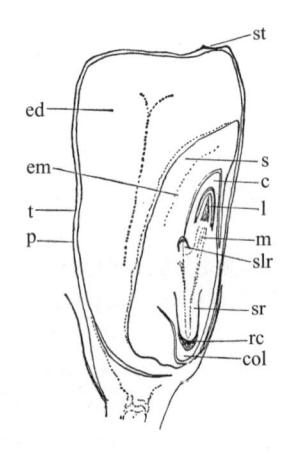

図8.7　トウモロコシの穎果の内部構造（縦断面）
st：花柱の残痕（粒の頂点），p：果皮，t：種皮，ed：胚乳，em：胚，s：胚盤，c：鞘葉，l：葉原基，m：メソコチル（胚軸），slr：種子側根，sr：中央種子根，rc：根冠，col：根鞘．星川 (1980)

2層で，品種により紫色色素を含む．内部の大部分はデンプン貯蔵組織である．

　胚乳はタンパク質を含む角質の硬質デンプン組織 (horny starch tissue) とタンパク質の少ない粉状質の軟質デンプン組織 (soft starch tissue) とがあり，両組織の分布位置と量的割合は系統（亜種）の特徴となることは，改めて後に品種のところで解説する．胚は粒腹面にあり，三角形で大きく，全粒重の11～12％を占める．胚には，幼芽，幼根がよく発達し，幼芽では鞘葉に包まれて第4，5または6葉まで分化している．茎の成長点部と幼根の基部，すなわち根節の部分との間はやや長い胚軸（メソコチル）となっている．種子根は中央のよく発達した1本の他に，根節部分に2～3本の種子側根が分化しており，これらは中央種子根と反対に上方に向かって発達している（図8.7）．

（2）根・葉・稈・分げつ

　発芽時には最初に中央種子根が幼芽に先立って発根する．続いてその基部より2～3本の種子側根が，中央種子根と反対方向すなわち上方に伸び出てくる．これらは，胚の時すでに根原基が形成されているので，種子根と認められる．種子根は発芽後3週間ほど養水分吸収の機能を果たす．深播きなどで胚軸が伸長した場合には，多くの細いメソコチル根が発生する (Hoshikawa 1969)（図8.8）．

鞘葉節以上の各節からは冠根を発生する．冠根は地中にある節（5～10節）から冠状に出る．そして地上に抽出した2～3節からも太い冠根が空中に出て支持根 (brace root) となる．下部の支持根は地中に入って，他の冠根と同じ吸収機能を果たすが，とくに最も上部の支持根は地面に到達できずに，気根状になることが多い．根系は生育の初期は地表近

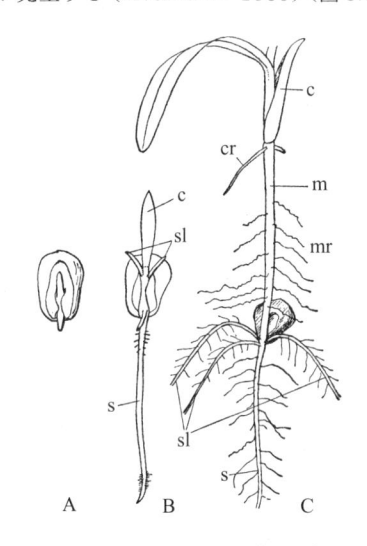

図8.8　トウモロコシの発芽の過程と発根
A：発芽．B：中央種子根 (s) が伸長，種子側根 (sl) が発根．C：2～3葉期，メソコチル (m) が伸長してそこにメソコチル根 (mr) が生える．鞘葉 (c) 節からは冠根 (cr) が生える．
星川 (1980)

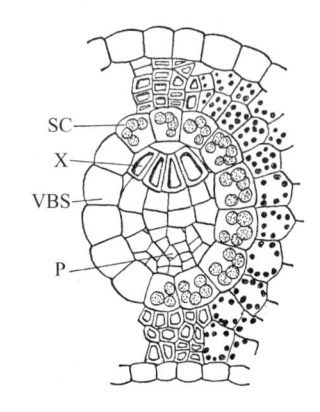

図8.9　トウモロコシの葉身の維管束
VBS：維管束鞘，SC：特殊化葉緑体，X：木部導管，P：篩管．星川 (1980)

くに浅く分布し，生育後期に次第に地下深く発達する．長いものは深さ150 cmに達するものがあるが，大部分の根は地表下30〜70 cmに分布する．

葉は各節より互生し，葉鞘は稈を包み，葉身は長大でやや波状をなし，中肋が顕著である．葉舌は長さ1 cmの環状，葉耳は三角形の小さい膜片である．葉は茎中部の雌穂着生節部分のものが最も長大である．葉の維管束は維管束鞘がよく発達し，その細胞内に形態的に特殊化した葉緑体を持っており，C_4型の炭酸同化機構を持つ（図8.9）．

茎は直立し1〜6 m，9〜44節の変異があるが，普通は1〜4 m，14〜16節のものが多い．節間は成長につれて第1節間から伸長し，節間内部はイネやムギと異なって中空ではなく，白色の髄組織が充満しており，その中に維管束が散在している（図8.10）．メソコチルは深播きの場合よく伸び，著しい場合には15〜30 cmも伸びる．茎の下部節からは分げつを生ずる．分げつはイネ・ムギ類に比べて比較的少なく，一般に栽培される品種では，分げつを発生しないものが多い．

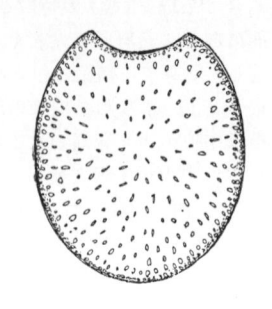

図8.10 トウモロコシの茎（稈）の節間部の横断面．散在維管束の配置を示す．星川（1980）

(3) 花序（穂）

雌雄異花序で，雄花序は茎の頂端に分化し，雄穂（tassel）と呼び，雌花序は茎の中位の

図8.11 トウモロコシの雄穂（左）と雌穂（右），いずれも開花盛期．星川（1980）．

1〜3節の葉腋に1個ずつ互生し，雌穂（ear）と呼ぶ（図8.11）．雌雄両花序とも，発生の途中までは両性器官を持つが，発生の後期に一方が退化する．そのためまれに雌・雄穂の中に両性花を生ずることがある．したがって雄穂にも結実することがあり，これを tassel seed と呼び，雄蕊が混在する雌穂を anther ear と呼ぶ．

長い穂軸（中央穂状花序）の各節から10数本の枝梗（側穂状花序）を生じ，さらに2次枝梗を生ずることもあり，これらに多数（2,000個ほど）の雄性小穂を着ける．小穂は2個ずつ対をなし，中央穂状花序には4列，側穂状花序には2列着く．1対の小穂のうち上位は無柄，下位は有柄である（図8.12）．各小穂は発達した2枚の護穎に包まれ，2小花を有する．第2小花は下位の第1小花より小さい．小花は内穎と外穎に包まれ，長い葯を持った雄蕊が3本あり，中心の雌蕊は退化している．

成熟時の雌穂の長さは，品種により親指大のものから150 cmに及ぶものまであるが，15〜20 cmのものが多い．雌穂は6〜10節を持つ太い穂柄の先に着く．雌穂は，分げつの節間が著しく短縮し，その先頂部に形成された穂とみることができる．各節には苞葉（husk）があり，花序を包む．この苞葉は葉鞘の変形したもので，苞葉の先には短い葉身に相当するものが着いている．

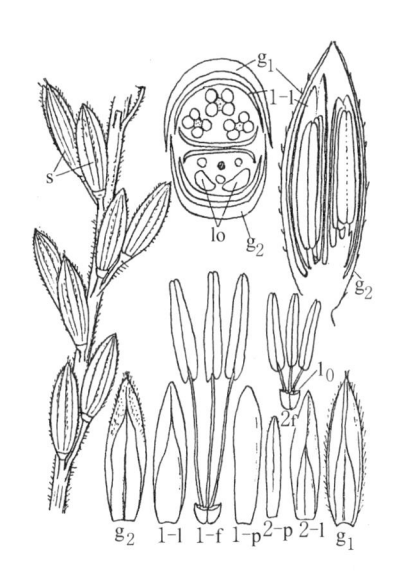

図8.12 トウモロコシの雄性花序
左：花序外形，s：小穂．中上：小穂の横断面．上右：小穂の縦断面．g_1, g_2：第1, 2護穎，1-l：第1小花外穎，1-p：第1小花内穎，1-f：第1小花の葯，2-l：第2小花外穎，2-p：第2小花内穎，2-f：第2小花の葯，lo：鱗被．星川（1980）

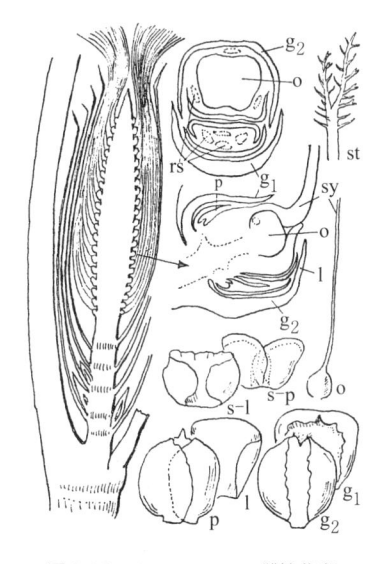

図8.13 トウモロコシの雌性花序
左：花序の構図．中上：小穂の横断面．中中：縦断面．右上：柱頭の拡大．g_1, g_2：護穎，p：第1小花の内穎，l：第1小花の外穎，s-p，s-l：第2小花（不稔花）の内穎，外穎，o：子房，sy：花柱，st：柱頭，rs：退化した雄蕊．星川（1980）

穂軸は（cob）は太い長円錐形で，表面に対をなして2列ずつの小穂が8～20列並んで着く．各列に並ぶ小穂は普通40～50個である．小穂は，無色の護穎に包まれた中に2小花を持つ．下位の第1小花は雌蕊も退化して，内・外穎のみで不稔となり，上位の第2小花は雌蕊がよく発達して結実する（図8.13）．

花柱・柱頭は著しく長い糸状で，絹糸（けんし）（silk）と呼ばれ，各小花より伸び出して，穂全体の小花の柱頭が束となって苞葉の先から開花時に抽出する．絹糸は穂の下部にあるものほど長く，50 cm余りに達する．花柱と柱頭との境は不明確だが，抽出部が柱頭とみなされる．柱頭は先端が二分し，抽出時は光沢ある白色，それに日光が当たると紅色に変わる品種もある．

（4）出穂・開花・登熟

雄穂は雌穂より早く抽出開花する．雄穂の分化は出穂35～40日前に始まる．出穂後，一般に4～7日たつと，穂の中央よりやや上部から開花し始め，次第に上下方向に開花が及ぶ．1小穂中では上部の小花が先に開花する．1穂の全花の開花には5～7日を要する．開花（開穎）すると葯は穎外に出て，花粉を飛散させる．1葯中に約3,000個の花粉があるから，1雄穂からはおよそ4,000万個もの花粉が出ることになる．開花は，晴天の日は午前10～11時に最盛で，午後の開花は少ない．

雌穂の分化は雄穂より約10日遅れて起こり，出穂は4～7日遅れる．まず側枝原基の成長点部周囲に突起を生じて，これが不均等に二分して1対の小穂原基となり，次いで各小穂原基の上下に大小2個の小花原基を作る．やがてその下方の小さい小花は退化してしまう．幼穂の発達に伴って，雌性小花の花柱は上方に伸長する．そして，出穂後数日して苞葉の先端より絹糸が抽出するが，この絹糸抽出（silking）の時をもって雌穂の開花始めとする．全ての絹糸の抽出終了までには4～5日を要する．

受粉は風媒による．花粉は無風時でも約2 m，風のある時には数百m離れた所まで飛散する．雄花先熟であるから，花粉飛散時には自家の雌花は未開花であり，他家受精に都合の良い仕組みになっている．絹糸（柱頭）に付着した花粉は直ちに発芽して，花粉管を柱頭内へ侵入させる．花粉管の先端は，長い絹糸の維管束の鞘状細胞（sheath cell）内を子房に向けて伸び，約20時間余で胚珠に達し，珠孔から胚嚢内に入る．受精の過程はイネやムギ類と共通しており，受粉後24時間で重複受精を終了する（Randolph 1936）．

受精卵は10～12時間後に最初の分裂を終わり，以後発生を続けて，10日目に鞘葉が分化，15日目までに幼根と第1，2葉原基ができ，20日目には第3葉原基，25日目に第4葉，30日目に第5葉，40日目に第6葉が分化する（浦野・坂口 1959）．極核が受精した胚乳原核は，受精後4時間で核分裂が認められ，3～4日目から胚乳は細胞期に入り，デンプン粒の蓄積は12日目頃に盛んになる．

雌穂は開花後も，長さは14日目，太さは20日目頃まで発達する．粒の外形的発達は長さ，幅が受精後35～42日で最大に達する．粒の厚さは発達が少ない（図8.14）（多田・戸枝 1953）．粒重は42～49日目まで増加する（図8.15）．内外穎は発達しないので，成熟した果実（粒）は露出する．

図 8.14 粒の長さ,幅,厚さの推移.多田ら(1953)

図 8.15 粒重の推移.多田ら(1953)

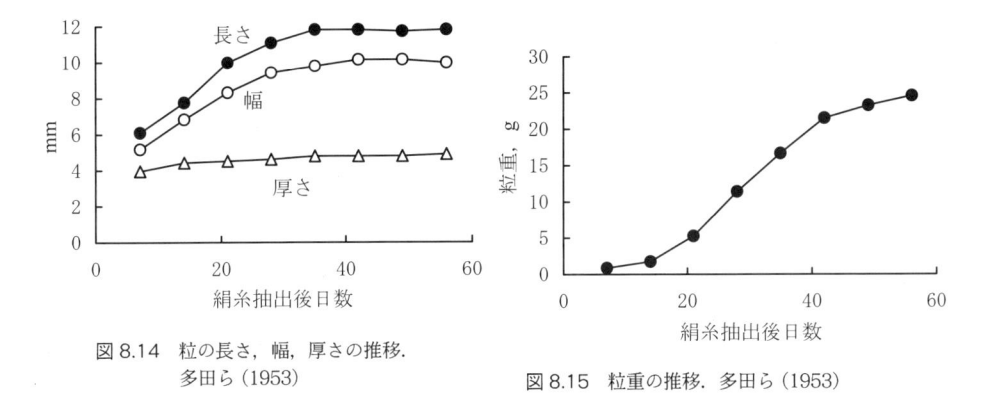

4. 生理・生態

(1) 発 芽

　種子の寿命は,乾燥が十分であれば5〜10年以上は保たれる.しかし湿潤温暖な条件では1年で発芽率がかなり減少する.発芽の最低温度は6〜8℃,最高温度は44〜46℃,最適温度は34〜38℃である(井上 1952).13℃における発芽所要日数は18〜20日,15〜18℃では8〜10日,21℃では5〜6日である(山崎 1952).

　吸水は主に粒基部から行われ,他の部分の粒表皮はクチクラ化しているため吸水はほとんど行われない.発芽に要する最少吸水量は全粒重の30％,胚では60％(Sprague 1936)であるが,十分に水分を与えると播種後150時間で,全粒重の70〜110％の水を吸って,ほぼ平衡状態となる.発芽と土壌水分との関係は,飽和水量の10％では発芽はできないが,80％までは水分が多いほど発芽速度が早まる.しかし,それ以上の水分では発芽が阻害される.

(2) 温度・水分

　トウモロコシは熱帯地域原産であり,成長にかなりの高温を必要とする.系統・品種によって要求温度は異なるが,播種から収穫までの全生育期間の適温は22〜23℃が望ましいとされる(戸澤 2005).世界的な栽培地をみると,北限はカナダやロシアの北緯60度近くである.南米では標高3,000 m以上まで栽培されている.

　生育時期別では,初期と後期は比較的低温で,中期は比較的高温であることが望ましい.夜温は比較的低いのが良い.花粉の散る時期に35℃以上の高温になると,花粉が1〜2時間で死滅してしまう(山崎 1952).また,高温は受精にも悪影響を及ぼし,表8.2 (Jones 1942)からも明らかなように,1日最高平均温度が高いほど平均結実率は低下する.初期の粒組織の形成が終わり,貯蔵物質が胚乳に貯蔵される稔実中・後期には,むしろ高温で,ある程度乾燥する環境条件が収量増加に好ましいとされる.しかしこの関係は系統によっても異なり,例えばフリントコーンはデントコーンよりも冷涼な温度条

件でも成熟できる．晩生品種は早生品種より温度に敏感であることも知られている（恩田 1942）．一方，低温の影響は，イネのような障害型冷害はほとんどみられず，遅延型や生育不良型となる．

トウモロコシは深根性のため，地下深くから吸水できるが，葉面積が大きいために蒸散も多く，生育に多量の水を必要とする．トウモロコシの植物体乾物重1gを生産するための要水量は388gであり，他の作物に比較して少ない（Gardner et al. 1985）．しかし，全要水量の半分は最大葉面積となってからの5週間の間に消費されるので，多収にはこの時期に多量の水を必要とする．アメリカ

表8.2 トウモロコシの人工授粉時の気温と結実率との関係

日最高気温, ℃	結実率, %
24～27	64.8
27～29	54.2
29～32	45.5
32～35	34.9
35～38	34.5
38～41	19.8
41～43	8.2

Jones (1942)

のコーンベルトでは毎年の収量は夏の3か月間の降雨量に支配される．わが国でも，出穂期を中心とした1か月の降水量は収量と密接な相関がみられる（山崎 1952）．実際，出穂期頃の灌漑により著しく増収することが知られており，逆に絹糸抽出期の水分欠乏が子実収量にもっとも悪影響を与える（Denmead et al. 1960）．

（3）光合成と物質生産

トウモロコシの光合成に関する最大の特徴は，C_4 光合成径路を有している点である．C_3 植物と C_4 植物の特徴のうち，物質生産という観点から最も重要と考えられる点は，C_4 植物のみかけの光合成速度が高いという点である．トウモロコシは代表的な C_4 作物であり，単位葉面積当りのみかけの光合成速度は非常に高い．数種作物（トウモロコシ，サトウキビ，オーチャードグラス，タバコ，赤クローバ）の光強度に対する光合成速度を比較すると，広い範囲の光強度においてトウモロコシの光合成速度がもっとも高く，光強度が大きいほど，トウモロコシと他の作物の差が拡大する（Evans 1993）．わが国で行われた試験例では，株間5cmの超密植の場合に純生産速度が短1期間の最大値で54.7 g/m^2/day に達し，その時のLAIが18.7にまでなったという（武田・秋山 1973）．しかし，子実生産は比較的低いLAIで最高になり，高いLAIの下では子実生産はかえって減少した．その一因に，密植になり個体群内部の光条件が悪くなると，不稔雌穂が増大することがあげられる．そのため，1株に2個以上の雌穂がつく多穂性のトウモロコシが注目され，シンクを確保するとともに，その大きさを拡大する試みがなされている（Sato et al. 1978）．

通常のトウモロコシ品種は雌穂が1つなので，収量は粒数によって大きく規定される．粒数の最大値は遺伝的に制御されており，雌穂形成期～登熟初期における環境条件が最終的な稔実粒数ひいては収量に大きく影響する．稔実粒数の決定には，雌穂への光合成産物の供給量と気温，およびホルモンによる制御機構が働いている（CSSA 2000）．

（4）土壌と養分吸収

生育には腐植に富み，排水良好な壌土が最適である．土壌通気が良いことも必要である．しかし実際には砂質壌土から埴質壌土まで栽培されており，泥炭地や砂地にさえ作付けられている．ただし，泥炭地では石灰による酸性の矯正によって収量は一層高めら

れるし，また砂地では堆厩肥を施して保水力を増せば一層増収する．pHは5〜8が適範囲であり，トウモロコシは作物の中では酸性に対して強い部類に属するとされる（大杉1948）．水耕栽培によるとpH4の場合が7〜8の場合より乾物生産が多い（Bhan et al. 1962）．一方，深根性作物の特徴としてアルカリ土壌にもよく生育する．

北海道や東北地方における標準栽培の場合，窒素の吸収は7月〜8月まで顕著に増加し，絹糸抽出期以降の吸収速度は緩慢になるものの，子実肥大期まで吸収が続く．リン酸は窒素に比べると吸収量は少ないが，子実肥大後期まで徐々に吸収される．カリウムは絹糸抽出期頃まで吸収され，子実肥大期にはわずかに減少する．この減少は根から土壌へ流失するものと推察される．カルシウムとマグネシウムもカリウムと似た吸収曲線を示し，絹糸抽出期頃まで吸収され，その後の吸収は少ない．全生育期間を通じ，窒素，ケイ酸，カリウムの吸収量がもっとも多く，次いで，マグネシウムとカリウムが多い（表8.3）．窒素およびリン酸は絹糸抽出後に穂への移行が始まり，半量以上が粒に蓄積される．カリウムは絹糸抽出少し前から葉の含有量が減り始め，茎へ移行するとともに，登熟期には少量は子実へ移行する（Hanway 1962）．

表8.3 トウモロコシの部位別養分含有率および吸収量

要素	子実	雌穂	雄穂	葉	茎	全体, kg/10a
N, %	1.54	0.84	0.90	1.5	0.91	14.9
P, %	0.30	0.08	0.12	0.11	0.04	2.2
K, %	0.23	0.73	0.55	1.60	2.65	12.0
Ca, %	0.08	0.08	0.54	1.11	0.30	3.7
Mg, %	0.13	0.20	0.34	0.92	0.32	4.5
S, %	0.14	0.10	0.20	0.23	0.16	1.9
Si, %	0.03	0.42	3.17	4.24	0.91	12.8
Fe, ppm	140	350	1,350	105	320	0.42
Mn, ppm	12	34	88	125	29	0.05

田中・石塚（1969）

（5）感温・感光性

トウモロコシは短日植物であり，短日で出穂が促進される程度は晩生品種ほど大きく，早生品種は小さい．感温性は日長に対するほど顕著でない．しかし長日条件下で，しかも6・7月の平均気温が21℃以下の低温の場合に，早生品種は感温性が高く，晩生品種は低い傾向がある．生育時期別の感温・感光性については，感光性の強い品種 Yucatan No. 16を用いて8時間の短日処理を生育時期別に与えてみると，雌穂の着生位置が変化することが知られている．すなわち，短日処理を播種後20日頃から40日続けると最も早く雌穂が分化し，後期に処理するほど着生位置は上昇する（浦野・坂口 1959）．

5．品　種

（1）品種分類

トウモロコシは，粒形とデンプンの形態・分布により次のような8種類（亜種あるいは変種）に分類される（図8.16）．

① デントコーン（dent corn，馬歯種，*Z. mays* L. var. *indentata* Sturt.）
穎果の側面は硬質（角質）であるが，頂部だけは軟質（粉質）で，そのために，成熟に伴

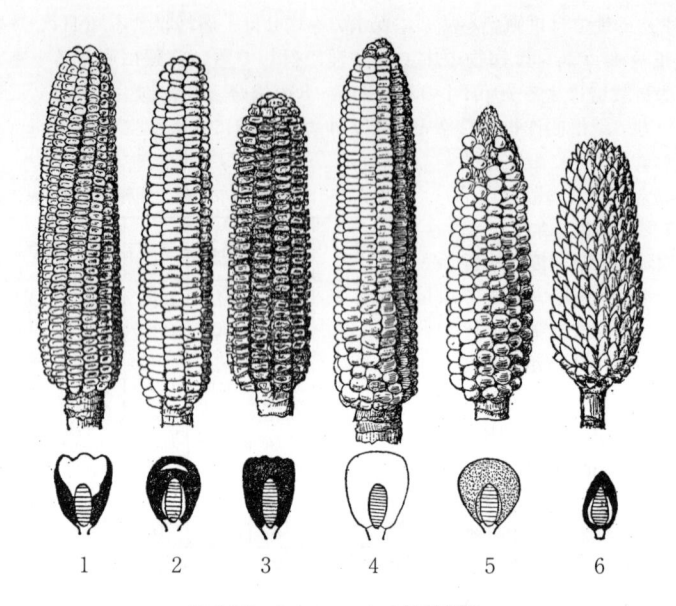

図8.16 トウモロコシの品種分類
1：デントコーン, 2：フリントコーン, 3：スイートコーン, 4：ソフトコーン, 5：ワキシーコーン, 6：ポップコーン．下段は粒のデンプン組織の硬軟の分布状態を示す．黒部：硬質デンプン組織，白部：軟質デンプン組織，5の点部は糯性，横線部は胚．星川（1980）

って頂部が窪んで馬歯状となる．概して晩生で，草丈が高く，葉がよく茂り，雌穂数は少ないが大型で，子実収量は多い．アメリカのコーンベルトでは主にこの種が栽培されており，世界的にみても最も生産量が多い．日本には明治初期に導入され，サイレージ用などに利用された．主に飼料用として，またデンプンをとって工業用原料として用いられる．

② フリントコーン（flint corn，硬粒種，*Z. mays* L. var. *indurata* Sturt.）

穎果の外表部は全て硬い角質で，軟質デンプン組織は内部にわずかに存在するのみである．フリントコーンはさらに早生硬粒（early flints），中生硬粒（medium flints），熱帯硬粒（tropical flints）に類別される（Wallace et al. 1937）．概してデントコーンよりも早生で，特に早生硬粒はアメリカで栽培されるトウモロコシのうちで最も早生である．早生の特徴をいかして，高緯度や高冷地で作期の短い所に栽培されている．フリントコーンはコロンブスが1492年に西インド諸島で発見し，スペインに持ち帰ったトウモロコシであり，日本へ1573年に伝来したものも本種であった．わが国ではこれらの品種とアメリカから導入したデントコーンとの交雑品種が育成されて主に栽培されている．タンパク質含量はデントコーンより1〜2％高い．

③ スイートコーン（sweet corn，甘味種，*Z. mays* L. var. *saccharata* Bailey）

胚乳に糖を多く含み,甘く,粒が成熟してもデンプンの他に糖の形で多く残っている.したがって成熟粒は半透明で,乾燥して皺状となる,甘味が強く,タンパク質や脂肪の含量もデントコーンより高い.概して早生である.主に生果を間食用に,また缶詰用に栽培されている.また茎葉は飼料用にも好適である.
　④ ソフトコーン (soft corn, flour corn, 軟粒種, *Z. mays* L. var. *amylacea* Sturt.)
　粒は全て軟質デンプン組織であり,そのため成熟しても粒には窪みはできない.草姿はフリントコーンに似ている.アメリカでも栽培が地域的に限られていて生産は少ない.日本では栽培はない.
　⑤ ワキシーコーン (waxy corn, 糯種, *Z. mays* L. var. *amylosaccharata* Sturt.)
　穎果は外観は半透明蝋質状で,胚乳のデンプンは糯性である.草姿はフリントコーンに類似し,一般に早生である.餅として食用にされ,また工業用にされる.中国,フィリピンに分布し,わが国ではほとんど栽培されていない.
　⑥ ポップコーン (pop corn, 爆裂種, *Z. mays* L. var. *everta* Bailey)
　粒の大部分が角質で,胚の両側部にのみ軟質部があり,ここに水分を含む.炒熱すると軟質部が急に膨張して粒全体が爆裂する.爆裂性は水分含量13～15％の時に最大で,12％以下および16％以上では爆裂性は劣る.概して晩生,雌穂数は多い.粒は小さく,粒先の尖る型 (rice) や丸い型 (pearl) がある.粒色も黄,白,赤褐などいろいろある.
　⑦ ポッドコーン (pod corn, 有稃 (ふ) 種, *Z. mays* L. var. *tunicata* St. Hil.)
　穎果1つ1つが発達した穎で包まれているもので,粒形は窪みはなく,外表が硬く,フリントコーンに似る.南米から中米にかけての地域の古い栽培型で,今はまれにしか栽培されていない.
　⑧ スターチ・スイートコーン (starchy sweet corn, 軟甘種, *Z. mays* L. var. *amyleasaccharata* Sturt.)
　甘味種と軟粒種の中間型で,粒頂は甘味種に似て透明角質,下部は軟質のデンプンの組織である.メキシコから南ペルーに栽培されている.

(2) 育種の目標と方法
1) 育種目標
　トウモロコシの用途は,世界的には飼料用と工業用が主要なものであり,わが国ではサイレージとしての飼料用と生食用が中心である.育種目標には,用途により特に重点が置かれる形質と,用途に関わらず共通の形質とがある.
　<u>熟期（早生化）</u>：古い品種には晩熟のものが多かったが,早熟化の改良により,栽培地の拡大や作型・輪作体系の多様化に大きく寄与した.一代雑種の熟期は親系統よりも早生の傾向がある.
　<u>多収性・耐倒伏性</u>：多収性には多くの形質が関係しているが,耐倒伏性や密植適応性が重要である.わが国では,デントコーンとフリントコーンの交雑により,早生化,短程化が図られ,サイレージ用品種の収量性が向上した (戸澤 2005).アメリカでは1930年代以降,単収の向上が続いているが,これには育種法 (ヘテロシス利用) と育種基本集団の改良が寄与している (藤巻ら 1992).単収向上には,葉群の直立化,雄穂の小型化,

子実肥大期の長期化，1粒重の増加，タンパク質含有率の低下とデンプン含有率の増加などの形質変化が寄与してきた（Duvick 2005）．

耐病性：わが国では，すす紋病，ごま葉枯病，すじ萎縮病，黒穂病，紋枯病，さび病などが主要なものであるが，これらの病害に対しては品種により抵抗性に差異がみられるので，耐性品種の育成が可能である．

高品質：高リジン，高トリプトファン，高メチオニン，高アミロース，高油分，高糖含量，抗酸化能などが求められ，改良が進められている．トウモロコシは，必須アミノ酸であるリジン含量が少ないが，高リジン含量遺伝子である opaque-2 や floury-2 が発見され，これらの遺伝子を導入した高リジン品種が育成されている．これらの改良品種は "Quality protein maize（QPM）" と呼ばれ，中南米やアフリカ諸国などトウモロコシを主食とする人々の栄養改善への寄与が期待されている（Rooney et al. 2004）

2）育種方法

雑種強勢（ヘテロシス）：トウモロコシは他家受精植物で，しかも著しい雑種強勢（ヘテロシス，heterosis）を示すので，これを育種に利用し，めざましい改良の成果をあげている．雑種強勢の原因としては，優性遺伝子連鎖説，複対立遺伝子説，超優性説，生理説および遺伝子ファミリー説など諸説がある．

一代雑種育成法：遺伝的に固定されていない集団を親として一代雑種を育成した場合，両親の集団間の遺伝的変異を十分に利用することができない．自殖を続けて遺伝的に固定した系統を両親にすれば，一代雑種は両親の持つ遺伝的な変異を十分に利用することができる．そこで，トウモロコシの一代雑種育成では，組合わせ能力が高く，遺伝的に固定した近交系を用い，それらを交雑する．系統を ABCD で示すと，交配には以下の3つの方法がある．

① 単交雑（single cross）　　　A/B, C/D
② 複交雑（double cross）　　　A/B//C/D
③ 三系交雑（three-way cross）A/B//C

単交雑は組合わせ能力が高く，揃いも優れるが，自殖系統である両親の採種量が少ない欠点を持つ．複交雑は単交雑より雑種強勢の程度は低いが，採種量が多いため種子の生産費が安く，広く用いられた．アメリカでは，一代雑種の育成は20世紀の始め，単交雑により開始されたが，採種効率が悪いことから，一時複交雑や三系交雑が主流となった．しかし，近交系の改良が進み，採種効率が向上したため，現在では再び単交雑が広く利用されている．わが国では，デントコーンとフリントコーンの自殖系統間の複交雑により，ヘイゲンワセ（1973年），ワセホマレ（1978年），ナスホマレ（1995年）などが育成された．

遺伝子組換え技術：近年の遺伝子組換え技術の実用化により，トウモロコシにおいてもこの技術を用いた品種育成が行われた．土壌細菌バチルス・チューリンゲンシス（*Bacillus thuringiensis*, Bt）が体内に蓄積する結晶性タンパク質は，鱗翅目の昆虫の消化管内のタンパク分解酵素を阻害するため，この細菌は生物農薬として利用されていた．この結晶性タンパク質の遺伝子を導入した害虫抵抗性作物は，トウモロコシ（Btコーン）では

1996年から栽培されている．遺伝子組換え技術は，除草剤耐性の付与にも利用され，実用化している．遺伝子組換えによるトウモロコシ品種の作付けは年々増加しており，組み換え作物では除草剤耐性ダイズに次ぐ作付け面積となっている（田部井 2005）．害虫抵抗性遺伝子組換え作物については，殺虫剤の使用量削減や虫害粒の防止に伴う品質と市場価値の向上などのベネフィットが指摘される一方で，生物多様性や健康への悪影響を懸念する見方もあるため，社会的な受容にはなお時間を要する状況にある（Chrispeels et al. 2002）．

（3）採種法
1）一般品種
　風媒による他家受粉のため，採種には他品種との交雑を防ぐため数百m以上隔離した採種圃を用いる．小規模栽培では，袋掛けによって受粉を防ぐ．自殖系統の採種では，2～3年毎に約50個体を栽培し，袋掛けして自家あるいは複数株の花粉を混合して交配する．在来品種や合成品種の採種では，100個体以上を栽培し，種子親と花粉親を混植して採種する．

2）一代雑種
　種子親は適期播きとし，その開花に合わせるように花粉親の播種期を調節し，2回に分けて播く．個体数は普通種子親3列に対し花粉親1列の割合とする．種子親の雄穂は除雄する．除雄操作は労力がかかるため，1950年代以降，雌株が花粉形成能を持たない細胞質雄性不稔（cytoplasmic male strility）系統が利用された．これにより採種の省力化が進んだが，雄性不稔系統を用いた場合，交雑品種の生育量の低下やごま葉枯病への罹病性などが問題となったため，1970年代以降，除雄作業（人手あるいは機械）が復活した．その後，ブラジルの品種Charruaの持つ細胞質が，生育劣化やごま葉枯病耐性に問題の無いことが見出され，その利用が期待されるが，現在のところ，機械による除雄が一般的である．
　一代雑種の採種は，育種家種子を原原種・原種圃で採種した後，一般栽培用の種子を採種する．採種の組織は，原原種・原種は農水省，交雑品種は日本草地畜産種子協会が窓口となって中国などの採取圃で採種されている（図8.17）．

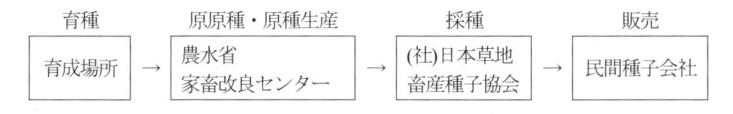

育種	原原種・原種生産	採種	販売
育成場所	農水省家畜改良センター	(社)日本草地畜産種子協会	民間種子会社

図8.17　トウモロコシ交雑種の育種と採取の組織

（4）わが国における主要品種
　明治時代以降，多くの品種が主としてアメリカから導入され，在来種またはその改良品種として各地に定着した．これらは自由に受粉させる自然受粉品種であった．その後，農水省の研究機関によって交雑育種が行われ，1951年にはわが国最初の一代雑種品種である「農林交1号」が育成された．この品種はホワイトデントコーンと在来種（フリント

コーン）の一代雑種である．わが国ではその後もデントコーンとフリントコーンの交雑による育種が主流となり，1973年には「ヘイゲンワセ」（農林交15号，子実用），1978年には「ワセホマレ」（農林交21号，サイレージ用），1995年には「ナスホマレ」（農林交38号，サイレージ用），1996年には「ゆめそだち」などが育成された．現在，わが国では子実用の栽培は皆無に近く，ほとんどがサイレージ用あるいは青刈り用の栽培であるが，その多くはアメリカなど海外で育成された品種を用いている．主な導入品種は，ディア，P3845，P3540，セシリア，G4742，G5431などである．

生食用の品種では，1952年アメリカから導入されたゴールデンクロスバンタム（Golden cross bantam）が，北海道，東北地方に広く栽培された．その後，スイートコーンのスクロース含量（2～5％）よりもはるかに高い含量（8～12％）を持つスーパースイートコーンと呼ばれる品種群（ハニーバンタム，ピーターコーン）が開発され，現在の主力品種となっている．

6．栽　培

（1）品種の選択と播種期

トウモロコシは子実用，青刈り・サイレージ用，生食用と用途により品種が異なるので，用途に応じた品種を選択する．台風常襲地では耐倒伏性品種が，冷涼地ではすす紋病抵抗性で，低温発芽性の高い品種が望ましい．晩播の場合および機械化栽培では，多収のためには密植が必要で，耐倒伏性で密植適応性の大きい品種を必要とする．

トウモロコシは播種期の幅が広く，晩播しても減収程度が少ない．暖地では2か月ほどの幅があるので，虫害，旱害，風害のある所ではこれらを回避するように播種期を決める．例えば，九州ではアワノメイガの回避のために播種期を6月中・下旬に繰り下げるなどである．しかし寒冷地では登熟晩限の関係から，晩霜の心配がなくなればできるだけ早く播く．一般には播種期は北海道の5月上旬から四国・九州の6月中旬までである．早播きは晩霜害に注意が必要である．

（2）耕起・施肥・播種

草丈の高い作物であるから，倒伏しないように根を深く張らせるために，慣行的な栽培では深耕する．種子が大粒なので砕土はイネやムギ類ほど丁寧でなくてもよい．堆肥や石灰を圃場全面に施用してから耕起する．南北アメリカ大陸では，土壌流亡の防止のために，耕起を行わない不耕起栽培の面積が拡大している．

施肥量は，地力，土壌水分，気温および品種の早晩・倒伏抵抗性などによって加減する．近年育成された倒伏抵抗性品種の場合は，成分量で10a当り窒素とカリウム10～15kg，リン酸15～20kgが目安である．肥料は種子に接触しないように数cm離れた位置に施用する．トウモロコシは肥料吸収力が強く，少肥でもかなりの生産があり，また他作物に比べて多肥による増収率がきわめて高い．すなわち粗放および集約の両栽培に適応する特徴を持っている．雌穂の分化し始める頃（早生で本葉6～7枚，晩生は12～13枚完全展開の時）の速効性窒素の追肥は有効である．

栽植密度は品種や施肥量，前後作との関係で異なるが，10a当り子実用栽培では3,000

~5,000株,サイレージ用では5,000~7,000株,スイートコーン栽培では4,000~5,000株が目安となる.条間60~90 cm,株間25~40 cm,1株1~2本とする.

(3) 管　理

2~4葉期までに間引きを行い,1株1本立ちとする.青刈り・サイレージ用では間引きを行わないことが多い.中耕・培土は除草を兼ねて2~3回行う.除草剤は発芽前あるいは1~2葉期に散布する.

トウモロコシは病虫害が比較的少ない作物であるが,わが国では以下のものが比較的発生が多い.

<u>すす紋病（葉枯病, leaf blight）</u>: *Helminthosporium turcium* Pass.による.主に冷涼地において発生し,生育中期以降に葉の表面に青色の小斑ができ,次第に拡大して周辺が褐色,中央部が暗色になり,ビロード状の毛を生じる.また雌穂も萎れる.防除対策としては病株の焼却,抵抗性品種の採用,晩播,肥切れ防止,連作回避などがある.

<u>ごま葉枯病（leaf spot）</u>: *Helminthosporium maydis* Nishikado et Miyakeによる.全生育期間にわたり発生し,温暖地に多い.葉が斑紋状に枯れる.防除はすす紋病に準ずる.

<u>黒穂病（smut）</u>: *Ustilago maydis* (de Candolle) Cordaの寄生により,雌雄穂や茎葉・根に異常な膨れができ,これを俗におばけと呼ぶ.やがて黒色の粉状の胞子が出て空気伝染する.胞子飛散前に病株を焼却処理し,また抵抗性品種を用い,連作を避けて防ぐ.

<u>すじ萎縮病（streaked dwarf）</u>: ヒメトビウンカの媒介するウイルスにより発病し,矮化し種子が着かない.抵抗性品種を用いウンカの防除を行う.

<u>アワノメイガ（European corn borer）</u>: *Ostrinia nubilalis* Hubnerの幼虫が茎に食い入り,倒伏させるほか,穂にも入り穎果を食害し大被害を与える.北海道で1回,東北で2回,暖地では初夏から10月にかけて3回発生する.殺虫剤で防除する.

その他アワヨトウやハリガネムシ類（コメツキ類）,アブラムシも被害の大きい害虫である.出芽時にはカラス,ハト,キジなどの鳥類による食害を受けやすい.

(4) 収穫・調製と作付体系

子実用では,雌穂の苞葉が黄変し穎果が硬くなった頃が収穫適期である.小規模栽培では穂を人力でもいで集めるほか,欧米の大規模栽培では機械で収穫する.収穫機はコーンピッカーが用いられ,立毛状態から穂をもぎとり自動的に苞を剥除し,トレーラーに積みこむ.さらに大規模経営ではコーンコンバインが用いられる.子実は乾燥機で水分14~15%に乾燥する.手収穫では苞葉4~5枚を残し,束ねてつるして干す.脱粒にはトウモロコシ脱粒機（corn sheller）を用いる.

サイレージ用では黄熟期頃に,フォレージハーベスターを用いて刈取り,細断を行った後,運搬,サイロ詰めを行う.サイロはかつてはタワー型が一般的であったが,近年ではサイレージ調製技術の進歩に伴い,バンカーサイロやラップサイロが多くなった.追肥は全乾物収量に効果はないが,雌穂歩合を増し,サイレージの栄養価を高めるのに有効である.播種期は子実用より7~8日晩くてもさしつかえない.収穫はホールクロップ（茎葉と雌穂全体）の栄養価（TDN：可消化養分総量）が最高に達した時が適期で,黄熟期が適期とされる.

生食用では絹糸が枯れた乳熟期〜糊熟期が収穫適期である．青刈り用では絹糸抽出期頃が適期である．

トウモロコシは土壌環境に対する適応性が広く，水田転作にも適する．トウモロコシは連作しても忌地現象は起こらないが，地力の消耗が起こるので輪作が必要である．豆類，いも類，野菜類との輪作が望ましい．

7．利　用

（1）栄養成分

トウモロコシの栄養成分は表8.4に示すように，利用形態で多少異なるが，70％以上がデンプンを主体とする炭水化物である．タンパク質は10％足らず含まれ，主体はツェイン（ゼイン）である．このタンパク質の構成アミノ酸はアルギニン，ヒスチジン，リジン，フェニールアラニン等であり，とくに必須アミノ酸リジンが不足であることなど，栄養的には必ずしも優れていない．しかし1960年代にアメリカで，高リジン含量遺伝子である opaque-2 や floury-2 が発見され，これらの遺伝子を導入した高リジン品種が育成され，食料および飼料としての栄養価は向上した．

（2）利　用

トウモロコシの成熟粒は，食用には製粉してコーンフラワー，コーンミール，コーンブラン，圧扁してコーンフレーク，挽割りなどにされる．コーンフラワーは，メキシコの代表的な食材であるトルティージャなどに加工される．それらの栄養価は表8.4に示すように，栄養成分に富み，特有の芳香と良い味覚を持つ．メキシコを中心としたラテンアメリカやサブサハラ地域では主食あるいはそれに準ずる重要な食糧である．

トウモロコシデンプン（corn starch）からは多様な加工食品に用いられている．すなわち菓子原料，カマボコ・ソーセージ等の練製品や食品加工用として多量に用いられる．また醸造原料用にも使われ，ビールやバーボンウイスキーの原料となる．この他にもトウモロコシデンプンは，化学工業分野にも多く使われており，糊として製紙（アート紙など）や織物工業においても大量の需要がある．胚には約30％のトウモロコシ油（corn

表8.4　トウモロコシの成分（100g中）

成分	穀粒	フラワー	フレーク
エネルギー，kcal	350	363	381
水分，g	14.5	14.0	4.5
タンパク質，g	8.6	6.6	7.8
脂質，g	5.0	2.8	1.7
炭水化物，g	70.6	76.1	83.6
灰分，g	1.3	0.5	2.4
無機質，mg			
ナトリウム	3	1	830
カリウム	290	200	95
カルシウム	5	3	1
マグネシウム	75	31	14
リン	270	90	45
鉄	1.9	0.6	0.9
亜鉛	1.7	0.6	0.2
銅	0.18	0.08	0.07
ビタミン，mg			
B_1	0.30	0.14	0.03
B_2	0.10	0.06	0.02
B_6	0.39	0.20	0.04
E	1.5	0.3	0.6
食物繊維，g	9.0	1.7	2.4

食品成分研究調査会（2001）

oil) が含まれる．脂肪酸組成はリノール酸が約50〜60％，オレイン酸が約30％である．食用油，マーガリンやマヨネーズの加工用の他に，塗料用などの工業用にも使われる．

　生食用には，スイートコーンやフリントコーンの未熟のものを用いる．缶詰用にはスイートコーンが適し，料理用にも需要が多い．また開花前の長さ4〜5 cmの幼穂（ヤングコーン）もサラダ用に缶詰加工される．ポップコーンは菓子用にされる．

　穂を着けたままの青刈りをアメリカではfodder，穂を取った残りの植物体はstoverと呼ぶ．サイレージ（silage）用には黄熟期のfodderが収量・栄養・品質ともに最も適したものとして用いられる．トウモロコシの穀粒も茎葉も家畜の飼料として最も重要なものであり，先進諸国ではその主用途は飼料であって，世界の家畜を支えている穀物であるといっても過言ではない．また，近年，アメリカではバイオエタノールとしての需要が急増している．わが国は年間約1,600〜1,700万トンもの大量のトウモロコシを輸入しているが，その2/3は飼料用，1/3がデンプン製造用である．わが国の畜産は，この大量の輸入トウモロコシに依存しているため，畜産物の生産費はトウモロコシの国際価格によって大きく左右される．

　成熟した穂を取った残りの茎葉は燃料，製紙原料，堆肥材料とされ，雌穂の芯は燃料の他，カリウムを含むのでカリ肥料原料となる．またアメリカでは喫煙用コーンパイプに利用されている．苞葉は充填材料や工芸品の材料となる．民間では絹糸が薬用とされる．また矮性で穎果あるいは茎に色彩の変化のある品種が，生花あるいは装飾用ドライフラワーなどに用いられる．

8．文　献

秋山　侃・武田友四郎 1973 トウモロコシの物質生産に関する研究．(1) 初期生育に及ぼす種子重の影響．日作紀 42：97-102.
Anderson, W. P. et al. 1967 A correlation between structure and function in the root of *Zea mays*. J. Exp. Bot. 18：544-555.
Andrew, R. H. 1953 The influence of depth of planting and temperature upon stand and seedling vigor of sweet corn strains. Agron. J. 45：32-35.
Bair, R. A. 1942 Growth rate of maize under field conditions. Plant Physiol. 17：619.
Beadle, G.W. 1939 Teosinte and the origin of maize. J. Heredity 30：245-247.
Beadle, G. W. 1980 The ancestry of corn. Sci. Am. 242：112-119.
Bell, J. K. et al. 1970 A histological study of lateral root initiation and development in *Zea mays*. Protoplasma 70：179-205.
Bennett, W. F. et al. 1953 Nitrogen, phosphorus, and potassium content of the corn leaf and grain as related to nitrogen fertilization and yield. Soil Sci. Soc. Am. Proc. 17：252-258.
Benz, B. 2001 Archaeological evidence of teosinte domestication from Guilá Naquitz, Oaxaca. Proc. Natl. Acad. Sci. USA 98：2104-2106.
Bhan, K.C. et al. 1962 Effec of pH and N source on the ability of corn and soybean to obtain iron chelate with ethylendiamine. Agron. J. 54：119-120.
Blickenstaff, J. et al. 1958 Inheritance and linkage of pollen fertility restoration in cytoplasmic male-sterile crosses of corn. Agron. J. 50：430-434.
Blingham, M. 1917 The Inca peoples and their cultures. Proc. 19th International Congress Americanists.
Chrispeels, M. J. and D. E. Sadava 2002 Plants, Genes, and Crop Biotechnology, 2nd edition. Jones and

Bartlett.
Cooper, C. S. et al. 1970 Energetics of early growth in corn. Crop Sci. 10 : 136.
Crop Science Society of America 2000 Physiology and Modeling Kernel Set in Maize. CSSA special publication No.29, CSSA, WI, USA.
Denmead, O. T. et al. 1959 Evapotranspiration in relation to the development of the corn crop. Agron. J. 51 : 725-726.
Denmead, O. T. et al. 1960 The effects of soil moisture stress at different stages of growth on the development and yield of corn. Agron. J. 52 : 272-274.
Doebley, J. A. et al. 1997 The evolution of apical dominance in maize. Nature 386 : 386-485.
Doll, E. C. et al. 1957 Influence of various legumes on the yields of succeeding corn and wheat and nitrogen content of the soil. Agron. J. 49 : 307-309.
Dorweiler, J. A. et al. 1993 Teosinte glume architecture I : a genetic locus controlling a key step in maize evolution. Science 262 : 233-235.
Dreisbelbis, F. R. et al. 1958 Water-use efficiency of corn, wheat and meadow crops. Agron. J. 50 : 500-503.
Dungan, G. H. et al. 1958 Corn plant population in relation to soil productivity. Adv. Agron. 10 : 435-473.
Duvick, D. N. 2005 The contribution of breeding to yield advances in maize. Adv. Agron. 86 : 83-145.
Earl, R. L. 1954 Effect of heterosis on the major components of grain yield in corn. Agron. J. 46 : 502-506.
Erwin, A. T. 1949 The origin and history of pop corn, *Zea mays* L. var. *indurata* (Sturt.) Bailey, mut. *everta* (Sturt.) Erwin. Agron. J. 41 : 53-56.
江藤隆司 2000 "トウモロコシ"から読む世界経済. 光文社.
Eubanks, M. 2001 The origin of maize: evidence of Tripsacum ancestry. Plant Breed. Rev. 20 : 15-66.
Evans, L.T. 1993 Crop Evolution, Adaptation and Yield. Cambridge University Press, Cambridge, UK.
Foth, H. D. 1962 Root and top growth of corn. Agron. J. 54 : 49-52.
藤巻　宏・鵜飼保雄・山元皓二・藤本文弘 1992 植物育種学（上）基礎編，（下）応用編. 培風館.
Galinat, W. C. 2001 Origin and evolution of modern maize. In C. R. Reeves ed., Encyclopedia of Genetics. Fitzroy Dearborn, Chicago. 647-654.
Gardner, F. P. et al. 1985 Physiology of Crop Plants. Iowa State University Press, Iowa, USA.
Gingrih, J. R. et al. 1956 Effect of soil moisture tension and oxygen concentration on the growth of corn roots. Agron. J. 48 : 517-520.
後藤雄佐・中村　聡 2000 作物II［畑作］. 全国農業改良普及協会. 77-87.
Hanway, J.J. 1962 Corn growth and composition in relation to soil fertility. (3) Percentage of N, P and K in different parts in relation to stage of growth. Agron. J. 54 : 222-229.
Hoshikawa, K. 1969 Underground organs of the seedlings and the systematics of *Gramineae*. Bot. Gaz. 130 : 192-203.
井上重陽 1952 種子の発芽温度に関する研究. (6) 玉蜀黍. 日作紀 21 : 79-80.
井上康明 2004 作物の起源と分化，トウモロコシ. 山崎耕宇他編，農学大事典. 養賢堂. 433-434.
石井龍一・村田吉男 1978 C_3植物とC_4植物の光合成. 日作紀 47 : 165-188.
岩田文男 1973 トウモロコシの栽培理論とその実証に関する作物学的研究. 東北農試研報 46 : 66-129.
Jaenicke-Despr, V. et al. 2003 Early allelic selection in maize ears revealed by ancient DNA. Science 302 : 1206.
Jones, D. F. 1942 Proc. Nat. Acad. Sci. USA. 28 : 38-44.
Jugenheimer, R. W. 1976 Corn-Improvement, Seed production, and Uses. Wiley Interscience Publication, John Wiley and Sons.
貝沼圭二他編 2009 トウモロコシの科学. 朝倉書店.
窪田文武・金子幸司 1977 生育初期段階におけるトウモロコシ品種の乾物生産におよぼす日射量と気温

の影響. 日作紀 46：75-81.
窪田文武 2000 トウモロコシ, 石井龍一他共著, 作物学（Ⅰ）-食用作物編-. 文永堂. 108-132.
Mangelsdorf, P. C .and R. G. Reeves 1939 The origin of Indian corn and its relatives (monograph). Tex. Ag. Exp. Sta. Bul. 574.
Mangelsdorf, P. C. et al. 1964 Domestication of corn. Science 143：538-545.
Mangelsdorf, P. C. 1974 Corn：Its Origin, Evolution and Improvement. Harvard Univ. Press.
Moss, D. N. et al. 1961 Photosynthesis under field conditions. (3) Some effects of light, carbon dioxide, temperature, and soil moisture on photosynthesis, respiration, and transpiration of corn. Crop Sci. 1：83-87.
長野農試 1956 地域を異にするトウモロコシの種生態学的研究. 長野農試報 22：1-63.
中世古公男・後藤寛治・佐藤 肇 1978 トウモロコシの多穂性に関する生理・生態学的研究 (3). 日作紀 47：212-220.
Nelson, L. B. 1956 The mineral nutrition of corn as related to its growth and culture. Adv. Agron. 8：321-375.
農山漁村文化協会 1986 農業技術体系 作物編 7 トウモロコシ, 基礎編. 1-169.
恩田重興 1942 日長及び温度の季節的変異が玉蜀黍品種の生態的特性に及ぼす影響並びに其の品種間変異. 農及園 17：560-566.
大杉 栄 1948 一般土壌学. 朝倉書店.
Otegui, M. E. and G. A. Slafer 2000 Physiological Bases for Maize Improvement. Food Products Press, Haworth Press, NY.
Piperno, D. 2001 On maize and the sunflower. Science 292：2260-2261.
Piperno, D. and K. V. Flannery 2001 The earliest archaeological maize (*Zea mays* L.) from highland Mexico: new accelerator mass spectrometry data and their implications. Proc. Natl. Acad. Sci. USA 98：2101-2103.
Pope, K. et al. 2001 Origin and environmental setting of ancient agriculture in the lowlands of Mesoamerica. Science 292：1370-1373.
Randolph, L. F. 1936 Developmental morphology of the caryopsis in maize. J. Agr. Res. 53：881-916.
Reeves, R. G. 1950 The use of teosinte in the improvement of corn inbreds. Agron. J. 42：248-251.
Rogers, J. S. et al. 1952 The utilization of cytoplasmic male-sterile inbreds in the production of corn hybrids. Agron. J. 44：8-13.
Rong-Lin, W. A. et al. 1999 The limits of selection during maize domestication. Nature 398：236-239.
Rooney, L. W. et al. 2004 The corn kernel, C.W. Smith et al., eds., Corn Origin, History, Technology, and Production. John Wiley and Sons, Inc. NJ, USA. 273-303.
Russel, W. A. 1991 Genetic improvement of maize yields. Adv. Agron. 46：245-298.
坂本寧男編 1991 インド亜大陸の雑穀農牧文化. 学会出版センター.
Sato, H. et al. 1978 Physio-ecological studies on prolificacy in maize. Ⅱ. Differences in dry matter accumulation between prolific and single-ear type hybrid. Jpn. J. Crop Sci. 47：206-211.
Sayre, J. D. 1955 Mineral nutrition of corn. In Corn and Corn Improvement. Academic Press. 293-314.
清水矩宏 2004 トウモロコシなど. 山崎耕宇他編, 農学大事典. 養賢堂. 592-593.
Smith, C. W. et al. eds. 2004 Corn: Origin, History, Technology, and Production. John Wiley and Sons, Inc. NJ, USA.
Sprague, G. F. 1936 The relation of moisture content and time of harvest to germination of immature corn. J. Amer. Soc. Agron. 28：472-478.
田部井豊 2005 遺伝子組換え農作物を巡る世界及び我が国の動向. 農業技術 60：378-381.
多田 勲・戸枝 丸・笠原芳郎 1953 立毛中の穂形測定による玉蜀黍の収量予想について. 長野統計事務所作況判定資料 5.
高崎康夫 1999 トウモロコシ. 石井龍一他共著, 作物学各論. 朝倉書店. 38-48.
武田友四郎・秋山 侃 1973 トウモロコシの物質生産に関する研究. (2) 密植栽培が幼植物の物質生産に

及ぼす影響について. 日作紀 42：302-306.
武田友四郎・杉本秀樹・県　和一 1978 作物の物質生産と水. (1) トウモロコシの葉における光合成と蒸散との関係. 日作紀 47：82-89.
田中　明・石塚喜明 1969 トウモロコシの栄養生理学的研究. (2) 生育相の展開にともなう無機養分および炭水化物の集積・移動経過. 土肥誌 40：113-120.
田中　明 1982 生産性・生産量・養分要求量. 田中　明編, 作物比較栄養生理. 学会出版センター. 113-136.
田中正武 1975 栽培植物の起源. 日本放送出版協会.
戸澤英男 2005 トウモロコシ, 歴史・文化, 特性・栽培, 加工・利用. 農文協.
浦野啓司・坂口　進 1959 とうもろこしの胚の発育について. 日作紀 27：448-450.
浦野啓司 1963 トウモロコシ. 戸苅義次編. 作物大系 3.雑穀類. 養賢堂.
Wallace, H. A. et al. 1937 Corn and Corn Growing. John Wiley.
Weatherwax, P. 1954 Indian Corn in Old America. Macmillan.
Willier, J. G. et al. 1927 Factors affecting the popping quality of popcorn. J. Agr. Res. 35：615-624.
山本由徳 2002 トウモロコシ. 日本作物学会編, 作物学事典. 349-358.
山崎義人 1952 玉蜀黍. 綜合作物学, 食用作物編. 地球出版：138-177.
由田宏一・吉田　稔 1977 ^{14}C-同化産物の転流からみたトウモロコシの主稈と分げつの関係. 日作紀 46：171-177.

第9章　モロコシ

学名：*Sorghum bicolor* (L.) Moench
和名：モロコシ，タカキビ
漢名：蜀黍，唐黍
英名：sorghum, grain sorghum
独名：Mohrenhirse, Sorghum, Sorgho
仏名：sorgo, sorgho
西名：sorgo

1．分類・起源・伝播

　モロコシは，イネ科，キビ亜科，モロコシ属の1年草である．モロコシ属には多くの種があり，特に起源地の東アフリカには現在でも多様な種が栽培されている（Dahlberg 2001）．ソルガム属（*Sorghum*）は，Para-sorghum, Chaetosorghum, Stiposorghum, Sorghum の4節に分類され，栽培種の *S. bicolor* と近縁種は Sorghum 節に含まれる（Doggett and Prasada Rao 1995, Hunter anrd Anderson 1997）．*S. bicolor* は1年生で染色体数が $2n = 20$ である．*S. halepense* (L.) Pers. は Johnson grass と呼ばれ，多年草で地下茎を持つもので，$2n = 40$ である．その他，アフリカの野生種は $2n = 10$ あるいは 20 である．

　モロコシは作物学的にしばしば4群に分けられている．すなわち，穀実用モロコシ（grain sorghum），糖用モロコシ（sorgo），箒モロコシ（broom corn）および飼料用モロコシ（grass sorghum）である．これら4群は互いに容易に交雑する近縁のもので，*S. bicolor* の変種として扱われる．

　モロコシは熱帯アフリカのエチオピアを中心とする地域が原産地と考えられる．従来は *S. halepense*（ヒメモロコシ，Johnson grass）が単一原型と考えられていたが，現在では *S. halepense* や *S. propinquum* などの遺伝子移入を経て，*S. verticilliforum* から分化したものと推定されている（野島 2002）．

　作物としての発祥は5,000年以上昔と推定され，エジプトへも古代に栽培が伝わり，紀元前7世紀にはアッシリヤでも栽培された．また紀元前4世紀頃からインドへ伝わり盛んに栽培されるようになって，さらにペルシャへと広まった．ヨーロッパへは紀元前1世紀にローマに伝わったらしいが，その後記録が絶え，13世紀にイタリアに記録があるが，その後もほとんど普及することはなかった．しかし地中海域に若干栽培されたようで，17世紀にはイタリアにホウキモロコシがインドあるいはアフリカから伝来して栽培され始めたという．新大陸へは，18世紀になって西アフリカからの奴隷船が西インド諸島や南アメリカへ初めて導入した．またアメリカへは，1853年にフランスから入ったのが最初

第9章　モロコシ

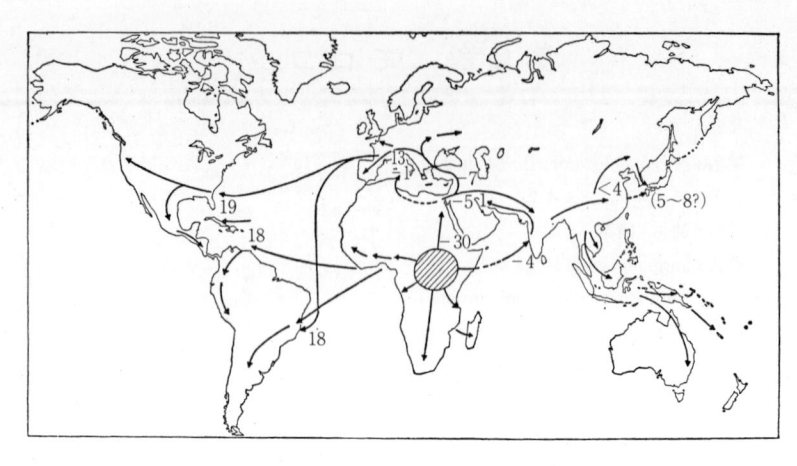

図9.1　モロコシの伝播．星川（1980）

で，東海岸から次第に南部や西部諸州へ普及した．中国へは4世紀頃までにはインドから伝わり，次第に中国北部から東北部一帯に普及して，いわゆる高粱（こうりゃん）の系統を成立させた．そして，その一部が朝鮮を経て日本へは中世に伝来した．その伝来の年代は不明であるが，次第に各地の主食代用や飼料として栽培されるようになった．その起源と伝播経路は，およそ図9.1のように推定される．

2．生産状況

穀実用モロコシ（grain sorghum）に限って統計をみると，世界の生産量は1980年代までは増加傾向がみられ，1960年代には3,000万t台であったものが，1970年代には5,000万t台，さらに1980年代には7,000万t台にまで増加した．しかし，その後は減少に転じ，近年では6,000万t台である．半乾燥地域など不良環境条件での栽培が多いため，イネやコムギに比べ，単収は約1.5 t/haと低い．

地域別では，栽培面積はアフリカが最も多く，次いでアジア，北米の順である（表9.1）．単収はヨーロッパや北米では3～5 t/haと高く，アフリカとアジアでは約1 t/haと低い．生産量はアフリカがもっとも多く，世界の約40％を占める．国別では，栽培面積でみると，インド，ナイジェリア，スーダンの3か国が圧倒的に多いが，単収の差を反映し，生産量ではアメリカが最

表9.1　モロコシの世界の地域別生産量

地域	作付面積, 100万ha	単収, t/ha	生産量, 100万t
世界	44.9	1.5	65.5
アジア	9.2	1.2	11.4
アフリカ	27.6	0.9	25.2
ヨーロッパ	0.3	3.0	0.8
北米	2.9	4.1	12.0
中米	2.1	3.4	7.0
南米	1.8	3.3	6.0
オセアニア	0.8	3.6	3.1

2008年産．FAOSTATから作表

も多く,ナイジェリアとインドが続く.

　日本では,1941年から統計があるが,それまでも多くはないが各地に自家用に栽培が続けられていた.1941年には約3,500 haの作付けがあり,戦後食料不足時代にわずかに増えたが,食料事情の安定とともに急減し,1965年頃から食料用の生産はほとんど消滅し,自家飼料用にまれに作付けを見る程度になってしまった.1966年以降は農水省の統計も廃止された.10 a当り収量も1941年頃の160 kgから減少を続け,1950年代も110～120 kgであった.これはわが国ではモロコシが食料として価値が低く,ほとんど捨て作りされていたことを示すものである.現在わが国ではモロコシを約150万 t輸入しているが,輸入量は減少傾向にある.

3. 形　態

(1) 穎　果

　光沢ある硬い護穎に包まれる.穎の色は赤褐,黄,白,黒色などである.穎果は,楕円または扁円形で長径4～5 mm,短型2～3 mmで,先端やや尖り,腹面の胚は大きく粒長の半ばを占める(図9.2).果皮は褐色の他,黄,白,紅色などがある.1,000粒重は23～28 gである.胚乳の糊粉層は1層で,デンプンはやや不斉形の単粒で,粳と糯の区別がある.

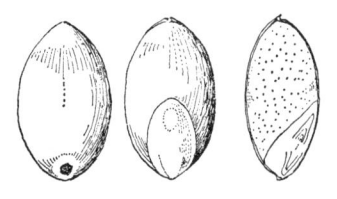

図9.2　モロコシの穎果
左:背面,中:腹面,右:縦断面.
星川(1980)

(2) 根・葉・稈・分げつ

　種子根は1本で,深播きの場合にはメソコチルが著しく伸長するが,その伸長したメソコチルから多数の細いメソコチル根を出す.鞘葉節以上の各節からは冠根を生ずる.根系は深く90～120 cmに達し,長いものは2 mの深さに達するという.トウモロコシと似て,地上部の地際の節数より空中に支持根を出す.地下・地上の根は,トウモロコシよりはやや細い.

　葉は長さ1 m以上,幅3～5 cmになり,形態はトウモロコシの葉に似ている.しかし,葉身および葉鞘,また稈の表皮にも紅褐色の斑紋があり,成熟したものあるいは若くても傷つくと斑紋は濃くなるのが特徴である.葉の機動細胞はよく発達している.維管束には発達した維管束鞘を有する.

　稈は,直立して下位節間から伸長し2～3 mになるが,米国などで育成された品種は1～1.5 mに短稈化している.稈の太さは直径2～4 cmで,髄は充実し,7～18節あり,各節に葉を着ける.分げつは普通出ないか,または出ても1～2本であるが,品種によっては多分げつ性のものもある.これら茎の形態もトウモロコシに似ている.

(3) 花序と開花・登熟

　穂は総状花序で太い穂軸に10節ほどあって,各節から5～6本の1次枝梗を輪生し,その各々に約20本の2次枝梗が対生し,さらに3次枝梗まで分岐して,これに小穂が着く(図9.3,9.4).1穂に着く小穂の数は2,000～3,000個に及ぶ.穂の形は品種系統によっ

第9章 モロコシ

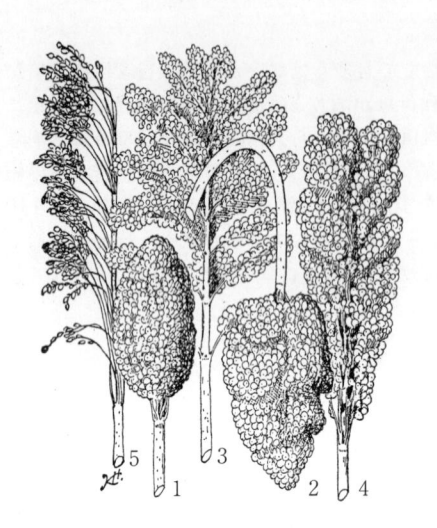

図9.3 モロコシの穂形
1：密穂型，2：密穂型の垂穂型（鴨首），3：開散穂型，4：中間型，5：箒型（片穂）．
星川（1980）

図9.4 モロコシの花序と小穂
上左：小穂の着き方，上右：開花時，下：成熟した小穂の品種による形態の違い．左よりKafir, Shallu, Durra. 星川（1980）

て特徴的に異なり，次のようなものがある．
　(a) 密穂型：枝梗が短く穂が密で円筒形，円錐形，卵形などがある．
　(b) 開散穂型：枝梗が長く疎に生じ，成熟すれば枝梗の先が垂れ下がる．
　(c) 箒型：(b)の極端なもので，これらの多くはホウキモロコシに近いものである．
　なお，(a)と(c)には穂首が直立のものと，成熟するにつれて彎曲下垂するものとがあり，前者を直立型，後者を鴨首型（goose neck type）と呼ぶ．また(c)には片穂型のものがある（図9.3）．

　小穂は枝梗の先端部には3小穂が，その他の部分には2小穂が対になっている．先端部の小穂では3小穂のうち2小穂が，その他では2小穂中1個が有柄，他が無柄である．有柄小穂には雄花蕊の小花が着き，雌蕊は退化していて不稔となるものが多い．無柄小穂は2小花よりなり，下位小花は退化して外穎のみ発達し上位小花を包む．上位小花は完全花で外穎に芒を持つ．雄蕊は3個ある（図9.5）．

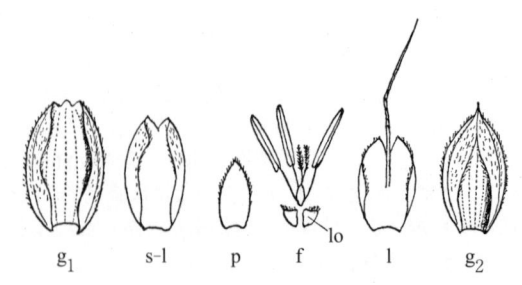

図9.5 モロコシの小穂
g_1, g_2：第1, 2護穎，s-1：退化小花の外穎，l：稔実小花の外穎，p：稔実小花の内穎，f：稔実小花の花器，l_0：鱗被．
星川（1980）

開花は，穂の先端から少し下位の部位より始まり，1穂の開花が完了するには6〜9日，秋冷期には15日を要する．開花（開穎）は，アメリカ，インドなどでは主として夜間または早朝に行われる（Robbins 1931）というが，日本での観察では，開花時刻は午前から始まり午後に及ぶ（永井 1933）．柱頭の能力は約48時間保持される．自家受精を主体とするが，風媒により他家受精も行われ，自然交雑率は4%内外であるが，米国では50%に及ぶ交雑例も知られている．

受精後，子房は発達し内外穎，さらに護穎より大きくなって上半分を露出するに至る．品種によっては，成熟に達しても穎に包まれているものもある．胚乳にはデンプンが蓄積されるが，デンプンには糯性と粳性のものがあり，品種を異にする．胚は比較的大きく，普通，粒内の1/3を占めるが，大きいものは1/2に及ぶ．

4. 生理・生態

発芽温度は最低6〜10℃，最高40〜45℃，最適32〜35℃である．アフリカ原産なので高温に適し，生育には十分な日照と高温を必要とする．しかし，早生品種を選べば温帯の北部まで栽培できる．アメリカでは45°N，ヨーロッパでは48°Nが北限である．中国東北地方（45°N前後）で高粱（コーリャン）と呼ばれるモロコシ栽培が定着しているのも，適応性の大きさと早生品種の選択の結果であろう．青刈用としては，さらに高緯度まで栽培できる．しかし，トウモロコシに比して限界は緯度，標高ともにやや劣る．耐乾性は，深根性のためきわめて強く，吸水力はトウモロコシの2倍といわれる．モロコシは主要な穀類では最も耐乾性が強く，半乾燥地帯でも栽培される．アメリカでは，トウモロコシ栽培が不安定な西南諸州の乾燥地帯に栽培されている．一方過湿や冠水に対しても耐性が強い．

土壌は，耕土深く，地下水位が低くて排水がよい砂質土，壌土，埴質壌土が適する．しかし，実際には比較的土地を選ばずに良く生育し，かなりの痩せ地や湿地でも栽培されておりある程度の収量が得られる．生育のpH範囲は5.5〜8.5である．概して酸性土壌には弱く，アルカリ土壌に強いといわれる．

モロコシは短日植物である．熱帯から米国に導入されて栽培される場合，多くの品種は6月の日長が14時間以上の条件では出穂しない．ほとんど全てのモロコシの品種は日長に感受性であるが，品種によって，その程度は異なっている．

トウモロコシなど，他のC_4作物同様，光合成速度が高く，優れた物質生産能を持つ．特に高日射条件下で大きな乾物生産量が期待でき，20 t/haを越す多収記録が報告されている（Nelson 1967, Wittwer 1975）．

5. 品　種

穀実用モロコシは，かつてSnowden (1936)が多くの種に分類したが，これらは全て容易に交雑し，種として分けるのは不適当で，1つの種として考えるべきである．しかし，地域によって独特の系統（品種群）が成立しており，現在の栽培種は大きく次の系統に分けて考えられる．すなわち，中国東北部の高粱（Kaoliang），インドのShallu，南アメリ

カの Kafir，中近東，北アフリカの Durra，中東アフリカの Milo，スーダンの Feterita および Hegari などである．

高粱は，丈高く半ば密穂であり，多くの品種があり，中国東北地方が主産地である．東北地方の南部には粒が黄，紅色のものが多く，中部には褐色，密穂が，北部には紅色密穂が多い．華北から朝鮮，日本にかけてのモロコシもこの系統である．Shalluは，丈高く稈細く，疎穂で，比較的晩生であり，濃褐色の粒である．Kafirは，やや長く太い稈で，円柱の長い密穂型，粒は白，紅，赤色で主に中粒，穎色は黒または黄褐である．Durraは，やや短稈，密穂で，多くは鴨首型を呈す．粒は，やや扁平で大きい．Miloは，穀実用優良系統で，やや卵型の密穂，粒は大きく鮭色または乳白色で，よく分げつする．高温干ばつに Kafir よりも強い．現在は矮性品種が育成され栽培が最も多い．Feteritas は，葉が少なく茎はやや細い．穂はやや卵型，密穂大粒である．Hegari は Kafir よりも卵型に近い穂で，粒は乳白色でよく分げつする．

わが国は，育種が不十分で在来品種がそのまま用いられていた．(図9.6)．アメリカでは，多くの優良品種が育成されているが，その多くは Milo と Kafir を含む交雑から生じたもので，上述の諸グループに明瞭には区別し難い．アメリカなどでは，1940年以降，コンバイン収穫用に適応した短稈化の育種が著しい効果を発揮し，現在は1.5 m以下となっている．アメリカでは，1956年に最初のハイブリッド品種が一般栽培に移されたが，その後わずか5年でアメリカのソルガム品種のほぼ100％がハイブリッド品種に占められるまでに普及した．この急速なハイブリッド品種の開発・普及には，トウモロコシの品種改良の知見・方法が活用された．現在までに多くのハイブリッド品種が育成されていて，収量の増大に寄与している．雄性不稔系統の利用による採種効率の向上が，ハイブリッド品種の採種効率の向上に寄与している．

図9.6　モロコシ
日本の在来種(高粱系)．星川 (1980)

ソルガムはイネ科穀類の中では最も耐乾性の強い作物であるため，降水量の少ない地域に多く栽培され，水分不足が収量の大きな阻害要因になっている．そのため，耐乾性の強化が大きな育種目標とされ，耐乾性が強化された品種が育成されている（Rosenow et al. 1997）．耐乾性には生育時期によって異なる遺伝的・生理的形質が関与しているが，開花後の生育後半に緑色を維持しうる性質－いわゆる"staygreen"－が注目され，育種計画に導入されている（Rooney 2004）．

生育日数は早生で70～80日，晩生では150～160日である．早晩性を支配する遺伝子（$Ma1, Ma2, Ma3, Ma4$）が同定されている．早生は，寒冷地や雨期の短い地域に適し，

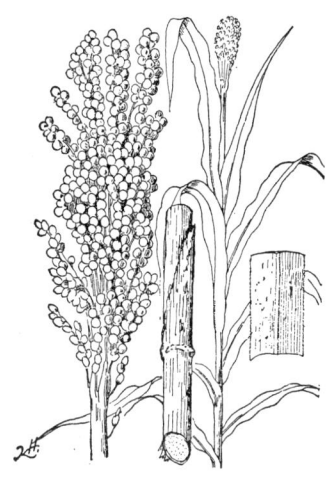

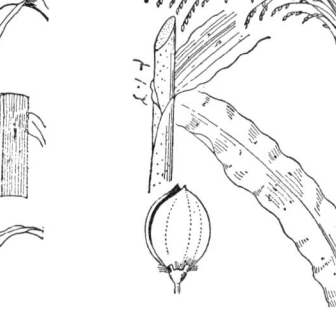

図9.7　サトウモロコシ．星川 (1980)　　図9.8　ホウキモロコシ．星川 (1980)

モロコシの栽培地域を拡大させている．胚乳のデンプンの性質により，粳と糯の品種が分かれている．

なお，サトウモロコシ（糖用モロコシ，sweet sorghum, sorgo, var. *saccharatum* Kōern.）は茎に糖分の含有量が高く（10〜11%），茎を圧搾してシロップを採取するために栽培される（図9.7）．わが国でも明治時代から蘆粟（ロゾク）と呼んで栽培されたが今は栽培はない．アメリカでも1920年以降生産は減少している．またホウキモロコシ（箒用蜀黍，broom corn, broom sorghum）は穀実用箒型穂系統の枝梗がさらに顕著に伸長したもので，いくつかの系統，多くの品種が世界各地にあり，箒やブラシ用に栽培されている（図9.8）．糖用および箒用の子実は食用には適さない．

他の主要作物と同様，モロコシの品種改良にもバイオテクノロジーの活用が行われている．重要な農業形質についてのQTLが同定されてきており，今後の育種の効率化への活用が期待される（Rooney 2004）．

6. 栽　培

(1) 整地・施肥・播種

深根性のため深耕が良い．標準施肥量は，窒素10 kg，リン酸10 kg，カリウム7 kg/10 a程度である．窒素不足の土地では，施用窒素の肥効がきわめて高い．モロコシは，深根性のため肥効力が強いから，開墾地などでは初年は無肥でも栽培されることがある．

発芽最低温度は約10℃であり，地温10℃に達すれば播種できる．アメリカのカンザス州では5月中下旬，中国東北部の公主嶺では5月上旬が適期とされる．なお，わが国では北部で5月上中旬からが一般的で，中国・四国では4月中旬播きも行われる．

播種量は1～3 kg/10 aで，畦間60 cm，株間15～16 cmを標準とする．他家受粉しやすく遺伝的に不純であり，また初期苗立ちが弱いので，比較的厚播きしておき，発芽後に不良個体の間引きを行うのが望ましい．なお，モロコシは分げつが少ないので，密植のほうが多収を確保しやすい．しかし密植では穂が小さくなる傾向があり，過密になると倒伏しやすく，減収し，品質も低下する．条播の場合，苗立ち後間引いて，1～2本立とし，倒伏防止のために幼穂発達の初期に土寄せする．

(2) 管 理

厚播きにし，間引きして苗立ちを揃え栽植密度を整える．中耕を2～3回行い除草する．その後，倒伏防止のため培土する．

モロコシの病虫害は比較的少ないが，主なものは以下のとおりである．

<u>黒穂病</u>（loose kernel smut, *Sphacelotheca cruenta* (Kuhn) Potter）：モロコシの病害のうちで最も多いもので，7～8月に穂に発生するが被害は大きくない．発病穂の除去，輪作などにより防除する．

<u>その他</u>：炭そ病，紫輪病，斑点病などが特に多雨の夏季に葉に発生する．

<u>アワノメイガ</u>：幼虫が茎の内部を食害し，倒伏の原因となり，また穂首に侵入すると白穂になる．特に暖地，乾燥年に発生が多い．薬剤で防除する．

<u>アワヨトウ</u>：6～7月に発生し，年により被害が大きいことがある．防除法はアワノメイガに準ずる．

アフリカの主要生産国では，*Striga* 属の寄生雑草による被害が増加し，大きな生産阻害要因となっている．この雑草は，ソルガムが養水分のストレスを受けているときに，より強く養水分を収奪する特性を示すため，施肥量や降雨の少ないサブサハラでは被害が大きい．抵抗性品種の育成の努力がなされている（Ejeta 2007）．

収穫は出穂後約40日，穎あるいは粒が成熟して品種特有の色を呈して，水分18～20％の頃に行う．一般的に寒冷地で9月上・中旬，暖地で10月中旬に及ぶ．普通，稈を約1 m着けて刈取り，島立てして後熟・乾燥させ，回転脱穀機で脱穀する．アメリカなどではコンバインで収穫する．そのためにコンバイン収穫に適応した矮性品種が普及している．コンバインを用いるには，粒の水分13％以下にまで立毛中に乾燥するのが最適である．アメリカ西部の大平原では，降霜で葉が枯死した後，数日間乾燥した日が続いてから行う．

モロコシは連作に耐えるが，地力維持，病虫害防除のためには輪作が望ましい．例えば，モロコシ-ムギ-ダイズ，あるいは，ムギ-モロコシ-ナタネ-モロコシ等である．また野菜畑の周囲作（fence cropping）とされ，ダイズ，サツマイモとの混作も行われる．

7．利 用

モロコシは<u>生産量の多く</u>を食用あるいは飼料用とし，数％が醸造用や工業用に用いられる．モロコシの成分は，表9.2のように，各種成分量は米や麦類に劣らない．近年では，高リジン品種など，栄養価を改善した品種も育成されている．インド，アフリカ，中国北部などでは主食として重要なものであり，粒や粉にして粥，パン，ビスケットなどの

形態で食べる．糯モロコシは餅，飴などにし，種々の酒を醸造する．中国のマオタイ酒が有名である．しかし，モロコシのタンパク質は可消化タンパクが少なく，主として種皮にタンニンを多く含むために味が渋いことが欠点であり，搗精を強度にする必要がある．欧米諸国，また日本でも最近は，上記の欠点のために，主に飼料としてのみ用いている．粒は家畜の消化をよくするため挽き割りにする．わが国では飼料用に年間約150万tを，アメリカやオーストラリアなどから輸入しているが，輸入量は長期的には減少傾向にある．茎葉は飼料となるが，成熟前のモロコシには，有毒化合物が含まれ，これを家畜に与えると中毒を起こす．この有毒物質はdhurrinと呼ばれるグルコシドで，分解して青酸を生ずる．この有害物質の含有率は若い植物体の葉で高く，成熟に伴って次第に減少する．生葉は乾燥すれば青酸含量が少なくなるので，青刈は乾燥してから与える．サイレージや干草は普通安全である．

表9.2 モロコシの成分（100g中）

成分	玄穀	精白粒
エネルギー，kcal	352	364
水分，g	12.0	12.5
タンパク質，g	10.3	9.5
脂質，g	4.7	2.6
炭水化物，g	71.1	74.1
灰分，g	1.9	1.3
無機質，mg		
ナトリウム	2	2
カリウム	590	410
カルシウム	16	14
マグネシウム	160	110
リン	430	290
鉄	3.3	2.4
亜鉛	2.7	1.3
銅	0.44	0.21
ビタミン，mg		
B_1	0.35	0.10
B_2	0.10	0.03
B_6	0.31	0.24
E	0.7	0.3
食物繊維，g	9.7	4.4

食品成分研究調査会（2001）から作表

デンプン，脂質は工業用にも用いられる．デンプンは食用の他，糊などに，糯種のデンプンは切手糊に用いられる．アメリカでは，スイートソルガムを燃料用のアルコール原料とする試みもみられる（Schaffert and Gourley 1982）．

8．文　献

Blum, A. 1979 Genetic improvement of drought resistance in crop plants : a case for sorghum. In H. Mussell and R. Staples, eds., Stress Physiology in Crop Plants. Wiley, New York, USA. 429-445.

Bond, J. J. et al. 1964 Row spacing, plant populations, and moisture supply as factors in dryland grain sorghum production. Agron. J. 56 : 3-6.

Borrell, A. et al. 2000 Does maintaining sorghum green leaf area improve yield in sorghum under drought? II. Dry matter production. Crop Sci. 40 : 1037-1048.

Bowers, J. E. 2003 A high-density genetic recombination map of sequence-tagged sites for sorghum, as a framework for comparative, structural and evolutionary genomics of tropical grains and grasses. Genetics 165 : 367-386.

Brown, P. L. et al. 1959 grain yields, evapotraspiration, and water use efficiency of grain sorghum under different cultural practices. Agron. J. 51 : 339-343.
Dahlberg, J. A. 2001 Classification and characterization of sorghum. In C. W. Smith and R. A. Frederiksen, eds., Sorghum : Origin, History, Technology and Production. Wiley, New York. 99-130.
de Wet, J. M. J. et al. 1967 The origin of *Sorghum bicolor*. (2) Distribution and domestication. Evolution 21 : 787-801.
Doggett, H. 1988 Sorghum. Wiley, New York, USA.
Doggett, H. and K. E. Prasada Rao 1995 Sorghum, In J. Smart et al. eds., Evolution of Crop Plants. Longman Scientific and Technical, Essex, UK. 173-180.
Ejeta, G. 2007 Breeding for *Striga* resistance in sorghum : exploitation of an intricate host-parasite biology. Crop Sci. 47 (S3) : S216-227.
Esechie, H. A. et al. 1977 Relationship of stalk morphology and chemical copmposition to lodging. Crop Sci. 17 : 609-612.
Gritton, E. T. et al. 1963 Germination of sorghum grain as affected by freezing temperatures. Agron. J. 55 : 139-142.
Harlan, J. R. and J. M. de Wet 1972 A simplified classification of cultivated sorghum. Crop Sci. 12 : 172-176.
Hoshino, T. 1974 Effects of planting density on growth and yield in rice and sorghum. SABRAO J. 6 : 47-54.
星野次汪・氏原和人・四方俊一 1978 グレインソルガムの稈長の差異が乾物生産および収量に及ぼす影響. 日作紀 47 : 541-546.
Hulse, J. H. et al. 1980 Sorghum and Millets : Their Composition and Nutritive Value. Academic Press, New York, USA.
Hunter, E. L. and I. C. Anderson 1997 Horticultural Reviews 21 : 73-104.
犬山 茂 1978 グレインソルガムの旱魃下における水分ポテンシャル, 拡散抵抗と穀実収量の品種間差異. 日作紀 47 : 255-261.
犬山 茂 1978 グレインソルガムの栽植密度差が旱魃期の水分ポテンシャル, 拡散抵抗ならびに穀実収量に及ぼす影響. 日作紀 47 : 596-601.
木俣美樹男 2002 世界の雑穀類と栽培状況. 農林水産技術研究ジャーナル 25 (11).
木村茂光編 2003 雑穀 畑作農耕論の地平. 青木書店.
Mahalakshmi, V. and F. R. Bidinger 2002 Evaluation of stay-green sorghum germplasm lines at ICRISAT. Crop Sci. 42 : 965-974.
Mann, H. O. 1965 Effects of rates of seeding and row widths on grain sorghum grown under dryland conditions. Agron. J. 57 : 173-176.
増田昭子 2001 雑穀の社会史. 吉川弘文館.
俣野敏子 2000 ソルガム. 石井龍一他共著, 作物学 (I) -食用作物編-. 文永堂出版. 150-158.
Miller, F. R. and Y. Kebede 1984 Genetic contributions to yield gains in sorghum, 1950-1980. In W. R. Fehr ed., Genetic Contributions to Yield Gaines of Five Major Crop Plants. Am. Soc. Agron., WI, USA.
永井威三郎 1933 もろこし. 実験作物栽培各論. 養賢堂.
Nelson, W. L. 1967 Nitrogen, phosphorus, and potassium-needs and balance for high yields. In Maximum Yields-The Challenge. Amer. Soc. Agron. Spec. Publ. WI, USA. 57-67.
Nguyen, H. T. et al. 1997 Breeding for pre- and post-flowering drought stress resistance in sorghum. In Proceedings of the International Conference on Genetic Improvement of Sorghum and Pearl Millet. Lincoln, NE, USA. 412-424.
西部幸男・氏原和人・星野次汪 1977 グレインソルガム品種の栽培環境適応性と調査個体数の決定. 近畿中国農研 54 : 36-39.
野島 博 2002 ソルガム. 日本作物学会編, 作物学事典. 朝倉書店. 358-363.

8. 文　献

小原哲二郎 1981 雑穀-その科学と利用. 樹村房.
及川一也 2003 新特産シリーズ 雑穀 11種の栽培・加工・利用. 農文協.
越智茂登一・舘野宏司・花井雄次・犬山　茂 1975 グレインソルガムの生態的特性の解析に関する研究. 中国農試報　A24 : 125-162.
大澤　良 2004 雑穀. 山崎耕宇他編, 新編農学大事典. 養賢堂. 483-490.
Pedersen, J. F. and W. L. Rooney 2004 Sorghum. In L.E. Mosher et al. eds., Warm-Season (C4) Grasses. ASA/ASSA/SSSA. Madison, WI, USA.
Pinthus, M. J. et al. 1961 Germination and seedling emergence of sorghum at low temperatures. Crop Sci.1 : 293-296.
Quinby, J. R. et al. 1954 Sorghum improvement. Advances in Agronomy 6 : 305-359.
Robbins, W. W. 1931 Botany of Crop Plants. Blackston.
Rooney, W. L. 2001 Sorghum genetics and cytogenetics. In C. W. Smith and R. A. Frederiksen eds., Sorghum : Evolution, History, Production and Technology. Wiley, New York, USA. 261-307.
Rooney, W. L. 2004 Sorghum improvement-Integrating traditional and new technology to produce improved genotypes. Advances in Agronomy 83 : 37-109.
Rosenow, D. T. et al. 1997 Breeding for pre- and post-flowering drought stress resistance in sorghum. In Proceedings of the International Conference on Genetic Improvement of Sorghuma and Millet. NE, USA. 400-411.
阪本寧男 1988 雑穀のきた道. NHK出版. 140-150.
阪本寧男 1991 インド亜大陸の雑穀農耕文化. 学会出版センター.
阪本寧男 1997 雑穀利用の文化. 朝日百科　植物の世界 10. 朝日新聞社.
Schaffert, R. E. and L. M. Gourley 1982 Sorghum as an energy source. In Proceedings of International Symposium on Sorghum, 2-7 November 1981. ICRISAT, Patancheru, India. 605-623.
四方俊一 1972 アメリカにおけるグレインソルガムの育種目標. 農業技術 27 : 204-209.
Smith, C. W. and R. A. Frederiksen 2001 Sorghum : Evolution, History, Production and Technology. Wiley, New York, USA.
Snowden, J. D. 1936 The cultivated races of Sorghum. Adlard & Son.
Stephens, J. C. et al. 1934 Anthesis, pollination, and fertilization in sorghum. J. Agr. Res. 49 : 123-136.
Stephens, J. C. et al. 1954 Cytoplasmic male-sterility for hybrid sorghum seed production. Agron. J. 46 : 20-23.
Stickler, F. C. 1966 Plant height as a factor affecting responses of sorghum to row width and stand density. Agron. J. 59 : 371-373.
田嶋公一・清水矩宏 1972 ソルガム幼植物の低温障害に対する membrane stabilizerおよび3価アルコールの効果. 日作紀 46 : 355-342.
高崎康夫 1999 モロコシ. 石井龍一他共著, 作物学各論. 朝倉書店. 48-52.
舘野宏司・小島睦男 1973 グレインソルガムの乾物生産からみた多収条件の解析. 日作紀 42 : 555-559.
舘野宏司・小島睦男 1976 登熟期の気温及び土壌水分条件がグレインソルガムの収量におよぼす影響. 日作紀 45 : 65-68.
Windscheffel, J. A. et al. 1973 Performance of 2-dwarf and 3-dwarf grain sorghum hybrids harvested at various moisture contents. Crop Sci. 13 : 215-219.
Wittwer, 1975 Food production : technology and the resource base. Science 188 : 579-584.
山口裕文・河瀬眞琴編 2003 雑穀の自然史. 北海道大学図書刊行会.
吉田智彦 2002 ソルガムとトウジンビエの生産と多収育種. 日作紀 71 : 147-153.

第10章　キビ

学名：*Panicum miliaceum* L.
和名：キビ，マキビ
漢名：黍（本来はモチキビの意），稷（ウルチキビ），粔
英名：(common) millet, proso millet, hog millet, bread millet, broomcorn millet, Hershey millet
独名：Hirse, Echte Hirse, Rispen Hirse
仏名：millet commun, milet mil
西名：mijo comùn

1. 分類・起源・伝播

　キビはイネ科，キビ亜科（Panicoideae）を代表する植物で，キビ族（Paniceae）のキビ属（*Panicum*）に属する1年生植物である．キビは典型的な温・熱帯のイネ科植物で多くの種があり，アフリカのサバンナに多く，またインドにも30種以上が分布する．アジアの大陸性気候の温帯にも分布する．

　栽培キビは *P. miliaceum* L. で，散穂型キビ（var. *effusum* Al.），片穂型キビ（var. *contractum* Al.）および密穂型キビ（var. *compactum* Kcke.）に分けられる．なお，*Panicum* 属では little millet と呼ぶ *P. miliare* Lam. がインドの南部で栽培され，痩せ地に育ち，乾燥にも冠水にも強く，3,000m 近くの高い所まで栽培がある．また browntop millet（*P. ramosum*）は小鳥の餌用にアメリカ東南部で栽培されている．この他インドなどではいくつかの *Panicum* 属の種子が食料として利用されている．

　栽培キビの原産地は中央および東アジアの大陸性気候の温帯地域と推定されており，この地で太古に遊牧民によって栽培化されたと考えられるが，その原型種は今日なお不明であり，今はすでに消滅したものとみられている．

　有史以前に中近東地域の古代民族が西方へ移動したのに伴ってキビも西へ伝わり，中石器時代（8000～4000 B.C.）にはヨーロッパへ入り，新石器時代には北はスカンジナビア南部から南はバルカン半島にまで広く分布した．ローマ時代にはスラブ民族の主要な作物であったという．古代エジプトでもわずかながら栽培された．中近東でも聖書の中に紀元前7～6世紀にキビの記載があり，古くから栽培されたことは確実である．

　中世ヨーロッパではキビは貧乏な人たちの主食の1つであった．アメリカへは18世紀になってヨーロッパから移民が伝え，主に大平原の北部冷涼地域で普及した．原産地に近いインドへは古代に伝わり，中国では有史以前から黄土地帯で栽培が盛んに行われ，主産地は山西省で周代（紀元前6世紀）には主作物であった．古代に"稷"は穀物の代表名とされていたほどであり，五穀の1つとされていた．

日本へは華北から朝鮮を経て伝来したらしいが，わが国の古代にはキビの記録がなく，承平年間（931～936）の和名類聚抄に柜黍とあるのが初記録であるという．すなわち米，麦，粟，稗より遅れて伝来したようである．北海道へは明治になってから入った．

2．生産状況

FAO統計（FAOSTAT）ではキビはアワやヒエ類を含めた"millet"として一括して示されているので，本種だけの状況は正確には知ることができないが，英名のcommon milletが示すように，多くの地域でキビは最も一般的なmilletである．FAOSTATによるmilletの生産状況の推移をみると（表10.1），1970年代以降，作付面積は4千万ha台から漸減傾向にあり，近年では3千万ha台である．単収の向上も少ないため，生産量は3千万t前後で停滞している．地域別ではアフリカとアジアの生産が多く，両地域以外での生産は少ない．アジアではインドや中国など温帯の乾燥地域，アフリカではナイジェリアを筆頭に全域に広く栽培される．アメリカやヨーロッパでは栽培は少ない．

日本では昔から山間地や痩地の畑に作られており，明治時代以降，1950年代までは2～3万haの栽培があった．しかしその後栽培の減少が進み，1970年代になるとほとんど消滅に瀕し，まれに栽培されるものも，小鳥などの餌用に作られるにすぎなくなった．1970年以降は農水省の統計にも扱われなくなった．10a当り収量も1910年代には140kgレベルに達したが，それ以降は100kg前後の低迷を続けた．すなわち技術的な生産の努力があまりなされず，条件の悪い土地で，小規模に放任栽培されてきた．

表10.1　Milletの生産量（世界）の推移

年	作付面積, 100万ha	単収, t/ha	生産量, 100万t
1970	45.1	0.74	33.3
1980	38.4	0.65	24.9
1990	37.7	0.80	29.9
2000	37.1	0.75	27.7
2008	37.4	0.95	35.7

FAOSTATから作表

3．形　態

草丈は0.7～1.7m，稈は中空で10～20節よりなる（図10.1）．倒伏しやすい．2～3本の分げつを出す．葉身は長さ30cm，幅2cm内外で，表面に軟毛があり，裏面にもさらに多く毛が生えている．特に中肋部の軟毛が長い．葉舌は短い環状膜片で葉耳を欠く．葉鞘にも長い軟毛を密生する．

穎果は堅い光沢のある内，外穎に包まれる．長さ約3mm，幅約2mmで品種によってやや扁平なものや豊円なものなどがある．色は黄色が多く，黄実がキビの語源になったといわれるが，品種により白色のものがある．脱稃するとやや扁平な丸い子実で（図10.2），1,000粒重は3.8～4.8gである．

花序は総状花序で穂軸から1～3次枝梗が分かれる．穂型には以下の3種がある（図10.3）．

（a）散穂型（var. *effusum* Al.）は枝梗は長く3次枝梗まで発達し，穂軸の両側に広く散開し，稔実すると垂れる．

第10章　キ　ビ

図10.1　キビ．星川(1980)

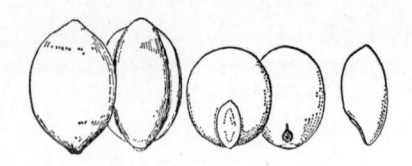

図10.2　キビの穎果．左より外穎側，内穎側，脱稃した子実の腹面，背面，横面．星川(1980)

（b）密穂型（var. *compactum* Kcke.）は枝梗が短く密穂で，稔っても直立のままである．
（c）片穂型（var. *contractum* Al.）は枝梗がやや短く，軸の片方にのみ寄って垂れる．

わが国には（a）が多く，（b）はほとんど栽培されていなかった．また上記3種を穂色より褐色型と緑色型に分け，さらに穎果の色により細分する．

小穂は3次枝梗上に対をなすように互生する．護穎のうち，第1護穎は小さ

図10.3　キビの穂型
a：散穂型，b：密穂型，c：片穂型．星川(1980)

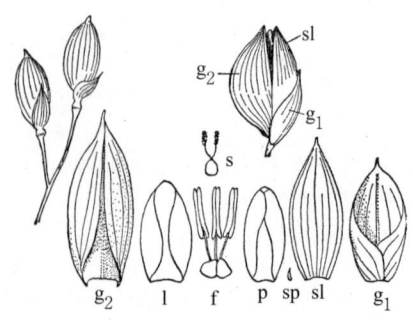

図10.4　キビの小穂の構造
左：小穂の外形．g_1, g_2：護穎．sl, sp：第1小花（不稔小花）の外穎と内穎．l, p：第2小花（稔実小花）の外穎，内穎．f：鱗被と雄蕊．s：雌蕊．上：稔実した小穂の外形．星川(1980)

く第2護穎は大きい（図10.4）．1小穂は2小花からなり，上位小花は稔実するが下位小花は不稔でその外穎は大きく，第2護穎とほぼ同大で上位小花を包む．不稔花の内穎は小さく，ほとんど退化している．稔実小花の内・外穎は脈の不明瞭な薄膜質だが，稔実中に発達して堅固になり子実を堅く包む．

自家受粉であるが他家受粉も行われる．穎果の長さは開花後9日頃，幅は12日頃そして厚さは15日頃頃に全長に達し，また乾物重は18日目頃に最大に達する．

4．品　種

栽培の歴史が長く，また世界中に分布するため，数百の品種が知られている．わが国には約80品種あった．しかしこれらは従来育種もほとんど行われず放任されてきたため，明瞭な品種区分はなく，各地方の在来種が事実上支障ない程度に特性が固定しているにすぎない．在来種からの選抜により，長野県では，きび信濃1号，きび信濃2号が，岩手県では，釜石16，田老系が育成・普及されている．

粳，糯の区別があるが一部の品種を除いてイネのように明瞭でなく，ヨード反応も中間色を呈するものが多い．わが国には昔から糯キビが圧倒的に多い．生態的には寒地には早生品種，暖地には中・晩生品種が多い．春播型，夏播型の区別も推定されているが，アワのように明瞭ではない．わが国での主品種は北海道に早生糯，中生糯，朝鮮糯，早生黒糯，中生黒糯，東北地方や中部高冷地にきび信濃1号，黄糯，白黍などがある．現在わが国ではキビはほとんど栽培されなくなったため，多くの品種はほとんど絶滅に瀕している．

5．栽　培

比較的高温で乾燥気候に適する．生育期間は80～120日で，早生品種はイネ科作物中最も生育期間が短い．そのため高冷地の食糧作物として重要であり，また暖地では春播夏収，夏播秋収の2つの栽培型がとれるため，輪作に用いられるなどの利点がある．耐乾性はイネ科作物中最も強い．

北ヨーロッパでの栽培北限は等温線が6月17℃，7月20℃の地域で，それはドイツでは54°N，ロシアでは57°Nである．わが国では北海道でも栽培され，一般に標高300～400m地帯に多く栽培されるが，長野県では標高1,500mの地点まで栽培可能である．

土壌を選ばず新開墾地，痩地，また酸性土壌でもよく育つが，排水良好で肥沃な壌土で最も収量が高い．

発芽温度は最低6～7℃であり，10℃での発芽所要日数は約13日である．このため寒冷地でも5月から播種できる．ただし晩霜には弱いので早播きには注意する．また，生育期間が短いので播種期の幅が広く，暖地では8月頃まで播ける．寒冷地では5月播きが多いが，九州など暖地では7～8月播きが多い．岡山・山口などでは5月と7月中旬～8月下旬の2回播きが行われる．

播種量は寒冷地ほど多く，10a当り1～2kg，暖地では0.6～0.7kgとする．キビは分げつが少ないので栽植本数はやや多目にする．条間約60cm，播幅10～15cmとし，30

cmに10～15本立てるのが慣行である．麦間に播くこともある．

肥料は基肥を主とし，10a当り堆厩肥を2～4t施用する．堆厩肥がない場合は，窒素4～6kg，リン酸5～8kg，カリウム4～6kg程度を施用する（及川 2003）．開墾地などでは初年度は無肥料で栽培することもあるが，肥料の吸収力が強いので地力を著しく損耗する．また酸性土壌では石灰で中和し，また幼穂発達初期に速効性窒素肥料を追肥すると，増収が期待される．キビは草丈高く倒伏しやすいので，穂孕期になる前10日頃に培土する．

出穂後30～40日で成熟する．成熟すると脱粒しやすいので，普通は茎葉が黄変し始め，穂先が5分通り成熟した頃を収穫適期とする．慣行では北海道や東北地方で9月上～下旬，関東～近畿地方は9月上旬，暖地では夏作は8月，秋作は11月中旬である．手刈りあるいはバンダーにより根元から刈取り結束し，架乾などで後熟させ，回転脱穀機で脱穀する．小面積の場合，穂だけを刈取り，地面に並べたり，軒下に吊り下げて乾燥させても良い．大面積の栽培では，普通型コンバインで収穫・脱穀する．

病害虫はきわめて少ないが，主なものはキビ黒穂病（smut, *Sorosporium panicimiliacei* (Persoon) Takahashi），アワノメイガ等である．

表10.2 キビ，アワ，ヒエ，コメの成分比較（精白粒100g中）

成分	キビ	アワ	ヒエ	コメ
エネルギー，kcal	356	364	367	356
水分，g	14.0	12.5	13.1	15.5
タンパク質，g	10.6	10.5	9.7	6.1
脂質，g	1.7	2.7	3.7	0.9
炭水化物，g	73.1	73.1	72.4	77.1
灰分，g	0.6	1.2	1.1	0.4
無機質，mg				
ナトリウム	2	1	3	1
カリウム	170	280	240	88
カルシウム	9	14	7	5
マグネシウム	84	110	95	23
リン	160	280	280	94
鉄	2.1	4.8	1.6	0.8
亜鉛	2.7	2.7	2.7	1.4
銅	0.38	0.45	0.30	0.22
ビタミン，mg				
B_1	0.15	0.20	0.05	0.08
B_2	0.05	0.07	0.03	0.02
B_6	0.20	0.18	0.17	0.12
E	0.10	0.80	0.30	0.20
食物繊維，g	1.7	3.4	4.3	0.5

食品成分研究調査会（2001）から作表

生育期間が短いため，キビは輪作に重要な作物である．寒冷地では1毛作でキビ-マメ-根菜，2毛作でムギ-キビ-ナタネ-ダイズ，あるいはジャガイモ-キビ-ムギ-キビ，等とされる．さらに3毛作用にムギ-キビ（夏作）-ダイコン-サトイモ，あるいはムギ-タバコ-キビ（秋作）-ムギ-キビ（夏作），などと活用することができる．

6. 用 途

キビの栄養成分は表10.2に示すように，コメに比べてタンパク質やミネラルに富み，消化率も高いので栄養価は高い．一般に精白して米と混炊して主食にされ，粉にして団子（キビ団子），餅，飴など菓子原料にされる．キビ特有の香味が好まれる．小麦粉と混ぜてパンにしての利用も外国では多い．また醸造して酒を作る．中国北部では古くから黄酒醸造の原料とされた．稈および糠は家畜飼料として適する．欧米では子実も家畜・家禽の飼料として用いられ，アメリカではブタの飼料とするので hog millet の名がある．

7. 文 献

Broyles, K. R. et al. 1959 Nitrogen fertilization and cutting management of sudangrasses and millets. Agron. J. 51 : 277 - 279.
堀内孝次 2002 キビ．日本作物学会編，作物学事典．朝倉書店．363-364．
木俣美樹男 2002 世界の雑穀類と栽培状況．農林水産研究ジャーナル 25．
木村茂光編 2003 雑穀 畑作農耕論の地平．青木書店．
熊谷成子・佐川 了・星野次汪 2009 雑穀生産の現状と課題．農及園 84 : 1068-1072．
Leonard, W. H. et al. 1963 Millets. In Cereal Crops. MacMillan. 740-769.
増田昭子 2001 雑穀の社会史．吉川弘文館．
俣野敏之 2000 キビ．石井龍一他共著，作物学（Ⅰ）-食用作物編-．文永堂．160-162．
Nanda, K. K. 1958 Effet of photoperiod on stem elongation and lateral bud development in *Panicum miliaceum* and its correlation with flowering. Phyton 10 : 7-16.
小原哲二郎 1981 雑穀-その科学と利用．樹村房．
及川一也 2003 新特産シリーズ 雑穀 11種の栽培・加工・利用．農文協．
大澤 良 2004 キビ 山崎耕宇他編，新編農学大事典．養賢堂．485-486．
阪本寧男 1988 雑穀のきた道．NHK出版．140-150．
阪本寧男 1991 インド亜大陸の雑穀農耕文化．学会出版センター．
阪本寧男 1997 雑穀利用の文化．朝日百科 植物の世界10．朝日新聞社．
高崎康夫 1999 石井龍一他共著，作物学各論．朝倉書店．53-54．
山口裕文・河瀬眞琴編 2003 雑穀の自然史．北海道大学図書刊行会．

第11章　アワ

学名：*Setaria italica* (L.) P. Beauv.
和名：アワ
漢名：粱（オオアワの意），粟（コアワの意），秫（モチアワの意）
英名：foxtail millet, Italian millet（オオアワ），German millet（コアワ）
独名：Kolbenhirse
仏名：millet d' Italie
西名：mijo menor

1．分類・起源・伝播

アワはイネ科，キビ亜科，キビ族（Aniceae）のアワ属（*Setaria*）に属し，オオアワ（*Setaria italica* var. *maxima* Al.）とコアワ（var. *germanicum* Trin.）がある．オオアワは，穂が長大で下垂し，小穂はやや疎に着く．コアワは穂は短小でほとんど直上し，小穂は密生する（図11.1）．

アワの原型はエノコログサ（*S. viridis* (L.) P. Beauv.）と推定されている．エノコログサは東アジア，シベリアからヨーロッパ，アメリカ北部にわたり広く自生し，染色体数はアワと同じ $n=9$ で，アワとよく交雑し雑種を生ずる．作物化されたのは東アジア地域と考えられ，キビの発祥地よりやや東よりの地域であろうとされている．

原産地から有史以前にシベリアを経てヨーロッパへはすでに石器時代に伝わったらしい．スイスの湖棲民族の遺跡からアワが多く発掘されている．しかし全般的にはキビよりやや遅れて，青銅時代以降にヨーロッパに伝播したと推定される．古代エジプトではアワが栽培されていたとする確証はない．中近東では古くからキビと並んで主要作物で，アルメニア，トルコなどでは今もキビと混ざって栽培されているところがある．ヨーロッパではイタリア，ドイツ，ハンガリーなどで栽培が多かったので "Italian", "German", "Hangarian" millet の名がある．アメリカへは初期移民がヨーロッパから伝えて少量栽培されていたが，19世紀中頃から栽培が奨励され，20世紀初頭にはアメリカの millet 中の90％を占めるに至った．

図11.1　アワ
上：オオアワ，下：コアワ．星川（1980）

インドでは古代から栽培され，とくに北部山岳地帯に多く，中国では2700 B.C.頃から黄河の中原で栽培が始まり，五穀の1つとして重要視された．殷墟の卜辞（甲骨文字）に使われている禾という字はアワの意味といわれるが，禾の字は現在もイネ科穀物を指す代名詞となっている．

日本へは朝鮮を経て伝来し，縄文時代にすでに栽培されたわが国最古の作物で，イネ伝来以前の主食であったとみられている．記紀にもアワの記載がみられ，正倉院文書の正税帳によると，当時粟が正租とされていた．このようにアワが昔から重要視されたことは，わが国では品種分化が非常に進んでいることからも実証される．また，アイヌ民族もアワを重要な作物とみなし，ヒエ，キビなどとともに古くから栽培していた．

2．生産状況

キビのところで述べたように，FAOの統計ではアワもキビなどと一括してmilletとされているので，アワ単独の生産の傾向は推定となるが，インド，中国などを除いては，近年はアワの重要性は低下しているものと思われる．

日本では昔は高冷地，山地などではムギ類以上に重要な作物であり，全国的に広く栽培され，1900年頃までは全国で25万ha栽培され，30万t以上の生産があった．しかし，1910年代に入ると減少し始め，1920年代には10万haを割り，1960年代には1万ha以下に減少した．その後は農水省統計からも消えて，経済的な栽培はほとんど消滅した．単収も1920年代に約160 kg/10aまで増えた後は，増加はみられなかった．九州と東北地方が主産地で，鹿児島，熊本，岩手，青森，北海道に最後まで比較的残っていた．これらの地域でも単収は100〜150 kg/10aであり，気候による変動が大きかった．近年，雑穀類の価値が見直されており，2000年前後を境に，やや生産は回復の兆しがみられる．2002年では，53 ha，72 tの生産があったが，そのうち岩手県が約40％を占めている（及川 2003）．

3．形　態

穎果は光沢のある黄白，まれに黄橙，灰，黒色などの稃に包まれ，子実は卵円または球形，長さ1.8〜2.5 mm，幅1.3〜1.5 mmで，五穀のうちでは最も小粒である（図11.2）．稃の着いたものの1,000粒重は1.8〜2.9 g，精粟では1.7 g内外である．果・種皮はきわめて薄く，糊粉層は1層，多くは無色であるが品種により灰青，暗青色の色素を有する．デンプン貯蔵組織は乳白，淡黄色である（図11.3）．

種子根は3本出るが，深播きされた場合にはメソコチルが伸び，メソコチル根を生ずる．鞘葉節以上の節から冠根が出る．根系は比較的浅く分布し，またトウモロコシのように地表上の1〜2節から支持根が生ずる．

稈長は60〜200 cmで，13〜24節あり，節部がやや目立って太く，伸長節間は最上部が最も長いが他は概して短い．分げつは普通は1〜2本，ときに5〜6本生ずる．葉身は35〜40 cm，葉幅2〜4 cmで寒地の品種は暖地のものより狭い傾向がある．葉質はキビ，ヒエより粗剛である．葉舌は粗毛が密生し，葉耳を欠く．品種によって葉および稈が赤紫

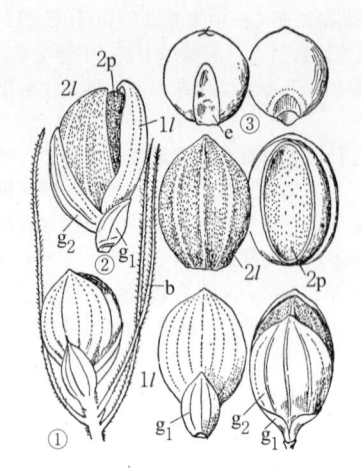

図11.2 アワの小穂と穎果の構造
①小穂の外形, b:刺毛. ②穎果. g_1, g_2:第1, 2護穎, $1l$:第1小花（不稔小花）の外穎, $2l$, $2p$:第2小花（稔実小花）の外・内穎. ③果実, 左:腹面, 右:背面, e:胚. 星川(1980)

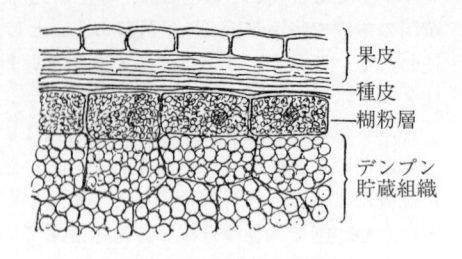

図11.3 アワの穎果の内部構造. 星川(1980)

色を帯びているものがある.

花序は複総状で穂軸の短い各節から1次枝梗を4本輪生し, これに2次枝梗が多く出て, さらに3次枝梗が分かれる. 小穂は3次枝梗に互生する. 穂型は次の6型に分けられる（図11.4）.

① 円筒型：基部から先端まで同じ太さで長いものが多い.
② 円錐型：先が細まり, とがる.
③ 棍棒型：先端ほど太くなる. 長いものが多い.
④ 紡錘型：中央部が太く先が細まる.
⑤ 猿手型：中央部の1次枝梗が長く発達して掌状をなす.
⑥ 猫足型：円筒型で先端が数本に分岐する. 長いものが多い.

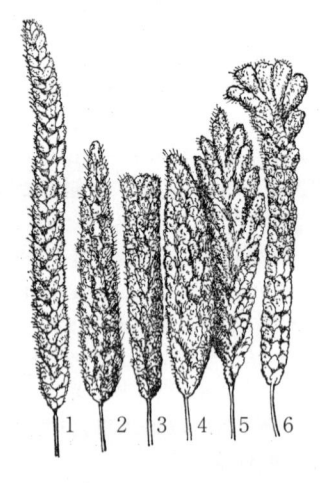

図11.4 アワの穂型
1:円筒型, 2:円錐型, 3:棍棒型, 4:紡錘型, 5:猿手型, 6:猫足型. 星川(1980)

小穂の外形は図11.2のように, 基部に刷毛（bristle）があり, その数は2〜20本であるが, 栽培品種では1〜3本が多い. 2小花よりなり, 下位の第1小花は不稔, その外穎は第2護穎と同長でよく発達するが内穎は退化して薄い膜片となっている. 上位の第2小花は両性花で稔性, 雄蕊は3本ある. 出穂後7日ほどして穂の先端から1/3の下位部分から開花し始め, 遂次先端および基部方向に咲き, 約10日で全穂の85〜90％の小花が咲き, 約1か月かかって全花が咲き終わる. 開花時間は午後9時頃から夜間に数回のピークをもって開花し, 翌日昼に及ぶ. 受精は自家受精を主として, 風媒により他家受精も行われ

る．他家受精率は0.5％ほどで，日本の品種はさらに少なく0.2％内外である．開花後25日で穎果の乾物重は最大に達する．

4．生理・生態

　発芽の最低温度は4〜6℃，最高44〜45℃，最適30〜31℃である（村松 1933）．発芽は広い範囲の土壌水分に適応してよく行われるが，湛水条件下では発芽は困難である．アワの種子は収穫直後は強い休眠性を持つが，貯蔵につれて春までの間に休眠は徐々に破れる．

　発芽後幼植物の時代には土壌酸性度に対して敏感で，特に発芽後の30日間が鋭敏である．この期間の最適pHは6.5で，これよりややアルカリ性では成長は阻害される．種子を塩（$CaCl_2$ 2％，NaCl 7％または$NaHCO_3$ 4％）で処理すると，発芽後の生育がよく，約10％増収するとの報告がある（Pannel et al. 1908）．

　アワは温暖で乾燥した土地に適するが気候適応性が強く，また生育期間が短く，90〜130日のものもあるため，寒冷地から温暖地まで広範囲に栽培可能である．古来，アワが救荒作物として重要視されたのはこのためである．栽培北限はキビとほぼ同じく，7月等温線17〜20℃で，ヨーロッパではスウェーデン南部，アメリカでは45°N付近，標高は1,300 mまで栽培される．わが国でもほぼ同じく，北限は北海道まで，そして長野県では標高1,300 mまで栽培可能である．

　生育期間は比較的高温が望ましいが，出穂から以降はやや低温が適する．関東以北では気温が高めの方が収量が多く，近畿以西では生育期の気温が低めの方が好ましい．耐乾性はキビに次いで高い．それは葉からの蒸散が少なく，かつその調節機能が大きいからであり，陸稲栽培の不安定な土地，例えば降水の少ない山間の畑地などでは，陸稲が干害で危険になるためにその代作として導入される．降水量と生育の関係は概して少雨の方が好適である．

　土壌は排水の良い砂質壌土，壌質砂土が最も適する．また好適pHは4.9〜6.2である（川島 1937）が，より酸性の土地にも強く，また逆にアルカリ土壌にもよく生育する．吸肥力が強く，痩地でもかなりの収量があげられる．

5．品　種

　わが国には主としてオオアワが栽培され，古来からの品種は2,000以上にのぼるといわれるが，同名異品種，異名同品種もかなりあるものと想定される．20世紀の中頃から後半にかけて，アワの栽培が激減したために，農家が所有していた在来種は絶滅してしまったものも多い．アワを含めた雑穀類の遺伝資源の保存は，国内では農業生物資源研究所ジーンバンクや一部の大学，農業試験場などで収集保存の努力がなされている．国際的には，インドに所在する国際半乾燥熱帯作物研究所（ICRISAT）が雑穀類の保存を行っている．

　アワの品種は実用上は生態型から，春アワと夏アワに分け，また利用上から粳アワと糯アワに分けられる．

アワは短日植物であり，高温・短日条件で出穂が早まる．春アワすなわち春播型アワは，日長反応が鈍感で，出穂時期は温度に左右される．夏アワは暖地で初夏に播く型で，日長反応が強く，短日条件で出穂が早まる．春アワ，夏アワの両者の中間型品種も多い．春アワは寒冷気候に適し，生育日数は120～140日で，遅播きすると収量は激減する．夏アワは暖地に適し，生育日数は90～130日で春アワより短いが，早播きすると生育日数は長くなり減収となる．

日本では糯アワが全国的に多かったが，地域差もみられた．全国の104品種の調査では67％が糯アワ，33％が粳アワであったが，九州では糯は29％，粳が71％と逆であった（沢村 1951）．これは九州地方では古来アワを主食とすることが多かったためとみられる．このことはアワを主食とする所の多い中国や朝鮮半島でも同様で，朝鮮半島，華北では80～90％が粳品種である．なおアワの粳，糯の区別は，ヨード反応がイネのように明瞭でないものが多い（町田 1963）．

アワには発芽した時から，鞘葉や本葉に花青素による赤紫色が現れる赤茎品種と，これを生じない普通の緑色のものすなわち白茎品種とがある．茎色の違いは中国ですでに古くから識別されている．アワは前年の脱粒種子が自然発芽するものが多いので，これを今年播種したものと区別し，前者を間引き除去するために，隔年茎色の異なるものを栽培する習慣が，朝鮮半島で残っているという．茎色の違いはこうした栽培実用上に利用されたものと思われる．

アワの品種の必要な特性は多収性，熟期の早晩，稈の強さ，耐肥性，耐湿性，刺毛の長短多少，脱粒の難易，粒の品質などである．この他にアワ白髪病に対する抵抗性や，アワカラバエに対しては，赤茎で葉の小形の品種が抵抗性が強いなどの品種特性がある．また短稈，短穂，硬毛の多い品種は暴風の被害に強いとされる．

現在，岩手県と長野県以外では推奨されている品種はない．現在栽培のある主要品種は，岩手県では大槌10（糯），西根31（糯），虎の尾（粳），長野県ではあわ信濃1号（粳），あわ信濃2号（糯）などである．かつて奨励された主要品種は，北海道では白粟，東北では津軽早生，黄粟，晩赤，支那大粟，白糯など，長野ではあわ信濃1号，虎の尾など，九州には吉利，早生粟，熊本地磨1号，五十鈴粟，昭和粟などがあった．

6．栽　培

耕起を行い，播種前の雑草発生を抑制する．元肥は堆厩肥を2 t/10 a程度施用すれば化学肥料は必要がない．堆厩肥を施用しない場合は，窒素3～4，リン酸6～8，カリウム4～5 kg/10 aの施用を標準とする（及川 2003）．耐肥性が強いので増肥効果が著しいが，多肥になると倒伏しやすい．幼穂発達初期の窒素追肥は穂が小さくなる，いわゆるアワの秋落ちの防止に効果がある．施肥後，砕土を行う．

東北は5月上～下旬，関東～近畿は5月上～6月下旬，中国～九州は6～7月が多く，一部では5月に春アワを，8月上旬に夏アワを播く．

播種量は10 a当り0.5～1.0 kgとする．普通，肥沃地，多肥集約栽培では条播，その他では点播とする．条間は約60 cmとし，条播では播幅10 cm，点播では株間15 cm程度

とする．アワは分げつが少ないので，ある程度密植にして穂数を確保する必要があるが，少肥の場合に密植にすると，穂が小さくなる特性が著しく，かえって減収する．したがって少肥ではやや疎植とし，多肥では比較的密植とする．

　アワは発芽時には乾燥，過湿に比較的弱く，虫害の多い場合もあり，苗立ち確保のため比較的厚播きにするから，初期管理として間引きを行う．幼苗期の土入れは，かなりの間引き効果もあり，省力に役立つ．土入れや土寄せは稈基部からの支持根の発根を促し，倒伏防止に効果がある．

　主要な病害である白髪病（ささら病，downy mildew, *Sclerospora graminicola* (Saccardo) Schroeter）は連作・晩播・窒素過多・多湿の条件で発生する．アワ黒穂病（smut, *Ustilago crameri* Kornicke, *U. tanakae* S. Ito）は穂に発生する．ともに種子消毒，耐病性品種の採用，輪作で防ぐ．

　アワノメイガは暖地に発生が多く，アワノカラバエは寒冷地に多い．アワヨトウは乾燥などの年に大発生する．

　収穫は茎葉が黄変し，穂が垂れて黄変し始める時を適期とする．根元から刈取り，結束して，数日間島立乾燥させた後，イネ用回転脱穀機で脱穀する．イネ用のバインダーで収穫し，ハーベスターで脱穀することも可能である．また，大規模栽培では，普通型コンバインによる刈取り・脱穀も行われているが，収穫ロスが問題となる．

　生育期間が短く，また生態型に富んでおり，播種期の幅が広いので輪作に組み入れられ易い．また吸肥性が強く，連作すると地力が衰えるので輪作が必要である．豆類，イモ類，麦類と組み合わせて栽培される．

7．用　途

　アワはタンパク質，脂肪，無機質，ビタミン類，食物繊維に富み，消化吸収率も優れる（栄養成分はキビの章の表10.2を参照）．ただし，リジンが制限アミノ酸になっており，タンパク価は低いので，米と混ぜて主食とすることは栄養学的に合理的である．精白粒の約70％はデンプンで，アミロース含有率は糯は0.3～1.8％，粳は21～32％程度である（及川 2003）．またその中間種も多い．粳アワは精白して，米に混炊して常食し，糯アワは糯米と混ぜて粟餅とする．また，飴，粟オコシ等の菓子にされる．中国北部では精白あるいは粉にして主食とされる．とくに東北部では精白したものを小米，小米子，糯粟を粘穀と呼んで重要な食料とされている．欧米では粉にしてコムギ粉と混ぜてパンにもされるが，製パン性や味はキビより劣るとされる．欧米では主として飼料として用いられ，小鳥の餌としても用いられる．

　稈・葉は飼料および燃料にされ，アメリカなどでは青刈，乾草として用いられることが多い．飼料としての価値はイネ科穀類中もっとも優れ，タンパク質は稲藁同様4％，消化率は35～45％で，有機物の消化率も55％と高い．

8. 文　献

Burton, G. W. 1944 Hybrids between napiergrass and cattail millet. J. Hered. 35 : 227.
Heh, C. M. et al. 1937 Anthesis of millet, *Setaria italica* (L.) Beauv. J. Am. Soc. Agron. 29 : 845‐853.
堀内孝次 2002 b. アワ. 日本作物学会編, 作物学事典. 朝倉書店. 364‐365.
川島緑郎 1937‐39 土壌の反応並にその石灰含量と作物の生育に就いて. 土肥雑 11, 13, 14. 木原　均 1943 粟の遺伝 (1). 生研時報 2 : 1‐3.
木俣美樹男 2002 世界の雑穀類と栽培状況. 農林水産研究ジャーナル 25.
木村茂光編 2003 雑穀 畑作農耕論の地平. 青木書店.
Kishimoto, E. W. 1962 Interspescific relationships in genus *Setaria*. Cont. Biol. Lab. Kyoto Univ. 14 : 1‐41.
北野茂夫 1955 日本における粟の分類に関する研究. 草型による分類とその判別係数による検討. 農業統計研究 3 : 26‐35.
小林政明 1948 雑穀協会編, 雑穀の栽培, 粟.
古宇田清平 1948 実験畑作増収精義.
熊谷成子・佐川　了・星野次汪 2009 雑穀生産の現状と課題. 農及園 84 : 1068‐1072.
Li, H. W. et al. 1940 Genetic studies with foxtail millet, *Setaria italica* (L.) Beauv. J. Am. Soc. Agron. 32 : 426‐438.
Li, H. W. et al. 1945 Cytological and genetical studies of the interspecific cross of the cultivated foxtail millet, *Setaria italica* (L.) Beauv. and the green foxtail millet, *S. viridis* L. J. Am. Soc. Agron. 37 : 32‐54.
町田　暢 1963 アワ・キビ・ヒエ・モロコシ・ソバ. 戸苅義次編, 作物大系, 雑穀類. 養賢堂.
俣野敏子 2000 アワ. 石井龍一他共著, 作物学 (Ⅰ) ‐食用作物編‐. 文永堂. 158‐160.
増田昭子 2001 雑穀の社会史. 吉川弘文館.
松田清勝 1941 禾穀作物粒子の発育に関する研究. (3) 粟粒子の発育. 日作紀 13 : 279‐283.
McVicar, R. M. et al. 1941 The inheritance of plant color and extent of natural crossing in foxtail millet. Sci. Agr. 22 : 80‐84.
村松　栄 1933 満州の各作物の発芽最高・最適・最低温度に就いて. 札幌農林会報 24.
農林省 1954 雑穀品種の特性表.
小原哲二郎 1981 雑穀‐その科学と利用. 樹村房.
及川一也 2003 新特産シリーズ 雑穀 11種の栽培・加工・利用. 農文協.
大澤　良 2004 アワ 山崎耕宇他編, 新編農学大事典. 養賢堂. 486.
Pannel, L. H. et al. 1908 Millet smut. Iowa Sta. Bul. 104 : 234‐259.
阪本寧男 1988 雑穀のきた道. NHK出版. 140‐150.
阪本寧男 1991 インド亜大陸の雑穀農耕文化. 学会出版センター.
阪本寧男 1997 雑穀利用の文化. 朝日百科 植物の世界10. 朝日新聞社.
高崎康夫 1999 1.9 アワ. 石井龍一他共著, 作物学各論. 朝倉書店. 52‐53.
沢村東平 1951 雑穀編. 養賢堂.
高橋　昇 1945 粟の花と人工雑種法について. 日作紀 13 : 337‐340.
高橋　昇・星野　徹 1934 Natural crossing in *Setaria italica* (Baeuv.). 日作紀 6 : 3‐19.
上田博愛 1952 粟 (あわ). 佐々木喬編, 綜合作物学, 食用作物編. 地球出版. 178‐183.
山口裕文・河瀨眞琴編 2003 雑穀の自然史. 北海道大学図書刊行会.

第12章 ヒ エ

学名：*Echinochloa utilis* Ohwi et Yabuno, *Echinochloa esculenta* (A. Braun) H. Scholz
和名：ヒエ
漢名：稗，穆
英名：Japanese millet, barnyard millet, Japanese barnyard millet, sawan millet（インド），
billion-dollar grass（米）
独名：Japanische Hirse, Sawahirse
仏名：moha du Japon
西名：mijo Japonés

1．分類・起源・伝播

　ヒエはイネ科，キビ亜科，キビ族（Paniceae），ヒエ属（*Echinochloa*）の1年生草本である．日本で栽培されるヒエは2n＝54の6倍体で，雑草のタイヌビエ（*Echinochloa crus-galli* (L.) Beauv. var. *oryzicola* (Vasing.) Ohwi）や，その他のノビエ類とよく交雑し，その雑種は稔性が高いことから，日本の栽培ヒエは，ノビエ（*E. crus-galli*）に由来すると推定される．一方，インドで栽培されるヒエと日本の栽培ヒエとの間の雑種は稔性がないことから，両者はその起源を異にした異種と考えられる．かつて日本の栽培ヒエに用いられていた *E. frumentacea* は，インド産ヒエの学名であり，日本の栽培ヒエは *E. utilis* と命名された（大井1962，Yabuno 1966）．
　日本のヒエは，中国のヒエと共通のものと考えられる．その起源年代については，中国では2400年前から栽培されたとされ，それが朝鮮を経て縄文時代に日本に伝来したらしい．縄文時代の遺跡からヒエの炭化物が出ることから，アワと並んでイネの伝来以前の，日本の最も古い穀物であったろうと推定されている．
　アメリカへは，日本から伝わったのでJapanese milletの名が付けられ，北部大西洋岸斜面に，主として飼料用として栽培されている．オーストラリアにも導入されている．インドでは，たぶん中国や日本よりも古くからヒエが栽培化されたと考えられる．そのため従来はインドがヒエという単一種の全ての起源地と考えられていた．インドからマレーシア，インドネシア方面へは古く伝わり，食料や飼料として栽培された．しかし西方への伝播は不明であり，ヨーロッパでは，古代に栽培された形跡が見られず，近年になって南部で栽培されるようになった．エジプトでは古くから栽培があるが，これも *E. colona* とされる（Netolitzky 1912）．また，西アフリカのトーゴとカメルーンの境界地帯には，*E. crus-galli* または，その近縁種が古くから所々で栽培されているという（Hammelstein 1919）．

2. 生産状況

　中国，日本，インド，その他のアジア諸国で，副作物として広く栽培され，エジプトでは，塩分が多いためにイネその他に不適な土地に栽培されている．オーストラリアでは，間作物（catch crop）としての利用もあり，アメリカでは，主に青刈飼料作物として用いられている．FAOの統計では，milletとして他の種と一括されるが，キビ，アワに比べて生産量は少ないと思われる．

　ヒエはイネよりも耐冷性が強いことから，わが国では寒冷地や山間高冷地で水稲の代替作物として広く栽培されていた．また，生育期間が短いことから，輪作物としても利用されてきた．明治初期には10万haの作付があり，7～8万tの生産があったが，その後減少を続け，米の供給が増えるに伴い米の代替食料としての価値を失い，1970年代以降の生産は皆無に近い状態になった．近年，雑穀の価値が見直され，ヒエについては，岩手県を主産地として若干の生産の回復がみられる（及川 2003）．

3. 形　態

　穎果の長さは2.3～3.5 mm，光沢ある内外穎（稃）に包まれ，背面はほぼ平らである（図12.1，12.2）．稃色は灰，赤，黄褐，暗褐色などである．稃を除いたものを玄稗と呼び，粒長1.9～2.7 mm，幅1.9～2.2 mm，1,000粒重は2.8～3.8 gである．胚は大きく，粒の半ばを占める（図12.2の③）．果皮は薄く，胚乳の表部は1層の糊粉細胞層で無色であるが，糊粉層のすぐ外側の種皮と，それに癒合する珠心表皮（外胚乳）組織には，濃褐色の色素が含まれる（図

図12.1　ヒエ．星川（1980）

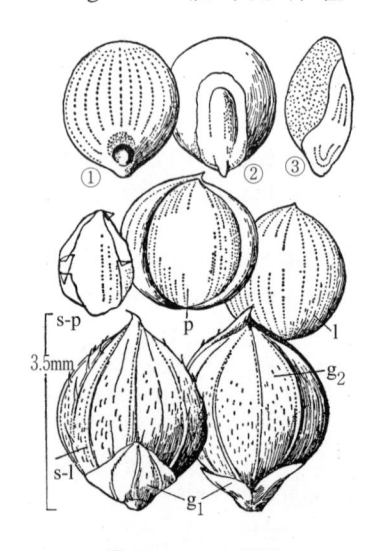

図12.2　ヒエの穎果
g_1, g_2：第1, 2護穎．s-l：第1小花の外穎．l, p：第2小花（稔実小花）の外穎，内穎．①果実背面．②果実腹面．③縦断面．品種台湾．星川（1980）

12.3).

発芽時に1本の種子根が生え，深播きではメソコチルが伸び，メソコチル根を生じる．鞘葉節以上から生ずる多数の冠根の根系は，深くよく発達する．

稈は丈80～200 cm，寒冷地のものは一般に小形である．稈は地上部7～11節，普通9節，髄心が充実しているが概して風雨で倒伏しやすい．分げつは，基部の数本が有効茎となり，地上からも数本の分げつが出るが，これらは多くは無効茎となる

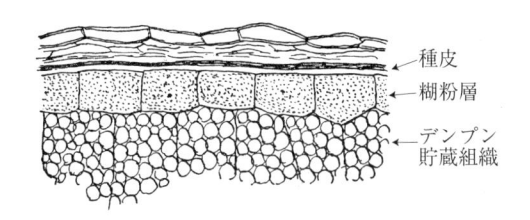

図12.3　ヒエの穎果断面．星川（1980）

葉は幼植物時代の葉身，葉鞘はイネに似るが，上位の葉形はイネよりは粗大で，長さ50～70 cm，葉幅は1.8～3.8 cmである．葉身には機動細胞を欠くので，萎凋してもイネのように巻かない．葉色の濃淡は品種により異なる．葉舌を欠くのが特徴であり，野生のタイヌビエもこの特徴を持つ．そのため，イネの苗に混入しているノビエ類の幼植物を見分けるのに，葉舌および葉耳の有無が目印とされている．

複穂状花序で，穂長は10～30 cm，穂軸から25～30本の1次枝梗を出し，穂首に近いものは長く5～6 cmになるものがある．さらに2次枝梗が分かれ，それに小穂を着ける．穂型は，密穂，開散穂，中間型穂の3型に分けられる．

小穂は，小さい第1護穎と大型の第2護穎に包まれて，2小花よりなり，下位の第1小花は不稔，その外穎は第2護穎と同じ大きさまでよく発達し，長い芒を有するものが多い．芒に紫色のアントシアンを含むものは，穂全体が黒紫色を呈する．栽培品種には，芒がほとんど退化しているもの（図12.2）もある．内穎は薄膜状に退化している．第2小花は稔実花で3雄蕊を持つ．雌蕊の柱頭は，無色のほか，アントシアニンを含み淡紫，紫色を呈するものなど，品種によって異なる．1穂全体の稔実粒数は2,500～4,500，多いものは6,000粒に達する．1穂重は約10 gである．稔実歩合は，普通20％内外で，高いものでも60％程度であり，晩生品種ほど稔実不良になる率が高い（小原 1941）．

4．品　種

日本では従来，品種改良は系統的に行われていない．各地に適応した在来種が栽培され，100品種程度はあったものと推定される．四国地方には春播型と夏播型との区別があるという．また，同一品種が畑にも水田にも用いられている．早生品種は生育日数120～130日で，晩生品種は140～150日を要する．東北・北海道には，播種期の変化に鈍感な早生品種が，四国・九州には，敏感な晩生品種が分布している．中間地域には早・晩品種が混在している．西南暖地では，春播きと夏播きができるが，一般に夏播きが多く，そのため日長（短日）に敏感な品種が必要となる．なお，東北の早生の中にも感光性の高い品種，また九州の晩生品種の中にも感光性の低いものがある（小林・松本 1943）．これは，ヒエが東北や九州などでは家畜飼料として青刈用にも栽培されるために，茎葉生産

量の優れる品種が選抜された結果であろう．

　ヒエにも粳性のほか糯性品種があるが，糯性品種でもアミロース含有率は10%以上であり，完全な糯性品種はないとされてきたが（及川 2003），近年，ガンマ線照射による突然変異誘発により，完全な糯性品種が育成された（Hoshino et al. 2009）．ヨード反応は多くは紫赤色で，粳と糯の区別は不明瞭である（小原 1941）．日本では粳性品種が多い．

　主要品種は，北海道，北東北の早生白稗，さらに中部地方までの高冷地に早生の水来站，晩生多収で気候風土を選ばない朝鮮種，北関東・南東北の稗栃木1号，北陸地方の子持稗，チャボ2号，石川在来，岐阜地方の坊主稗などであった．現在では，主産地の岩手県を除いてほとんど栽培がない．岩手県では，在来種から選抜した品種である「達磨」が広く栽培されている．この品種は岩手県では晩生のため，収穫期に霜に遭う危険性があるが，稈長100 cm前後の短稈なので倒伏が少なく，コンバイン収穫に適する．

5．栽　培

　初期を除いては耐旱性も強い．草丈10 cm以上になれば，かなり耐旱性が増し，30 cmになると他の作物より著しく強くなる．さらに低温にもイネより強く，日照不足にも耐えるなど，不良環境への適応性が大きいため，寒・高冷地などに栽培され，古来救荒作物とされた．しかし，寒冷地では気温は高いほど，日照は多いほど収量増が見込まれる．

　土壌はやや多湿の砂質または埴質壌土に適し，あまり乾燥地では多収は望めない．土壌のpHは5.0〜6.6が最適であるが，適応幅はかなり広い．また，干拓地など塩害地にもイネより耐性が強い．多くは，標高200〜300 m以上の山間地に栽培され，長野県では1,500 mまで作付けされる．

　耕起，整地および施肥はアワ，キビに準じる．堆厩肥を十分に施用すれば，化成肥料は省略できる．堆厩肥を施用しない場合は，窒素3，リン酸6〜8，カリウム5 kg/10 a程度を標準とする．ヒエは吸肥力強く，多肥にすると倒伏しやすい．元肥は控えめにして，生育中期に，窒素2 kg程度の追肥を行うとよい．主産地の岩手県では黒ボク土での栽培が多いため，リン酸および堆肥増施の効果が著しい．なお，青刈用には窒素を多くする．

　播種は，北海道，東北は5月上〜下旬，西南暖地は6月中旬までである．発芽当初は乾燥に弱いので，乾燥地では低畦とする．条播の場合，播種量は10 a当り0.5〜1.0 kgが標準で，畦間60 cm，播幅10〜15 cmとする．現在はドリル播きや点播も行われる．また，水稲移植栽培に準じた方法で，育苗・移植する方法もある．

　管理はキビ・アワに準ずるが，ヒエは特に倒伏しやすいので土寄せが必要である．稔実は1穂の中でも遅速が著しいので，茎葉が黄化し，穂の子実が8分通り成熟した時に収穫する．遅くまでおくと成熟の早い粒の脱粒が起こる．脱粒は強風によっても起こる．また鳥害も著しいので早めの収穫が望ましい．刈り取り後の後熟で，かなり稔実が進む．収穫期は関東以北は9月上〜下旬，暖地は10月上旬に及ぶ．根元から刈取り，1〜3週間後熟も兼ねて島立あるいは架掛けして乾燥させる．脱穀は回転脱穀機を用いる．近年では，普通型コンバインによる収穫がみられる．達磨のような短稈品種では水稲用の自脱型でも収穫が可能である．

病虫害としては，ヒエ黒穂病（smut, *Ustilago crus-galli* Tracy et Earle），ヒエ褐斑病（leaf spot, *Cercospora fusimaculans* Atkinson）などがあるが，ヒエは強健で一般に病害は少ない．害虫としては，アワノメイガ，アワヨトウなどキビ，アワと共通している．

青刈用には，実取りよりやや密播し，発芽後約35日，草丈45〜60 cmになった時に，第1回刈りを行い，再生して40〜50 cmになった時に第2回目を刈り，さらに3回刈りまで可能である．

深根性で吸肥力が強いため，地力を消耗させるので連作は避ける．輪作としては，寒冷地の1毛作の夏作の場合には，ヒエ-ダイズ-ソバ，あるいはヒエ-ムギ-ダイズとする．2毛作における夏作に入れる場合には，ムギ-ヒエ-ムギ-ダイズ（またはサツマイモ）などとする．3毛作での春播き栽培では，ムギ-ヒエ-ソバ，またはダイコンなどの例がある．

6．用　途

栄養成分は，キビの章における表10.2に示したように，白米に比べタンパク質，脂質，無機質および食物繊維が優っており，消化率も良い．ビタミン類は精白方法によってはコメに優る．しかし，ヒエは通常品種ではアミロース含量が26〜28％と高くて粘りがなく，特に炊飯後冷めると食味が劣る．近年，上述のような優れた栄養成分が評価され，キビやアワとともに，栄養食品としての価値が見直されている．

精白は，旧法では水車や臼で搗いたが，今は米麦用精白機で精白する．ヒエは長期貯蔵性があることが特徴である．米と混炊したり，団子，餅，飴にする．味噌，醤油，酒の原料にもされる．家畜・家禽の飼料としても優れる．ヒエの稈はイネやムギ類のワラに比べて軟らかく，粗飼料として牛馬の嗜好性が優れる．また青刈りも飼料価が高い．このため従来，馬産地で飼料用生産が多かった．ヒエ糠は搾油用，飼料用に適する．

7．文　献

Hammelstein, H. L. 1919 Die landwirtschaft der Eingeborenen Afrika. Beihefte zum Tropenpfl. 22.
堀内孝次・沢野定慈・安江多輔 1976 在来禾穀類における生育特性と栽培様式との対応に関する研究（1）．日作紀 45：607-615.
堀内孝次 2002 ヒエ．日本作物学会編，作物学事典．朝倉書店．365-366.
Hoshino, T. et al. 2009 Production of a fully waxy line and analysis of *waxy* genes in the allohexaploid crop, Japanese barnyard millet. Plant Breeding. doi：10.1111/j.1439-0523.2009.01668.x.
河原栄治・若松敏一 1963 稗の発芽に関する研究（1）．日作紀 33：64-68.
木俣美樹男 2002 世界の雑穀類と栽培状況．農林水産研究ジャーナル 25.
木村茂光編 2003 雑穀 畑作農耕論の地平．青木書店．
小林政明・松本友記 1943 稗品種の播種期の早晩による出穂日数の移動について．育種研 2.
熊谷成子・佐川 了・星野次汪 2009 雑穀生産の現状と課題．農及園 84：1068-1072.
熊谷成子・佐川 了・星野次汪 2009 ヒエ，アワ，キビに対する評価およびその展開方向．農及園 84：1168-1172.
町田 暘 1963 アワ・キビ・ヒエ・モロコシ・ソバ．戸苅義次編，作物大系，雑穀類．養賢堂．
俣野敏子 2000 ヒエ．石井龍一他共著，作物学（I）－食用作物編－．文永堂．162-164.
増田昭子 2001 雑穀の社会史．吉川弘文館．
Nakao, S. et al. 1952 Cytological and ecological studies on Japanese barnyard millet and its wild

relatives. 生研時報 5：58-64.
中山　包 1962 ヒエとその発芽習性. 農及園 10：1671-1672.
Netolitzky, F. 1912 Hirse und Cyperus aus dem prahistorischen Agypten. Beihefte zum Botanischen Zentralblatt Bd. 29.
小原哲二郎 1941 穆の研究．(1)穆品種の特性調査に就いて．日作紀 9：471-518.
小原哲二郎 1948 雑穀協会編．雑穀の栽培．稗．
小原哲二郎 1949 雑穀の科学及その利用．河出書房．
小原哲二郎 1981 雑穀－その科学と利用．樹村房．
大井次三郎 1962 植物分類地理 20：50-55.
及川一也 2003 新特産シリーズ 雑穀 11種の栽培・加工・利用．農文協．
大澤　良 2004 ヒエ．山崎耕宇他編，新編農学大事典．養賢堂．486-487.
阪本寧男 1988 雑穀のきた道．NHK出版．140-150.
阪本寧男 1991 インド亜大陸の雑穀農耕文化．学会出版センター．
阪本寧男 1997 雑穀利用の文化．朝日百科 植物の世界 10．朝日新聞社．
関塚清蔵 1988 ヒエの研究．全国農村教育協会．
高崎康夫 1999 ヒエ．石井龍一他共著，作物学各論．朝倉書店．54-55.
Yabuno, T. 1966 Cytologia 27：296-323.
藪野友三郎 1957 ヒエ属植物の分類と地理的分布．雑草研究 20：97-104.
山口裕文・河瀬眞琴編 2003 雑穀の自然史．北海道大学図書刊行会．

第13章　シコクビエ

学名：*Eleusine coracana* (L.) Gartn.
和名：シコクビエ，カラビエ，カモマタビエ
漢名：龍爪稷，鴨脚稗
英名：finger millet, African millet, corakan, ragi, birdsfoot millet
独名：Fingerhirse, Korakan, Ragi
仏名：corakan
西名：coracán, ragi

1．分類・起源・伝播

イネ科，スズメガヤ亜科（Eragrostoideae），Chlorideae族，オヒシバ属（*Eleusine*）に属する1年生作物である．シコクビエは2型に分類される．African highland typeは，後述するE. *africana*に似た形質で，小穂，護穎，外穎は長く，穎果は穎の中に包まれている．他はAfro-Asiatic typeで，*E. indica*に似て小穂，護穎，外穎は短く，穎果は小花の穎から露出している（図13.1）．

原産地はアフリカと考えられ，タンガニーカで野生する近縁種 *E. africana* Kennedy-O'Bryanがシコクビエと自然交雑するなどの事実から，シコクビエの原種とみられている．この説に従うと，エチオピアから南方地域がシコクビエの起源地と考えられ，ここから古代にインドに伝わったらしい．インドへ伝わったのは3000年以上前といわれ，アーリア人が侵入した紀元前1300年には，すでに栽培されていた．なお，オヒシバ（*E. indica* Gartn.）が本種の成立に関与したとの説もあるが，両者は染色体が異なる．

インドでは，*Eleusine*属の種が多数分布し，シコクビエを意味する楚語rajikaあるいはragiが古代からあり，今も西部インド一帯に主食用に栽培が多い．また，スリランカでは古くからkourakanと呼んでおり，これが本種の学名の種名となっている．インドからは，古くインドネシア地域へ伝わった．また，古く中国に伝わり，日本へも伝来した．

シコクビエは，サバンナ農耕文化の指標作物（indicator plant）であり，サバンナ農耕文

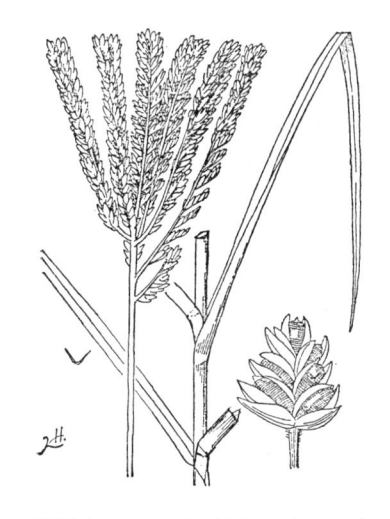

図13.1　シコクビエ（Afro-Asiatic type）．
　　　　星川（1980）

化の雑穀栽培農業の伝播に際して，それらの中の先頭になって東へと伝播したものとみられている（中尾 1966）．一方アフリカの北部，古代エジプトの遺跡からは，シコクビエは発見されていないし，地中海域においても文献にも見出されていない．アメリカ大陸には，伝わって栽培されているが，栽培面積は少なく，もっぱら飼料用にされている．シコクビエの日本への伝来年代は不明であるが，かなり古い時代とみられる．

2．生産状況

近年まで，全国的に山間で少量ずつ栽培されていたが，生産量は農林水産省の統計にもなく，詳しいことは不明である．最近は他の雑穀類の栽培の激減と同様に栽培されなくなったが，暖地の飼料作物として見直される気配もある．

外国では，インド，エチオピアなどの東アフリカなどで作付が多く，約300万tの生産がある（Martin et al. 2005）．インドでは，雨季の主要作物として広く栽培されており，特にマイソール州では住民の多くがシコクビエを主食としているという．アフリカでも北部と南部の一部を除いて，全域で栽培され，住民の主要な食糧とされている．

3．形　態

草丈は1～1.5mで，稈は扁平で角稜があり，伸長節間と（1つまたは数個の）不伸長節間部とが交互にあり，外観は1節から2（～4）葉が生じているように見える（図13.2）．分げつ数は4～8本，1次分げつから各2～3本の2次分げつが出る．

発芽時に種子根は1本，深播きでメソコチルがよく伸びて，数本のメソコチル根が出る．鞘葉節以上に冠根が出る．根系は強く張り，吸肥力が強い．地上の数節からも支持根が出る．

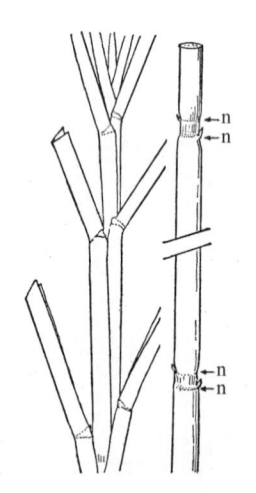

図13.2　シコクビエの稈の節間の長さの特殊性
1節間おきに短い節間があるため，1節に2枚ずつ葉が対生しているようにみえる．n：節．星川（1980）

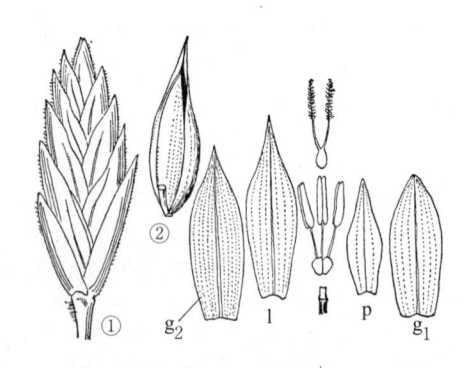

図13.3　シコクビエの小穂
①小穂全形．②小花．g_1, g_2：第1, 2護穎．l：外穎．p：内穎．星川（1980）

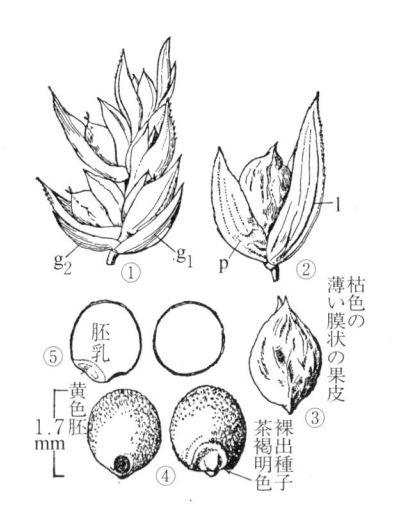

図13.4 シコクビエの稔実した小穂と穎果
①:小穂全形，g_1, g_2:第1，2護穎．②:稔実した小花，l:外穎，p:内穎．③:穎果．④:種子．⑤:縦断面(左)と横断面(右)．星川(1980)

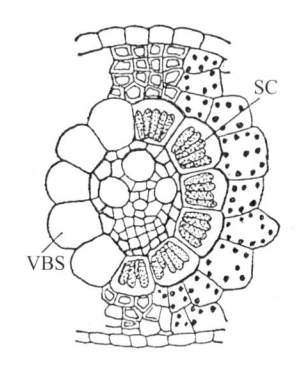

図13.5 シコクビエの葉身の維管束
維管束鞘(VBS)がよく発達し，その細胞内に特殊な大型の葉緑体(SC)が存在．星川(1980)

穂は3～10本の枝梗が輪生し，鳥の趾，あるいは掌の指形をしており，finger milletの英名の由来となっている．各枝梗は5～10 cmで2列に総数約60個の小穂が着く．小穂は普通5小花よりなり，いずれも稔性である(図13.3)．穎果は成熟後きわめて脱粒しやすい．穎果は球形，長さ1.5 mm，幅1.4 mm，1,000粒重2.6 g内外で，灰褐色を呈する．果皮は渋皮のように，容易に剥離して種皮が露出する．種皮は黄褐色，または茶色で，表面に網状の突起が多くある(図13.4)．胚は小さく胚乳の糊粉層は1層で無色である．

性質きわめて強健で，痩地によく育ち，山間の作物，また救荒作物として適し，また生育期間が短いので，東北地方のような寒冷地の山間部まで栽培された．乾燥した気候に適し，土壌は痩地でもよく育つが，肥沃地ではより多収があげられる．

シコクビエの光合成の特性は，C_4型に属し，みかけの光合成速度が高いことである．またC_4型植物の特徴として，葉の維管束鞘がきわだって発達しているが，シコクビエではその維管束鞘細胞内に大型でやや細長い，特殊な形の葉緑体が，維管束の側に偏って存在する(図13.5)．

4. 栽　培

わが国の品種は Afro-Asiatic type に属するが，各品種は，ほとんど地域による俗称で，育種学的に整理されていない．インドやアフリカには多くの栽培品種があり，インドのマイソール州内では地域ごとに，「Ragi-番号」の品種が奨励品種となっており，マドラス州内では，「Co-番号」の品種というように，地域による品種がきめられて組織的体系が

成立している（岩佐 1974）．インドやネパール産のものは，穂の形が指を開いたように散穂のものと，握りこぶし状になったものが区別されている．

栽培はヒエに準ずる．シコクビエは本来焼畑の作物であるが，わが国では古来，熟畑にも栽培することが少なくなかった．畑栽培でも標高800m以上の山地の畑が普通である．

畑に直播する場合は，5月中旬〜下旬に播種すると，主稈は7月下旬に出穂し，8月上旬から開花し，9月上旬〜下旬に成熟する．しかし，シコクビエでは主稈が出穂してから，その後，分げつが順次出穂する．したがって成熟が不揃いになるのが特性である．成熟すれば脱粒しやすいので，収穫は早目にするか，成熟した穂から摘みとる．普通インドなどでは穂だけを摘む．施肥量が多いと倒伏しやすい．収量は10a当り150kg内外である．脱穀しないで穂を束ねて乾燥保存すると，数年間は貯蔵が可能であるという．

シコクビエは，山間の冷水田などでイネのように移植栽培されることがあり，インドやネパールで，しばしば移植栽培されるが，日本でも古くは岐阜や長野県などの山間部で移植栽培された．イネのように苗床に育苗し，これを4〜5葉期に移植する．これを焼畑に植える場合「ウエビエ」の呼称がある．インド南部では早生種を年に2〜3作する．

シコクビエは，病害虫が少ないといわれる．しかし，メイチュウの大発生をみることがあり，6月の生育初期と8〜9月の出穂期に被害が目立つ．特に，後者では多く，白穂を生じ倒伏が多くなる．防除は，ヒエ，キビ，アワに準ずる．なお，シコクビエが標高800mというような高地に栽培される理由は，メイチュウ被害が少ないことによるともいわれる（松岡 1969）．また，イネに似て，いもち病にかかる性質があるのが特色である（中尾 1966）．

5．利 用

タンパク質はそれほど高くないが，リジンを除く必須アミノ酸が豊富で，カルシウムなど無機質も多く，食味も良い．食用としては，精白して粥，または粉にして団子，または一種のパンとする．粘性がないので，モチアワやキビの粉を混ぜる．インドのマイソール地方での食べ方は，36〜48時間浸水したのち，数日間にわたり発芽させてから，乾燥し，炒って，粉にひいて利用する．穂のまま長期保存に耐え，食味が変わらないことが特色とされている．若芽も食用とされる．ヒマラヤ山麓では，ディロ（おねりの一種）やロティ（パンの一種）の主原料とされる（俣野 2000）．また，チャンやロキシーと呼ばれる地酒の原料にもされる（俣野 2000）．マレー地方ではモヤシを作って麦芽のように用い，ビール状のラギー酒を醸造する．エチオピアでも多くが醸造用といわれる．

茎葉は青刈飼料とされる．家畜の嗜好性もよい．青刈りした場合，再生力が強い．出穂期以降は，乾物率も高くなり，子実は栄養価に富むので，サイレージとしての利用にも適している（菅野ら 1971）．

6. 文　献

Ayyangar, G. N. R. et al. 1931〜1933 Inheritance of characters in ragi, *Eleusine coracana* (Gaertn.). I. Purple pigmentation. Ind. J. Agr. Sci. 1 : 434-444 ; II. Grain color factors and their relation to plant purple pigmentation. Ind. J. Agr. Sci. 1 : 538-553 ; III. Sterility. Ind. J. Agr. Sci. 1 : 554-562 ; IV. Depth of green in pericarp. Ind. J. Agr. Sci. 1 : 563-568 ; V. Albinism. Ind. J. Agr. Sci. 1 : 569-576 ; VI. Earhead shapes. Ind. J. Agr. Sci. 2 : 254-265 ; VII. Fist-like earheads. Ind. J. Agr. Sci. 3 : 1072-1079.

Ayyangar, G. N. R. et al. 1934 Anthesis and pollination in ragi, *Eleusine coracana* (Gaertn.), the finger millet. Ind. J. Agr. Sci. 4 : 386-393.

Datta, N. P. et al. 1963 Soil and fertilizer phosphorus uptake by ragi. J. Ind. Soc. Soil Sci. 11 : 45-50.

Hilu, K.W. et al. 1976 Racial evolution in *Eleusine coracana* spp. *coracana* (finger millet). Am. J. Bot. 63 : 1311-1318.

Hilu, K. W. et al. 1976 Domestication of *Eleusine coracana*. Econ. Bot. 30 : 199-208.

Hilu, K. W. et al. 1979 Archeobotanical studies of *Eleusine coracana* spp. *coracana* (finger millet). Am. J. Bot. 66 : 330-333.

堀内孝次 2002 シコクビエ（龍爪稗）．日本作物学会編，作物学事典．朝倉書店．366-367．

堀内孝次 2003 飛騨の雑穀分化と雑穀栽培．山口祐文・河瀬眞琴編，雑穀の自然史．北海道大学図書刊行会．86-100．

岩佐俊吉 1974 熱帯の有用作物．熱帯農研センター編．農林統計協会．

菅野考己・中野淳一・江柄勝雄 1971 シコクビエの栽培利用．農及び園 46 : 878-880．

木俣美樹男 2002 世界の雑穀類と栽培状況．農林水産研究ジャーナル 25．

木村茂光編 2003 雑穀 畑作農耕論の地平．青木書店．

岸本 艶 1941 粟，黍，稗，蜀黍の起源と歴史．遺伝学雑誌 17 : 310-321．

Martin, J. H. et al. 2005 Principles of Field Crop Production, 4th edition. Pearson Prentice Hall, Ohio, USA. 504.

増田昭子 2001 雑穀の社会史．吉川弘文館．

俣野敏子 2000 ヒエ．石井龍一他共著，作物学（I）－食用作物編－．文永堂．166-168．

松岡匡一 1969 四国地方の在来種作物とその分布（5）シコクビエ．農業技術 24 : 65-67．

Mehra, K. L. 1963 Consideration of the African origin of *Eleusine coracana* (L.) Gaertn. Curr. Sci. 32 : 300-301.

Mehra, K. L. 1963 Differentiation of the cultivated and wild *Eleusine* species. Phyton 20 : 189-198.

中尾佐助 1966 栽培植物と農耕の起源．岩波新書．

中山兼徳 1978 陸稲，シコクビエの雑草との競争力について．日作紀 47 : 717-718．

小原哲二郎 1981 雑穀－その科学と利用．樹村房．

及川一也 2003 新特産シリーズ 雑穀 11種の栽培・加工・利用．農文協．

阪本寧男 1988 雑穀のきた道．NHK出版．140-150．

阪本寧男 1991 インド亜大陸の雑穀農耕文化．学会出版センター．

阪本寧男 1997 雑穀利用の文化．朝日百科 植物の世界10．朝日新聞社．

高崎康夫 1999 シコクビエ．石井龍一他共著，作物学各論．朝倉書店．56-57．

山口裕文・河瀬眞琴編 2003 雑穀の自然史．北海道大学図書刊行会．

第14章 トウジンビエ

学名：*Pennisetum typhoideum* Rich. (*P. glaucum* (L.) R. Br., *P. americanum* (L.) Leeke)
和名：トウジンビエ，パールミレット
漢名：唐人稗，御穀
英名：pearl millet, bullrush millet, candle millet, spiked millet, cat tail millet, penicillaria
仏名：millet perle, mil perle
独名：Negerhirse, Pinselhirse, Dochan
印名：bajra, bajri, cumbo
西名：panizo negro

1. 分類・起源・伝播・生産状況

　イネ科，キビ亜科，キビ族，チカラシバ属（*Pennisetum*）の1年草である．熱帯アフリカに野生する1年生植物である *P. perrottetii* (Klotzsch) K. Schum.（野生地はセネガル地方），*P. mollissimum* Hochst.（エジプト，スーダン），*P. versicolor* Schrad.（セネガル，東アフリカ）などの雑種によって生じたものとの説（Leeke 1907）がある．栽培種のトウジンビエには32型（form）があるが，その中の13型は野生種から直接生じ，他の19型は野生種間または栽培種と野生種など様々な組み合わせの交雑によって生じたものと推定されている．栽培種のうち21型がエジプト，スーダン地域に集中しており，この地が栽培の起源地であると推定される．

　なお，インドにも10または14型があり，アフリカとは独立した起源地であるか，またはアフリカから古代に伝播したかは明かでなく，スーダンとインドの二元説も出されている（Leeke 1907）．

　現在の主産地はアフリカとインドで，これらの地域では重要な食用作物で，世界では約2,500万haの生産がある．極めて乾燥した条件や痩せ地で他の穀類よりも耐性があるので，このような不良条件下で多く栽培される．アフリカではニジェール河からインド洋沿岸にわたる広い地域である．特にスーダン，中央アフリカに最も多い．インドでは主としてマハラシュトラ，ラジャスタン，ラッタープラデシ，パンジャブの4州で栽培される．とくにラジャスタン州は全体の40％を占める．インドでは米，コムギ，ソルガム，トウモロコシに次いで生産量が多い．その他，アラビア南部，アフガニスタン，スペインなどにも栽培される．アメリカでは南部諸州に飼料として栽培される．わが国では沖縄や九州地方に導入され，主として飼料作物としての栽培がみられる．

2. 形 態

　茎は高さ1.5～3m以上に及び，稈は太いが倒伏しやすい．節部に毛が密生する．稈色は緑色のほか赤色のものもある．よく分げつする．葉は長いものは1m，幅5cm，中肋は白色で裏面に隆起する．葉耳は薄膜，その周縁は繊毛状の縁毛（cilia）が密生する．葉舌を欠く．栄養体の外形はトウモロコシやモロコシに似ている．

　穂は茎頂に生じ，ガマの穂に似た総状花序で，長さ30～40cm，ときに90cm，直径2～4cmある（図14.1）．基部に葉と同じくらい大きくなった苞が着くことがある．中心の太い穂軸に多数の短い枝梗が着き，それに各1対の小穂が着く．小穂の基部に濃褐色の長い硬毛が密生するのが特徴であり，属名の *penni*（羽毛），*setum*（硬毛）の名はこれに由来する．硬毛は不稔花序の枝梗が変化したものである（図14.2）．小穂の形態は，第1護穎は短く，第2護穎は小穂の約半分の長さである（図14.3）．各小穂は2小花よりなり，第1小花は不稔（雄性），第2小花は完全花で稔性，雄蕊は3本で紫色を呈し，鱗被がない．花柱は長く抽出する．

　開花は穂の上部より始まり下位に及ぶ．雌蕊先熟性であり，1つの穂で，上部と下部とで雄蕊と柱頭が時期を異にして外部に現れる特性がある．そのため他家受精となる．子実は30～40日で成熟し，内外穎は他のキビ属の植物と異なり，果実を堅く包むことなく，衝撃を与えれば容易

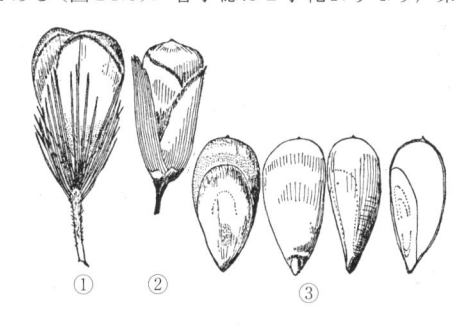

図14.2　トウジンビエの穎果
① 小穂．② 穎果．③ 稃を除いた穎果，左より腹面，背面，側面，縦断面．星川（1980）

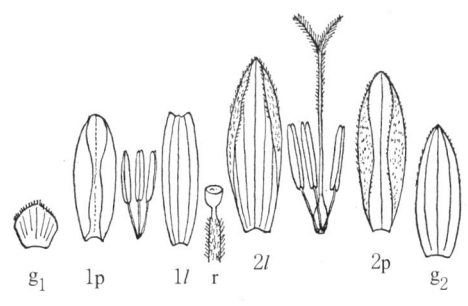

図14.3　トウジンビエの小穂の分解
g_1, g_2：第1，2護穎，$1l$, $1p$：第1小花（不稔）の外穎と内穎，$2l$, $2p$：第2小花（稔実）の外穎と内穎，r：小穂梗．星川（1980）

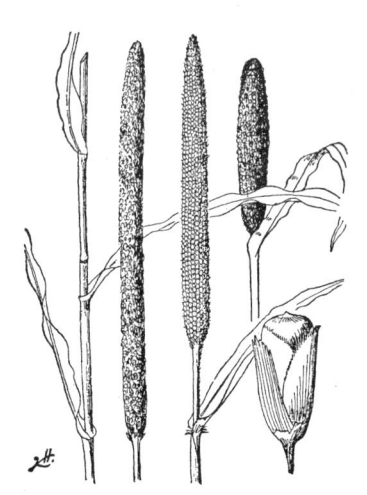

図14.1　トウジンビエ．星川（1980）

に落ちる．

　穎果は長さ4 mm，幅2 mmの倒卵形，灰青色または深褐色を呈し，上半分は稃から露出し，周囲は硬毛に包まれている（図14.2）．胚部は扁平，胚は大きい．果皮は堅く，厚い厚膜細胞に覆われる．胚乳の糊粉層は1層で，貯蔵デンプン粒は単粒で小さい（図14.4）．1,000粒重は約7gである．

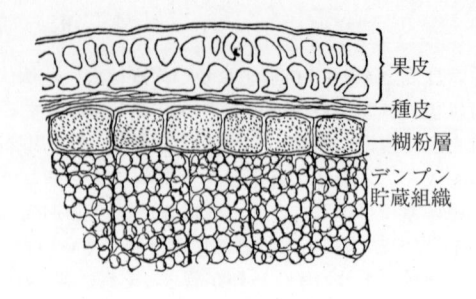

図14.4　トウジンビエの穎果の内部構造．永井（1947）

3．栽培・用途

　インドでは多くの地方向け品種が育成され，F1雑種が作出されている．F1雑種の採種には，細胞質雄性不稔が利用されている（Andrews 1996）．アメリカでは飼料用に，葉の生産量の非常に多い品種が育成され，南部諸州に普及している．スーダンでは，比較的短稈で細く，分げつが多い系統と，丈高く太い稈で，分げつが少ない系統とが分化している．

　生育期間中気温が高く，年雨量400～500 mm程度，日中の日射強く，夕立があるような条件が理想的である．きわめて強健で，土質を選ばない．乾燥や痩せ地への適応性がきわめて大きい．播種期は関東地方では4月下旬～5月上旬，晩霜の危険が去ってからとする．九州では6月上旬までである．10a当り1～4 kg播く．肥料は10a当り堆肥1～2 t，窒素2～4 kg，リン酸5～6 kg，カリウム4 kgを標準とする．肥料が多すぎると倒伏しやすい．条間60～90 cm位にして条播し，間引きして株間は約20 cmとする．

　出穂は8月に入ると始まり9月上旬に及ぶ．収穫は9月下旬で，鳥害が著しい．穂を切り取って束にして乾燥するか，株元から刈り，圃場に立て掛けて乾燥する．収量はインドなどでは平均10a当り35～45 kgであるが，灌漑して栽培すれば250～300 kgは収穫できる．稈葉は250～600 kgとれる．

　インドでは単作あるいは混作で，7月中に播種し，3か月で収穫できる．スーダンでは降雨のあとに播種し，10～11月に収穫している．

　インドやアフリカでは主として貧しい人たちの食料とされる．アフリカでは粒を挽き割りして粥（kus kusと呼ぶ）にして食べ，インドでは粉にして平焼きパン（chapati）にする．稈葉は屋根葺き材料，燃料とされる．茎葉は飼料とされるが，アメリカでは夏季の放牧用牧草として利用されるほか，再生力が強く年2～3回の刈取りができるので，青刈り，サイレージ，乾草などにもされる．また緑肥としても利用されている．

4. 文　献

Adeola, O. et al. 1996 Evaluation of pearl millet for swine and ducks. In J. Janick ed., Progress in New Crops. ASHS Press, VA, USA. 177-182.
Andrews, D. J. 1996 Advances in grain pearl millet: Utilization and production research. In J. Janick ed., Progress in New Crops. ASHS Press, VA, USA. 170-177.
Brunken, J. N. 1975 Biosystemaftic studies in *Pennisetum* L. Rich. (*Gramineae*). Univ. Illinois. 1-124.
Brunken, J. N. et al. 1977 The morphology and domestication of pearl millet. Econ. Bot. 31 : 163-174.
Burton, G. W. 1952 Immediate effect of gametic relationship upon seed production in pearl millet, *Pennisetum glaucum*. Agron. J. 44 : 424-427.
Burton, G. W. 1958 Cytoplasmic male-sterility in pearl millet. Agron. J. 50 : 230.
Burton, G. W. 1959 Breeding method of pearl millet indicated by genetic variance component studies. Agron. J. 51 : 479-481.
Burton, G. W. et al. 1972 Chemical composition and nutritive value of pearl millet (*Pennisetum typhoides* (Burm.) Stapf and E. C. Hubbard) grain. Crop Sci. 12 : 187-188.
神崎　優 1952 パールミレットに関する研究. (1)生育と収量について. 日作紀 21 : 56-58 ; (2) 採種について. 日作紀 21 : 59-60.
木俣美樹男 2002 世界の雑穀類と栽培状況. 農林水産研究ジャーナル 25.
木村茂光編 2003 雑穀 畑作農耕論の地平. 青木書店.
Kumar, K. A. and Andrews, D. J. 1993 Genetics of quantitative traits n peal millet : A review. Crop Sci. 33 : 1-20.
Leeke, P. 1907 Untersuchungen uber Abstammung und Heimat der Negerhirse (*Pennisetum americanum* (L.) K. Schum.). Zeitschrif. f. Naturw. 79.
Martin, J. H. et al. 2005 Pearl millet. In Principles of Field Crop Production, 4 th edition. Pearson Prentice Hall, Ohio, USA. 504.
増田昭子 2001 雑穀の社会史. 吉川弘文館.
俣野敏子 2000 トウジンビエ. 石井龍一他共著, 作物学 (I) -食用作物編-. 文永堂. 165-166.
永畑威三郎 1947 とうじんびえ. 実験作物栽培各論 1. 養賢堂. 445-448.
小原哲二郎 1981 雑穀-その科学と利用. 樹村房.
及川一也 2003 新特産シリーズ 雑穀 11 種の栽培・加工・利用. 農文協.
Pursegrove, J. W. 1972 *Pennisetum typhoides*. In Tropical Crops. Mnocot. 1. Longman : 204-213.
阪本寧男 1988 雑穀のきた道. NHK出版. 140-150.
阪本寧男 1991 インド亜大陸の雑穀農耕文化. 学会出版センター.
阪本寧男 1997 雑穀利用の文化. 朝日百科 植物の世界 10. 朝日新聞社.
Sedivec, K. K. and B. G. Schatz 1991 Pearl millet forage production in North Dakota. ND St. Univ. Ext. Serv. R-1016.
高崎康夫 1999 トウジンビエ. 石井龍一他共著, 作物学各論. 朝倉書店. 55-56.
山口裕文・河瀨眞琴編 2003 雑穀の自然史. 北海道大学図書刊行会.
吉田智彦 2002 ソルガムとトウジンビエの生産と多収育種. 日作紀 71 : 147-153.

第15章　ハトムギ

学名：*Coix lacryma-jobi* L. var. *frumentacea* Makino, var. *ma-yuen* (Roman.) Stapf
和名：ハトムギ，ヨクイ，シコクムギ
漢名：薏苡，噫珠
英名：Job's tears, adlay
独名：Hiobsträne
仏名：larmes de Job
西名：lagrimas de David ode Job

1．分類・起源・伝播・生産状況

　イネ科のキビ亜科，Andropogoneae族，*Coix*属の1年草である．染色体数は$2n=10$，20である．分類学上は広く水辺に野生するジュズダマ *Coix lacryma-jobi* L.の変種とされているが，穀粒がジュズダマのように硬くなく，指で押せば割れる程度であり，粒形もやや細く長い．ハトムギとジュズダマは容易に交雑する．学名の種名 *lacryma-jobi* はその穀果が旧約聖書のヨブ記のJobが流す涙の粒のような形であるというところから付けられたもので，キリスト教圏ではこの種の呼名にしている．

　祖先種はインドに野生する *Coix aquatica* あるいは *Coix gigantea* と考えられているが，今日なお不明である．インド，ミャンマー地域で最も古くから栽培されているのでこのあたりが発祥地とみられる．インドに侵入したアーリア人によって紀元前1500年頃に書かれた詩節「リグ・ベーダ」の中に記載があり，インドでは当時すでに栽培されていたと推定される．

　インドシナ半島でも古代から栽培され，タイには多くの品種がある．また，ここからマレーを経てインドネシア方面へ広まった．中国へは後漢の時，交趾（今のベトナム）を征服した馬援が洛陽の都に持ち帰ったと記録があり，この後漢の時代にはすでに薬用植物として利用されていた．日本へは中国から伝来し，7～8世紀の記録にその名がみられる（岩佐 1974）が，生きている植物体が伝来したのは江戸の享保年間（1716～1735）といわれ，もっぱら薬用植物として現在まで栽培されている．ヨーロッパへは中世の頃に入ったが，珍奇な観賞植物としてしか栽培されていない．20世紀になり，アフリカのコンゴや南アメリカのトリニダード，ブラジルなどに伝わった．

　東南アジアではトウモロコシが導入されるまで，米の代用の食料として重要なものであった．インドでは中央部やシッキム，アッサムなど山地で食料とされ，ミャンマー，インドシナ半島，フィリピン，東インド諸島，中国南部，台湾などでも栽培されている．わが国では，耐湿性が強いことから，水田転換畑に適した作物としての栽培がみられる．

2. 形　態

　頴果は長さ約6～12mm，幅6mmで，光沢を帯びた暗褐色のやや堅い総苞に包まれる（図15.1，15.2）．内部の粒は淡褐色の薄皮状の護頴に包まれ，腹部に2本の不稔小穂がある．さらに薄膜状の不稔小花の外頴と稔実小花の外・内頴に包まれて子実がある．子実は長さ6mm，幅3～4mm前後あり，先端の尖った，扁平な卵型である．腹部には幅広い縦溝があり，その中央に細長く胚が隆起している．1,000粒重は100～110gである．

　胚は大きく，子実の半分を占める．種子根は4本ほど分化している．胚乳は白色粉質で脆い．糊粉層は1層，デンプン粒は単粒で，きわめて小さい．糯と粳の違いがあり，ヨード反応によって識別できる．

　発芽するとメソコチルが伸長して，総苞の上部の穴から鞘葉が出てくる．また総苞の底部から種子根が現れる（図15.3）．メソコチルからはメソコチル根を生ずる．根系はよく発達し，地表深く広がる．

　草丈は普通1.2～1.5mであるが，中国品種には3m近くに達するものがある（原ら2007）．稈は地上部に9～10節，分げつは4～9本生える．稈の一面は扁平で，断面は半円形，直径10～15mmあり，節は隆起し，表面堅く，節間は内部が充実し白い髄がある．赤茎と青茎の区別がある．葉はやや幅広く，中肋は白色，無毛である．葉舌はきわめて短小，葉耳を欠く．赤茎種では発芽直後は葉も赤紫色を帯びている．

　総状花序で，主茎および地上第5～6節より上の各節より出た分げつに穂

図15.1　ハトムギ．星川（1980）

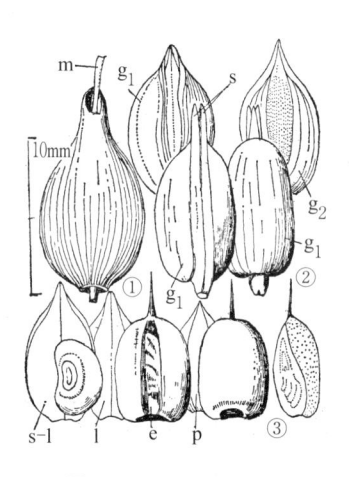

図15.2　ハトムギの穀実
①外形，表面は総苞，m：雄性小穂群の穂梗の跡．②（上の4図），総苞を除いたもの，左：腹面，右：背面，g_1, g_2：第1, 2護頴，s：不稔小穂．③（下段）護頴を除いたもの，s-1：不稔小花の外頴，l：外頴，p：内頴，e：胚，左より，基部からの面，腹面，背面，縦断面．星川（1980）

第15章 ハトムギ

を生ずる．穂は下位節のものほど短小である．花序に雌雄の別があり，穂の先端部は雄性花序が着き，基部は雌性花序である．花序は1つの総苞に包まれて，雄性小穂の着く雄性花序と雌性花序とが単位となっている．総苞（involcure）は堅いホーロー質の筒で上方に穴がある．

雄性小穂は総苞の中から長い穂梗を伸ばし，総苞の上の穴から外部に伸び出て，これに5～8小穂が着いて下垂する．雄性小穂は2小花よりなる（図15.4）．雌性花序は3小穂よりなり，2小穂は退化し，1小穂のみが

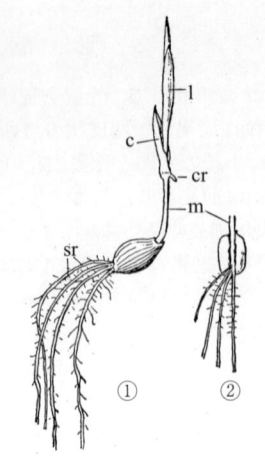

図15.3 ハトムギの発芽
① 全形，sr：種子根，cr：冠根，m：メソコチル，c：鞘葉，l：本葉．② 総苞を除いたもの．星川（1980）

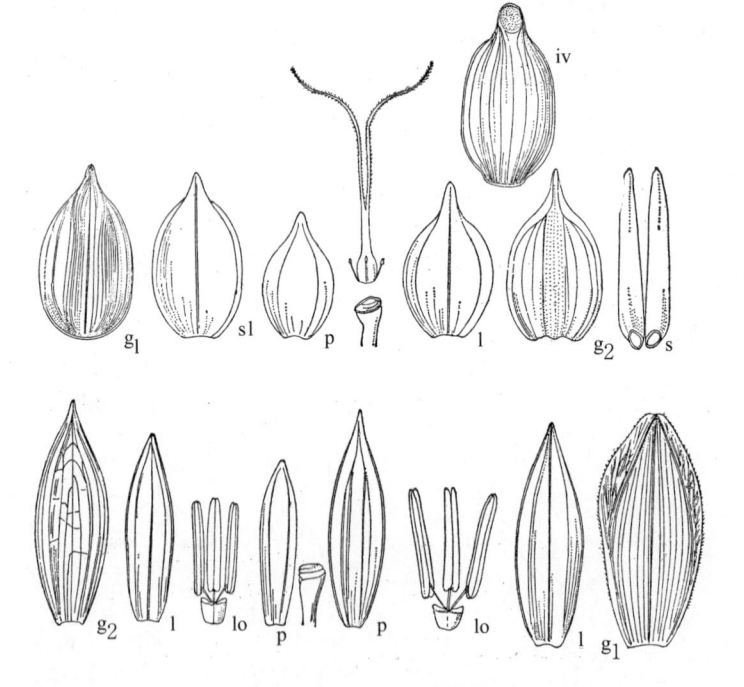

図15.4 ハトムギの小穂の構造
上段：雌性小穂，下段：雄性小穂，g_1，g_2：第1，2護穎，l：外穎，p：内穎，lo：鱗被，sl：退化小花外穎，s：退化小穂，iv：総苞．永井（1951）

発達する．完全小穂の第1, 2護穎は多肉質で膨軟，無色である．第1護穎は大きく，先端は尖り，両側より第2護穎を抱擁するので第2護穎は中肋部しか外に現れていない．その中に2小花があるが，第1小花は退化しその外穎のみは発達している．第2小花は稔実花で薄膜状の外穎と内穎がある．雌蕊の花柱は15 mmほどあり，開花時は総苞の上の穴から抽出して花柱が2つに開く．柱頭は濃紅色，子房の基部に細い雄蕊の退化物が残っている．

夏になると主稈から出穂が始まり，かなり長期間にわたり分げつからの出穂が続く．開花は午前に始まり夕方に及ぶ．雄性小穂は開花後脱落して，穂梗のみが残る．登熟につれて総苞は硬くなり，表面に光沢を帯びる．子房は発達し，総苞内に充満する．成熟するにつれ子房壁が紫色になるものがある．粒は成熟すると脱粒しやすい．

3. 栽培・用途

かつては各地で在来種が栽培されていたが，1970年代以降，各地で品種比較試験が実施され，岡山在来，中里在来，徳田在来の3品種が優良品種として評価された．その後，東北農業研究センターなどで育種が行われ，はとちから（1990年），はとむすめ（1992年），はとじろう（1995年），はとひかり（1995年）などの新品種が育成された．いずれも在来種に比べ，早生化，短稈化されてコンバイン収穫の適応性が向上している．しかし，脱粒性や葉枯病抵抗性などは改良が進んでいない（及川 2003）．

畑地に栽培するが，多湿に適するので，水稲移植に準じた水田での移植栽培が可能である．畑地の直播栽培の場合，畦幅70～90 cm，播幅10～15 cmに条播あるいは3～4粒を点播する．播種期は4月下旬から5月上旬である．条播では発芽後間引きして株間約10 cmとする．施肥はムギ類に準じ，窒素，リン酸，カリウムはそれぞれ5～7 kg/10 aとする．水田移植栽培は，水稲と同様の方法で，育苗，移植を行う．

収穫は，脱粒しやすいのでやや早目にする．普通9～10月である．小規模栽培では，鎌で根際より刈り，粒を打ち落とす．大規模栽培では普通型コンバインで収穫する．

精白粒の栄養成分はタンパク質に富み，栄養価は高い．精白して飯，粥にして食べる．風味がやや米に似るのでインドシナ，インドネシアなどでは常食としている所もある．品種により粒の大きさが多様であり，径約8 mmに及ぶ大粒のものから，普通は径4～5 mmのものが多い．わが国で栽培されるものは概して小粒である．茶として利用される他，発酵食品として味噌や焼酎にも加工される．ハトムギはまた製粉してビスケット，クラッカーとし，ハトムギ粉30％に小麦粉70％を混ぜてパンを焼く．ハトムギはまた昔から薬用として用いられ，精白したものを薏苡仁と呼んで，利尿，鎮痛，消炎，強壮，イボ取りほか多くの薬効のある漢方薬とされる．茎葉は粗剛だが飼料とされる．

わが国では，食用，薬用に1万t以上の需要に対し，国産は約500tに過ぎないため，需要の大部分をタイや中国から輸入している．

4. 文　献

Arora, P. K. 1977 Job's-tears (*Coix lacryma − jobi*) : a minor food and fodder crop of notheastern India. Econ. Bot. 31 : 358-366.
古川瑞昌 1963 ハトムギの効用. 六月社.
原　貴洋・手塚隆久・松井勝弘 2007 東アジア地域のハトムギ (*Coix locryma-jobi* L.) 遺伝資源の形態的形質の変異. 日作紀 76 : 459-463.
堀内孝次 2002 ハトムギ (薏苡). 日本作物学会編, 作物学事典. 朝倉書店. 367-368.
石田喜久男 1981 ハトムギ. 農文協.
岩佐俊吉 1974 熱帯の有用作物. 熱帯農業研究センター編. 農林統計協会.
Jain, A. K. et al. 1974 Preliminary observations on the ethnobotany of the genus Coix. Econ. Bot. 28 : 38-42.
神崎　優 1953 耐湿性の強いハトムギの飼料的栽培法. 畜産の研究 11 : 1353-1356.
Kaul, A. K. 1973 Job's tears. In J. Hutchinson ed., Evolutionary Studies in World Crops. Cambridge Univ. Press.
木村茂光編 2003 雑穀 畑作農耕論の地平. 青木書店.
小林甲喜・水島嗣雄 1978 ハトムギの栽培と利用. 農業技術 53 : 193-197.
増谷昭子 2001 雑穀の社会史. 吉川弘文館.
Murakami, M. et al. 1963 Studies on the breeding of genus *Coix*. Sci. Rep. Kyoto Pref. Univ. Agric. 15 : 1-11.
永井威三郎 1951 実験作物栽培各論 第一巻. 養賢堂. 482-491.
小原哲二郎 1981 雑穀－その科学と利用. 樹村房.
及川一也 2003 新特産シリーズ 雑穀 11種の栽培・加工・利用. 農文協.
大澤　良 2004 ハトムギ 山崎耕宇他編, 新編農学大事典. 養賢堂. 488-489.
Schaaffhausen, R. V. 1952 Adlay or Job's-tears, a cereal of potentially greater economic importance. Econ. Bot. 6 : 21-27.
山口裕文・河瀨眞琴編 2003 雑穀の自然史. 北海道大学図書刊行会.

第16章 ソ バ

学名：*Fagopyrum esculentum* Moench
和名：ソバ
漢名：蕎麦
英名：buckwheat
独名：Buchweizen
仏名：sarrasin
西名：alforfon

1．分類・起源・伝播

ソバはタデ科，ソバ属に属する1年生草本で，2n＝36である．栽培種には，普通種 *Fagopyrum esculentum* の他に，ダッタンソバ（*F. tataricum* Gaertn.）と多年生・宿根性のシャクチリソバ（*F. cymosum* Meisn.）がある（図16.1, 2, 3）．*F. esculentum* は *F. cymosum* が祖先種とみなされている．普通種の起源地については，かつてはシベリアから中国東北部とされていたが，その後の研究により，中国雲南省西北部の山岳地帯とする説が有力である（大西 2001, 2007）．

図16.1 ソバ
o：托葉鞘，c：萼，p：果皮，s：種皮，co：子葉，e：胚乳．星川（1980）

図16.2 ダッタンソバ．星川（1980）

中国では，唐代（7～9世紀）に栽培されるようになり，宋代（10～13世紀）には一般化して華南にも及び，インドシナ北部にまで普及した．インドへは中国から8世紀頃に伝わったと推定され，特に北部の山岳地帯で多く栽培されている．ヨーロッパへは，ロシアあるいはトルコを経て伝わった．その年代は比較的新しく，13～14世紀に入ったものと思われる．記録としては，1396年にドイツでの栽培が最古のものである．17世紀にはベルギー，フランス，イタリア，イギリスへも伝播した．19世紀初頭の農業書「合理的農業の原理」（アルブレヒト・テーア原著，相川訳 2008）にも，ソバの記載があり，ソバの収量が不安定なことから，いいかげんな見積もりを「ソバ見積もり」ということが記されている．アメリカでは1625年より以前に，ハドソン河畔のオランダ人移住地で栽培されていた（Martin et al. 2005）．その後カナダや南アメリカにも入った．

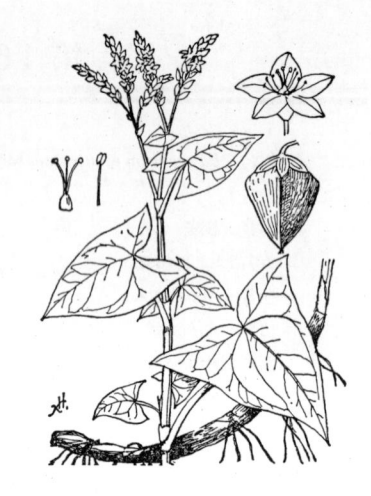

図16.3　シュッコンソバ．星川 (1980)

日本へは中国から朝鮮を経て8世紀までに渡来したらしく，続日本書紀に，養老6 (772) 年に干ばつに備えてソバ栽培を奨励した記録があるのが最古であるという．その後，長野など山国での備荒食糧として栽培が普及した．

2．生産状況

ソバの世界総生産量は1970年以降，300万t台を維持してきたが，最近では300万t以下の年次が続いている．2008年では，栽培面積246万ha，単収0.78 t/ha，生産量192万tであった（FAOSTAT）．栽培面積は1970年代の400万ha代から200万ha代へとかなり減少しているが，単収が伸びて0.8～1.0 t/ha程度であり，生産量に大きな変動はない．中国とロシアがそれぞれ約100万tを生産し，この両国で世界の80％程度を占める．次いでウクライナ，フランス，カザフスタン，ポーランド，アメリカ，ブラジル，日本などでも数万t～10万t規模の栽培がある．

日本では，明治末期頃までは15～17万haの作付けで，13万tほどの生産があったが，以降は作付けが年々減少し，1960年代には2万ha代，2～3万tの生産に減少した．近年は需要の増大や水田転換政策に伴い，生産は増加の傾向にあるが，3万t程度の生産量に止まっている．10a当り収量は平年で100 kg前後と低く，また年次変動が著しく，不安定である．県別では北海道が多く，青森，山形，福島，新潟，長野，鹿児島等でもまとまった生産がある．日本ではソバの需要は増しており，そのため輸入は増加傾向にあり，需要の大部分を中国，アメリカ，カナダなどからの輸入に依存している．

3. 形　態

　草丈約60〜130 cm，心臓形の葉を互生し，袴状の托葉鞘（ocrea）を持つ（図16.1）．上位の数葉は葉柄を欠く．葉腋から分枝を出し，その各々がさらに数次に分枝する．茎は一面に凹みを持つ円筒形で，髄は中洞である．根は深さ100〜120 cmまで張るが，概して根系は発達が劣る．

　花序は上位の数節に着き無限性の総状で，多数の花を着ける．花は直径約6 mm，花びらのように見える5枚の白または紅色の萼（calyx），8〜9本の雄蕊（stamen），中央の1本

表16.1　ソバの花柱と花糸の長さ，mm

異型花柱	花柱	花糸
長柱花	1.76	1.08
短柱花	0.61	2.29

建部（1949）から作表

表16.2　ソバの異型花の出現率，％

生態型	長柱花	短柱花
夏型	44	56
中間型	43	57
秋型	50	50

山崎（1947）から作表

の雌蕊（pistil）からなる．雌蕊の基部には蜜腺を有し，芳香を放って虫を誘う虫媒花である．ミツバチも多く誘因され，蜜源作物としても利用される．ソバの花は異型蕊現象（heterostylism）を示すのが特徴である．すなわち，花柱が長く（約1.8 mm），雄蕊がそれより短い花（長柱花）と，逆に花柱が短く

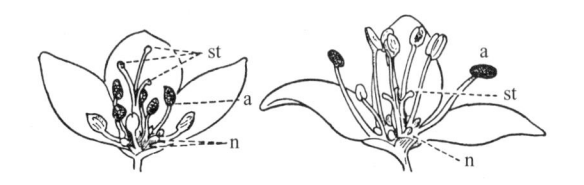

図16.4　ソバの花
左：長柱花，右：短柱花，a：葯，n：密腺，st：柱頭．Möller (1905)

（約0.6 mm），雄蕊がその3倍ほども長い花（短柱花）の2種類があり（表16.1，図16.4），同一品種内に長柱花個体と短柱花個体がほぼ同率に混在する（表16.2）．

　ソバでは長柱花あるいは短柱花同士では受精しない．すなわち自家不稔性であり，稔実には長柱花と短柱花が交雑する必要がある．同柱花間あるいは自家受粉した場合，花粉管の伸長が途中で停止し子房に達しない．ただし，ダッタンソバは自家受粉であり，種によって異なる特性である．概してソバの結実率は低く，全花数（500〜600花/個体）の10〜20％である．なお長・短柱花の他に花柱・雄蕊同長花の個体を含む品種もかなり多いという（山崎 1947）．短柱花型は優性の1遺伝子で支配されており，両型間の不和合性については，なお機作が充分には解明されていない．開花時刻は午前7〜11時頃に始まり午後7〜8時に閉花する．1株の開花期間は約1ヶ月に及ぶ．

　子実は痩果（achene）で，三稜をなす三角錐で，黒褐色あるいは銀灰色，長さ約6 mm，幅約4 mm，厚さ約4 mm，1,000粒重は16〜35 gである．俗にそば殻と呼ぶものは果皮

で，果皮の下は薄い種皮に包まれ，胚乳と胚がある．胚乳は白色のデンプンを多く含む．その胚乳の中に埋まるように胚があり，その子葉はよく発達している（図16.1）．

4．品　種

ソバは他家受粉植物のため，栽培品種はいずれも遺伝子的には不純であり，地方的に適応して，ある程度に固定した個体群というべきである．品種間で容易に交雑するので，品種特性の維持のために，他品種とは隔離して栽培する必要がある．

生態型として，春に播種すると収量の多い夏型品種（夏ソバ）と，夏に播種すると増収する秋型品種（秋ソバ），中間の播種期でやや増収する中間型品種とがある．実際上は，夏型は北海道に分布し，それ以外の地域は秋型品種が主に栽培されている．ソバは短日作物であるが，夏型品種は秋型品種に比べ，日長に対する感応性が鈍感である（恩田・竹内 1942）．ソバが花成を遅延する限界照明時間は12～13時間である（徐 1938）．

ソバは在来種の作付けが多いが，北海道，東北，関東などの国公立の農業試験場において育種が行われており，新しい品種も育成されている．生態型別に分類した主要品種には次のものがある（本田 2000）．

　　夏型：牡丹ソバ，キタワセソバ，キタユキ，しなの夏そば
　　夏型に近い中間型：階上早生，岩手早生，岩手中生
　　秋型に近い中間型：最上早生，でわかおり，常陸秋ソバ，信濃1号，信州大そば
　　秋型：みやざきおおつぶ
　　秋型（景観用の赤花品種）：高嶺ルビー，グレートルビー

5．栽　培

（1）環境条件

ソバは冷涼気候に適し，しかも生育期間がわずか2～3か月程度であるため，かなりの高緯度の地域でも，また標高の高い所でも栽培できる．しかし，霜には弱い．普通は6月の等温線17℃が北限で，それはスカンジナビア半島南部の58°Nである．栽培地の標高はネパールなどのヒマラヤ山麓では4,200 mまで，日本では長野県で1,500 mである．ただし，ネパールの場合，2,500 mを越すと普通ソバからダッタンソバになる（氏原 2007）．ヒマラヤのポーターは，ダッタンソバとジャガイモを混ぜて焼きロティにして常食にするという．一方暖地の気候にも適応でき，わが国でも鹿児島県は主要な産地の1つとなっている．一般的に寒冷地では夏期が高温多照の年に，温暖地では開花期が少雨の年に収量が多い．開花期の多雨は，昆虫の飛来が少ないために稔実が悪くなる．

土壌は選ぶことが少なく，重粘土以外は適応する．土壌水分の要求量はやや多い方で，容水量の75～80％が最適であるが，かなりの乾燥地にも耐性が強い．最適pHは6～7であるが，やや塩基性でも，また強酸性でも，かなりの程度生育できる．これらの性質からソバは従来，開墾地，傾斜地，主穀物の作付困難な不良痩地などに栽培される．

（2）施肥・播種

肥料は少量でよく生育し，多窒素条件では，栄養成長が過剰になり稔実が悪くなり，倒

伏しやすい．このようにソバは吸肥力が強いので，従来無肥料で栽培することが多かったが，地力を減じ，後作の収量を落とすおそれがある．

　子実を10a当り100 kg収穫の場合，吸収される窒素は3.6 kg，リン酸は1.6 kg，カリウムは4.9 kgである．したがってカリウムはやや多く施す．また黒ボク土ではリン酸の肥効が著しい．肥沃な畑では，特に施肥する必要はない．また追肥は軟弱徒長を促しやすいので与えない方がよく，ソバは基肥を主体とする．

　発芽の下限は0～2℃，最高37～44℃，最適25～30℃である．実際栽培上の播種期は，夏ソバは晩霜のおそれがなくなれば早く播く．秋ソバは北海道・東北では7月上旬～8月上・中旬に，関東以南は8月上旬～下旬，南九州では8月下旬～9月下旬に播種する．アメリカ北西部では6月下旬～7月上旬，より冷涼な北ヨーロッパでは5月下旬である．早播きしすぎると，栄養成長が盛んになって稔実は悪く，遅播きしすぎると，完全に稔らないうちに霜にあって枯死する．発芽したソバは低温に弱く，－2～－3℃で枯死する．初霜の日から逆算し，寒冷地では70～80日，暖地で80～90日を播種適期とする．

　ソバは散播することが多く，播種量は10a当り5～10 kgとする．条播では畦間60 cm，播幅10～12 cmで，10a当り3～6 kg播きとする．3 kg播きでは1 m^2 当たり300本となり，このような薄播きでは収量が多いが，倒伏を防ぐためにそれより厚播きすることが多い．また痩地・寒冷地・晩播きではやや厚播きとする．

(3) 管　理

　除草を兼ねて中耕を2～3回行い，特に倒伏防止のために土寄せが必要である．散播ではこうした管理は行わない．

　ソバの主要な病虫害には，以下のものがある．

　<u>白渋病</u>（うどんこ病，powdery mildew, *Erysiphe polygoni* de Candolle）：罹病すると，葉がウドン粉をまぶしたように白く覆われる．秋ソバの収穫期近くに発生するので，薬剤防除は行わないことが多い．

　<u>褐斑病</u>（褐紋病，*Ascochyta fagopyri* Bresadola）：全期間に発生し葉を侵す．連作を避けることで防げる．

　この他，転換畑での茎疫病や北海道におけるソバベト病などの発生が報告されている．

　害虫では秋にヨトウムシが大発生することがある．アブラムシは夏ソバの開花期に多く発生する．また，出芽時に鳥害を受けることがある．

　ソバは1個体内でも開花稔実の早いものと遅いものとの差が大きく，全部が稔実し終わるまで待つと脱粒が著しい．全体の70～80％が成熟した頃，早朝露のあるうちや曇天の時に根際から刈り取り，島立てなどにより後熟乾燥させる．脱穀は回転脱穀機を用いる．大規模栽培では，ダイズ・ソバ専用コンバインや汎用コンバインによる収穫も行われる．コンバイン収穫の場合には，ムレや目詰まりを防ぐため，茎葉や実の水分が十分に低下したものを収穫する．また，収穫後の火力乾燥が必要となることが多い．

　ソバは生育期間が短く，夏ソバ・秋ソバの生態型があり，いろいろな作付体系の中に組み入れられる．輪作体系としては，寒冷地1毛作ではソバ－ダイズ，2毛作ではムギ－ソバ－野菜（またはダイズ）など夏作とされ，また関東地方ではジャガイモ－ソバ－ムギ

—ソバのように，春作や秋作として導入される．さらに3毛作における秋作としての利用も多い．またソバは従来他作物が災害を受け，再播できない場合の代作とされることが多い．また緑肥や飼料用の栽培もある．ソバは他感作用（Aleropathy）を持つことが知られており，後作の選択には注意が必要である．

6. 利 用

ソバ粉はコムギ粉と比較し，タンパク質含量はほぼ同等であるが，リジンを多く含み，またビタミン類や無機質を多く含み栄養価が高い（表16.3）．ソバが脚気の予防に利くことは江戸時代から知られており，ビタミン B_1 の効果によるものである．また，血管増強作用のあるルチンや抗酸化物質などの機能性成分を含む作物として注目されている．特にダッタンソバはこれらの成分を多く含む．デンプンも糖化しやすく消化がよい．

ソバは，粒のまま食用とされるほか，粉にして多様な食材に加工される．ソバ粉にする場合，まず製粉機で荒挽きして外皮を除き，さらに製粉して約70％（v/v）の白い精粉を得る．ソバ粉は粘りが不足するので小麦粉と混ぜてそばとするのがわが国の主用途であり，他にソバ粉菓子，そばがきなどに用いる．主食用にはこの他にパーボイル的に脱穀してソバ米にし，煮食あるいは米と混炊して用いる．コムギ粉の加工食品が多い欧米では，グルテリンに起因するセリアック病が問題になるが，ソバはグルテンを含まない代替食品としても利用される．またドイツではビールを醸造したり，蒸留酒を作る原料とされる．飼料としても乳牛，豚の飼育に良質であり，ヨーロッパやアメリカで用いられる．青刈飼料としては可消化成分の有効率・デンプン価が高く，濃厚飼料に近い価値がある．

表16.3 ソバ粉の成分（100g中）

成分	ソバ粉	コムギ粉
エネルギー，kcal	361	366
水分，g	13.5	14.5
タンパク質，g	12.0	11.7
脂質，g	3.1	1.8
炭水化物，g	69.6	71.6
灰分，g	1.8	0.4
無機質，mg		
ナトリウム	2	2
カリウム	410	80
カルシウム	17	20
マグネシウム	190	23
リン	400	75
鉄	2.8	1.0
亜鉛	2.4	0.8
銅	0.54	0.15
ビタミン，mg		
B_1	0.46	0.10
B_2	0.11	0.05
B_6	0.30	0.07
E	0.90	0.30
食物繊維，g	4.3	2.7

ソバ粉は全層粉，コムギ粉は強力粉・1等．食品成分研究調査会（2001）から作表

若苗は蔬菜にもされ，特にインドで利用が多い．茎葉は緑肥にもされる．ソバ殻は枕の充填材として日本人の生活に親しまれている．乾茎では簀を編む．ソバはまた開花時に芳香ある蜜を出し，開花期間も長いので蜜源植物として重要である．ソバ蜜は暗褐色で特有の風味がある．葉や花は従前は薬用のルチン採取に用いられたが，現在は化学合成ルチンに代わったため，需要はなくなった．

花の美しさから，各地で景観作物として栽培されている．それに合わせ，白花に加え

て赤い花の品種も育成されている．冷涼地に適した商品作物であることから，東南アジアのケシ栽培地にソバを代替作物として導入する試みがなされている（氏原 2007）．

7．近縁種

(1) ダッタンソバ

ダッタンソバ（韃靼蕎麦，*Fagopyrum tataricum* Gaertn.）は，北アジア，シベリア，タタール，インド北部，中国北部・東北部，北朝鮮，韓国さらにカナダ，アメリカなどに栽培される．ネパールのような高冷地では，パンの原料として重要である．ソバに近縁の1年草で，茎はソバより高く，枝分かれがやや少ない．総状花はまばらに着き，花（萼）はやや緑色を帯びて径約2mm，ソバよりも短時日で結実することができる．すなわちソバよりも北冷の地に適した作物で，耐寒性が強い．果実は三稜形であるが，稜線は皺曲状をなし，全体が卵形に近いものもある．光沢なく，長さ5～6mm，粉はソバよりも黒っぽく苦味があるので，ニガソバ（苦蕎麦）とも呼ばれる．品質はソバより劣るとされ，わが国では昔から栽培はほとんどない．ソバより痩地に適する．

(2) シュッコンソバ

シュッコンソバ（宿根ソバ，*F. cymosum* Meissn.）はヒマラヤの高地からチベット，中国中南部に分布する．ソバに近縁の多年草で，地下には黄赤色の肥大根茎があり，冬季は地上部は枯れるが，春に地下茎より芽を出すので，宿根ソバの名がある．秋に茎頂と上部の葉腋から長い花枝が出て，各々は先部で2～3分し，総状花穂を着ける．痩果は長さ7～8mm，3角錐形で，稜角は鋭い．褐色，黒褐色に熟する．胚乳は白粉状で，苦味はなく食用にできる．わが国では十分生育できるが，ほとんど利用されていない．若い茎葉を茹でて菜とするので野菜ソバの名もある．茎にはやや酸味がある．またシャクチリソバとも呼ぶのは「本草綱目」中にある赤地利という植物が本種のことであると考定した牧野富太郎の命名によるという．

8．文　献

相川哲夫 2007, 2008 合理的農業の原理（アルブレヒト・テーア原著）．農文協．
古沢典夫他 1976 雑穀 取り入れ方と作り方．農文協．
本田　裕 2000 新特産シリーズ ソバ 条件に合わせたつくり方と加工・利用．農文協．
堀内孝次 2002 ソバ．日本作物学会編，作物学事典．朝倉書店．368-370．
岩崎勝直 1947 ソバの結実と温度．農及園 22：425-427．
徐　慶鏡 1936, 1938 日照時間及び温度の季節的変異が作物の生殖期に及ぼす影響に関する研究．農及園 11：2155-2163, 13：1601-1612．
片山義雄・長友　大 1953 新興作物に関する調査(3)蕎麦．宮崎大学開学記念論文集：83-93．
加藤清一・千葉　実 1983 転換畑におけるソバ栽培法の確立に関する研究．宮城農セ研報 50：29-48．
木俣美樹男 2002 世界の雑穀類と栽培状況．農林水産研究ジャーナル 25．
木村茂光編 2003 雑穀 畑作農耕論の地平．青木書店．
Konishi, T. et al. 2005 Original birthplace of cultivated common buckwheat inferred from genetic relationships and natural populations of wild common buckwheat revealed by AFLP analysis. Genes Genet. Syst. 80：113-119．

町田　暘 1963 アワ・キビ・ヒエ・モロコシ・ソバ．戸苅義次編，作物大系第3編，雑穀Ⅱ．養賢堂．
Martin, J. H. et al. 2005 Buckwheat. In Principles of Field Crop Production, fourth edition. Pearson Prentice Hall. 705-712.
増田昭子 2001 雑穀の社会史．吉川弘文館．
俣野敏子 1990 ソバに関する最近の研究－世界の動向－．日作紀 59：582-589．
俣野敏子 1990 第4回国際ソバシンポジウムと International Buckwheat Research Association (IBRA) の活動．日作紀 59：593-594．
俣野敏子 2000 ソバ．石井龍一他共著，作物学（Ⅰ）－食用作物編－．文永堂．168-171．
永井威三郎 1940, 1943 実験作物栽培各論 (1), (2)．養賢堂．
長戸一雄・佐藤孝夫・菅原清康 1951 ソバ稔実に関する一考察．日作紀 19：299-302．
長友　大 1976 蕎麦考．柴田書店．
長友　大 1984 ソバの科学．新潮社．
中村真巳・中山治彦 1950 蕎麦の衰弱性不稔性に就いて．日作紀 19：122-125．
生井兵治 1979 作物の受粉生態学的研究．3. ソバの結実率に及ぼす訪花昆虫の飛来頻度．育雑 29（別1）：182-183．
日本蕎麦協会 1998 そばの栽培技術．
新島　繁・薩摩夘一編 1985 蕎麦の世界．柴田書店．
新島　繁 1999 蕎麦の辞典．柴田書店．
農文協編 1981 畑作全書 雑穀編．635-714．
野村彦太郎 1891 蕎麦史．植物学雑誌 5．
小原哲二郎 1981 雑穀－その科学と利用．樹村房．
恩田重興・竹内東助 1942 本邦蕎麦品種に於ける生態型に就て．農及園 17：971．
Ohnishi, O. 1991 Discovery of the wild ancestor of common buckwheat. Fagopyrum 11：5-10.
大西近江 2001 ソバ属植物の種分化と栽培ソバの起源．山口裕文・島本義也編，栽培植物の自然史［野生植物と人類の共進化］．北海道大学図書刊行会．58-73．
大西近江 2007 ソバ野生種の探索と新種発見．FFIジャーナル 212：71-78．
大澤　良 2004 ソバ 山崎耕宇他編，新編農学大事典．養賢堂．489-490．
阪本寧男 1988 雑穀のきた道．NHK出版．140-150．
阪本寧男 1997 雑穀利用の文化．朝日百科 植物の世界 10．朝日新聞社．
Stevens, N. E. 1912 Observations on heterostylous plants. Bot. Gaz. 53：277-308.
菅原金治郎 1974 ソバのつくり方．農文協．
杉本秀樹・佐藤　亨 1999 西南暖地における夏ソバ栽培－播種期の違いが生育・収量に及ぼす影響－．日作紀 68：39-44．
田畑清光・尾形恭平・助川一夫 1935 日長の長短が蕎麦，大豆の生長並開花結実に及す影響について．日作紀 3：188-202．
高崎康夫 1999 ソバ．石井龍一他共著，作物学各論．朝倉書店．57-59．
建部民雄 1949-58 ソバの受精力に関する生理学的研究，育種研究 3：91-95, 4：71-74，育種学雑誌 2：240-244, 4：127-131, 6：156-162, 8：149-154．
氏原暉男 2007 ソバを知り，ソバを生かす．柴田書店．
氏原暉男・俣野敏子 1975 ソバの着花，受精・結実の特性－収量成立過程解析へのアプローチ－．農業技術 30：406-408．
山口裕文・河瀬眞琴編 2003 雑穀の自然史．北海道大学図書刊行会．
山崎義人 1947 蕎麦，農業 778：16-32．
山崎義人 1948 高冷地帯に於けるトウモロコシ及びソバ栽培上の一，二の問題．農及園 23：37-39．

第17章　その他の穀物

1．アメリカマコモ

学名：*Zizania palustris* L., *Zizania aquatica* L.

英名：wild rice, Indian rice

(1) 分類・分布

アメリカマコモはイネ科，イネ亜科，イネ族（Oryzeae），マコモ属の1年生植物である．イネ亜科中で人類の食用に利用されるものは，イネとマコモだけである．英語でwild riceと呼ばれるので，しばしば野生イネと誤解されるが，イネとは種が異なる．

アメリカマコモは北はカナダのウィニペグ湖の東岸一帯から，五大湖周辺を中心としてアメリカの大西洋岸沿いの諸州に多く分布し，南はフロリダ半島からメキシコ湾沿いのルイジアナ州の湿地帯にまで分布している．北部と南部に自生するものは別種であり，北部には*Zizania palustris* L., 南部には*Zizania aquatica* L.が自生・栽培される（Martin et al. 2005）．古くから，主に五大湖付近に住むアメリカインディアンによって子実が採集され，栽培化されることはなかったが，現在ではわずかではあるが栽培されている．アメリカマコモの群生地の子実採取権は部族・個人によって決まっているといわれる．ミネソタ州で最も利用が盛んで，ウイスコンシン州がこれに次ぐ．カナダでは利用量ははるかに少ないが，マニトバ州およびオンタリオ州などで利用されている．

マコモ（*Zizania latifolia* Turcz.）は中国や日本に野生し多年生である．マコモの茎が黒穂病菌の寄生によって肥大したものをマコモダケと呼び，食用とする．太古は子実をやはり食用としたらしく，地方にまれに菰米（こもまい）を食べる風習が残っている．マコモは中国では長江流域地方に多く野生するが，この子実を食用とした記録が多く見られる．

(2) 形態・生態

アメリカマコモは浅い水中に生えるが，時には水深1.8 mに及ぶところにも生育できる．しかし植物体が葉先まで冠水する状態に長く置かれると生存できない．また停滞水では生育に適さず，若干の水流が必要である．潮水がある程度流入するところでも生育できるが，2％以上の塩水では枯死する．また土壌の乾燥により枯死する．

春に芽生えて旺盛に成長し，草丈1〜3 mに及び，分

図17.1　アメリカマコモ．
星川（1980）

第17章　その他の穀物

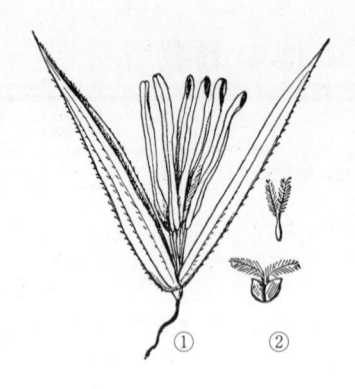

図17.2　アメリカマコモの小花
①雄性小花，②雌性小花（下：穎を除いたもの，上：鱗被も除いたもの）．
星川（1980）

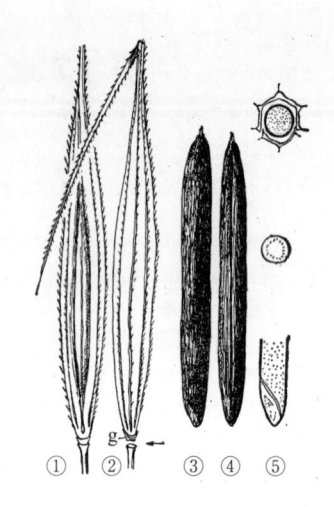

図17.3　アメリカマコモの穎果
①内穎のみえる面，②外穎の面，g：退化護穎，←印のところから脱粒する，③脱稃した精粒，④同背面，⑤断面．星川（1980）

げつは少ない．葉は長さが約65 cm，幅約4 cmである．夏の終わり頃に稈頂に出穂する．穂は長さ30～50 cmで，中心の穂軸の各節に15～20 cmの分枝梗を多く着ける．その上半分の枝梗には雌花のみを着け，あまり開散しない．下半分の枝梗はよく開散し，雄花のみを着ける（図17.1）．両者の開花期は異なり，雌花が早く，このため他家受精となる．1小穂は1小花よりなる．小花は護穎は痕跡的に小さく，長さ2～2.5 cmの長い内・外穎があり，雌花の外穎には長く細い芒を持つ（図17.2）．雄蕊は6本である．穎果は20～30日で成熟する．

穎果は細長い円筒形で，長さ1.5～2 cm，幅1.5 cmで，背面に浅い縦溝がある（図17.3）．子実の表面（果皮）は全粒黒色である．熟すときわめて脱粒しやすく，風などにより容易に水中に落ちて沈み，泥中に埋まって休眠し，次年の春に水中で発芽する．硬実も多く，それらは次々年以降に発芽する．種子は2～3日以上乾燥すると発芽力を喪失する．したがって，栽培する場合には採種した種子は直ちに水中に貯えておく必要がある．水湿中の種子は凍結しても死なない．

短日植物であるが，花成についてのいろいろの異なった生態系統があるため，北緯30度から50度までの広い地域に分布している．カナダの系統はフロリダの系統に比べて，子実が小粒であり早生である．

（3）採集・利用

穎果が熟したら水に落ちないうちに採集する．五大湖付近の収穫期は9月上旬である．普通は舟で湖中のアメリカマコモの群生地の中に漕ぎ出して，穂を曲げ棒で叩いて，子実を舟の中へ落として集める．1穂の子実は均一に成熟しないから，日を変えて2～3回収穫を行う必要がある．それでも全体の半分も採集することは困難といわれる．インディアンは集めた子実を一部は自己の食料用に保存し，残りは販売する．彼らの間ではか

なり高価に取引きされる．わが国では，水田で栽培可能な作物として注目され，栽培試験が行われている．関東での栽培例では，141 kg/10 a の収量が得られている（穴澤ら 2007）．

収穫した子実は湿っているので，日に干したり，あるいは適当な程度に火であぶって，水分7〜10％まで乾燥する．火であぶることにより稃は除かれ，子実は殺菌され，焙煎香が付与される．稃は脱稃機で除き，箕選や水選する．

アメリカマコモの精粒の栄養成分は，タンパク質含量は約15％でイネ科穀粒中最も高い方であり，逆に脂質含量は最も低い．ビタミン含量はコムギなどとほぼ同じだが，B_2 は著しく多い．またカルシウムとリンが多いのが特徴である．

粒は煮ると2〜3倍に膨張する．ミネソタや近隣の州では朝食の穀物として食べることが多く，普通は米飯と同様の料理にして炊いて食べる．独特の香りがあり，ややオオムギの飯香に似る．また煮て味をつけ，鶏肉や野鳥の肉に添えたり，詰め物とされる．

(4) 文献

穴澤拓未・吉田智彦・栗田春奈 2007 ワイルドライスの生育および収量. 日作紀 76 : 52-58.
有松　晃・林都利宗 1985 北米におけるワイルドライスの調査. 農業構造問題研究 147 : 75-92.
Cardwell, V. B. et al. 1978 Seed dormancy mechanism in wild rice. Agron. J. 70 : 481-484.
源馬琢磨・三浦秀穂・林　克昌 1993 ワイルドライス幼植物体の生育に及ぼす水深と温度の影響. 日作紀 62 : 414-418.
村上　高 1988 ワイルドライスの植物学的位置と食品的価値. 農業および園芸 63 (12) : 13-15.
Lee, P. F. and J. M. Stewart 1984 Ecological relationships of wild rice, *Zizania aquatica*. 3. Factors affecting seeding success. Can. J. Bot. 62 : 1608-1615.
Leonald, W. H. et al. 1963 Wild rice. In Cereal Crops. Macmillan. 671-673.
Martin, J. H. et al. 2005 Wild Rice. In Principles of Field Crop Production, Pearson, Prentice Hall. Columbus, USA. 489-490.
Matz, S. A. 1969 Wild rice. In Cereal Science. The Avi Publ. Co. 229-232.
Oelke, E. A. 1976 Amino acid content in wild rice (*Zizania aquatica*) grain. Agron. J. 68 : 111-117.
Oelke, E. A. 1993 Wild rice: Domestication of a native North American genus. In New Crops. Wiley, New York. 235-243.
岡　彦一 1989 アメリカンワイルドライス (*Zizania*) における栽培化と育種. 育雑 39 : 111-117.
Simpson, G. M. 1966 A study of germination in the seed of wild rice (*Zizania aquatica*). Can. J. Bot. 44 : 1-9.
Steeves, T. A. 1952 "Wild rice- Indian food and modern delicacy." Econ. Bot. 6 : 107-143.
Wilson, M. F. and K. P. Ruppel 1984 Resource allocation and floral sex ratios in *Zizania aquatica*. Can. J. Bot. 62 : 799-805.
Woods, D. L. et al. 1974 Germinating wild rice. Can. J. Plant Sci. 54 : 423-424.

第17章　その他の穀物

2．キノア

学名：*Chenopodium quinoa* Willd.

和名：キノア

英名：quinoa

西名：quinua

（1）分類・形態

キノアはアカザ科，アカザ属の1年草である．南米アンデス高原地帯で紀元前から広く栽培され，インカ帝国時代には「母なる穀物」として主食とされた．スペインの植民地となってからはコムギなどに代わられ，栽培は少なくなった．しかし，コムギやトウモロコシに比べ，タンパク質含量とリジン含量が高く，栄養的に優れているところから，再評価されている．草丈1〜1.5 mになり，多くの太い枝を出す．茎葉の姿はわが国の雑草アカザに酷似する（図17.4）．晩夏に，各梢上にアカザに似た緑白または紫紅色を帯びた花穂を着け，秋にアカザより大粒で径2〜3 mm，千粒重2〜4 g，扁円形の果実が実る（図17.5）．茎葉・実とも，やや紫紅色を帯びるもの，茎葉が緑色で果実が白色のもの，果実が黒味を帯びるものなど，品種的分化がある．

品種は，主として適応地域の違いから，チリ中南部の標高の低い平野部で栽培されるSea-levelタイプと，アンデス山脈の標高2,000〜4,000 mの高地に栽培されるValleyタ

図17.4　キノア
右上：果実断面，右中：種子，右下：デンプン粒．星川（1980）

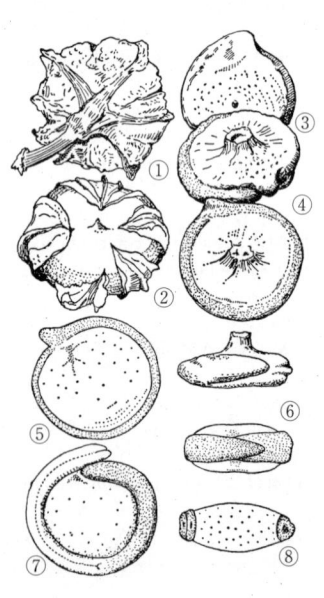

図17.5　キノアの子実
①果実裏面，②果実表面，③萼などを除いたもの裏面，④同表面，⑤種子表面，⑥種子側面，⑦種皮を除いたもの，鉢巻状は胚，内部が胚乳，⑧種子横断面，左端は子葉，右端は胚軸，中央は胚乳．星川（1980）

イプ，AltiplanoタイプおよびSalarタイプなどに分類される（Risi and Galwey 1984, Galwey 1989）．

(2) 栽培・利用

乾燥や冷涼な気候に耐性があることから，アンデス地方の重要な作物されてきた（Galwey 1989, Jensen et al. 2000）．ペルー，ボリビアおよびエクアドルにわたるアンデス山脈沿いに約6.6万ha栽培され，約5万tの生産がある（Marin et al. 2005）．栽培地の標高は4,300mにも及ぶという．米国では，ロッキー山脈沿いに導入を試みたが，失敗に終わっている．

1970年以降，わが国でも導入の試みがなされている．仙台で試作した結果では，5月中旬播種し，9月下旬～10月頃開花し始め，11月上旬に収穫できた（星川 1980）．関東南部での試験では，播種の適期は品種のタイプによって異なり，Sea levelタイプでは3～5月，Valleyタイプでは7月が適期であったことから，Valleyタイプでは，子実肥大は短日条件により促進されると考えられる（氏家ら 2007）．初期生育が緩慢であるが，夏期は草丈は約1mになり，乾燥にも強い．秋の霜にあうと枯れる．倒伏しやすいので土寄せを要するが，茎枝がもろく，折れやすい．成熟後期に長雨にあうと，粒は穂状にあって発芽しやすい．

キノアの成分はアミノ酸スコアが高く，穀類では不足しがちなリジンを多く含んでおり（渡辺 2008），無機成分も多く含む（Koziol 1992, 小西 2002）．また，抗酸化作用や血圧低下作用があり（小川ら 2001），機能性食品として注目されている．茎の灰はしばしばコカの葉とともに咀嚼料に用いられる．種子にデンプンを含み，種子を粉にしてパン状にして食べ，また粒のままスープにして食べる．また一種のビールを醸造するという．豚やニワトリの飼料にも用いられる．キノアの種子には一種の苦味があり，これはサポニンである．ボリビアやペルーではサポニン含量の少ない系統品種の選抜を行っており，すでにSajamaと呼ばれるサポニンを含まない品種もできている．

(3) 近縁種

なお本種の近縁種として，メキシコに *C. nuttalliae* Saffordが古くから栽培され，huauzontleと呼ばれている．またアンデス地域には *C. pallidicaule* も栽培され，現地ではcanahuaと呼ぶ．いずれも現地のみで栽培され，インディオ族の主食とされるという．canahuaはキノアよりタンパク含量が高く，比較的高地で栽培される．huanzontleは主に花房を野菜として食べるために，メキシコの中南部の1,200～3,000mの所で栽培されている．

また旧大陸では，*C. album* L.（シロザ）がインド北西部で栽培化されているといわれ，ヨーロッパでも本種を食用とした事実が知られているという．なおわが国でもアカザ科の近縁種 *Kochia scoparia* Schrad.（ホウキグサ）を秋田県下などで昔から栽培し，その種子を収穫し，発芽寸前の状態にしてトンブリと呼んで食用にしている．

(4) 文 献

Bertero, H. D. et al. 1999 Photoperiod – sensitive development phases in quinoa (*Chenopodium quinoa* Willd.). Field Crops Res. 60 : 231-243.

Bruin, A. 1964 Investigation of the food value of quinua and canihua seed. J. Food Sci. 29 : 872-876.
Gade, D. W. 1970 Ethnobotany of canihua (*Chenopodium pallidicaule*) rustic seed crop of the Andes. Econ. Bot. 24 : 55-61.
Galwey, N. W. 1989 Quinoa. Biologist 36 : 267-274.
Jensen, C. R.et al. 2000 Leaf gas exchange and water relation characteristics of field quinoa (*Chenopodium quinoa* Willd.) during soil drying. Eur. J. Agron 13 : 11-25.
小西洋太郎 2002 擬穀物アマランサス,キノアの栄養特性とアレルギー代替食品への応用. 日本栄養・食糧学会誌 55 : 299-302.
Koziol, M. J. 1992 Chemical composition and nutritional evaluation of quinoa (*Chenopodium quinoa* Willd.). J. Food Composition Analysis 5 : 35-68.
Martin, J. H. et al. 2005 Quinoa. In Principles of Field Crop Production, fourth edition. Pearson/Prentice Hall. 894.
俣野敏子 2000 17. キノア. 石井龍一他共著,作物学(I)-食用作物編-. 文永堂. 173-174.
Nelson, D. C. 1968 Taxonomy and origins of *Chenopodium quinoa* and *Chenopodium nuttaliae*. Ph. D Thesis, Indiana Univ.
及川一也 2003 新特産シリーズ 雑穀 11種の栽培・加工・利用. 農文協.
小川 博・渡辺克美・光永俊郎・目黒忠道 2001 キノア投与が食餌性高脂血症誘導高血圧自然発症ラット (SHR) の血圧,脂質代謝に及ぼす影響. 日本栄養・食糧学会誌 54 : 221-227.
Ranhotra, G. S. et al. 1993 Composition and protein nutritional quality of quinoa. Cereal Chem. 70 : 303-305.
Risi, J. C. and N. W. Galwey 1984 The Chenopodium grains of the Andes : Inca crops for modern agriculture. Adv. Applied Biology 10 : 145-216.
Risi, J. C. and N. W. Galwey 1989 The pattern of genetic diversity in the Andean grain crop quinoa (*Chenopodium quinoa* Willd.). I. Associations between characteristics, II. Multivariate methods. Euphytica 41 : 147-162, 135-145.
Ruales, J. and B. M. Nair 1993 Content of fat, vitamins and minerals in quinoa (*Chenopodium quinoa* Willd.) seeds. Food Chem. 48 : 131-136.
富永 達・和泉孝一 1997 キノアの生育と収量に及ぼす窒素施用の影響. 京都府大農場報告 18 : 22-24.
氏家和広・笹川 亮・山下あやか・磯部勝孝・石井龍一 2007 我が国におけるキノア (*Chenopodium quinoa* WILLD.) 栽培に関する作物学的研究 第1報 子実収量からみた関東地方南部における播種適期の検討. 日作紀 76 : 59-64.
Vaher, J. J. 1998 Responses of two main Andean crops, quinoa (*Chenopodium quinoa* Willd.) and papa amarga (*Solanum juzepczukii* Buk.) to drought on the Bolivian Altiplano: Significance of local adaptation. Agric. Ecosyst. Environ. 68 : 99-108.
渡辺克美 2003 キノアの食品特性. FFIジャーナル 208 : 13-17.
渡辺克美 2008 キノアデンプン・タンパク質の特性. FFIジャーナル 213 : 545-550.
White, P. L. et al. 1955 Nutrient content and protein quality of quinua and canihua, edible seed products of the Andes mountains. J. Agr. Food Chem. 3 : 531-535.
Wilson, H. D. 1974 Experimental hybridization of the cultivated chenopods (*Chenopodium* L.) and wild relatives. Proc. of the Indiana Academy of Sci. 82.

3. アマランサス

学名：*Amaranthus* spp.
和名：センニンコク，ヒモゲイトウ
英名：grain amaranth

(1) 分類・形態

ヒユ科，ヒユ属の1年草で，C_4植物である．*Amaranthus*属には，穀類のほか，野菜用，観賞用などに10種余りの栽培種がある．その中で子実を食用とするもの（grain amaranth）には，センニンコク（千人穀，*A. hypochondriacus*），ヒモゲイトウ（紐鶏頭，*A. caudatus*），スギヒモゲイトウ（*A. cruentus*）の3種がある．いずれもヒユ・ヒモゲイトウの仲間であり，以前はアジア，特にインドあたりの原産とされていたが，その後メキシコから南米のアンデス山脈周辺が原産地とされている（Sauer 1950）．アメリカ大陸では紀元前4000年頃から山岳地帯を中心に栽培されていたもので，古代インカ文明の人々の食料にされた．現在ではこれらの地域でもあまり栽培されていない．19世紀の初めにインドに伝えられ，以来ネパールで重要な作物となっている他，アジア各地で栽培されている．インドでは南部および北部の山岳地帯で栽培されている．また東アフリカにも若干の栽培があるという（渡部ら 1977）．

ヒモゲイトウは，花穂が紐のように房状になって長く垂れ下がるので，この呼称がある．草丈は1～2mで，茎は直立，上部は数本に分枝し，各梢に花穂を出す．園芸植物として世界各国に栽培され，色彩や形態の変化に富む．日本には江戸時代に下垂穂型のヒモゲイトウが観賞用として導入され，東北地方ではアカアワなどの呼び名で栽培されていた（及川 2003）．種子はやや扁円形で，長さ0.8mm，きわめて小粒である（図17.6）．赤，黒色などを呈して美しい．

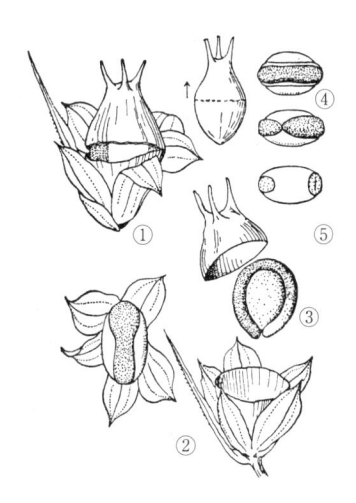

図17.6 センニンコクの果実，種子
① 果実全形，② 種子が抜け落ちたあと，③ 種子，④ 種子側面，⑤ 種子横断面．星川 (1980)

(2) 栽培・利用

アマランサスは日本でも昔からきわめて小規模ながら各地で栽培されている．特に山地や東北地方など高冷涼地に栽培されたようである．例えば秋田地方では「トラノヲウ」（虎の尾の意）と称して栽培された（佐藤 1919）．現在でも岩手県の一部で「アカアワ」と称して栽培されている．幼苗期に立枯病にかかり易い．梢上部で多く分枝し，各分枝の先に初秋から穂を着け，よく結実する．開花期は長く，早く咲いた花から順次成熟して，落ちこぼれる．霜がくると開花は止まり，数回の霜で枯死する．種子以外の苞，萼などは風選すると容易に除去され，特に脱穀する必要がない．ただし微少粒のため，取り扱

いを丁寧にする必要がある．収量は少ない．

近年，東京農業大学や作物研究所において，メキシコなどから導入した系統を基に育種が行われ，突然変異育種法によって短稈で直立穂型，早生の形質を持つニューアステカなどの新品種が育成されている．

種子の胚乳にデンプンを含み（約63%），蒸してから搗いて餅にする．粳性と糯性とがあり，現在日本で栽培されるのはほとんど糯性である．一般には粒を米にまぜて炊く（米1 kgにアマランサス10〜20 g）．アマランサスを混炊した飯は，冷えても味が良いとされる．炊くと赤紅色は失われる．粒はタンパク質の含量が多く（15%），特ににリジンの含量が多いので，コムギに比べて栄養価が高い．イネ科穀類と共通のアレルゲンを含まないので，コムギやコメに対するアレルギーの人々の代替食としても使われる．またネパールなどでは炒ってから粉にしてパン状に焼いて食べる．葉は煮て浸しものなどにしたり，汁の実とされる．

(3) 文　献

Cole, J. N. 1979 Amaranth. From the past for the future. Rodale Press.
Downton, W. J. S. 1973 *Amaranthus edulis* : a high lysine grain amaranth. World Crops 25 : 20.
廣瀬昌平 2002 アマランサス．日本作物学会編，作物学事典．朝倉書店．506-507.
小西洋太郎 2002 擬穀物アマランサス，キノアの栄養特性とアレルギー代替食品への応用．日本栄養・食糧学会誌 55 : 299-302.
MacMasters, M. M. et al. 1955 Preparation of starch from *Amaranthus cruentus* seed. Econ. Bot. 9 : 300-302.
俣野敏子 2000 センニンコク．石井龍一他共著，作物学（I）－食用作物編－．文永堂．171-172.
Natl. Acad. Sci. USA 1975 Underexploited plants with promising economic value.（吉田よし子・吉田昌一訳（1979）21世紀の熱帯植物資源）．農政調査委員会．25-29.
及川一也 2003 新特産シリーズ 雑穀 11種の栽培・加工・利用．農文協．
Safford, W. E. 1917 A forgotten cereal of ancient America. Proc. 19 th. Internl. Congress of Americanists, Washington, D.C. 286-297.
佐藤潤平 1919 東北実用植物の新研究．成見書房．267.
Sauer, J. D. 1950 The grain amaranths : a survey of their history and classification. Ann. Missouri Bot. Garden 37 : 561-632.
Sauer, J. D. 1967 The grain amaranths and their relatives ; a revised taxonomic and geographic survey. Ann. Missouri Bot. Garden 54 : 103-137.
Singh, H. 1962 Grain amaranths, buckwheat and chenopods. Indian Council Agr. Rec. New Delhi.
渡部忠世他 1977 センニンコク．食用作物学概論．農文協．
山口裕文・河瀬眞琴編 2003 雑穀の自然史．北海道大学図書刊行会．

第18章 ダイズ

学名：*Glycine max* (L.) Merrill
和名：ダイズ，オオマメ
漢名：大豆
英名：soybean, soya bean
独名：Soyabohne
仏名：soja
西名：soja, soya

1. 分類・起源・伝播

　ダイズ（図18.1）はマメ科，胡蝶花亜科（Papilionoideae, Faboideae）のダイズ属（*Glycine*）に属する1年生草本である．*Glycine*属は2つの亜属（Soja, Glycine）からなり，Sojaには栽培種のダイズとその野生型であるツルマメが含まれ，いずれも1年生である．ツルマメはかつては栽培種（*G. max*）とは別種（*G. soja*）とされたが，両者に生殖的な障害はなく，現在では同一の種の亜種（ダイズ：*G. max* subsp. *max*，ツルマメ：*G. max* subsp. *soja*）とされる（阿部 2004）．ツルマメはシベリヤのアムール河流域から中国，朝鮮，日本，台湾にかけて野生し，蔓性で種子は黒色や茶色で小さく，100粒重1～2gでダイズの1/10にすぎない．一方，*Glycine*亜属には20種以上が含まれ，すべて多年生であり，オーストラリアから南太平洋の島々に分布する（Hymowitz 2004）．
　ダイズの起源地は中国東北部からシベリヤのアムール河流域とみなされてきたが，中国北部あるいは中国南部という説もある．考古学的な証拠などから，現在は中国北部あるいは中国南部説が有力である（阿部 2004）．中国では，ダイズは古代から五穀の1つとして栽培されており，周の時代の「詩経」の中に，菽（ダイズ）が栽培され，煮て食べたとの記述がある．日本では縄文時代の遺跡から，ダイズの炭化物などが出土しているが，栽培されていたかどうかは不明である．作物としては弥生時代初期に中国から伝来したものと思われる．古事記（712），日本書紀（720）にはダイズは明記されており，すでに普及していたことがわかる．

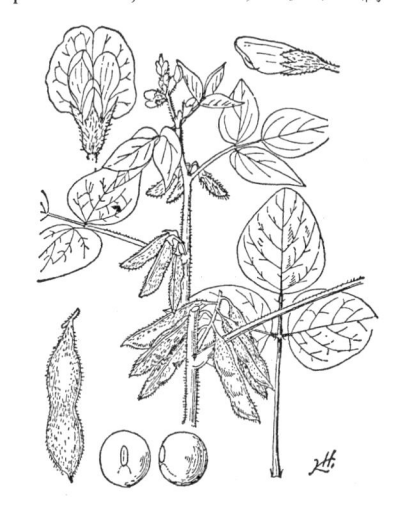

図18.1　ダイズ．星川（1980）

第18章 ダイズ

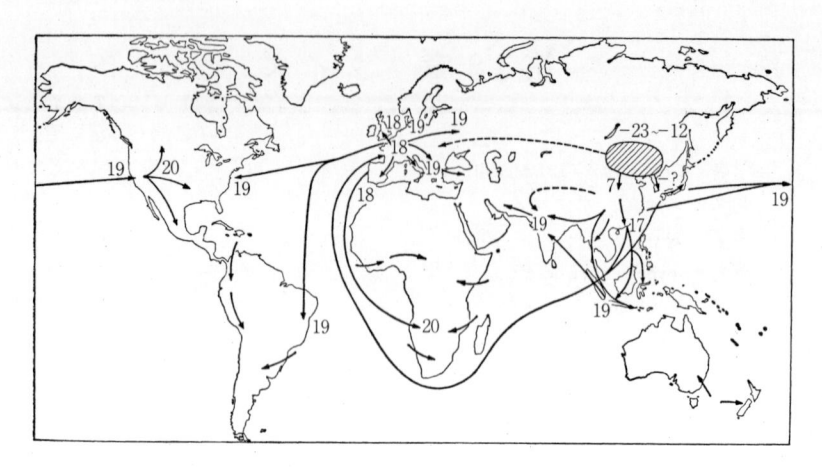

図18.2 ダイズの伝播経路. 星川 (1980)

中国から東インド諸島へは17世紀以降に伝わり，インドへは18世紀または19世紀初めに伝わった．ヨーロッパへは18世紀に中国・日本から海路伝えられた．すなわち1712年には日本のダイズが紹介され，1739年に中国のダイズ種子が初めてパリ植物園に入り，1786年にはドイツで，1790年にはイギリスのキュー植物園で試作された (Haberlandt 1878)．なお一説には，昔からシベリヤ，ロシアを経由して東ヨーロッパに伝播していた可能性もあるといわれる．

アメリカへはヨーロッパから伝わったが，その他に19世紀に，日本や中国から直接に導入された．黒船で来航したペリーも1864年に日本からダイズの種子を持ち帰っている．アメリカ農務省は1896年から栽培試験に着手し，1924年から普及し始めて，第2次大戦後には，それまでの主産国の中国を抜いて，世界一の生産国となった．南米への導入径路は明らかでないが，19世紀にヨーロッパから入ったものと思われる．1960年代以降はブラジル，アルゼンチンなどで栽培が急増し，南米全体ではアメリカを上回る生産量になっている．

ダイズの起源と伝播の経路を図示したものが図18.2である．

2．生産状況

世界のダイズ収穫面積，収穫量は今世紀の後半に飛躍的に増加した (表18.1)．すべての地域において増加がみられるが，とりわけ南北アメリカ大陸において顕著である．1970年頃まではアメリカで，1970年以降は南米諸国 (ブラジル，アルゼンチン，パラグァイなど) において急速に生産地が拡大した．近年では，南米の生産量は北米を上回るまでに増加した．古い産地であるアジアでは，中国の生産量が停滞しているのに対し，インドの生産量が急増している．2008年現在，100万tを越す生産国は，アメリカ (8,054，単位万t)，ブラジル (5,992)，アルゼンチン (4,623)，中国 (1,555)，インド (905)，パラ

表 18.1 世界の地域別ダイズ収穫面積, 単収および収穫量

項目	年	世界	アジア	アフリカ	欧州	北米	南米
収穫面積, 100万 ha	1960	21.1	11.5			9.2	0.2
	2008	96.9	20.6	1.2	1.7	31.4	41.8
単収, t/ha	1960	1.3	0.8		0.9	1.6	1.3
	2008	2.4	1.3	1.1	1.6	2.7	2.8
収穫量, 100万 t	1960	28.0	11.3			14.8	0.2
	2008	230.1	29.2	1.4	2.7	83.9	115.5

1960年の北米には中米も含む. FAOSTATより作表

グァイ (681), カナダ (334), ボリビア (160) の8か国である. 単収は地域差が大きく, 南北アメリカで高くアジア, アフリカで低い. 特に, 20世紀後半の40年間において, 南北アメリカの単収は約1 t/ha増加しているのに対し, アジアでは約0.5 t/haの増加に留まっている.

わが国のダイズ収穫量は, 明治時代前半の20万t代から徐々に増加し, 1920年前後に50万tを越し, 第2次世界大戦前後には一時的に減少したものの, 1950年代には再び50万t前後に回復した. しかし, 1960年のダイズ輸入自由化後は安価な輸入大豆が大量に輸入され, 国内の生産量は減少を続け, 1994年には10万tを切るに至った. 近年は水田利用再編対策により水田での作付け比率は80%を越し, 生産量は20万t前後になっている. 地域別では, かつては北海道が最大の産地であったが, 現在は東北や九州の生産量がもっとも多く, 次いで北海道, 北陸, 関東・東山となっている. 単収は1.8 t/ha程度で世界平均よりかなり低い. 約500万tに及ぶ年間需要量に対し, 国内生産量が約20万tにすぎないため, 大部分を輸入に依存せざるをえず, 自給率はわずか数%にすぎない.

3. 形 態

(1) 種 子

種子は円, 楕円形など球型のものが多いが, 扁平のものもあり, 大きさも径5〜10 mm, 100粒重も10〜80 gの変異がある. 色は黄を主に, 黒, 茶, 緑など変化がある. 種子が莢と連絡していた部分すなわち臍 (hilum) の色も白, 黄, 茶, 褐色と変異に富み, 品種の特徴となっている. 種子の外・内形は図18.3のように, 2枚の子葉とそれにはさまれて幼芽・幼根がある.

種子の内部構造は図18.4に示すように, 種皮は外側から柵状層 (palisade layer), 砂時計型細胞 (hourglass cell), 海綿状柔組織 (spongy

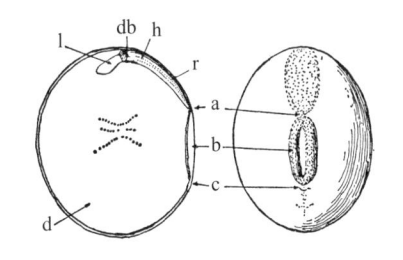

図18.3 ダイズの種子
a: 珠孔 (発芽口となる), b: 臍, c: 縫線, r: 幼根, h: 胚軸, l: 初生葉, d: 子葉, db: 子葉のつけね. 星川 (1980)

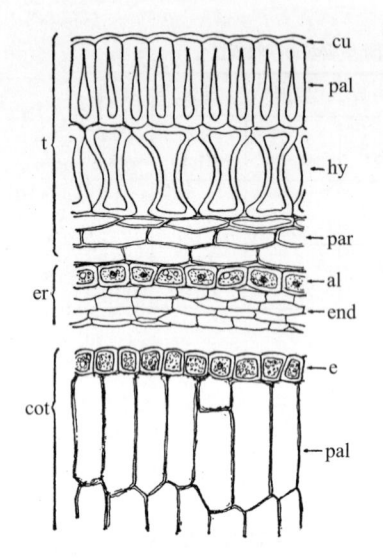

図 18.4　ダイズ種子の内部構造
t：種皮，er：胚乳残存組織，cot：子葉，
cu：クチクラ層，pal：柵状層，hy：砂時計
型細胞，par：海綿状組織，al：糊粉層，
end：胚乳細胞，e：子葉表皮．
星川 (1980)

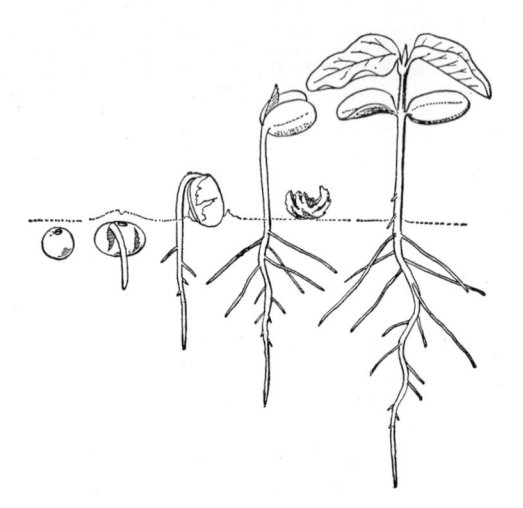

図 18.5　ダイズの発芽過程．星川 (1980)

parenchyma) からなる．柵状層の細胞の表面に近い部分は透明で，いわゆる明線 (light line) である．種皮の色はこの細胞層に含有される色素の色で決まる．種皮の下にごく薄く，胚乳の残存組織がある．子葉 (cotyledons) は種子重の 90％を占め，子葉表皮の内部は肥大伸長した数層の柵状組織があり，発芽後はここに葉緑体が形成される．その内部は肥大した貯蔵細胞組織で，糊粉粒 (aleurone grain) およびタンパク粒と脂肪粒が蓄積される．デンプン粒は成熟子葉中には認められない．臍の一端に珠孔 (micropyle) がある．臍より上部に，肉眼で認められる 2 枚の小さい初生葉と 1 本の幼根 (主根原基) がある．幼根の先端は，珠孔のそばまで伸びている．

　発芽に際し，種子は吸水して膨張し，まず根が珠孔部分より外に現れ，次いで胚軸が伸びて，子葉を地上部に持ち上げつつ，種皮を剥脱し，子葉は展開して緑化する（図 18.5）．種子の寿命は室温では約 2 年であり，3 年目にはほとんど発芽力が失われる．

（2）根

　根は発芽に際して伸び出た 1 本の主根 (tap root) と，それより分枝した多くの支根 (2 次根 (secondary roots)，3 次根）からなる樹枝状根系をなす．2 次根にはさらに 3 次根を出す太いものと，分枝しない細いものとがある．太いものは主根の基部から出たものに多い．培土した場合などは，2 次根は胚軸や地上部の節間からも出る．普通は主根の基部

3. 形 態　[317]

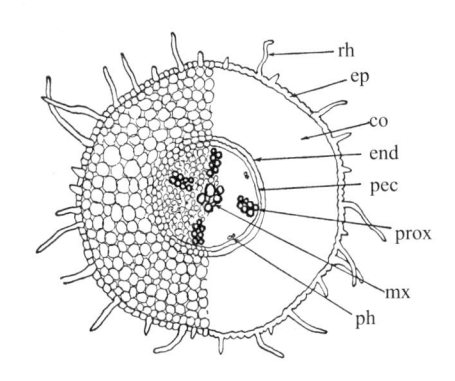

図18.6　ダイズ主根の比較的先端に近い（若い）部分
rh：根毛，ep：表皮，co：皮層，end：内皮，pec：内鞘，prox：原生木部，mx：後生木部，ph：篩部．星川（1980）．

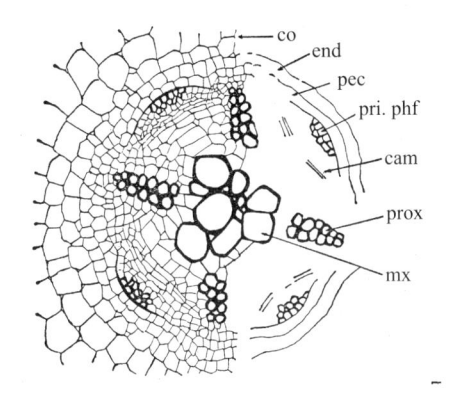

図18.7　主根の分裂組織ができ始めている部分（中心柱部分）
cam：分裂組織，pri. phf：1次篩部繊維，prox：原生木部，mx：後生木部，pec：内鞘，end：内皮，co：皮層．星川（1980）

　10～15 cmの部位から出た2次根が根系の大部分を占め，深さ60 cmくらいまで伸び広がる．根は地下2 m以下に達することもある．

　根の構造は図18.6のように，表皮，皮層，中心柱よりなり，表皮は根毛帯では多くの根毛を出す．皮層は主根で8～11細胞層あり，その最内層は内皮（endodermis）となっている．内皮には根端より約2 cmのところで，特徴的なカスパリー線が認められる（Sun 1955）．中心柱の最外側は内鞘（pericycle）で，篩部に対する部分は1～2層，原生木部に対する部分は2～3層の細胞よりなっている．原生木部はふつう4原型であるが，細い支根では3～2原型である．中央部に後生木部が形成されている．

　支根（側根）の分化は，原生木部に対する位置の，内鞘の細胞の分裂開始によって起源し，原型数によって支根の発生列が決められることになり，4列が多い．根の2次成長は発芽後4日目の主根の根端から3～5 cm部分に認められる．すなわち篩部と木部の間の部位に維管束分裂組織（vascular cambium）が最初に分化し（図18.7），原生木部に対する位置の内鞘の平行分裂が続いて分裂組織帯が次第に連続

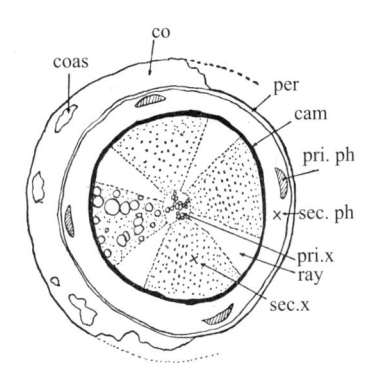

図18.8　2次成長（肥大）した根の内部構造
右半分は最も老熟して表皮皮層の剥落した根を示す．
cam：形成層，pri. ph：1次篩部，sec. ph：2次篩部，pri.x：1次木部，sec.x：2次木部，ray：2次木部射出髄，per：周皮（コルク形成層），co：内皮，coas：内皮内にできた空隙．星川（1980）

し，原生木部を囲むようになる．根が伸長するにつれて，この分裂組織は求頂的に形成される．分裂組織は内側の原生木部（1次木部）の方向へ2次木部（secondary xylem）を次々に分化し，またその外側に2次篩部（secondary phloem）を次々に分化する．このため2次成長肥大の進んだ根では，図18.8のように，中心部に押し込められた1次木部（primary xylem）組織を囲んで2次木部組織ができ，それらの間に射出髄（ray）ができ，それを形成層（cambium）がとりまく．形成層の周囲は2次篩部であり，その外辺に近い4か所に1次篩部繊維（primary phloem fibers）の塊りがあり，そこに1次篩部（primary phloem）が位置することになる．

皮層は中心柱の肥大によって引き伸ばされ，細胞間隙が大きくなって，所々に大きな空隙ができるようになる．さらに2次成長が進んだ老化した主根の基部や，その基部に近い所から出ている支根の基部では，表皮，皮層，内皮が破壊され，剥げ落ちてしまい，内鞘からコルク形成層（cork cambium）ができて，維管束組織をとり囲む保護周皮（protective periderm）を形成する．

（3）根　粒

根には根粒菌（root-nodule bacteria）が侵入し，根粒（root nodule）を形成する．根粒は第1本葉の展開始め頃から肉眼で認められるようになり，根系の発達につれて増加する（図18.9）．根粒菌はダイズの根毛あるいは表皮細胞から侵入し，1〜2日後には侵入した細胞に感染糸（infection thread）が形成され（図18.10 A, B），そ

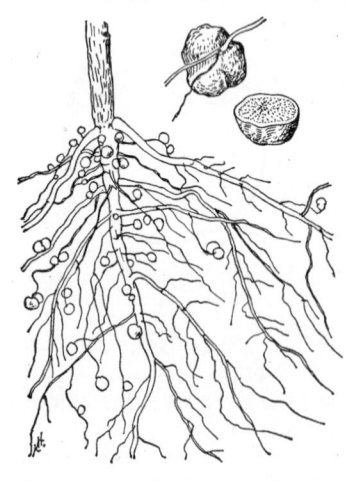

図18.9　ダイズの根系と根粒
上右は根粒の拡大図およびその断面を示す．星川（1980）

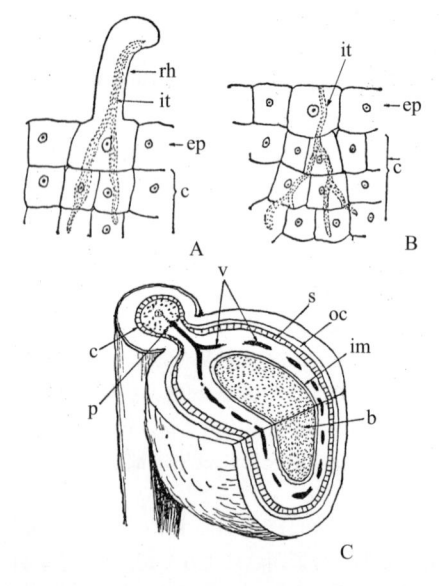

図18.10　根粒菌の根への侵入と根粒の構造
A, B：根毛からあるいは表皮から根粒菌が侵入し感染系（it）が形成されて皮層細胞内へ伸びる．rh：根毛，ep：表皮細胞，c：皮層．C：完成した根粒の内部構造，b：バクテロイド細胞組織，c：根のコルク形成層，p：原形成層，v：維管束（網），s：厚膜細胞層，oc：根粒のコルク形成層，im：内部形成層．池田（1955）を改

の中に根粒菌が入る．感染糸はさらに皮層細胞を内方へ次々と貫いて伸びてゆき，皮層の内部のある1つの細胞に至ると，その細胞分裂を誘起し，これが根粒の原基となる．この原基と根の中心柱との間の皮層細胞には，やがて前形成層が分化し，根粒原基との間をつなぐ連絡組織を作り始める．5日目頃から2週間にわたり，根粒原基とその周囲の皮層細胞は盛んに分裂を続ける．7〜9日目には根粒は根の表皮の方向に肥大し，肉眼で認められるようになり，根粒内には維管束の前形成層が分化する．12〜18日目頃には根の表皮は内側から肥大する根粒のため破れ，剥離し，皮層の最外層が根粒の表層となり，皮層の第2層が根粒の形成層となり，それから根粒の周皮，厚膜組織層，維管束ができてくる．

根粒内の根粒菌は分裂能力を消失し，バクテロイド（bacteroid）（Bergersen 1958）と呼ばれるものになる．根粒細胞内にはレグヘモグロビン（leghemoglobin）ができて，根粒内部はピンク色となり，この頃から窒素固定を始める．23日目頃には根粒組織の細胞分裂はほとんど終了し，以降は細胞の肥大のみを続ける．

28〜37日目頃，根粒は最大の大きさに達し，根粒内には網状の維管束が，そして寄主の根の維管束へ連なる木部，篩部が成熟する（池田 1955）．以降50日目頃から根粒は衰え始め，ピンクの色素は薄れ，窒素同化能力が減退する．根粒の活力は60日頃まで続いて遂に死滅する．完成した根粒の内部構造を図18.10 Cに示す．

（4）茎

発芽に際し，下胚軸（hypocotyl）が伸びて子葉を地上に持ち上げる地上子葉（epigeal cotyledon）である．子葉節には，側芽を生じ，分枝となることもある．子葉の付け根から上，初生葉節までは上胚軸（epicotyl）であり，初生葉から上が正常な茎となる．初生葉節にも対生して側芽を着ける．茎は日本の品種では普通14〜15節あり，各節に1枚ずつの葉と側芽を着ける．上位の葉腋の側芽は，分枝としては成長しない．

主茎は高さ30〜90 cm，条件によってかなり異なるが，品種の遺伝的特性として蔓性となるものがあり，長いものは2 mに及ぶ．分枝の出方，発達の形は品種の特徴となり，分類に用いられる．分枝の発現は，その節の葉身が最大に達した直後に始まる．それはその節のすぐ下の節間の第1次肥大過程が終了した時で，その節から4節上の節での出葉期に相当する．分枝の出葉速度は主茎の出葉と同じ速度で進む．すなわち，主茎上での出葉と分枝の発生

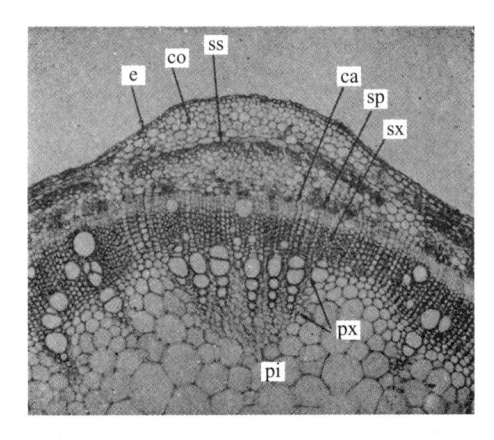

図18.11 ダイズの茎の横断面
2次成長し成熟した茎の節間．ca：形成層，co：皮層，e：表皮，pi：髄，px：原生木部，sp：後生篩部，ss：デンプン鞘，sx：後生木部．星川（1980）

およびその分枝での出葉は一定の同伸性の関係がある．ただし，子葉節および初生葉節からの分枝の発生はこの関係より遅れることが多い．

茎の内部構造は図18.11に示すように，外側から表皮，皮層，内鞘に囲まれた内原型並立維管束の真正中心柱よりなっている．皮層部には葉緑体があり，1次篩部繊維部域の外側にデンプン鞘（starch sheath）がある．形成層は内側に2次木部を，外側に2次篩部を生産し続ける．髄は茎の中央部を大きく占め，非常に大型な柔細胞よりなる．

(5) 葉

子葉，初生葉，本葉および前葉の4種類がある．初生葉（primary leaf）は単葉で，楕円形，葉柄は1～2 cmで，子葉節の上の節に対生する．葉柄基部には1対の托葉（stipule）がある．本葉は普通3小葉を持つ複葉（trifoliate leaf）で，初生葉節の上の全ての節および分枝の節に1枚ずつ着く．葉序は2/5である．各小葉は長さ4～20 cm，幅3～10 cm，小葉の形は図18.12に示すように，長葉，円葉などがあり，品種の特徴となる．両側の小葉の小葉柄は1 cm以下で短く，ほとんど小葉枕で占められ（図18.13），中央の頂小葉（terminal leaflet）の小葉柄だけは長く，3～5 cmある．頂小葉の基部の葉枕の付け根には1対の小さい托葉があり，側部の小葉は各々1つの托葉を有する．前葉（prophyll）は各側枝の基部にある

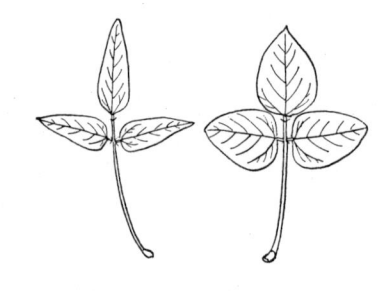

図18.12 ダイズの葉形
左：長葉，右：円葉．星川（1980）

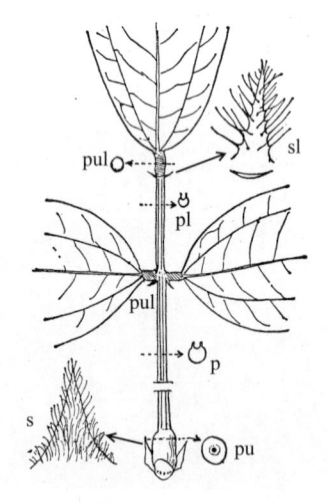

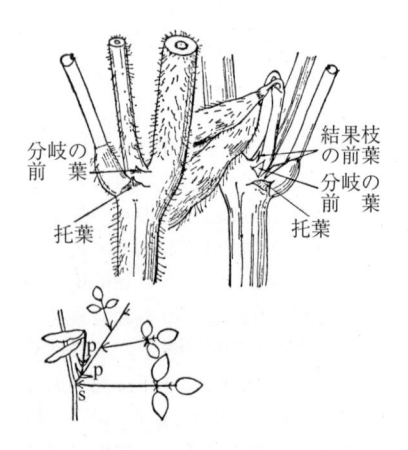

図18.13 ダイズの葉の構造
p：葉柄，pl：小葉柄，pu：葉枕，
pul：小葉枕，s：托葉，sl：小托葉．
……→は断面．──→は拡大図
星川（1980）

図18.14 ダイズの側枝の基部における前葉と托葉
p：前葉，s：托葉．星川（1980）

非常に小さい1対の葉で，普通1mm程度で，葉柄や葉枕を欠く（図18.14）．

葉柄（petiole）は長く，その基部には大きな葉枕（pulvinus）がある．また小葉柄の基部にも小型の葉枕がある．これらは葉の就眠運動や，光の方向に葉を向ける調位運動を司る器官である．葉枕の基部にまた1対の托葉がある．

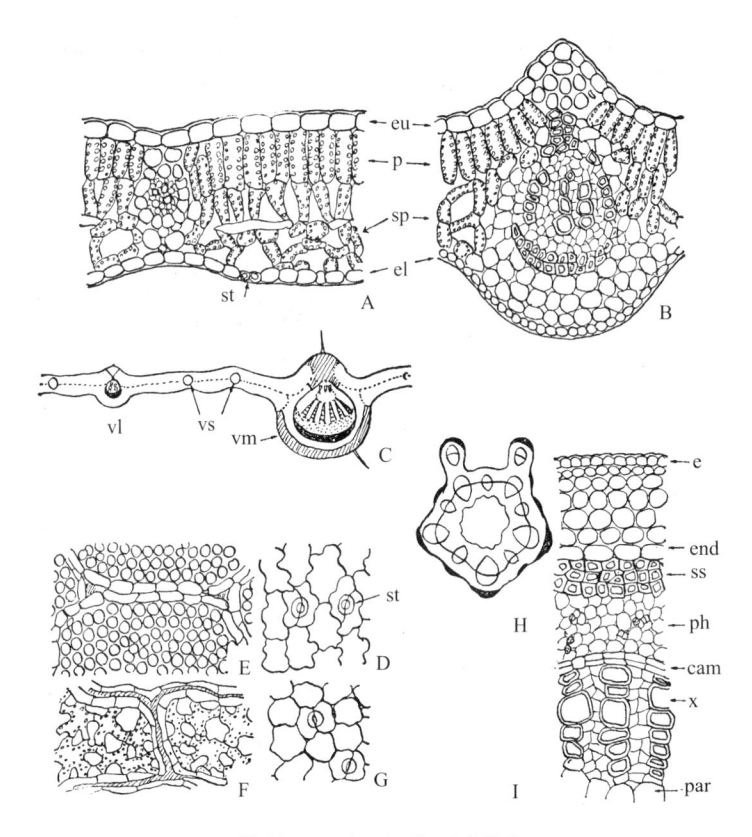

葉の内部構造を図18.15に示す．葉身は表皮の下に柵状組織が2層あり，海綿状組織は2〜3細胞層よりなる．表皮は図DおよびGに示すように，上表皮の方が細胞がやや大型である．気孔は上・下両表面にあり，下表皮には上表皮の約3倍（17,000/cm^2：5,400/cm^2）の密度で存在する．柵状組織の細胞は横断面（図A）でみると密に並んでみえるが，

図18.15 ダイズの葉の内部構造
A：細い葉脈を含む部分．B：太い葉脈の部分．eu：上表皮，p：柵状組織，sp：海綿状組織，el：下表皮，st：気孔．C：葉の横断面，vs：細い葉脈，vl：太い葉脈，vm：中央の脈の部分．D：葉身の表面に平行な断面，上表皮．E：同柵状組織部分．F：同海綿状組織部分．G：同下表皮．H：葉柄の横断面．I：同，e：表皮，end：内皮，ss：硬膜鞘，ph：篩部，cam：形成層，x：木部，par：柔細胞（髄）．星川（1980）

表面に平行な縦断面（図E）でみると，各細胞の周りには細胞間隙があり，各細胞の全表面は空気に十分接触するようになっている．海綿状組織の上部の細胞は葉脈に接している．

葉脈は小葉の中央に最も太い葉脈が葉端まで走る（図C）．中央葉脈は厚角組織（collenchyma）が上・下表面に発達し，中には厚膜組織（sclerenchyma）が発達し，木部と篩部に囲まれた中心には髄組織があり，茎的な構造をしていて，葉の支柱の役目を果たしている．中央葉脈から分枝して広がる太い葉脈（図B）では，木部が向軸面に，篩部が背軸面にある．葉脈部は葉面より上・下に突出している．これから分枝した細い葉脈からさらに細く分枝した葉脈の末端は網隙（areole）の中で終点となっている．

葉柄の内部構造は図18.15 Hのように，向軸面に2つの突起があり，主軸内には5か所に太い維管束があり，それぞれの間に細い維管束が配列している．中央は髄になっている．表皮から髄部までの拡大部分（図I）は，内皮の下に厚く厚膜鞘が形成され，篩部と木部の間には形成層がある．葉枕部では皮層部が特異的に幅広く発達してクッション状となり，通導組織は組織の中心部に集まって位置し，最も芯部に厚膜組織がある．

第1本葉は種子中に分化しており，第2本葉は発芽後3日目に分化し，その後約2日に1葉ずつ分化してゆく．初生葉の節が肉眼でみられるようになった時期（播種後16日頃）には成長点部分には，子葉節から数えて第7番目の節まで分化し，第1本葉の節が目で認められる頃（播種後約24日）には第11番目の節と多数の分枝原基が分化している．主茎の葉は初期は5〜6日に1枚，第5葉以降は3日に1枚のわりで出現増加する．

葉の展開には出葉開始後約10日を要し，小葉が最終的な大きさになるには約15日を要する．そして20日かかって最後に葉柄が伸長を終わる．成熟後は老化が始まり，下位葉から次第に黄化し，小葉が脱落し，次いで葉柄も脱落する．青立ちなど，生理的な異常の場合には，葉や葉柄は脱落せずに着いたままとなる．

（6）花序と受精・稔実
1）花 序
ダイズは各葉腋に出る短い花枝に着く腋生総状花序（axillary raceme）をなす．無限伸育性のもの（indeterminate type）では，頂部ほど花の数は少なくなり，最上部

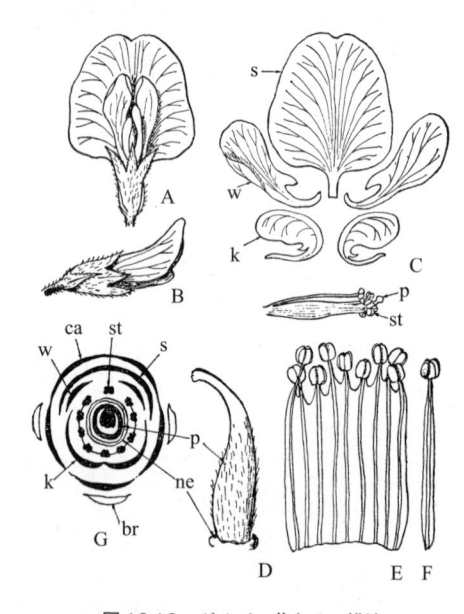

図18.16 ダイズの花とその構造
A：開花時の正面．B：開花直前の側面．C：花弁，s：旗弁，w：翼弁，k：竜骨弁．D：雌蕊，p：雌蕊，ne：蜜線．E：連続した9本の雄蕊．F：単離した1本の雄蕊．G：花式図，br：苞葉，ca：萼，st：雄蕊．星川（1980）

にできる花序は,短い突起状の花枝に1～2花を着ける.主茎,分枝ともに比較的一様に,かつ疎に花序が着く.これに対し有限伸育性(determinate type)の茎のダイズでは,腋生花序の他に茎の頂端にも花数の多い花序(terminal raceme)が着く.この型では,花序は主茎の各節に密に着き,分枝にはやや疎に着く傾向がある.最初に花序が出現するのは,下位から5～6節目で,それから下位へまた上位へと順次花序が発生する.1つの花序に着く花の数は2～35で,花枝の各節に互生する.

花は図18.16に示すように,毛茸の密生する萼(calyx)に包まれ,長さ約5mm,花冠(corolla)は1枚の旗弁(banner petal),2枚の翼弁(wing petal)および2枚の竜骨弁(keel petal)からなる.花弁の色は品種により多様で白,紫,淡紅色などを呈し美しい.雄蕊は(stamen)10本であり,うち1本は独立,他の9本は癒合している(図18.16 E, F).この雄蕊に囲まれて雄蕊よりわずかに長い雌蕊(pistil)が1本ある.また雌蕊の基部に密腺(nectary)がある.花式図を示すと図18.16 Gのようになる.

2) 開花・受精・稔実

開花は早朝に始まり午前中に終わる.普通雄蕊は開花直前にすでに花粉を放出するので,主として自家受粉が行われる.開花は主茎,分枝とも中央部よりやや下位の節から始まり,次第に上・下方向に咲いてゆき,主茎頂端の花が咲く頃が,1株の開花の最盛期である.

雌蕊の構造は図18.17 Aのように,1子房内に2～4個の胚珠(ovule)がある.各胚珠の内部構造は同図Bのように,珠皮に囲まれた1個の胚嚢があり,1卵細胞の両脇に2助細胞があり,2極核は開花前に合一して中心核(central nucleus)を形成している.反足細胞は成熟胚嚢ではすでに退化している.

葯(anther)の横断面の構造は図18.17 Cのように,2室に分かれ,各室は2つにくびれていて,多くの花粉(pollen)を内蔵している.

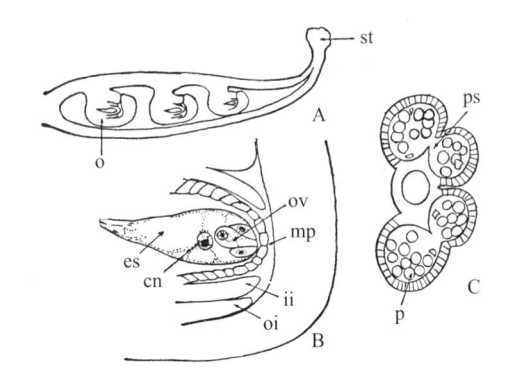

図18.17 子房および葯の構造
A:子房の内部構造, st:柱頭, o:胚珠. B:胚珠の内部構造, es:胚嚢, cn:中心核, ov:卵, mp:珠孔, ii:内珠皮, oi:外珠皮. C:葯の内部構造(横断面), p:花粉, ps:花粉嚢. 星川 (1980)

ダイズの花は本質的には虫媒花であるが,前述のように葯の開裂が開花前であるために自家受粉となり,自然交雑は0.5～1%以下である.柱頭で発芽した花粉管が,花柱組織内を伸長する過程で,雄原核が2分裂して2精核を形成する.受粉から重複受精完了までは8～10時間を要する(Rustamova 1964).

受粉後約32時間で受精卵は分裂を開始する(Pamplin 1963, Rustamova 1964).卵の最初の2分裂によってできた上位の細胞は将来胚に発生し,下位の細胞は原根層(hypophysis)と胚柄(suspensor)に発達する.種子の発達の様相を図18.18に示す.受精後3日

目には原胚（proembryo）はハート型となり，6〜7日目には子葉原基が次々に分化・発達し，各子葉原基は円形から腎臓形に変わる．10〜12日目に胚軸の組織が分化し，原根層からは根の原基が分化する．子葉分化とほぼ同時に，上胚軸原基もその間の部分に分化し，それから14日目には2枚の初生葉の原基を分化する．3小葉からなる本葉原基が分化するのは，受精後30日目頃である．

子葉の細胞内は15〜18日目に顆粒体，ミトコンドリア，脂質顆粒，タンパク顆粒（protein body）が認められ始め，26日目には子葉はその最大サイズに達し，細胞中には多くの物質が蓄積される．以後子葉の重量（新鮮重）は低下し始め，デンプン粒は減少し始める．完熟時にはデンプン粒は全く消失し，乾物重の約22％は脂質，40％はタンパク質となる．なお発芽力は新鮮重が最大になった時から数日後に備わる（尾崎ら 1955）．

胚乳は受精と同時に分裂し始め，初め遊離核状態で，5日目から8日目にかけて胚近傍が細胞状態に変わる．胚乳は14日目以降は，発達する子葉に吸収され初め，18〜20日には胚乳は残骸を残すのみとなる．そして完熟種子では胚乳は1層の糊粉層と2〜3層の圧砕された胚乳細胞の層を残すのみとなる（図18.4）．内珠皮は受精時の2〜3層から10層に増えるが，12〜14日目には消失する．外珠皮は初め2〜4層から12層に増え，その外層は表皮となり，その下の層は18日目頃に砂時計型細胞層となるなど種皮として発達する（図18.4）．

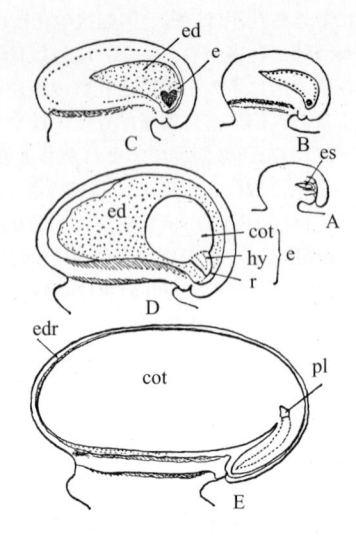

図 18.18 ダイズの種子の発達
A：受精後1日，受精卵分裂始め，es：胚嚢．B：6日目，胚乳の細胞化始め．C：8日目，胚の子葉分化，胚乳組織も発達，ed：胚乳，e：胚．D：14日目，子葉成長，胚乳の吸収開始，cot：子葉，hy：胚軸，r：根．E：18日目，種子内に子葉充満，胚乳はほとんど吸収し尽くされる，edr：胚乳の残存，pl：初生葉原基．星川（1980）

3）莢の発達と落花・落莢

ダイズの莢は長さ2〜7cm，内部に1〜5個，普通は2〜3個の種子を形成する．成熟した莢の色は淡黄から褐，黒色などで，その色はカロチン，キサントフィルおよびアントシアニンの在否で決まる．莢の表面には毛茸の多いもの，少ないもの，そして毛茸のないもの（裸莢種）がある．

受精と同時に子房は発達し始める．子房は2心皮性である．発達につれて外表皮は厚膜化し，厚いクチクラに覆われる．また剛毛が多く生えている．表皮の下には太い繊維が発達し，その下は多層の柔組織となり，さらに下は厚い厚膜組織となっている．

図18.19は開花後の，莢および種子のサイズの発達を示したものである．莢は5日目頃から伸長が目立ち始め，稔実の比較的初期（20〜25日目）に最大長に到達し（鎌田 1952），30日目頃に最大幅と最大厚さに到達する．この莢のサイズの変化は，包蔵する種子サイ

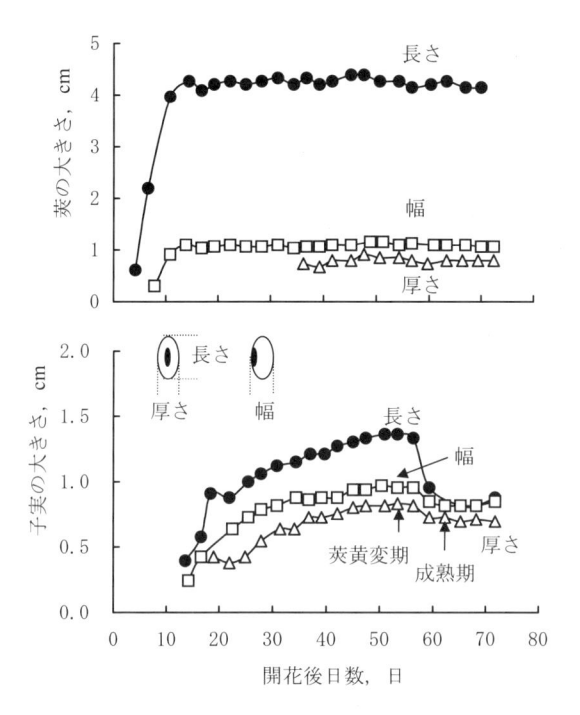

図 18.19 登熟に伴う莢と子実の大きさの変化. 品種：農林2号. 昆野 (1976) を改

ズの変化とほぼ同調である．莢および種子の重さの推移を示したものが図18.20である．種子の最大新鮮重は，莢の最大時より5〜15日遅れて到達する．その後，粒が水分を失うにつれて，楕円形から円球形などその品種固有の粒形に変わる．莢の乾物重は40日目頃に最大に達し，種子の乾物重は50日すぎ頃に最大となる．莢は完熟すると，裂莢しやすい品種では，胚軸線から裂開して莢殻が急にねじれ，種子を弾き出す．

ダイズの花は，蕾，花，莢と発達する過程で，分化した花芽の20〜80％が結莢しないで落ちてしまう．すなわち，落蕾，落花，落莢が多く発生する．特に，開花後1〜7日目の間の落花・落莢が著しい（加藤 1964, 図18.21）．概して早期に開花したもの，および植物体の上部に着く花房ほど（最頂部を除く）結莢率が高い．ごく初期や晩期に着いた花は落花が著しい．1つの花房内では，基部の花ほど結莢率が高い（Kokubun and Honda 2000）．また，1つの莢内では最基部と最頂部の胚珠が死滅しやすい．

第18章 ダイズ

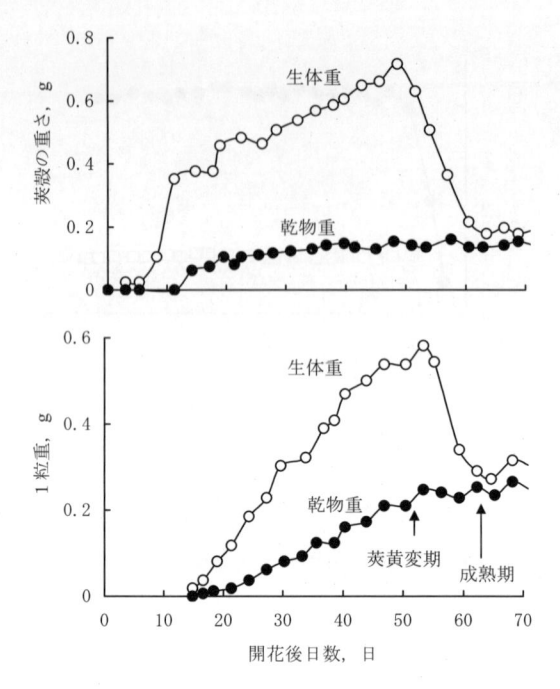

図18.20 登熟に伴う子実の重さの変化. 品種：農林2号. 昆野（1976）を改

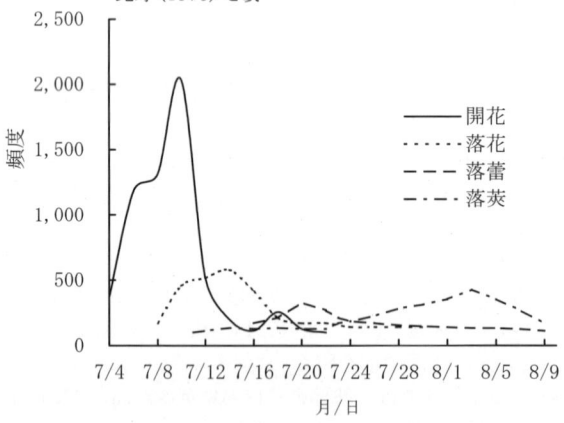

図18.21 開花, 落花, 落蕾, 落莢の発生の推移. 品種：富士4号. 5月8日播種. 加藤（1954）を改

（7）生育時期の表示方法

種子が発芽して以降,茎が伸長し,葉が順次展開し,開花,登熟と生育が進む.この生育経過に伴う生育時期を表示する方法として,アメリカでは栄養成長と生殖成長の時期を組み合わせた表示方法が提案され,広く使われている（Fehr and Caviness 1977）.すなわち,栄養成長は葉の展開時期を基準にVE（出芽），VC（初生葉展開中），V1（初生葉完全展開），V2…Vnとする.一方,生殖成長は開花開始から成熟期を8つに分け,R1（開花始），R2（開花盛），R3（着莢始），R4（着莢盛），R5（子実肥大始），R6（子実肥大盛），R7（成熟始），R8（成熟）とする.この両者を組み合わせ,栄養成長と生殖成長の両者の生育時期が表示できる.たとえば,第10複葉が完全展開して開花盛である場合は,その生育時期はV11R2と表示する.

4．生理・生態

（1）発　芽

発芽の最低温度は2〜4℃,最適温度は34〜36℃,最高は42〜46℃である（井上 1957）.図18.22に示すように,発芽歩合は10〜40℃の間では一様に高いが,この範囲以外では著しく劣る.平均発芽日数は最適温度では最も少なく1〜1.5日であるが,10℃になると10日以上を要する.また積算温度は20〜35℃の範囲では50℃くらいで,ほぼ一定であるが,それよりも低温でも高温でも著しく多くなる.発芽温度には品種間差異があり,夏ダイズでは秋ダイズに比べて発芽開始がやや遅く,35℃以上になると発芽が著しく劣る.秋ダイズではかなり広い温度範囲で高い発芽率を示す.

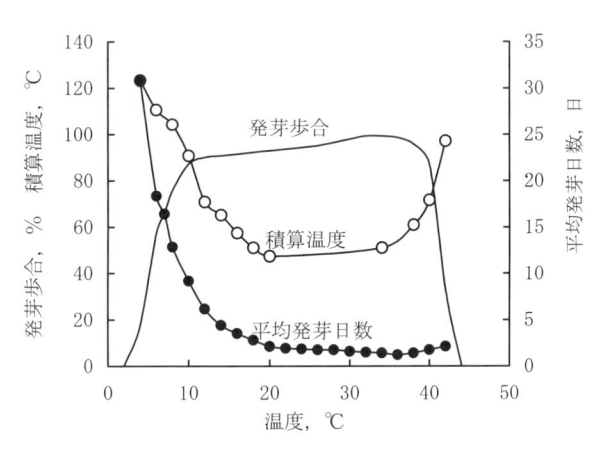

図18.22　温度とダイズの発芽.井上（1953）を改

登熟期間が高温であった場合,種子の発芽力は低くなる.北海道の品種を関東や九州で栽培した場合や,九州の夏ダイズでは,登熟期間中に高温のためにすでに発芽力の低下が起こる.乾燥条件では発芽が阻害されるが,ダイズでは少なくとも50％の含水率にならないと発芽しない.土壌水分が−6.6バール（PF3.83）（Hunter et al. 1952）が発芽の限界とされる.

発芽の代謝過程では呼吸が盛んになり,多量の酸素を必要とするから,酸素不足条件では発芽成長が阻害される.多湿条件では,急激な吸水による種子内組織の崩壊あるいは低酸素による代謝の阻害により,正常な発芽が阻害される.多湿条件に対する耐性に

は品種間差が認められており，きわめて強い品種として Peking が抽出されている（Tian et al. 2005, 国分・島村 2010）．また幼根は塩類の障害を受けやすいので，化学肥料が種子に接する場合には出芽が妨げられる（昆野 1979）．

（2）環境と成長

1）気温・地温・土壌水分

主茎の成長速度は25～30℃において最高で（笹村 1958, Brown et al. 1959），成長の最低温度は10℃とされる．この最適成長温度には日長も関係しており，日長が増すにつれ温度の影響も大きく現れる（Steinberg et al. 1936）．出葉速度は温度によって影響され，高温で早まる．なお出葉速度は日長条件や軽度の土壌水分不足などではあまり影響されない．出葉と分枝の発現とは一定の関係があるから，出葉速度が温度の影響で変わる場合には，同じように分枝の出現速度も変化する．発芽直後～生育初期に高温処理（25～30℃，10～15日間）すると，開花迄日数が著しく短縮される．これには品種間差異があり，秋ダイズより夏ダイズが短縮が著しい（竹島 1954）．また催芽種子の高温処理でも，開花・成熟が早められる（手島・高杉 1936）．

葉の光合成速度に対する適温は比較的広く，18～30℃の範囲では有意な差が認められない（図18.23, 国分 1988）．全糖とデンプンの含量は低温で高まり，全窒素と可溶性非タンパク態窒素の含量は高温で高くなる．低温条件では呼吸が少ないから，炭水化物の余剰を生じ，葉身におけるデンプン蓄積は低温ほど多くなる．特に内側の柵状細胞と海綿状組織に多く蓄積が見られる（Ballantine et al. 1970, 佐藤ら 1979）．気温の日較差については，昼温の最適温度25～30℃に対して夜温13～18℃が乾物重増加に最も適し（Parker et al. 1939），また炭水化物や窒素化合物の含量は昼温より夜温の高低に影響される．

葉の厚さは低温ほど大きく，2層の柵状細胞のうち，外側の細胞の長さや直径は低温ほど大きくなる．これらは日長にはあまり影響されない（佐藤ら 1979）．低温下では柵状細胞層数が増加するともいわれる（Ballantine et al. 1970）．柵状細胞の周りの空隙は低温ほど小さくなる．したがって低温条件下での柵状組織は，大きな細胞が密に詰まった形となる．低温では葉面積の拡大が遅いのに対し，葉の厚さは増すので，比葉重（SLW）は増し，葉面積比（LAR）は減少する．気孔の密度は高温条件で特に表面で増すが，裏面は温度による変化が小さい．このように温度は日長と共に，葉面積増加速度の制御を通じて，成長速度を強く規制する．

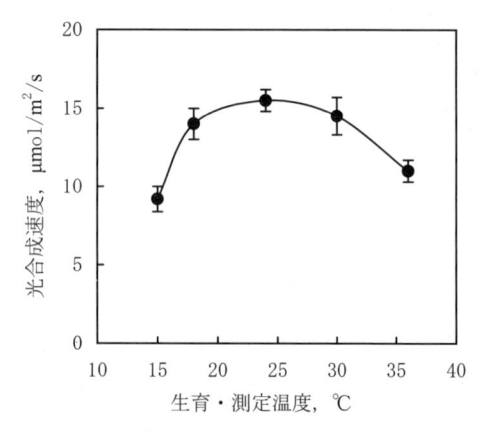

図18.23 気温と葉の光合成速度との関係
5段階の気温（夜温は昼温より5℃低い）で生育させ，それぞれの生育温度条件で測定．品種：Lincoln．国分（1988）

葉面積増加速度は30/25℃(昼/夜温)条件で最も大きい(佐藤ら 1979).地温は生育の初〜中期に影響が大きく,特に高温であるほど根量が多く,適温の幅は25〜30℃である.

ダイズの蒸散量は第1本葉展開から成熟期まで350〜440 mmであり,生育時期別では開花期頃が最も多く,登熟期には次第に減少する.蒸散量は葉面積指数が約3になる頃(圃場が葉で覆われる)までは気象要因に加え葉面積に大きく影響される.

要水量は土壌水分70%の場合に775gであるが,乾燥土壌では少なく,湿潤土壌では多い.また生育時期別に見ると,開花前は小さく,開花期以降に大きくなる(松本 1977).

2) 日長・日照

日長時間が長くなるにつれ主茎長は増し,ついには蔓化する.これは日長による開花遅延と節数の増加および節間の伸長のためであり,高温の場合にそれが著しくなる.短日条件は節数を少なくする.この性質は品種によっても異なる.乾物重もまた日長が長くなるほど大きくなる.一般に成長に及ぼす日長の影響は,14〜15時間において最も顕著であり,この付近では0.5時間の日長の差異でも成長量に大きく影響する.日長が葉の気孔数(密度や頻度)に及ぼす変化は小さい(佐藤ら 1979).

日照が不足すると蔓化する.すなわち節間が伸長する.この伸長性は温度や日長より,照度や土壌水分,栄養条件によるところが大きく,自然日照の13%(約6 klx)以下になると光合成の低下により生育が衰え,0.28 klxでは,芽生えは2週間で成長停止し,4週間で枯死する(Popp 1926).遮光により幼植物では特に第1〜2節間が徒長し,茎は細くなり,葉の展開が遅れ,主茎節数も少なくなる.さらに遮光程度が強まると分枝が減る.こうして個体当りの葉面積が減り,葉茎比は小さくなる.また葉の厚さ特に海綿状組織の厚さが減少し,気孔数もやや減る.この結果,地上部乾物重が減少する.地下部も遮光により成長が劣り,むしろ地上部より減少程度が大きいのでT/R率は高くなる.そして根粒の発達も弱まってくる.遮光による光合成低下により,乾物率と炭水化物,とくにデンプン含有率が低下する.これと関連して窒素の吸収量も減る.

(3) 日長・気温と花成

1) 日　長

ダイズは短日植物であり,ダイズの花芽分化は短日条件によって促進される.最低限界日長は早生品種ほど長く約5時間,中晩生品種は4〜2時間であるという.最高限界日長は品種の早晩とより密接な関係があり,早生品種は24時間でも花芽分化が起こるが,中生・晩生品種では16〜14時間である(Borthwick et al. 1939).

花芽分化後の発達および開花に対しても,短日が促進的に作用する.早生品種ほど限界日長が長く,晩生品種では15時間とされる(Parker et al. 1939).また夏ダイズ型品種から秋ダイズ型品種になるにつれ,開花のための限界日長は短くなり,熱帯型品種では最も短く13〜14時間である(Nagata 1961,図18.24).分化した花芽の発達に対する限界日長は,花芽分化に対するより若干短い.開花までの日数が最も短縮される最適日長についても,早生品種が最も長く11〜13時間,中生品種10〜12時間,晩生品種8〜10時間であり,これら最適日長下での開花迄日数は25〜31℃では20〜25日で,晩生品種がやや長い(Steinberg et al. 1936).

第18章 ダイズ

日長感応は苗の齢が進むにつれて高まる．日長感応は葉身で行われ，葉が出葉展開するにつれて感応度は大きくなり，老化すると劣る．最高の感応度のときは1枚の葉の処理だけで，全植物体を処理したときと同じ感応効果がある．なお初生葉は本葉に比べて感応が劣り，子葉はさらに劣る．茎や成長点では感応しないとされる．短日による開

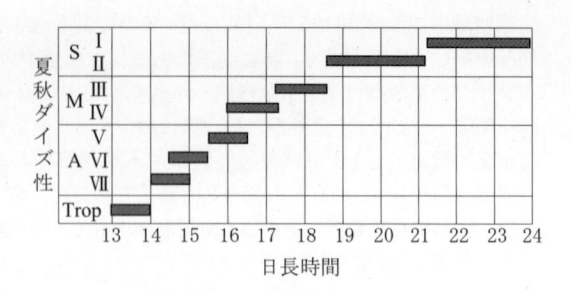

図18.24 ダイズ品種の開花限界日長．S, M, A, Tropはそれぞれ夏ダイズ，中間型ダイズ，秋ダイズ，熱帯型ダイズを示す．Nagata (1961)

表18.2 ダイズ品種の生態型分類

生態型	I		II			III		IV	V
	a	b	a	b	c	b	c	c	c
開花迄日数	極短	極短	短	短	短	中	中	長	極長
結実日数	短	中	短	中	長	長	長	長	長

開花迄日数：播種期～開花期，結実日数：開花期～成熟期．福井・荒井 (1951)

花までの日数の短縮率，すなわち感光性は晩生品種ほど大きい．

わが国のダイズ品種は，開花迄日数の長短を基本に，結実日数の長短を加えて，Ia, Ib, IIa, IIb, IIc, IIIb, IIIc, IVc, Vcの9型に区分されている（表18.2，福井・荒井 1951）．

上述のような品種による感光性の違いは，ダイズ品種の地理的分布を決めている（図18.25）．北海道のような高緯度では無霜期間は短いが，6～7月の日長は長く15時間以上あるため，感光性の高い晩生品種では開花のための限界日長（14～14.5時間）になるのが8月中下旬になってしまい，開花が遅れて登熟不完全に終わる．したがって日長に鈍感な早生の夏ダイズ型が栽培される．低緯度地方になるにつれて無霜期間が長くなり，より晩生で限界日長のやや短

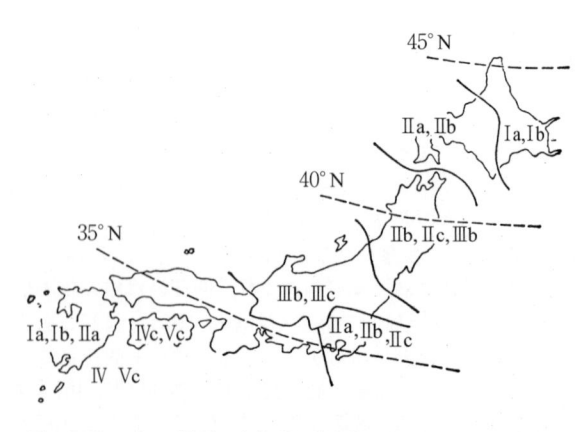

図18.25 ダイズ品種の生態型の地理的分布．福井ら (1951)

い感光性中位の中間型ダイズが分布するようになり，九州では晩生で感光性の高い，いわゆる秋ダイズが分布する．沖縄では，さらに限界日長の短い極晩生品種となる．一方，無霜期間がごく長くなると，短期作物として生育期間の短い夏ダイズも栽培されるようになる．

一方，アメリカでは，単純に成熟期の早晩から品種を分類しており，国際的にも広く使われている．当初は極早生を0とし，順次 I，II，III … VIII と9階級に分類したが，その後さらに早熟の000，00や VIII よりも晩熟の IX，X が育成あるいは導入され，現在は000，00，0，I … X の13階級となっている（Heatherly and Elmore 2004）．1つの栽培地域では，2～3の成熟期に属する品種が栽培されている．この分類では，わが国の代表的な品種であるエンレイの熟期は，IV に該当する（斎藤・橋本 1981）．

2）気　温

夏ダイズでは，開花迄の日数は平均気温，特に発芽後15～20日間の平均気温と高い相関がある（古谷・井手 1960）．花芽の分化には15℃以上の温度が必要で，25℃前後までは高温ほど促進的に作用するが，それ以上の高温になると促進的効果は消失し，かえって抑制的になる．とりわけ夜温は花芽の分化に影響を与え，夜温が25℃前後の場合に開花をもっとも促進し，それ以上の高夜温では開花が遅れる（Van Schaik and Probst 1958）．16～32℃の範囲内では，花粉は健全であるが，高温になるほど落花・落莢が増え，特に長日条件下で著しい（Van Schaik and Probst 1958）．

（4）環境と登熟

登熟期の限界平均気温は約12℃である．発芽から登熟終了までの平均積算温度は I a～I b型品種では1,900℃，II b～III c型品種では2,200℃である．高温ほど登熟日数は短縮されるが，その短縮程度は結実日数が中程度の品種ほど大きい．短縮に伴って粒は小さくなる．夜温は20℃の場合が最も結莢歩合が高く，それより高夜温になると結莢歩合は減る．登熟には，開花に必要な日長よりさらに短い日長が適している．一般に短日によって開花から莢形成までの日数は短縮され，莢の形成速度は増す．限界日長付近では花芽の形成が異常になり，不健全な花粉が形成されやすいので，結莢率が低下する．日長に比較的鈍感な早中生品種でも，長日下では結莢歩合が低

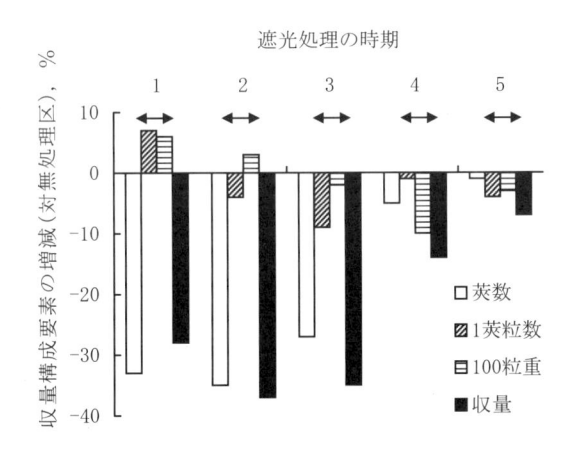

図18.26　生育時期別の遮光処理が収量構成要素に及ぼす影響
遮光処理（遮光率50％，10日間）の時期：1 開花盛期，2 莢伸長期，3 子実肥大初期，4 子実肥大中期，5 子実肥大後期．品種：ライデン．盛岡市での結果．国分（1988）

下する(Van Schaik and Probst 1958).また短日条件では粒の大きさ,粒重も小さくなり,本来結実日数の短い品種ほどその減少が著しい.反対に開花期間,結実日数は長日により遅延するが,その程度が著しくなる限界日長は晩生品種16時間,中生品種14時間,早生品種12時間とみられている(永田 1960).

日照が不足すると結莢歩合は低下する.2.7 klux では開花しても結莢しない(Popp 1926).開花期から子実肥大開始期までの莢形成期の遮光は,顕著な莢数低下をもたらし,収量に大きく影響する(国分 1988,図18.26).

(5) 光合成と物質生産・収量
1) 光合成の支配要因

ダイズ葉の光合成速度は,遺伝的特性,葉の窒素濃度などの体内要因および光強度などの環境要因によって支配されている.ダイズ個葉の光合成能力を38品種間で比較した試験結果によると,平均値$26.7\,\mathrm{mg\,CO_2/dm^2/hr}$を中心に±20％の変異を示すこと(小島・川嶋 1968),光合成能力の高い親同士の交雑育成品種は,概して光合成能力が高い傾向が認められ,高い能力を持つ親と低い能力を持つ親とのF_1では,低い能力が不完全優性を示し,育成品種は光合成能力が高くなる方向に選抜されていることが明らかにされた(小島ら 1968).

ダイズの葉身窒素含有率と光合成速度の関係をトウモロコシとイネのそれと比較すると,窒素濃度増加に伴う光合成速度増加の勾配は,トウモロコシがもっとも高くイネがそれに次ぎ,ダイズはこれら2種より明らかに小さい(Sinclair and Horie 1989,図18.27).この図が示すように,ダイズ葉身の窒素濃度は他の2種に比べて高い範囲にあるにも関わらず,光合成速度は低い.ダイズはイネに比べ,1)葉身窒素当りのRubisco含量が低いこと,2)葉の老化に伴う気孔伝導度の低下が顕著であること,などがダイズの窒素に対する光合成の効率が低い要因と指摘されている(牧野ら 1988).このような光合成特性の差異は,これら3種の物質生産能にも反映されていると考えられる(国分 2001).

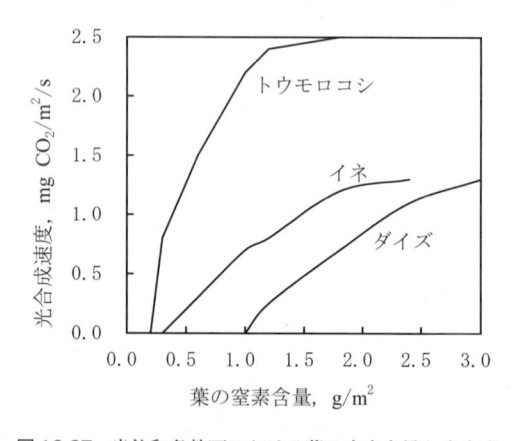

図18.27 光飽和条件下における葉の窒素含量と光合成速度との関係.Sinclair and Horie (1989)を改

個体群についてみると,ダイズの個体群の光合成は光飽和を示す(村田・猪山 1960).その理由は,ダイズ個体群内の光分布の解析から次のように考えられている.すなわち,LAIの高いダイズ個体群で,個々の葉の葉面照度を測定すると,直達光の多い場合には,日射量の変化に応じて葉面照度が変化するのは上位葉においてのみであり,中下位葉の葉面照度はほとんどが15 klx以下で,かつ変化しないことが分かった.そのために,上

位葉が光飽和になると個体群としても光飽和を示す．また，同じ測定結果で，散光の占める割合が大きくなると，中下位葉の葉面照度も上昇するため，同じ日射量であれば，散光の占める割合が大きいほど個体群光合成速度も大きくなることも示された（玖村 1965，玖村 1968）．こうした傾向は，ダイズ個体群が水平葉から成っており，葉群内部への光の透入が悪いことと関係している．一方では，ダイズ葉は調位運動をすることも知られており，こうした調位運動により，結果的に個体群として葉面照度が均一になる方向に向かっていると指摘されている（川嶋 1969）．

2）物質生産と収量

成長に伴う植物体全体の乾物重は S 字型に増大し，特に開花期以降の増大が顕著である（図 18.28）．開花期前に全体重の 1/3 が形成され，以降に 2/3 が形成される．すなわち，開花期以降も栄養成長が旺盛なため，栄養成長と生殖成長が並行する期間が長いことが，イネなどとは大きく異なる特徴である．葉身は全体の約 40 % を占め，茎は 20～30 % を占めるが，稔実が始まると栄養体の重量は減少し始める．このことから，開花期以降登熟期間の物質生産，すなわち光合成の能力や受光態勢が，子実生産に重要であり，この期間の落葉を少なくし，できるだけ多くの葉面積を長く維持し，かつそれらにできるだけ多くの光を当たらせて，光合成能力を発揮させる態勢が，高い収量を結果させることになる．

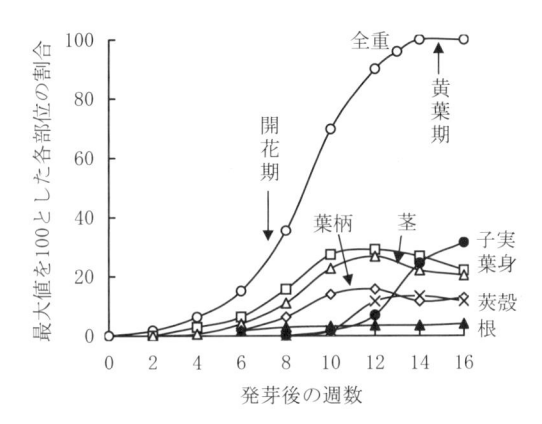

図 18.28 生育に伴う乾物重の推移
$100 = 721 g/m^2$，農林 2 号，5 月 23 日播．昆野（1979）を改

栽植密度の大小によって生育と乾物生産は大きく影響を受ける．栽植密度が小さいと，分枝は多く，茎は太く，節間長が短く育つ（昆野 1976）．そして個体当りの節数，花数，莢数，収量が高くなる．一方，栽植密度を高めると，茎長が増し，節数は増加しないので節間長が長くなり，茎は細く，分枝が少なくなる．面積当り茎葉増加が速く，群落上部が早く被覆されるようになり，過度な密度の場合，倒伏しやすく，下位葉の黄化，枯死が進み，群落光合成能は劣り，落花・落莢数が多くなって，収量に悪い結果をもたらす．したがって，品種や栽培条件に応じた適度な密度が大切である．早生で短茎の品種や晩播きの場合は栽植密度を高め，晩生品種や早播きの場合は密植では徒長の害を招くので疎植とするのが原則である．従来の栽植密度と成長の関係および収量性との関係は収量 200～300 kg/10 a レベルの場合について得られたものが多い．しかしそれより高い収量をあげているアメリカや南米諸国のダイズ主産地などでの実際の栽植密度は，日本におけるものよりはるかに密植である．このことから，現状よりも飛躍的な増収（400 kg

/10 a 以上）を図るためには，栽植密度を現状より増す方向が指向されている．

面積当り子実収量を最も高め得る最適の葉面積指数（LAI）は，受光態勢や栄養条件，温度などによって異なるものであり，また収量レベルによってもLAI最適値は異なる．図18.29に示すように，群落上層に位置する葉群を人為的に直立型にすると，LAI増加に伴う収量増加の割合が高くなったことから，草型の改変により，最適LAIが高くなり収量が高まることが実証されている（国分 1988）．

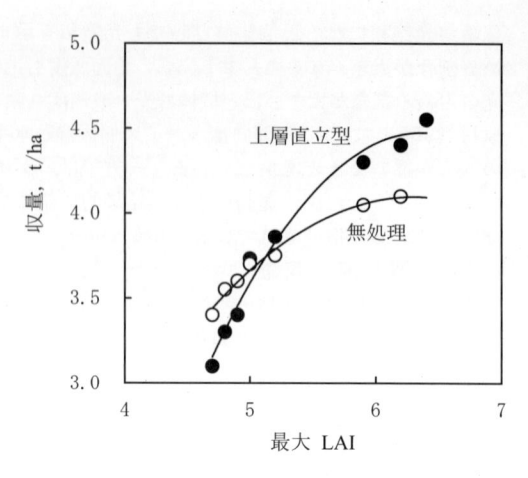

図18.29 草型が異なる場合のLAIと収量との関係．国分（1988）

（6）土壌・土壌水分

ダイズは他の作物に比べて，同じ品種でも栽培条件によって種子の大きさが変動しやすい特徴がある．栽培条件のうち，高温，乾燥，短日，日照不足などによっても種子が小さくなるが，これら気象条件にもまして，土壌条件は種子の大きさに与える影響が大きい．一般に沖積土では洪積土よりも種子が大きいが，それは沖積土の方が養分，とくにリン酸やカリウムなど塩基に富んでいるからと考えられる．また要素欠乏の土壌では完全施肥土壌よりも種子の大きさが劣る．大きい種子の芽生えは，小粒種子に比べて初期生育が優れる．したがって，多収には大粒で充実したものを選ぶ方が有利である．このため上記の大粒種子が得られる条件を備えた圃場が採種地として適するわけであり，これが従来ダイズの種場（たねば）（seed home）として注目されてきた．

ダイズは砂土から埴土まで広い土壌に適応する．概して根が深く張るので干ばつに抵抗力があり，開墾地にも適する．pHは発芽に対しては6が最適で，酸性側が好適する．その後の生育には4～7の範囲で適する（川島 1930, 1931）．pH4レベルでも石灰が多ければpH5～7で石灰が少ない場合より生育が優れる（Albrecht 1933）．なお根粒菌の生育のための最適pHは6.3～7.0である．

生育には土壌水分70～90％が最適であり，過湿では特に根の成長が劣り，維管束の形状も異常になる（福井 1956）．土壌水分が不足すると，根系は水分の多い深い所に伸び，過湿条件では地表近くに浅く広く発達する．根粒の呼吸量は根の5～7倍（阿江・仁柴 1983, Purcell and Sinclair 1995）にも達することから，過湿な土壌水分条件下では，根粒の活性が阻害される．ダイズを湛水条件におくと，湛水面下の茎，不定根，主根および根粒に，空隙のあるスポンジ状の通気組織が形成され，根や根粒に酸素を供給する適応を示す（Shimamura et al. 2002, 国分・島村 2010）．

わが国では，ダイズの生育期間前半は梅雨があるため土壌は多湿であり，根系が浅くなりやすい．そのため，夏季の高温・晴天時には，蒸散に吸水が追いつかないため，体内の水ストレスが生じやすい．水ポテンシャルと光合成の日変化を調査した結果によると，日中は水ポテンシャルが低下し，光強度が増しても光合成速度が低下していることが分かる（Kokubun and Shimada 1994，図18.30）．生育前半にやや乾燥気味の土壌条件で生育したものは根系が土壌下層まで良く発達し，夏季の水分不足に耐性が強く，結果的に多収になることが示されている（Hirasawa et al. 1994）．これらのことから，生育期間を通じて安定した地下水位を維持することは，ダイズの安定多収にはきわめて重要である．

ダイズの根の酸化力は他の作物と比べて強く，とくに畦畔栽培用で耐湿性の品種，あるいは腐植に富む畑地向きの品種において酸化力が著しく強い．生育時期別では，開花始め以降登熟期にかけて根の還元力がもっとも高く，この時期にもっとも酸素要求度が高い（三井・天正 1952）．

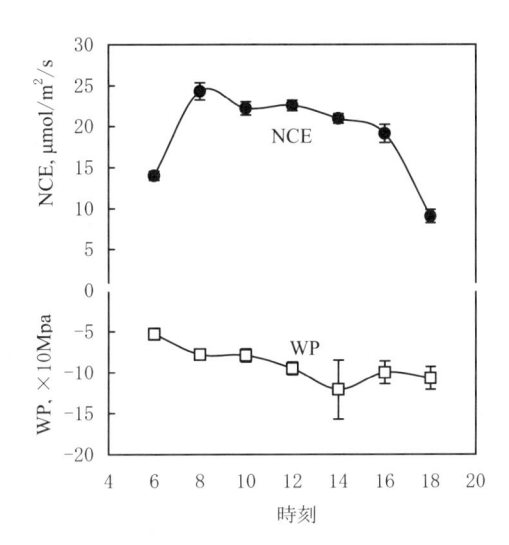

図18.30　晴天日におけるダイズ葉身の光合成速度（NCE）と水ポテンシャル（WP）の日変化
　　　　品種：タチナガハ．Kokubun and Shimada (1994)から作図

（7）養分吸収

成長に伴う各種要素の吸収量は図18.31に示すように，総吸収量は窒素がもっとも多く，次いでカリウムとカルシウムであり，リン酸，マグネシウムは相対的に少ない（小島・福井 1966）．いずれも開花前後から吸収量は増大し，莢実の発達・肥大期に吸収量は最大になる．各要素別に，生育に伴う各器官内の含有量の推移をみると，窒素，リン酸，カリウムは種子が肥大を開始する頃に最大になり，以降は種子へ移動して，その他の器官では減少する．これらの吸収曲線は乾物重の推移曲線（図18.28）とよく似ている．これに対しカルシウムやマグネシウムの場合，栄養体から種子への移行は茎を除いてはほとんどみられない（小島・福井 1966）．

1）窒素と根粒菌による窒素固定

窒素はもっとも多く必要とされる養分であり，ダイズの収量は窒素の集積量と密接な相関がある．開墾地のように根粒菌が生存していない土地では，根粒菌を種子に混ぜて播く必要がある．ダイズでは吸収窒素の多くが根粒菌による固定窒素によってまかなわれるが，多収をあげるためには，根粒菌による固定窒素の供給だけでは不足とする指摘もある（Vest et al. 1973）．開花期頃の窒素追肥は，条件によっては増収効果が認められ

第18章 ダイズ

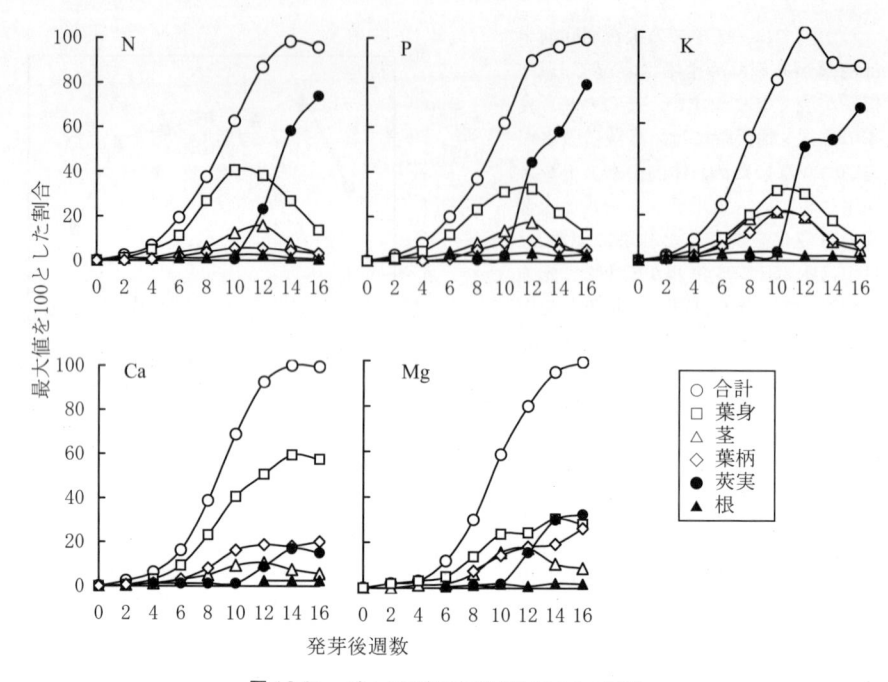

図18.31 ダイズの生育に伴う体内成分の推移
品種：農林2号，埼玉県北本で栽培，5月23日播種．各成分の100の値：N 20.9, P 1.7, K 9.2, Ca 9.1, Mg 3.0 g/m². 小島・福井 (1966) および昆野 (1979) から作図

る (橋本 1980). 土壌中の潜在窒素および施肥窒素が多い場合には，根粒菌による固定窒素の利用率は低下する．

根粒菌による固定窒素が生育に利用され始めるのは，発芽後4週目頃からである．子葉内貯蔵窒素は2週間目（第1本葉期）には不足してくる．したがって4週目頃までは根から窒素を吸収することが必要であり，ある程度の窒素を基肥として施用する必要がある．根粒菌による窒素固定量は，生育が進むとともに増大し，開花～子実肥大期に最大になり，以後は衰える．ダイズの結莢，種子肥大のためには，開花期～子実肥大期がもっとも窒素を多く必要とする (Lathwell et al. 1951) が，根粒の窒素固定量の最大期はそれによく一致している．茎葉に集積された窒素の大部分は種子の肥大が進むにつれ種子に移行・蓄積される．

地中に住む根粒菌は，根の表皮あるいは根毛から組織に侵入して根粒を作り，分裂性を消失したバクテロイド (bacteroid) となる．根粒菌はダイズの根（宿主）からスクロース，グルコース，有機酸などの光合成産物を摂取して，これをエネルギー源として生活し，空中の窒素を固定する．根粒菌による固定窒素はアミド（アスパラギン酸など）やウレイド（アラントインやアラントイン酸）の形で転流することが知られているが，ダイズ

ではウレイドが主体である．ウレイドは施肥・土壌窒素の移行形態であるアミドに比べ，栄養成長よりも生殖成長に有利に利用されるとの指摘がある（石塚 1982）．

根粒は形成されてから5～7日後から窒素固定を始める．しかし根粒自身の成長が急な時期は，固定した窒素の約半分は根粒内に留まるから，ダイズへの供給は少ない．根粒が増えてくると，窒素総固定量の80～90％がダイズに供給されるようになる．ダイズの全生育期間に根粒から供給される窒素の約80％が開花期から登熟盛期の間に固定・供給される．ダイズの全窒素吸収量に占める固定窒素の割合は，品種や土壌の特性によって大きく変動するが，80％を超す事例が報告されている（高橋 2005）．

根粒菌の窒素固定能力は，土壌中の窒素肥料養分の量によって著しく異なる．施用窒素が多いと根粒の着生は少なく，固定能率は低い．窒素量と相対的に炭水化物の供給が多いときには根粒の着生が多く，固定能率も高い．その他，土壌中のリン酸，カルシウム，コバルト，モリブデンの量や土壌中の酸素，水分も根粒菌の活動や寿命に影響する．一般に根粒菌の活動は登熟期後半になると衰え，根粒内部が肉赤色から緑色に変わるにつれ，窒素固定は減少する．

2) リン酸・カリウム

子実生産に及ぼすリン酸の影響は，開花期に吸収されたものが最も著しく，莢伸長期，子実肥大期の吸収がこれに次ぐ（村山ら 1957）．三要素試験の例では，黒ボク土の場合，三要素施用区に比し，無窒素区と無カリ区は減収程度が少ないが，無リン酸区は減収が著しく，わが国に多いリン酸の乏しい黒ボク土では，リン酸施用の効果が大きい．

ダイズはカリウムの吸収力の弱い作物とされるから，カリ肥料は充分に与える必要がある．カリ欠乏は生育に対して，最も早く発現する．カリウムは炭水化物代謝に関与していると推定され，葉柄特に葉枕に多く含まれるので，葉の調位運動にも関係あるとみられる（昆野 1979）．

3) その他の養分

石灰はダイズの茎葉には，イネ科作物の場合の約3倍も含まれる．カルシウムは地上部より地下部の生育に影響が大きく，欠乏すると根は暗褐色となり，もろくなり，支根の発生も少なくなる（村山ら 1950）．開花始以降は吸収がきわめて少なくなるので，後期の施用は収量に効果がないとされる．概してダイズと根粒菌はともに強酸性に強くないので，強酸性の土では石灰を施用し，土壌をやや中和する必要がある．

マグネシウムは莢その他の器官の膜物質や葉緑体の構成成分として重要な要素である．カルシウムとマグネシウムとカリウムとの間には拮抗作用，あるいは相補的作用がある（昆野 1976）．

モリブデンが不足すると，根粒の着生や窒素固定能に悪影響を与える．特に，酸性が強い土壌では可給態モリブデンが少ない．モリブデンが不足しやすい土壌では，モリブデンを含む肥料が施用される場合がある．

5. 品　種

(1) 品種の分類

ダイズの草型は，主茎の長短や分枝の性状などにより分類される．有賀（1943）は図18.32に示すように，A_1，A_2，B，C，Dの5つの草型に分類した．その後，1974年に作成された大豆調査基準では，主茎の長短により長茎型と短茎型，分枝の多少により分枝型と主茎型，分枝の開張度により開帳型と閉鎖型とし，これらを組合わせて8つの草型に分類された．それぞれの分類の基準値は，主茎長は60 cm，分枝（10 cm以上の）数は5本，分枝の開帳度は15 cmあるいは20 cmである．また，主茎の蔓化の性質と分枝の伸長性から，真性蔓化型，可変蔓化型，特殊無蔓化型，正常型の4型に分類する方法もある．

茎の成長点の分化発達について，有限伸育型（determinate type）と無限伸育型（indeterminate type）とに分けられる．無限伸育型は下位節から順次花芽を分化しつつ節が増えてゆくが，やがて先端ほど細く弱勢となり，着莢数は少なくなり，最後は未発達に終わる．無限伸育型の品種は主として中国東北部やアメリカ中西部や北部に栽培され，生育期間の短い品種に多い．有限伸育型は下部節で花芽が分化すると，やがて茎頂で節の増加が止まり，頂端に花芽が着いて，下部と同様に結莢する．頂端の葉（止葉）が大きく，莢数も多い特徴がある．日本の品種はほとんど全て有限型に属し，アメリカ南部の品種もこの型が主体である．なお両型の中間的な品種もあり，これを半無限伸育型（semi-determinate type）と呼ぶ．伸育型に関する遺伝子は，$Dt1/dt1$（無限/有限），$DT2/dt2$（半無限/無限）が報告されている．

草型分形類		分類の基準						開花期	成熟期
		形態	茎長	分枝長	分岐数	分岐出角	分岐方向		
	A_1	小箒形	立的	低	短	小	小	極早	早
	A_2	草箒形	稍立的	稍高	長	体少	中小	晩	中～晩
	B	ラケット形	平的	高	長	多	面	極晩	極大
	C	円扇形	平的	中	中	多	面	稍中	早～中
	D	軍扇形	平面	中	中	多	面的	最大	中

図18.32　ダイズの草型の分類と特徴．有賀（1943）を改

西日本では，播種期が早く夏に成熟する夏ダイズ型，晩播きで晩生の秋ダイズ型，両者の中間の中生品種が中間型とされる．中国ではこれに加え，春大豆，冬大豆などの呼称がある．

福井・荒井（1951）は，開花まで日数について極短から極長までをⅠ，Ⅱ，…，Ⅴの5段階に，結実日数について短，中，長をa, b, cの3段階にそれぞれ分け，これを組合わせて9生態型に分類した．Ⅰa, Ⅱb, Ⅱaは夏ダイズ型，Ⅱb, Ⅱc, Ⅲbは中間ダイズ型，Ⅳc, Ⅴcは秋ダイズ型に相当する．またこれらの日本各地の分布については生理生態の節で論じた．また，前述のように，アメリカでは単純に生育日数の長短により，000, 00, …Ⅹに分類している．

ダイズの用途は多様であり，用途によってタンパク質含有率の高い豆腐用品種，油を

多く含む搾油用品種,外形が揃って美しく臍が白い大粒の煮豆用品種,粒の小さい納豆用品種などがある.また,黒豆(煮豆)用,緑色系の黄粉用,ひたし豆用,枝豆用などにも品種が分化している.さらに,飼料用,緑肥用にも専用の品種がある.

(2) 育 種

育種目標は,多収性,病虫害抵抗性,良品質,機械化適応性が主要なものである.また,寒冷地では耐冷性も重要な育種目標である.耐病虫性ではウイルス病(ダイズモザイク病,わい化病),立枯れ性病害,ダイズシストセンチュウに重点がおかれ,抵抗性品種が多く育成されている.品質に関しては,大粒,極小粒,黄白色の種皮,白い臍の色(白目)および高タンパク質含量が目標とされている.機械化適応性では,難裂莢性,成熟の斉一性,高い着莢位置が要求されている.近年では,青臭みの原因となるリポキシゲナーゼが欠失したもの,えぐみの原因となるサポニンが欠失したもの,イソフラボン含有率が高く機能性の高いもの,アレルゲンを低減したものなど,種子成分の改良も重要な目標となっている(喜多村 1990,羽鹿 2002).

育種の手法は系統育種法と集団育種法が基本であり,突然変異育種法も用いられてい

表18.3 わが国の地域別ダイズ主要品種の栽培面積割合

地域	品種名
北海道	いわいくろ(20),トヨムスメ(16),ユキホマレ(14),トヨコマチ(9),スズマル(9),ツルムスメ(5)
東北	リュウホウ(23),スズユタカ(14),ミヤギシロメ*(12),おおすず(10),タンレイ(9),タチナガハ(5)
関東	タチナガハ(51),納豆小粒*(17),ナカセンナリ(11),フクユタカ(5),ギンレイ(2),ハタユタカ(2)
北陸	エンレイ(94),あやこがね(3),オオツル(2)
東海	フクユタカ(93),つやほまれ(3),エルスター(1)
近畿	オオツル(22),フクユタカ(16),丹波黒*(16),タマホマレ(12),黒大豆*(10),サチユタカ(8)
中・四国	サチユタカ(32),丹波黒*(22),タマホマレ(14),フクユタカ(13),アキシロメ(5),黒大豆(3)
九州	フクユタカ(85),むらゆかた*(10),エルスター(2)
全国	フクユタカ(23),エンレイ(11),タチナガハ(8),リュウホウ(6),スズユタカ(4),いわいくろ(3)

( )内数値は地域における作付け面積比率(%).2005年における数値.*農林登録されていない品種.農林水産省の資料より作表

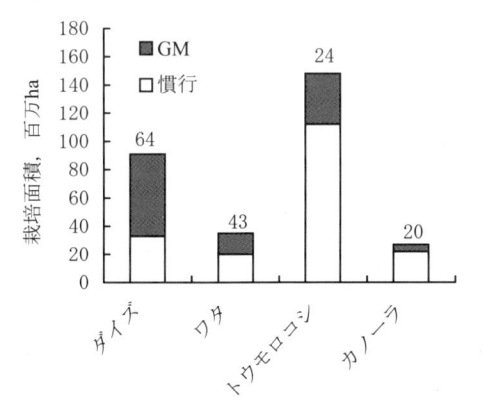

図18.33 主要作物のGM品種栽培割合.図中の数値はGM品種の割合(%).James (2007)を改

る．育種目標である形質を支配する遺伝子と連鎖したDNAマーカーを用いることにより，その形質の選抜を効率的に行うことができる．わが国においても，ダイズシストセンチュウやモザイク病などの病虫害抵抗性の選抜に有効なDNAマーカーの開発・利用を目指した研究が行われている（原田 2002）．近年，遺伝子組換え作物（GM作物）が開発されているが，なかでも，ダイズの除草剤耐性品種が，アメリカや南米諸国で急速に普及しつつある（図18.33）．2010年には，日米の共同研究により，ダイズの全ゲノム情報の解読がなされた（Shumutz et al. 2010）．その結果，約11億に上る全塩基配列が読みとられ，46,430の遺伝子が推定された．今後，ゲノム情報を活用した育種の進展が期待される．

わが国では，各地域における主要品種は近年育成された農林登録品種が主体であるが，納豆小粒や丹波黒のような在来種も根強く残っている（表18.3）．

6．栽　培

（1）整地・施肥・播種

秋・春2回または春1回，深さ10 cm程度にプラウで耕起し，ディスクハローで整地する．近年ではロータリー耕だけの場合も多い．秋耕は土壌を風化させる利点を持ち，多肥の場合は春耕を伴うとその効果が一層高い．しかし傾斜地や黒ボク土など，水や風による土壌侵食が起き易い地域では秋耕を避ける．アメリカ，南米諸国では耕起に伴う土壌流亡が大きな問題とされ，流亡を防止するために，耕起を全く行わない不耕起栽培技術が急速に普及している（国分 2000）．この栽培方法では播種前の耕起や生育期の中耕を全く行わないため，除草は除草剤への依存度が高く，遺伝子組換え技術による除草剤耐性を付与した品種の採用が多くなっている（国分 2010）．また，コムギやトウモロコシなど前作の残渣は作物マルチとして圃場に残し，不耕起播種機を用いて播種するのが一般的である（図18.34）．

施肥量は条件によって異なるが，標準として，10 a当り窒素1〜4 kg，リン酸とカリウムは各5〜10 kg，石灰20〜40 kgを基肥とする．酸性土ではpH6.0〜6.5程度に酸度を矯正する．前述のように洪積地，黒ボク土ではリン酸を多めに施用する．ダイズは化学肥料と接触すると障害を受けるので，施肥位置と播種位置は離すように注意する．ダイズの栽培歴のある圃場では，根粒菌を接種しなくても根粒の着生がみられるので，接種効果は小さい（Bruin et al. 2010）．しかし，ダイズの

図18.34　不耕起播種機による播種作業．パラグァイの農家圃場．

栽培歴のない圃場では根粒菌接種の効果が期待できる．

地温15℃以上となり，晩霜のおそれがなくなれば播種できる．標準的な播種期は，北海道・東北では単作では5月中・下旬〜6月上旬，麦後では6月下旬〜7月上旬である．関東や西日本では麦後が多く，6月中旬〜7月下旬に播種する．梅雨時期に当たるため，降雨の合間に播種する必要がある．播種後に降雨が続く場合も多く，出芽が不良になり易い．

播種密度は品種によって異なるが，早生・短茎品種は晩生・長茎品種より密植し，また主茎型品種も分枝型より密播し，さらに晩播，寒地，痩薄地，少肥栽培でも密植とする．条間60〜70 cm，株間10〜20 cm，栽植密度10〜20本/m^{2}程度が標準である．前述の不耕起播種栽培では，条間を30〜50 cmと狭くして，栽植密度30〜40本/m^{2}程度の超密植が行われている．

播種後，除草剤を土壌処理する．出芽後，欠株が多いときは補植する．移植は初生葉の展開までの時期がよく活着する．除草と倒伏防止のため，中耕・培土を開花までに1〜3回行う．出芽が良好な場合，ダイズによる雑草生育の抑制が期待できるので，土壌処理剤と播種約1か月後の中耕・培土で済ますことができる．

(2) 病虫害

1) 病害

ダイズの病害は，ウイルス病（モザイク病，萎縮病，ダイズわい化病など），細菌病（葉焼病，斑点細菌病など）および糸状菌病（紫斑病，べと病，黒根腐病など）に分類される．病害としては次のようなものの被害が大きい．薬剤防除の他，抵抗性品種の利用や輪作などにより発生を抑制する．

モザイク病 (soybean mosaic virus)：ウイルスによる病気で，縮葉症状や葉面のモザイク模様を生じ，生育が劣り，種子は臍から腹部にかけて垂直に帯状の褐斑を生じて品質を劣化させる．病原性の異なるA〜Eの5系統が知られている．これらの系統に対してダイズ品種の抵抗性が異なり，抵抗性の強い品種が育成されている．種子伝染し，アブラムシで伝播する．防除は，褐斑粒の除去，抵抗性品種の利用およびアブラムシの駆除による．

萎縮病 (soybean stunt virus)：これもウイルスによるもので，罹病株は矮化し，縮葉症状を呈する．種子腹部に輪紋状の褐斑を生じるのが特徴である．種子伝染し，アブラムシが媒介する．防除はモザイク病と同様である．

ダイズわい化病 (soybean dwarf virus)：本ウイルスは種子伝染せず，ジャガイモヒゲナガアブラムシによって伝播される．発生地帯はかつては北海道南部に限定されていたが，現在では本州の多くの地域で発生が確認されている．本病に抵抗性の品種は開発されていないので，播種時に殺虫剤を施用してアブラムシの防除を行う．アブラムシ有翅虫の発生が少なくなった時期の播種が被害回避に有効とされている．

紫斑病 (purple stain, purple speck of seed)：糸状菌 (*Cercospora kikuchii*) によって種子に紫色の斑紋ができ，品質を損ねる．葉や茎にも病斑を生じて，早期落葉を招く．生育期間に雨が多かったり，収穫期が遅れると被害は大きくなる．品種の抵抗性は不十分であり，健全種子を選び，種子消毒や開花〜結莢期の殺菌剤散布により防除する．

べと病（downy mildew, *Peronospora manshurica*）：発生面積は多いが，通常被害が問題となることは少ない．子実に卵胞子が付着して問題となることがある．

立枯性病害：黒根腐病（*Calonectria ilicicola*），茎疫病（*Phytophthora sojae*），白絹病（*Sclerotium rolfsii*）など，立枯れ症状を起こす病害がいくつか知られている．これらの病害は水田転換畑などの多湿条件で発生が多く，1980年代以降に発生が増加している．抵抗性育種などの努力がなされているが，今のところ品種の抵抗性は不十分なので，輪作などにより発生を抑制する．

2）虫　害

ダイズは害虫の種類，被害がきわめて多い．マメシンクイガ以外は暖地ほど発生が多い．また，多くの害虫の被害率は盛夏や厳寒期の気温と相関を示す（小林・奥 1976）．ダイズシストセンチュウを除き抵抗性品種はほとんどないので，殺虫剤の散布により適期防除に努める．しかし，殺虫剤に対する虫の抵抗性が顕在化しており，薬剤のローテーション散布，天敵やフェロモントラップの利用などによる，総合的な害虫管理（integrated pest management）が必要となっている．害虫の主要なものには以下のものがある．

ダイズシストセンチュウ（soybean cyst nematode, *Heterodera glycines* Ichinohe）：ダイズの根に大量に寄生し，このため葉色が淡くなり，草丈は伸びず，枝張りが劣り，着莢数が減る．被害株の根の表面に，白色でケシ粒ほどの大きさの虫が多数群がっているのを肉眼で見ることができる．連作によってセンチュウの密度が増加するので，連作を避ける．抵抗性品種が育成されている．

カメムシ類：ホソヘリカメムシ（bean bug, *Riptortus clavatus* Tunberg）ほか数種のカメムシがダイズを害する．若莢に口吻を刺して吸汁し，落莢や奇形豆の原因をつくり，大被害をもたらす．

マメシンクイガ（soybean pod borer, *Grapholitha glycinivorella* Matsumura）：主に関東以北に年1回発生し，成虫は7月下旬から9月にかけて現れ，若莢に産卵する．幼虫は莢面に白いマユを作り，莢の中に入って種子を食害し，品質・収量を落とす．老齢幼虫は体長9 mm，紅色を帯びたウジ状である．概して莢面の多毛品種に被害が多く，裸品種に少ない．

ヒメコガネ（soybean beetle, *Anomala rufocuprea* Motschulsky）：体長13～16 mmの甲虫で，1年1世代．7～9月頃に羽化した成虫は昼間は土中に潜み，夜間に葉を食害する．特に洪積土の畑地で大発生し被害が大きい．幼虫は有機物や植物の根を食害し，中齢幼虫で越冬する．

マメコガネ（Japanese beetle, *Popillia japonica* Newman）：体長約10 mmの小型甲虫で，もと日本からアメリカに侵入し，ダイズの害虫として広がったのでJapanese beetleの名が付けられた．年1回，一部は2年に1回発生する．7月中旬が発生盛期で，葉を葉脈を残して食害し，網目状にしてしまう．

シロイチモジマダラメイガ（lima-bean pod borer, *Etiella zinckenella* Treitscke）：主に関東以南に年1回発生し，5～6月に羽化し，以降1年4世代を繰り返す．蛾は翅開長20～23 mmで灰褐色．幼虫は約15 mm，白色毛を疎生した暗赤色，莢内に侵入して害を与

える．

ダイズサヤタマバエ（soybean pod gall midge, *Asphondylia* spp.）：北海道と東北の一部を除いて全国に，年に3回以上発生する．子房に産卵し，幼虫は若い莢に虫えいを作り食害するため，落莢の原因となる．若莢に毛の少ない品種または毛耳が直角に密生している品種は被害が少ない．

タネバエ（seed-corn maggot, *Hylemyia platura* Meigen）：吸水した地中の種子を幼虫が食害し，発芽阻害を招く．成虫は体長5～6 mmのハエで，幼虫は白～黄色で第1節の尖ったウジである．播種期を遅らせることで，発生をある程度回避できる．

ハスモンヨトウ（common cutworm, *Spodoptera litura* F.）：1950年代後半から発生が急増し，現在では主として関東中部以南の温暖な地域で多発する．ハウスなどの施設が耐寒性の弱い本種に越冬場所を提供したことが要因と考えられている．発生量の年次変動が大きく，突発的に発生することも多い．幼虫は多食性で，多くの作物を食害する．集団で葉の表皮を除いて葉肉を食害するため，葉は白くなる（白変葉）．成虫は1日に数kmを飛翔する能力がある．

(3) 収穫・調製

収穫の適期は，葉が黄変・脱落し，莢が熟して褐色など品種固有の色を呈した時である．

北海道では9月中旬～10月上旬，東北9月中旬～11月上旬，関東8月下旬～11月上旬，近畿11月上旬～下旬，九州では夏ダイズが7月下旬から，秋ダイズは11月下旬頃である．

収穫・乾燥・脱粒方法は3つの体系に分けられる．第1の方法は，人力で刈取り-自然乾燥-人力あるいはビーンスレッシャによる脱粒，第2の方法はビーンハーベスタによる刈取り-自然乾燥-ビーンスレッシャによる脱粒，第3の方法はコンバインによる刈取りと脱粒である．近年は，集団で大規模に栽培する場合が多く，コンバイン収穫が増えている．コンバインは普通型とダイズ専用型とがある．人力やビーンハーベスタの場合，晴天の日を選んで，根際から抜取るか刈取り，地干し，立干し，または掛干しする．乾燥の後，スレッシャにより脱粒する．コンバイン収穫では，莢が乾燥しすぎると刈取時に裂莢によるヘッドロスが多くなるので，裂莢しにくい品種を採用し，成熟後早めに収穫することが大切である．一方，茎の水分が50～60％，粒の水分が20％以上では粒が茎葉の汁液で汚染や損傷が生じる（図18.35）．したがって，茎水分が60％以下，粒水分が15～

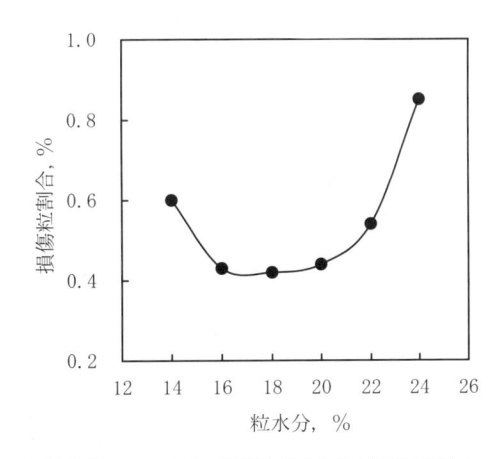

図18.35 コンバイン収穫時の粒水分と損傷粒割合との関係．品種：タマホマレ，コンバイン：農機研式汎用型．市川（1989）を改

18％程度の範囲で収穫するのが望ましい．また，朝夕の露のある時間帯の収穫は避ける．脱粒後の粒水分が高い場合は，乾燥機を用いて検査規格の最高限度である水分15％以下に乾燥させる．火力乾燥では，急激に乾燥すると裂皮やしわ粒が発生するので，送風温度や送風湿度を調整しゆっくりと乾燥させる必要がある．夾雑物や被害粒を除く．

（4）作付体系

一般に豆類は連作により収量が下がることが知られている．ダイズも連作により3〜4年目から減収が著しくなることが多い．連作障害はエンドウ，アズキ，インゲンマメで著しく，ダイズはそれに次いで著しい．ダイズの連作害の原因としては複数あるが，中でもダイズシストセンチュウの密度増加が大きな要因である．水田転換畑では立枯れ性病害も増加する．また害虫も増える．これらはダイズ以外の作物を何年か輪作することによって防ぐことができ，特にダイズシストセンチュウはイネ科には寄生できないので，ダイズを数年作らないとほとんど駆除できる．

一般にイネ科作物-ダイズ-根菜類といった作付体系が適当で，前作としてはムギ類，トウモロコシ，陸稲，サツマイモなどが適しており，後作としてはジャガイモ，テンサイ，サツマイモあるいはトウモロコシ，ムギ類などが入れられている．

ダイズは，吸収窒素の多くを根粒の窒素固定に依存することや，葉や根を圃場に残す量が他作物に比べて多いことから，かつては地力を涵養する作物とみなされてきた．しかし，ダイズの子実は多量の窒素（主としてタンパク質）を含むため，多収のダイズでは圃場から多量の窒素が持ち出されることになる．ダイズの子実100 kg生産するためには，7〜9 kgの窒素を吸収する必要があるので，300 kg/10 aの収量を得るためには21〜27 kg/10 aの窒素を吸収する必要がある．これはイネ600 kg/10 a収穫に必要な窒素吸収量10〜12 kg/10 aに比べ，はるかに多い．そのため，多収ダイズの跡地は地力が消耗する可能性が高い（高橋 2005）．また，田畑輪換によりダイズの作付け年数が多くなると，長期的には水田の土壌肥沃度が低下する（住田ら 2005）．

ダイズはかつて，東北・中部・北陸・山陰など，畑の少ない地帯では畦畔栽培が行われたが，現在ではほとんど消滅した．韓国や中国でもかつては広く行われたが，現在では少ない（図18.36）．適品種としては栄養成長が盛んで根の酸化力の強い，大粒・晩生品種が良いとされる．

移植栽培は鳥害および晩播対策として昔から行われてきた．苗を移植すること

図18.36　畦畔ダイズ．韓国で撮影．

により生育が抑制気味となり，根群は浅く，草丈はやや低くなる．開花期はやや遅れるが分枝や開花数はやや増え，着莢歩合も増えること，また成熟期が早まることにより総合的には増収しやすい．この他特殊な増収技術として摘心栽培があり，丹波黒の栽培などに用いられる．

7. 利 用

ダイズの種子はタンパク質を約35％，脂質を約20％含み食品としての栄養価が高い（表18.4）．ダイズのタンパク質はリジンを多く含み，栄養価が高いが，含硫アミノ酸がやや不足しているので，コメと組合わせると望ましいアミノ酸バランスとなる．ダイズタンパクはコレステロール値を低下させることが知られている．さらに，ダイズはビタミンB_1，Eやレシチン，イソフラボン，サポニンなどの微量成分を比較的多く含んでいる．近年，これらの成分が抗ガン作用などの生理機能を持っていることが明らかにされ（表18.5），健康食品とされるほか，栄養補助食品（サプリメント）としての利用も増えている．

アジア地域では豆腐，納豆，醤油などの加工食品として長い利用の歴史がある．近年では，経済的・宗教的な理由で肉食をしない人々のタンパク食品としての利用法が工夫されている．ダイズの主な利用法は以下のとおりである．

① 食用油：食用油としては，ダイズのほかにヒマワリ，ラッカセイ，ワタ，ナタネなどが用いられるが，ダイズ油がもっとも多く使われている．ダイズ

表18.4 ダイズの成分（100g中）

成分	ダイズ粒
エネルギー，kcal	417
水分，g	12.5
タンパク質，g	35.3
脂質，g	19.0
炭水化物，g	28.2
灰分，g	5.0
無機質，mg	
ナトリウム	1
カリウム	1900
カルシウム	240
マグネシウム	220
リン	580
鉄	9.4
亜鉛	3.2
銅	0.98
ビタミン，mg	
B_1	0.83
B_2	0.30
B_6	0.53
E	3.60
食物繊維，g	17.1

国産ダイズの全粒．食品成分研究調査会（2001）から作表

表18.5 ダイズの成分と生理機能

成分	生理機能
種子タンパク質	コレステロール低下，抗肥満，老化防止
トリプシンインヒビター	抗ガン
食物繊維	大腸ガン予防
オリゴ糖	整腸作用
フィチン酸	ミネラル吸収阻害，抗ガン
サポニン	抗酸化能
イソフラボン	ガン予防，骨粗しょう症予防
リノール酸	コレステロール代謝改善
α-リノレン酸	抗アレルギー，循環器疾患予防
レシチン	脂質代謝改善
トコフェノール	抗酸化能，循環器病改善
ステロール	血清コレステロール改善
ビタミンK	血液凝固

喜多村・国分（2004）

油は不飽和脂肪酸に富んでおり，特にリノール酸の含有率が高い．この成分は，コレステロール低下作用を持つ．

②家畜飼料：脱脂後のダイズはタンパク質を多く含むので，主として家畜の飼料として利用される．

③食品：ダイズの食品としての利用法は多様であるが，発酵の有無によって分類される．

a) 無発酵食品

モヤシ，エダマメ，きな粉，豆乳，ゆば，豆腐などのほか，菓子原料として広く用いられる．また，タンパク質を抽出，成型（繊維状，粉末状など）してさまざまな食品原料として用いる．脱脂後のダイズは，醤油原料や人造肉などの加工用原料に用いられる．

b) 発酵食品

醤油，味噌は中国にその原型をみることができるが，わが国で発展した独特の発酵食品といえる．ダイズ，ムギ，コメを原料としてコウジカビの働きを利用した食品である．食塩を加えるので長期間の保存に耐える．一方納豆は塩を使わない無塩発酵なので保存がきかない．また，納豆はカビではなくバクテリアによる発酵である．納豆と同じ無塩発酵食品として，アジア諸国にはインドネシアのテンペ，タイのトァナオ，ネパールのキネマなどがある．

④工業原料

接着剤，塗料，潤滑油，プラスチック，インクなどの原料として様々な用途がある．ディーゼル油としての利用も検討されている．

8. 文　献

阿部　純　2004　作物の起源と分化　ダイズ．山崎耕宇他，新編農学大事典．養賢堂．434-436．
阿江教治・仁柴宏保　1983　ダイズ根系の酸素要求特性および水田転換畑における意義．土肥誌 54：453-459．
Albrecht, W. A. 1933 Inoculation of legumes as related to soil acidity. J. Amer. Soc. Agron. 25：512-522．
有賀武典　1943　草性に依る大豆品種の分類．農及園 18：669-670．
有賀武典　1948　大豆品種の生態型．農及園 23：617-620．
有原丈二　2000　ダイズ　安定多収の革新技術．農文協．
有門博樹　1953　野生大豆の通気組織．日作紀 21：267-268．
有門博樹　1954　大豆の過湿に対する反応．特にその解剖学的差異について．日作紀 23：36-40．
Ballantine, J. E. et al. 1970 The effect of light intensity and temperature on plant growth and chloroplast ultrastructure in soybean. Amer. J. Bot. 57：1150-1159．
Bergersen, F. J. 1958 The bacterial component of soybean root nodules ; changes in respiratory activity, dry cell weight and nucleic acid content with increasing nodule age. J. Gen. Microbiol. 19：312-323．
Bils, R. F. et al. 1963 Biochemical and cytological changes in developing soybean cotyledons. Crop Sci. 3：304-308．
Boerma, H. R. and J. E. Spect, eds. 2004 Soybeans: Improvement, Production, and Uses, Third edition. ASA/CSSA/SSSA.WI, USA.
Borthwick, H. A. et al. 1939 Photoperiodic responses of several varieties of soybeans. Bot. Gaz. 101：341-365．

8. 文 献

Brown, J. C. et al. 1959 Internal inactivity of iron in soybeans as affected by root growth medium. Soil Sci. 87 : 89-94.
Caldwell, B. E., ed. 1973 Soybeans: Improvement, Production and Uses. Amer. Soc. Agron.
Cartter, J. L. et al. 1962 The management of soybeans. Adv. Agron. 14 : 360-412.
Ciha, A. J. et al. 1975 Stomatal size and frequency in soybeans. Crop Sci. 15 : 309.
De Bruin, J. L. et al. 2010 Probability of yield response to inoculants in fields with a history of soybean. Crop Sci. 50 : 265-272.
FAO 1994 Tropical Soybean, Improvement and Production. Plant Production and Protection Series No. 27.
Fehr, W. R. and C. E. Caviness 1977 Stages of soybean development. Special Rep. 80, Iowa Sate Univ. 1-11.
福井重郎・荒井正雄 1951 日本に於ける大豆品種の生態学的研究．(1) 開花迄日数と結実日数による品種の分類とその地理的分布について．育学雑 1 : 27-38.
福井重郎・伊藤隆二 1951 生育各期に於ける土壌水分の不足が大豆の生育並に収量に及ぼす影響について．日作紀 20 : 45-48.
福井重郎・鎗水 寿 1951 大豆の登熟に対する温度並びに日長の効果．日作紀 21 : 123-124.
福井重郎・伊藤隆二・内山泰孝 1951 地下水位の高低が大豆の生育並に収量に及ぼす影響について．関東東山農試研報 1 : 9-14.
福井重郎・小島睦男・鎗水 寿 1956 大豆の登熟期間の日長，温度条件が次代作物に及ぼす後作用．育学雑 6 : 5-10.
福井重郎 1956 大豆品種の土壌生態型に関する研究．(I) 根の酸化力の品種間差異について．育学雑 6 : 88-90.
福井重郎 1960 大豆の栽培法．養賢堂.
福井重郎 1963 日長感応度からみた大豆品種の生態的研究．農事試研報 3 : 19-78.
福井重郎編 1968 大豆の育種．ラティス社.
古谷義人・井出義人 1960 夏大豆における生育期間の温度と開花迄日数及び成熟日数との関係．日作九州支部報 15 : 74-77.
Haberlandt, F. 1878 Die Sojabohne. Ergebnisse der Studien und Versuch über die Anbauwürdigkeit dieser neu einzufuhrenden Culturpflanze.
羽鹿牧太 2002 成分改変育種．農林水産技術会議事務局編，大豆自給率向上に向けた技術開発．農林水産研究文献解題 No. 27 : 91-98.
Hanway, J. J. et al. 1971 Dry matter accumulation in soybean plants as influenced by N, P, and K fertilization. Agron. J. 63 : 263-266.
Hanway, J. J. et al. 1971 Accumulation of N, P, and K by soybean plants. Agron. J. 63 : 406-408.
原田久也 2002 分子マーカー．農林水産技術会議事務局編，大豆自給率向上に向けた技術開発，農林水産研究文献解題 No. 27 : 639-649.
橋本鋼二・山本 正 1970-1974 豆類の冷害に関する研究 (1, 2, 4, 5). 日作紀 39 : 156-163, 164-170, 42 : 475-486, 43 : 40-46, 52-58.
橋本鋼二 1971 大豆の生育時期別発達に対する肥料ならびに固定窒素の意義．北農試彙報 99 : 17-29.
Hashimoto, K. 1976 The significance of nitrogen nutrition to the seed yield and its relating characters of soybean – with special reference to cool summer injury. Res. Bull. Hokkaido Natl. Agr. Exp. Stn. 114 : 1-87.
橋本鋼二 1980 大豆の生育と栄養．斎藤正隆・大久保隆弘編，大豆の生態と栽培技術．農文協．77-93.
Heatherly, L. G. and R. W. Elmore 2004 Managing inputs for peak production. In H. R. Boerma and J. E. Specht eds., Soybeas: Improvement, Production, and Uses, third edition. ASA/CSSA/SSSA, WI, USA. 451-536.
Hirasawa, T. et al. 1994 Effects of pre-flowering soil moisture deficits on dry matter production and ecophysiological characteristics in soybean plants under drought conditions during grain filling. Jpn. J.

Crop Sci. 63 : 721-730.
Hunter, J. R. et al. 1952 Relation of seed germination to soil moisture tention. Agron. J. 44 : 107-109.
Hymowitz, T. 2004 Speciation and cytogenetics. In H. R. Boerma and J. E. Specht eds., Soybeans: Improvement, Production, and Uses, third edition. ASA/CSSA/SSSA, WI, USA. 97-136.
市川友彦 1989 コンバインに関する研究. 生研機構研究報告会資料 1-17.
池田 弘 1955 大豆根瘤の組織学的研究（予報）. 鹿児島大農学報 4 : 54-64.
池田 武 2000 ダイズ個体群の純生産に関わる要因. 日作紀 69 : 12-19.
井上重陽 1957 作物種子の発芽温度に関する研究. 高地大農紀要 3 : 1-35.
石塚潤爾 1982 マメ科穀類. 田中 明編, 作物比較栄養生理. 学会出版センター. 159-175.
海妻矩彦・喜多村啓介・酒井真次編 2003 わが国における食用マメ類の研究. 中央農業総合研究センター.
鎌田悦男 1952 大豆に於ける子実の発達過程. (1) 特にその組織学的観察. 日作紀 20 : 296-298. (2) 特にその顕微化学的観察. 日作紀 20 : 299-302.
加藤一郎 1954 大豆の培土効果に関する一考察. 農業技術 9 : 16-19.
加藤一郎 1964 大豆における脱落花器及び不稔実粒の組織学的並びに発生学的研究. 東海近畿農試研報 11 : 1-52.
加藤泰正他 1973-79 大豆のチッソ代謝に関する研究. (1)～(4). 日作紀 42 : 154-163, 322-326, 44 : 172-177, 48 : 229-242.
河原栄治 1952 大豆の開花に関する研究 (1) 開花と光並びに温度との関係. 日作紀 20 : 317-318. (2) 開花と播種期並びに年次との関係. 日作紀 20 : 319-320.
川島録郎 1930 土壌の反応並に其の石灰含量と作物の生育に就て. (1) 荳科緑肥作物及び青刈玉蜀黍. 土肥誌 9 : 389-410.
川島録郎 1931 土壌の反応並に其の石灰含量と作物の生育に就て. (6) 大豆・豌豆・小豆. 土肥誌 10 : 304-310.
川嶋良一 1969 大豆の葉の調位運動に関する研究 (1, 2). 日作紀 38 : 718-729, 730-742.
Kitamura, K. 1984 Biochemical characterization of lipoxygenase lacking mutants, L-1-less, L-2-less, L-3-less soybeans. Agric. Biol. Chem. 48 : 2339-2346.
喜多村啓介 1990 大豆の加工適性向上及び新規用途開発育種. 農業技術 45 : 297-303.
喜多村啓介・国分牧衛 2004 ダイズ. 山崎耕宇他編, 新編農学大事典. 養賢堂. 466-471.
喜多村啓介他編 2010 大豆のすべて. サイエンスフォーラム.
小林政明・鈴木安房・田上卓彦 1955 大豆の採種地に関する研究. 農及園 30 : 586.
小林尚・奥 俊夫 1976 東北地方におけるダイズ害虫の発生相, 虫害相ならびに虫害発生量の予察に関する研究. 東北農試研報 52 : 49-106.
国分牧衛 1988 大豆の Ideotype の設計と検証. 東北農試研報 77 : 77-142.
Kokubun, M. and S. Shimada 1994 Diurnal change of photosynthesis and its relation to yield in soybean cultivars. Jpn. J. Crop Sci. 63 : 305-312.
Kokubun, M. and I. Honda 2000. Intra-raceme variation in pod-set probability is associated with cytokinin content in soybeans. Plant Prod. Sci. 3 : 354-359.
国分牧衛 2000 南米における不耕起栽培技術の現状と課題. 日作紀 69 (別2) : 358-363.
国分牧衛 2000 ダイズ. 石井龍一他共著, 食用作物学 (1) －食用作物編－. 文永堂. 175-196.
国分牧衛 2001 ダイズ多収化の生理学的アプローチ. 日作紀 70 : 341-351.
国分牧衛 2002 ダイズ. 日本作物学会編, 作物学事典. 朝倉書店. 370-377.
国分牧衛 2010 世界のダイズ生産技術の現状と展望. 喜多村啓介他編 大豆のすべて. サイエンスフォーラム. 75-92.
国分牧衛・島村 聡 2010 作物の冠水害・湿害 ダイズ. 坂上潤一他編, 湿地環境と作物, 養賢堂. 156-162.
昆野昭晨 1976 ダイズの子実生産機構の生理学的研究. 農技研報告 D 27 : 139-295.
昆野昭晨 1976 マメ類の登熟. 北条良夫・星川清親編, 作物－その形態と機能, 下. 農業技術協会. 76-

93.
昆野昭晨 1979 これからのダイズ作に関する諸問題 (1-3). 農及園 54：249-255, 374-380, 509-515.
玖村教彦他 1965-1969 大豆の物質生産に関する研究 (1-6). 日作紀 33：467-472, 478-481, 37：570-582, 583-588, 38：74-90, 408-418.
桑山 覚編 1953 日本における大豆害虫の分布と害相. 養賢堂.
Lathwel, D. J. et al. 1951 N uptake from solution by soybeans at succesive stages of growth. Agron. J. 43：264-270.
前田和美 1960 マメ科植物－根瘤菌共生系と地温. (1) 大豆の初期生育および根瘤形成に及ぼす地温の影響. 日作紀 29：158-160.
牧野 周・前 忠彦・大平幸次 1988 ダイズ単葉の窒素含量と大気条件下における光合成速度およびその律速因子との関係. 土肥誌 59：377-381.
松本重男 1977 マメ類. 佐藤庚他編, 食用作物学. 文永堂. 181-203.
御子柴公人編 1975 ダイズのつくり方. 農文協.
御子柴公人監修 1990 写真図解 転作ダイズ400キロどり. 農文協.
三井進午・天正 清 1952 作物の養分吸収に関する動的研究. (3) 亜硝酸の生成より見たる作物根の還元力と生肥期. 土肥誌 22：301-307.
村田吉男・猪山純一郎 1960 畑作物の光合成に関する研究. (1) 8種の夏作畑作物における圃場の個体群の光合成の日変化と日射および気温の関係. 日作紀 29：151-154.
村山 登・吉野 実・塚原貞雄 1950 大豆の無機栄養に関する研究. 土肥誌 20：92-93.
村山 登他 1957 大豆の燐酸栄養に関する研究. (1) 燐酸の供給時期が生育・収量に及ぼす影響, (2) 燐酸の生産能率について. 土肥誌 28：191-193, 247-249.
Nagata, T. 1960 Morphological, physiological and genetic aspects of the summer vs. autumn soybean habit, the plant habit and the interrelation between them in soybeans. Sci. Rept. Hyogo Univ. Agri. 4：71-95.
Nagata, T. 1960 Studies on the differentiation of soybeans in Japan and the world. Memories of Hyogo University 3：62-102.
永田忠男・古谷義人・尾崎 薫 1960 主要夏大豆品種の地域適応性に関する研究. 農技協会.
Nagata, T. 1961 Studies on the differentiation of soybeans in the world, with special regard to that in the south-east Asia. (3). Proc. Crop Sci. Soc. Japan 29：267-272.
中村茂樹・松本重男・渡辺 巌 1979 東北地域のダイズ新旧奨励品種の特性比較. 東北農試研報 60：151-160.
中世古公男・後藤寛治・浅沼興一郎 1979 大豆・小豆・菜豆の生産生態に関する比較作物学的研究. (1, 2). 日作紀 48：82-91, 92-98.
日本土壌肥料学会編 1981 根粒の窒素固定－ダイズの生産向上のために. 博友社.
日本土壌肥料学会編 2005 ダイズの生産・品質向上と栄養生理. 博友社.
西入恵二 1976 寒冷地における機械化栽培ダイズの生産力解析に関する研究. 東北農試研報 54：91-186.
農林水産技術会議事務局編 2002 大豆自給率向上に向けた技術開発. 農林水産研究文献解題 No. 27.
Norman, A. G., ed. 1963 The Soybean. Academic Press.
大庭寅雄 1967 大豆の増収要因解析に関する研究, 土壌肥沃度と子実着生効率. 日作紀 36：279-280.
大泉久一 1960 大豆の分枝発生機構並びにその栽培学的意義に関する研究. 東北農試研報 25：1-95.
小島睦男他 1966-69 大豆の子実生産に関する研究. (3) 乾物生産の特性について, (5) 大豆の光合成能力の品種間差異とその安定性, (6) 育成品種の光合成能力と両親の光合成能力との関係, (7) F_1 および F_2 世代における光合成能力. 日作紀 34：448-452, 37：667-675, 37：676-679, 38：693-699.
小島睦男 1972 ダイズ品種における光合成能力の向上に関する研究. 農技研報 D23：97-154.
小島睦男編 1987 わが国におけるマメ類の育種. 農業研究センター.
大久保隆弘 1978 関東平坦畑地帯におけるダイズの晩播栽培法に関する研究. 農事試報 27：157-185.
大沼 彪・岡田幸三郎・大沼寿太郎 1975 水田転換畑だいずの多収実証と生育型について. 山形県農試報

9 : 12-26.
大沼 彪・阿部吉克・今野 周・桃谷 英・吉田 昭・藤井弘志 1981 水田転換畑大豆の多収実証. 山形県農試報 15 : 27-38.
尾崎 薫・斎藤正隆・新田一彦 1955 大豆種子の熟度と発芽能力との関係. 北海道農試彙報 70 : 6-14.
Pamplin, R. A. 1963 The anatomical development of the ovule and seed in the soybean. Diss. Abst. No. 63, 5128.
Parker, M. W. et al. 1939 Effect of photoperiod on development and metabolism of the Biloxi soybean. Bot. Gaz. 100 : 651-689.
Parker, M. W. et al. 1939 Effect of variations in temperature during photoperiodic induction upon initiation of flower primordia in Biloxi soybean. Bot. Gaz. 101 : 145.
Popp, H. W. 1926 Effect of light intensity on growth of soybeans and its relations to the authocatalyst theory of growth. Bot. Gaz. 82 : 306-319.
Purcell, L. C. and T. R. Sinclair 1995 Nodule gas exchange and water potential response to rapid imposition of water deficit. Plant Cell Environ. 18 : 179-187.
Rustamova, D. M. 1964 Some data on the biology of flowering and embryology of the soybean under conditions prevailing around Tashkent (In Russ.). Uzbekskii Biolzh 8 : 49-53.
斎藤正隆他編 1980 大豆の生態と栽培技術. 農文協.
斎藤正隆・橋本鋼二 1980 大豆栽培の基礎. 斎藤正隆他編, 大豆の生態と栽培技術. 農文協. 37-62.
笹村静夫 1958 日長と温度が晩生大豆 (黄色秋大豆) の花芽分化期, 開花期並びに主茎葉の展開時期に及ぼす影響. 日作紀 27 : 83-86.
佐藤 庚他 1976-82 日長・温度に対する大豆の生育反応 (1-6). 日作紀 45 : 443-449, 45 : 450-555, 48 : 66-74, 48 : 283-290, 51 : 546-552, 日作東北支部報 22 : 97-99.
Schmutz, J. et al. 2010 Genome sequence of the palaeopolyploid soybean. Nature 463 : 178-183.
Shibles et al. 1975 Soybean. In L. T. Evans, ed., Crop Physiology. Cambridge University Press.
Shimamura, S. et al. 2002 Secondary aerenchyma formation and its relation to nitrogen fixation in root rodules of soybean plants (*Glycine max*) grown under flooded conditions. Plant Prod. Sci. 5 : 294-300.
白岩立彦 1997 窒素と乾物の蓄積からみたダイズ個体群の生産機能に関する量的解析. 京都大学学位論文.
Sinclair, T. R. and T. Horie 1989 Leaf nitrogen, photosynthesis, and crop radiation use efficiency : A review. Crop Sci. 29 : 90-98.
Steinberg, R. A. et al. 1936 Response of certain plants to length of day and temperature under controlled conditions. J. Agr. Res. 52 : 943-960.
末次 勲・穴口市良 1954 大豆に於ける種子の大小と生産力との関係. 日作紀 22 : 117-118.
杉本秀樹 1994 水田転換畑におけるダイズの湿害に関する生理・生態学的研究. 愛媛大農紀要 39 : 75-134.
住田弘一・加藤直人・西田瑞彦 2005 田畑輪換の繰り返しや長期畑転換に伴う転作大豆の生産力低下と土壌肥沃度の変化. 東北農研研報 103 : 39-52.
Sun, C. N. 1955 Growth and development of primary tissues in aerated and non-aerated roots of soybean. Bull. Torr. Bot. Club 82 : 491-502.
高橋能彦 2005 ダイズの窒素施肥と安定多収技術. 日本土壌肥料学会編, ダイズの生産・品質向上と栄養生理. 博友社. 11-38.
竹島溥二 1954 生育初期における大豆の高温・短日処理の影響について (2). 山形大紀要 1 : 346-352.
竹島溥二 1958 大豆の開花に及ぼす温度及び日長の影響. 山形大紀要 2 : 157-165.
手島寅雄・高杉成道 1936 玉蜀黍・大小豆及び菜豆の数品種に対する高温ヤロビゼーションの影響. 札幌農林学報 27 : 264-303.
Tian, X. H. et al. 2005 The role of seed structure and oxygen responsiveness in pre-germination tolerance of soybean cultivars. Plant Prod. Sci. 8 : 157-165.

土屋武彦 1986 ダイズの耐裂莢性に関する育種学的研究. 北海道農試報告 58 : 1-53.
土屋武彦 2000 豆の育種のマメな話. 北海道協同組合通信社.
Van Shaik, P. H. and A. H. Probst 1958 Effects of some environmental factors on flower productive efficiency in soybean. Agron. J. 50 : 192-197.
Vest, G. et al. 1973 Nodulation and nitrogen fixation. In B. E. Caldwell, ed., Soybeans: Improvement, Production, and Uses. Amer. Soc. Agron., WI, USA. 353-390.
渡辺 巌 1982 大豆に窒素追肥は必要か－昭和54〜56年各県農試成績概要から－. 農業技術 37 : 491-495.
渡辺篤二監修 2000 豆の事典－その加工と利用－. 幸書房.
Weber, C. R. 1966 Nodulating and nonnodulating soybean isolines: I. Agronomic and chemical attributes. Agron. J. 58 : 43-46.
Wilcox, J.R., ed. 1987 Soybeans: Improvement, Production, and Uses, Second Edition. ASA/CSSA/SSSA, WI, USA.
山本良三 1959 大豆に於ける高冷地栽培種子と平地栽培種子との比較. 日作紀 28 : 77-78.
山内文男・大久保一良 1992 大豆の科学. 朝倉書店.
家森幸男 2005 大豆は世界を救う. 法研.
吉田重方 1979 大豆の窒素栄養におよぼす堆肥施用の影響. 日作紀 48 : 17-24.

第19章　アズキ

学名：*Vigna angularis*（Willd.）Ohwi & Ohashi
和名：アズキ，ショウズ
漢名：小豆，赤小豆
英名：adzuki（azuki）bean, small red bean
独名：kleine rote Bohne, Azukibohne
仏名：haricot adzuki
西名：judia adzuki

1．分類・起源・伝播

　アズキは，昔からインゲンマメ属（*Phaseolus*）に分類されて，*Phaseolus angularis* W. F. Wightあるいは *P. radiatus* L. var. *aurea* Prainとして，リョクトウと近縁の変種として扱われてきた．大井により *Phaseolus* とは異なる属であるとして，一時，*Azukia angularis* Ohwiと改名されたが，その後，ササゲ属（*Vigna*）に分類し直されて現在に至っている（大井・大橋 1969）．

　アズキの祖先野生種はヤブツルアズキ（*Vigna angularis* var. *nipponensis*（Ohwi）Ohwi & Ohashi）と推定されている（Tateishi and Ohashi 1990）．ヤブツルアズキはヒマラヤ，インドシナ半島北部，中国，朝鮮半島から日本に至る地域に分布する．これらの地域のうち，どこが起源地かは不明である．日本と韓国に自生するノラアズキは，ヤブツルアズキからアズキが栽培化される過程での中間段階にある種とみなされている（保田・山口 2001）．

　中国や日本では，古くから栽培されてきた作物である．日本には中国から渡来したとする説に対し，日本が起源地である可能性を支持する情報もある（友岡ら 2008）．古事記や日本書紀（8世紀）には小豆の記録がみられる．主として日本で重要視され発達したもので，中国，朝鮮では歴史が古いわりには栽培も少なく，現在も主として日本への輸出用に栽培されているにすぎない．アメリカへは1854年にペリーが持ち帰ったとされ，その後いくつかの州の試験研究機関や大学で特性や実用性が試験され，主として日本への輸出用に栽培される（Lumpkin and McClary 1994）．

2．生産状況

　アズキの需要はほぼわが国に限られており，主としてわが国への輸出用に，中国，アルゼンチン，アメリカ，カナダ，オーストラリアなどで栽培される．

　わが国でのアズキの生産は，明治以降作付け面積では数万～16万 ha，生産量では数万

から約20万tの範囲で増減を繰り返しながらも，生産が維持されてきた．近年では，面積は約4万ha，生産量5～10万tとなっている．アズキは年により豊凶の差が著しく，10a当り収量の変動が大きい．10a当り収量は全国では約180kg，北海道では200kgを越す水準に増大してきているが，それでも冷害年には大幅に減収する．生産量の変動に伴う価格変動が激しく，不作年には価格が高騰して"赤いダイヤ"と呼ばれる．そのため，先物取引の対象とされ，ベストセラー小説の題材ともなっている（梶山 2005）．菓子業界からの根強い需要があり，不作の年には海外からの輸入が増加する．

主産地は十勝地方を中心とした北海道で，作付面積では国内の約70％以上，生産量では90％近くを占めている．その他では岩手，福島，青森など東方地方に多く，京都でも栽培がみられる．

3．形　態

種子は，楕円あるいは長楕円形で，主に赤褐色，いわゆる小豆色で，品種により黒，緑色や黄色地に赤斑などがある．長さ6～7mm，幅および厚さは5mm，100粒重は3～25g，普通は中粒で13g前後である．

種子の構造は図19.1に示す．胚（子葉）に多量のデンプンを含む．デンプン粒の直径は20～77μmの単粒である．臍部の端にある種瘤から吸水して発芽する．種瘤は特殊な吸水組織であり，柵状細胞，楔型細胞，柱状細胞，星状細胞，柔細胞および珠柄管束からなる（図19.2）．

発芽温度は，最低約6℃，最適30～34℃，最高42～44℃である（井上 1953，村松 1933）．子葉は下胚軸が5mm程度しか伸びないため，地中に留まる地下子葉（hypogeal cotyledon）型で，上胚軸が伸びて，地上には対生のハート型の初生葉を展開する．

節間はあまり伸びないが，草丈は30～70cmとなり，蔓性のものでは1～3mになる．茎色は緑，少数の品種では赤紫色を帯びる．普通第3節以上から4～5本の分枝を生じ，さらに2次分枝が出ることもあ

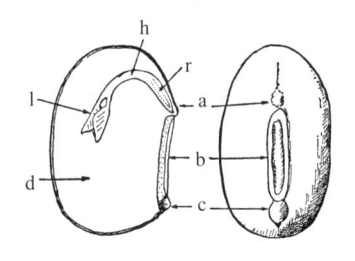

図19.1　アズキの種子
a：発芽口，b：臍，c：種瘤，d：子葉，h：胚軸，l：初生葉，r：幼根．
星川（1980）

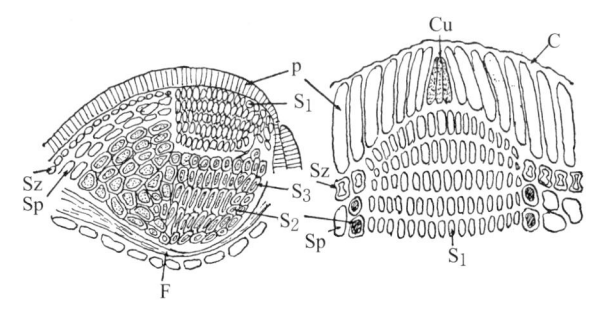

図19.2　種瘤の組織構造
Cu：楔型細胞，C：表皮，P：柵状細胞，Sz：柱状細胞，Sp：海綿状柔組織，S_1, S_2, S_3：星状細胞第1，第2，第3層，F：珠柄管束．星川（1980）

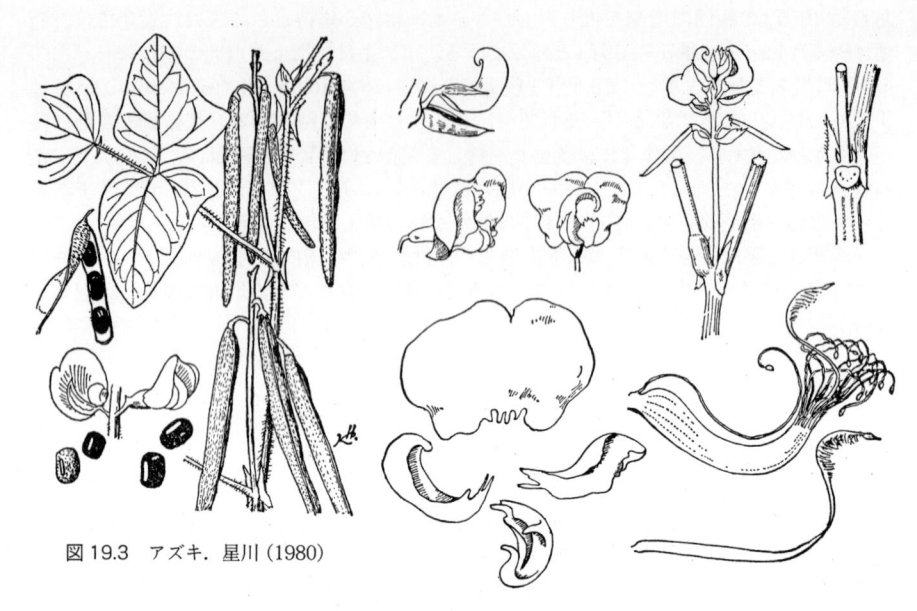

第19章 アズキ

図19.3 アズキ．星川 (1980)

図19.4 アズキの花序と花器
上右：葉柄を除いたもの，花枝の基部に対の前葉がある．上中：花序全姿．上左：蕾，開花時の側面と正面．下左：花弁．中右：花弁を除いたもの，雄蕊と雌蕊．下右：雌蕊のみ．星川 (1980)

る．

葉は，3小葉よりなる複葉で円葉が多いが，先端の尖る剣先型もある．托葉は小さく，葉柄基部と各小葉の付け根に1対ずつ着く（図19.3）．葉枕部は就眠運動を行う．

根は直根が約50 cm伸び，それから数本の太い支持根が出て，まばらな根系を作る．根粒は *Bradyrhizobium* 属の根粒菌との共生により形成され，径4〜10 mmのやや扁球形で，第1本葉展開頃から形成され始める．

花は，葉腋から出る花梗に2〜3対ずつ10余個着く．花序原基は開花23日前頃，花の原基は21日前頃に分化し，花の完成は開花2日前である（田崎 1957）．対生する花の間は膨れて瘤状の花外密腺となる．花冠は黄色の5弁からなる蝶形花で，竜骨弁は左右非対称で雌雄蕊を包む（図19.4）．

開花は午前中に行われる．開花前に花糸が伸びて葯が柱頭下部に達し，開花時に葯が裂開して花粉が自家の柱頭に着く．すなわち自家受粉する．開花温度の最低は20℃，最高30℃である（原田 1953）．開花期間は35〜40日に及ぶ．そのうち最初から25日間に開花したものが結莢しやすく，それより後に開花したものはほとんど落莢する．莢長は開花後10日頃まで，厚さは5日目から15日目頃までは急速に，以降は緩やかに増し，25〜30日目に最高になり，黄変してからはわずかに縮小し，開花40〜45日に表層が崩壊して褐変する（反田 1957）．莢は細い円筒形で，長さ5〜13 cmで下垂し，1莢に7〜12個

の種子を有する．普通1株に5～40莢着く．成熟すると莢は黄褐色から黒色となり，自然裂開して種子が弾け出る．

4．品　種

多くの品種があるが，感温，感光性により，夏アズキ，秋アズキ，中間型アズキの3型に分けられる．Kawahara (1959) は，開花までの日数（短～長：I～V）と結実に要する日数（短～長：a～e）を組み合わせて19種の生態型に分類した．これによると，日本全国の品種分布は北海道ではId～IIIcの極早生～中生で，夏～中間型のものに限られているのに対し，東北にはId，IIa～Vdの極早生から極晩生までのあらゆる型が分布している．関東・北陸以南では型が比較的少なく単純である．一方大井・大橋 (1969) は，在来品種の形態的特性から，アキアズキ，アネゴ，アオウズラなどの14の分類学上の品種 (forma) に分類した．

育種は現在，北海道立十勝農業試験場で行われている．主な育種目標は，大粒良質，早生多収のほか，耐冷性や主要病害（落葉病，茎疫病，萎凋病）への耐性強化である．また，コンバイン収穫適性として，最下着莢位置の高いこと，倒伏抵抗性，登熟が斉一なことも目標とされる．

流通時の銘柄区分は，北海道では，百粒重が17g以上のものを「大納言」と総称し，それ以下のものを「普通小豆」としている．

<u>大納言</u>：大粒種で各地に多くの品種がある．晩生のものが多い．北海道で育成されたものには，アカネダイナゴン（あずき農林1号，1974年登録）のほか，最近では，「ほくと大納言」，「とよみ大納言」がある．また，近畿地方以南で栽培される「丹波大納言」は百粒重が約25gと大きく，この銘柄名では最近，「京都大納言」や「兵庫大納言」などが育成されている．丹波大納言系は北海道の大納言より高価に取引される．

<u>寿小豆</u>：茎疫病抵抗性があり，上川，空知地方の転換畑で栽培される．

<u>エリモショウズ</u>：耐冷性で耐倒伏性を持ち，多収であることから，主産地の十勝地方で広く普及し，収量水準の向上に大きく寄与した．1995年には北海道の栽培面積の87％を占めた．あん向けとして加工適性も高い．

<u>サホロショウズ</u>：網走地方で栽培される早生種．種皮色は赤の中粒種．耐倒伏性が強く多収．

<u>備中白小豆</u>：種皮色が白の白アズキ．岡山県の在来種．高級白餡の原料とされる．

5．栽　培

（1）環　境

生育には温暖な気候が適し，播種から開花始めまでは積算1,000℃以上を要する．また，生育期は過度の乾燥がなく，成熟期は，やや冷涼で乾燥な気候が望ましい．霜には弱い．しかし，生育期間の短い品種があり，比較的冷涼地でも栽培できる．わが国では北海道が主産地となっているが，北海道の主要作物のうち，最も不安定な作物といわれ，冷害年には著しく減収するため，生産量の年次変動が大きい．

感光,感温性は,ダイズより鈍いが,品種により短日効果の少ない夏アズキ型,短日に強く反応する秋アズキ型,および中間型に分けられる.また,開花は最高最低の温度較差と短日条件との組み合わせで変化する(宮城・安川 1934).播種期が遅れると落莢が多くなる(原田 1953).

土壌は,排水良好で,保水力に富む埴壌土または壌土が最適である.腐植質を充分含むことが望ましいが,概して極端な瘦地を除いては,土壌を選ばず栽培されている.しかし,過湿に対しては,ダイズより抵抗力が弱い.土の酸性には最も弱い作物の1つで,最適 pH は約 6.0〜6.5 である.

(2) 整地・施肥・播種

窒素必要量の約50%は根粒による固定窒素に依存するが,固定窒素量はダイズより小さい.したがって,基肥窒素はダイズよりやや多くする.冷害年では開花期の窒素追肥(5 kg/10 a 程度)も効果が期待できる.可給態リン酸は一般に欠乏しているので,黒ボク土などでは多目に与える.また,冷害年にはリン酸増施による初期生育の促進効果が大きい.北海道の標準施肥量は,窒素 2〜4,リン酸 10〜20,カリウム 7〜10 kg/10 a である.酸性土の地帯では,石灰により pH を矯正することにより増収効果が大きい.

霜害に弱いので,晩霜の恐れがなくなり,平均地温10℃以上になれば播種できる.北海道では5月下旬〜6月上旬が適期である.暖地では夏型は4月上旬〜5月上旬,秋型は7月上旬まで播ける.一般にアズキの播種適期間は,ダイズよりも約10日長いとされている.条間 60 cm,株間 20 cm,1株に 2〜3 粒播きが標準となっている.初めてアズキを播種する土地では,アズキと共生する根粒菌密度が低いので,根粒菌を種子に接種して播く.

管理はダイズの場合に準ずる.カルチベーターを用いて,除草と培土とを兼ねて数回中耕し,開花始め前に終わる.除草剤利用の場合は,播種後の土壌処理剤と生育期の処理剤を組み合わせる.アズキは除草剤に感受性が強いので,薬害に注意する.

(3) 病虫害

アズキモザイク病のほか,糸状菌による土壌伝染性病害としてアズキ落葉病,アズキ茎疫病,アズキ萎凋病の3種が重要な病害である.特に,北海道では1970年代以降,これらの土壌伝染性病害の発生が多くなっており,抵抗性品種の育種がなされている.

アズキモザイク病:マメアブラムシが媒介し,種子伝染する.葉は萎縮し,黄緑色の斑ができ,開花数も減り,百粒重も減少する.北海道南部や本州で多い.高温・多照・少雨の年に発生が多い.耐病性品種にはベニダイナゴン,カムイダイナゴンなどがある.

アズキ落葉病: *Phialophora gregata* sp. *adzukicola* による土壌病害で,維管束が褐変し,葉は下位から上位に順次萎れ,発生が多いと大きく減収する.2つのレースの存在が確認されている.抵抗性品種として「きたのおとめ」,「しゅまり」が育成されている.アズキ落葉病抵抗性の品種は同時にアズキ萎凋病(*Fuzarium oxysporum* sp. *adzukicola* による)にも抵抗性を有していることが判明している.

アズキ茎疫病: *Phytophthora vignae* sp. *adzukicola* による土壌病害で,主茎の地際部や分枝の節部に水浸状の病斑ができる.高温や冠水時に発生しやすい.4つのレースが確認

されている.「しゅまり」が抵抗性である.

アズキゾウムシ (*Callosobruchus chinensis* L.) は，種子内で幼虫越冬し，早春に成虫になって出現し，種子を食害し，莢上に産卵し，孵化幼虫は収穫前に種子内に喰入する．年に数回発生を繰り返す．貯蔵中にも大発生するので燻蒸剤で殺虫する．

マメホソクチゾウムシ (*Apion collare* Schilsky) は小豆花虫の別名でも知られ，夏に雨天の多い年に発生する．成虫は長さ約3 mm，7月に出現し，葉に小さい穴をあけ，花蕾に産卵する．幼虫は蕾の内部を食い，被害花と共に落ちて蛹化，8～9月に羽化する．

その他の害虫は，ダイズと共通のものが多い．

(4) 収穫・作付体系

アズキの収穫・乾燥体系はほぼダイズに準ずる．アズキの成熟は斉一ではなく，すべての莢が成熟するまで約1か月を要する．このため，小規模栽培では，成熟莢を順次手摘みする．十勝地方では大部分の莢が成熟するのを待ち，落葉してから機械収穫される．乾燥が十分でないとアズキゾウムシの被害を受けやすい．

アズキは連作により，病害虫の発生，雑草の増加，地力の損耗等が著しくなり，減収するので，輪作する必要がある．連作害はダイズより著しい．北海道では，ムギ類-アズキ-根菜類，あるいは，根菜類-アズキ-イネ科穀作物などの輪作体系がとられる．

表19.1 マメ類の成分 (全粒100 g中)

成分	ダイズ	アズキ	ラッカセイ	インゲンマメ	リョクトウ
エネルギー, kcal	417	339	562	333	354
水分, g	12.5	15.5	6.0	16.5	10.8
タンパク質, g	35.3	20.3	25.4	19.9	25.1
脂質, g	19.0	2.2	47.5	2.2	1.5
炭水化物, g	28.2	58.7	18.8	57.8	59.1
灰分, g	5.0	3.3	2.3	3.6	3.5
無機質, mg					
ナトリウム	1	1	2	1	0
カリウム	1900	1500	740	1500	1300
カルシウム	240	75	50	130	100
マグネシウム	220	120	170	150	150
リン	580	350	380	400	320
鉄	9.40	5.40	1.60	6.00	5.90
亜鉛	3.20	2.30	2.30	2.50	4.00
銅	0.98	0.67	0.59	0.75	0.90
ビタミン, mg					
B_1	0.83	0.45	0.85	0.50	0.70
B_2	0.30	0.16	0.10	0.20	0.22
B_6	0.53	0.39	0.46	0.36	0.52
E	3.6	0.6	10.9	0.3	0.9
食物繊維, g	17.1	17.8	7.4	19.3	14.6

食品成分研究調査会 (2001) から作表

6. 利用

アズキの栄養成分は表19.1に示すように，ダイズに比べてタンパク質と脂質が少なく，炭水化物が多い．デンプン粒は細胞繊維に包まれていて，餡には好適の舌触わりとして適する．需要は餡用に75％用いられる他，ぜんざい，赤飯などにされ，また，甘納豆，小豆かのこ，その他いろいろの和菓子の原料として需要が多い．また小豆粥として，米と混炊される．そのほか，小豆モヤシなどにもされる．サポニンやフェノール成分が含まれており，抗酸化能や薬理的な効能が認められている．晒餡粕は飼・肥料となる．小豆粉や煮汁はサポニンを含み洗剤となる．

7. 文献

Allen, O. N. and E. K. Allen 1981 *Phaseolus* L., *Vigna* Savi. In O. N. Allen and E. K. Allen eds., The *Leguminosae* : A Source Book of Characteristics, Uses, and Nodulation. The University of Wisconsin Press, Madison, WI, USA. 512-515.
原田景次 1953 小豆の播種期と開花結実．日作紀 22 : 101-102.
北海道立十勝農試編 1974 豆類の新しい栽培法．日本豆類基金協会．
井上重陽・清水 敦 1951 小豆の根瘤に関する研究．日作紀 19 : 290-292.
井上重陽 1953 種子の発芽温度に関する研究．(10) 小豆．高知大学報2 : 1.
石井龍一 2000 アズキ，石井龍一他共著，作物学（Ⅰ）－食用作物編－．文永堂．207-209.
梶山季之 2005 赤いダイヤ（上・下），パンローリング．
Kawahara, E. 1959 Studies on the azuki bean varieties in Japan. (1) On the ecotypes of varieties. Bull. Tohoku Agr. Exp. Stn. 15 : 53-66.
河原栄治 1962 小豆．戸苅義次編 作物大系，第4編 豆類，Ⅳ．養賢堂．1-32.
Lumpkin, T. A. and D. C. McClary 1994 Azuki Bean : Botany, Production and Uses. CAB International, Wallingford, UK.
宮城実央・安川伝郎 1934 穀類のフォトピリオディズムに関する実験研究．(1) 大豆及小豆の開花に就いて．日作紀 6 : 231-238.
宮崎尚時・友岡憲彦 2004 アズキ．山崎耕宇他監修，農学大事典．養賢堂．471-472.
村田吉平 2002 アズキ．日本作物学会編，作物学事典．朝倉書店．381-386.
村田吉平・藤田正平 2003 アズキ．海妻矩彦他編，わが国における食用マメ類の研究．中央農総研．225-244.
村松 栄 1933 満州各作物の発芽最高・最適・最低温度に就いて．札幌農林学会報 24 : 568-595.
日本豆類基金協会 1971 アズキに関する文献目録．
西村正一 1961 豆類の経済分析．明文堂．
西村正一 1975 雑豆栽培の現状と問題点．農及園 50 : 89-94.
野田愛三 1952 在来種に関する研究．山陰地方におけるツルアズキの研究 (1)．日作紀 21 : 134-135.
大井次三郎・大橋広好 1969 アジアのアズキ類．植物研究雑誌 44 : 29-31.
Sacks, F. M. 1977 A literature review of *Phaseolus angularis* - the adsuki bean. Econ. Bot. 31 : 9-15.
佐藤次郎 1957 荳科作物の種子に関する生理形態的研究 (1) 吸水部位について．日作紀 25 : 180.
平 宏和 1964 食用作物のアミノ酸組成．(3) 本邦産豆類（小豆・蚕豆・落花生および豌豆）のアミノ酸．食糧研 18 : 248-250.
高橋直秀 1957 小豆の開花結実に関する生態学的研究．日作紀 26 : 43-44.
反田嘉博 1957 小豆子実の発育について．日作紀 26 : 45-46.
Tateishi, Y. and H. Ohashi 1990 Systematics of the azuki bean group in the genus *Vigna*. In K. Fujii et al. eds., Burchids and Legumes : economics, ecology and coevolution. Kluwer Publ., Netherlands. 189-

199.
田崎順郎 1957 小豆品種の生態的分類について．日作紀 25：244．
田崎順郎 1957 小豆の生殖生理に関する研究．(1)花芽分化並びにその発育．(2)花粉発芽について．日作紀 25：161-162．26：275-276．
田崎順郎 1959 土壌水分と小豆の生育収量に関する研究．(第Ⅰ報)土壌含水変化に伴う生育収量，(第Ⅱ報)地下水位の高低による生育収量の品種間差異．日作紀 28：73-76．
田崎順郎 1965 小豆感光性の品種間差異とその分類．日作紀 34：14-19．
田崎順郎 1965 小豆の感温性の品種間差異－その検定方法についての考察．日作紀 34：20．
角田武雄・鈴木善弘 1957 小豆の発芽時における貯蔵養分の変化について．日作紀 25：243．
十勝農業試験場アズキグループ 2006 そだててあそぼう66，アズキの絵本．農文協．
友岡憲彦 2003 起源と品種分化，アズキ．海妻矩彦他編，わが国における食用マメ類の研究．中央農総研．14-22．
友岡憲彦・加賀秋人・伊勢村武久・ダンカン ボーン 2008 アズキの起源地と作物進化 豆類時報 51：29-38．
渡辺篤二監修 2000 豆の事典－その加工と利用－．幸書房．
保田謙太郎・山口裕文 2001 アズキの半栽培段階における生活史特性の進化．山口裕文・島本義也編，栽培植物の自然史．北海道大学図書刊行会．108-119．

第20章　ラッカセイ

学名：*Arahis hypogaea* L.
和名：ラッカセイ，ナンキンマメ，ジマメ
漢名：落花生，南京豆，地豆
英名：peanut, groundnut
独名：Erdnuss
仏名：arachide
西名：mani, cacahuete

1．分類・起源・伝播

　マメ科，ラッカセイ属（*Arachis*）の1年草．*Arachis* 属は南アメリカに十数種知られているが，多くは多年生で，*A. hypogaea* のみが栽培種である．*Arachis* 属のほとんどの種は2倍体であるが，栽培種は $2n = 40$ の4倍体である．ボリビア南部の高地に2倍種が野生しているが，その中に1年生の4倍種 *A. monticola* が発見され，これが栽培種 *A. hypogaea* と容易に交雑し，稔性の雑種を生ずることから栽培種の原種であるとされた．このことから，アンデス山脈東麓地域で栽培化されたと推定される．ペルーの北部海岸にある850 B.C.のワガプリエッタ遺跡，メキシコのテワカン谷の200 B.C.の墓からも出土していることから，紀元前に南アメリカからメキシコに伝播したと推定され，コロンブスの航海の時代までには西インド諸島でも栽培されていた．

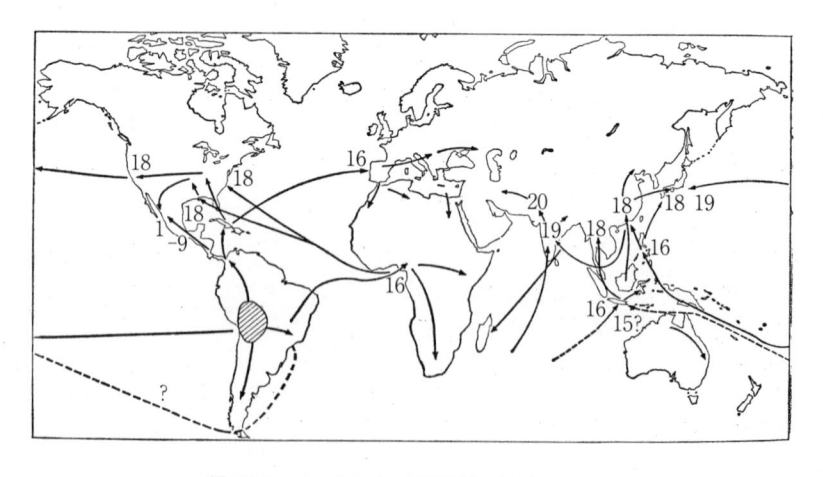

図20.1　ラッカセイの伝播経路．星川（1980）

16世紀にはブラジルと西アフリカを往復した奴隷船がギニア,セネガルなどへ伝えた.当時の奴隷船がラッカセイを奴隷の食糧としたためである.また伝道者たちもアフリカヘラッカセイを伝えた.そして西海岸地域からさらに東海岸諸地域へ栽培が広がった.また16世紀の始めにスペインへ導入され栽培が始まり,次第に南ヨーロッパへ広まった.アジアへも15世紀末にはポルトガル人がインドネシアに伝えたという.またスペイン人が16世紀初頭に南アメリカ西岸からフィリピンへ伝え,それが18世紀には中国南部,マレーシア,インド方面,さらにマダガスカルへと広まった.インドではその後19世紀から栽培が本格化した.なお,アメリカには18世紀にアフリカから黒人奴隷と共に入り,南部諸州に広まったといわれる.ラッカセイの世界の伝播経路を図20.1に示す.

日本へは宝永3(1706)年に中国から伝来したので,南京豆の名が付いた.しかしその時は普及せず,改めて明治初期に導入したものが現在の栽培のもとになった.

ラッカセイ栽培種の分類はこれまで,マーケットに対応した分類や,形態・生態による分類がなされてきた(前田 1973).現在では,主茎の着花習性や分枝の結果習性などにより *hypogaea* と *fastigiata* の2つの亜種に大別し,さらに,亜種 *hypogaea* は *hypogae* と *hirsuta* の2変種に,亜種 *fastigiata* は *fastigiata*, *peruviana*, *aequatoriana* および *vulgaris* の4変種に分類される(曽良 2003,表20.1).

表20.1 ラッカセイ(*A. hypogaea* L.)の系統分類

亜種	変種	特性
hypogaea		主茎無着花,1次分枝の1節目は栄養節,分枝の栄養節と生殖節は2～3節毎交互に,晩生,主茎長は短く,草型は立性～匍匐性,種子休眠性弱
	hypogaea	バージニアタイプ:大粒,2粒莢が多い ランナータイプ:小粒,2粒莢多い
	hirsuta	ペルー型ランナータイプ:多粒莢が比較的多い
fastigiata		主茎着花,1次分枝の1節目は生殖節,分枝に生殖節が多く連続性が高い,早生,小粒,主茎長は長く草型は立性,種子休眠性弱
	fastigiata	バレンシアタイプ:多粒莢が多い,生殖節の連続性大で分枝小
	peruviana	多粒莢が多い,莢の網目深い
	aequatoriana	多粒莢が多い,莢の網目深い,分枝が多く紫
	vulgaris	スパニッシュタイプ:2粒莢が多い,分枝少ない

曽良(2003)から作表

2. 生産状況

世界全体の生産量は近年大きな増減はない．2008年では栽培面積は2,459万ha，生産量3,820万tである．アジアで栽培が多く，世界全体の過半を占める．なかでも中国とインドが2大主産国である．アフリカもアジアに次いで多い．単収は世界平均では約1.5 t/haであるが，地域間で差が大きく，アメリカ大陸で高くアフリカが低い（表20.2）．

表20.2 ラッカセイの地域別収穫面積，単収および収穫量

項目	世界	アジア	アフリカ	欧州	北米	中米	南米	オセアニア
収穫面積，万ha	2,459	1,334	1,005	1	61	9	42	2
単収，t/ha	1.55	1.84	1.00	0.83	3.83	2.38	2.40	1.27
収穫量，万t	3,820	2,451	1,005	1	234	22	100	2

2008年産．FAOSTATから作表

わが国では明治時代に普及が始まり，明治時代に5～9万haまで普及した．一時的な減少はあったものの，1960～70年代に5～7万haの作付けで10万tを越すまでに生産が増加したが，その後は漸減し，2008年では約8,070haの作付けで19,400tの収穫量に減少した．単収は2.4 t/ha程度で増加率は小さい．千葉と茨城が主産県で，わが国の全生産量のそれぞれ75％と15％を占める（2008年）．温暖な気候に適応することから，従来は関東以西に栽培が限られていたが，1970年代以降，早生・大粒種の導入とビニールマルチの普及に伴い東北でも栽培可能となった．

3. 形態

(1) 莢・種子

ラッカセイの莢は2粒莢では長さ2.3～4.5 cm，幅1.0～1.7 cm，3～4粒莢では長さ4～6 cmある．莢殻の厚さにも変異がある．莢殻の内部構造は図20.2に示すように，外表皮の下に海綿状組織，その中に維管束が走り，その部分が隆起して特有の網目状となる．維管束の内側には繊維層があり，さらに内側は紙状組織からなり，強靱で弾力性に富み，内部の種子を保護している．発育中はこの殻（子房壁）の表面から土中のカルシウムなど養水分を吸収する．莢殻は完熟すると乾固してさらに強靱になり，弾力性に富む．

莢内には2～5粒（多くは2粒）の種子を持つ．種子は品種により長さ1.0～2.7 cm，100粒重は小粒種で40～50 g，大粒種は80～120 gである．種子は，外側を赤淡，茶黄

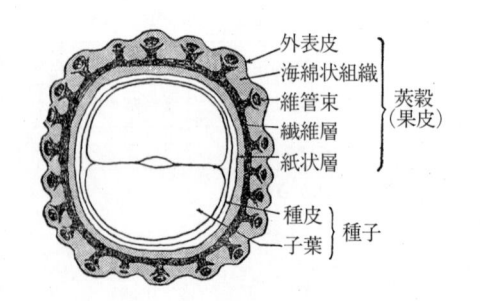

図20.2 ラッカセイの莢と種子の横断面．
Winton (1904)

白などの種皮に包まれる．子葉の間には幼芽，幼根があり，幼芽では頂芽は第4葉まで分化し，さらに2個の側芽が分化している．側芽には1, 2葉原基がすでに分化している．種子表層部の断面の構造は図20.3に示すように，種皮の下に薄い珠心が残り，子葉部は薄い表皮に気孔も散在する．子葉細胞にはデンプン粒とタンパク粒が認められ，脂肪も顆粒状で細胞質内に蓄積される．

出芽に際しては子葉は地表面に出た所で水平に展開し緑色となる．すなわちダイズのような地上子葉型（epigeal）でもなく，またアズキのような地下子葉型（hypogeal）ともいえない中間型である（図20.4）．下胚

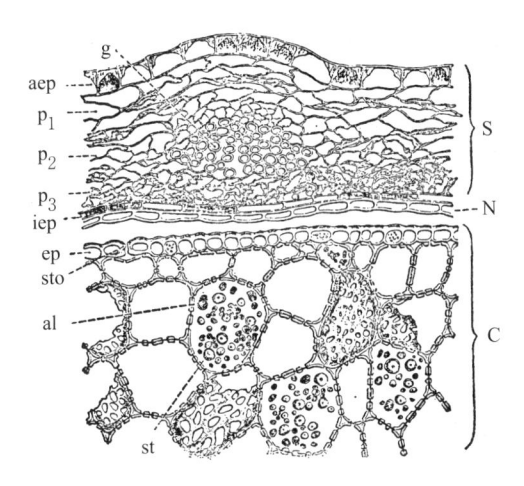

図20.3 ラッカセイの種子の縦断面
S：種皮, aep, iep：外表皮，内表皮, p_1, p_2, p_3：柔組織, g：維管束. N：珠心. C：子葉表皮, sto：気孔, al：タンパク粒, st：デンプン粒. Winton (1904)

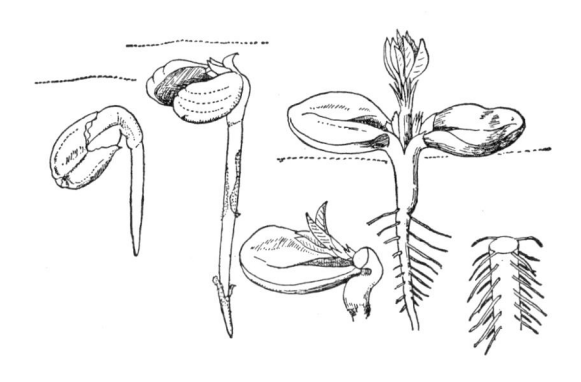

図20.4 ラッカセイの出芽過程
根の表皮は先端部を残して剥げ落ちる．根の支根（側根）は規則正しく4列に並んで出る．星川（1980）

軸の伸長は播種深度により異なり，深播では10〜12 cm伸びることができる．25℃では置床後24〜36時間で幼根が出て，5, 6日後に子葉が開いて幼芽が現れる．

(2) 根・茎・葉

種子から出た主根はまっすぐ地中を伸びる．側根は図20.4に示すように，主根から4縦列をなして生じ，地表下15 cmまでの所に最も多く分布し，若いうちはほぼ水平に広がって浅い根系を作る．根系は大粒種は概して深く，小粒種は主根が短く浅い．根粒は

直径2〜3mm，大きいものは5mm，側根のつけねに多く形成される（井上・前田 1952）．
　根は最外層の表皮が剥離脱落するために普通は根毛が発生しないが，乾燥条件では発生がみられる．皮層の表層の内側にはコルク形成層様の層がある．皮層の内側には典型的な内皮がある．古い根では2次成長し，髄は破壊されて中空となる．
　主茎の基部から多く分枝を出す．分枝は第1節は対生し，第2節はそれと90度の角度をなして対生し，それより上位は互生する．主茎は直立するが，分枝の出る角度，伸び方により立性（erect type）と茎が地表に横臥する匍匐性（running type）とがある．匍匐型では主茎よりも側枝の伸長が盛んで，長さ120〜150cmに及ぶ．
　分枝には栄養枝と生殖枝の2種類があり，その着き方は原則として品種により決まっている．一般に，亜種 *hypogaea* は，主茎に着花せず，分枝に栄養枝と結果枝が2本ずつ着生するのに対し，*fastigiata* は，主茎に着花し，分枝に結果枝が連続して着生する．
　葉は2対の羽状複葉で2/5の葉序で着く．葉柄が長く，托葉は小さい（図20.5）．各分枝の基部2節には鱗片状の不完全葉（鱗葉）が着く．葉は暗黒条件では対になっている小葉が閉合し，光が当たると開く睡眠運動をする．葉肉の海綿状組織には貯水細胞があり，長期の乾燥に耐える．

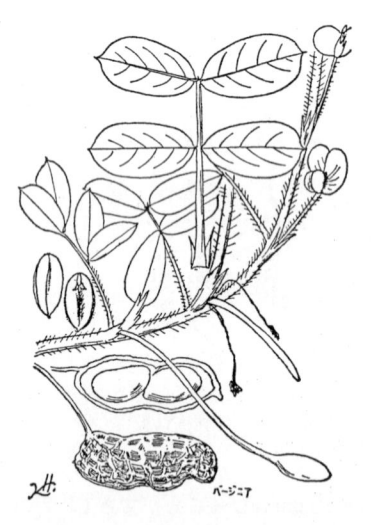

図20.5　ラッカセイ．星川（1980）

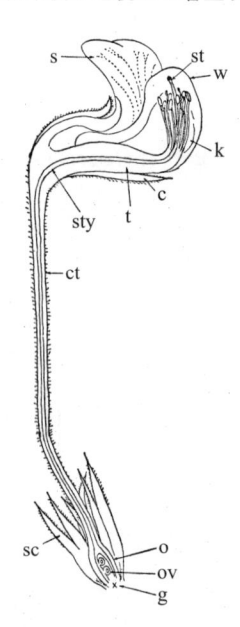

図20.6　ラッカセイの花
s：旗弁，w：翼弁，k：竜骨弁，c：萼片，st：柱頭，t：雄蕊筒，sty：花柱，ct：萼筒，sc：苞，o：子房，ov：胚珠，g：子房柄．
星川（1980）

（3）花序と受精・結実

　花は生殖枝の葉腋に数個ずつ着く．第2次分枝にまで着花するものと第3次分枝までに着花するものがある．花は黄色の径約1cmの蝶形花で，図20.6のように，子房は基部に

あり，萼筒（calyx tube）が花柄のように長く数 cm 伸び，その先に萼に包まれて花冠が着く．雄蕊は 10 本で全て癒合し，このうち 8 本が正常な葯を着ける．

開花は茎の基部より先端に及び，開花は早朝から 8 時頃までに咲き，正午までにしぼむ．葯は開花数時間前に花粉を放出し，主に自家受精となる．受精後 5 日目から子房と花托との間の部分が伸長して子房柄（gynophore）となり，地面に向けて伸び，先端の子房は地中数 cm のところで莢として肥大を始める．肥大開始は子房柄の地中侵入開始から約 5 日後である．子房の地中への侵入肥大の過程を図 20.7 に示す．

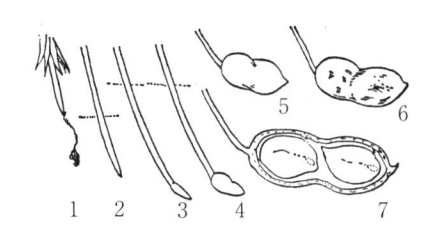

図 20.7 ラッカセイの莢の発達過程
開花後日数　1：5 日，2：10 日，3：15 日，4：20 日，5：25 日，6：30 日，7：45 日．
星川（1980）

図 20.8 は莢および種子の生体重および乾物重の推移を示したもので，生莢重は子房柄が地下に侵入してから約 3 週間目でほぼ最大となり，また乾物重は 9 週目に最大に達している．しかし子房が地中に入らない途中で枯死する花が多く，基部の各節も数花のうち 1～2 花，茎の先端部の花はほとんど全ての子房は地中に入らず結莢しない．そのため，結莢率は全開花数の 10% 内外にすぎない．

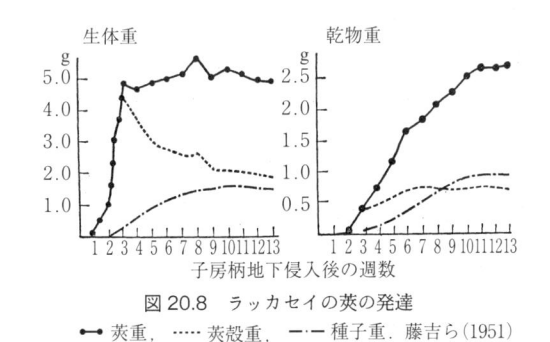

図 20.8 ラッカセイの莢の発達
●— 莢重，…… 莢殻重，—・— 種子重．藤吉ら（1951）

なおラッカセイでは子葉節分枝基部の鱗葉節など，地中にある部分に地下花が着生し，地下で閉花のまま自家受精して結実する特性がある．しかし地下花は無効花が多く，結実しても莢は基豆が不受精のためほとんど 1 粒莢となる．なお匍匐性種には地下花は全く認められない（渋谷ら 1955）．

前述のように，主茎や分枝の結果習性は亜種間で差異が認められ，亜種 *hypogaea* は主茎には結果せず，分枝では栄養枝と生殖枝が 2～3 節交互に着く．一方亜種 *fastigiata* では主茎にも結果枝が発生し，分枝では生殖枝が連続して着く．

4. 生理・生態

　種子は完熟後1～数か月間休眠する．後熟期間は小粒品種では短く9～50日，大粒品種は長く110～210日に及ぶ(Stocks et al. 1930)．種子の寿命は，莢付きに比べ剥き実の場合，発芽力が早く消失する．普通，剥き実では2年目に発芽歩合は50％に低下する．発芽温度は最低約12℃，最適は小粒種は20～23℃，大粒種は26～30℃である(間宮 1948)．

　ラッカセイは本来熱帯性作物であり，高温・多照と適度の降雨を必要とする．生育期間は熱帯では3～4か月，温帯では5～6か月である．小粒種は大粒種に比べて発芽温度のみならず生育温度も低く，早生なので，必要積算温度は2,850℃である．これに比べて大粒品種は生育適温も高く，晩生であり，積算温度3,300～3,400℃が必要といわれる(川延 1951)．したがって小粒品種の栽培北限は東北地方中部，大粒品種は東北地方南部，年平均気温11℃等温線が北限とされた．しかし，ビニールマルチ栽培によって，東北北部でも栽培可能となった．また暖地では茎葉過繁茂となり，種子収量が上がらなかったが，九州でも早生大粒系統を用いた早播きマルチ栽培によって，徒長も少なく，増収できるようになった．低温，少照の環境下では生育が劣るばかりでなく，品質とくに子葉の脂肪含量が低くなる(西川・三上 1952)．

　雨量は年平均1,000～1,300 mm程度が最適とされ，収穫期には少雨が適する．ラッカセイは耐乾性が強いが，土壌水分が少ないと空莢や未熟莢が多くなる．最適土壌水分は，黒ボク土では容水量の50～70％である．

　土壌は排水良く膨軟で，石灰が多く，有機質を適度に含む砂質土が最適である．しかし実際には砂土から粘土質まで広く栽培される．軽い砂質土が適する主な理由は，子房柄が土中に進入するのに有利であり，収穫が容易で，莢に土が粘着しないからである．したがって，ラッカセイは黒ボク土や海岸砂地に多く栽培されている．

　結莢には石灰が必要であり，子房に直接吸収され，莢に蓄積され，体内へは移動し難い(Brady 1947)．大粒品種は小粒品種より石灰不足により結実不良を起こしやすい．なお，石灰の効果は土壌中における置換性石灰の含量と密接な関係があり(Rogers 1948)，置換性石灰0.1％以上の土壌においては，石灰の施用の効果は認められない(酒井ら 1953)．

　莢の発達には莢の部分の暗黒条件が基本的に必要とされる．子房部分が短期間でも光に当たると結莢開始は阻害される．また単色光線(赤，黄，青，紫)のもとでも結莢は著しく阻害される．

5. 品　種

　ラッカセイは，前述のように，主茎の結果枝着生の有無などにより *hypogaea* (主茎無着花)と *fastigiata* (主茎着花)の2つの亜種に大別し，さらに，*hypogaea* は *hypogaea* と *hirsuta* の2変種に，*fastigiata* は *fastigiata, peruviana, aequatoriana* および *vulgaris* の4変種に分類されている．

　一般には，粒の大きさ，1莢粒数や草型(立性と匍匐性など)などの形態的な特徴から，

バージニアタイプ，ランナータイプ，バレンシアタイプ，スパニッシュタイプなどの呼称が用いられてきた．日本では主として大粒のバージニアタイプの品種が栽培されてきた．なかでも「千葉半立」(1953年育成)は長い間主要品種の地位を占めている．他のタイプは小粒で，わが国では栽培がほとんどない．

わが国では，千葉農試が指定試験地として全国を対象とした育種を実施している．主な育種目標は，早生，多収，良質（大粒，良食味），耐病性（茎腐病，汚斑病，灰色カビ病，根腐病）である．従来の品種は，大粒種は晩生，小粒種は早生の特性を

表20.3 ラッカセイの主な育成品種

育成年	品種名	両親	
		母	父
1960	アズマハンダチ	千葉43号	誉田変種
1970	テコナ	千葉半立	スペイン
1972	ワセダイリュウ	改良和田岡	白油7-3
1972	ベニハンダチ	千葉半立	スペイン
1974	サチホマレ	334A	わかみのり
1974	タチマサリ	八系20号	八系8号
1976	アズマユタカ	富士2号	関東8号
1979	ナカテユタカ	関東8号	334A
1989	ダイチ	R1726	関東36号
1991	サヤカ	関東36号	関東34号
1991	ユデラッカ	タチマサリ	八系161号
1992	土の香	R1621	サチホマレ
1995	郷の香	関東42号	八系192号
2000	ふくまさり	関東41号	関東48号
2007	おおまさり	ナカテユタカ	Jenkins Jumbo

持っていたが，近年では各草型間（亜種間）の交雑育種により，早生・大粒，晩生・小粒などの特性を持つ品種が多く育成され，従来の呼称とその特性基準に合致しない品種が多くなった．特に，大粒のバージニアタイプと早生のスパニッシュタイプとの交雑により，「ワセダイリュウ」(1972年育成)，「タチマサリ」(1974年育成)などの早生・大粒品種が育成され，安定生産と栽培地帯の東北地方への拡大に大きく寄与した．また，ナカテユタカ（1979年育成）は多収で食味に優れており，現在，千葉半立と全国の作付けを二分している．90年代以降，従来の煎豆用のほか，ゆで豆用品種の「ユデラッカ」，「土の香」，「郷の香」などが育成された（表20.3）．

6．栽　培

(1) 整地・施肥・播種・除草

酸性で石灰不足の土地では，石灰を10a当り60〜100 kg散布し，堆肥も1〜1.5 tほど入れることが望ましい．石灰は結莢に必要なので，開花の前の中耕の時に畦間に散布し，培土するのも効果的である．標準施肥量は，窒素3 kg，リン酸とカリウムは10〜15 kgである．窒素は根粒菌による固定窒素があるので，多くを必要としない．しかし根粒が働くまでの初期には肥料での供給が必要であり，また有効開花期間の施用は，増収効果が報告されている．リン酸は黒ボク土では特に肥効が高く，生育の初期から継続的に供給が必要で，初期は茎葉の充実に，開花後期は稔実を良くするのに効果がある．またカリウムも肥効が高い．

播種適期は東北地方や高冷地のマルチ栽培では5月中旬，関東・関西の露地栽培は5月

中～下旬，九州の露地栽培では4月上旬～4月中旬である．マルチ栽培では露地栽培に比べ2週間程度早く播種できる．莢のまま保存したものを剥いて種子を取り出し，種子消毒する．発芽適温が比較的高いから，播種期が早すぎると発芽日数を多く要し，病害虫や鳥獣害の危険が大きい．催芽播種は発芽日数の短縮と不良種子を除いて出芽を揃えるのに効果がある．マルチ張りと播種を同時にできる機械も開発され，作業時間が短縮されている．

播種は匍匐性の品種は畦間75 cm，株間35 cm，立性の品種は畦間60 cm，株間20～25 cmを標準とし，1株1～2粒とする．立性は密植による増収効果が大きい．苗床で育苗して2～3葉期に移植することもある．また発芽障害が多いので，欠株を催芽種子の追播や苗の補植で補う．

中耕は除草を兼ねて2～3回行う．ラッカセイ栽培において，培土は結莢を促すために適正な方法が重要である．立性の品種では根元より両側が高くなるように，匍匐性の品種では培土は低く広くする．また培土時期も，立性の品種では開花初期と有効開花盛期直後の2回が望ましく匍匐性の品種では有効開花中期と末期の2回とされる．

ラッカセイは生育初～中期に地面を被覆する程度が少なく，株ぎわまで培土しないことから，株ぎわに雑草が発生しやすい．播種後の土壌処理の他，生育中期にも除草剤を処理することが有効である．またフィルムマルチは地温上昇，乾燥防止と共に雑草発生防除に効果が大きい．マルチ栽培では，子房の先端が土壌に進入しやすいように，マルチを開花10日後頃までに取り外す．

（2）病虫害防除・収穫・作付体系

ラッカセイの主要な病害は，葉に症状が出る褐斑病，黒渋病，そうか病，さび病，汚斑病がある．また立枯症状が出るものには，茎腐病，根腐病，黒根腐病などがある．

<u>褐斑病（brown leaf spot, *Mycosphaerella arachidis* Deighton）</u>：葉に黄褐色斑点ができ葉が枯れる．種子消毒や連作を避けることで防除する．

<u>黒渋病（leaf spot, *Mycosphaerella berkeleyi* W. A. Jenkins）</u>：葉に褐斑，後に不整形の大病斑となる．

主要な害虫はコガネムシ，ハリガネムシ，アブラムシなどである．

また，連作によりキタネコブセンチュウ（*Meloidogyne hapla* Chitwood）の被害が出やすい．登熟期のネズミの害にも注意が必要である．

ラッカセイは開花期間が長く，莢の成熟は不揃いである．このため収穫が早すぎると未熟莢を多くし，適期におくれると落莢が多くなり，いずれも減収する．茎葉が老化し，葉の7～8割が落葉したころが，収穫適期の目安とされる．

収穫には茎ごと抜きとり，あるいは掘り取る．土を払って野積み乾燥させる．多雨の土地では結束して架乾する．乾燥後は動力脱莢機に茎葉ごと投入して脱莢する．ラッカセイは殻付きのまま出荷するほか，剥皮機をとおして豆だけとしても出荷する．なお種子用には莢のまま貯蔵する．

ラッカセイは病害虫の関係から，連作は好ましくない．野菜あるいは飼料作物と組み合わせて輪作体系をとることが望ましい．

7. 利 用

　ラッカセイの栄養成分は，表19.1のように，タンパク質はダイズより少ないものの25％も含まれるが，ダイズ同様，含硫アミノ酸のメチオニンが少ない欠点を持つ．脂質はダイズよりはるかに多く48％も含まれ，脂肪酸は主とし不飽和脂肪酸のオレイン酸とリノール酸である．脂肪の保存性と健康機能性の向上の面から，オレイン酸含有率の高い品種の育成が行われている．炭水化物も20％弱含まれ，栄養的にきわめて優れている．

　大粒種は食味良好で煎り豆，バターピーナッツ等菓子用にされる．また，未熟豆をダイズの枝豆同様ゆでて食べられる．この「ゆで豆」は常温流通も可能なレトルト食品も開発されている（曽良 2003）．ゆでた状態で小粒種は主にピーナッツバター，搾油原料とされるが，わが国では主として煎餅などの製菓原料にされ，また豆腐，味噌原料となる．ラッカセイの需要は豆にして約12万tであるが，国内産が約2万tしかないため，生豆あるいは加工品として多くを輸入に依存している．この他，茎葉は緑肥，堆肥材料，青刈飼料とされ，莢殻は燃料その他に用いられる．

8. 文 献

Bledsoe, R. W. et al. 1947 Absorption of radioactive C by the peanut fruit. Science 109 : 329-330.
Bledsoe, R. W. et al. 1950 The influence of mineral defficiency on vegetative growth, flower and fruit production, and mineral composition of the peanut plant. Plant Physiol. 25 : 63-77.
Brady, N. C. 1947 The effect of period of calcium supply and mobility of calcium in the plant on peanut fruit filling. Soil. Sci. Soc. Amer. Proc. 12 : 336-341.
Gibbons, R. W. et al. 1972 The classification of varieties of groundnut (*Arachis hypogaea* L.). Euphytica 21 : 78-85.
萩屋 薫・古田勝巳 1954 開花後の日長処理が落花生の登熟に及ぼす影響．農及園 29 : 1550.
Halward, T. M. et al. 1991 Genetic variation detectable with molecular markers among unadapted germplasm resources of cultivated peanut and related wild species. Genome 34 : 1013-1020.
林　政衛・高橋芳雄 1958 落花生の結莢部土壌水分が結実に及ぼす影響について．千葉県農試研報 2 : 74-79.
井上重陽・前田和美 1952 落花生の根瘤に関する研究 (1)．高知大学術研報 1 : 31.
井上重陽・前田和美 1955 豆科根瘤の形態学的研究 (3) 落花生．日作紀 23 : 245-246.
岩田豊治 2003 第3章 育種 ラッカセイ 1) 歴史と現状，2) 耐病性，3) 多収性．海妻矩彦他編，わが国における食用マメ類の研究，中央農総研．263-271.
川延謹三 1951 落花生の高冷地に対する適応性と栽培限界．農及園 26 : 890.
小林 実 1953 落花生の開花結実に関する研究．千葉大教育学部研究紀 1 : 1-13.
小林 実 1956 落花生に於ける枝上の着生位置と結実との関係．日作紀 25 : 87.
Kochert, G. et al. 1996 RFLP and cytogenetic evidence on the origin and evolution of allotetraploid domesticated peanut, *Arachis hypogaea* (Luguminosae). Am. J. Bot. 83 : 1282-1291.
国分牧衛 2000 ラッカセイ，石井龍一他共著，作物学（I）－食用作物編－．文永堂．196-202.
国分牧衛 2000 ラッカセイ，堀江武他共著，農学基礎セミナー 新版作物栽培の基礎．農文協．172-175.
Kushman, L. J. et al. 1946 Natural hybridization in peanuts. J. Amer. Soc. Agron. 38 : 755-756.
Maeda, K. 1961 Morphological studies on the "sterile filaments" in the androecium of the peanut plant. *Arachis hypogaea* L. Jpn. J. Crop Sci. 29 : 258-262.
前田和美 1964 落花生における不稔雄ずい発生の変異とその品種分類的意義について．日作紀 33 : 94-

104.
前田和美 1970-72 落花性品種の草型に関する生育解析的研究 (1, 4). 日作紀 39：177-183, 41：179-184.
前田和美 1973 ラッカセイ花器の形態的特性とその品種の系統分類に関する作物形態学的研究. 高知大紀要 23：1-53.
前田和美 1993 落花生の"Ideotype"の特性-多収化における fastigiata の寄与. 日作紀 62：211-221.
間宮 広 1948 実用落花生栽培. 養賢堂.
Martin, J. H. et al. 2005 Peanut. In Principles of Field Crop Production (4th edition). Pearson. 657-672.
宮崎義光 1953 落花生の生長と開花に関する研究. 信州大学術報 2：30-48.
水野 進 1959-63 落花生の結実に関する生理学的研究. (1, 2, 3, 7, 9). 日作紀 28：83-85, 29：169-171, 兵庫農大報 4：144-146, 日作紀 30：51-55, 32：14-19.
中西健夫 1987 ラッカセイの育種 第1章 歴史と現状, 小島睦男編, わが国におけるマメ類の育種, 農業研究センター. 467-477.
中世古公男 1999 ラッカセイ 石井龍一他共著, 作物学各論, 朝倉書店. 80-83.
中山兼徳・高橋芳雄 1976 ラッカセイのつくり方. 東京.
日本豆類基金協会 1963 エンドウ, ソラマメ, ラッカセイに関する文献目録.
西川五郎・三上藤三郎 1949, 1950 落花生子実の発育に関する研究. (1, 2). 日作紀 18：71-73, 19：133-136.
西川五郎・三上藤三郎 1952 落花生・綜合作物学. 油料の部. 地球出版.
小野良孝・尾崎 薫 1974 落花生の莢実の発育および収量におよぼす気温の影響. 日作紀 43：242-246.
小野良孝・中山兼徳・窪田 満 1974 落花生の莢実の発育に及ぼす結莢圏の土壌温度および土壌水分の影響. 日作紀 43：247-251.
Raina, S. N. et al. 2001. RAPD and ISSR fingerprints as useful genetic markers for analysis of genetic diversity, varietal identification, and phylogenetic relationships in peanut (*Arachis hypogaea*) cultivars and wild species. Genome 44：763-772.
Rogers, H. T. 1948 Liming for peanuts in relation to exchangeable soil calcium and effect on yield, quality and uptake of calcium and potassium. J. Amer. Soc. Agron. 40：15-31.
酒井竜治・佐藤吉之助・石井幾嘉 1953 落花生の施肥に関する研究 (1-3). 千葉農試研報 1：89-98.
佐藤吉之助・宇田川理 1958 落花生の施肥に関する研究 (7-9). 千葉農試研報 3：30-43.
渋谷常紀他 1955, 56 豆科作物の地下結実に関する生理形態的研究 (2, 3, 4, 5). 日作紀 24：16-19, 千葉大園学報 3：28-33, 日作紀 25：17-18.
曽良久男 2003 第1章 起源と品種分化 ラッカセイ, 第3章 育種 ラッカセイ 4) 高品質化と用途拡大. 海妻矩彦他編, わが国における食用マメ類の研究, 中央農総研. 34-42, 263-271.
曽良久男 2004 ラッカセイ. 山崎耕宇他監修, 農学大事典. 養賢堂. 617-618.
Stokes, W. E. et al. 1930 Peanut breeding. J. Amer. Soc. Agron. 22：1004-1014.
すずきかずお・ひらのえりこ 1999 そだててあそぼう15, ラッカセイの絵本, 農文協.
鈴木一男 2002 ラッカセイ, 日本作物学会編, 作物学事典, 朝倉書店. 386-390.
鈴木正行 1962 落花生種子の発芽に関する研究 (1). 千葉大園学報 10：51-57.
鈴木正行 1967 ラッカセイの不稔現象に関する作物学的研究. 千葉大園学報 15：115-132.
高橋芳雄・林 政衛 1957 落花生の結莢部土壌水分が結実に及ぼす影響について. 千葉農試研報 2：74-79.
高橋芳雄・竹内重之・亀倉 寿・斉藤省三・石井良助・石田康幸・長澤 上・曽良久男 1981 落花生新品種「ナカテユタカ」について. 千葉農試研報 22：57-69.
竹内重之 1970 ラッカセイ. 家の光協会.
渡辺篤二監修 2000 豆の事典-その加工と利用-. 幸書房.
山田 登・長田明夫・加藤智通 1954 落花生の根と子房による放射性燐酸の吸収. 農技 9：30-31.
吉江修司・広 保正 1960 落花生の空莢に関する研究. (3) 土壌中の石灰含量と空莢の生成との関係. 千葉大園学報 8：63-67.

第21章 インゲンマメ

学名：*Phaseolus vulgaris* L.
和名：インゲンマメ，サイトウ，サンドマメ
漢名：菜豆，四季豆，雲豆
英名：kidney bean, garden bean, common bean, French bean, snap bean, haricot bean, navy bean
独名：Gartenbohne, Gemeinebohne
仏名：haricot
西名：alubia, judia

1．分類・起源・伝播

　インゲンマメは，マメ科のインゲンマメ属（*Phaseolus*）を代表する1年草である．染色体数は2n＝22である．インゲンマメ属（*Phaseolus*）は新大陸に分布し，約50種を含み，インゲンマメ（*P. vulgaris* L.），ライマメ（*P. lunatus* L.），ベニバナインゲン（*P. coccineus* L.），*P. polyanthus* Greenm.，テパリービーン（*P. acutifolius* A. Gray）の5種が栽培種である．インゲンマメの品種は草型，用途および粒の形状の多様性が大きい．草型では蔓性，わい性に分け，用途では子実用と若莢用に大別し，子実用はさらに粒大や形状などで細分する．若莢用は野菜として扱われる．
　インゲンマメは祖先型と栽培種の間には生殖的隔離はほとんどない．また，ベニバナインゲンと *P. polyanthus* とも近縁で遺伝子交換が可能である．インゲンマメの野生種はメキシコからアルゼンチンに至る南北に長い範囲に分布し，これらの分布域には2つの大きな地理的ギャップがあることから，3つの野生集団（Mesoamerican, Intermediate, Andean）が形成されている．これらの分布集団は，異なる遺伝的構成を持ち，3つのグループのなかでは，種子タンパクの比較などから，Intermediate グループがもっとも祖先型であることが判明した（Gepts et al. 2000）．これらのことから，野生種は Intermediate グループの分布域であるエクアドルからペルー北部に至る地域で起源し，そこから南北に分布が拡大し，その後 Mesoamerican グループと Andean グループのそれぞれから独立に栽培種が成立したと推定される（友岡 2003）．野生種は1年生まれに多年生で，野生種の中に蔓性のもの，蔓なしのもの，粒色も多様な分化が生じている．インゲンマメの種子は，メキシコやペルーなどの紀元前の遺跡から出土しており，紀元前にはすでにメキシコからアンデス地帯にかけて広く分布したとみられる．
　ヨーロッパへは，16世紀初頭にスペインに入り，17世紀末までには北ヨーロッパ一帯に広まった．中国へは16世紀末に伝わり，日本へは承応3年（1654）に，隠元禅師が来朝の際に中国からもたらしたとされ，それが本種の和名になった．しかし，実はそれは

本種でなくフジマメ（*Lablab niger* Medikus 本書第29章参照）であって，今でも関西ではフジマメのことを隠元豆と呼ぶことが多く，本種はゴガツササゲとも呼ばれている．本種もその頃に日本に伝来して，栽培され始めたと思われる．その後，明治初期に北アメリカから優れた品種を改めて導入し，以降北海道を主に，全国的に栽培されるようになった．特に欧米と同じく，わが国でも家庭園芸で最も親しまれる作物として普及している．

2. 生産状況

インゲンマメは完熟豆を目的とするだけでなく，むき実（未熟豆）用，若莢用があり，それぞれ専用の品種が分化している．世界の完熟豆の生産（FAOの統計は *Phaseolus* 属の他の栽培種と *Vigna* 属の一部が beans として一括して示されている）は，栽培面積約2,799万ha，単収0.7 t/ha，生産量約2,039万tである（表21.1）．この生産量はマメ類の中でダイズ，ラッカセイについで第3位である．アジアでの生産が最も多く，世界の約半分の栽培面積と生産量を占め，なかでもインドがもっとも多い．その他ではブラジル，中国，メキシコ，アメリカなども大生産国である．インゲンマメは温帯，亜熱帯，熱帯各地に広く栽培され，量の多少はあれ，世界中のほとんど全ての国々で栽培されている．

表21.1 インゲンマメの地域別収穫面積，単収および収穫量

項目	世界	アジア	アフリカ	欧州	北米	中米	南米	オセアニア
収穫面積，万ha	2,799	1,510	507	23	71	216	446	3
単収，t/ha	0.73	0.62	0.62	1.69	2.01	0.76	0.95	1.00
収穫量，万t	2,039	938	312	39	143	164	423	3

2007年産．*Phaseolus* 属のほか，*Vigna* 属の一部を含む．FAOSTATから作表

日本では，1950〜60年代には10万ha弱で10万t以上の生産があったが，現在は栽培面積1万ha余，生産量は3万t弱に減少した．しかし10a当り収量は増加し，現在は200 kgを超えている．北海道が全国の90％を占め，なかでも十勝地方が過半で，北見地方がこれに次ぐ．青森，山形などでも栽培があり，主に寒冷地が主栽培地である．

なお，若莢用のいわゆるサヤインゲンは全国で栽培されている．

3. 形態

蔓は1.5〜3m伸び，旋回して支柱に巻きつく．ツルナシは0.5m前後の矮性で節数は5〜7，節間が短く詰まっている．蔓性とツルナシの中間の半蔓性の系統を区別することもある．初生葉は単葉で対生し，本葉は各節に互生し，3小葉よりなり，長い葉柄を持つ（図21.1，21.2）．

根は，主根はあまり深く伸びず，側根が多数生じ，主根よりも長く伸びて，概して浅根性の疎な根系を形成する．

葉腋から花茎が出て，総状花序が着き2〜数花が咲く．花は5花弁からなる蝶形花で旗

3. 形　態　　[373]

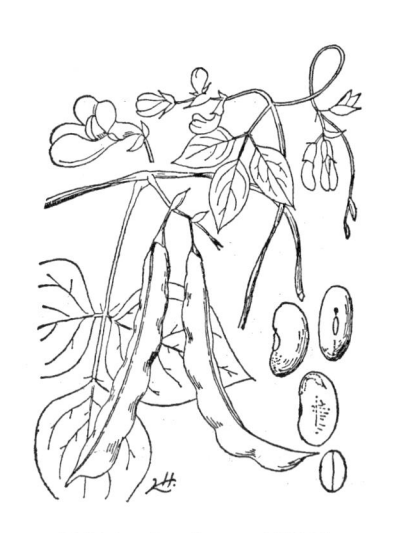

図 21.1　インゲンマメ（蔓性系）.
星川（1980）

図 21.2　インゲンマメ（矮性系）.
星川（1980）

弁は高さ 10 mm，幅 12 mm，色は白，紫，紅色などである．雄蕊は 2 束で彎曲し，花糸の先は柱頭と同長となる．雌蕊の先は環状に捻転し，柱頭に密毛が生えている（図 21.3）．花芽分化は，矮性品種では播種後 20～25 日，蔓性品種では播種後約 25 日から始まる．これは本葉 4～5 枚が展開した頃に当たる．矮性品種では主茎と側枝にほぼ一斉に花芽が分化するが，蔓性品種では第 6～7 節に最初に分化して以降，順次上位節に及ぶ．また花芽分化数に対して，開花するものは 20～30 ％である（井上・渋谷 1954）．開花数は品種や気候・栽培条件によって異なるが，暖地では蔓性品種で 80～200 個，矮性品種で 30～80 個である．開花は大部分が午前 10 時までに行われる．開花直前に雄蕊の葯が裂開するので主に自家受精であるが，まれに他家受精も行われる．結莢率はダイズ同様に低く，10～40 ％程度である．

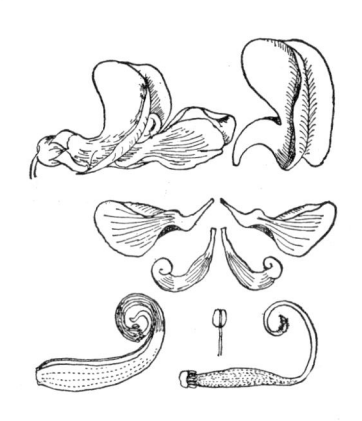

図 21.3　インゲンマメの花.
星川（1980）

　莢は長さ 10～20 cm，幅 1～2 cm，成熟すると黄褐色となり，乾燥すると容易に裂莢する．種子（豆）は一莢に 5～10 個含まれる．種子は腎臓形，長球型，ほぼ球形など多様である．種皮も色は多くの遺伝子の組み合わせによって白，紫褐色の他，多様に発現する．また，さまざまな美しい斑紋，縞紋などがある（図 21.4）．種子の長さは 5～20 mm の品

第21章　インゲンマメ

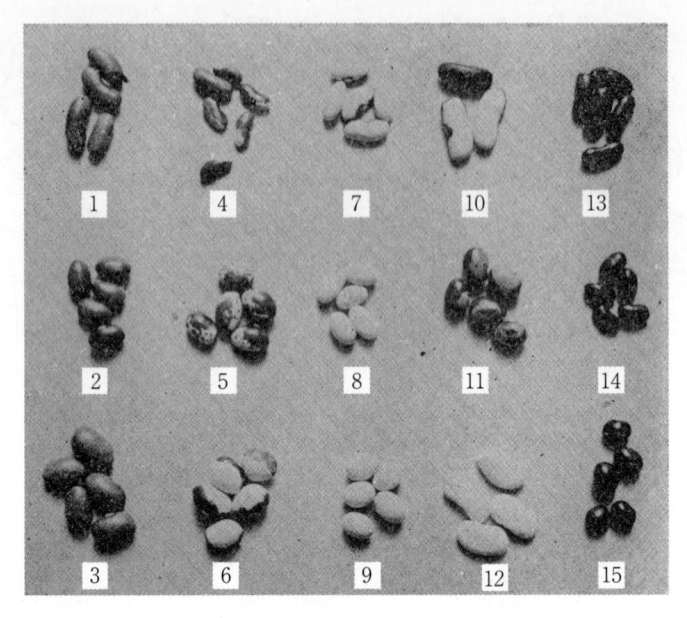

図21.4　インゲンマメのいろいろな品種
1：マスターピース，2：紅金時，3：大正金時，4：うずら系，5：紅紋うずら，6：虎豆，7：馬系4号，8：大手亡，9：白丸鶉，10：不明（ドイツ産），11：貝殻豆，12：大福豆，13：不明（長野産），14：黒大粒，15：黒金時．星川（1980）

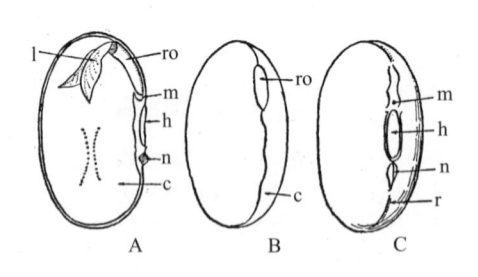

図21.5　インゲンマメの種子
A：断面，B：種皮を除いた外観，C：外観．l：初生葉，ro：幼根，m：発芽口，h：臍，n：種瘤，c：子葉，r：背線．星川（1980）

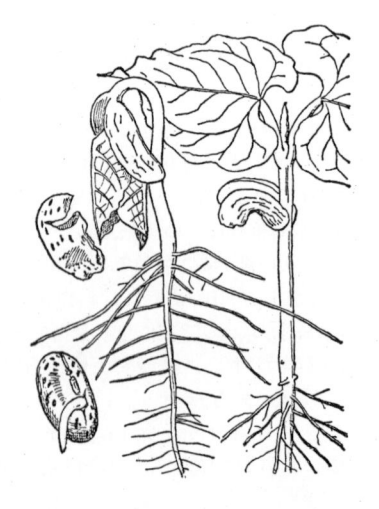

図21.6　インゲンマメの発芽．星川（1980）

種が多い．図21.5に示すように，臍で莢と接続し，臍の上下に発芽孔と種瘤がある．100粒重は15～90gである．

発芽温度は最低15℃，最適20～30℃，最高約35℃である．種子の寿命は約2年で，普通3年目になると，ほとんど発芽しなくなる．発芽に際して下胚軸がよく伸び，子葉は地上に現れる地上子葉型（epigeal cotyledon）である（図21.6）．

4．品　種

品種はきわめて多い．草型では蔓性，矮性，半矮性，叢性に分類される．また，利用上からは子実用と若莢用に分けられる．わが国では，子実用としては，煮豆・甘納豆用と白あん用が大部分である．煮豆や甘納豆用には金時類と中長鶉類が，あん用には手亡類が主として用いられる．

矮性品種には種子用が多く，これらは熟期が揃い，支柱も不要で大面積の栽培に適する．

品種によって感温性，感光性に差があり，地域適応性が異なる．温度に対する感応度には大きな差があり，高温型，低温型，中間型の3型に分類される．暖地では高温でも良く結実する高温型が栽培に適する．早生品種の生育日数は約90日，晩生品種は130日である．

わが国では道立十勝農業試験場が指定試験事業として，子実用を対象に育種を行っている．また，道立中央農業試験場では蔓性インゲンマメとベニバナインゲンの育種を行っている．品種改良の目標は，多収，良質（大粒，食味），耐病性，耐冷性が重視される（村田 2003）．耐病性では，糸状菌の炭疽病（*Colletotrichum lindemuthianum* (Saccardo et Magnus) Briosi et Cavara）やウイルスによるインゲン黄化病（病原菌はダイズわい化ウイルス）が主な対象とされている（江部 2003）．また，機械化適応性では，裂莢性が難で，耐倒伏性，成熟の斉一性，着莢位置の高いことが目標となる．これまでに育成された主要な品種は，早生・多収・良質の「大正金時」（1956年育成），多収・耐冷性の「姫手亡」（1976年育成），大粒・多収の「福勝（ふくまさり）」（1994年）などがある．若莢用の主用品種は，ケンタッキーワンダー，マスターピース，黒三度などである．

国際的には，コロンビアにあるCIAT（国際熱帯農業研究センター）が3万点を越す遺伝資源を有しており，これらの遺伝資源を活用しながら，熱帯・亜熱帯の諸国と協力して育種を行っている．

5．栽　培

(1) 環境と成長

インゲンマメは，概して高温を好むが，高緯度，高冷地でも夏期に高温であれば，矮性の早生品種や若莢用が容易に栽培できる．生育適温は10～25℃とされ，昼夜共にこれより高温が続くと結実が悪く，特に夜間の高温は結実を不良にする．花粉の発芽適温は20～25℃とされ，35℃以上では花粉管の発芽が極めて悪くなり，不稔の原因となる（井上ら 1954）．耐冷性はダイズやアズキよりも強いといわれ，北海道の冷害年ではこれら

の2作物よりも被害が軽い．

生育期間中の多雨は，土壌の過湿のために根の発育に悪く，ダイズやアズキよりも生育不良になり易い．また病害の発生も多くなる．結実期間の多雨は種子の腐敗，莢内発芽を招き易い．倒伏すればこの害はさらに大きくなる．開花期の雨量不足は結実を不良にする．花粉の発芽には湿度80％が最適であるが，花粉が雨に当たると結実不良となりやすい．

北海道十勝地方では，日照は気温よりも収量に影響が大きいといわれる．栄養成長期の6月と稔実期の9月には，日照時間が多いほど多収となる．

土壌は砂質壌土から埴壌土まで適するが，排水の良い，表土の深い肥沃な埴壌土が最適である．マメ類中，最も多くの肥料を必要とし，痩地では生育がきわめて劣る．それは根粒菌の働きが他のマメ類に比べて弱いことも原因しており，多くの窒素肥料を必要とする．最適pHは6.2〜6.3であり，強酸性には主要なマメ類中，最も弱いとされる．また塩分にもマメ類の中で最も弱いため，海岸地方では生育が不良である．

（2）栽培管理

標準施肥量は窒素，リン酸，カリウムをそれぞれ4, 10, 10 kg/10 a程度とする．酸性に弱いので，石灰の使用により酸度矯正をする．根粒菌の着生がダイズなどの場合よりも遅く，根粒も少ないので，施肥量はダイズ，アズキよりやや多目にする．開花初期の窒素追肥の効果も認められている．リン酸は3要素中，最も肥効が高い．マグネシウム欠乏の土地は酸性を呈していることが多いので，マグネシウム肥料も必要である．堆厩肥，緑肥など有機質施用の効果は大きい．しかし，有機質の施用はタネバエの発生を多くするので防除に注意する．

播種期は，最低気温が10℃以上となり，晩霜のおそれがなくなった頃である．北海道で5月中下旬，関東地方で4月中旬〜5月上旬，西日本では4月上〜中旬に播いて梅雨までに，できるだけ成長を進めるか，または梅雨明け7月上〜中旬に播いて雨湿の害を避ける．北海道での標準的な栽植密度は，a当り矮性品種では1,700個体，蔓性品種は360〜500個体程度とする（飯田 2002）．

蔓性品種は，草丈15 cmの頃に培土をして支柱を立てる．中耕・培土などの管理は，他のマメ類と同様である．

病害には炭疽病（anthracnose, *Colletotrichum lindemuthianum*（Saccardo et Magnus）Briosi et Cavara），角斑病（褐色斑点病）（angular leaf spot），菌核病（stem rot）などの被害が大きく，炭疽病は種子消毒で防ぐ．

害虫には，タネバエ（seed-corn maggot, *Hylemyia platura* Meigen）が幼苗期に発生して大被害を与える．年2〜3回発生し，蛹で越冬し，5月中旬から成虫が発生して地表に産卵，幼虫が発芽したばかりの幼植物内に進入し食害する．また，ダイズシストセンチュウの被害も大きい．

収穫は茎葉が枯れ始め，莢の80％が黄変し，種子が硬化して品種特有の色沢を帯びてきた頃に行う．主産地の北海道では9月上〜下旬である．根元から抜取り，または刈取り，数日間野積み乾燥してから脱粒する．矮性品種の大規模栽培では，刈り取り機および圃

場で予乾した株を拾い上げて脱穀するピックアップスレッシャーなどが普及している.

インゲンマメはエンドウのように強い忌地現象はないが, ダイズよりも連作害が大きい. ことに炭疽病や菌核病に弱い品種は連作害が著しい. 前作には腐植や窒素を多く残す作物がよい. また後作には, 特に作目を選ばないが, インゲンマメの跡は雑草が少ないので, 除草困難な作物が適する. 一般にイネ科作物や根菜類との輪作体系が適当とされている.

6. 利　用

インゲンマメの栄養成分は, 表19.1に示すように, マメ類の中ではアズキやリョクトウと並び, 炭水化物が50％以上と多く, タンパク質や脂質が相対的に少ないグループに属する. しかし, イネ科作物に比べれば, タンパク質ははるかに多い.

種子は, あん（餡）, 煮豆, 菓子原料とされる. 製餡用には主に手芒類が用いられ, 煮豆用と甘納豆用には金時と中長鶉類が用いられている. 国産品は品質が優れているとの評価はあるものの, 市場では安価な輸入品との厳しい競争にさらされている. この他, 若莢用には市場にほぼ周年供給されている. 若莢はタンパク質, ビタミンA, B_1, B_2, Cを多く含み栄養価が高い野菜である. カン詰冷凍野菜, あるいは乾燥野菜とされることも多い.

茎葉は粗タンパク質6～10％, 可溶性無窒素物30～40％, 繊維33～40％を含み, 家畜の飼料として好適である.

7. 文　献

Duarte, R. A. et al. 1972 A path coefficient analysis of some yield component interrelation in field beans (*Phaseolus vulgaris* L.). Crop Sci. 12：579-582.
江部成彦 2003 第3章 育種 インゲンマメ. 3) 耐病性育種, 海妻矩彦他編, わが国における食用マメ類の研究, 中央農総研. 251-263.
藤原貞雄 1950 豆類の栽培. 北農会.
Gentry, H. S. 1969 Origin of the common bean, *Phaseolus vulgaris*. Econ. Bot. 23：55-69.
Gepts, P. et al. 2000 Wild legumes diversity and domestication-insights from molecular methods. Proc. 7th MAFF International Workshop on Gentic Resources. 19-36.
飯田修三 2002 インゲンマメ. 日本作物学会編, 作物学事典. 朝倉書店. 377-381.
井上頼数他 1954-56 菜豆の生殖生理に関する研究 (1, 2, 3, 4, 5, 6). 園学雑 23：9-15, 23：71-79, 23：79-81, 24：56-58, 24：240-244, 25：152-156.
石塚潤爾 1982 マメ科穀類. 田中 明編, 作物比較栄養生理. 学会出版センター. 159-175.
岩見直明 1950, 51 菜豆の生態的研究 (1) 品種間の結莢状況と気温との関係, (2) 落花に就いて. 園学雑 19：68-75, 20：53-57.
Kaplan, L. 1965 Archeology and domesticaion in American *Phaseolus* (beans). Econ. Bot. 19：359-368.
小林政明 1948 いんげんまめ. 豆類. 産業図書株式会社. 155-173.
小山八十八・後木利三 1957 菜豆新優良品種「大正金時」. 北農 248：1-18.
小山八十八 1962 いんげん豆. 戸苅義次編, 作物大系 第4編V, 養賢堂. 33-58.
国分牧衛 2000 インゲンマメ. 石井龍一他共著, 食用作物学 (1) －食用作物編－. 文永堂. 202-207.
国分牧衛 2000 インゲンマメ. 堀江武他共著, 農学基礎セミナー 新版 作物栽培の基礎, 農文協. 176-177.

桑原武司 1950 十勝地方に於ける主要農産物の特性と年変異並びに収量と気象との相関々係に関する調査. 北農 17：4-18.
松本重男 1977 マメ類. 佐藤 庚他編, 食用作物学. 文永堂. 181-203.
村田吉平 2003 第3章 育種 インゲンマメ, 1) 北海道におけるインゲンマメ栽培と品種育成の概括, 2) 北海道におけるインゲンマメ育種の現状, 海妻矩彦他編, わが国における食用マメ類の研究, 中央農総研. 244-251.
三島京治・小山八十八・後木利三 1958 菜豆新優良品種「白金時」. 北農 25：13.
中世古公男 1999 インゲンマメ. 石井龍一他共著, 作物学各論, 朝倉書店. 69-71.
中世古公男・後藤寛治・浅沼興一郎 1979 大豆・小豆・菜豆の生産生態に関する比較作物学的研究 (1, 2). 日作紀 48：82-91, 92-98.
Singh, S. P. 1999 Common Bean Improvement in The Twenty-first Century. Kluwer, The Netherlands.
Singh, S. P 2001 Broadening genetic base of common bean cultivars : A review. Crop Sci. 41：1659-1675.
Singh, S. P. et al. 2007 Seventy-five years of breeding dry been of the western USA. Crop Sci. 47：981-989.
白井和栄 2004 マメ類の育種 インゲンマメ. 山崎耕宇他編, 新編農学大事典. 養賢堂. 960-961.
田中正武 1975 栽培植物の起源. NHKブックス. 224-226.
友岡憲彦 2003 第1章 起源と品種分化 インゲンマメ. 海妻矩彦他編, わが国における食用マメ類の研究,中央農総研. 28-33.
渡辺篤二監修 2000 豆の事典－その加工と利用－. 幸書房.
矢ノ口幸夫 2004 インゲンマメ. 山崎耕宇他編, 新編農学大事典. 養賢堂. 527.

第22章　リョクトウ

学名：*Vigna radiata* (L.) R. Wilczek (= *Phaseolus aureus* Roxb.)
和名：リョクトウ，ブンドウ（文豆），ヤエナリ（八重生），アオアズキ
漢名：緑豆，文豆
英名：mung bean, green gram, golden gram
独名：Mungbohne, Jerusalembohne
仏名：ambérique, haricot mungo
西名：judía mung

1．分類・起源・伝播

　マメ科の1年草で，かつては *Phaseolus radiatus* L. var. *typicus* Prainとして，アズキと並ぶ変種とされていた．他に *P. aureus* Roxb., *P. mungo* L. var. *radiatus* Bak., *P. hirtus* Retz., *P. viridissimus* Ten.などと多くの名が付けられている．このように，従来 *Phaseolus* 属とされていたアジア産のアズキやリョクトウなどの分類は，多くの学名が付けられた．本種とケツルアズキ（black gram, *Vigna mungo*, *Phaseolus mungo* L.）の区別も混乱していた．リョクトウは大井（1969）により，*Azukia radiata* (L.) Ohwiとして *Phaseolus* とは別属にされ，その後，*Vigna*（アズキ）属，Ceratotropics（アズキ）亜属に改められた．

　本種は，祖先種 *Vigna radiata* var. *sublobata* (Roxb.) Verdcourtから，インドで栽培化されたと考えられている（宮崎・友岡 2004）．インドでは，古くから一般に親しまれた豆であり，この豆の重さを重量の単位として分銅にして金粉や真珠の重さを計量したといわれる．それでフンドウ→ブンドウの名が今に伝わっているという．

　古く中国南部に入り，北部では紀元前5世紀に栽培された．インドシナやジャワ方面へも古く伝播した．一方，マダガスカルへもインドから古く伝わり，次いでアフリカへ入った．東および中央アフリカへは最近の導入であるという．ヨーロッパへは16世紀に伝わり，次いでアメリカへもたらされた．また日本から，1835年にアメリカに伝わり，オクラホマ，カリフォルニア，テキサスに栽培が広まったが，特に第2次大戦中に東洋からの輸入が途絶えたために栽培が広まったという．日本へは中国から入ったらしい．宮崎安貞の農業全書（1697）に記録があり，すくなくとも17世紀以前には栽培されていたと思われる．福井県鳥浜の縄文時代の遺跡からリョクトウが発掘されており，わが国での利用はかなり古いことになる．

2. 生産状況

世界的には，1945年には栽培面積が最大に達した．現在は，主として飼料用である．生産はアジアの熱帯地方が主で，世界の生産量200万t弱の約70％がインドで生産される．そのほか，タイ，ミャンマー，インドネシアでも生産が多い．

わが国では，かつては全国各地に広く作られていた．農水省の統計は1949年以降あり，これによると1950～60年代には，全国で200 ha，200 tを越す年があった．しかしその後減少し1970年代以降はほとんど消滅してしまい，現在では大部分は輸入されている．かつては岡山，佐賀，千葉，香川，鹿児島などで生産が多かった．

3. 形態

アズキに近縁の植物で，染色体数$2n=22$である．草丈60～130 cm，蔓を出さず矮性のものが多いが，蔓性のものもある．茎はアズキよりやや細目で，数条の縦脈を持ち，毛が多く生えている．葉は3小葉よりなる複葉で，長い葉柄を持ち，茎に互生する（図22.1）．小葉は卵形である．また，卵形の托葉が着く．

茎の上部の葉腋より抽出する花梗の先に8～20花を着生する．花は，下位のものから咲き，幅10 mm，高さ6 mmでアズキより小さく（図22.2），黄紫色を呈する．普通1本の花梗に3～7個の莢が着く．莢は長さ5～12 cm，幅5～6 mmで上向きに着くものもある．成熟すると濃褐色あるいは黒色となる．莢に毛茸が一面に生える．1莢内に10～15個の種子が含まれる．成熟すれば縫線に沿って裂ける．

種子は，アズキに似てやや小さく，長さ4～6 mm，鮮緑色のほか黒褐色，黄金色など

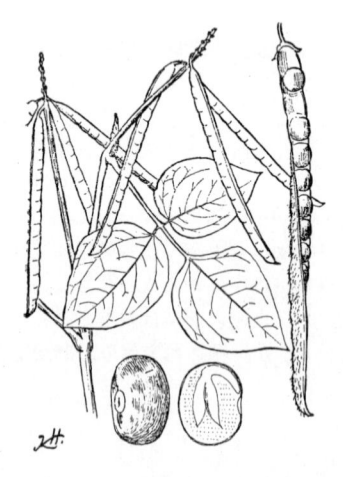

図22.1 リョクトウ（日本の在来品種）．
星川（1980）

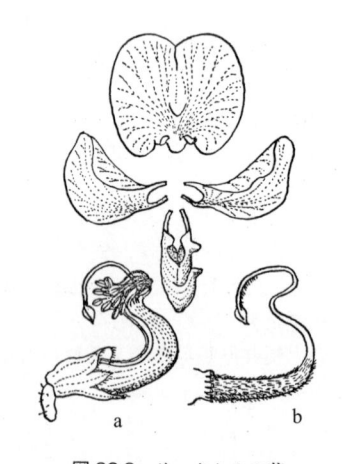

図22.2 リョクトウの花
a：花冠を除いたもの，雄蕊は9本が癒合，1本は独立．雌蕊は雄蕊群より抽出．b：雌蕊．永井（1952）

を呈し，表面に白い粉を被るものもある．100粒重は2～8gである．子葉は黄色のものが多く，デンプン含量が多いが，デンプン粒はアズキより小さい．種子の寿命は長く，自然状態で3～10年に及び，穀物や豆類の中で最も長寿命といわれる．

発芽温度は，最低0～2℃，最適36～38℃，最高50～52℃で，アズキより温度域が幅広い（井上・山崎 1953）．子葉は発芽時に下胚軸の伸長により，地上に出て展開する地上子葉型（epigeal cotyledon）である（図22.3）．下胚軸の伸長に優れることも，豆モヤシとして利用される理由の1つである．初生葉はアズキよりやや細く，小さい．

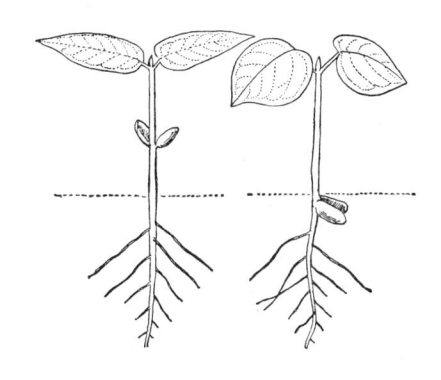

図22.3 リョクトウ（左）とアズキ（右）の芽生えの比較．星川（1980）

4．品　種

草性，熟期，莢色，種子の大きさや色などによって，品種分類される．インド，インドネシアなどには多くの変種および品種があり，大きくは green gram と golden gram の2系統に大別される．Green gram は，種子が緑色ないし暗緑色のもので，わが国で栽培されていたものはこれに属する．Golden gram は，種子が黄色のもので，生産量は多くなく，主として茎葉を飼料や緑肥にするために栽培されているが，インドには食用の品種もある．

育種は台湾にある AVRDC（世界野菜センター）が交配し，優良系統を各国に配布して検定している．この方法により，多くの優良品種が生まれている．

5．栽　培

熱帯原産のため，生育には高温が適するが，早生品種は高緯度・高冷地にも栽培できる．モヤシ用に熱帯圏から輸入されたものは，わが国で栽培しても，秋かなり短日にならないと開花せず，種子が得られないものが多い．ヒマラヤには，発芽後2～3.5か月で成熟するものがあり，標高2,400 mの土地にまで栽培されているという．高温抵抗性が強く，干ばつにも強いが，過湿には弱い．雨量600～800 mmの比較的乾燥地を好み，特に開花中の強雨により落花などが多くなる．霜には弱い．土壌は，重粘土では生育が劣る．一般に乾燥性の土地に適するが，土壌に対する適応性は概して強い．pHは6～7が最適である．

栽培はアズキに準じて行う．ドリル播き（15×20 cm）では，播種量は4～6 kg/10 aであり，アメリカの緑肥栽培では5～10 kgを播く．播種できる期間の幅が広く，生育期間が短いために，春夏二期に播種することも可能で，様々な輪作体系に組み入れられる．インドでは，6～7月播きの夏作と9～10月播きの秋作が行われ，株間25～30 cmで散播ま

たは条播する。

　暖地，熱帯では，播種後約60日で開花し始め，開花のピークが周期的に数回みられる。八重成りという別名はこれから来たものであろう。開花後3～4週間で成熟する。大部分の莢が裂開しない前に株を引き抜き，乾燥後，叩いて脱穀する。病害虫は，ダイズ，アズキと共通なものが多い。シストセンチュウ抵抗性は比較的強いとされる。

6. 利　用

　リョクトウの栄養成分は，表19.1に示したように，アズキに比べ，タンパク質はやや多く，脂質はやや少なく，炭水化物，灰分，無機質は，ほぼ同じである。ビタミン類は，アズキより多い。

　わが国では，かつては緑色の餡にしたり，飯と混炊したが，現在では主に豆モヤシとして利用する。わが国のモヤシにはリョクトウが主に使われるが，ケツルアズキやダイズも用いられる。年間数万tの需要は全てタイや中国からの輸入でまかなっている。中国では，リョクトウのデンプンからはるさめを作り，豆ソウメン（豆麺）の原料とする。わが国で作られるはるさめは，ジャガイモやサツマイモのデンプンを用いたものもある。

　東南アジア，アフリカ，インドなどでは，豆を丸のまま，あるいは砕いてから煮物やスープとする。特にインドでは重要な食料で，薬用にもされる。アメリカなどでは，主として緑肥，飼料用として利用される。

7. 文　献

井上重陽・山崎　力 1953 種子の発芽温度に関する研究(2) 緑豆. 高知大学報 2 : 1.
石井龍一 2000 リョクトウ. 石井龍一他共著，食用作物学 (1) －食用作物編－. 文永堂. 213-214.
松本重男 1977 マメ類. 佐藤　庚他編，食用作物学. 文永堂. 181-203.
Maxted, N. et al. Ecogeographic techniques and conservation : Case study for the legume genus *Vigna* in Africa. In Wild Legumes. MAFF International Workshop on Genetic Resources. MAFF, AFFRC-NIAR.
宮崎尚時・友岡憲彦 2004 リョクトウ. 山崎耕宇他編，新編農学大事典. 養賢堂. 474-475.
永井威三郎 1952 やへなり（緑豆）. 実験作物栽培各論2. 養賢堂. 150-160.
中世古公男 1999 リョクトウとケツルアズキ. 石井龍一他共著，作物学各論. 朝倉書店. 74-75.
熱農研 1975 アオアズキ. 熱帯の有用植物. 農林統計協会. 531-533.
Srinives, P. et al. 1996 Mungbean germplasm. JIRCAS Working Report 2.
高橋　幹 2002 リョクトウ. 日本作物学会編，作物学事典. 朝倉書店. 391.
戸苅義次・菅　六郎 1957 小豆及び緑豆. 食用作物. 養賢堂. 371-381.
友岡憲彦・加賀秋人・Vaufhan, D. 2006 アジア *Vigna* 属植物遺伝資源の多様性とその育種的利用（第1～5報）. 熱帯農業 50 : 1-6, 59-63, 64-69, 173-178, 179-182.
渡辺篤二監修 2000 豆の事典－その加工と利用－. 幸書房.

第23章 ササゲ

学名：*Vigna unguiculata* (L.) Walp. (= *V. sinensis* Endl.)
和名：ササゲ
漢名：豇豆，大角豆
英名：cowpea, southern pea
独名：Vignabohne, Kuhbohne
仏名：pois à vache
西名：caupi, judia de vaca

1．分類・起源・伝播

　ササゲは，かつては異なる3～4種に分類されたが，現在では栽培種はすべて *Vigna unguiculata* とされる．栽培種は下記の4つの品種群に分類される（友岡 2003）．染色体は，2n = 22, 24である．ササゲの英語名の cowpea は，種子が牛の皮のような茶褐色のものが多いために名付けられた．
　① Unguiculata：英名 cowpea，和名ササゲと称される品種群（図23.1）．
　② Biflora：莢が短く上向きに着く．和名ではハタササゲと呼ぶ．
　③ Sesquipedalis：莢が長いのが特徴で，和名ではジュウロクササゲと呼ぶ（図23.2）．

図23.1　ササゲ．星川（1980）

図23.2　ジュウロクササゲ．星川（1980）

④ Textilis：アフリカで栽培され，食用とはされず，長い花柄から繊維を採る．

　西アフリカには遺伝的に多様な栽培種が多く見られることから，アフリカ西部が栽培種の起源地とみなされている．この地域には野生種と栽培種の中間的なものも多く生息している．アフリカ西部でまず Unguiculata が成立した後，ナイジェリア北部からニジェールでは繊維や飼料として花柄の長い系統を選抜して Textilis が成立した．Unguiculata はアフリカ東部を経由してヨーロッパやインドに伝わり，インドではさらに品種分化して Biflora が成立した．そして，インドから東南アジアに伝播したものの中から長い莢を食用とする品種群 Sesquipedalis が分化したと推定される（友岡 2003）．

　古代にアフリカから海路インドに伝わったと考えられ，インドではサンスクリット時代に栽培の記録がある．次第にエジプト，またはアラビアへと伝わって，それがさらにアジアや地中海域へ広まった．ヨーロッパへは，アレキサンダー大王の東征（紀元前3世紀）の際に，ギリシャへ持ち帰ったのが最初の記録という．ドイツなどでは，中世まではかなり栽培されたらしいが，インゲンマメの伝来によって栽培がすたれ，今はその名称が残る程度になった．新大陸へは，スペイン人によって西インド諸島へ17世紀に導入され，アメリカでは18世紀始めには栽培されるようになり，南東部では主要なマメ科作物であったが，1940年代以降，ダイズなどにその地位を奪われ，現在ではカリフォルニアとテキサス州に栽培がわずかに残るのみである（Martin et al. 2005）．インドからは古代に東南アジア各地に広まったが，中国へは陸路シルクロード沿いに入った．記録としては，本草綱目（1552）に豇豆が記されているのが最初というが，実際の伝来は少なくも9世紀以前と考えられる．日本へは，中国から9世紀までに伝来したらしく，東大寺の寛平年間（889-897）の日誌に大角豆の記録が見える．

2．生産状況

　世界では，栽培面積1,181万ha，単収0.46 t/haで539万tの生産がある（2008年産）．ほとんどはアフリカで占められ，ナイジェリアやニジェールなどの西アフリカが主産国である．アジアでは，インド，フィリピンなどで栽培され，ヨーロッパではきわめて少ない．

　日本では，1950年代には栽培面積は1万haを越し，1万t以上の生産があったが，以降漸減を続けている．関東以南の暖地に主に栽培されるが，瀬戸内海沿岸地域の乾燥地帯では古くから栽培されてきた（石井 2000）．

3．形　態

　ササゲ属の1年草で，蔓性（2〜4 m），または矮性（30〜40 cm）である．品種群 Unguiculata は矮性で，草丈30 cmほどのものが多い．Sesquipedalis は蔓性で3〜4 mに及ぶ．葉は互いに互生し，3小葉からなる複葉で葉柄が長い．各小葉は先の細い卵形である．葉色は濃く，青みを帯びるものもある．また葉柄や茎に赤紫色を帯びるものもある．

　花は葉腋より長さ10〜16 cm抽出する花梗の先の数節に着き，2個ずつ対をなす．顕著な花外密腺がある．5花弁よりなる蝶形花で，色は白または淡紫青色である（図23.3）．ほ

3. 形態

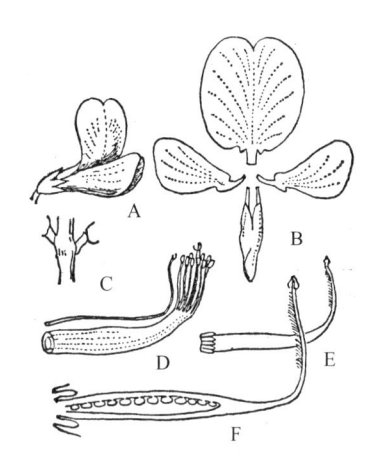

図23.3 ササゲの花の構造
A：全形．B：花弁．C：花梗の節の部分．D：雄蕊と雌蕊，雄蕊は9本が癒合して束となり，1本が独立．E：雌蕊，基部に蜜腺．F：雌蕊内部，子房内部に胚珠．星川 (1980)

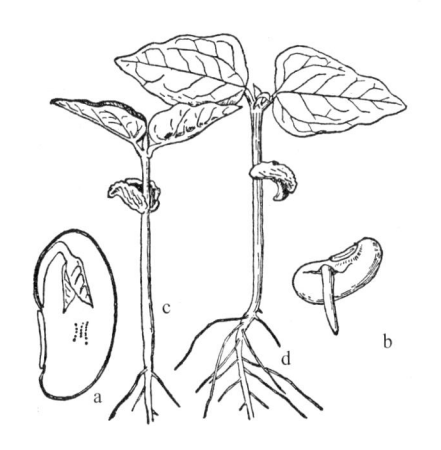

図23.4 ササゲの発芽
a～dの順，a：発芽前の粒子断面．星川 (1980)

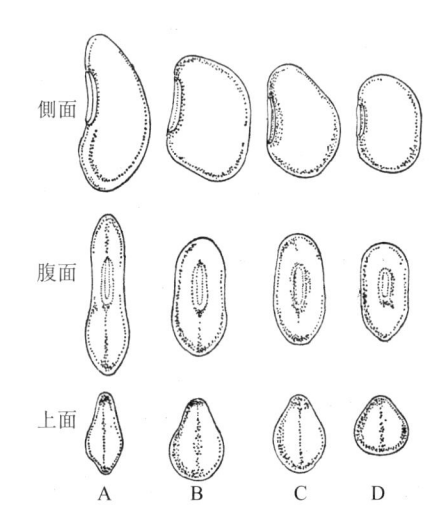

図23.5 ササゲの粒形．川延・土屋 (1952)

とんど自家受精する．莢は円筒形で，長さ12～20 cm，幅0.5～1.5 cm，若いうちは先端がやや上方に反り返り，物を捧げ持つ形なので，ササゲの名が付けられたという．Sesquipedalisは莢は反り返ることがなく，長く垂下し，30～80 cm，品種によっては100～120 cmにも達する．1莢内の種子は10～16個である．莢は熟すると褐黄色になり裂開するが，Sesquipedalisでは，熟莢はしわがよって裂開することはない．

出芽時は，子葉が地上に現れる（図23.4）．初生葉は対生でやや青色を帯びる．種子はアズキ類似の形のものから，大角豆の名のいわれである，やや大型で扁平で角ばるものまで種々あり，4型に分類される（図23.5，川延・土屋 1952）．種子の色は，赤，白，褐，黒などの他，斑色紋様を持つものがあり，臍のまわりに黒い輪状の"眼"がある．大きさは，長さ0.9～1.6 cm，100粒重は，9～15 gである．

4. 品　種

日本の品種は，十分な特性調査・解析がなされていないので，同名異品種，異名同品種もかなりある．草型は，図23.6のようにI〜IVに分類されている．それに生育の早晩，莢の長さ，粒型，さらに種子の色，花色などが分類の基準とされ，表23.1のように7群に分類されている（川延・土屋 1952）．わが国では栽培が少なくなっているが，九州から沖縄にかけては比較的多く残っている．特に沖縄では，十五夜にはシトギ（糯米を挽いて水で捏ね，湯がいたもの）にササゲを

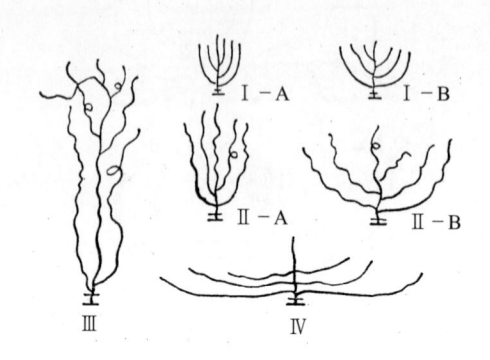

図23.6　ササゲの草型の模式．川延・土屋 (1952)

表 23.1　ササゲ品種の分類

群	草型	早晩性	莢長	粒形	主な品種
I	I-A	早	短	C・D	蔓無ササゲ，金時ササゲ，オカメ，白ササゲ
II	I-B	〃	〃	D	奴ササゲ，中黒，黒斑，金時ササゲ，小豆ササゲ，白ササゲ豆，鶉ササゲ
III	II-A	〃	中	C	褐色ササゲ
IV	II-B	〃	短	C	黒ササゲ，米豆
V	III	中	極長	A	大長ササゲ，長豆，長紅ササゲ，三尺ササゲ，早生十六，赤十六，長江ササゲ
VI	IV	晩	長	B	南海ササゲ，セレベスサラサ豆，カウピー，キジ種
VII	IV	〃	〃	C	美人豆，黒ササゲ，琉球ササゲ，金時ササゲ

草型は図23.6，粒形は図23.5による．川延・土屋 (1952) を改

まぶす風習があり，これがササゲ栽培が続けられている1つの原因と考えられる．また，これらの地域では，栽培種のエスケープと考えられる自生集団が見つかっている（友岡 2003）．赤い種子のササゲ品種は，アズキと呼ばれている地方もみられる．

ナイジェリアに拠点のある国際研究機関のIITA（国際熱帯農業研究所）では，多くの遺伝資源を保存しており，多収性，病虫害抵抗性，寄生雑草 *Striga* 抵抗性，耐乾性などの改良に向けた育種を行っている（Singh et al. 1997，渡邉 1998）．IITAにおけるササゲ研究にはわが国は人的・財政的な貢献をしている．

5. 栽　培

　熱帯原産のため，低温，特に夜温が低い気候では生育が劣る．ヨーロッパでは，従前は北緯46～48°が北限とされたが，品種改良により北上している．アメリカでは，イリノイ～オハイオ州の40°あたりまでである．わが国では，主に関東以西に栽培が多く，秋田～岩手県が北限とされ，東北地方では，特に初期生育がきわめて遅滞する．初霜，晩霜にきわめて弱いが，干ばつには強い．土壌は適応の幅が広く，比較的地力の低い土地でも，またある程度の酸性，石灰欠乏でも栽培が行われており，土地を選ばない利点がある．また日陰でも比較的よく育つ．

　栽培法は，アズキ，インゲンマメ等に準ずる．播種期は晩霜の恐れがなくなってから行うが，発芽にはダイズやインゲンマメより高温を要する．矮性品種は，条間45～60 cm，株間30 cm内外，蔓性のものは株間をより広くとる．ジュウロクササゲなど若莢用の品種は支柱を立てて栽培する．生育日数は早生品種は70～80日，中生品種90～100日，晩生品種100～120日である．子実用収穫期は，8月下旬～9月下旬となるが，東北地方や山間高冷地では霜で枯死するまで生育させ，それまでに実った種子を収穫する方法をとっているところもみられる．アフリカでは，トウモロコシやソルガムの条間に播いたり，混播されることがある．

　病害としては，アズキと共通のものが多い．子状菌，バクテリア，ウイルスによって発生する多くの病害が知られている．また，寄生雑草の *Striga* や *Alectra* も大きな被害を与えており，抵抗性品種の育成が行われている（Singh et al. 1997）．

6. 利　用

　種子の栄養成分は，タンパク質含有率は約24％含まれ，灰分，リン，ビタミンB類も多い．干ばつに強いことから，降雨量の少ない地帯では，イネ科のソルガム類と並び主要な作物の地位を占め，貴重なタンパク質源である．特に豆をひき割りして煮食するほか，若葉や葉も菜食する．熟した豆は，しばしばコーヒーの代用にされる．わが国では，煮豆，飯と混炊し，また餡の原料とする．特に，赤飯に混ぜる豆としては，アズキのように煮くずれしないので本種がよく用いられる．若莢，若い豆の剥き身も野菜として利用される．特にジュウロクササゲ類は，熟豆は味が悪く，普通食用とはされず，もっぱら長い若莢を菜食，サラダなどとする．

　ナイジェリアでは，長い花梗から丈夫な繊維を採る品種も栽培されている．また，主に飼料用で乾草やサイレージとして利用したり，緑肥にもされる．

7. 文　献

Brittingham, W. H. 1946 A key to the horticultural group of varieties of the southern pea, *Vigna sinensis*. Amer. Hort. Sci. Proc. 48 : 478－480.

福井重郎・沢　恩 1972 インゲン，ササゲに関する文献．日本豆類基金協会．

飯島隆志 1949 菜豆，豇豆間に於ける形態上の差異について．園学雑 18 : 202-212.

石井龍一 2000 ササゲ．石井龍一他共著，作物学 (1) －食用作物編－．文永堂．209-211．
川延謹造・土屋敏夫 1952 豇豆に関する研究．(1) 豇豆の作物学的分類について．信大紀要 2．
松本重男 1977 マメ類．佐藤 庚他編，食用作物学．文永堂．181-203．
Martin, J. H. et al. 2005 Cowpea, In J. H. Martin et al. (eds.), Principles of Field Crop Production, fourth edition, Pearson/Prentice Hall. 633 - 640.
Michin, F. R. et al. 1976 Symbiotic nitrogen fixation and vegetative growth of cowpea (*Vigna unguiculata* (L.) Walp.) in waterlogged conditions. Plant and Soil 45：113.
永井威三郎 1952 ささげ．実験作物栽培各論．養賢堂．391-397．
大森 武 1963 矮性ササゲの開花結実に関する研究．播種期による差異．中四国農研報 25：50-53．
Purseglove, J. W. 1968 *Vigna unguiculata*. In Tropical Crops 1. Longmans. 321-328.
清水純夫・土屋敏夫・川延謹三 1952 豇豆の化学的成分と利用について (2)．信州大学紀要 2．
Singh, B. B. et al. 1997 Advances in Cowpea Research. IITA and JIRCAS.
戸苅義次・菅 六郎 1957 豇豆．食用作物．養賢堂．391-397．
友岡憲彦 2003 ササゲ．海妻矩彦他編，わが国における食用マメ類の研究．中央農業総合研究センター．22-28．
上田博愛・大山一夫 1959 砂丘地に於ける根瘤菌に関する研究．(1) ささげの根瘤形成に及ぼす 2, 3 の条件．日作紀 28：247-249．
渡邉 巌 1998 ササゲの耐旱性の評価と系統間差の機作に関する研究．熱帯農業．41：228-230．
渡辺篤二監修 2000 豆の事典－その加工と利用－．幸書房．
Wien, H. C. et al. 1978 Pod development period in cowpeas. Varietal differences as related to seed characters and environmental effects. Crop Sci. 18：791-794.

第24章　エンドウ

学名：*Pisum sativum* L.
和名：エンドウ
漢名：豌豆
英名：pea, field pea（硬莢種），garden pea（軟莢種）
独名：Erbse, Ackererbse（硬莢種），Gartenerbse（軟莢種）
仏名：pois
西名：guisante

1．分類・起源・伝播

　エンドウは，マメ科の1～2年草である．栽培種のエンドウは，莢の硬軟により，field pea（*P. sativum* subsp. *arvense* Poir.）と garden pea（*P. sativum* subsp. *hortense* Asch. & Graeb.）の2群に分類される．field peaは莢が硬く，紅花系で，種子，莢はやや小さい．garden peaは莢は軟らかく，白花系で，一般にサヤエンドウ用に栽培される．また，種子の色により，青・赤・白エンドウに分類されて取引される．この他，subsp. *abyssinicum* Alef.がアビシニヤの山岳地方で局所的に栽培されている．いずれも染色体数は$2n = 14$である．
　エンドウは地中海地域からコーカサス，シリヤ，ヒマラヤ，チベットに広く野生する*P. sativum* var. *elatius* Alef.（wild pea）を原種とする説が有力で，*elatius*から*arvense*ができ，それから*hortense*が分かれて生じたという見方がなされている．しかし*elatius*は，エンドウのある祖先種から発達した雑草性の1型であるとする見方もある．*arvense*と*hortense*が，2つの野生の祖先の交雑により生じたとみる考えもあり，*elatius*一元説も定説となっていない．また，近東地域に野生するP. humile Boiss et Noe.が祖先種とする説もある．
　栽培の起源地は昔から南ヨーロッパを中心とする地中海域説が有力であったが，南西アジアと考えるのが妥当であろう．古代に南西アジアから黒海経由でギリシャへ，それからヨーロッパに広まった．ヨーロッパでは，すでに新石器時代に栽培されていた．ギリシャ・ローマ時代の文献には栽培の記載があり，次第にヨーロッパ各地に栽培が普及した．アフリカでは古代エジプト王朝の王であるツタンカーメンの墓から副葬品としてエンドウの種子が発掘され，その種子が発芽して100粒重100gほどの種子を着けた．これに由来する種子が世界各地に配布された．東・中央アフリカへは古く伝わったらしい．中生までは主に完熟種子を利用していたらしいが，次第に莢を蔬菜用にする品種が発達し，次いでグリーンピース用品種が発達普及した．
　東方へは，インド北部へ古代に伝わり，中国へは3～6世紀に西域を，あるいはヒマラ

第24章　エンドウ

ヤ，チベットを経て入った．日本へは中国から伝来したが，その年代は定かでない．随や唐と国交した頃（8世紀）の伝来と考えられ，平安時代の倭名類聚抄に「ノラマメ」の記載がある．室町時代には「園豆（エントウ）」と呼び，その後は「豌豆（エンドウ）」の表記となった．江戸時代にはサヤエンドウが伝来し，明治時代に改めて欧米の品種が導入された．わが国では，地域により様々な呼び名が使われている．たとえば，収穫時期から三月豆（茨城，栃木）と呼ぶ他，サヤブドウ（群馬，栃木），ブドウマメ（栃木），カキマメ（宮城），ブンコ（広島），ブンズ（埼玉，千葉）などがある（相馬・松川 2000）．

2．生産状況

世界のエンドウの生産（2008年）は，完熟乾燥種子（dry peas）で，作付面積約593万ha，生産量は983万tである．一方，グリーンピース（green peas）は，112万ha，831万tである．比較的冷涼な気候に適していることから，ロシア，フランス，カナダなどのヨーロッパ諸国や中国で生産が多い．

わが国では，明治時代から約3万haの栽培面積があり，大正時代の6万haをピークに昭和に入ってからは減少の傾向を続け，とくに近年は減少が著しい．また収穫量は1969年の6,000tを最後に，農林水産省の統計にも示されていない．この間，10a当り収量も100～130kg水準で，明治時代からほとんど増えていない．主産地は，北海道が全体の50％以上を占める．一方，サヤエンドウの栽培は約6,000haある．生産地は鹿児島，和歌山などの諸県である．エンドウの需要は国内生産以上にあり，不足分は輸入に依存している．

3．形　　態

草丈は普通は蔓性で約1m，まれに2mに及ぶが，矮性品種では30cm程度である．茎は細く軟弱で断面はやや四角ばり，中空である．葉は互生し，1～3対，多くは2対の羽状複葉で軸の先は支柱に巻きつく（図24.1）．各小葉は長さ2～6cmで卵形，葉柄茎部には長さ3cm，幅6cm内外の大型の2枚の托葉がある．小葉，托葉とも平滑で白粉をおびる．発芽して最初に出る2枚の初生葉は単葉である．下位の葉腋から分枝し，1株で3～10条となる．主茎・分枝の伸長は，長日・高温で促進され，短日で抑制される．主根は地下80～110cmに伸び，側根を多く出す．根系は主根から半径50cm余りに分布する．

上位の葉腋から長い花梗が出て，先に1～数花の蝶形花が咲く．5花弁，2束の10雄蕊，1雌蕊よりなる（図24.2）．花色は白または紅，紫色を呈する．開花は1本の茎では下位節の花梗から，1花梗内では下位から咲く．開花期は晩春から初夏に及ぶ．開花時刻は9時頃に始まり，正午前後に盛んとなり夕方には終わり，夜間は旗弁がやや下がるが，翌日再び開く．ほとんど自家受精である．受精後，子房は莢として発達し，莢は長さ3～13cm，幅1～3cmとなり，未熟時は緑色を呈する．前述のように，莢の硬いものと軟らかいものの2系統がある．成熟すると莢は褐色，まれに紫色，黒色となり，一般にしわが寄って裂開しない．種子は一莢に3～6粒含まれ，円形または鈍方形で，完熟するとしわが寄るものが多い（図24.3）．色彩は淡緑，黄，褐色，褐色地に紫黒微斑を持つものなどが

3. 形　態　[391]

図24.1　エンドウ．星川（1980）

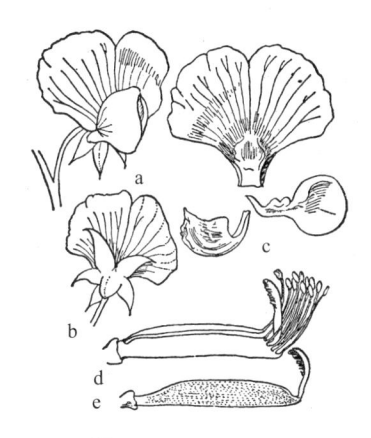

図24.2　エンドウの花
a：花の前面，b：背面，c：花弁，d：雄蕊と雌蕊，
e：雌蕊のみ．星川（1980）

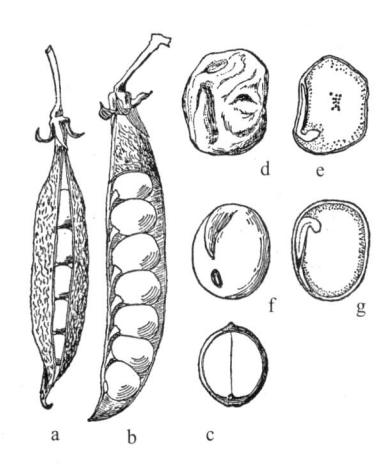

図24.3　エンドウの莢と種子
a, b, c：成熟少し前の莢．b：縦断面．c：横断面．d, e：成熟期，しわのよる品種の外形と断面．f, g：成熟期，しわのよらない品種の外形と断面．星川（1980）

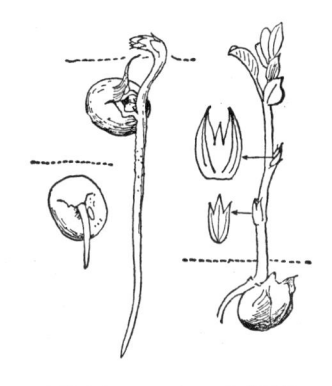

図24.4　エンドウの出芽過程．
星川（1980）

ある．赤花品種は着色粒となるものが多い．大きさは直径3〜10 mm，100粒重は15〜50 gである．

　発芽年限は3〜6年，発芽勢は1年でやや劣化する．種子の発芽温度は最低1〜2℃，最適25〜26℃，最高36〜37℃で他のマメ類より全般に低温に適応する．発芽に際し子葉は地下に留まり，上胚軸が伸びる地下子葉型（hypogeal cotyledon）である（図24.4）．

催芽種子を2〜5℃に2〜3週間置くと，春化処理されるが，この程度は品種によって異なり，低温感応性の高い品種は秋播栽培に適し，低い品種は春夏播栽培に用いられる．

4．品　種

前述のように莢の硬軟により分類されるが，栽培上は矮性種と蔓性種とに分け，用途上からは乾燥子実用，生豆用（むき実，green peas），若莢用（サヤエンドウ）に分けられる．メンデルがエンドウの7対の形質（種子の形，莢の色，草丈など）に着目し，交雑後の形質の発現様式から遺伝の法則を発見したことは著名である．

在来品種は，栽培容易で耐寒・耐病性があるが，これに第2次大戦後導入された欧米の優良な良質の品種を交配して，グリーンピース用として糖分含量が多く，大粒で，色彩は濃緑色の品種，または若莢用として早生で莢の発達の優れるものなどが育成されている．

わが国の著名な品種としては，第1次世界大戦時にイギリスなどに輸出された「札幌大莢」や「丸手無」がある．その後の品種としては，子実用では「札幌青手無」，「改良青手無」，「大緑」，「豊緑」，「北海赤花」，缶詰用では「アラスカ」，サヤエンドウ用では「三十日絹莢」，「鈴成砂糖」，「仏国大莢」などがある．北海道で生産される子実用エンドウは，取引時には品種名ではなく，青エンドウ，赤エンドウ，白エンドウなどのように種類名（銘柄）で呼ばれる（相馬・松川 2000）．

5．栽　培

エンドウは，栽培されるマメ類の中では寒さに最も強く，生育適温は10〜20℃であり，冷涼気候の地に適する．ヨーロッパでは，北限が65〜67°N，主栽培地も50〜53°Nの所にあり，南ヨーロッパでは高温乾燥のため生育がよくない．北米ではカナダ南部に多く，米国ではノースダコタ州，ワシントン州などで栽培される．熱帯地方の1,300m以下の平地では，高温のためよく育たない．インドなどでは冬作物として低温期に栽培される．日本では全国的に栽培されるが，北海道では播種から生育盛期にかけ降雨が適量あり，日照が強くなく，開花結実期は少雨多照の時に多収となる．東海，関西地方では冬季温暖で，春の伸張始めは少雨多照，その後は，あまり乾燥しない年に多収となる．一般に発芽時と開花前生育盛期の過乾，および開花期以後の過湿は有害である．

土壌は，膨軟な砂質壌土または埴質土が適し，排水不良地および干ばつの起こりやすい土壌は不適当である．pHは6.5〜8.0で，石灰を多く含むやや塩基性の土壌が適する．エンドウは，忌地性の強い作物で，連作2年目では収量が半減し，3年目では顕著に減収する．この連作障害は酸性が強い土壌ほど著しい．6〜10年の輪作が必要とされる．施肥は，カリウムとリン酸に主体をおき，地力により窒素を加減して与える．窒素が多すぎると茎葉が徒長し，病虫害を受け易くなる．窒素は発芽から初期生育期の根粒菌の活動開始までの期間の生育促進に有効である．重粘土，砂土，黒ボク土では堆肥施用の効果が大きい．標準施肥量は，窒素1.5，リン酸5，カリウム4kg/10aである．エンドウに着く根粒菌は砂丘地，開墾地などには生息しないことがあるので，保菌土壌（一般の畑土に

は普通生息する）やエンドウ用根粒菌を，種子に塗布混用して播種する．

　北海道や寒冷積雪地では春播き，温暖地では秋播きする．秋播きでは，初霜の10日前を標準とする．早播きしすぎると軟弱徒長して凍霜害を受ける．選種には比重選（1.2）を用いる．栽植密度は，畝間60〜90 cm，株間30〜60 cm とし，矮性品種は密に，蔓性および晩生品種は疎とする．播種量は矮性品種では蔓性品種より多くする．秋播きでは，防寒用に北・西側に土寄せ，または笹竹を立て，結霜，寒風を防ぐ．中耕は土寄せを兼ねて年内に1回と，春の伸長開始期に行う．その後に蔓性品種には長い支柱を，矮性品種には短い支柱を立てる．

　主要な病害虫には，以下のものがある．
　うどん粉病（powdery mildew, *Erysiphe pisi* De Candolle）：4〜5月頃から成熟期にかけて主に葉に，また茎，莢にも発生し，収穫期に被害が著しい．被害株は焼却するか，堆肥に混ぜて充分腐敗させる．
　さび病（rust, *Uromyces fabae* de Bary と *U. hidakaensis* Murayama et Takeuchi）：多湿の土地，あるいは冬期温暖，春期多雨などで，茎葉軟弱の場合に発病し，葉が黄褐色さび状となる．窒素肥料の過多を避けて徒長を防ぐ．
　褐紋病（褐斑病）（black stem. *Mycosphaerella pinodes*（Berkeley et Bloxam）Vestergren）：葉，茎，莢に発病して，褐色円形の斑が生ずる．保菌種子を播くと，幼苗に発病することがある．種子消毒で予防する．
　害虫としてはマメゾウムシが莢に産卵し，幼虫が豆に喰入る．成虫の産卵期に殺虫剤をまいて予防する．

　収穫は，乾燥子実用は茎葉の約70％が黄変し，茎の上部以外は莢が黄褐色になった時期とする．普通開花始めの約50日後で，北海道では8月，その他では6月下旬頃となる．根元から刈取り，数日地干しした後，架干し，脱粒する．小面積では，熟したものから数回に分けて摘み取る．グリーンピース用では，莢が肥満し，種子が充実して，なお鮮緑色を保っている時期に摘み取る．開花後40日内外で，収量は10 a 当り600〜700 kg である．軟莢用では，莢がほぼ発達し，なお柔軟で，種子はまだ発達途中の時期，普通開花後15〜20日に収穫する．収量は普通，10 a 当り約300 kg である．

6．利　用

　栄養成分は，乾燥子実の場合，タンパク質が約22％，炭水化物は約60％である．完熟子実は，以前はヨーロッパ，アメリカなどでは主食とされたこともあった．現在は主食的に用いられることは少なく，煮豆，煎豆，あん，菓子原料とされる．わが国では国内生産の他に，かなりの量を輸入している．完熟・硬化する前の生豆はグリーンピースとして缶詰にされる．軟莢種の若莢は生鮮野菜とされるほか，冷凍加工される．

　茎葉は，飼料となり，欧米では飼料用に栽培されることも多く，エンバクとの混作などが行われる．しかし，サイレージ用には酸味が多くて，トウモロコシなどに比べると品質は劣るとされる．

7. 文　献

藤田時雄・三石昭三 1953 豌豆根瘤の細胞学的研究. 日作紀 22：97.
井上頼数・鈴木芳夫 1954〜57 豌豆の花芽分化並びに開花結実に関する研究 (1, 2, 3, 4). 園学雑 23：177-182, 221-224, 225-227, 25：221-226.
石田栄一ら 1970 エンドウ分枝の発生生態と生産力. 鹿児島農試研報 (創立70周年記念)：159-167.
石井龍一 2000 エンドウ　石井龍一他共著, 作物学 (I) －食用作物編－. 文永堂. 211-212.
伊藤　潔 1953 豌豆豆品種の生態的特性に関する研究. (1)品種の催芽低温処理効果. 農及園 28：1223-1224.
香川　彰 1962 エンドウの開花に及ぼすジベレリンの影響. 農及園 37：719-770.
香川　彰 1963 エンドウのバーナリゼーションに関する研究 (2, 3). 岐阜大農研報 18：11-19, 22：21-28.
北村繁太郎・久保真知 1954 豌豆の生態的研究. (1)日長と分枝, 花芽の着生について. 農業技術 9：30-31.
倉石　晋 1964 The mechanism of gibberellin in the dwarf pea. Plant & Cell Physiol. 5：259-271.
櫛間清澄他 1962 豌豆の Vernalization に関する研究. 日作紀 30：318-320.
正林和夫 1952 低温とソラマメ及び豌豆花粉の発芽発育について. 園学雑 21：37.
Martin, J. H. et al. 2005 Field pea, In J. H. Martin et al. (eds.), Principles of Field Crop Production, fourth edition, Pearson/Prentice Hall. 673-676.
松浦正規 1953 作物の耐寒性に関する研究 (3) 豌豆. 高知大研報 1：1-5.
松本重男 1977 エンドウ. 佐藤　庚他共著, 食用作物学. 文永堂. 217-219.
中村英司他 1962〜1967 エンドウの分枝性に関する研究. 種子の低温処理が分枝性に及ぼす影響 (1〜6). 園学雑 31：64-72, 213-222, 32：57-62, 33：110-116, 34：121-126, 36：217-228.
Nakamura, E. 1965 Studies on the branching in *Pisum sativum* L. Spe. Rep. Lab. Hort. Shiga Agr. Coll.：1-218.
太田敏雄他 1960 実えんどうの生態に関する研究. 鹿児島農試研報：136-139.
佐藤一夫 1963 南九州の気候と早熟実豌豆の結莢. 農及園 38：1425-1426.
相馬　暁・松川　勲 2000 エンドウ. 渡辺篤二監修, 豆の事典－その加工と利用－. 幸書房. 36-42.
多田　稔 1968 豆類澱粉 (10) 電子顕微鏡による豆澱粉の表面構造. 澱粉工誌 16：47.
平　宏和他 1964 食用作物のアミノ酸組成, (3) 本邦産豆類 (小豆, ソラマメ, 落花生および豌豆) のアミノ酸. 食糧研報 18：248-250.
丹下恭治・大森守之助 1954 豌豆と蚕豆の発芽中の呼吸について. 岐阜大学芸研報 2：127.
辻村克良・吉田武彦 1952 豆科植物根瘤で固定された窒素の宿主植物による同化について. 土肥雑 23：264-266.
矢ノ口幸夫 2004 エンドウ. 山崎耕宇他監修, 農学大事典. 養賢堂. 526-527.

第25章　ソラマメ

学名：*Vicia faba* L.
和名：ソラマメ
漢名：蚕豆
英名：broad bean, fava (faba) bean
独名：Ackerbohne
仏名：fève
西名：haba

1．分類・起源・伝播

　ソラマメはマメ科の越年草である．粒大の異なる3つの品種群に分類される．すなわち，broad bean (*V. faba* var. *faba*) と呼ばれる大粒種，horse bean (*V. faba* var. *equina*) と呼ばれる中粒種，pigeon beanと呼ばれる小粒種 (*V. faba* var. *minuta*) である．これらの品種群間の交雑は容易で，わが国では大粒種と中粒種が栽培されている．
　大粒種はアルジェリアを中心とする北部アフリカ地域で，小粒種は西アジア，カスピ海南部地域を中心とする地域で，それぞれ野生する原生種から古代に栽培化されたと推定される．
　ヨーロッパでは新石器時代の湖棲民族の遺跡から，粒の長さ1 cmほどの小粒のものが発見されている．北ヨーロッパへは青銅時代に伝わり，イギリスへはローマ人に征服されていた頃に伝えられた．アフリカでは，アルジェリア地域に野生種があるが古代の栽培状況は不明である．ただし，古代エジプトで宗教儀式に用いられた記録がある．アメリカへの伝播は比較的新しく，19世紀末期に南カリフォルニアに初めて導入された．西アジアでは古代から栽培され，旧約聖書にも記され，古代ユダヤ時代にはユダヤ人の安息日の食物とされた．北インド，ヒマラヤ地域へは古代に伝播して栽培され，中国へは古くに西方から伝わったとみられるが，文献的には中世まで不明で，王楨の農書 (1313) に初めて蚕豆の記載がある．明代 (1369-) になってようやく全国的に普及したらしい．日本へは8世紀に，中国を経て渡来したインド僧が伝えたものを，僧行基が武庫 (兵庫県) で試作したとされ，これが現在の品種於多福の始まりと伝えられる．文献では林羅山の多識篇 (1630) に蚕豆の記載がある (白川 2000)．なお，莢が肥大して蚕のようになるので，あるいは春蚕の結繭期に実るので蚕豆という．また莢が天空を向くのでソラマメと呼ぶという (和漢三才図絵)．地域により，四月豆，五月豆，大和豆，唐豆，夏豆，がん豆などと呼ばれる．

第25章 ソラマメ

2．生産状況

世界におけるソラマメ（FAOSTATでは broad bean, horse bean の乾燥子実合計として示されている）の栽培面積は約248万ha，生産量は約368万tである（2008年）．中国が全生産量の約50％を占め，次いでエチオピアなどのアフリカ諸国が多い．ヨーロッパ，中近東，オーストラリア，中南米でも生産がみられる．

わが国では，明治以来昭和初期まで4万ha近くの栽培があり，年5～6万tの生産をあげていたが，昭和中期から減少し始め，現在では200haで200tほどの生産にすぎない．従来の生産地は九州地方が中心で，概して西日本地方に生産が多かった．なお，わが国では未熟豆用のソラマメが園芸作物として約2,500 ha栽培されており，鹿児島県，愛媛・香川県など暖地産は冬期～春の市場に，千葉県・宮城県などの関東・東北産は春～夏の市場に出荷される．子実用の国内生産は需要に足りず，中国などから輸入している．

3．形　態

草丈0.4～1mで，茎は直立し，断面は4角形で中空，質軟らかく倒伏しやすい．子葉節および下部の1～6節から分枝が出る．葉は羽状複葉で，下位葉では1対，上位葉になるにつれて3枚2対，5枚3対と増える．小葉の葉肉はやや厚目である．葉柄の基部に托葉があり，茎を包む（図25.1）．根は深さ約1mまで伸びるが，普通は50～75cmの深さに分布する．

図25.1　ソラマメ．星川（1980）

図25.2　ソラマメの花．
a：全姿，b：花弁，c：雄蕊と雌蕊，d：雌蕊，e：萼．
星川（1980）

晩春，第4，5節目から上位に向かって順に，葉腋に短い花茎を出し，1～9花，普通は2～6花を着ける．花は蝶形花で，基部は萼に包まれ，旗弁が1枚，翼弁が2枚，竜骨弁が2枚からなる（図25.2）．竜骨弁は2枚が癒着している．花弁は白あるいは淡紫で，旗弁には線紋，翼弁には斑紋があるのが特徴である．雄蕊は10本だが，うち9本は癒着し，1本は独立している．雌蕊は先端が曲がり，先端近くに毛が生えている（図25.2）．開花は下位の花序から上位に及び，1花序内では毎日1，2花ずつ基部から咲く．自家受精を主とするが，虫媒により他家受精することもある．上位の花は結莢することがまれで，1花茎に1～3莢を着ける．開花時刻は朝から夕刻まで続き，1個体の全花の開花終了まで約14日を要する．最終的な結莢率は15～30％程度である（髙橋2010）．

莢は「ソラマメ」の名の由来のように，上方に向かって伸び，大粒種では長さ10 cm内外，幅3 cmほどになる（図25.3）．小粒種では長さ4～5 cm，幅1 cmである．成熟期には莢

図25.3 ソラマメの着莢の様子（写真：髙橋晋太郎）．

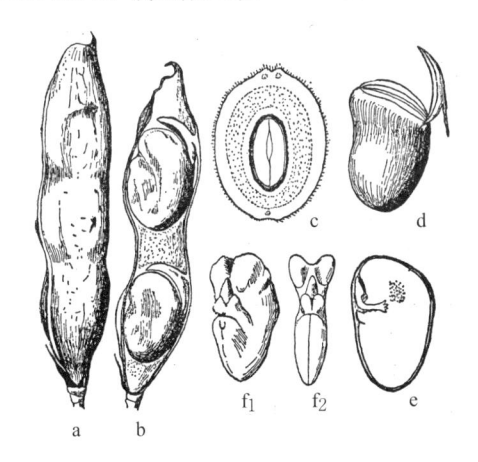

図25.4 ソラマメの莢と種子
a：莢，b：莢の縦断面，c：莢の横断面，d：種子，e：種子の断面，f₁, f₂：種皮を除いた種子．
星川（1980）

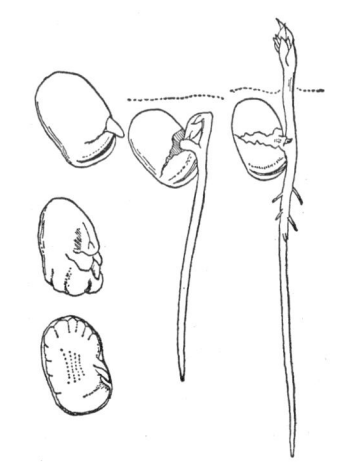

図25.5 ソラマメの出芽過程．
星川（1980）

は黒変して下垂する．1莢内には2〜7，普通2〜4個の種子がある（図25.4）．種子は，やや角ばった扁円形で臍が大きい．大粒種は長さ18〜28 mm，幅12〜24 mm，小粒種は長さ10〜18 mm，幅6〜13 mmで，いずれも種皮は黒，灰褐，茶褐，緑黄色などで堅い．100粒重は大粒種は110〜250 g，小粒種は28〜120 gである．種子の寿命は常温で5〜7年である．

発芽温度は最低3〜4℃，最適25℃，最高35℃である．発芽の際には下胚軸は伸びず，子葉は地中に残る地下子葉型（hypogeal cotyledon）である（図25.5）．

4．品　種

品種は多様に分化しているが，全て染色体数は2n=24である．粒大により，大粒種，中粒種，小粒種に分ける．小粒種は植物全体が小柄であり，主茎が直立し，分枝が少ない．種子の色にも褐，黒，緑，白と変異が著しい．また生態型も秋播き型と春播き型がある．

日本では，主に大粒種を生食用として栽培する．代表的な品種は「一寸蚕豆」と呼ばれる品種群で，「仁徳一寸」，「千倉一寸」，「河内一寸」，「陵西一寸」などがある．そのほか，中粒種には，「讃岐長莢」や「房州早生」などがある．現在の主力品種は，北・東日本では「打越一寸」，西日本では「陵西一寸」である．

5．栽　培

温和，多湿な気候に適するが，マメ類の中ではエンドウと並び低温に強い．そのため，ヨーロッパでは栽培北限はロシアやスカンジナビア半島まで及ぶが，主栽培地はイギリス南部，フランス，オランダなどの湿地帯にある．生態型は，秋播型と春播型とがあり，秋播型の品種では，花芽分化には低温を要求する．なおヨーロッパでは，地中海域以外は冬作はできない．また高冷地にもよく育ち，チベットでは2,400〜3,700 mの所でも栽培される．熱帯の低地では花は咲くが，高温障害により普通結莢することがない．日本では，冬が温暖で春以降初夏の収穫期まで，少雨の地域が適する．東北・北海道の寒冷地では一般に春播きする方が安全とされる．ソラマメは根雪に対する耐性は概して強くはないが，耐雪性には品種間差異が認められ（福田・湯川 1998），積雪期間中の非構造性炭水化物含有率が高い品種（福田・湯川 1999）や，無機養分の溶出しにくい茎葉の形態的な特性を持つ品種（福田ら 2000）で耐性が高い．

埴壌土，埴土など重粘で，保水・排水の良い土壌が適する．乾燥に弱いため，砂地は適さない．最適水分は容水量の80％以上とされ，65％以下では生育が劣る．pHは弱酸性〜中性が適する．ソラマメは酸性にやや強い作物とされる．かつては，九州では水田裏作として多く栽培されていた．

施肥量は，窒素1〜2，リン酸3，カリウム3 kg/10 aを標準とし，リン酸とカリウムに重点をおく．有機質の乏しい土では，堆肥の施用効果が高い．追肥は成長が盛んになる前に行う．播種期は，春播きは3月頃，秋播きは関東では早生を9月上旬，晩生は10月上中旬，関西では10月中旬，九州では早生を10月中〜11月中〜下旬，晩生を12月中旬

とする．適期を失い遅播きすると減収が著しい．栽植密度は，大粒種では畝間75 cm，株間45 cmとして，1株2粒播きとし，覆土は約3 cmとする．小粒種では畝幅，株間ともこれより狭める．秋播きでは，年内と2月（暖地）の伸長開始期に，中耕・培土を行い，寒地では笹竹などで防寒する．倒伏が多い圃場では支柱を使って防止する．

主要な病害としては，褐斑病（brown spot, *Ascochyta fabae* Spegazzini），菌核病（Screrotinia rot, *Sclerotina sclerotiorum*（Libert）De Bray），茎腐病（Rhizoctonia rot, *Rhizoctonia solani* Kuhn），さび病（rust, *Uromyces fabae*（Persoon）De Bray），各種のウイルス病などがある．

害虫としては，ソラマメゾウムシ（*Bruchus rufimanus* Boemann）による食害が著しい．収穫・乾燥した種子は，害虫を駆除してから貯蔵する．

収穫は，全体の50〜70％の莢が完全に黒変した時に，株を刈取り乾燥する．普通6月下旬からとなり，梅雨期にかかるので乾燥に留意し，種子の腐敗，発芽を防ぐ．未熟種子としては，大部分の莢の背部が黒化し始め，下垂しかけたころに収穫する．若いうちは莢のまま出荷，晩期になると剥き実として出荷する．生食用では，スクロース，グルタミン酸など甘味や旨味に関係する成分含有量が高い時期に収穫する（高橋 2010）．

ソラマメは連作をきらう作物であるから，同一圃場での作付けは少なくとも4〜5年は避ける．

6．利　用

ソラマメの種子の栄養成分は，タンパク質は約25％あり，インゲンマメやエンドウなどより多い．カルシウム，リン，鉄など無機質も多く含まれ，ビタミンA，カロチンなども多い．

種子は，煮豆（オタフク豆，富貴豆などと呼ばれる），煎豆，菓子（甘納豆，餡），味噌，醤油原料とされる．調味料の「豆板醤」や豆麺（ハルサメ）の原料にも用いられる．炒豆を醤油や砂糖，トウガラシなどで味付けした「醤油豆」は香川県の名産品として名高い．わが国では，近年は国内生産量の他に輸入して需要に充てている．未熟豆は蔬菜とし，剥き実の塩ゆでは季節の味覚としての需要が多い．ごく若い莢は，そのまま蔬菜として煮食される．

茎葉は飼料とされる．飼料としては，トウモロコシ，ヒマワリなどとともにサイレージとしたものは良質である．また cover crop としても栽培される．

7．文　献

相原四郎 1959 ソラマメの肥料吸収状態について．宮城農試報 25：31-36．
相原四郎 1959 蚕豆の根に関する1，2の実験．宮城農試報 25：34-40．
相原四郎 1960-62 蚕豆の落花に関する研究．(1)減光が落花に及ぼす影響．(2)土壌水分が落花に及ぼす影響．宮城農試報 28：7-10, 29：1-5．
藤田時雄 1951 蚕豆の根瘤に関する研究．日作紀 20：106-108．
福田直子・湯川智行 1998 ソラマメ（*Vicia faba* L.）における耐雪性の品種間差異と生育特性．日作紀 67：505-509．

福田直子・湯川智行 1999 ソラマメの非構造性炭水化物含有率と耐雪性との関係．日作紀 68：283-288．
福田直子・湯川智行・松村　修 2000 積雪下におけるソラマメ葉の無機養分含量の変化の品種による違いと茎葉の形態特性との関連．日作紀 69：86-91．
稲子幸元・浜田国彦・藤倉富雄 1957, 60, 65 一寸蚕豆の結果習性に関する研究 (1, 2, 3, 4)．園学雑 26：215-222. 29：197-202．千葉農試研報 6：133-144．
井上頼数他 1960 ソラマメの花粉の稔性について．園学雑 29：7-11．
伊ство悟郎・王子善清 1967 植物による NO_3-N 利用に関する研究．(6) ソラマメ幼植物葉から抽出した硝酸還元酵素とグラナによる硝酸の光還元について．土肥雑 38：454-458．
石井龍一 2000 ソラマメ　石井龍一他共著, 作物学（Ⅰ）－食用作物編－．文永堂．214-215．
香川　彰 1963 ソラマメの開花におよぼす低温, 日長および生長調整剤の影響．岐阜大農研報 18：20-29．
川村信一郎・鈴木　裕・松本照代 1955 ソラマメ種子の生育と成分の関係．(2) 炭水化物について．香川大農学報 7：81-86．
高亀格三 1952 蚕豆．綜合作物学．菽穀の部．地球出版．
正林和英 1952 特殊暖地の低温処理によるソラマメの栽培．農及園 27：792．
正林和英 1952 低温とソラマメ及び豌豆花粉の発芽発育について．園学雑 21：37．
宮崎博寿他 1959, 60 ソラマメの落下防止に関する研究．(1) 分離層の形成について．(2) 落蕾の解剖学的観察．宮城農短大報 6：7-10, 7：4-5．
百島敏男・吉富　進 1957 ソラマメの受精生理に関する研究．(1) 花粉及び柱頭の受精能力について．日作九支会報 12：69．
長沢俊三 1960 そらまめの褐変成分に関する研究．(1) そらまめ莢に分布する褐変成分の検索．農化 34：233-237．
長友充夫 1952 蚕豆の発芽と落花．農及園 27：395-396．
中世古公男 1999 ソラマメ．石井龍一他共著, 作物学各論．朝倉書店．78-79．
佐藤一郎・西川昌勝 1951 ソラマメの花及び蕾の春季凍害．農業気象 6：129．
渋谷常紀 1974 ソラマメに於ける着莢遷移の一例．日作紀 17：7．
白川　武 2000 ソラマメ．渡辺篤二監修, 豆の事典-その加工と利用．幸書房．43-46．
杉山直儀・西　貞夫・加藤　徹 1949 ソラマメの結実習性について．園芸学誌 18：138-149．
高橋晋太郎 2006 そらまめ．宮城県編, みやぎの野菜指導指針．
高橋晋太郎・増田亮一・中村善行・国分牧衛 2009 ソラマメ子実の登熟過程における糖類と有利アミノ酸の含有率の変化およびその食味に及ぼす影響．園学研 8：373-379．
高橋晋太郎 2010 ソラマメにおける結莢の生理学的機構と登熟過程における化学成分の変動に関する研究．東北大学学位論文．
高橋　幹 2002 ソラマメ．日本作物学会編, 作物学事典．朝倉書店．392．
玉置　秩・中潤三郎 1958 蚕豆の成育過程に関する生理学的研究．(2) 生育に伴なう地上部並びに地下部成分消長の相互関係について．日作紀 27：97-98．
丹下恭治・大森守之助 1954 豌豆と蚕豆の発芽中の呼吸について．岐阜大学芸研報 2：127-134．
丹下恭治・斎藤昌夫 1955 蚕豆種皮の変色と発芽の関係．園研集録 7：96-100．
天正　清・葉　可霖・三井進午 1961 小麦及びソラ豆による土壌よりの ^{90}Sr ^{134}Cs の呼吸と作物体内の分布．土肥誌 32：111-114．
植木邦和 1954 夜温処理に対する蚕豆の開花結実反応について．香川大農学報 5：243-246．
植木邦和 1956, 57 夜温処理に対する蚕豆の開花結実反応の品種間差異 (1, 2, 3)．香川大農学報 7：1-5, 8：19-24, 9：1-10．
植木邦和他 1959 ソラマメの登熟期間に於ける高温処理が次代作物に及ぼす後作用．香川大農学報 11：281-285．
山根昌勝・小原隆三 1957 小麦および蚕豆の混作に関する研究．鳥取農学会報 11：113-118．
山崎　力 1953 ソラマメの耐寒性に関する研究．高知大農学報 2：36．

第26章　ヒヨコマメ

学名：*Cicer arietinum* L.
和名：ヒヨコマメ
漢名：鶏児豆，鷹嘴豆
英名：chickpea, (common) gram, garbanzo
独名：Kichererbse
仏名：pois chiche
西名：garbanzo

1．分類・起源・伝播・生産状況

　ヒヨコマメ属（*Cicer*）は1年生および2年生で，西アジアに14の種があるが，*C. arietinum*（2 n = 16）のみが栽培種である．植物学上は，3つの型（forma）に分けられる．すなわち，*f. vulgare* Jaub. et Spach, *f. album* Gaudin（= *C. sativum* Schkuhr）および *f. macrospermum* Jaub. et Spachである．*f. vulgare* は主に飼料用，*f. album* は最も普通の種で食用とされ，*f. macrospermum* は炒ってコーヒーの代用や混合増量に使われる．その他 *f. rhybidospermum* Jaub et Spach. がまれに栽培されるほか，*f. fuscum* Alefeld や *f. globosum* Alefeldがある．実用的には大粒種と小粒種とに分類される．大粒種は主として，地中海や中近東で栽培され，代表的な品種には Kabuli などがある．小粒種はインドやエチオピアなどで栽培が多く，インドの代表的な小粒種には Desi がある．この両品種の雑種系統も育成されている．
　ヒヨコマメは野生の状態では発見されていない．メソポタミアやパレスチナ地方には栽培種が野生しているのみである．原生種はヒマラヤ北部およびインドのズンガレイ地方に野生する *Cicer soongaricum* Steph. であると推定されている．栽培起源地は諸説あるが，ヒマラヤ西部から西アジア地方とされる．ヒヨコマメ（chickpea）の名称は，種子の臍の近傍にある雛の嘴状の突起に因む．
　西アジアでは紀元前5000年頃には栽培されたと推定される．紀元前850～800年の古代ギリシャにはすでに栽培され，以来ギリシャ・ローマ時代には一般人民の食料とされていたという．エジプトへは，紀元初頭頃にギリシャ，ローマから伝えられたという説と，ヘブライ人や古代エジプト人はヒヨコマメを知っていたとする説（Purseglove 1968）とがある．インドへはヨーロッパより古く伝播されていたらしい．熱帯アフリカ，中南米，オーストラリアへの導入は比較的近年のことである．しかし，東南アジアや中国，日本地域へは広がることがなく，わが国へは昭和になってから初めて食用にアメリカから輸入された．わが国での経済栽培はない．
　世界の栽培面積は約1,156万ha，生産量は約878万tである（2008年）．インドが世界

の生産量の約65％を占め，次いで，パキスタン，トルコ，オーストラリア，イランなどで生産が多い．アフリカや中南米でも栽培される．アジア東部では栽培がみられない．わが国へは戦後アメリカやメキシコから輸入され利用されるようになった．

2．形態・栽培・利用

1年生で草丈は0.2～1m程である．下位節から分枝が出る．草型は立性，匍匐性および両者の中間型があり，変異に富む．植物体全体に白色の腺毛があり，シュウ酸やリンゴ酸を分泌する．茎の断面は四角形で，全体に毛茸がある．葉は4～7対の小葉からなる羽状複葉で，長さ5cmほどで，葉にも毛茸がある（図26.1）．小葉は0.8～2cm，卵形，縁辺に鋸歯がある．托葉は卵形で切れ込みがある．葉腋に2～4cmの花梗を生じ，1つの花梗に1個まれに2個花が着く．花は紫，桃，白，青などで，旗弁は幅8mm，高さ11mmほどである（図26.2）．花は2日間ほど咲くが夜は萎む．全花が咲き終わるのに約1か月を要する．ほとんど自家受精し，莢は長さ2～3cm，幅1～1.5cm程度である．1莢内に1～4個，普通1～2個の種子を含む．

図26.1　ヒヨコマメ．星川（1980）

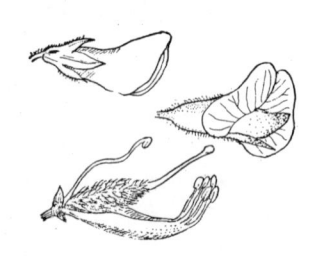

図26.2　ヒヨコマメの花．
Purseglove（1968）を星川（1980）が改

種子は径0.7～1.3cmで，球形でしわを持つものが多く，臍の近くに嘴状突起があり，このためヒヨコの頭部の形状に似ているのでヒヨコマメと呼ぶ．また，種子の生育初期の形が牡羊の頭に似ているので *arietinum*（角のある）という学名が付けられたという．100粒重は4～60gで変異が大きく，普通30～32gである．発芽温度は5℃以上とされる．発芽時，子葉は地中に残り，最初の2枚の葉は鱗状である．

生育には比較的高温が適し，生育日数は100～130日である．低温に対しては−5℃になると枯死する．栽培北限はヨーロッパで北緯60°であるが，高緯度地方ではあまり栽培されない．雨量はやや少なめが適し，播種後や開花・結実期の多雨は被害が大きい．インドの半乾燥地帯では主要なマメ類の1つである．耐塩性も強い．土壌は軽鬆な土質がよく，重粘土では生育不良で，多湿では徒長して減収する．

インドのパンジャブ地方では，主要な冬作として9〜10月に播種する．播種量は30〜80 kg/haである．単作の他に麦類，トウモロコシ，モロコシ，サトウキビ，アマなどと混作する．生育旺盛で雑草を抑えるので中耕は1回程度で済む場合が多い．葉が黄褐色になったら株を引き抜き，1週間程乾燥して，棒で叩いたり，水牛に踏ませて脱穀する．収量は700〜800 kg/ha，茎葉は900〜1,100 kg/haである．

乾燥種子の栄養成分はタンパク質20％，脂質5.2％，炭水化物（糖質）61.5％，繊維16.3％，灰分2.9％である．このように栄養価が高く，古来アラビアの遊牧民の旅の糧として知られる．

煮豆，炒豆の他，種皮を除いて挽き割りにして（ダル，dahl），スープやカレー料理に使う．製粉して小麦粉と混ぜ，パン状に焼く．粉（ベサンと呼ばれる）に香辛料を加えて水で練り，油で揚げたインスタントラーメン状のスナックはナムキーンと呼び，インドではポピュラーなスナック菓子である（吉田 2000）．わが国ではインゲンマメやアズキ等の餡の代用品として使われており，メキシコなどからガルバンソ（garbanzo）と呼ぶ大粒種を輸入している．その他コーヒーの代用品またはブレンド材とされる．豆モヤシは壊血病の予防に効くという．若葉は塩漬の他，野菜として用い，また薬用にもされる．

飼料としても種子，莢がインドでは多く用いられる．茎葉には有毒成分があり，飼料に適さない．豆のデンプンは繊維の糊加工や合板の接着剤としても用いられる．

3．文　献

石井龍一 2000 ヒヨコマメ．石井龍一他共著，食用作物学 (1) －食用作物編－．文永堂．217．
Kashiwagi, J. et al. 2008 Genotype- environment interaction in chickpea (*C. arietinum* L.) for adaptation to humid temperate and semi- arid tropical environments. Trop. Agr. Develop. 52 : 89-96.
Martin, J. H. et al. 2005 Chickpea, In J. H. Martin et al. (eds.), Principles of Field Crop Production, fourth edition, Pearson / Prentice Hall. 647.
中世古公男 1999 ヒヨコマメ．石井龍一他共著，作物学各論．朝倉書店．84-85．
Purseglove, J. W. 1968 Tropical Crops. 1. Longmans. 246-250.
戸苅義次・菅 六郎 1957 ヒヨッコ豆．食用作物．養賢堂．439-442．
Upadhyaya, H. D. et al. 2002 Phenotypic diversity for morphological and agronomic characteristics in chickpea core collection. Euphytica 123 : 333-342.
渡辺篤二監修 2000 豆の事典－その加工と利用－．幸書房．
Yadav, S. S. et al. eds. 2007 Chickpea Breeding and Management. CABI, UK.
吉田よし子 2000 マメなまめの話．平凡社．

第27章　キマメ

学名：*Cajanus cajan* (L.) Millsp.
和名：キマメ，リュウキュウマメ
漢名：樹豆
英名：pigeon pea, cajan pea, red gram

1．分類・起源・伝播・生産状況

　キマメ属の灌木性の多年生で，アフリカ北部あるいはインドが原産地とされている．これらの地域では，紀元前2000年頃から栽培されたらしく，エジプト第12王朝の墓から種子が発掘されている．古代に熱帯アフリカやマダガスカル方面へ伝わり，また北はシリア地方へも伝播した．現在の栽培地域は，インドを中心に東南アジアからアフリカ，中南米の熱帯・亜熱帯各地に広がっている．

　キマメには2変種ある．*C. cajan* var. *flavus* は早生で小型，莢は無毛で，1莢の種子は3個，種子は黄色である．*C. cajan* var. *bicolor* は晩生で大型，莢は有毛で，種子数は4～5個，種子は暗色または斑紋を持つ．インドには両変種内に多くの品種がある．

　世界の生産量（2008年）は，生産面積486万ha，生産量410万tである．インドが最大の生産国で308万tの生産があり，世界生産量の70％以上を占める．次いでミャンマーは約60万t生産しており，その他ではケニアやウガンダなどのアフリカ諸国と中南米諸国が続く．

2．形態・生理・栽培・利用

　草丈は1～4mとなり，キハギに似た草姿である（図27.1）．茎は木のようになるので，「樹豆」と呼ばれる．茎の節からは多数の分枝が生じる．葉は3小葉よりなる複葉で短毛が密生し，裏面は白色である．小葉は長さ5～10cmで，幅は約1.5cmである．花は長い花柄の先に数個着き，主として黄色を呈する．莢は長さ2～4cmで，長嘴があり，中に2～7個の種子がある．種子は卵形あるいはレンズ形で，径8mm，白い臍がある．100粒重は5～20gである．キマメは鳩が好むので，pigeon peaの呼び名が付いた．

　根は直根性で，下方に良く伸長するため，耐乾性が強い．根は有機酸（ピスチジン酸）を分泌し，鉄

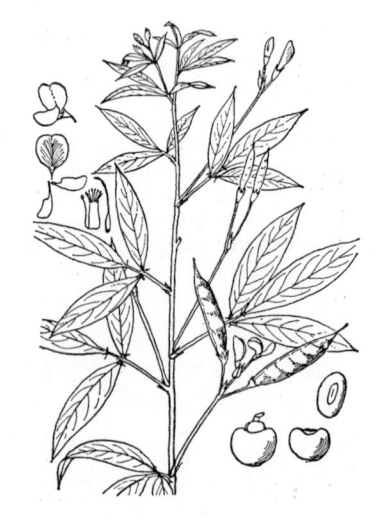

図27.1　キマメ．星川（1980）

と結合したリン酸から特異的にリン酸を吸収する能力を持っているため，アルフィソルなど熱帯に分布する低リン酸土壌でも良く生育する（Ae et al. 1990）．

　高温・乾燥の土地に適し，単作またはモロコシやトウモロコシなどのイネ科作物と間作される．播種量は10a当り約1kgである．子葉は地中に残る．播種後6か月で結実し，以降3か月にわたって収穫が続けられる．収穫の末期に地上約30cmで切り返し，施肥すると，再生して第2期作が収穫できる．第1期作収量は無灌漑で10a当り70～80kg，灌漑すると170～200kgとれる．

　乾燥種子はタンパク質19％，脂質1.5％，炭水化物57％，繊維8％，灰分4％の他，鉄やヨードを含み栄養に富む．

　インドでは豆類のなかではヒヨコマメなどと並び食用に多用される．未熟種子はグリーンピースのようにして食べる（吉田 2000）．乾燥子実はダルにして，モヤシにして，あるいは丸のままスープやカレーの材料とする．若莢は野菜として利用されるほか，缶詰にされる．キマメは緑肥としても利用される．茎葉は飼料として，茎は燃料にもされる．またアッサムやタイ地方では本種を用いてラックカイガラムシ（*Laccifer lacca* Keer）を飼養してロウを採るが，ロウの品質は劣る．マダガスカルでは野蚕の飼料にされるという．

3．文　献

Ae, N. et al. 1990. Phosphorus uptake by pigeon pea and its role in cropping systems of Indian subcontinent. Science 247：477-480.
石井龍一 2000 キマメ．石井龍一他共著，食用作物学（1）－食用作物編－．文永堂．218.
岩佐俊吉 1974 キマメ 熱帯農研，熱帯の有用作物．524-526.
Martin, J. H. et al. 2005 Pigeonpea, In J. H. Martin et al.（eds.），Principles of Field Crop Production, fourth edition, Pearson / Prentice Hall. 698.
中世古公男 1999 キマメ．石井龍一他共著，作物学各論．朝倉書店．85.
渡辺篤二監修 2000 豆の事典－その加工と利用－．幸書房．
吉田よし子 2000 マメなまめの話．平凡社．

第28章　ヒラマメ

学名：*Lens culinaris* Medik. (= *Lens esculenta* Moench)
和名：ヒラマメ，ヘントウ，レンズマメ
漢名：扁豆，兵豆，浜豆
英名：lentil
独名：Linse
仏名：lentille
西名：lenteja

1. 分類・起源・伝播・生産状況

　レンズマメ属の1年生あるいは越年生草本．種子がレンズ状なので，レンズマメとも呼ばれる．栽培種は，以下の2亜種に分類される．*macrospermae*は，大粒種で比較的大きな莢を持ち，種子は直径6～9 mm，扁平である．花はやや大きく，白，まれに青色を呈する．地中海，アフリカ，小アジアに分布する．*microspermae*は，小粒種で莢も小さく，種子は直径3～6 mm，凸レンズ状である．花は小型で，菫（すみれ），青から白，紅色を呈する．主に南西～西アジアに分布する．

　原生野生種は，黒色扁豆と呼ばれている *Lens esculenta* の亜種 subsp. *nigricans* Becker のうち，西アジアに分布する var. *schnittspahni* Alef. とされ，また *L. orientalis*（Boiss.）Handmazzが紀元前7000～6000年に栽培化されたとされる．栽培起源地は南西アジアとみられるが，栽培種のうち，小粒種を西アジア，大粒種を東部地中海沿岸とみる説もある．

　小アジアでは，紀元前2000年に古代ユダヤ人の食糧とされ，紀元前7～6世紀にもバビロンで栽培されていた記録がある．ヨーロッパにはハンガリー，ドイツ，北イタリアなどの新石器時代の遺跡，スイスの青銅時代の遺跡などからも種子が出土することから，この時代までに東方から伝わったとみられる．古代ギリシャ時代にも広く栽培された．以来今日まで南欧地域で食用のマメの1つとして利用されている．一方古代エジプトでは，紀元前2000年頃の第12王朝で小粒種が栽培され，以来食糧として利用され，アフリカ北部の周辺国にも伝わった．現在はアメリカ大陸へも伝わり，南米諸国でも栽培されている．東方へはインドや中国へも伝わった．しかしヒラマメは，日本へは伝来することがなく，現在も栽培がない．わずかに北米・南米諸国から輸入されている．

　世界では375万haで約354万tが生産されている（2008年）．インドとカナダが主産国で約100万t，次いでトルコが多く，オーストラリア，ネパール，中国，シリアなどが続く．

2．形態・生理・栽培・利用

　草丈50cm内外，細い茎が立ち，多くの枝を出す．葉は長楕円形の小葉からなる羽状複葉で，葉先は蔓となる（図28.1）．小葉は4～7対ほど対生または互生する．托葉は細い．葉腋から長い花柄を出し，2～4花を着ける．花は，青色，白色または紅色で，自家受精する（図28.2）．莢は長さ1～3cm，内部に1～2個の種子がある．種子は直径2～9mmの扁平凸レンズ形である．種皮は灰褐色または赤色，子葉は朱色である．100粒重は大粒種は5～9g，小粒種は2～3gで変異が大きい．根系の深さには品種間差異があり，品種の耐乾性と対応している．

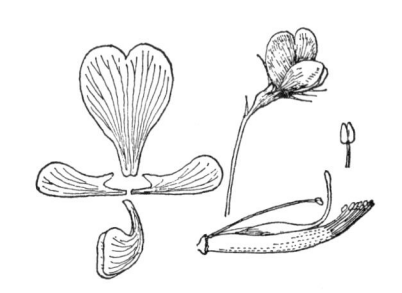

図28.1　ヒラマメ．星川（1980）

図28.2　ヒラマメの花．星川（1980）

　発芽温度は最低4～5℃，最適30℃，最高36℃である．子葉は地中に残る．冷涼で比較的乾燥した温帯性気候に適応するが，広い温度域に適応する．耐寒性が強いことから，一般に冬作物として栽培される．栽培北限はヨーロッパで北緯64～67度とされる．インド北部では標高3,400mあたりまで栽培される．熱帯のような高温で多雨の地帯には適さない．土壌水分の過多に弱く，排水の良い砂土を好む．pHは中性またはアルカリ性を好む．

　インドではイネの前作として作付けされる．すなわち普通10～11月，ときに1月まで晩播されるが，播種期の幅は広い．ヨーロッパでは4月末～5月上旬に播く．条播のほか散播される．またオオムギとの混播も行われ，オオムギ3対ヒラマメ1の種子混合率が用いられる．インドでは時々イネの立毛中に混播することもある．

　ヒラマメの栄養成分はタンパク質23.2％，脂質1.3％，炭水化物61.3％，繊維17.1％，灰分2.8％である．

豆をひき割りや製粉し，スープにして食べる．また穀物の粉と混ぜてケーキとする．消化がよいので病人食や乳児食に適する．キリスト教の受難節（Lent）期間には肉の代用とされる．また炒って粉にし，コーヒーの混合用とされる．若い葉や莢はインドでは野菜として食べられる．飼料としてもタンパク質に富んだ上質飼料である．

3．文　献

Erskine, W. et al. 2009 The Lentil : Botany, Production and Uses. CABI.
石井龍一 2000 ヒラマメ．石井龍一他共著，食用作物学（1）－食用作物編－．文永堂．216．
Martin, J. H. et al. 2005 Pigeonpea, In J.H. Martin et al. (eds.), Principles of Field Crop Production, fourth edition, Pearson / Prentice Hall. 698.
中世古公男 1999 レンズマメ．石井龍一他共著，作物学各論．朝倉書店．79-80．
戸苅義次・菅　六郎 1957 扁豆．食用作物．養賢堂．434-438．
渡辺篤二監修 2000 豆の事典 －その加工と利用－．幸書房．
吉田よし子 2000 マメなまめの話．平凡社．

第29章　その他のマメ類

1．ライマメ

学名：*Phaseolus lunatus* L. (= *Phaseolus limensis* Macf.)
和名：ライマメ，ライママメ，アオイマメ（葵豆），ゴシキマメ
漢名：月豆
英名：lima bean, sugar bean, butter bean

（1）分類・起源・伝播・生産状況

インゲンマメ属の1年生あるいは多年生草である．本種を *P. lunatus* と *P. limensis* の2種に分類することもある．*P. lunatus* は1年生で，種子は小さく，扁平または豊満，色彩は色々あり，small (baby) lima bean と呼ばれる．一方 *P. limensis* は多年生で種子は大きく，一般に large lima bean と呼ぶ．しかし，多年生と1年生，蔓性と矮性，種子の色，大きさなどの変化は上記2種内にもあり，両種は互いによく交雑することから，両種は *P. lunatus* の1種とするのが妥当であろう．

原産地は中央アメリカのグアテマラで，そこから3方向に伝播し，それぞれ特色ある系統に分化したと考えられた（Mackie 1943）．しかし，ライマメ野生種がグアテマラ以外にも中央アメリカ各地やアンデス山脈中に見出され，メキシコで発見された small lima bean は最も古くても500～300 B.C. であるのに，ペルーでは6000～5000 B.C. の遺跡から large lima bean が発見されているなどから，上記の説は無理があり，むしろ中央アメリカと南アメリカでそれぞれ別々に作物として発達したものと考えられる（Heiser 1965）．ペルーの large lima bean はアンデス山地東側多湿地帯で，またメキシコの small lima bean は太平洋側の山脚地帯で作物として成立したと推定されている（Kaplan 1965）．

コロンブス時代以降，まず小粒種がスペイン人によりフィリピンへ伝えられ，やがて東南アジア各地へ広まった．またブラジルからは奴隷船がアフリカへ伝えた．ペルーからは大粒種がマダガスカルへ伝えられ，それからもアフリカへ広まった．日本へは江戸時代に伝来した．

ライマメは取引上インゲンマメと一緒に行われるため，本種のみの統計が不明であるが，メキシコとブラジルが主産地である．取引上では，ライ豆（lime bean）の他に，ホワイト豆（white bean），バター豆（butter bean），ペギア豆（pegya），サルタニ豆（sultani），サルタピア豆（saltapia）などの品種名で呼ばれることがある．わが国では江戸時代以来，あまり栽培されることがない．

（2）形態・栽培・利用

蔓性で2～4 m に伸びるが，栽培品種には草丈30～90 cm の矮性のものがある．葉は3小葉からなり，中央小葉は卵形，両側の小葉は斜形，長さ5～12 cm，幅3～9 cm，葉柄は長く8～17 cm である．草姿はインゲンマメによく似ている（図29.1）．根の一部は肥

第29章　その他のマメ類

図29.1　ライマメ．星川（1980）

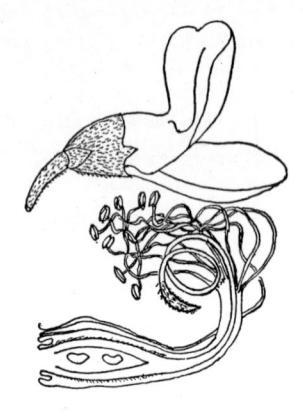

図29.2　ライマメの花．星川（1980）

大して塊根となるが，温帯では普通塊根は形成されない．

葉腋から長さ約15cmの総状花序を出し，これに花が多数つく．蝶形花で紫または白を呈する．雄蕊は10本でうち9本は癒合する．雌蕊は花柱が旋回している（図29.2）．通常は自家受精するが，ときには他家受精も行われる．莢はやや彎曲し三ケ月の形のようになるので月豆の名がある．莢は長さ5～12cm，幅1.5～2.5cmになる．種子は2～4個入っている．種子は大きさの変異に富み，径1～3cm，扁平または丸形である．種皮の色は白，赤，紫，褐，黒色などを呈し，臍は白色である．100粒重は45～200gと変異に富む．発芽は下胚軸が伸びて子葉は地上に出る．

蔓性品種は熱帯の標高2,500mくらいまでの高地に栽培される．生育期間中に降霜なく，成熟期の気候が乾燥する所が適地である．畦幅1.2m，株間30cmに植え，支柱を立てる．アメリカや南米では支柱は立てず地面に這わせることが多い．矮性品種は畦幅60cmとする．矮性品種は概して早生なので，播種後6週間で収穫開始が可能である．若莢用は莢が最大の大きさに達した時に収穫する．種子用には大部分の莢が熟成し，黄変した時に収穫する．

種子の栄養成分はインゲンマメと類似し，タンパク質が約20％，脂質が1.3％，炭水化物が約57％である．完熟したライマメには，シアン化合物を含むので，生豆は中毒を起こすおそれがある．豆は一昼夜水に浸し，茹でて何回か水を取り替えれば除毒できる．シアン化合物は種皮が有色のものが高く，白色のものは少ない傾向がある．輸入豆の含有量に安全基準があり，100g中に，シアン化水素（HCN）として50mg以内であれば輸入許可される．そして，あんの製造は承認された製あん業者に限定され，生あんにシア

ン化合物が含まれないような製造基準が設けられている（石毛 2000）．

完熟豆を煮食するほか，若い莢を豆ごと煮たものは豆類で最も美味と賞され，sugar bean の名がある．アメリカでは未熟豆の缶詰あるいは冷凍加工用マメ類として重要なものの1つである．完熟豆は日本にも若干量が輸入されていて，あんの原料にされる．

2．ベニバナインゲン

学名：*Phaseolus coccineus* L.（＝ *P. multiflorus* Willd.）
和名：ベニバナインゲン，ハナササゲ，ハナマメ
漢名：紅花隠元豆，花豇豆，多花菜豆
英名：scarlet runner bean, flower bean, white Dutch runner

（1）起源・伝播・生産状況

インゲンマメ属（*Phaseolus*）に属し，$2n=22$ である．中央アメリカの高地が原産で，そこから南北アメリカに拡大した．もともと本種は多年生で，原産地域には多年生のものが栽培されている．メキシコでは紀元前7000〜5000年頃の豆が発掘されているが，それはたぶん野生型のものと推察される．テフアカン（Tehuacan）遺跡から発掘された200 B.C.頃のものは栽培種であり，多湿な高地から持ち込まれたものと考えられている．

ベニバナインゲンは今や世界中の温帯の国々に広く分布している．17世紀にはヨーロッパに伝わり，日本へは江戸時代末期にオランダ人により渡来した．当時はもっぱら観賞用にすぎなかったが，次第に東北・北海道などで食用としての栽培が定着した．北海道では，ベニバナインゲンとインゲンマメの一部の品種（大福，虎豆）を一括して「高級菜豆」と呼び，特産化している．1971年から道立中央農業試験場において白花豆を対象に，大粒多収や耐病性（主としてインゲンモザイク病）の改良を目標に育種が行われ，極大粒・多収・晩生の「大白花」（1976年）が育成され，白花豆の大部分を占めている（村田 2003）．

（2）形態・栽培・利用

茎は節数約30で蔓になって4mほどになる．わが国の品種はすべて蔓性であるが，世界的には矮性品種もある．茎葉の状態はインゲンマメによく似ており，葉は3小葉からなる複葉で，小葉は長さ7〜13cmである（図29.3）．根は肥大したイモ状の塊根になるが温帯では塊根の形成は著しくない．

花は腋生で，15〜20cmの長い花序に20花以上着くが，結莢するのは1花軸当り2〜3莢で，結莢率は10％以下であり，ダイズやインゲンマメと比べかなり低い．花は大きく，長さ2〜3cm，普通は朱紅色で美しいことから，花ササゲなどの名でも呼ばれる（図29.4）．葯と柱頭の位置が離れており，他家受精が多いことから，採種では他の品種と隔離する．品種により白花のものがあり，これをシロバナハナササゲ（var. *albus* Bailey）と呼んでいる．

莢は10〜30cmでインゲンマメより大きく，種子も大型で長さ1.8〜2.5cm，幅1.2〜1.6cmで広い腎臓型である．100粒重は大白花では約150g，紫花豆では200g以上とな

第29章　その他のマメ類

図29.3　ベニバナインゲン．
星川（1980）

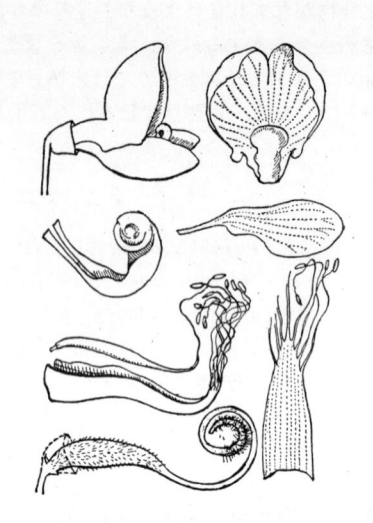

図29.4　ベニバナインゲンの花．
星川（1980）

る．種子の色により，白色の白花豆と紫色の紫花豆に分けられる．種皮は光沢があり，紫花豆では暗紫色に黒の縞や斑点がある．白花豆は茎が緑白色で花も豆も白色である．発芽はインゲンマメと異なり，地下子葉型（hypogeal cotyledon）である．

　高温では受精が不完全で結莢しない．熱帯の低地では結莢しない．日本では北海道が主産地で，東北地方や長野県の標高の高い冷涼な地域で栽培される．北海道では白花品種が主体で，「早生白花豆」，「中生白花豆」，「大白花」などの育成品種が栽培されている．本州では紫花豆が主体で，在来種が栽培される．関東以西の暖地では極早播きし，冷涼のうちに咲いた花のみが結莢できるが，経済的栽培は難しい．ヨーロッパでも，またアメリカでも南部では花のみ咲いて莢にならない．栽培はインゲンマメに準じる．中央アメリカではしばしばトウモロコシの間植とされている．霜にあうと枯死するため，温帯では1年生として扱われている．

　完熟豆は煮豆の他，甘納豆やあんなどに用いられる．若莢は野菜として煮食し，中央アメリカでは未熟豆も利用し，また肥大根部も煮食される．花が美しいのでしばしば観賞用に庭園に栽培され，鑑賞専用の品種もある．

3．ケツルアズキ

学名：*Vigna mungo* (L.) Hepper (= *Phaseolus mungo* L.)
和名：ケツルアズキ，ケツルマメ，ブラックマッペ
英名：black gram, urd, matpe

（1）起源・生産状況

インドで非常に古くから，おそらく 2000 B.C. 頃から栽培されている．リョクトウとケツルアズキは形態や利用方法がよく似ていることから，長い間両種の分類に混同がみられた．両種ともインドに野生している *V. sublobata*（*V.radiata* var. *sublobata*）から起源したものと考えられている（宮崎 1982）．

インドでは平野部からヒマラヤの高地まで広く栽培され，常食されるマメ類の1つである．東南アジア，アフリカのナイル渓谷地方および中国南部にも栽培がある．日本には栽培がない．

（2）形態・栽培・利用

1年草で茎は直立あるいは半直立で，ときに蔓性で支柱に巻きつき，20～80 cm になる．赤茶色の短毛を密生している（図 29.5）ので毛蔓小豆の名が付いた．葉は葉柄が長く，3小葉よりなり，小葉は長さ 5～10 cm である．

花は腋生で各 5～6 花着き，淡青黄色を呈する．旗弁は 12～16 mm の幅で，花糸は 10本であるが，1本は独立し，他は癒合している（図 29.6）．開花の前日の夕方にすでに受粉し，翌朝開花し午後に閉花する．半分近くの花は閉花受精するといわれ，ほぼ完全な自家受精である．

莢は直立あるいは斜上し，一面に暗褐色の毛で覆われている．長さ 5～7 cm，幅 0.6 cm で，中に 6～10 個の種子ができる．種子は枕形で，リョクトウより概して大きく，多くは黒色だが，緑色もある．臍部は白く，凹状になっている．100粒重は約4gである．リョクトウと良く似ているが，リョクトウに比べ，臍がやや大きくて厚く凹状で，莢が短く1莢粒数が 6～10 と少なく，莢が上向く（前田 1987）．

出芽は地上子葉型（epigeal cotyledon）である．耐乾性強く，年約 900 mm 以下の雨量の地域で栽培される．多雨湿潤な熱帯では適さず，雨期の終わった後に栽培される．土壌は粘土層に特に適する．品種としては large black seeds（黒色大粒種）と small green seeds（緑色小粒種）に分けられ，インドでは多くの品種がある．

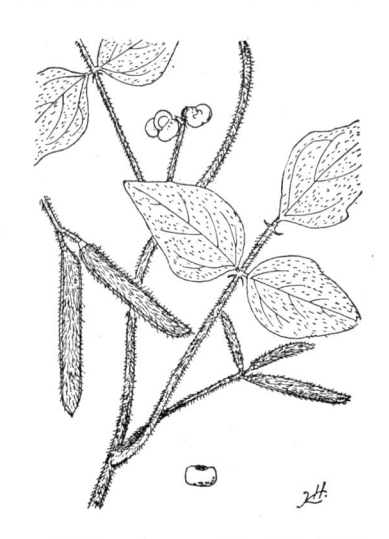

図 29.5　ケツルアズキ．星川（1980）

図 29.6　ケツルアズキの花．星川（1980）

インドでは夏作および冬作とし、しばしばイネと輪作され、また時に混作される。播種後6週間で開花し、80～120日で収穫できる。収量は10a当り70～80kg程度である。

栄養成分はタンパク質23.4%、脂質1.0%、炭水化物57.3%、繊維3.8%、灰分4.8%であり、リンを多く含む。

インドでは最も高価な豆の1つで、特に菜食主義者の食物として貴ばれている。全粒のまま、あるいは砕いてダルにしてから煮て食べる。また炒って粉にしてスパイスと共に団子にし、あるいは粥にしたり、パンのように焼いたりする。ケツルアズキとコメの粉とを混ぜて発酵させた食品は良く食される。発酵させて油を塗った型で蒸したのがイドリ（idli）、油で焼き上げたものがドーサイ（dosai）と呼ばれる（吉田 2000）。未熟の莢は野菜とされる。もやしにも用いられる。全草を緑肥や被覆作物（cover crop）、短期の青刈飼料とされるが、青刈りおよび乾草には、毛が多いためにリョクトウより劣るとされる。

4．モスビーン

学名：*Vigna aconitifolia* (Jacq.) Marechal (＝ *Phaseolus aconitifolius* Jack)
漢名：烏頭葉菜豆
英名：moth bean, mat bean

インド、パキスタン、ミャンマー地域原産で、これらの地に野生している。染色体は$2n=22$である。インドを中心にスリランカや中国雲南省でも栽培がある。1902年にアメリカに導入され、南部諸州で栽培されている。またアフリカ西部でも栽培される。

1年生でよく分枝し、植物体は地上を這って約1m以上も伸び、マット状になることから、mat beanの呼び名がある。葉は長さ5～10cmの葉柄の先に着く3小葉の複葉で、小葉は長さ5～8cm、頂小葉は5つに、側小葉は3～4個に切れ込みがある（図29.7）。茎、葉柄には毛が密生している。花は腋生で、花梗の長さは5～10cmほどで、花は黄色を呈し小さい。自家受精する。莢は長さ2.5～5cm、幅0.5cmの円筒形で、全体に褐色の毛を帯びている。中に4～9個の種子がある。種子は小さく、矩形に近く、長さ約5mmである。種皮は黄または褐色を呈し、黒斑を持つものがある。臍は白色で細長く、100粒重は約10gである。発芽は地上子葉型（epigeal cotyledon）である。西アフリカには莢長約8cm、種子長7～9mm、100粒重約100gのものが栽培されている。

高温で年間約750mm降雨のある気候が最適とされるが、乾燥にはきわめて強い。ただし過湿には弱く、また霜にあうと枯れる。最適土壌pHは6.5～7.0である。インドでは平地から標高1,300

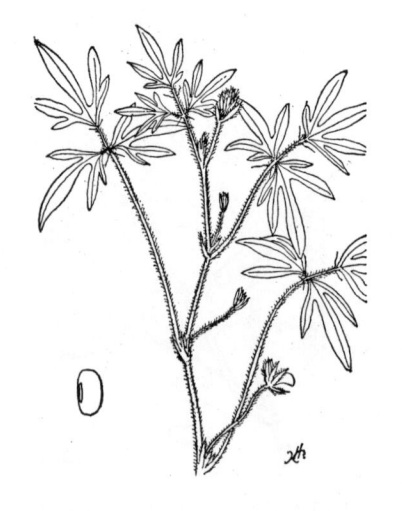

図29.7　モスビーン．星川（1980）

mまで栽培される．しばしばモロコシやパールミレットのような穀物と混作される．乾燥に強いので，雨期の始まる5～6月に播種する．短日植物で，10～11月には収穫できる．

種子はタンパク質23％，脂質0.7％，炭水化物59％，繊維4％，灰分4％を含む．インドでは豆をそのまま，あるいは挽き割りにして煮食する．若莢も野菜とされる．青刈飼料や乾草にも用いられ，緑肥にもされる．またマット状に生育することから，畑のリビングマルチとして土壌水分の保持や窒素固定による地力増進に利用される（吉田 2000）．

5．タケアズキ

学名：*Vigna umbellata* (Thunb.) Ohwi et Ohashi (= Phaseolus calcaratus Roxb.)
和名：タケアズキ，（シマ）ツルアズキ
漢名：竹小豆
英名：rice bean

インド東部から中国南部，南はマレーシアにおよぶ地域の原産と考えられる．現在は熱帯アジア一帯に分布して栽培されている．野生型は路傍や原野に生え，栽培型は高い標高の所までの気候に耐性があり，また比較的乾燥にも耐性がある．短日植物である．2n = 22．なお植物分類学では本種をツルアズキと呼んでおり，タケアズキ（タケショウズ）とは業者の間の呼称とされている．

1年草で，成熟期間が短く，直立性あるいは蔓性で，1.5～3mになる．茎には短い白毛が生えている．3小葉の複葉で，小葉は卵形で長さ5～10cm，幅2.5～6cmで，3裂するものがある（図29.8）．葉柄は5～10cm，托葉は顕著に発達し，卵～被針形をなす．花序は腋生の直立総状花序で，花柄は7.5～20cmあり，5～20花が着く．萼は長さ4mm，花冠は黄色で捩れる．旗弁は直径1.5～2cmである．自家受粉する．莢は長さ6～12cm，幅0.5cmで，8～12種子を蔵する．種子は楕円形で，長さ約8mm，黄，赤，褐，黒色などを呈し，100粒重は8～12gである．臍は直線状で凹み，白色である．出芽時，子葉は地下に残る．

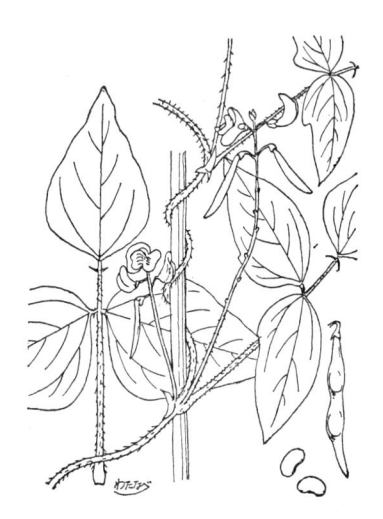

図29.8　タケアズキ．星川（1980）

ミャンマーでは普通イネと輪作する．播種から成熟まで2か月と短いが，収量は10a当り約40kgである．

豆の栄養成分は，タンパク質22％，脂質0.6％，炭水化物58％，繊維5％，灰分4％で，東南アジアや太平洋諸島で食用とされる．米の代用に，あるいは米と混ぜて煮食されることから，rice beanと呼ばれる．日本にも輸入されている．かつては「バカアズキ」

と呼び，食用としたが，現在ではあんとしての利用が多い．若莢は野菜として利用される．日本ではかつては豆をモヤシに利用したが，外観が悪いため現在では用いない．全草は青刈飼料となり，緑肥やcover cropとしても利用が試みられている．

6．テパリービーン

学名：*Phaseolus acutifolius* A. Gray var. *latifolius* Freem.

英名：tepary bean

テパリービーンは米国アリゾナ州からメキシコ北西部に野生しているもので，これが約5,000年前にメキシコで栽培化されたと考えられている．しかし，後にインゲンマメが普及してきたことにより栽培が衰えた．その後アフリカに広まり，降雨の少ない地方で間作物（catch crop）として注目されている．

1年生で，茎は半直立性，高さ25 cmほどで，初生葉は単葉で対生するが，本葉は3小葉よりなる（図29.9）．葉柄は長さ2〜10 cm，小葉は長さ4〜8 cm，幅2〜5 cmである．花序は腋生で，2〜5個の白または淡紫色の花を着ける．莢は長さ5〜9 cm，幅0.8〜1.3 cmで扁平で，2〜7個の種子を形成する．種子は丸〜楕円形で，やや扁平の品種もある．粒は約8×6 mm，白，黄，褐，濃紫色で縞紋を呈するものがある．100粒重は約15 gである．種子の吸水力が強く，湿った土に播いて5分後に早くも種皮がしわ状になる．出芽の際，子葉は地上に出る．初生葉は三角形でやや細く，その葉柄がインゲンマメなどより短いのが特徴である．

播種後約2か月で収穫できる．乾燥畑では10 a当り80〜140 kg，灌漑すると150〜300 kgの収穫がある．

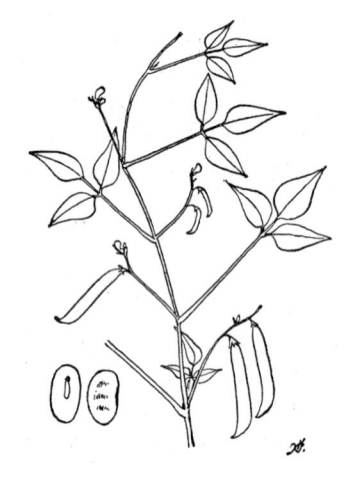

図29.9　テパリービーン．星川（1980）

豆の成分はタンパク質22％，脂質1.4％，炭水化物60％，繊維3.4％，灰分4.2％である．豆を食用とし，またアメリカでは乾草や被覆作物（cover crop）としての利用が試みられている．

7．フジマメ

学名：*Lablab purpureus* (L.) Sweet (= *Dolichos lablab* L.)

和名：フジマメ，センゴクマメ，アジマメ

漢名：鵲豆（紫花），藊豆（白花），白藊豆，中国名：扁豆，藊豆

英名：lablab, hyacinth bean

以前は *Dolichos* 属に分類されていたが，花柱の形態などから現在は *Lablab* 属に分類されている．以下の2変種がある．

① *L. purpureus* var. *lablab*：短年の多年草だが，作物としては1年生として扱われている．莢は②より長い．インドでは主に未熟の莢を食用とする．

② *L. purpureus* var. *lignosus*：時に Australian pea あるいは field bean と呼ばれる．多年生で半立性．しかしこれも一般栽培では1年生として扱われている．莢は短く，特徴的な強い不快臭がある．主に完熟種子用，あるいは青刈り飼料用にアジアで栽培される．

アジア熱帯の原産とされていたが，原生種が発見されていないことから，アフリカが原産の可能性が高い（渡辺 2000）．古代からインドで栽培されていた．現在はインドを中心に東南アジア一帯，またアフリカではエジプトやスーダンで栽培が多い．日本でも隠元禅師が1654年に中国よりもたらして以来，関東以西の暖地に栽培されている．関西では本種をしばしばインゲンマメと呼ぶ．花が藤に似ていることから藤豆の名がついた．千石豆（センゴクマメ），蕅豆（アジマメ）とも呼ばれる．

茎は蔓性で1.5〜6 m になるが，矮性の蔓なし品種もある．葉は互生し，3小葉よりなる複葉，葉柄は長く，基部に肥大した葉枕がある．小葉は長さ5〜15 cm，幅4〜15 cm である（図29.10）．葉腋から長さ30 cm 以上もの長い花房を出し，多数の花を着ける．花は長さ1.5 cm ほどで，白および紫紅色の2種類がある．自家受精の他，昆虫により他家受精も多いと思われる．莢は扁平で長さ5〜15 cm，幅1〜5 cm で，表面にしわが多く，やや多肉質である．完熟すると，しわが寄り，裂開することはない．1莢に3〜6粒の種子がある．種子は径1 cm 前後，やや扁平の丸形で，白，淡黄，茶，赤褐，青，黒色などを呈する．臍は顕著に隆起し白色である．100粒重は25〜50 g．発芽は地上子葉型（epigeal cotyledon）で，初生葉は単葉で対生する．

図29.10　フジマメ．星川（1980）

高温を好み，関東地方でも初期成長は鈍く，盛夏になってから生育が旺盛になる．東北地方では夏期高温の年に生育が良い．受精・結莢は低温では著しく阻害される．乾燥や痩地にも強い．園芸用の品種には，より良い土地条件が好ましい．アジア熱帯では海抜2,300 m あたりまで栽培されている．長日・短日にそれぞれ反応する品種があるといわれ，インドの短日品種では，播種時期によって開花まで日数が6〜47週の変異がある．

栽培管理はインゲンマメに準ずる．日本では春晩霜のおそれがなくなってから播種し，夏の終わり頃から開花し始め，秋晩霜が降りるまで開花・結実を続ける．

若莢をとって野菜として煮食する．わが国ではもっぱら若莢だけが用いられ，完熟種子は食用とされないが，インドでは成熟した種子をひき割りして煮食したり，あるいは種子を萌芽させてから水に浸し，種皮を除き，煮てからつぶしてペースト状にし，これ

をスパイスと共に油で揚げて食べたりする．茎葉はサイレージあるいは青刈飼料とされる．完熟種子も飼料にされる．また緑肥や被覆作物（cover crop）としても用いられる．スーダンでは緑肥としてワタやソルガムと輪作されている．

8．ホースグラム

学名：*Macrotyloma uniflorum* (Lam.) Verdc.（= *Dolichos uniflorus* Lam.）
英名：horsegram

アフリカあるいはアジア熱帯原産で主栽培地はインド南部である．インドでは古くから栽培されてきた．

1年生半蔓性植物で，高さ0.3〜0.5 m，葉は3小葉の複葉，長さ2.5〜5 cmになる（図29.11）．葉腋に着く長さ1 cmの花枝に1〜3個の花が着く．花弁は青白い黄色を呈する．莢は5〜7個の種子を蔵する．種子は大きさ3〜6 mm，扁菱形で，種皮に光沢があり，淡赤，茶，黒または斑点紋様などがある．臍は小さく目立たない．

乾燥地に適した作物で，インドやミャンマーなどの乾燥地で栽培される．播種後4〜6か月で収穫される．茎葉の成長が盛んなので，飼料や緑肥用に栽培され，青刈飼料用栽培では播種後6週間程度で収穫される．

南インドでは種子が貧乏な人たちの食糧とされ，豆を炒ってからそのまま，あるいはひき割りにして煮食する．ミャンマーではこの豆をペピザと呼び，ゆで汁でポンイェージーと呼ばれる豆いろりを作り，だしや調味料として用いる（吉田 2000）．また，種子は牛や馬の重要な飼料で，煮て与える．

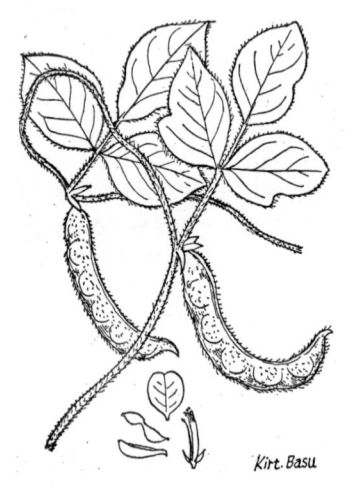

図29.11　ホースグラム．星川（1980）

9．バンバラマメ

学名：*Vigna subterranea* (L.) Verdc（= *Voandzeia subterranea* (L.) Thouars）
和名：バンバラマメ，フタゴマメ
英名：bambara groundnut, bambara bean
仏名：voandzon
独名：Erderbse

マメ科 *Voandzeia* 属の1属1種の1年草（2 n = 22）．野生種は未発見であるが，西アフリカ，サハラ南部が原産地と考えられている．アフリカ大陸内部へも栽培が広まった．17

世紀始め，黒人奴隷と共に南アメリカにもたらされ，ブラジルやスリナムに入った．一方アジアへはインドネシアやフィリピンを経て，マライに伝わり，18世紀後半にはポルトガル人がインドシナに伝えた．

現在最も栽培が多いのはザンビアであるが，自家消費の段階にとどまっている．最近はアフリカでもラッカセイが普及してきたため，生産性の低い本種は，ラッカセイに置き換えられて栽培は減少しつつある．

茎は匍匐性だが，節間は数 cm 以下で，各節から分枝して根を下ろすため束性の草姿となる．葉柄は長く，3小葉からなる複葉で，小葉柄基部には葉枕がある．小葉は長さ5〜10 cm，幅2〜3 cmである（図29.12）．

葉腋に短い花枝が着き，1〜3個の花を着ける．花は淡黄色で，しばしば花弁が開かず閉花受精となる

図29.12　バンバラマメ．星川（1980）

こともあり，自家受精である．ラッカセイに似て，開花後花柄が伸びて子房は地中に入り，径2 cmの丸い莢を結ぶ．ラッカセイと異なり，地上でも結実する（高橋 1992）．莢内には普通1個の種子がある．種皮は白，赤，黒，茶，斑色などで，臍は白い．直径1〜1.5 cmで，100粒重30〜45 gである．出芽時，子葉は地下に残る（hypogeal cotyledon）．14℃以下では発芽しない．

高温・乾燥地でよく生育し，痩地ではラッカセイよりも収量が多いという．アフリカでは単作あるいは混作されている．株間30×20 cmとし，播種後4〜5か月で収穫できる．収穫方法はラッカセイに準ずる．収量は10 a当り50〜100 kgといわれる．降霜にあうと枯死する．

タンパク質16〜21％，脂質4.5〜6.5％，デンプン50〜60％を含み，栄養的に好ましいバランスがあり，アフリカ西部を中心に食糧として重要視されている．種子は硬いので，水に浸しておき，煮食あるいは炒って食べる．また若い豆を採って料理に使う．

10．ゼオカルパマメ

学名：*Macrotyloma geocarpum* (Harms) Marechal et baudet (= *Kerstengiella geocarpa* Harms)

英名：geocarpa bean

本種も1属1種．バンバラマメに似て地下に莢を作るもので，分類学上もバンバラマメに近縁である．アフリカのニジェール河中流地域原産である．20世紀になってから，ようやくヨーロッパの学者に知られた"新しい"作物であるが，現地での栽培はかなり古く

からあるらしい．原産地から外への伝播はあまりなく，バンバラマメと共に古い西アフリカ農耕文化圏の作物を特色づけるマメであるが，バンバラマメ同様ラッカセイの普及によって栽培が減少している．

茎は這性，葉は3小葉からなり，小葉はバンバラマメより幅広い（図29.13）．地面を這う茎の各節から出た短い花枝に花が咲き，開花後花柄が伸びて地中に入り，ラッカセイに似た1～3粒性の莢を着ける．種子は白，赤，黒などを呈する．ラッカセイ，バンバラマメおよびゼオカルパマメは地下結実性のマメとして知られるが，ラッカセイ以外の2種は地上にも結実する（高橋 1992）．

利用はバンバラマメと同じで，煮豆，炒り豆にして食べる他，若莢を野菜とする．

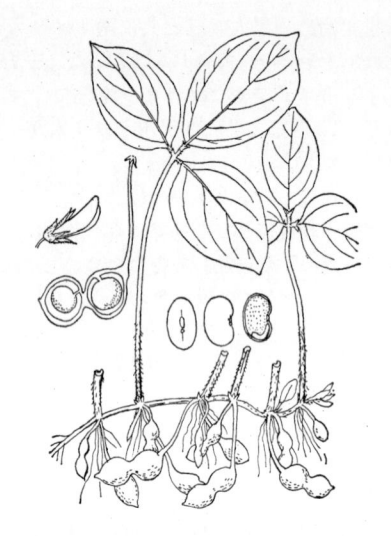

図29.13　ゼオカルパマメ．星川（1980）

11．ナタマメ・タチナタマメ

ナタマメ属（*Canavalia*）には亜熱帯・熱帯に約40種があるが，下記の3種が栽培されている．いずれも2n＝22である．

① *C. gladiata*（和名ナタマメ）はアジア原産である．長い蔓性で，莢の長さが幅の10倍以内であり，臍が豆の長さほどある．種子は普通淡紅色であるが，白いものがあり，これをシロナタマメ（var. *alba* Makino）と呼び，蔓はやや短く，直立あるいは矮性である．

② *C. ensiformis*（和名タチナタマメ）は中米原産である．莢長が幅の10倍以上あり，臍は豆の半分の長さより短いもので，種子が白い．

③ *C. plagiosperma* Piper は種子が茶色い．

（1）ナタマメ

　　　和名：ナタマメ
　　　漢名：刀豆
　　　学名：*Canavalia gladiata* (Jacq.) DC.
　　　英名：sword bean

ナタマメの祖先種はアジアやアフリカの熱帯に野生する *C. virosa* Wight & Arn. とされている．ナタマメは東アジア，とくにインドに多く栽培され，現在は熱帯，亜熱帯に広く栽培される．中国では華南地方で栽培がある．日本へは江戸時代初期に渡来，以来小規模に栽培される．

ナタマメは長い蔓を持つ多年草である．しかし温帯では1年生の作物として扱われる．3小葉の複葉であるが，葉柄は葉身部分よりも短いのが特徴（図29.14）．小葉は長さ10

~18 cm, 幅6~14 cm である。花は大きく，長さ3.5 cm, 白または紅色で美麗である。自家受精を主とし，昆虫により20％あるいはそれ以上の他家受精を生ずる．莢はわずかに彎曲し，稜が突出し，長さ20~40 cm, 幅3~5 cm でやや肉質厚く，成熟すると著しく堅くなり，内部は綿状白膜組織が種子を包む．種子は8~16個あり，紅色ときに白色（var. *alba*), 長さ2.5~3.5 cm, 臍は暗褐色で長さ2~2.5 cm で種子の長さに近い．

家庭菜園などで栽培され，4月中旬~5月上旬に播種し，支柱や柵・壁に這わせて栽培する．晩夏には若莢が利用できる．若莢は野菜として利用され，わが国では主に福神漬あるいは粕・糠味噌漬けの材料とされる．シロナタマメのほうが莢が軟らかくて漬物用によいとされる．ナタマメの花を酢漬けにし，赤や緑に染色したものがサラダなどの妻物としても利用される．完熟種子は青酸配糖体，サポニン，有害アミノ酸等を含み有毒であるが，塩水や水を何回も換えて煮れば除毒できる．キントン原料や煮豆とし，肉と煮れば美味である．炒って粉にしてコーヒー代用とすることもある．また，臨床用試薬として，尿検査用のウレアーゼの原料としても用いられる．茎葉を緑肥，飼料用あるいは被覆作物（cover crop）としての利用もある．

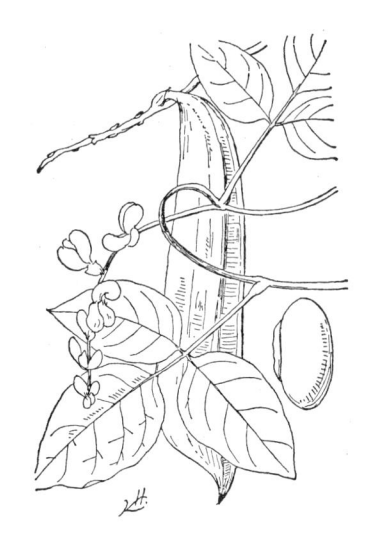

図29.14　ナタマメ．星川（1980）

(2) **タチナタマメ**

　　学名：*Canavalia ensiformis* (L.) DC.
　　漢名：立刀豆，洋刀豆
　　英名：Jack bean, horse bean

タチナタマメはメキシコで3000 B.C.の遺跡から発掘されていて，中米原産と考えられる．現在は世界中の温熱帯に広まっている．日本にはナタマメより遅く伝来したらしく，栽培もナタマメより少ない．

半蔓性の1年草で，高さ1~2 m, 主に1 m内外で，茎が立つので立刀豆の名がある．分枝の先は蔓性となり，支柱に巻きつく．葉は3小葉よりなる複葉で葉柄は長い（図29.15). 花序は葉腋の花枝に10~50花着く．花は2~2.5 cmあり，紅または紫色で美麗である．雄蕊は10本で，長さの大部分は癒合している．莢は長さ20~30 cm, 幅約2 cmである．1莢内に8~20粒あり，長さ2 cm, 幅1.3 cm,

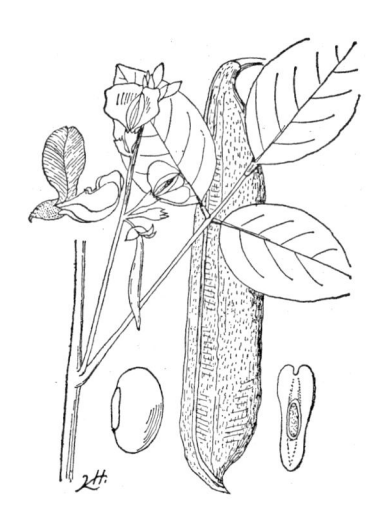

図29.15　タチナタマメ．星川（1980）

若干扁平である．臍は長さ8 mm，淡褐色でオレンジ色の縁がある．一般に自家受精だが，昆虫により20％以上程度の他家受精も起こる．発芽は子葉が地上に出る（epigeal cotyledon）．根が深く張り，干ばつには強く，またある程度の日陰にも耐えられる．

C. plagiosperma Piperは熱帯南アメリカの原産とみられ，2500 B.C.のペルーの遺跡から種子が見つかっている．*C. ensiformis*によく似た葉，茎，莢であるが，種子がより大きく2.7×1.7 cmで暗茶色，臍は長さ1 cmである．

若莢はナタマメ同様に漬け物とする．完熟種子は有毒であるが，2～3時間煮出せば除毒できる．煮豆として食べる．栄養成分はタンパク質23.4％，脂質1.2％，炭水化物55.3％，繊維4.9％，灰分4.2％である．本種もコーヒー代用にされる．また緑肥として多く栽培され，飼料としても良い．

12．ルピナス

学名：*Lupinus* spp.
和名：ルピナス，ノボリフジ類，ハウチワマメ類
英名：lupin (e)

マメ科*Lupinus*属には300余種あり，ほとんどが1年生で，世界の北部温帯に分布するが，数種は熱帯にまで分布している．種子を食用として栽培されるものは，大粒の種子をつける2，3種で，これらは主に地中海域，北アフリカの原産である．これらの地域で約2,000年以上昔から栽培されてきた．ヨーロッパでは主に飼料として200年前から普及したが，アメリカへは1943年以降伝わっている．アメリカでももっぱら飼料作物とされる．南米，とくにブラジルなどでは貧しい人々の食糧として利用されている．なお，飼料作物としての栽培はオーストラリアが多い．

（1）エジプトルーピン

学名：*Lupinus termis* Forskal
英名：Egyptian lupin (e), termis

食用とされるルピナスのうち，最も普通のもので，熱帯に栽培される．1年生で，草丈100～150 cmにもなり，茎は短い絹白毛に覆われ，老化するとやや樹木状になり，枝分かれする．葉は長い葉柄を持ち，葉身は5～7枚の小葉が掌状に着く．葉の表面は平滑，裏面は微毛に覆われ，銀白色に見える．托葉は線状をなす（図29.16）．

茎頂に花序が着く．花序は長く，多くの花を互生し，下位から咲いて無限的である．花は蝶形，花弁は白が主で，時に紅，青，緑色を帯びるものがあり美麗である．単体雄蕊で10本，うち5本は長く葯は大きく，他の5本は短く小さい．

図29.16　エジプトルーピン．星川（1980）

莢は短円筒形，銀毛に覆われ，種子は3〜7粒含む．種子は径1.2×0.8 cmで，やや四角ばり，扁平，クリーム色あるいは白色，臍は角にあってやや隆起する．100粒重は30〜50 gである．

　エジプトルーピンはナイル河の堤域の他，作物にとっては塩基性にすぎる土地にもよく育つという．エジプトでは10〜11月に播種し，翌年の4〜5月に収穫する．霜にもやや強く，日陰や干ばつにもやや強い．また高温にも耐性がある．

　種子には若干の毒性があり，よく煮て毒を漉してから食べる必要がある．茎葉は飼料として栄養価が高いが，過食させるとlupinosisという現象で知られる中毒症状を起こす．この原因は植物体に含有されるアルカロイドで，これらの含量は植物体の齢や生育環境で変異することが知られている．現在は育種選抜の結果，これらのアルカロイドの含有量のきわめて少ない系統が育成されている．

（2）シロバナルーピン

　　　学名：*Lupinus albus* L.
　　　英名：white lupin (e), white giant lupin (e)
　　　独名：Weiß Lupine

　地中海地域に多く栽培されるほか，ブラジルでも栽培され，主に貧しい人々の主食にされている．1年生で，草丈50〜70 cm，時に180 cmにもなるものがある．茎は分枝は少なく，太く直立する．全体が毛茸で密に覆われている．小葉は7〜9枚，幅が広いのが特徴で，長さの1/3ほどある（図29.17）．表面は緑色平滑，裏面は軟白毛に覆われる．

　茎頂に無限花序を生じ，花は穂軸に互生して，下位から順次上位へ咲く．花は苞を欠く．花弁は淡青白色，初期は青味がやや強い．莢はやや扁平，長さ5〜7 cm，熟しても裂開しない．1莢内に4〜6粒の種子を蔵する．種子はルピナス類中最も大型で，径1 cm以上あり，四角張った扁平，白色またはクリーム色で，臍は長さ約3 mm，幅2 mmである．100粒重は40〜50 gになる．発芽に際しては子葉は地上に現れる．

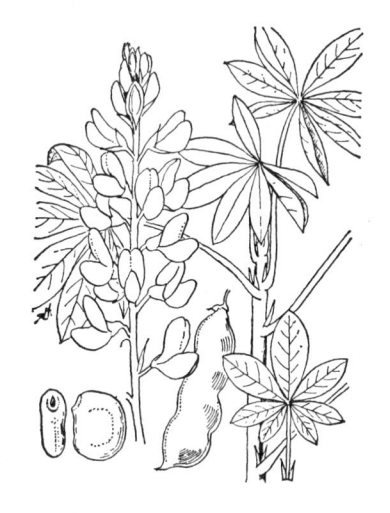

図29.17　シロバナルーピン．星川（1980）

　乾燥地に適し，土壌のpHは4.5〜5が最適で，塩基性には弱い．ブラジルでは3〜4月（秋）に播種し，収穫は8〜9月である．発芽の最適温度は35℃，若い植物は霜にも強く，危険低温は−6℃という．また霜，日陰に強いが，高温や干ばつにはあまり強くない．また過湿にも弱い．

　豆の食味は中位とされ，成分はタンパク質31％，脂質9.6％，炭水化物33.7％である．茎葉は青刈りおよび放牧に用いられるが，他のルピナス同様にアルカロイドを含み有毒である．しかし本種についてもアルカロイド毒のないものが育成されている．

13. タマリンド

学名：*Tamarindus indica* L.
和名：タマリンド，ラボウシ，チョウセンモダマ
漢名：羅望子，酸果樹，酸梅
英名：tamarind, Indian date

マメ科の高木で，アジア，アフリカの熱帯サバンナ地帯原産．特にスーダン地方に野生が多い．古くからインド，ミャンマーで栽培された．果実は紀元前4世紀にはギリシャの哲学者・博物学者のテオフラストスがヨーロッパに紹介し，その後マルコ・ポーロも記載（1298）しているが，生木は16世紀になって初めてヨーロッパに知られた．インドからアラビア地域では，主要な食用樹として栽培が多く，現在はマレーシア，インドネシア，エジプト，西インド諸島，ブラジルなど，世界の熱帯に広まっている．台湾へは1895年に導入されたが，産業的栽培には至らなかった．

樹高約30mもの巨木となり，葉は羽状複葉，小葉は長楕円形で10～20対，やや厚みがある．花は房状に多数着き，蕾は紅色，萼は黄色，花は紅条のある蝶形で，雄蕊は3本ある．果実は長さ8～20cm，灰褐色の棒状を呈し，熟しても裂開しない．莢はやや脆く，暗紫色の果肉（pulp）が種子を包む．その味は干アンズのような強い甘酸味がある．種子は1莢に数個含まれ，黒褐色四辺形でやや扁平，紋様のある翼を持つ（図29.18）．

乾燥熱帯気候に適するが，あまり高温の土地では開花しても結実が悪く，乾期の明瞭な地方での結実がよい．成木は−2.2℃の寒さに耐えられるという．土壌は湿気のある，灌漑のできる所が適する．繁殖は実生または接木による．2～3年生の苗木を雨期に定植し，肥培管理すると，8～15年で結実樹齢に達する．インドでは5～9月に開花し，次年の3～4月，スリランカでは1～2月に収穫できる．1樹から平均100kgを産する．

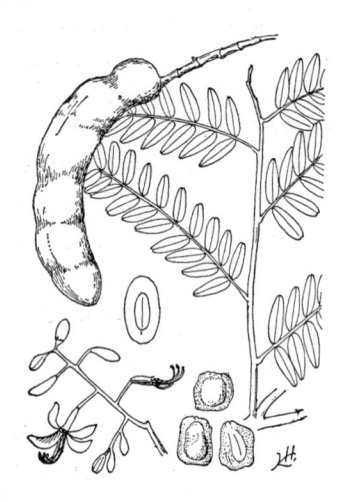

図29.18　タマリンド．星川（1980）

果肉の酸味の強いsour varietyと，半甘酸味のsweet varietyとに分け，そのうち果肉が紅赤色のred-fruited varietyが最上等とされている．タイでは育種が行われ，固有の品種名を持つものがある．莢の中の果肉を食用，調味料，薬用などに広く利用される．果肉にはクエン酸・酒石酸を主とする酸と，果糖に富む可溶性エキス50％以上を含む．果肉は団子のように丸めて市販されている．果肉は甘いものはそのまま生食されるほか，酸味の強いものは砂糖を加えたりして，清涼飲料とする．また，砂糖や塩を加え，ジャムや調味料とする．塩蔵品（asam）はカレー料理に不可欠とされる．インドの地域によっては，種子を粉にして，チャパティ（平焼きパン）にしたり，そのまま炒って食べ，また幼

植物，花，葉，若莢を野菜とする．炒った種子は風味が優れる．
　種子の粉は木綿糸などの糊づけに用いられる．種皮にはタンニンを含み，果肉と共にいろいろな薬効の民間薬とされている．果皮は染色の定着剤とされる．材は暗赤色で硬く，マホガニー代用として家具材に用いられる．

１４．ガラスマメ

　　　学名：*Lathyrus sativus* L.
　　　和名：ガラスマメ，グラスピー
　　　英名：grass pea, chickling vetch

　ガラスマメは南ヨーロッパから西アジアにかけての地域原産．北アフリカも含めた地中海沿岸地域で古くから栽培され，西アジアやインドでも栽培される．しかしそれ以外の地域にはほとんど伝播していない．
　１年生の蔓草で，茎は翼稜を持ち，長さ60 cmほどになる．全草姿はスイートピー（*L. odoratus* L.）に似る．根は主根がよく発達している．葉は互生し，羽状複葉である．先端は1〜3本の細い巻きひげとなる（図29.19）．托葉は大きく葉状である．小葉は2〜4枚あり，長さ5〜7.5 cm，幅1〜1.3 cmである．花は腋生で1個ずつ着き，長さ約1.5 cm，長い花柄を持つ．花弁は青または紅色で，竜骨弁は白色を呈する．莢は2.5〜3.5 cm，背面に2翼があり，2〜5個の種子を含む．種子はクサビ形や角形で径約5 mm，種皮は白，茶，灰色または斑点模様を持つ．100粒重は約6 gである．発芽の形態は地下子葉型（hypogeal cotyledon）である．

図29.19　ガラスマメ．星川（1980）

　インドやスーダンでは冬季作物として栽培され，他作物では乾燥しすぎる土壌でもよく発芽し生育する．冠水にも強く，土質を選ばない．インド北部の乾燥地帯でコムギと間作される他，水田の間作物（catch crop）として栽培される．
　完熟種子の栄養成分はタンパク質28.2％，脂質0.6％，炭水化物58.2％，ミネラル3.0％である．インドでは最も安価な食用豆であり，ケサリあるいはケサリダルと呼ばれる（前田 1987）．中近東地方でも貧民あるいは飢餓の時の食糧とされる．豆は煮て食し，あるいはチャパティとし，またカレーに入れる．葉も野菜とされる．豆は飼料にもされる．有毒成分（BOAAと略称されるアミノ酸など）を含むので，多く食べると家畜にも人間にも有害で，下半身が麻痺するラチリスム（lathyrism）と呼ばれる病気になることはギリシャ，ローマの時代からよく知られている．挽き割りを水に晒したり，炒ったり煮たりす

ることで無毒化できるが，処理が不十分なため，インドではこの病気の発生が多い．タンパク質含有率が高くて干ばつに強い作物として貴重であることから，育種による無毒品種の開発が望まれ（前田 1987），BOAA含有率の低い品種も開発されているが，普及は進んでいない（吉田 2000）．

15．クラスタマメ

学名：*Cyamopsis tetragonoloba* (L.) Taub.
和名：クラスタマメ，グアル
英名：cluster bean, guar

Cyamopsis 属は3種のみからなる小さい属である．クラスタマメはインドでは古くから栽培されており，現在ではインドやパキスタンなどの熱帯乾燥地で，食用，飼料や緑肥用に栽培されている．アメリカ，オーストラリア，ブラジル，アフリカでも少量栽培されていて，将来は，ガム原料として，熱帯各地に普及が期待されている（前田 1987）．

1年生で$2n=14$．茎は直立し1～3mとなるが，矮性の品種もある．葉は互生し3小葉よりなる複葉をなす（図29.20）．葉は葉腋から出る花枝に多く着き，8～10 mmで，旗弁は白，翼弁は桃色を呈する．莢は5～10 cmで上向きに群がるように着くことからcluster beanの名で呼ばれる．莢は熟すと褐変する．1莢に5～12粒の種子が入っている．種子は径5 mmほどで，丸く扁平な形で，種皮は灰白，淡紫，黒など色々ある．100粒重は約6 gである．

図29.20　クラスタマメ．星川（1980）

乾燥に強く，いろいろな土壌にも排水さえよければよく適する．インドでは他作物と混植していることが多い．北インドでは夏作物として栽培される．播種後3～4か月で収穫できる．

種子の胚乳中にガム質（ガラクトマンナン）を約70％含み，種子の粉はきわめて粘りが強い．キャロブ（carob，イナゴマメ）から採るガムの代用として需要が増加している．ガム質は，粉砕して食用，医用の他，工業用とする．紙のつや出し，切手糊あるいはアイスクリームや菓子，サラダドレッシング，化粧品のクリームやローションなどの安定剤，濃化剤に用いられる．インドでは若莢をサヤインゲンのごとく野菜として利用するほか，塩漬け，油揚げにして食べる．飼料や緑肥用としても用いられる．

16. シカクマメ

学名：*Psophocarpus tetragonolobus* (L.) DC.
和名：シカクマメ，トウサイ
英名：winged bean, four-angled bean, goa bean, asparagus pea

　原産地は熱帯アジア地域とする説と，アフリカ起源説もある．東南アジア，メラネシアに広く栽培がある．現在は西インド諸島にも導入されている．

　多年生であるが栽培上は1年生として扱われている．熱帯では成長すると根が肥大してイモ状になる．茎は2～3mになり，3小葉の複葉を互生し，長い葉柄基部に太い葉枕がある．小葉は長さ8～15cm，幅4～12cmである．大きい根粒を多数着ける（Masefield 1961）．花序は腋生で，15cmほどの花枝に2～10花が着く．花は径2～4cmほどで，淡緑－淡青色で美しい．莢は長さ15～30cm，幅2.5～3.5cmで，縦に4稜の著しい翼があり，断面が4角なので四角豆の名がある（図29.21）．1莢内の種子は8～20個あり，丸く，径約1cmで，茶，白，黄，黒および茶などのまだら紋様のものがある．100粒重は約30gである．

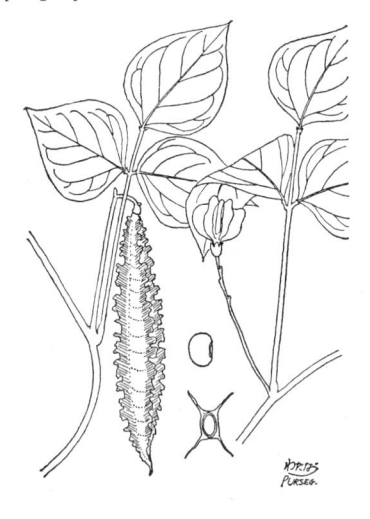

図29.21　シカクマメ．星川（1980）

　高温多湿の気候に適し，近年，わが国でも沖縄，九州，四国地方で栽培がみられる．沖縄では，夏に栽培可能な野菜が不足するが，それを補う耐暑性の作物として貴重である．熱帯の低緯度に適応した特性から，東南アジアの品種は沖縄では開花結実が困難であったが，沖縄の気候でも開花結実する品種「ウリズン」が育成されている（花田ら 1993）．壌土が最適であり，冠水，湛水には耐性がない．

　若莢はビタミン類に富み，煮て野菜として食べる．莢は煮食し，また未熟豆をとり出してスープにする．完熟した種子も炒って食べる．完熟種子はタンパク質37％，脂質15～18％，炭水化物28％を含み，栄養価が高い．インドネシアでは，ダイズやハッショウマメと同様，シカクマメからもテンペを作る．タンパク質はリジン含量が高い．油を絞って食用油も得られ，栄養価値はダイズに匹敵するといわれる．塊根はパプアニューギニアなどではジャガイモのように料理して食べる．塊根にはデンプンのほか，タンパク質を15％も含むので，熱帯湿潤地帯の貴重なタンパク源作物として期待されている．若葉も野菜として煮食，あるいはサラダのように生食できる．残茎葉は飼料とされる．

１７．ハッショウマメ

学名：*Stizolobium hassjoo* Piper et Tracy
和名：ハッショウマメ，オシャラクマメ
漢名：八升豆，黎豆，狸豆
英名：Yokohama [velvet] bean

　熱帯アジア原産の１年草．豊産で１株から８升もとれるから八升豆と呼ぶとも，また昔八丈島経由で渡来したので，八丈豆と呼ばれたものがハッショウマメに変わったともいう．日本には17世紀頃から栽培されるが，近年はほとんど栽培がない．支柱に巻きついて２～４ｍほどに伸びる．葉は３小葉よりなる．葉腋から下向きの花序を着け，黒紫色の長さ３～４cmの花を数個着ける．莢は５～10本が束になって着き，各々長さは約10 cm，白いビロード状の毛を密生し，完熟すると莢色は黒色となり，しわがよって裂開することはない（図29.22）．１莢に５～６個の種子がある．種子は灰白色，臍は隆起して白色である．

　東南アジアが主栽培地で，日本では西南暖地ではよく育ち，結実するが，関東では早く育苗しないと結実しない．東北地方では10月に開花するが，降霜により枯れて結実を見ない．豆は中毒成分を含むので，よく水煮してから食べる．キントン，餡などにする．家畜の飼料にもされる．茎葉は飼料や緑肥として適する．

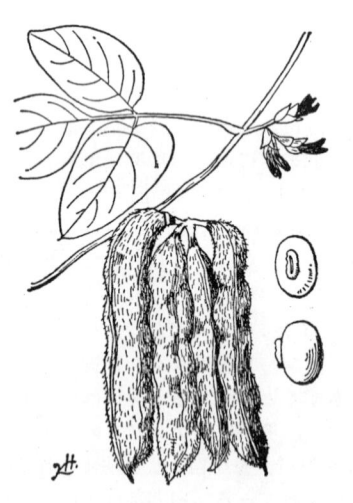

図29.22　ハッショウマメ．星川（1980）

図29.23　イナゴマメ．星川（1980）

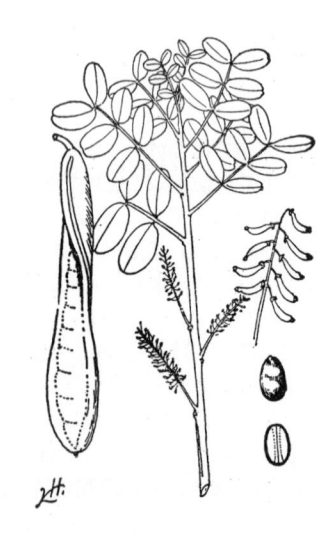

18. イナゴマメ

学名：*Ceratonia siliqua* L.
漢名：稲子豆
英名：carob, locust bean, St. John's bread

アラビア原産の常緑樹で，高さ12～15mになる．花は赤色で，莢は長さ10～30cmで熟しても裂開しない（図29.23）．1莢内に10個内外の種子がある．種子は倒卵形で錆色を呈する．

若莢の果肉は甘味があり，食用とされる．聖書によるとヨハネが砂漠の中で，この果実を食べて生きていたというのでその名がある．主に緑陰樹および飼料用に栽植される．

19. 文　　献

Allen, D. J. 1983 The Pathology of Tropical Food Legumes, Disease Resistance in Crop Improvement. John Wiley & Sons, Chichester.
Allen, O. N. and E. K. Allen 1981 The Leguminosae. A Source Book of Characteristics, Uses and Nodulation. The University of Wisconsin Press, Madison.
Arora, S. K. et al. 1980 Rice bean : Tribal pulse of Eastern India. Econ. Bot. 34 : 260-263.
Arora, S. K. 1983 Chemistry and Biochemistry of Legumes. Edward Arnold, London.
Cobley, L. S. 1956 Egyptian lupin. In The Botany of Tropical Crops. Longmans. 160-161.
Couch, J. F. 1926 Relative toxicity of the lupine alkaloids. J. Agr. Res. 32 : 51-67.
Debouck, D. 2000 Biodiversity, ecology and genetic resources of *Phaseolus* beans- Seven answered and unanswered questions. In Wild Legumes. MAFF International Workshop on Genetic Resources, AFFRC / NIAR. Tsukuba. 95-123.
Duke, J. A. 1981 Handbook of Legumes of World Importance. Prenum Press. N.Y.（星合和夫訳 1983 世界有用マメ科植物ハンドブック．雑豆輸入基金協会．幸書房）．
花田俊雄・阿部二朗・中村　浩・野口正樹・市橋　壽・沖村　誠 1993 シカクマメ品種「ウリズン」の育成と栽培技術．熱帯農業 34：248-250.
Heiser, C. B. 1965 Cultivated plants and cultural difusion in nuclear America. Amer. Anthropologist 67 : 930-949.
石毛禮治郎 2000 マメ類の食品衛生法に基づく注意点．渡辺篤二監修，豆の事典－その加工と利用－．幸書房．204-205.
岩佐俊吉 1980 熱帯の野菜．養賢堂．99-184.
Jones, D. G. et al. eds. 1983 Temperate Legumes : Physiology, Genetics and Nodulation. Pitman Advanced Publishing Program, Boston.
海妻矩彦他編 2003 わが国における食用マメ類の研究．中央農総研．
Kaplan, L. 1965 Archeology and domestication in American *Phaseolus* (beans). Econ. Bot. 19 : 358-368.
Kay, D. E. 1977 Food Legumes. Tropical Products Institute. London.
国際農林水産業研究センター 1997 熱帯果樹とその利用．国際農林水産業研究センター．
Mackie, W. W. 1943 Origin, dispersal and variability of the lima bean, *Phaseolus lunatus*. Hilgardia 15 : 1-29.
前田和美 1987 マメと人間－その1万年の歴史－．古今書院．
前田和美 1989 世界における子実用マメ類の生産動向と研究の重要性．日作紀 58：442-454.
Martin, J. H. et al. 2005 Principles of Field Crop Production, fourth edition, Pearson / Prentice Hall.

Masefield, G. B. 1957 The nodulation of annual leguminous crops in Malaya. Imp. J. Exp. Agric. 25 : 139.
Masefield, G. B. 1961 Root nodulation and agricultural potential of the leguminous genus *Psophocarpus*. Trop. Agri. Trin. 38 : 225-229.
宮崎尚時 1982 リョクトウ類の類縁関係と分類群の推定. 農技研報 D33：1-61.
村田吉平 2003 インゲンマメ 海妻矩彦他編,わが国における食用マメ類の研究. 中央農業総合研究センター. 244-251.
中世古公男 1999 食用作物-まめ類. 石井龍一他共著，作物学各論. 朝倉書店. 60-85.
National Academy of Sciences 1975 The Winged Bean : A High-Protein Crop for the Tropics. Washington, D.C., USA.
熱帯農研編 1975 熱帯の有用植物. 農林統計協会.
Purseglove, J. W. 1968 Tropical Crops I. Longmans.
Sauer, J. D. 1964 Revision of *Canavalia*. Brittonia 16 : 106-181.
Schaaffhausen, R. V. 1963 *Dolichos lablab* or hyacinth bean. Econ. Bot. 17 : 146-153.
Skerman, P. J. 1977 Tropical Forage Legumes. FAO, Rome.
Smartt, J. 1976 Tropical Pulses. Longman, London.
Stanton, W. R. 1966 Grain Legumes in Africa. FAO.
Summerfield, R. J. et al. eds. 1985 Grain Legume Crops. Collins, London.
高橋芳雄 1992 落花生-ある研究者の記録-. 全国農村教育協会.
友岡憲彦・加賀秋人・Vaughan, D. 2006 アジア *Vigna* 属植物遺伝資源の多様性とその育種的活用. 熱帯農業 50：1-6.
上本俊平 1981 シカクマメ - Winged bean -. 日本特殊農産物協会.
渡辺篤二監修 2000 豆の事典-その加工と利用-. 幸書房.
Whistler, R. L et al. 1979 Guar : Agronomy, Production, Industrial Use, and Nutrition. Purdue University Press. West Lafayette.
矢ノ口幸夫 2004 その他のマメ類. 山崎耕宇他監修，農学大事典. 養賢堂. 528-529.
吉田よし子 2000 マメな豆の話. 平凡社.
雑豆輸入基金協会 1971 外国産豆図鑑.

第30章 ジャガイモ

学名：*Solanum tuberosum* L.
和名：ジャガイモ，バレイショ，ジャガタライモ
漢名：馬鈴薯，爪哇薯，陽芋（中国）
英名：potato, Irish potato, white potato
独名：Kartoffel
仏名：pomme de terre
西名：patata, papa（中南米）

1. 分類・起源・伝播

ジャガイモはナス科，ナス属（*Solanum*）の多年草である．*Solanum* 属野生種は200種以上あり，栽培種は表30.1に示すように7種が知られている（Hawkes 1990）．染色体基本数は12で，2倍体から6倍体まである．世界的に栽培されているのは4倍体の *S. tuberosum* subsp. *tuberosum* だけである．野生種は北はロッキー山脈から南はパタゴニアに至るまで，アメリカ大陸に広く分布しており，自生地は海岸から標高4,500 mの高地にまで及ぶ（山本 2008）．栽培種に近縁のものはすべてペルーからボリビアにかけての中央アンデスの高地に限定されることから，栽培種の起源はこのあたりと推定される．

表30.1 ジャガイモの栽培種

倍数性	種　名
2倍体	*S. stenotomum*
	S. ajanhuiri
	S. phureja
3倍体	*S. chaucha*
	S. juzepczukii
4倍体	*S. tuberosum*
	subsp. *andigena*
	subsp. *tuberosum*
5倍体	*S. curtilobum*

ジャガイモの起源地は南アメリカの中央アンデス，チチカカ湖周辺地域とされる．アンデスの高地には，いたるところに野生種が自生していて小さなイモを着けるが，有毒物質のソラニンを多量に含んでおり，食用にできない（山本 2008）．祖先種については，*S. leptophyes* とする説（Hawkes 1990）や，*S. bukasovii* などの複数の種から多元的に栽培化されたとする説（保坂 2004）など諸説がある．いずれの説も，*S. stenotomum* が基になって生じたとみなされている．

起源地に近い地域では約7,000年前から栽培が始まり，現在の4倍体が栽培され始めたのは500年頃と考えられ，2倍種にかわって，アンデス高原から南はチリ，北はメキシコまで伝播していった．ペルーやチリの古墳からはジャガイモを形どった壺や器などが出土しており，ジャガイモが重要な食物としてインカ文明を支えたことが窺える．

旧大陸へはスペインのメキシコ征服（1512）以降に，スペインに初めて導入された．イ

第30章 ジャガイモ

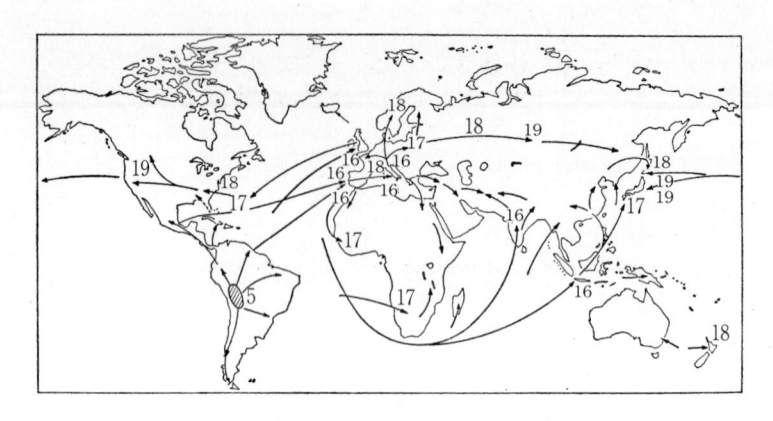

図30.1 ジャガイモの伝播．星川（1978）

ギリスへは1586年頃に別途に入った．ヨーロッパ諸国では，最初は珍奇な観賞植物とみられる程度であったが，18世紀に度々起こった飢饉や，7年戦争などにより，食糧としての価値が認めら，各国では政府が食糧として栽培を奨励した．その結果ドイツなど東ヨーロッパでは，主食としての重要な地位を占めるようになった．また，アイルランドでは18～19世紀にはジャガイモ栽培が拡大し，主食としてのジャガイモへの依存度がきわめて高くなった．そのため，1840年代に発生した疫病によるジャガイモの不作は，100万人にも達する餓死・病死者と150万人にも及ぶ海外移住者を生むことになった．新大陸へはヨーロッパからの移民が1700年代初期にはアメリカへアイルランドから伝えられた．アフリカの各地へも17世紀に入り，インドへはスペイン人が16世紀後半以降に伝えた．またオランダの航海者がインドネシアや中国へ伝えた．

　日本へは慶長6年（1601）に，ジャカトラ港からのオランダ船が長崎港へ伝えたのが最初で，ジャガタラ芋の名がつき，今日のジャガイモの名になった．また寛政年間（1789～1800）には，ロシア人が北方から北海道へ伝え，これがエゾ芋の名で東北地方へ広がった．伝来してしばらくは，ヨーロッパと同じく観賞植物扱いであり，農民の間では飼料として栽培された程度であったが，その後飢饉の度に食糧として関心が高まり，19世紀始めにはかなり栽培されるようになり，幕末までには，救荒作物として全国的に広がった．しかし本格的に普及したのは，明治初期に北海道開拓使などがアメリカから優良品種を北海道へ導入してから以降のことである．これら伝播の経路は図30.1のようになる．

　なお"ジャガイモ"は農林水産省では"ばれいしょ"と呼称している．昔から中国にある"馬鈴薯"は本種とは全く異なる植物である．そこで植物学上の和名もジャガイモとしている．このため本書ではジャガイモを主名称とした．

2. 生産状況

　ジャガイモは冷涼な気候に適応していることから，高緯度地帯での栽培が多い．世界のイモ類のうちで最も大量に生産されており，世界の総作付け面積は1,819万ha，総収穫量は約3.1億tにものぼる（2008年）．世界全体の生産量に20世紀の後半を通して大きな変化はないが，主産地のヨーロッパで減少したのに対し，アジアでは増加がみられた．国別の生産量では中国が最大で，次いでロシア，アメリカ，インド，ポーランド，ウクライナと続く．ヨーロッパとアジアで世界の80％以上が生産されている．とくに東ヨーロッパ諸国では準主食の地位を占めている．世界平均の単収は17.3 t/ha（2008年）であるが，ヨーロッパの先進国や米国では単収が高く，40 t/haを越す．

　わが国におけるジャガイモ栽培は明治時代にようやく本格化し，徐々に増え，1940年代から1960年代には20万haを越すまでに増加した．しかしその後は減少し始め，近年では約8～9万haの作付けで約250～300万tの生産量がある．国内生産量の約80％は北海道が占める．暖地での生産は少ないが，長崎，宮崎や鹿児島では秋作を含めた2期作がみられる．

3. 形 態

(1) 茎・葉・花

　ジャガイモは草丈が0.5～1 mで，茎は初期は直立し，成長すると匍匐するものもある．茎は若いものは断面が円形であるが，成長するとやや角ばり，波状の稜翼が発達する．茎はときに紫色を帯びる．茎には節（node）があり，各節に葉，分枝（匍枝），根が発生する．茎の構成は図30.2のよ

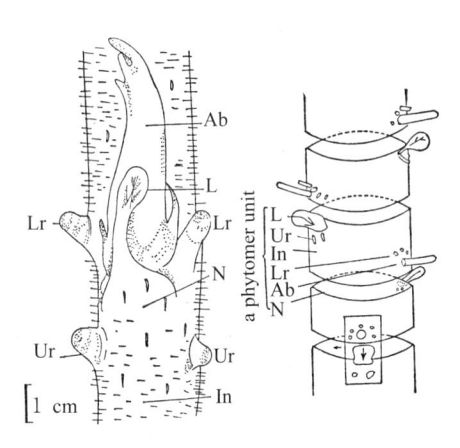

図30.2　ジャガイモの茎の構成の概念図
左：萌芽茎の地下部（右図の下部□枠内）．右：茎のPhytomerとしての概念模式図．Ab：1次匍枝，L：葉，Ur：上位根，Lr：下位根，In：節間，N：節．Kurihara et al. (1978)

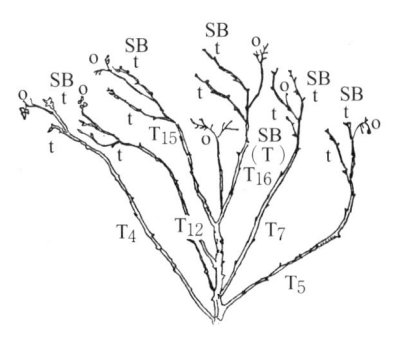

図30.3　ジャガイモの分枝性
農林1号，7月13日．o：花房．T：1次分枝，側数は節位．SB：仮軸分枝．t：2次分枝，一種の仮軸分枝とみられ，付近の節に比べ強大な分枝が発生．栗原（1977）

うに，節部の直下に生ずる葉から下方に上位根，節間，下位根，腋芽（分枝，匍枝）および節を1グループとする"phytomer"を単位として，phytomerの規則的な積み重なりとする概念で理解することができる（Kurihara et al. 1978）．

主茎および分枝は先端に花房を着けるが，その1節下から仮軸分枝（sympodial branch）が出て主茎より長く，みかけ上主茎の延長のように伸び，その先に第2花房が着く．そしてさらに再び仮軸分枝が発生伸長する．すなわち主茎と仮軸分枝の複合が茎長を形成している（図30.3）．仮軸分枝の出た節の1つ下の節および主茎の基部の数節からは単軸分枝（monopodial branch）が出る．分枝は下位節からのものほど強大である．主茎の地下部から出る分枝は匍枝（stolon）に変化し，この先に塊茎が形成される．

葉は各節に葉序2/5で生じ，生育初期の下位phytomerの葉は単葉，次第に上位の葉ほど小葉の多い複葉となる．主茎では13〜17葉着き，早生品種は少ない．複葉の先端の小葉は最も大きく基部ほど小さく，普通3〜5枚の第1次小葉とその間に小さい第2次小葉が着く（図30.4）．若

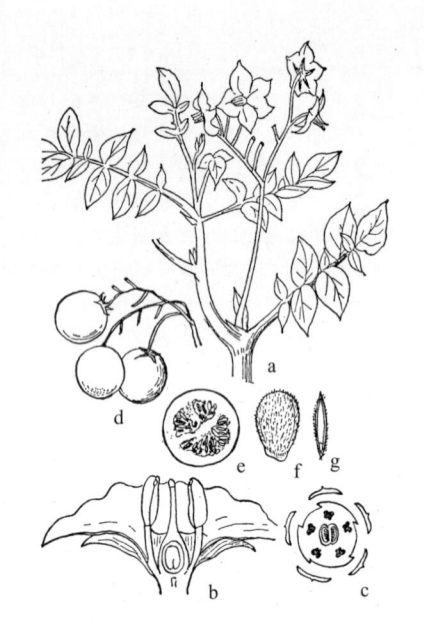

図30.4 ジャガイモの花と果実と種子
a：花序全姿，b：花の断面，c：花式図，d：果実，e：果実の断面，f：種子，g：種子の縦断面．星川（1980）

い葉は顕著な就眠運動を行う．茎葉は多汁質で特有の臭気がある．茎の地下部の各節からは普通1本の匍枝を生じ，その先が肥大して塊茎すなわちイモとなる．匍枝の長さは品種により異なり，5〜60 cmの変異がある．また匍枝が途中で2分岐するものもある．

茎の頂部に集散花序を形成する．主茎の頂花房の花芽分化は，萌芽後，葉数8〜9枚の頃で，匍枝発生と同時期にすでに分化する（野田 1958）．花梗は2〜3本に分かれ，各々数個の花を着ける（図30.4）．花の萼は5片，花冠は5裂し星形をなす．花弁の色は白，紫，黄色などである．雄蕊は5本あり，葯は花枝より長く各2室よりなり，球形の稔性花粉と，皺のある角状の不稔性花粉が入っている．品種により花粉ができないものがある．雌蕊は子房上位で，柱頭は葯より長く抽出する．密腺を欠く．開花は早朝に始まり，3〜4日間開いている．風媒および虫媒で，ほとんどは自家受精する．受精後4〜5週間で果実は成熟する．

果実は直径1〜3 cmの球型で，トマトに似た漿果（berry）で，成熟すると黄色になる．普通2室で，100〜400個の種子を含む．種子は扁平な腎臓形で，長さ2 mm，幅1.5 mmほどで，1,000粒重は0.7〜1.5 gである．

（2）根・塊茎

根は種子から出たものは主根を中心として支根を出し樹枝状の根系を作るが，塊茎か

3. 形　態　[435]

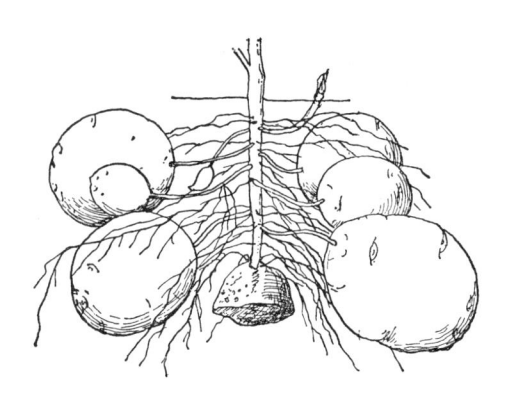

図 30.5　ジャガイモの地下部．星川 (1980)

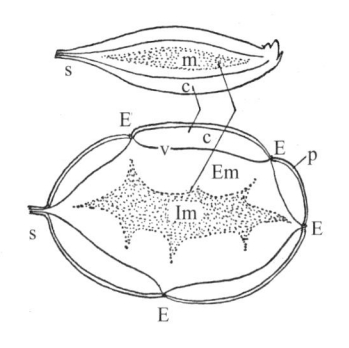

図 30.6　ジャガイモの塊茎の構造
上：匍枝の先端（肥大初期）．下：完成した塊茎．s：匍枝，m：髄 (Im：内髄，Em：外髄)，p：周皮，c：内皮，v：維管束，E：目．
星川 (1980)

らは萌芽した幼茎が地上に出るより早く"目"部の周囲から多くの繊維状の不定根を出す．また，主茎の地下部の各節部から5〜6本ずつ，普通第7〜8節まで不定根を発根する．さらに，匍枝の節根からや地上部の茎が匍匐して地面に接した部分からも不定根が出る（図30.5）．不定根はまず地中をほぼ水平に伸び，半径40 cm内外，深さ20〜35 cmになる（川延ら 1952）．根系は早生品種より晩生品種が深い．地上部の直下には根の分布は少ない．

　ジャガイモのイモは匍枝（茎）の先端部が，12〜20個の phytomer が詰まって肥大したもので，塊茎 (tuber) である．塊茎の形は球，扁球，楕円，長楕円，紡錘，卵，腎臓形など多様で，品種の特徴となるが，栽培環境でも多少変形する．

　塊茎の内部構造を図30.6に示す．最外部は周皮 (periderm) に包まれる．通常7〜8層の細胞層からなり，白，黄，黄褐，紅，紫色などを呈する．成熟するとコルク質となり，また皮目 (lenticel) が

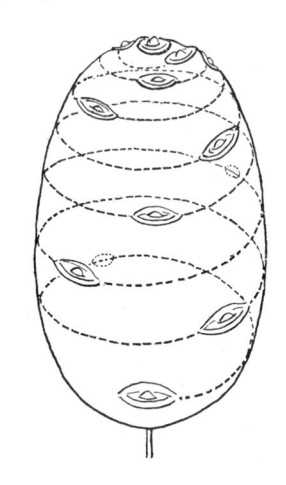

図 30.7　塊茎における目の配列
葉序と同じ2/5の開度でらせん状に配列．
星川 (1980)

ある．その下の数mm〜1 cmの厚皮と呼ばれる部分は皮層 (cortex) で，外皮層と内皮層に区別される．周皮と外皮層を"皮" (skin) とも呼ぶ．その下に維管束輪 (vascular bundle ring) があり，その内部の大部分は髄 (medulla) で，外側を外髄，最内部を内髄と呼ぶ．

　ジャガイモの"目"と呼ばれる窪みは節の葉腋に相当し，葉に相当する所に鱗片 (scale) が認められる．したがって茎と同じく目は2/5の開度でらせん状に配列し，匍枝に接する側（基部）から先端部にしたがって間隔が詰まっている（図30.7）．目には数個の潜芽群が

あり，各々の中央にある主芽（terminal bud）が萌芽し，一般には側芽（axillary buds）は萌芽しないが，時にはこれらも主芽と共に萌芽する．この芽は茎の側枝に相当するもので，成長点，節および葉原基を分化している．目の中ではイモの先端にある目の芽が頂芽優勢性（apical dominance）により，最も萌芽力が強い．

4．生理・生態

(1) 萌芽・初期生育

萌芽は4～8℃で始まる．休眠が破れている種イモでは，温度条件が与えられれば吸水しなくても萌芽が始まる．萌芽は頂部の目が最初で，まず1本の茎を出す．これを一茎期という．次いで頂部に近い目より2本目の茎が萌芽して二茎期となり，その後次々に萌芽して茎数が増える．二茎発生期が種イモとして最適で，それより前後すると生産量が劣る（川上 1948）．ジャガイモの種イモでは，貯蔵期間つまり収穫後の期間に伴い萌芽能力が変化する．貯蔵月数を月齢と呼ぶが，月齢が進むにつれて種イモから生ずる茎数が増え，植付け後の子イモ着生数も多くなる．月齢が進みすぎると茎が過剰となり，茎が早く成熟して枯れるので子イモが小粒となり，全体の収量は少なくなる．また小イモばかりで品質的にも劣る．これを種イモの老化と呼び，種イモの選択上重要な現象である．

芽は初期には主に種イモの貯蔵養分に依存して成長する．草丈25 cmくらいになると貯蔵養分はほとんど消費し尽くされる．種イモは開花期頃には崩壊消失する．萌芽直後に根の成長量が最も大きくなり，やがて茎葉の成長が盛んになり，開花の頃に最大になる．各器官の成長経過を図30.8に示す．

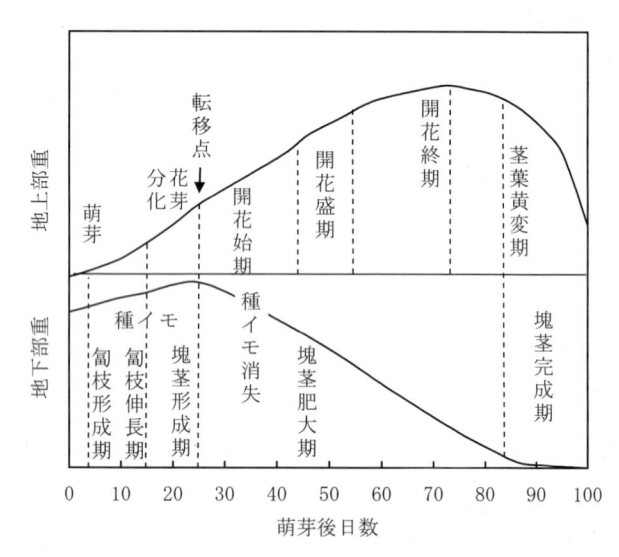

図30.8 ジャガイモの地上部と地下部の発達過程．星川（1980）を改

(2) 塊茎の形成・肥大

匐枝の発生から塊茎完成までは次の4期に分けられる（野田 1958）．
1) 匐枝伸長期：匐枝発生から10～15日間
2) 塊茎形成期：匐枝伸長期終了から10～15日間
3) 塊茎肥大期：2)の終了から地上部完全枯死の前10日くらいまで

4）塊茎完成期：3）の終了より枯死までの最後の約10日間

　匍枝は茎が地上に抽出した頃から発生し始め，地中の茎の各節に1～2本着く．匍枝の数と長さの増加は着蕾期すぎまで続く．匍枝の長さは品種により異なり，長いものでは50 cmに及ぶ．伸長の止まった頃に先端にイモが肥大し始める．この塊茎分化時期は，男爵薯では萌芽後10～15日である．

　塊茎の形成には，種イモの月数，日長，温度，窒素などが影響する．イモ数の決定は，萌芽後25～35日である．晩生品種ではイモ数決定に長い期間を要し，イモ数が多くなる．イモ数は月齢による茎数の多少により影響されるが，温度にも影響され，21℃で多く，16℃では少ない（Hardenburg 1949）．全ての匍枝数のうち50～70％がイモを形成する．この有効匍枝率は品種や環境条件でも異なる．

　ジャガイモの塊茎形成は短日により促進され，長日により阻害される．野生種や起源地の南米の栽培種は，12時間程度の短日条件で塊茎形成が進むが，欧米や日本の栽培種は長日条件でも塊茎形成がなされる．塊茎の形成には，成長調節物質が関与していることが報告されている．葉でジベレリン合成が低下し，チュベロン酸（ジャスモン酸の酸化物）の合成が増加することにより，匍枝先端部分のジベレリン含量の低下とチュベロン酸含量の増加が塊茎形成を促す（幸田 2002）．

　塊茎が肥大し始めるごく初期に，地下部のグルコースやスクロース含量は最大に達し，肥大開始とともにこれらの糖がデンプンに変わって塊茎内に蓄積される．デンプン粒は厚皮の維管束輪に最も近い部分に形成され始め，やがて髄細胞に充満する．肥大が進むにつれ維管束周辺に比べて髄部のデンプン粒は大粒となる．塊茎の肥大は温度の影響を強く受け，15～20℃が適温であり，25℃より高くなると肥大は抑制される．低温冷涼気候下で形成される塊茎では，デンプン粒が大きく形も揃う．またデンプン粒は概して早生品種より晩生品種で大きい傾向がある．

　塊茎完成期になると茎葉は黄変して落葉し，塊茎へのデンプンの転流は止まり，塊茎の乾物重増加は停止する．また新鮮重は茎葉黄変期以降漸減する．塊茎はその後休眠に入り，表皮は厚くなり，匍枝の離脱が容易となる．

　夏期に少雨で土が乾いた後に多雨があった場合などには，いったん肥大成長が止まった塊茎が再び成長を始めて2次成長イモができることがある．2次成長イモは栄養価が低く味も悪く品質が落ちる．晩生品種は概して2次成長が起こりやすい．

（3）塊茎の休眠と萌芽調節

　多くの品種では，塊茎は形成後休眠に入る．休眠期間は品種によって異なり，男爵薯では約120日である．同じ品種でも，未熟な塊茎は休眠期間が長く，乾燥，低温で貯蔵すると長くなる．休眠は環境条件と無関係に芽が成長しない内生休眠と，環境によって一時休眠状態になる外生休眠（強制休眠）とがある．休眠中の塊茎は呼吸，生理的代謝が低く，貯蔵養分の消費はきわめて少ない．休眠は塊茎中のジベレリンレベルの低下や休眠物質の蓄積によって保持される（岡澤 1975）．

　春秋二期作を行う場合には，休眠期間を人工的に調節して休眠打破を行う．萌芽促進の方法としては浴光催芽を行う．浴光催芽は，種イモを雨の当たらない場所に広げ，3週

間ほど光に当てる．これにより，芽の分化を促すとともに，芽の徒長を防ぐ．

休眠の打破は，塊茎中のオーキシンやジベレリンの濃度が高まり，休眠物質が減少することによって起こる（栗原 1977）．休眠が破れると頂芽（目）の原基の細胞で諸生理活性が急に高まるとともに，原基細胞の分裂が始まる．萌芽成長が始まると，塊茎の貯蔵デンプンの糖化が始まり，それをエネルギー源として，諸代謝がより促進されるようになる．

(4) 光合成と物質生産

ジャガイモの収量は，全乾物生産量で比較すると他の作物と大差ないが，収穫部分の乾物生産量で比較すると，他の作物よりはるかに大きい．これは，サツマイモやテンサイのような地下部を収穫対象とする作物に共通な高い収穫指数（harvest index）によるものである．イネやコムギの収穫指数は20世紀後半における育種・栽培技術の進歩により格段に向上してはいるものの，約0.5にすぎないのに対して，ジャガイモでは約0.6であり（津野 1979），0.7を越す例もみられ，結果として100 t/haを越す高い多収事例が報告されている（Evans 1993）．

ジャガイモの物質生産上の特徴は，比較的冷涼な気候条件下で，高い物質生産量をあげうることである．これは主に光合成産物のシンクとなる地下部組織の形成肥大の適温が，比較的低温側にあるためである．ジャガイモの乾物生産の適温は19～20℃といわれており（田畑・栗原 1964），萌芽や茎伸長，塊茎の肥大などは30℃で大きく阻害される（Moorby and Milthorpe 1975）．

塊茎の肥大が開始されると，光合成産物は急速に塊茎に移行する．塊茎肥大期には地上部の光合成産物の90％が塊茎へ転流される（由田 1971）．そのため，地上部の新葉形成はほぼ停止する．さらに，それまでに地上部に蓄積された光合成産物も塊茎へ転流されるが，最終的な塊茎収量への貢献度は10％前後である（Moorbyら 1975）．こうしたことから，塊茎形成の速度および収量の決定に対しては，塊茎形成期の葉面積指数がきわめて重要な要因となる．したがって，この時期のLAIが小さいほど収量は低下するが，4以上あれば，最終収量への影響は小さい（Moorby and Milthorpe 1975）．

(5) 気象・土壌と成長

生育には冷涼な気候が適し，世界の主産地は年平均気温5～10℃の地域にある．ヨーロッパでは春作の場合，5月の等温線14℃，6月の等温線16℃まで作付があり，栽培北限はヨーロッパで北緯74度，北アメリカで65度，南半球では南緯50度に及ぶ．高度ではアンデス山脈で4,000 mに栽培される他，ヨーロッパではスイスの1,500 mまで作付けされている．高温には適さず，熱帯では高地以外は栽培されない．生育期間中の平均気温は20℃前後で，開花期頃の気温の日較差が大きく，また雨量の少ない地域に適する．一方過度の低温にも弱く，特に幼植物は－1℃で凍害が起きる．

日本では全国的に栽培されるが，概して東北，北海道は少雨，多照の年に豊作となり，関東から西では4月が少雨・低温，7月が低温・少照の年に豊作が得られる．萌芽から開花まではそれほど水を必要としないが，開花期には充分な水分が必要とされる．

土地を選ばず栽培できるが，最適土壌は耕土深く，有機質を含み，透水性の良い肥沃

な砂壌土または壌土とされる．重粘土および有機質の少ない土地では収量，品質ともに劣る．土壌水分は容水量の40〜60％が最適とされる．土壌酸性に強く，pH5〜8の範囲で経済栽培が可能である．連作すると土壌病害の発生増加などにより収量・品質が低下するので，3年以上の輪作が望ましい．

5．品　種

19世紀にはジャガイモが全ヨーロッパに広まったが，1840年代に疫病（late blight, *Phytophthora infestans*）が大流行し，栽培が危機に瀕したのを機会に，組織的な育種が開始された．まず実生から優良系統が選抜され，次いで品種間交雑が始まって疫病耐性，デンプン含量の増大，収量増大などを目標に多くの品種が作出された．20世紀になると，南米アンデスの原産地域の探索により，*Solanum*属植物が多数採集され，これらの遺伝的生理的形質が調べられ，優秀な形質の遺伝子を在来の栽培品種の中へ導入する種間交雑が始められた．

わが国では明治以降，欧米品種の導入を行い，現在もなお主要品種である男爵薯やメークインが普及した．1918年からは品種間交雑が始められ，紅丸，北海白などが作出され，1938年からは農林1号を最初とする農林番号品種が次々と生み出された．また同年からは種間交雑育種も始められた．これらの育種は主に北海道農業試験場を中心に行われた．近年では用途に応じて多様な品種が育成されているが，現在でも男爵薯とメークインの作付比率は大きい．

栽培上の特性としては，収量性や耐病性のほか，早晩性，休眠性などが作型と関連し

表30.2　わが国のジャガイモ主要品種

品種名	登録年次	熟期	花色	用途	主な特性
男爵薯[1]	1908	早	淡紫	青果	休眠長い，芽が深い
メークイン[2]	1917	中	紫	青果	黄肉色，粘質
紅丸	1938	中晩	白	デンプン	多収
農林1号	1943	中晩	白	青果，デンプン	広域安定性
デジマ	1971	中晩	白	青果	黄肉色，暖地2期作向
ワセシロ	1974	早	紫	青果，加工	早期肥大，低還元糖
トヨシロ	1976	中	白	加工	低還元糖
ニシユタカ	1978	中晩	白	青果	黄肉色，暖地2期作向
ホッカイコガネ	1981	中晩	淡赤紫	加工	長形，フレンチフライ向
コナフブキ	1981	中晩	淡赤紫	デンプン	デンプン収量多
キタアカリ	1987	早	赤紫	青果	シストセンチュウ抵抗性，高ビタミンC
マチルダ[3]	1993	晩	白	青果	黄肉色，疫病抵抗性，芽が浅い，そろいが良い

[1]：アメリカからの導入品種（原名はIrish Cobbler）．　[2]：イギリスからの導入品種（原名はMay Queen）．　[3]：スウェーデンからの導入品種（原名はMatilda）．

て重要なものである．例えば西南暖地では，二期作のために春作の種イモが秋作に利用できるよう，休眠が短いことが望まれる．ジャガイモの用途は，青果用，食品加工用，デンプン原料用に分かれ，それぞれに適した特性を持った専用品種が望まれている．青果用の場合，塊茎の色，形，目の深さなどが重要とされる．加工用では，油で揚げた際に焦げ目が付きにくい低還元糖含量のものや，目の浅い加工しやすいものが望まれる．デンプン原料用では，当然デンプン含有率の高さが重要である．これらの用途に応じ，イモの成分や色に特徴のある品種が育成された．たとえば，デンプン含有率が約20％と高いコナフブキ，ビタミンC含有率の高いキタアカリ，還元糖が少なくポテトチップス向きのトヨシロやワセシロなどが育成されている．また，起源地のアンデス地域にはアントシアニンを含み，赤や紫のジャガイモが栽培されているが，それらの遺伝子を導入した育種が試みられ，赤色の「インカレッド」，紫色の「インカパープル」や「キタムラサキ」が育成された．さらに，わが国で初めての2倍体品種である橙色の「インカのめざめ」（2004年登録）が育成され，これら色彩豊かな品種を核にした国産ジャガイモの振興が図られている（森 2006）．わが国の主要品種の特性を表30.2に示す．

6．栽　培

（1）整地・施肥・植付・管理

耕起はムギ類，マメ類よりも深耕し，砕土も丁寧に行い，通気，透水の良い土壌条件とする．表土が浅く，地下水位が高い場合には高畦にする．

　ジャガイモは，施肥による増収および品質向上の効果が大きい作物である．肥料は茎葉がよく成長する開花期までに大部分が吸収されるように与える．開花期以降も肥料が土中に残っていると，茎葉の繁茂が続き，イモの肥大が劣ることになる．肥沃度が普通の土壌では，窒素8〜10 kg，リン酸とカリウム12〜15 kg，堆肥1〜2 t/10 aを標準とし，全量を基肥として与える．堆厩肥は土壌の物理性向上も期待できるので効果が大きい．イネ科やマメ科作物に比べてカリウムの吸収量が著しく多いことが特徴である．秋作は概して収量が少ないから，施肥量は春作より少なめとする．なお，肥料はやや深め（12〜15 cm）に施し，間土（soil insulation）して肥料が種イモに接しないように配慮する．

　種イモは大きさ中庸で粒揃いが良く，病虫害のないものを用いる．特にウイルス病の有無には注意する．休眠中の種イモは萌芽が遅れ，逆に休眠が終わって長期間経過した老化イモは茎数が多すぎて生育が不揃いになりやすく好ましくない．休眠が破れた直後のイモが月齢としては適している．ただし老化イモは収量は少ないが早生化するので，この性質を利用することもできる．例えば，男爵芋の休眠期間は120日であるから，収穫期が7〜8月の東北地方では11〜12月に休眠が終わり，翌年の春作として使うとかなり老化している．これを暖地での早熟栽培に利用することができる．北海道産は9〜10月に休眠に入るため休眠は12〜1月に終わり，暖地の2月から植える春作の種イモとして適している．暖地の秋栽培のイモは暖地の春作までには休眠が終らないが，植付けの晩い東北地方の種イモには，丁度休眠が破れた頃となり都合がよい．病害菌は種イモを通じて次世代に伝染するので，採種栽培された無病イモを用いる．

萌芽を斉一にして早めるため，3週間程度の浴光催芽を行う．塊茎の肥大に有効であり，早熟栽培では特に有効である．必要によっては萌芽の抑制も行われる．

種イモは普通2〜4個に切断して植えつける．種イモの節約の他に，切断による萌芽促進の効果，老齢イモの場合は茎数の調節の効果がある．縦に切り，切り口に石灰，木灰などを塗布する．

春作の植付けは晩霜時期を考慮してできるだけ早い時期に植付ける．北海道では4月下旬から5月上・中旬を中心に6月上旬まで，暖地は2月上・中旬，中間地域は3月中旬から4月上旬である．秋作は7月下旬〜9月中旬で，種イモ生産を目的とする場合はその需要期を考慮して決める．

植付け密度は機械利用や管理の点から，条間60〜75 cmとし，株間は30〜35 cmを標準とし，肥沃地や晩生品種ではやや広く，痩地や早生品種および秋作では密にし，種イモの小さい場合も密にする．植付けの深さは約5 cmとする．種イモの必要量は10 a当り110〜150 kgである．北海道における機械化栽培では，作条，施肥，植付けおよび覆土を一度に行うポテトプランターが用いられる．

植付けから萌芽までは積算地温で約300℃を要し，寒冷地では普通4週間程度かかる．萌芽までの期間には土壌表面を軽く耕起して除草を行う．萌芽が多すぎる場合は，強健な茎2〜3本を残して除茎をすることがある．萌芽後，着蕾期までの間に中耕・培土を行う．中耕・培土は，除草のほか土壌の通気・通水をよくする効果もある．また，培土により塊茎が地表面に露出して緑化するのを防ぐ．

(2) 病虫害防除

1) 糸状菌病

疫病 (late blight)：*Phytophthora infestans* (Mont.) de Baryの感染によるもので，葉に褐斑を生じ，裏面に白粉状のカビが発生する．地下の塊茎も侵され，表面が凹状暗色になり，やがては腐る．圃場の一部に発生すると，数日にして全圃に伝染し，大被害を与える．最も重要な病気であり，概して冷涼で曇天多雨の年に発病し易く，わが国では梅雨期に発病が多い．前年の罹病株の遺体やその塊茎が伝染源となる．防除は，無病イモを種イモに用い，発病が認められたら着蕾期以降，薬剤により防除する．この病原菌には多くのレースがあり，品種によって抵抗性の強弱がある．近年では野生種の持つ抵抗性遺伝子を導入した品種が育成されているが，品種の抵抗性だけでは完全防除は困難である．1840年代に起きたアイルランドの大飢饉はこの疫病が引き起こしたものであった．

そうか (瘡か病) 病 (common scab)：*Streptomyces scabies* (Thaxter) Waksman et Henriciの感染による．塊茎表面に褐色の斑点を生じ，それが次第に拡大して中央部は陥入，周辺は隆起し，表面はコルク質になり，直径1〜2 cmの瘡かとなる．多数できると品質低下が著しく，減収となる．有機質や被害塊茎が伝染源となる．中性－アルカリ性の砂質地に発生し易く，水田裏作のような湿潤・粘質土では発生が少ない．薬剤による防除の他，酸性肥料の施用や長期輪作などによって防除する．

黒あざ (痣) 病 (black scurf)：*Rhizoctonia solani* Kuhnの感染による．萌芽した芽の先端が黒変し，また茎の地中または地ぎわ部に褐色病斑を生じ，葉の小化，黄緑色化，巻

き上がり，節間肥大など奇形も生ずる．塊茎も小化または奇形化する．土壌温度15～21℃で発生し易く，高温では発生が少ない．そうか病とは反対に酸性土で発生が多い．防除は土壌酸性の中和，健全種イモの使用などによる．

2) 細菌病

輪腐病（bacterial ring rot）：*Corynebacterium sepedonicum* (Spiek. et Kott.) Skaptason et Burkholderの感染による．開花期頃から茎葉が萎凋し，次第に下位から上位へと黄化して壊疽を起こす．茎の切断面から乳白色の汁が出る．塊茎は維管束部が輪状に腐り，悪臭を放つ．やや低温で発病し，塊茎の切断面とくに維管束部の接触で伝染する．主として種イモを切断するときに，刃物について伝染する．グラム染色検定によって罹病塊茎を選別し，切断刀の消毒を行う．

青枯病（bacterial wilt）：多犯性細菌 *Pseudomonus solanacearum* E. F. Smithの感染による．急に萎凋し，次第に株全体が褐変，腐敗，倒伏する．被害の軽い場合も塊茎の貯蔵中に病気が進み，健全塊茎への伝染源となる．比較的高温で発生し，多雨湿潤条件の後，急に高温多照に遭うと激発する．高冷地や秋作では少ない．酸性の土地にも発生が少ない．農林1号は耐病性が優れる．イネ科との輪作，排水，作期の変更による回避策などで防除する．

その他，軟腐病（bacterial soft rot, *Erwinia* spp.），黒脚病（black leg, *Erwinia atroseptica* (van Hall) Jennison）など，塊茎を腐敗させる病気がある．これらは青枯病とともに土壌細菌によるもので，30℃前後の高温で発生する．合理的な長期の輪作や，土壌の乾燥などの管理で土壌細菌を減らすことで発生を軽減できる．

3) ウイルス病

ジャガイモを犯すウイルス病は，葉巻病を始め種類が多く，被害も大きい．

葉巻病（leaf roll）：ジャガイモ葉巻ウイルスの感染による．茎頂部の葉は褪色して，黄色あるいは淡紅色になり，巻いてしまう．罹病株の塊茎を種イモとすると，萌芽後，下葉が巻き上がり褪色する．

この他，Xモザイク病やYモザイク病などがある．葉巻，モザイク状の斑点，草丈の抑制，壊疽などの病徴により種類を判定するが，複合感染もあり，識別が困難な場合も少なくない．ウイルスの伝染は，主としてモモアカアブラムシ（*Myzus persicae* Sulzer），ヒゲナガアブラムシ（*Macrosiphum pelargonii*）およびワタアブラムシ（*Aphis gossypii* Glover）などの媒介による．したがって種イモの生産は，これら昆虫の少ない寒冷地が適し，また暖地では秋の冷涼期に行われる．ウイルス病は薬剤防除が困難であるので，健全な種イモを用いることにより予防することが大切である．ウイルス病については，わが国では原々種農場が検定，防除を行って，ウイルスのない原々種を生産し，これをもとにしてウイルスフリーの種イモを生産配布する組織ができている（後述）．

4) 虫 害

ジャガイモの害虫は数十種類あるが，被害の著しいものは十数種類である．

オオニジュウヤホシテントウ（large 28-spotted lady beetle：*Epilachna virgintioctomaculata* Motschlsky），ニジュウヤホシテントウ（28-spotted lady beetle：*E. virgin-*

tioctpunctata Fabricius）：オオニジュウヤホシテントウは関東以北に，ニジュウヤホシテントウは関東以南に，年平均気温14℃線を境として南北に棲みわけて分布する．発生は前者は普通1回，暖地では2回，また後者は通常2回，九州地方で3回である．幼虫，成虫ともに葉を食害し，著しいときは塊茎肥大を妨げる．薬剤により防除する．

ジャガイモガ（ジャガイモキバガ，potato tuber moth：*Phthorimaea operculella* Zeller）：翅長2.3～2.5 mmの小さいガで，春に蛹から羽化し，茎に産卵する．体長1 mmの幼虫が葉裏から中肋や茎にまで食い入る．収穫後の塊茎の目にも産卵し，目から内部に侵入する．主として四国・九州・中国地方に分布する．防除は薬剤による他，発生地の種イモは使用しない．

トビイロムナボソコメツキ（*Agriotes fuscicollis* Miwa），マルクビクシコメツキ（*Melanotus fortunei* Candeze）：これらの幼虫は一般にハリガネムシ（wireworm）と呼ばれ，塊茎に侵入して針金を突き刺したような食痕を生ずる．このため品質の低下と腐敗菌の侵入を招く．種イモは発芽不能になることがある．防除は長期輪作や薬剤による．

その他，アブラムシ類が茎葉の液汁を吸い，同時に前述のウイルス病を媒介する．線虫の類では，ジャガイモシストセンチュウ（cyst nematode），ミナミネグサレセンチュウ（coffee root lesion nematode），イモグサレセンチュウ（meadow nematode disease）が塊茎や根を阻害する．

（3）収穫・貯蔵

茎葉が黄変して枯死し，塊茎の内容が充実し，皮が剥げ難くなり，匍枝より離脱しやすくなった時が収穫期である．それより早いと収量は少なく，デンプン含有率も低い．遅すぎると腐敗イモを多く生じ，また病虫害も増える．一般に，北海道では早生品種で8月下旬～9月上旬，晩生品種で10月上旬である．福岡では春作で6月下旬～7月上旬，秋作は11月上旬～12月上旬である．

収穫にはポテトディガー（potato digger）を用いてイモを掘り出し，障害イモを除きながらなるべく早く収納する．長時間日光にさらすと変色緑化し，品質を損なう．ポテトハーベスター（potato harvester）は掘取りと同時に収納できる．

収穫後，損傷イモ，病虫害イモを選別除去してから，ただちに日陰の涼しい所に広げて乾燥させる．夏期高温の場合，早掘りの未熟塊茎の場合は腐敗が早いので，冷所で呼吸を抑制することが大切である．収穫後なるべく早く癒傷組織を形成させ，水分の損失，各種腐敗病菌の侵入を防ぐ．それには16℃，湿度85％に約2週間程度，仮貯蔵することが有効である．貯蔵は始めは10℃ほど，次第に低温にするのがよく，最終的には最適温度は2～4℃を中心に0～8℃であり，呼吸が少なく新鮮度を保つことができる．低温では貯蔵デンプンの糖化が起こり，高温になると再び糖からデンプンに変わる．過度の低温はビタミンCの含量を低下させる．湿度は90～95％とし，換気に留意する．

かつては幅約100 cm，深さ約30 cmに溝を掘り，底と周囲にワラを並べてイモを高さ60 cmほどに積み，上にワラをかけ，さらに厚さ15 cmに土をかける土溝法により貯蔵されていたが，近年ではほとんどが施設貯蔵である．

第30章　ジャガイモ

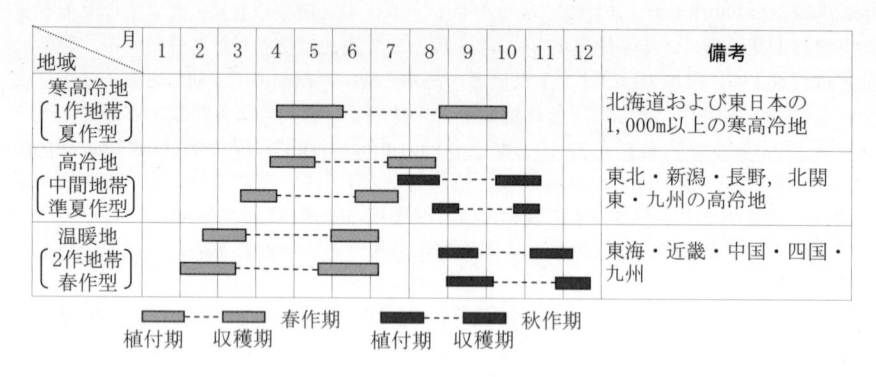

地域＼月	1	2	3	4	5	6	7	8	9	10	11	12	備考
寒高冷地〔1作地帯 夏作型〕				▨	▨	-	-	-	▨	▨			北海道および東日本の1,000m以上の寒高冷地
高冷地中間地帯 準夏作型			▨	▨	-	-	▨	▨					東北・新潟・長野，北関東・九州の高冷地
温暖地〔2作地帯 春作型〕		▨	▨	▨	▨			■	-	-	■		東海・近畿・中国・四国・九州

　▨---▨ 春作期　植付期　収穫期　■---■ 秋作期　植付期　収穫期

図30.9　ジャガイモの作型．星川(1980)

(4) 作付体系・採種栽培

　東日本では主として畑作，西日本では畑作と水田裏作が行われる．暖地の畑作ではジャガイモの生育期間が短いので3毛作ができる．図30.9は全国各地の作型を示したものである．北海道や寒高冷地では夏作型であり，一般に生育期間が長く，収量多く，品質も良い．準夏作型は東北地方やこれに準じる高冷地での作型で，生育期間は夏作型よりやや短い．関東以南では夏は高温にすぎるので春作と秋作とに分かれる．秋作型はデンプン含量高く，貯蔵しやすく，価格が高いなどの利点がある．

　二期作は春作には前年の秋作を種イモとして用い，休眠の短い品種が適する．秋作は春作を種イモとし，芽出し処理して8月下旬～9月中旬に植付ける．収穫は11月下旬，とくに遅い場合は12月に入って収穫する．この他，関東以南の暖地では水田裏作が行われる．これは極早期の春作で，2月に植え付ける．早生品種であることが必要で，早熟品種を4月下旬頃から早掘りをすることができる．しかし水稲の田植え機械化に伴う早期化によって，裏作は減少した．

　マメ類に比べれば連作害は少なく，またその害も管理・施肥法などによって少なくすることができる．しかし連作による土壌の性質の劣化を防ぎ，収量の減少を避けるために，3年以上の輪作が望ましい．前作にはマメ類または緑肥作物，後作にはイネ科作物が適する．輪作例としては，ジャガイモ-コムギ-ダイズの2年輪作や，ジャガイモ-コムギ-野菜-トウモロコシの3年輪作がある．

　ジャガイモ栽培ではウイルス病，輪腐病などには対症療法がなく，健全な種イモを用いるしか防除方法がない場合が多いので，健全種イモを生産することが重要な意味を持つ．ウイルス病を防ぐためには，前述のように媒介アブラムシの発生しにくい高冷地で栽培することが必要で，しかも霧，降雨，強風などが時々あって，アブラムシの活動を制限している地帯が好ましい．例えば岡山県の瀬戸内海沿岸，長崎県の江の浦付近などは秋作種イモ採種好適地である．採種組織は，原々種圃，原種圃で罹病個体を代を重ねながら検定淘汰し，採種圃で増やして農家に配布する．

7. 利 用

ジャガイモの用途は，大別すると，青果用，食品加工用，デンプン原料用に分かれる．熱帯を除くほとんどの地域で食用にされているが，デンプン含量が高く，味覚が良いことから主食としての常食に適しているため，とくに東ヨーロッパの一部では主食的に扱われ，その他の所でも主食穀物不足の場合は，主食的な利用が多くなる．わが国では春作の約20％，秋作の大部分が食用に消費されている．多くは煮る，焼く，蒸す，フライとするなどして家庭料理に使われる．また，ポテトチップ，マッシュポテトなど食品加工業による消費が増加傾向にある．わが国の1人当り年消費量は約25 kgであるが，ヨーロッパの96 kg，北米の58 kgなどの欧米諸国に比べかなり少ない（FAO 2005）．南米アンデス高地では古くから，自然凍結後，氷解脱水乾燥させたチューニョ（chuno）を食用として利用している．

ジャガイモ生塊茎の栄養成分を表30.3に示すが，品種や栽培，貯蔵条件などによっても異なる．特にデンプン含有率は品種によってかなり異なり，野菜用品種は低く，十数％であるが，最近育成のデンプン用品種では30％前後になるものがある．

ジャガイモのデンプン粒（図30.10）は大粒で品質良く，家庭料理で片栗粉と称して利用されるが，量的には水産練製品用が最も多く，他に紡績，製紙の糊用とされる．菓子用にも，ジャム添加，飴など，またアルコール，焼酎などの原料とされる．飼料としては欧米で養豚などに大量に用いられる．

ジャガイモ塊茎にはソラニン（solanin）というアルカロイドが生イモ100 g中2〜

表30.3 ジャガイモとサツマイモの成分
（生いも100 g中）

成分	ジャガイモ	サツマイモ
エネルギー, kcal	76	132
水分, g	79.8	66.1
タンパク質, g	1.6	1.2
脂質, g	0.1	0.2
炭水化物, g	17.6	31.5
灰分, g	0.9	1
無機質, mg		
ナトリウム	3	40
カリウム	1	4
カルシウム	410	470
リン	40	46
鉄	0.4	0.7
ビタミン, mg		
B_1	0	23
B_2	0.09	0.11
B_6	0.03	0.03
ナイアシン, mg	1.3	0.8
C, mg	35	29
食物繊維, g	1.3	2.3

食品成分研究調査会（2001）から作表

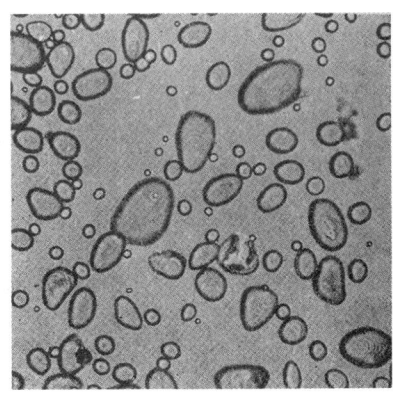

図30.10 ジャガイモのデンプン粒．
星川（1978）

9 mg含まれる．苦味があり，多量に摂取すると有毒である．ソラニンは若い塊茎に多く，成熟塊茎では目の部分に局在し，日光に当たって周皮が緑化すると急増する．萌芽を始めた塊茎でも増える．

8．文　　献

浅間和夫 1975 採種栽培．農業技術体系．作物篇 5：181-184.
Donnely, Jr. J. S. 2001 The Great Irish Potato Famine. Sutton Publishing.
Evans, L. T. 1993 Crop Evolution, Adaptation and Yield. Cambridge University Press.
Gopal, J. and S. M. P. Khurana 2006 Handbook of Potato Production, Improvement, and Post-harvest Management. Haworth Press.
Hardenburg, E. V. 1949 Potato Production. Ithaca, N.Y.
Hawkes, J. G. 1990 The Potato : Evolution, Biodiversity and Genetic Resources. Belhaven Press.
保坂和良 2004 作物の起源と分化 バレイショ．山崎耕宇他監修，新編農学大事典．養賢堂．436-438.
星川清親 1985 いも 見直そう土からの恵み．栄大選書．女子栄養大学出版部．
池田　武 1976-77 ジャガイモの匐枝の生長に関する研究 (1), (2), (3). 日作紀 45：314-321, 45：125-130, 46：291-297.
犬塚　正 1979 バレイショ若種いもの生産技術．農及園 54：49-52.
岩間和人 2000 ジャガイモ．石井龍一他共著，作物学 (I) －食用作物学－．文永堂出版．221-242.
岩間和人 2002 ジャガイモ (バレイショ)．日本作物学会編，作物学事典．朝倉書店．399-403.
Jones, H. A. et al. 1938 Influence of photoperiod and other factors on the formation of flower primodia in the potato. Am. Potato J. 15：331-336.
川上幸次郎 1948 馬鈴薯通論．養賢堂．
川上幸次郎 1952 馬鈴薯の栽培．佐々木喬編．綜合作物学．いもの部．地球出版．
川延謹三・土屋敏夫・小林忠和 1952 馬鈴薯の生育特に地下部の発育に及ぼす覆土の影響．園芸学雑 20：223-230.
小林寿郎 1892 勧農叢書 馬鈴薯．有隣堂．
幸田泰則 2002 作物の形態形成におけるジャスモン酸類の役割．日作紀 71：1-10.
Kumar, D. et al. 1972 Factors controlling stolon development in the potato plant. New Phytol. 71：639-648.
栗原　浩他 1960-61 馬鈴薯の生育相に関する研究．(2) 器官別生長について，(3) 播種期の相違が地上部並びに地下部の生育に及ぼす影響，(4) 施肥位置並びにその施用割合の相違が馬鈴薯の生育収量に及ぼす影響．日作紀 29：117-120, 29：362-364, 30：101-105.
栗原　浩 1977 ジャガイモ．佐藤 庚他，食用作物学．文永堂．252-271.
Kurihara, H. et al. 1978 Morphological bases of shoot growth to estimate tuber yield with special reference to phytomer concept in potato plant. Jpn. J. Crop Sci. 47：690-698.
串崎光男 1957 馬鈴薯の栄養生理学的研究．(1) 馬鈴薯の生育過程における無機要素の推移，(2) 成育過程に伴う窒素化合物並びに炭水化物の消長．北農試彙報 72：72-81, 73：48-59.
Longley, A. C. et al. 1930 Chromosome behavior and pollen production in the potato. J. Agr. Res. 41：867-888.
Loveill, P. H. 1968 Leaf expansion in the potato. Physiol. Plant. 21：626-643.
Martin, J. H. et al. 2005 Potato, In Principles of Field Crop Production. Pearson/Prentice Hall. 803-829.
Moorby, J. 1968 The influence of carbohydrates and mineral nutrient supply on the growth of potato tubers. Ann. Bot. 32：57-68.
Moorby, J. and Milthorpe, F. L. 1975 Potato. L. T. Evans (ed.), Crop Physiology, Cambridge Univ. Press. 225-258.
森　元幸 2004 バレイショ．山崎耕宇他監修，新編農学大事典．養賢堂．478-480.

森　元幸 2006 カラフルポテトをブレークスルーとして国産バレイショの振興を目指す．農業技術 61：348-352．
永田利男 1963 馬鈴薯の生育．戸苅義次編，作物大系．いも類III．養賢堂：1-18．
中世古公男 1999 ジャガイモ．石井龍一他共著，作物学各論．朝倉書店．86-92．
野田健児他 1950-52 馬鈴薯の塊茎形成に関する研究．(1)，(2)，(5)，(6)．日作紀 17：16，19：177-182，20：185-188，21：138．
野田健児 1958, 59 馬鈴薯の塊茎形成肥大に関する研究 (1, 2)．東北大農研彙報 10：225-327．
農山漁村文化協会 1981．畑作全書 イモ類編 基礎生理と応用技術．
岡澤養三 1969 馬鈴薯塊茎のサイトカイニンについて．日作紀 38：25-30．
Okazawa, Y. 1970 Physiological significance of endogenous cytokinin occurred in potato tubers during their developmental period. Jpn. J. Crop Sci. 39：171-176.
岡澤養三 1975 馬鈴薯の生育とその調節．日作紀 44：123-139．
Pringle, R. T. et al. 2009 Potatoes Postharvest. CABI.
食品成分研究調査会編 2001 五訂日本食品成分表．医歯薬出版株式会社．
Smith, O. 1949 Potato production. In Advances in Agronomy Vol. 1. Academic Press. 353-390.
Stevenson, F. J. 1951 The potato − its origin, cytogenetic relationships, production, uses, and food value. Econ. Bot. 5：153-171.
杉　顗夫・清水口強・安藤隆夫 1952 馬鈴薯の塊茎形成と環境条件に関する研究．(1) 春作及秋作における一般生育相の追跡．中国四国農試報告 1：1-14．
Swaminathan, M. S. et al. 1961 Origin and cytogenetics of the commercial potato. Advance in Gen. 10：217-256.
田畑健司・栗原　浩 1964 馬鈴薯の生育相に関する研究 (8)．作期移動に伴う適栽植密度の決定に関する研究．日作紀 32：293-296．
田川　隆 1963 馬鈴薯の生理．戸苅義次編．作物大系．いも類IV．養賢堂．19-53．
田口啓作 1953 馬鈴薯の浴光催芽栽培．農及園 28：73-82．
田口啓作 1957 馬鈴薯品種の交雑育種に関する研究．東北農試報告 12：1-212．
田口啓作 1963 馬鈴薯の栽培．戸苅義次編．作物大系，いも類V．養賢堂．1-70．
Taylor, C. E 1952 Vegetative growth of the potato plant. Nature 169.
津野幸人 1979 光合成産物の転流蓄積のメカニズムとコントロール．農及園 54：96-102．
山本紀夫 2008 ジャガイモのきた道-文明・飢饉・戦争．岩波新書，岩波書店．
由田宏一 1971 ばれいしょ塊茎の ^{14}C-同化産物の移行について．日作紀 40 (別1)：119-120．

第31章　サツマイモ

学名：*Ipomoea batatas* (L.) Lam.
和名：サツマイモ，カンショ
漢名：甘藷，薩摩芋，琉球藷
英名：sweet potato
独名：Süß-kartoffel, Batate
仏名：patate
西名：batata, boniato

1．分類・起源・伝播

　サツマイモは，ヒルガオ科（Convolulaceae），サツマイモ属（*Ipomoea*）に属する多年生植物である．栽培種のサツマイモ（$2n=90$）は染色体数15を基本数とする6倍体である．サツマイモ属は，世界中に約400種もある大きい属であるが，その中でイモが形成されるものが数種知られている．*I. paniculata*は，アフリカ産で古くから薬用として栽培されていた．また，東南アジアには*I. mammosa*という植物が栽培されている．しかし，これらは2倍体（$2n=30$）で，6倍体（$2n=90$）のサツマイモとはかなり遠縁のものである．また近縁の野生種には*I. fastigiata*など数種のものがあるが，いずれも2〜4倍体で，サツマイモと交雑不可能であり，これらがサツマイモの祖先となったとは考え難い．栽培種と交雑可能な近縁野生種は*I. trifida* G. Don（$2n=90$）だけであり，この種はサツマイモと同じBゲノムを有しており，栽培種の成立に大きな役割を果たしたと推定されている（小巻 2004）．栽培種は6倍体（$2n=90$）であり，野生の4倍体（$2n=60$）と2倍体（$2n=30$）が交雑して3倍体植物（$2n=45$）ができ，それが複2倍体となることから生じたと推定される．

　*I. trifida*はカリブ海沿岸からメキシコ〜コロンビアにかけた中南米に分布しており，これらの地域が栽培の起源地と推定される（Nishiyama 1971）．栽培化の年代は紀元前3000年以前と推定されるが，紀元前2000年以降になると，ペルーの遺跡から，サツマイモ栽培の形跡が出土するので，この頃に南米各地に伝わり，その後海路ポリネシアにまで伝わったと推定される．13世紀あるいは14世紀に，マオリ族がポリネシアからニュージーランドへサツマイモを導入した記録があり，彼らはこれをKumaraと呼んだが，この名はペルーでの呼び名と同じである．コロンブスの新大陸発見（1492）時までには，サツマイモは中南米及びカリブ海の諸島で広く主食として栽培されていた．一般に，新大陸起源の作物はコロンブス以後に旧大陸に広まったとされるが，それよりはるか以前に遠く離れたポリネシアにサツマイモが伝えられていたことは興味深い．1492年コロンブスによって初めてスペインへもたらされたが，それはジャガイモのヨーロッパへの伝播より約

80年も早かった．ヨーロッパでは17世紀にスペインにやや広まった程度で，一般には後に導入されたジャガイモのように重要視されず，あまり普及しなかった．また17世紀にはアフリカから新大陸へ運ばれた黒人奴隷の食糧とされたことから，アフリカ西海岸からアフリカ大陸内へと伝播していった．北アメリカへは1694年，バージニアへ初めて伝えられたという．一方ヨーロッパの航海者によって，16世紀にインドに伝わり，その後フィリピン，マレーおよびインドネシア地域に急速に広まった．中国へは1584年に，ルソンから福建省へ最初に導入された．

わが国へは1597年に宮古島に入ったのが最初とされる．これとは別に，琉球へは1605年に野国総管が福建から導入し，儀間真常らが広めた．この2人が琉球におけるサツマイモ導入・普及に大きな役割を果たした（坂井 1999）．そして，1615年には，長崎へ初めて琉球からイギリス船によってもたらされたという．また薩摩へも1612〜13年にルソンから導入されたとされ，また当時薩摩に占有されていた琉球からも度々導入された記録がある．こうして次第に南九州に普及し，薩摩薯の名が広まり，救荒作物として注目されるようになった．

2．生産状況

サツマイモは高温を好み，熱帯から温帯にかけて栽培される．世界のサツマイモの総作付面積は約818万 ha，単収は13.5 t/ha，生産量は約1億1,013万 t（2008年）である．1930年〜1970年にかけて栽培面積の大幅な増加により生産量が急増した．1970年以降は栽培面積が減少しているが単収は増加し，生産量は横ばいである．いも類ではかつてはジャガイモに次ぐ生産量であったが，現在ではキャッサバに次ぐ第3位である．国別では中国が世界の約80％を生産する．その他に，アジアではインドネシア，ベトナム，日本，インドなどで生産が多い．アジア以外ではナイジェリアやウガンダなどのアフリカ諸国やブラジルでも多く生産される．原産地の中央アメリカやヨーロッパでは栽培が少ない．

わが国では明治時代の初期にすでに15万 haが栽培されており，それ以降作付面積は20万 haレベルが続いたが，第2時大戦中の代用食対策として大増産され，30万 haに増えた．戦後はさらに増えて1949年には44万 haに達した．戦中戦後のわが国の食料不足は，サツマイモによって辛うじて救われたと言っても過言ではない．多量のデンプン（20〜30％）を含み，ビタミン A, Cにも富み，単収が高く，気象災害にも強いことなどの特性から，飢饉や戦時中の救荒作物として重視された．戦後は，食料事情の好転に伴い食用の生産は減少したが，デンプン用需要が増えたために生産量は1955年には700万 tまで増えた．ところがデンプン用は海外からの輸入トウモロコシに切替えられたため，サツマイモの作付けは1960年代に入ると急速に減少した．現在は面積約4万 ha，単収25 t/ha，生産量100万 t前後である．地域別では九州と関東・東山の生産量が多い．県別では鹿児島がもっとも多く全国の40％を占める．次いで茨城，千葉，宮崎が続く．

3. 形態

(1) 茎・葉

　茎は蔓性で地面を這い2～6 mに伸び，多くの分枝を伸ばす（図31.1）．品種により茎が1 m弱と短く，半直立性のもの，また茎がアサガオのように支柱に巻きつく性質のものなどもある．茎断面は丸型で直径3～10 mm，緑色の他，紫，褐色などを呈する．節間の長さは2～10 cm，維管束は両立維管束である．

　葉は，茎の各節に2/5の葉序で着き，葉柄は長さ5～10 cm，基部に2つの小蜜腺がある．葉身は主に心臓型，ときに深く切れこむ葉もあり，品

図31.2　サツマイモのさまざまな葉型．星川（1980）

図31.1　サツマイモ．星川（1980）

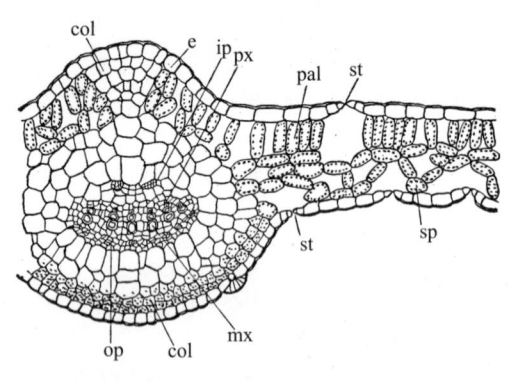

図31.3　サツマイモの葉身の断面図
中肋部分．e：表皮，col：厚角組織，ip：内部篩部，px：原生木部，mx：後生木部，op：外部篩部，pal：柵状組織，sp：海綿状組織．st：気孔．星川（1980）

種によって異なる（図31.2）．葉面は平滑である．茎葉を傷つけると白い乳液が出る．葉身の内部構造は図31.3に示すように，表皮，1～3層の柵状組織，数層の海綿状組織および維管束からなる．

(2) 根

　根は，実生の場合は，主根を中心に分枝根をもつ樹枝状の定根であるが（図31.4），地面を這う茎の各節から不定根を生じ，これは繊維状である．一般栽培で茎挿しで繁殖させる場合は，全て不定根である．実生からの定根及び茎の節部から出る不定根のうち，一部の根は肥大して塊根となる．塊根の形や大きさは品種により異なり，紡錘形，円筒形，

3. 形　態　[451]

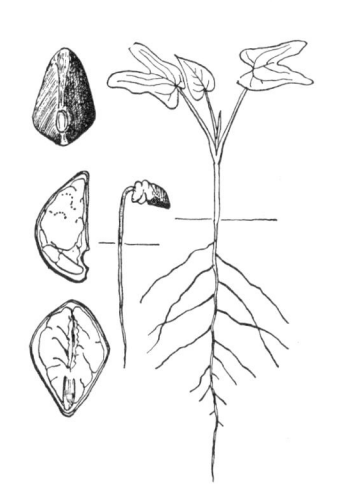

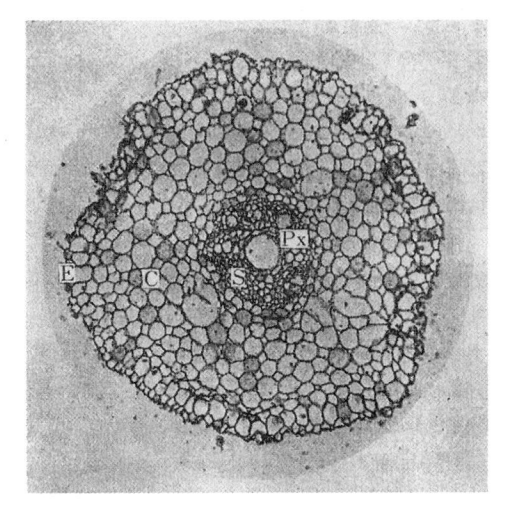

図31.4　サツマイモの種子と出芽.
星川(1980)

図31.5　サツマイモの根の横断面
E：表皮，C：皮層，S：中心柱，Px：原生木部．
戸苅(1950)

球形などであるが，いずれも先端は肥大せず普通の根となる．塊根表面には多数（普通5）列の根痕（root scar）がある．表面の色は紅，紫，黄白色などで，内部は白，黄などが普通であるが，紫色や，カロチンを含んで橙黄，ピンク色のものもある．

普通の根の構造は，図31.5のように外側から表皮，ついで多層の柔細胞組織の皮層，そして中心柱からなる．中心柱は形成層に囲まれて原生および後生木部・篩部が配列し，中心に1個の大型の中央細胞がある．塊根の構造は，基本的には普通根と同じであるが，表皮は剥脱して表面は周皮からなり，皮層は，ほとんど肥大しないので相対的に薄い層として認められる．塊根の肥大は，中心柱部の発達によるもので，中心柱の周囲は第1期形成層で囲まれ，内部はそれより生じた大型の柔組織細胞と，その中に散在して生じた第2，第3次の形成層およびそれから生じた柔細胞組織とからなっている．これらの柔細胞にデンプンが蓄積されている．なお，塊根の肥大機能については後述する．また中心柱内には，形成層に囲まれて多くの維管束が散在するが，木部導管の近傍には繊維組織ができ，また篩部近傍には乳細胞があって，ここには白い乳液と油滴を含む．この乳腺構造は茎葉にも通じている．

（3）花序・種子

花序は葉腋から出る長い花梗（3～15 cm）に，4～5花ずつ着く，腋生集散花序（axillary cymose）である．花は，図31.6のようにアサガオに似たロート状で，直径約5 cmで淡紅色を呈し，中心部ほど濃紅色の花もある．1雌蕊，5雄蕊からなり，5片の萼を持つ．一般に温帯地域では花を着けることはまれである．これは開花にかなりの短日を要し，着蕾あるいは開花しないうちに霜にあって枯れるためである．亜熱帯および熱帯では，普

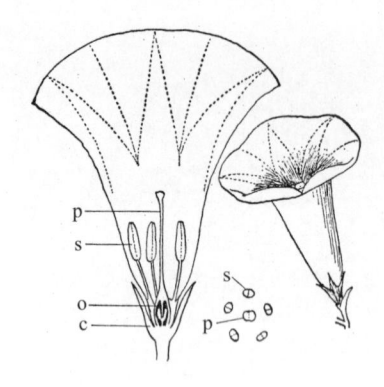

図31.6 サツマイモの花
下中：雄蕊と雌蕊の配列，p：雌蕊，s：雄蕊，o：子房，c：萼．星川(1980)

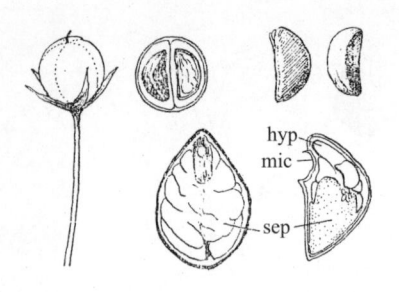

図31.7 サツマイモの果実と種子
下中：種子の内部，下右：種子断面，hyp：胚軸，mic：発芽口，sep：子葉．
星川(1980)

通は7月下旬頃から開花し，10〜11月まで次々に咲き続ける．花粉は粘性で本来，虫媒花である．開花後，直径約1cmの蒴果を結び，子房は2室，各室2胚を持つが，一般には1蒴果に1〜2個の種子ができる（図31.7）．種子もアサガオの種子に似た形で長さ約3mm，黒色で，硬実性を有する．子葉は2裂性である（図31.4）．

4．生理・生態

(1) 種イモの萌芽

種イモからの萌芽は根痕から生ずる．根痕は側根の出る部分の凹みであり，側根は塊根の原生木部の外側の内鞘細胞から生ずるものであり，原生木部は普通5〜6（列）縦走するから，根痕すなわち萌芽点も種イモの表面に5〜6縦列をなす．

萌芽原基は，種イモの側根の近傍に位置する皮層柔細胞から分化する（戸苅 1950, 1952）．原基の分化する時期は品種によって異なり，塊根の形成初期に生ずるものから，収穫後の比較的後期に分化するものまで数種ある．萌芽原基は茎

図31.8 種イモからの萌芽
上：なり首側部分から萌芽，先端側は根のみが出る．
下：種イモを切断して萌芽させたもの，なり首側（左）も先端側（右）もともにそれぞれのなり首側から萌芽，先端側からは根を生ずる．星川(1980)

および数枚の葉原基を分化して，塊根の表面近く木栓層の下まで発達し，ここで休眠芽となって塊根の中で翌春まで休眠する．塊根が萌芽に適する条件を与えられると，芽が木栓層を破って発生する．一般に萌芽は各根痕列の基部（なり首）に近い部分に主として発生し，種イモの先端部では萌芽原基は休眠したままで終わることが多い．したがって，種イモを植えると，主になり首側に多数の萌芽が発生し，先端部は萌芽せず，側根のみを多く発生する．種イモをいくつかに切断して植えた場合も，いずれもなり首側から萌芽し，反対側には根のみを発生する極性を示す（図31.8）．萌芽には30℃付近の温度が最適で，他に適当な水分があることが必要である．

(2) 塊根の肥大機構

苗の不定根の原基は葉隙，または枝隙の部分で，茎の維管束に近い部位において数個ずつ形成される（図31.9）．その部分の横断面に不定根原基ができている状態を図31.10に示す．苗が植えられると，不定根原基は次第に発達して，皮層，表皮を突き破って外に現れる．発達の進んだ原基では茎の組織内にあるうちにすでに側根の原基を分化する．不定根は普通葉柄を挟んで2列をなし

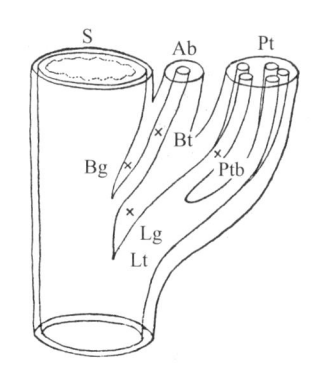

図31.9　サツマイモの茎の節部の構造
Ab：腋芽，Bg：枝隙，Bt：枝跡，Lg：葉隙，Lt：葉跡，Pt：葉柄，Ptb：葉柄維管束，S：茎．
戸苅（1950）

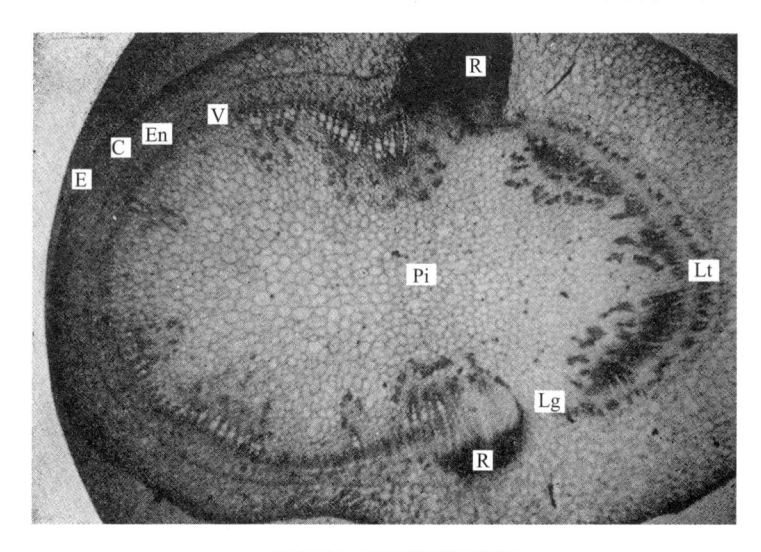

図31.10　不定根原基の発達
C：皮層，E：表皮，En：内皮，Lg：葉隙，Lt：葉跡，Pi：髄，V：維管束，R：根原基．
戸苅（1950）

第31章 サツマイモ

て出現する.

不定根は若根の状態から，細根，梗根，塊根へとそれぞれ分化する．すなわち，細根はいわゆる一般の根の状態に発達するもので，第1次形成層の活動が早く止まり，以降，細胞の増殖は行われないため根が太くならず，しかも中心柱細胞の木化程度が著しいものである．土壌中の酸素不足や多窒素条件では，形成層の活動が劣り，中心柱の木化を促進するので塊根となりにくく，細根の状態となる．また，日照が不足すると形成層の活動が衰え，木化も進まないので若根の状態が長く続く（戸苅 1950）．梗根は，第1次形成層が活動し，細胞は増殖してある程度は肥大するが，中心柱細胞の木化が早く起こるために，それ以上の肥大発達が行われない根で，俗にゴボウ根と呼ばれる．塊根のつけね（藷梗，なり首）や，いもの先の細い部分も梗根に似た構造になっている．土壌の乾燥，緊密は，形成層の活動と中心柱の木化が共に盛んで，梗根になりやすい．

塊根となる根は，第1次形成層が活発に細胞を増殖し続けると共に，こうして形成された中心柱細胞が，その後も木化せずに分裂を続け，根を肥大させてゆく．土の温度がやや低く，22〜24℃程度の場合に形成層の活動が盛んで，中心柱細胞の木化も少なく，塊根となりやすい．塊根肥大の適地温は20℃以上30℃以下の範囲である．カリウムが多い場合には，中心柱の木化程度は標準並であるが，形成層の活動が盛んで，やはり塊根形成を促す．これらの関係を図示したものが図31.11である．

塊根となる根では，原生木部と中心柱の中心の細胞との間の介在柔組織に，新しく形成層を分化し，さらにまた後生木部の周囲の柔細胞の一部から第2次形成層が分化し始める．この頃表皮の下でも周皮形成層が活動し始める（塊根肥大初期，植付け後25日頃まで）（図31.12）．以降，ほとんど全ての第2次木部の周囲に次々に第2次形成層が分化し，これらも柔組織細胞を増殖する．さら

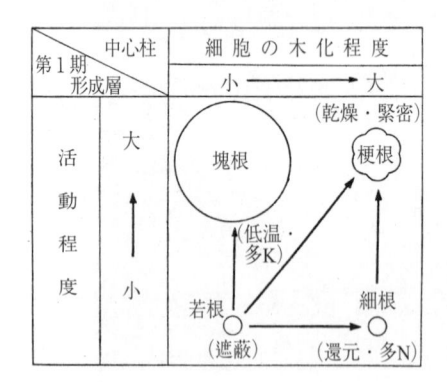

図31.11 サツマイモの発根初期における中心柱細胞の木化程度および第1期形成層の活動程度と根の分化．戸苅（1950）

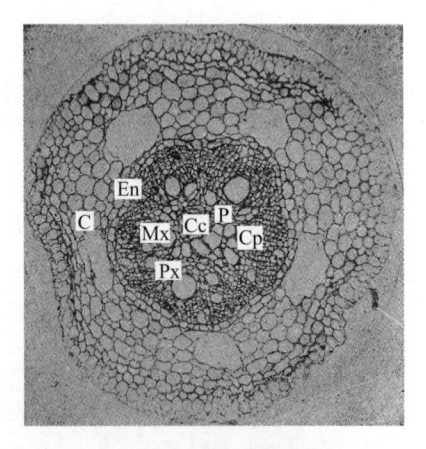

図31.12 塊根の発達初期
後生木部の分化・発達（移植後15日目の根）．
C：皮層，Cc：中心柱の中心細胞，Cp：第1期形成層，En：内皮，Mx：後生木部，P：介在柔組織，Px：原生木部．戸苅（1950）

に，その柔細胞の一部から木部が分化し，その周囲にもまた形成層が作られる．また木部あるいは篩部とは無関係に，柔組織に帯状や環状の形成層ができることもある．これらを第3次形成層とも呼ぶ（小倉 1945）．

このようにして多量の細胞が形成され，中心柱の直径が急速に増大する．細胞のサイズは，植え付け後約40日までは小型で，それに貯蔵されるデンプンの粒数は少なく，粒形も小さいが，以降急に細胞もデンプン粒も増大し，ほぼ60日で極大に達する．その後も柔細胞の増加，木部導管の分化，それをとりまく形成層の発達・活動が続くが，細胞数増加は緩慢となり，細胞の大きさ，デンプン粒の数とサイズの増加が続く．こうして，植付後100〜140日で，塊根はほぼ完成した大きさに達して収穫される．以上の塊根の発達過程を模式的に示すと図31.13のようになる．

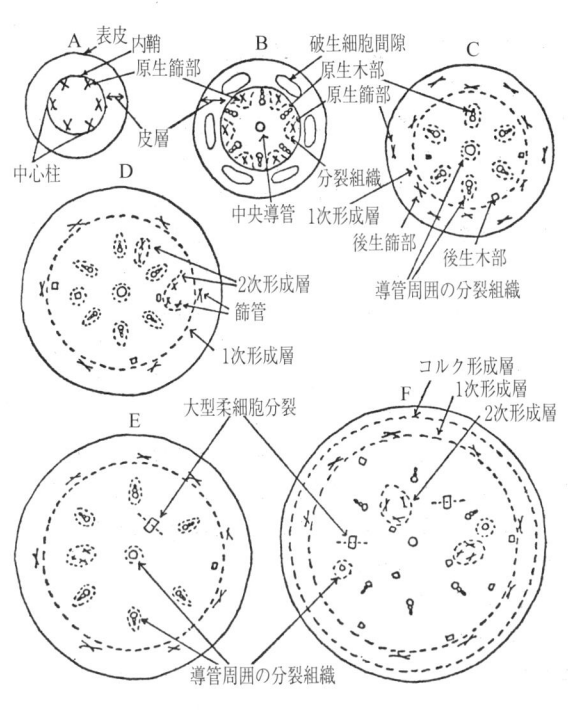

図31.13 塊根の発達過程の模式図
A：移植5日後，肥大開始前．B：10日後，塊根発達始まる．C：15日後，1次形成層ができ，導管周囲の分裂組織ができる．D：20日後，2次形成層ができる．E：25日後，木部柔組織内の大型柔細胞が維管束の分化を伴わない分裂をする．F：30日後，皮層と内鞘は脱落し，その下にコルク層が発達し，広義の皮部が完成，内部では塊根の諸組織が完成．品種：沖縄100号．国分（1973）

(3) 光合成と物質生産

サツマイモの葉は水平葉で，葉層が薄く密集しているため，個体群内部の光条件は良くない．そのため，純生産速度に対する最適LAIはイネ科作物に比べて低い．さらに葉面積当たりの光合成速度も約 $20 \, mgCO_2/dm^2/hr$ と比較的低い値である．しかし，単位土地面積当たり収穫部分（イモ）の乾物生産量は非常に大きく，わが国の作物の中では最もカロリー生産量の大きい作物といわれている．その理由としては，収穫部分が根という栄養器官であるため，肥料条件などにより塊根肥大の条件を整えさえすれば，光合成産物のシンクとしての可能性は無限ともいえること，また塊根の成長期間がきわめて長いことなどがあげられる．こうしたことが，サツマイモの収穫指数を0.5〜0.6と高いレベルに保つ原因となっている．すなわち，サツマイモでは乾物生産能力は比較的小さい

けれども，その最大能力（純同化率）をできるだけ長く保持させること，およびLAIの低下をもできるだけ防ぐことにより，根への光合成産物の転流蓄積を増やすことが増収につながる．

サツマイモの光合成および乾物生産に最も大きく影響する体内要因は肥料条件であり，特に窒素とカリウム濃度の影響が顕著である．光合成産物の分配方向が窒素とカリウムでは異なり，葉身中の窒素濃度が高い場合には光合成産物は地上部へ，またカリウム濃度が高い場合には地下部へ分配されるようになる（津野・藤瀬 1965）．したがって，カリウム施肥によってサツマイモの塊根収量が増大しやすい．一般に，葉身中に炭水化物が蓄積すると光合成速度が低下する（図31.14）が，サツマイモの場合には，葉身中のカリウム濃度が高くなると図31.15のように，葉身中の炭水化物濃度は低下する．カリウムが塊根肥大を促進することによって，葉からの炭水化物の転流を促進し，その結果塊根収量を増加させ，また同時に葉の光合成速度も高く保たれると推察される（津野・藤瀬 1965）．また，カリウム施用により，塊根中の含水率が高まり，塊根の呼吸が促進することも報告されている（津野・藤瀬 1965）．呼吸の促進は乾物生産上不利にも考えられるが，養分吸収，塊根組織の細胞分裂のためのエネルギー供給には必要であり，カリウムの施肥はこの意味からも効果があると考えられている．

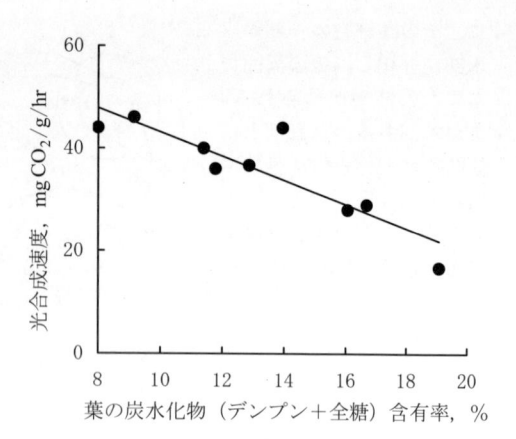

図31.14 サツマイモ葉中の炭水化物含有率と光合成速度との関係．津野・藤瀬（1965）を改

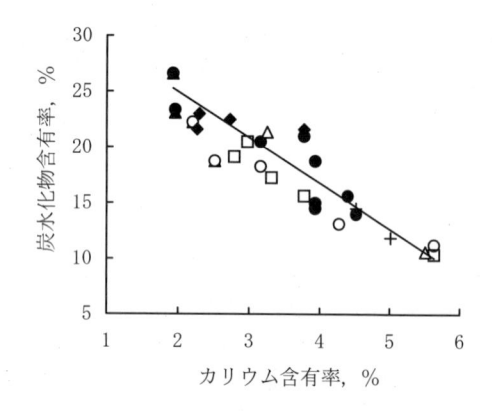

図31.15 サツマイモ葉中のカリウム含有率と炭水化物含有率（デンプン＋全糖）との関係．遮光処理や異なる窒素・カリウム施用量により育成した材料．
津野・藤瀬（1965）を改

以上のように，サツマイモでは塊根肥大が植物体全体の成長を支配しているが，この現象はサツマイモの近縁野生種と栽培種との接木実験によっても確かめられている．すなわち，栽培種を台木とし，野生種を接穂とした場合と，逆の接ぎ方をした場合とを比べると，前者の場合の塊根重が，後者の場合の塊根重より大きくなる（加藤・北條 1972）．つまり塊根肥大の能力は台木に備わった性質であり，サツマイモは塊根肥大の能力とい

う面から選抜され，改良されてきたものであると推察される．
(4) 開花・結実
　サツマイモは短日植物であり，温帯では前述のように普通には開花しないが，短日処理により開花を誘導できる．短日の最適処理時間は8～10時間である（繁村ら 1938）．また，接木法を短日法と併用すると最も効果的である．接木の台木にはアサガオ，ヨルガオなどが用いられる．ヨルガオ台は草勢が盛んで着花数が多く，アサガオ台は特に短日処理を併用しなくても容易に開花する．その他，剥皮法，水耕法，越冬法などがある．品種によっては短日条件でなくてもよく開花するものがある．開花は早朝に始まり，昼過ぎにはしおれる．開花適温は22～25℃である．
　受粉後，高温期には30日，低温期には約60日で種子が成熟する．しかし，一般にサツマイモは開花しても結実しないのが普通である．それは，サツマイモ品種の大部分が自家不稔性であり，また品種間にも交配不稔群があるためである．不稔性は生理的な不和合性によるもので，不稔群間を交配しても花粉は柱頭上で発芽しない．

(5) 環境と成長
　サツマイモの生育温度は15～38℃の範囲にある．北海道でも局所的に栽培できるが，経済的な栽培の北限は，東北南部までである．土壌酸度に対しては，サツマイモは最も強い作物として知られる．また，アルカリ性にも比較的強く，pH5.5～8.0の間であれば，収量にあまり影響がでないとされている．
　個葉の光合成速度は，23～33℃の間では差がないが，地温が20℃以下になると，葉面積指数，純同化率ともに低下して，成長速度は著しく衰える．これは，低温のために根の呼吸が抑制されて，養水分の吸収が衰えるからである（津野・藤瀬 1965）．塊根肥大も平均気温20℃以下になると著しく抑制されて減収になるが，逆に土壌温度が30℃以上に高すぎると，茎葉が繁茂するわりには塊根の分化が妨げられ，また夜温が高くても，茎葉だけが繁茂して塊根がつかない，いわゆるツルボケ現象を呈する（花田・小島 1951）．
　植付け直後は活着促進のために，ある程度の降雨を伴い，日照が弱いほうが好ましい．しかし，曇天が続くと塊根形成の開始が遅れる．秋冷が早い関東以北では，8～9月の肥大成長が収量に大きく影響する．したがって，秋季に高温多照であることが，乾物生産，塊根への転流の促進により，塊根の増収に好ましい．曇天が続くと，少ない生産物が地上部の成長のみに使われて，塊根が肥大しないツルボケ状態になってしまう．暖地では肥大期間が秋晩くまで続くので，生育後期の気象は寒冷地のように強く制限的ではない．一般に，わが国では成長初期に気温が高めで，中期には北日本では高目，その他では低目に，そして後期には高温である年には収量が高い．
　土壌水分は，容水量の60～70％の時に塊根肥大が最もすぐれる（野口・菅原 1940）．苗の植付け後，土壌水分60％の時に塊根形成が最もすぐれ，20％では塊根が形成されない．土壌が過湿の場合には，茎葉は茂るが，塊根は形成され難い．それは，過湿のために土壌中の酸素が不足し，根の呼吸が抑制されるためである．これは実験的にも次のような事実から証明される．すなわち，水耕栽培でサツマイモを育てると，茎葉は茂るが塊根はできない．しかし，水耕液中へ通気を充分に行うと，水中でもわずかながら根が

肥大する．また，土壌を還元状態にすると酸素不足から塊根肥大は妨げられる．土壌が緊密な場合も塊根肥大が劣るが，これは土の物理的阻害の他に，やはり酸素不足が強く影響していると考えられている（渡辺 1979）．

5．品　種

わが国では，サツマイモの育種は，大正時代から在来品種の系統分離法が始められ，その後，昭和に入って組織的な交雑育種が始められた．この間，サツマイモの自家不和合性および交配不和合性が認識され，台木（キダチアサガオ）に接木することにより開花を促す開花促進法が開発されて育種の効率が向上した（藤瀬 1964）．在来新種間の交配に加え，外国品種や野生種の持つ遺伝子の導入が図られている．近縁野生種 I. trifida からの遺伝形質の導入により，センチュウ抵抗性と貯蔵性を改良したミナミユタカ（1975）などが育成されている．国の育種事業は，九州沖縄農業研究センター（鹿児島県指宿市）や作物研究所（茨城県つくば市）で行われている．

サツマイモの用途は食用，飼料用，工業用（デンプン，アルコール用）に分かれるが，生食用の割合が最も大きい．いずれの用途においても，多収性，耐病性，貯蔵性は共通の育種目標である．加えて，工業用ではデンプン歩留まりの高いことが，食用では外観や食味が重視される．戦前までは，源氏，紅赤を始めとする在来品種が全てであったが，第2次大戦期には沖縄100号，護国藷，次いで農林1号，農林2号などが順次育成され，収

表31.1　サツマイモの主要品種の特性

品種名	育成年	特性・用途
紅赤（金時）	1898	皮は紫赤，肉色は黄，食味良
農林1号	1942	青果用，原料用
農林2号	1942	青果用，原料用
高系14号	1945	早掘りで食味良
コガネセンガン	1966	デンプン原料用，多収
ベニコマチ	1975	皮は紫赤，肉色は黄，食味良
ミナミユタカ	1975	デンプン原料用，センチュウ抵抗性
ツルセンガン	1981	茎葉飼料用
ベニアズマ	1984	皮は濃紫，食味良
ベニハヤト	1985	高カロテン，加工用
シロユタカ	1985	皮は黄白，デンプン用
シロサツマ	1986	デンプン用
サツマヒカリ	1987	α-アミラーゼ欠失で甘み少，加工用
ハイスターチ	1988	デンプン用
ベニオトメ	1990	青果用
ジョイホワイト	1994	醸造用，デンプン用
アヤムラサキ	1995	高アントシアニンで肉色は紫，加工用
エレガントサマー	1996	葉柄を食用
ジョイレッド	1997	高カロテンで肉色は橙，加工用
べにまさり	2001	肉色は濃い黄，青果用
パープルスイートロード	2002	高アントシアニンで肉色は紫，青果用

量の増大安定に貢献した．戦後，食用中心からデンプン原料主体に移行してからも，上記4品種が大部分を占めていたが，品質の劣る沖縄100号，護国諸が衰退し，高デンプン含有率と多収性を兼備したタマユタカ，コガネセンガンなどが育成されて普及した．しかし，これらも最近はデンプン原料の需要の減少により作付が減った．

近年は，色が鮮やかなこと，機能性成分含量が高いこと，の2点が需要拡大の指標として重視されている（中谷 2003）．色彩と機能性は関連しており（沖・須田 2004），オレンジ色（βカロテン）や紫（アントシアニン）を選抜指標として多様な品種が育成され，これらの品種を原料にした加工品（パウダー，ジュース，色素など）が開発されている．葉柄を野菜用として利用する品種も育成されている．現在の主要な品種の来歴，特性を表31.1に示す．前述のように，色彩や機能性を改良した品種が次々に育成されており，これら品種の需要拡大が期待される．現在のところ（2006年），ベニアズマが全生産量の約30％を占めている．

6．栽　培

（1）育　苗

わが国では，種イモを苗床に伏込み，萌芽させ，苗として本畑に植付ける方法が一般的である．種イモを本畑に直接植える直播栽培は少ない．また，熱帯・亜熱帯では，つるを切断して苗とする周年栽培が行われる．

種イモは無病で200〜300 g程度のものを選び，特に黒斑病予防のために温湯消毒（47〜48℃，40分）してから用いる．萌芽には約30℃が適し，4〜5日を要する．種イモ量は5〜10 kg/m^{2}とする．芽が10 mm程度に萌芽後，なり首を揃えて並べ，苗床に伏込む．萌芽後の苗床は，日中23〜25℃，夜間は18度程度に保ち苗の成長を促す．苗床は，暖地では冷床（加温無し）でよいが，育苗時の気温が低い地域では床土を電熱で加温する温床が用いられ，さらに苗床をプラスチックフィルムで覆い加温する（図31.16）．電熱温床が普及する以前は，落葉，稲ワラ，米ぬか，堆厩肥など醸熱材料を積み，これに水や糞尿をも加えて発熱させた踏込温床が広く用いられた．温床は苗が早く安全に採れる利点があるが，温床資材や労力を要し，温度が高すぎると苗の軟弱を招きやすい．

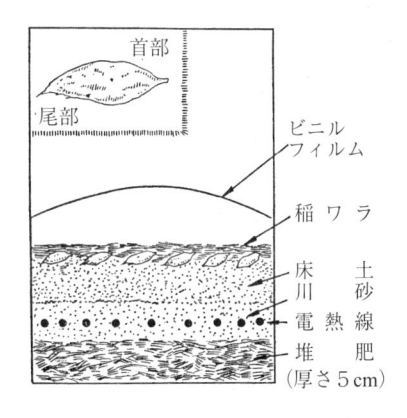

図31.16　電熱温床の構造と種イモの伏せ込み方．星川（1980）

これに対し，冷床は苗を得る時期が遅れ，苗数も少ないが，強健な苗が得やすい．

（2）施肥・植付・管理

10 a当りイモ2,000 kg，茎葉2,000 kgを収穫する場合，全体に含まれる窒素は約9 kg，リン酸約3 kg，カリウム約11 kgである．このようにサツマイモではカリウムの吸収が著

しく多い．肥料の吸収過程は品種や栽培条件で異なるが，1例を示すと図31.17のように，カリウムの吸収は初期から多い（津野・藤瀬 1965）．この例では，10a当り茎葉乾物重550kg，塊根乾物重780kgであるから，これより多収の場合には吸収量はさらに多くなる．

サツマイモの肥料3要素試験の成績を表31.2に示す．特に無カリウム区で減収が著しいことから，カリウム肥料の重要性がわかる．カリウムは，地上部の成長とともに塊根肥大を促進する効果が大きい．窒素は茎葉の生育を旺盛にするが，生育初期に過剰の場合，塊根分化が抑制され，ときにはツルボケ現象を招

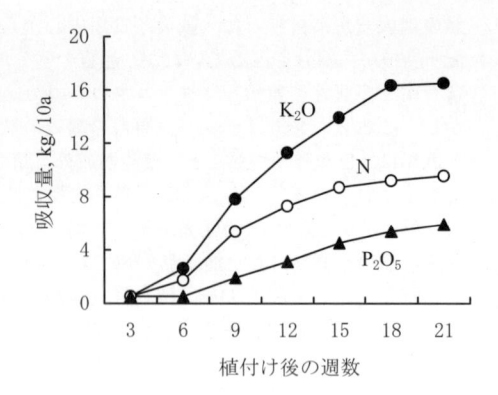

図31.17 サツマイモの肥料3要素吸収の推移
施肥量：硫安20，過石20，硫加22kg/10a．植付：5月17日．植付株数：6,000本/10a．津野・藤瀬（1965）を改

表31.2 堆肥と肥料3要素の施用の有無がイモ収量に及ぼす影響

堆肥の有無	3要素施用	無肥料	無窒素	無リン酸	無カリウム
施用	100	74	89	93	90
無施用	100	64	82	92	74

3要素施用区に対する比率（%）．野田（1952）を改

く．窒素過剰にカリウム不足が加わると，特にツルボケになりやすい．多収穫のためには，カリウムの多施が有効で，窒素とカリウムの比を約1：3を目安に与える．大イモのほうが小イモよりカリウムを多く含むことが知られている．しかし，カリウム過剰になると，デンプン含有率が下がり，品質は劣る．リン酸は，特にリン酸欠乏の黒ボク土など以外では，施用効果は小さい．

標準として，10a当り窒素とリン酸は4～8kg，カリウムは10～20kgを与え，肥沃地は窒素を少なめにカリウムを多施し，痩地・砂地では3要素とも多目にする．堆肥は土壌物理化学性の改良にも役立つので，10a当り600kg以上を施す．

条間60～90cmの高畦を標準とする．高畦は土中の酸素含有量を多くし，塊根の肥大を促進する．多湿地，粘土質，緊密な土では特に効果がある．また，高畦は掘取りにも便利である．

苗には，長さが20～30cmに伸びたものを採る．茎を5～10cm残しておくと順次2番苗，3番苗が採れる．植付け適期は，平均気温18℃，地温18～20℃頃で，暖地で5月中旬～6月中旬である．植付け，すなわち挿苗の方法は斜挿し，水平植え，舟底植え，釣鉢植えなど（図31.18）があるが，苗の長短に応じて選ぶ．畑が乾燥する場合は深めに植える．株間は30～45cmとするが，肥沃地や多肥では疎植にし，痩地や少肥，また早掘り，

晩植では密植とする．10 a当り3,000～5,000本とする．早掘り用の早植え栽培ではフィルムマルチ栽培が行われることが多い．マルチ栽培では，植付け部だけフィルムを破いて苗を挿す．

　生育には高温を要し，初期は生育が緩慢なため，初期に雑草の繁茂を招きやすい．除草剤は，苗の植付け3～5日前に施用する．植付け後1か月以内に，除草を兼ねて，1～2回中耕，培土を行う．ツルが繁茂するまでの間に，除草が十分に行われれば，ツルが地面を覆うため，以後の雑草の発生はかなり抑制される．かつては，ツルが伸びた盛夏にツル返しを行い，ツルボケの防止を図ったが，現在ではツル返しは茎葉の成長にかえって有害であることもあり，労力も無駄であるとして，一般には行われない．

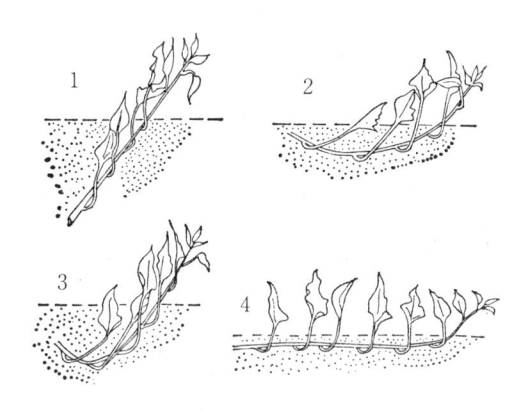

図31.18　サツマイモ苗の挿植法
1：斜挿，2：船底挿，3：釣針挿，4：水平挿．星川 (1980)

(3) 病虫害防除

　サツマイモは，畑作物中で病虫害が比較的少ないほうである．主なものとしては次のものがある．

　<u>黒斑病（black rot）</u>：*Ceratocystis fimbriata* (Ellis et Halsted) J. A. Elliottによる．サツマイモの最大の病気で，ツル，イモ両方を侵し，苗床，本圃，貯蔵中を通じ発生する．貯蔵中に，罹病イモとの接触により汚染が拡大するので，収穫時と貯蔵中の選別に注意し，汚染された貯蔵庫や貯蔵箱の消毒が必要である．イモに黒斑ができ，悪臭を発し，苦味がつく．苦味はイポメアマロンという物質で，毒性があり，家畜に与えると中毒を起こす．病イモとの接触感染により，25℃前後でよく発病する．病原菌は48℃では10分間で死滅するから，種イモおよび苗基部約10 cm部分の温湯消毒（48℃，種イモは40分，苗は15分間）を行う．

　<u>黒星病（black spot）</u>：*Alternaria bataticola* Ikata et Yamamotoにより，葉に黒褐色の径2～3 mmの病斑を生じ，葉柄や茎には黒色湿潤性の斑点ができる．苗床から発生し，盛夏高温期に一時止まり，秋8～9月にかけて再び発生する．痩せた乾燥しやすい畑に出やすい．耐病性に品種間差があるので，耐病性品種を用いる．被害茎葉は焼却する．

　<u>つる割病（stem rot）</u>：*Fusarium oxysporum* Schlechtendahl f. *batatas* (Wollenweber) Snyder et Hansenが茎，葉を枯らす．

　<u>ナカジロシタバ（sweet potato leafworm）</u>：*Aedia leucomelas* L.による．幼虫が土中で越冬し，3月に蛹化，4～5月に羽化し，夜間に飛翔して葉裏に産卵する．南日本に多く，年3～4回発生する．このガの幼虫は葉を暴食し，葉柄のみを残し丸坊主にする．薬剤を

散布して防除する.

イモコガ(イモキバガ, sweet potato leaf folder): *Brachmia macroscopa* Meyrickによる. 小さいガの幼虫で, 約16 mm, 年4〜6回発生する. 幼虫は糸で葉を折り曲げ, あるいは2枚を綴り合わせて, その中に潜み, 葉肉部を食害する. ナカジロシタバよりは被害は少ない. 薬剤で防除する.

サツマイモネコブセンチュウ(southern root-knot nematode): *Meloidogyne incognita* (Kofoid et White) Chitwoodによる. 4月頃から活動を始め, 根に食入り, 球状に肥大し, 寄生部の組織は数珠状のこぶになる. 塊根肥大は妨げられ, 肥大しても短くなったり, くびれなど形を悪くする. 砂質地, 黒ボク土に多い. 連作を避け, 抵抗性品種を利用して防ぐ. また植付け前の土壌消毒も有効である.

ネグサレセンチュウ: イモ表面を腐敗させる. 抵抗性品種がないので輪作で防ぐ.

その他の病害には, 立枯病, 軟腐病, 黒あざ病, 紋羽病などがある. ウイルス病としてはサツマイモ帯状粗皮病やサツマイモ葉巻病の発生が報告されている. また, 上記以外の虫害では, アカビロウドコガネ, ハスモンヨトウ, エビガラスズメの幼虫などが葉を食害し, ハリガネムシ, コガネムシ幼虫がイモを食害する.

(4) 収穫・貯蔵

茎葉の成長が停止し, 塊根の肥大が最高に達した時が収穫適期である. 一般に降霜期の直前であるが, 茎葉は霜にあうと一朝にして黒変して枯れ, イモも低温に長くさらされると, 生理機能が衰えて病原菌に対する抵抗力が弱まり, 腐りやすくなる. そこで, 降霜前に収穫するのが望ましいが, 一般には1〜2回霜にあって, 葉が枯れたときに収穫することが多い. 手作業の場合にはツルを鎌で刈り, 塊根を傷つけないように掘りとる. 機械栽培ではツル刈りやイモ堀りに機械が用いられる.

イモは収穫後の2〜3週間は呼吸が盛んで, 堆積したり密閉容器内など, 通気の悪い条件におくと発熱する. また蒸散が盛んであり, この時期に10〜25%重量が減少する. 貯蔵の適温は10〜14℃, 適湿は85〜90%である. 貯蔵温度が15℃以上の高温に保たれると, 萌芽して貯蔵養分が減少し, 9℃以下では腐りやすく, デンプンが糖分に変化する. 貯蔵方法の最も簡易で一般的なものは, 溝式貯蔵である. それは深さ約1mの溝を掘

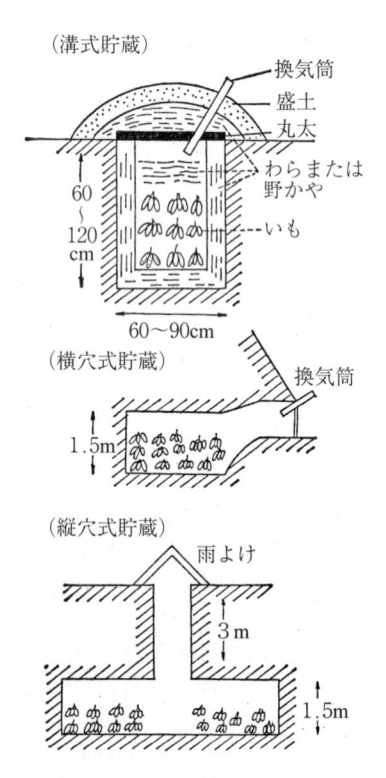

図31.19 サツマイモの地下穴貯蔵方法.
藤瀬(1977)

り,底やまわりをワラで囲い,イモの呼吸熱を利用して適温に保つ工夫をした簡易な方法である(図31.19).覆土の厚さは外気温により加減する.暖地から,やや寒冷地でも行われる.その他,横穴式,あるいは縦穴式のむろ式貯蔵法は長期貯蔵に適し,またイモの出し入れに便利である.屋内貯蔵法も行われ,そのうちの大規模なものとしてキュアリング(curing)貯蔵がある.これは,まず,収納庫内の温度を30～33℃,湿度90～95%の条件にして3～4日おき,イモの傷面にコルク層を形成させ,黒斑病や軟腐病菌の侵入を防ぐ組織を作り(キュアリング),その後,速やかに放熱して以降は,10～14℃の適温に調節して貯蔵するものである.近年では温湿度の調節が可能な室内貯蔵が増えており,周年出荷を可能にしている.

(5) 作付体系・特殊栽培

サツマイモは,連作することができる作物として有利性を持つ.しかし,吸肥力が強いので連作では地力を消耗する.連作による病虫害の発生防止のうえからも,長期の連作は避ける.また茎葉が地面を覆うため土壌浸食が防がれ,イモは地中にできるために,台風の害を受けにくいので台風常襲地に適する.また,耐乾性が強いので,干害地帯にも比較的安全に栽培できる.こうしたサツマイモの特性を活かして,イネ科,マメ科作物と組み合わせて畑作経営に採り入れられている.サツマイモをダイズ,ササゲなどと混作することもある.

種イモをそのまま,あるいは切断して,直接本畑に植え付ける直播栽培が一部で行われている.直播栽培では育苗の手間が不要で機械化しやすいこと,植え付け時に土壌水分不足のため,苗挿しでは活着が難しい場合でも植付けできることなどの利点がある.反面,種イモを多量に必要とし,植付け後に種イモの病害虫被害を生じたり,生産イモの大きさが不揃いになりやすいなどの欠点もある.

直播栽培された場合の塊根のでき方は種イモの条件や環境条件によって異なり,また品種の特性によっても異なる(図31.20).親イモ型は,種イモがそのまま肥大するもので,イモ形は不斉形になりやすく,皮色も悪く,商品価値が劣る.親根イモ型は,種イモもやや太るが,種イモから出た根が塊根に肥大するもので,形態・品質も良い.しかし,イモつきが深いので,掘り取りに労力がかかる.つる根イモ型は,種イモから出た茎の基部から出た不定根が塊根になるもので,結薯が遅れ,小イモになりやすい.しかし,品種によっては一般栽培と変わらない品質,収量が得られる.直播栽培用品種としては,つる根イモ型になるものが望ましいが,多くの品種は一般栽培用に育種されているため,適品種は少ない.ナエシラズは,直播栽培用に育成された品種である.

黒斑病の被害を防ぐために,無病の種イモを生産する

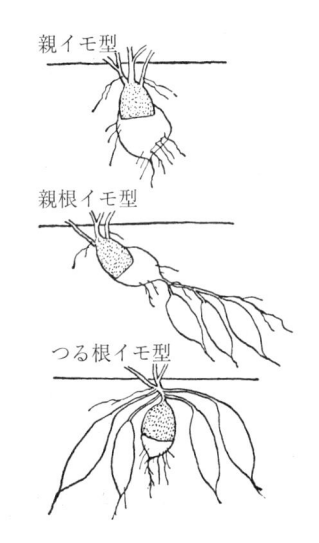

図31.20 直播栽培でのイモの着き方.星川(1980)

ための採種栽培が行われる．黒斑病菌は茎の先端には拡がらないことを利用し，一旦植付けた苗が伸びて30cm余になった時に，ツル先約15cmを切り取り，苗として植付け，それに着いたイモを種イモとする．栽培中にネズミや虫などにより病菌が伝染しないように，採種栽培圃の近隣には，一般サツマイモ栽培圃場がないことが望ましい．

7．利 用

日本の一般品種の掘取り時期における栄養成分を表30.3に示す．デンプンの含有率が高く，安価なカロリー源として利用される．食物繊維が多くて整腸効果があり，ミネラル類，ビタミン（主としてC，品種によってはA（カロテン）やE）が多く含まれる．

サツマイモは，煮る，焼く，蒸すあるいは油で揚げるなどして直接食用とする．また，切干として乾燥加工すれば保存食となる．食用のほか，デンプンやアルコールなどの原料用として用いられる．食用としては，サツマイモは地域によっては主食として重要であり，アジア，アフリカなど熱帯の各地では，今も主食とされている所もある．わが国でも，西南暖地の一部では，サツマイモを常食としている所もあった．また，戦時中や戦後，また災害時には米の代用として重視された．食用に加え，第2次大戦直後までは，アルコール原料として重要視され，また1960年代までは，デンプン原料としての生産も多かった．現在は，デンプン製造は河川汚濁の問題もあり，デンプン原料が安価なコーンスターチにとって代わられたため，需要が激減した．デンプンの用途は，飴，ブドウ糖，食品加工原料，紡績糊，化粧料，医薬などである．焼酎用のアルコール原料としての需要も根強い．近年は，高カロテン・アントシアンニン品種の開発に伴い，これらの特性を活用した加工食品（ジュース，ジャム，パウダーなど）が出現し（中谷 2003），需要拡大の兆しがみられる．

飼料用としても用いられ，飼料専用品種が育成，利用されている．イモは生のまま，あるいはイモぬか飼料，イモぬかサイレージ，醗酵飼料として用いられ，特に養豚に重要である．茎葉は生，乾燥，あるいはサイレージとして供与する．乾燥茎葉はふすまに匹敵する飼料価を有する．

8．文 献

相見霊三・西尾隆雄 1956 甘藷における澱粉の形成と蓄積に関する細胞生理的研究．日作紀 24：201-206.
紅赤百年記念誌編集委員会 1997 サツマイモの女王－紅赤の100年．
藤瀬一馬 1964 甘藷品種の開花結実性と自家ならびに交配不和合性に関する研究．九州農試彙報 9：126-246.
藤瀬一馬 1977 サツマイモ．佐藤 庚他編，食用作物学．文永堂．229-251.
花田主計・小島 均 1951 甘藷塊根形成と土壌温度．九州農業研究 8：47-48.
長谷川浩・八尋 健 1957 高地温が甘藷の生育に及ぼす影響．日作紀 26：37-39.
長谷川新一・中山兼徳 1956 畑地灌漑試験．(5) 甘藷灌漑栽培における品種・畦の高さ・施肥量及び灌漑水量の相互関係について．関東東山農試研報 9：105-120.
日野 巌 1928 甘藷伝来に関する知見補遺．農学会報 310：379-397.
平井源一 1968 甘藷の塊根乾物重歩合の変異に関する作物生理学的研究．大阪教育大紀要 17（第III

部）：33-92.
北条良夫・朴　正潤　1971　*Ipomoea* 属野生種と栽培種間の接木植物での物質生産．農技研報告 D22：145-164.
北条良夫・村田孝雄・吉田智彦　1971　甘しょ接木植物における塊根の発育．農技研報 D22：165-191.
位田藤久太郎　1950　甘藷の塊根形成に及ぼす土壌水分の影響並びにその解剖学的研究．園学雑 19：49-60.
飯泉　茂　1949　生育地に於ける甘藷塊根の呼吸．生態学研究 12：113-119.
今井　勝　2000　サツマイモ．石井龍一他共著，作物学（Ⅰ）－食用作物編－．文永堂．243-257.
伊藤秀夫　1949　サツマイモの栽培と貯蔵．地球出版．1-252.
春日井新一郎　1935　甘藷の水耕法について．日作紀 7：12-18.
加藤真次郎・北条良夫　1972　*Ipomoea* 属近縁野生種及び栽培種間の接木植物における ^{14}C-光合成産物の転流．日作紀 41：496-501.
小林　仁　1984　サツマイモのきた道．古今書院．
小林　仁・小巻克巳　2004　サツマイモ．山崎耕宇他監修，新編農学大事典．養賢堂．475-477.
児玉敏夫　1962　甘藷の栽培．戸苅義次編，作物大系 いも類Ⅱ．養賢堂．57-130.
児玉敏夫　1962　直播甘藷の生育に関する生態学的研究．農事試研報 1：157-222.
児玉三郎・古谷義人　1969　うね立ての有無が甘藷の生育・収量におよぼす影響．九州農試彙報 14：273-290.
児玉三郎・中馬克己・田上三夫　1971　甘しょの多収畑と普通畑における生育相および土壌環境の差異．九州農試報 15：493-514.
国分禎二　1973　甘しょ品種の塊根の組織構造とでん粉蓄積能力との関係．鹿大農学術報 23：1-126.
国分禎二　1976　サツマイモの塊根の肥大．北条良夫・星川清親編，作物-その形態と機能（下）農業技術協会．2-20.
小巻克巳　2004　作物とその起源，サツマイモ．山崎耕宇他監修，新編農学大事典．養賢堂．438-439.
熊谷　亨　2002　九州沖縄農業研究センターにおける多様なサツマイモ新品種の開発．農業技術 57：247-253.
Lebot, V. 2008 Tropical Root and Tuber Crops : Cassava, Sweet Potato, Yams and Aroids. CABI.
松原茂樹・石黒　迅　1937　甘藷塊根の肥大成長と地上部発育並びに気象との関係．農及園 12：571-580.
宮本常一　1962　甘藷の歴史．未来社．
宮司佑三・国分禎二　1964　肥大初期における甘藷塊根の組織学的研究－主として澱粉集積機能の品種間差異との関連において（1, 2）．鹿大農学術報 15：101-108, 109-116.
中潤三郎　1963　甘藷の成育過程に関する作物生理学的研究．香川大農紀要 9：1-96.
中島哲夫・野々山重男　1972　サツマイモ塊根における不定芽の発育ならびに萌芽に影響する要因について．日作紀 41：454-458.
中谷　誠　2003　サツマイモ新品種の開発状況と新たな視点．農業技術 58：529-534.
西山市三・藤瀬一馬・寺村　貞・宮崎　司　1961　甘藷とその近縁植物に関する研究．（1）*Batatas* 植物の染色体数と主要特性の比較研究，（2）甘藷野生種K123の生理生態的特性，育雑 11：37-43, 11：261-268.
西山市三　1962　サツマイモ祖先の発見．遺伝 16：6-10.
Nishiyama, I. 1971 Evolution and domestication of the sweet potato. Bot. Mag. Tokyo 84：377-387.
野口弥吉・菅原友太　1940　甘藷塊根の形成機構に関する研究．農及園 15：1-8.
野口弥吉・竹井邦彦　1945　貯蔵中における甘藷の呼吸作用．農及園 20：303-304.
中世古公男　1999　サツマイモ．作物学各論．朝倉書店．92-97.
小倉　謙　1945　甘藷の塊根形成に関する解剖学的考察（1, 2）．農及園 20：331-334, 381-383.
沖　智之・須田郁夫　2004　紫サツマイモに含まれる抗酸化成分．農業技術 59：299-304.
Purseglove, J. W. 1968 *Ipomoea batatas* (L.) Lam. In Tropical Crops I. Longmans. 78-88.
Rurcell, A. E. et al. 1978 Changes in dry matter, protein and non-protein nitrogen during storage of sweet potatoes. J. Amer. Soc. Hort. Sci. 103：190-192.

坂井健吉 1964 甘藷の育種における変異の拡大と選抜法の改善に関する研究. 九州農試彙報 9：247-397.
坂井健吉 1986 改定サツマイモのつくり方. 農文協.
坂井健吉 1999 ものと人間の文化史90 さつまいも. 法政大学出版局.
坂本　敏 1987 熱帯のいも類 サツマイモ. 国際農林水産業協力協会.
佐々木修 2002 イモ類，サツマイモ. 日本作物学会編，作物学事典. 朝倉書店. 395-399.
繁村　親・高崎達蔵・柿原倉太 1938 人為開花法による甘藷の交配育種. 日作紀 10：281.
繁村　親 1952 甘藷の貯蔵. 綜合作物学，食用作物篇，いもの部. 地球出版.
繁村　親・松田伊六・本谷耕一・井口武夫・西尾伸一 1960 甘藷貯蔵の研究. (5) 塊根の呼吸発熱量の研究. 中国農試報告 4：395-433.
四方俊一 1980 カンショにおける任意交配集団の育種的利用に関する研究. 中国農試報告 A28：1-48.
鈴木繁男・田村太郎・広幡哲夫・根本芳郎・荒井克祐 1957 甘藷の生長肥大に関する生化学的研究. (1) 生育中の塊根の肥大と澱粉含有量の変化, (2) 成育中の塊根の糖類および蛋白質の変化, (3) 塊根生育中のフォスフォリラーゼ・βアミラーゼ・フォスファターゼ. 農化誌 31：762-767, 768-771, 859-864.
戸苅義次 1950 甘藷塊根形成に関する研究. 農林省農試報告 68：1-96.
戸苅義次 1952 甘藷塊根形成並に育苗理論. 綜合作物学，いもの部. 地球出版. 30-75.
戸苅義次・藤瀬一馬 1962 甘藷の生育. 戸苅義次編，作物大系，いも類I. 養賢堂. 1-56.
津野幸人・藤瀬一馬 1965 甘藷の乾物生産に関する作物学的研究. 農技研報 D13：1-131.
沖　智之・須田郁夫 2004 紫サツマイモに含まれる抗酸化成分. 農業技術 59：299-304.
渡辺和之・児玉敏夫他 1965-70 土壌の物理性と作物の生育および収量との関係. 日作紀 33：418-422, 34：409-412, 37：65-69, 37：70-74, 38：652-656.
渡辺和之 1970 カンショ. 家の光協会.
渡辺和之 1979 カンショの過剰栄養生長機構に関する栽培学的研究. 農試研報 29：40-94.
渡辺清彦 1938 本邦内に於ける甘藷開花に関する二・三の知見. 日作紀 10：322-332.
山田尚二 1994 さつまいも－伝来と文化 (かごしま文庫19). 春苑堂.
Yen, D. E. 1961 Evolution of the sweet potato. Nature 191：93-94.

第32章　キャッサバ

学名：*Manihot esculenta* Crantz (= *M. utilissima* Pohl)
和名：キャッサバ，カッサバ，イモノキ，タピオカノキ，マニホットノキ
漢名：木薯
英名：cassava, manioc, tapioca plant
独名：Manihot, Maniok, Kassawa
仏名：cassave, manihot, manioc
西名：casabe, mandioca, yuca

1. 分類・起源・伝播

　キャッサバは，トウダイグサ科（Euphorbiaceae）に属する．野生種は不明で，きわめて多くの品種，系統がある．通常，苦味種（ニガキャッサバ）と甘味種（アマキャッサバ）に大別される．苦味種（bitter cassava, *M. esculenta* Crantz）はイモに青酸配糖体を含み有毒であるが，イモの形は大きく，多収性で貯蔵性に富み，デンプン製造に適する．アフリカ，東南アジア，南洋群島に広く分布する．甘味種（sweet cassava, *M. dulcis* Bail. = *M. aipi* Pohl）のイモにも青酸配糖体は含まれるが，主に外皮部に含まれており，毒性は少ない．イモは，やや細く小さい．苦味種よりやや涼しい所に適し，アルゼンチン北部，ブラジル，パラグアイ北部などに多い．この他に，近縁種のブラジル原産の *M. carthagensis* Muell. Arg. も栽培されている．
　原産地は新大陸で，2つの中心地があるとされている．すなわちメキシコ西部からグアテマラに及ぶ地域とブラジル北東部である．栽培の起源地は上記カリブ海岸，あるいは，アマゾン流域のアンデス山麓かベネズエラの草原など，乾燥した海岸や草原であろうといわれている．起源は極めて古く，ペルーでは4,000年前，メキシコでは2,000年前から栽培された．アメリカ大陸では甘味種の方が普遍的であるが，これは古代からの選抜の結果と思われ，苦味種は，デンプン採種用として後から栽培が盛んになった．
　コロンブスが新大陸に来た時（1492年）には，南北緯25度までの間に広く栽培されていた．その後，ポルトガル人によって世界の熱帯に伝播された．16世紀後半には，ポルトガルの奴隷商人がアフリカ西部海岸に伝えたが，大陸内部への伝播は20世紀に入ってからのことである．米国では，1860年にはすでにフロリダでデンプン原料として盛んに栽培されていた．アジアへは，18世紀後半からジャワ，マレー，スリランカなどへ入ったのを始めとし，19世紀にはシンガポール，台湾，太平洋諸島などへも広まった．
　わが国では気候が冷涼すぎて育たないので，見本標本として栽培されるのみであったが，現在では沖縄でわずかに栽培がみられる．

2. 生産状況

近年，世界における生産は増加傾向にあり，1970年代から1990年頃にかけて世界の生産量は約3倍に増加した．この増加は，キャッサバデンプンをEUや日本などが飼料や工業原料として，大量に輸入したことが背景になっている．その後，輸入先の国内農業保護政策やコーンスターチとの競合などにより輸出が減少したため，生産量は1990年代に入ってからはアジアや南米では停滞しているが，アフリカでは増加している．現在 (2008年) の栽培面積は1,870万ha，生産量は約2.3億tに達している．単収は世界平均では約12 t/haであるが，主産地のアフリカ諸国は10 t/ha以下と低い．地域別ではアフリカが世界の生産量の約50％を占め，次いで東南アジア，南米の熱帯地帯で生産が多い．国別生産量では，ナイジェリア，ブラジル，タイ，インドネシア，コンゴが1,000万tを超す生産国となっている．

年中収穫が可能で単収が大きいこと，無肥料でもある程度の収量が得られることなどから，熱帯の途上国における人口増加に対応可能な作物として期待される．

3. 形態

短年生の灌木で丈1〜5m，普通2〜3mになり，植物体のいずれの部分も傷口をつけると乳液を出す．茎は断面丸く，節がある．分枝性は品種により変異が大きい．葉は茎の各節に2/5の葉序で着く．葉柄は長く，5〜30 cm，葉身は3〜9，多くは5〜7片で深く切れ込んでいる（図32.1）．

根は茎の基部から出たいくつもの不定根が2次肥厚により肥大し，ダリヤの根のような塊根になる．その数，形，大きさ，色などは品種により異なるが，一般に1個体に5〜10本の塊根が着く．塊根の長さは15〜100 cmと長く，太さ3〜15 cmである．イモの構造は，外側は周皮とコルク層で白，淡または濃褐色，さらに靱皮部がある．それより内部は髄部で，デンプンを多く含んだ木部の柔組織が主で，その中に師管と乳管が少数散在している．靱皮部と木部の間に形成層組織がある．この肉質髄部は，普通，白，ときに黄や赤色を帯び，これが食用部分である．塊根の他に繊維状の細根が多くある．

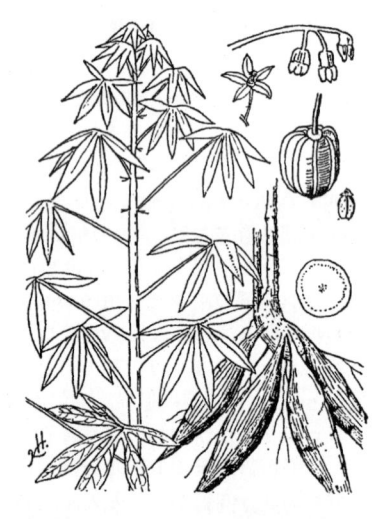

図32.1　キャッサバ．星川 (1980)

花は枝端近くの葉腋につき，単性花で同一の花序内に，雌花は基部寄りに雄花は先部につく．萼片は5，淡黄または紅色を呈する．花は雌花が雄花よりやや大型である．しかし数は雄花10に対し，雌花1の割合である．雌花先熟で雄花より7〜8日早く咲く虫媒花

である．1花序の開花期間は4～5日である．受粉後，約3～5か月で果実が熟する．果実は木質の蒴果で長さ1.5 cm，6条の稜があり，3個の種子を蔵する．完熟すると裂けて種子は外に落ちる．種子は長さ12 mm，楕円体である（図32.1）．

4．生 理・栽 培

　熱帯低地の環境に適応した性質を有し，生育には27～28℃の高温が適している．平均気温20℃以上で，無霜期間が9か月以上あれば栽培可能で，亜熱帯まで栽培できる．霜にはきわめて弱い．干ばつには強く，雨量は年500～5,000 mmの地域で栽培されている．植付け時は適当な降雨が必要である．生育を開始してから著しい干ばつに遭うと全ての葉が枯れ落ちるが，その後，再び降雨に遭うとたちまち新葉を生ずる．過湿には弱い．

　土壌は海岸地方の肥沃な砂質壌土が最適であり，湿潤で腐植の多い粘土質や，硬い土では生育は適さないが，実際には多様な土壌に栽培されている．土壌pHは5.5～6.5のやや酸性が適し，アルカリ土壌には適さない．窒素，リン酸，カリウム，カルシウムなどの主要な養分不足に耐性があることから，無施肥で栽培されることが多い．そのため，養分利用効率は高いにもかかわらず，しばしば養分収奪の汚名を科せられる．

　光合成速度は20～28 μmol/m^2/s程度で，平均的なC3植物の値を示す（今井 2000）．気孔は葉の裏面に集中し，気孔コンダクタンスは他の作物に比べ高い．最適葉面積指数（LAI）は，近年の育成品種では4を超えている．乾燥や相互遮蔽などで葉が枯死脱落しやすいので，生育中・後期のLAIをできるだけ維持することが多収につながる．収穫指数は近年の育成品種では0.7を越す品種もみられる（Kawano 2003）．

　植付けは，主に挿木で行われる．成熟した茎の中央部を長さ20～30 cmに切り，下2/3部分を土に斜め，または水平に埋める．年中いつでも植付けられるが，雨期の始めが適する．植付け数は10 a当り1,200本が標準で，肥沃地では栽植密度を粗に，痩地ではより密とする．挿木後約1週間すると発根して生育を開始する．茎長40～50 cm頃に中耕培土し，全生育期間中に3回ほど除草する．通常10か月ほどで収穫期となるが，品種により6～20か月の幅がある．

　収穫は地上30 cmくらいで茎を切り，イモを掘りとり，傷付けないように茎から離す．収穫後1～2日で黒褐色のネクロシスが始まり，5～8日で腐敗が始まる（岡田 2002）．デンプン採取用には，収穫してその日のうちにデンプン工場へ送る．自家食用には必要に応じて掘りとる．乾燥した地域では数週間貯蔵することができる．

　病虫害には比較的強いため，普通は薬剤防除は行われない．もっとも重要な病害はアフリカモザイクウイルスで，罹病すると大きな被害が出ることから，育種では抵抗性付与が大きな目標となっている．

　熱帯作物であり，先進国での試験研究は少ない．国際農業研究機関のIITA（本部はナイジェリア）とCIAT（本部はコロンビア）が遺伝資源の収集評価を行い，それを利用した育種事業をアフリカ，アジアおよび南米諸国の研究組織と連携協力しながら実施している（Kawano 2003）．その結果，収量性が格段に向上し，たとえばCIATでは，過去30年間の育種により，生イモ重で100％以上，乾物重で20％以上の改良に成功している．

5. 利　用

キャッサバの塊根の可食部分の栄養成分（生）は水分62％の場合，炭水化物約35％，タンパク質約10％，脂質約0.3％，無機質約1％である．イモはカルシウムに富み，またビタミンCを多く含む．生イモからのデンプン収量は20～25％である．葉にはタンパク質とビタミンAを多く含む．キャッサバは，熱帯では米につぐ主食として，一般貧民階級の不可欠の主食とされている．食用には煮たり，油で揚げたり，焼いたりして食べる．また，磨り潰して水洗したのちパン状に焼いたりすることもある．ブラジルでは，塊根を磨り潰して乾燥させたものをファリーニャと呼び，料理に振りかけて食べる．

キャッサバの有毒成分は青酸配糖体（linamaroside, litaustraside）で，根だけではなく，茎や葉にも含まれる．青酸配糖体はそれ自体では毒性はないが，分解酵素（linamarase）などの作用により青酸が分離発生することにより毒性を持つ．甘味種はこの毒物が皮の部分に限られるが，苦味種では全体により多く含有される．青酸の含量は，生イモ1kg当り10～370mgで，50mg以下はほぼ無害であるが，50～100mgでやや有害，100mg以上で猛毒となる．毒性は土壌，気候などでも変わる．しかし，青酸はイモを加熱や水洗，乾燥することによって除くことができるので，中南米の人々は昔から種々の除毒方法を考案して利用している．

デンプンを製するには，原料イモを洗い，皮を剥いてから，搗き砕いて竹製の容器に入れて加圧し，何回も水を替えながら絞る．あるいは，イモの乾燥粉を作り，これからデンプンを精製する．こうして得たデンプンを二重底の釜に入れ，加熱蒸気を透して3～4分熱すると半ば糊化する．これを冷却すると半透明の塊状タピオカ（tapioca flake）が得られる．これを粉にしたものがタピオカフラワー（tapioca flour）である．デンプンを水で柔らかく練り，加熱して濾板を通して小片とし，これを球状とし，軽く熱を加えて表面だけが半糊化した状態にしたものがタピオカパール（tapioca pearl）である．これをふるいを通して粒サイズをそろえ調整する．

キャッサバのデンプンは，繊維，タンパク質などを含まぬ純度の高いデンプンで，タピオカ（tapioca）とよばれる（図32.2）．料理，菓子，離乳食，病人食などに優れるほか，粘性，張力に富み，織物用，製紙のコーティング，醤油の色づけのカラメル原料など食品加工用，またアルコール原料などとしても重要である．このため，熱帯各地からアメリカやヨーロッパなどへ，かなり大量にタピオカとして輸出されるが，その輸出の形態は上記のものとカプレク（caplek）と呼ばれる乾芋の形とがある．日本は各種の形態のものを大量に輸入してい

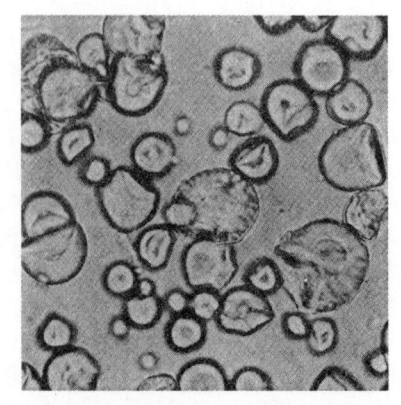

図32.2　キャッサバのデンプン粒．星川（1980）

る．
　甘味種は家畜の飼料とされる．アフリカでは若葉は野菜とされる．またトリニダードなどでは，ココア畑の保護作物（nurse‐crop）として植えられる．

6．文　献

安渓貴子 2005 アフリカ大陸におけるキャッサバの毒抜き法－技術史と生活史からの再検討－．熱帯農業 49：333‐337
Hillocks, R. J. et al. 2002 Cassava : Biology, Production and Utilization. CABI Publishing.
今井　勝 2000 キャッサバ．石井龍一他共著，作物学（Ⅰ）－食用作物編－．文永堂．267‐274．
Kawano, K. 2003 Thirty years of cassava breeding for productivity ‐ biological and social factors for success. Crop Sci. 43：1325‐1335.
Lebot, V. 2008 Tropical Root and Tuber Crops: Cassava, Sweet Potato, Yams and Aroids. CABI Publishing.
永井威三郎 1952 作物栽培各論 2．養賢堂．342‐350．
中世古公男 1999 キャッサバ．石井龍一他共著，作物学各論．朝倉書店．96‐97．
岡田謙介 2002 キャッサバ．日本作物学会編，作物学事典．朝倉書店．403‐407．
Purseglove, J. W. 1968 Tropical Crops I. Longmans. 171‐180.
山田　登 1975 キャッサバ－熱帯農業における重要性と将来性－．熱帯農業研集報 26：13‐26．

第33章 ヤムイモ

学名：*Dioscorea* spp.
英名：yam
独名：Jamswurzel
仏名：igname
西名：name

1. ヤムイモの分類

　*Dioscorea*属は世界の熱帯，亜熱帯に約600種以上あり，多くの種が地中にイモを形成する．食用作物として栽培されるものは約50種があり，古代からアジア，アフリカ，アメリカ大陸の各地で利用されてきた．また，野生のものを利用している種も多く，*Dioscorea*属は植物の中で1つの属として食用とされる種の数がもっとも多いといわれる．いもを重要な食料とする文化圏においては，重要な地位を占めているが，栽培や加工が容

表33.1　ヤムイモ類（*Dioscorea*）の原産地別の栽培種および食用野生種

原産地帯	栽培種・食用野生種
東南アジア熱帯降雨林地帯	*D. alata*, *D. esculenta*, *D. bulbifera*, *D. pentaphylla*, *D. nummularia*, *D. papuana*, **D. hamiltonii*, **D. persimilis*, **D. myriantha*, **D. hispida*, **D. laurifolia*, **D. orbiculata*, **D. piscotorum*, **D. polyclados*, **D. prainiana*, **D. pyrifolia*, **D. gibbiflora*, **D. atropurpurea*, **D. globosa*, **D. luzonensis*, **D. flabellifolia*
東アジア温帯照葉樹林地帯	*D. batatas*, *D. owenii*, **D. japonica*
オーストラリア北部熱帯降雨林地帯	*D. hastifolia*, **D. transversa*
東アフリカ熱帯森林地帯	*D. dumetorum*
西アフリカ熱帯森林地帯	*D. cayensis*, *D. rotundata*, *D. latifolia*
マダガスカル島	**D. maciba*, **D. bemandry*
中米熱帯降雨林地帯	*D. trifida*, **D. altissima*, **D. lutea*
南米熱帯降雨林地帯	*D. cinnamomifolia*, **D. dodecaneura*, **D. glandulosa*, **D. hastata*, **D. trifoliata*

*：野生型のみ存在する種類，すなわち純野生またはまれに栽培のあるもの．中尾（1966）を改

易なキャッサバやサツマイモに押され，ヤムイモの生産量が減少傾向にある地域もみられる．Dioscorea属中の食用栽培種と野生利用種を一覧にしたものが表33.1である．こうしたDioscorea属の食用種を一括してヤムイモ（yam）と呼ぶ．したがって日本のヤマノイモやナガイモも全てヤムイモの一種ということになる．

Dioscoreaのうち，ダイジョ（D. alata）が最も広く栽培され，次いでトゲドコロ（D. esculenta），カシュウイモ（D. bulbifera），ゴヨウドコロ（D. pentaphylla）などで，アジア，アフリカの根菜農耕文化の主要作物となっている．日本では，ナガイモ（D. batatas, D. opposita），ヤマノイモ（ジネンジョ，D. japonica）が古くから食用とされてきた．ヤムイモは D. trifida のみ n = 9 で，その他は n = 10 を基本数とする高次倍数性である（豊原 2002）．

国際農業研究機関の1つIITA（熱帯農業研究所，本部はナイジェリア）では多数の遺伝資源の収集・保存と多収・耐病性などを目標に育種を行っている（IITA 2001）．

2．ナ ガ イ モ

学名：*Dioscorea batatas* Decne（= *D. opposita* Thunb.）
和名：ナガイモ，ヤマノイモ，ヤマイモ
漢名：薯蕷，山芋，山薬
英名：Chinese yam

（1）起源・伝播・生産状況

中国原産で，アジアのDioscoreaの中では最も低温に適応した種で，中国と日本で栽培される．原産地は華南の西部の高地と考えられ，中国ではすでに夏・周の時代（紀元前3世紀）から栽培されたという．その後華南から華北へと広がり，19世紀にはヨーロッパへ紹介された．日本へはかなり古く，たぶん朝鮮半島を経て伝来したらしいが，古代の記録はなく，貝原好古の和爾雅（1694）に初めて野生のヤマノイモと本種を区別して記載されている．

わが国では弥生時代からサトイモ（里芋）を栽培しており，これに対して山に自生するD. japonica Thunb.を採集して食用としていたので，これをヤマノイモ（山芋）と呼んだ．その後中国から伝来した D. batatas が D. japonica によく似ていたために，山の芋の名がD. batatas に移ってしまったものと思われる．したがって D. batatas をヤマノイモと呼び，D. japonica をジネンジョ（自然薯）と称して区別する人も多い．しかし牧野富太郎は D. japonica にヤマノイモの古称を与え，D. batatas はナガイモと名付けた．農林水産省では「やまのいも」の呼称を用いている．

わが国では作付面積8,050 ha, 収穫量約18万t, 単収2.3 t/10 a（2008年）となっており，生産量は近年横ばいである．青森県と北海道を合わせて全国の約70％を占める．次いで長野，千葉，群馬などが生産が多い．このようにナガイモは主として高寒冷地および砂丘地帯などで生産されている．

（2）形　態

多年生で、茎は長い蔓で支柱に巻き付いて（右旋性）伸び3〜5mになる（図33.1）。枝を多く生じ、茎に紫色を帯びるものもある。葉は各節に対生し、長さ5〜7cmの葉柄の先に、長さ5cmの葉身が着く。葉柄の先と葉身の着け根が赤紫色を呈するのが本種の特徴である。本種は里近い山野に野生化しており、ヤマノイモ（*D. japonica*, 図33.2）と混同されやすいが、ヤマノイモにはこの赤斑がないので識別することができる。

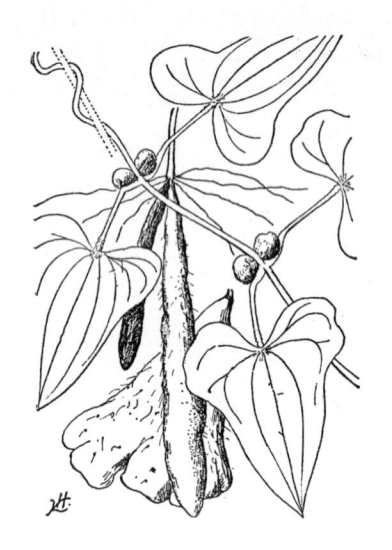

図33.1　ナガイモ．星川（1970）　　　　図33.2　ヤマノイモ．星川（1980）

ムカゴは一般に多く生ずるが、ムカゴをほとんど生じない品種もある。ムカゴは20節目以上に着き、球、長球形で長さ1〜2cm、皮色は若いうちは緑色、後に褐色または銀灰色となる。肉質は白く、イモと同様粘質である。地中のイモよりもムカゴを主に利用する品種もある。

花序は葉腋に対生または2〜4本生じ、雌雄異株である。花序の長さは4〜5cm、雄花序は立ち、白色小花を多く着ける。雄蕊は6本のうち3本は不全のことが多い。雄穂は垂れ下がる。蒴果は翼状の3稜があり、種子は丸い翼がある（図33.3）。しかし一般には種子ができないものが多い。なお栽培は栄養繁殖によるため、地域の栽培個体が同一株の繁殖によることが多く、例えば青森県、長野県など主産地ではほとんど全てが雄株である。

イモは品種により形がさまざまで次の4型に大別される（図33.4）。

① 長円筒・棒状：基部は細いが10cmほど先は太く、長さ50〜100cmに及ぶ長いバット状で、本種の代表的形態であり、長薯と呼ばれる。ムカゴが多い。関東以北の寒冷地に栽培が多い。

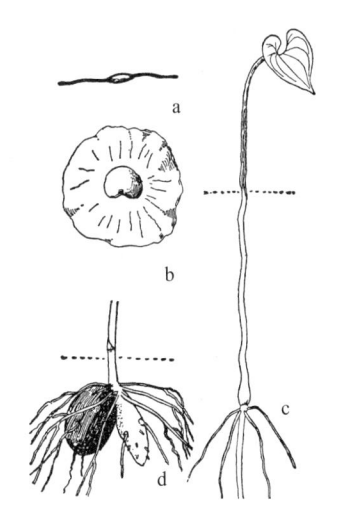

図 33.3　ナガイモの種子と出芽
a：種子側面．b：種子平面．c：種子からの発芽実生．
d：ムカゴからの発芽，ムカゴ（左）から発芽して新しいイモ（右）ができ始めている．星川（1980）

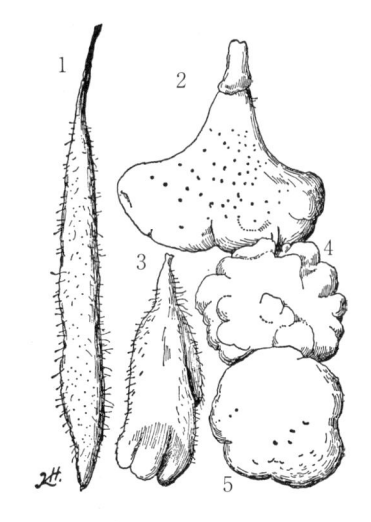

図 33.4　ナガイモの品種
1：長薯，2：いちょう薯，3：徳利薯，
4：豊後薯，5：大和薯．星川（1970）

②扁平・扇形：イモが浅く着き，長さは20 cm未満，イモ表面は白っぽい．仏掌薯，いちょう薯などと呼ばれ，関東以西に栽培が多い．

③短太棒状：長さ約30 cm以下，最も太い部分は径約8〜10 cm．徳利薯，杵薯，らくだ薯などと呼ばれている．関東から関西に多い．

④球・塊状：直径10〜15 cmで皮色は黒褐色，淡褐色など．表面に突起の少ないもの，多いものなど様々である．ムカゴができない．肉質優秀で，粘りが強い．豊後薯，大和薯などと呼ばれ，西南暖地で栽培される．

イモは茎と根の中間の性質を持ち，担根体と称される．年々交代して次第に肥大する．普通1株に1本着き，ときに2〜数本着くこともある．イモは皮部薄く，内部のほとんどを占める髄部に多数の木質繊維が縦走し，この周囲に発達する柔組織に多くのデンプンを含む．またタンパク質性の粘物質を多く含む．

萌芽はイモの基部（首部）より生ずるが，切断分割すればどこからでも不定芽を生ずる．しかし頂芽優勢が強いので，首部寄りの切片ほど萌芽が早い．イモの首部から7〜8本の長大な根（呼吸根）が出る．この根は萌芽以降，主に種イモの養分を消費して伸び，また地上部も種イモの養分によって急速に成長する．種イモが消尽に近づいた頃から，新イモが種イモの首部近くに形成され，翌年の成長のための養分が蓄積されて，3か月ほど要して種イモより大きく発達する．

(3) 栽　培

　ナガイモは一般に耐寒性が弱く，高温多湿を好むものであるが，とくに長薯系の品種は比較的低温に強く，イモの成長肥大も早いので，日本の北部によく生育する．0℃で幼植物は霜害をうけ，また秋季には霜にあうと葉は黄変して枯れ，イモも0℃以下では凍害をうける．イモの肥大には高温，多湿を要し，また昼夜の温度較差の大きいことが有利である．萌芽は一定の低温で休眠が破れて後に始まる．15℃以上の高温になるにれて萌芽成長が早まる．30℃以上では種イモの切り口から腐敗などの障害が多くなるので好ましくない．

　イモの肥大には耕土が深いことが必要である．特に長薯は耕土が1m以上あることが必要である．イモ形は土壌に大きく影響され，砂土，黒ボク土などの軽い土では形はよく，長く育ち，またイモ肉の粘質度が軽い．これに対して粘土の多い重い土壌では，イモは短く，長短不揃いで形が劣り，やや扁平（平イモ）となる．肉質は粘りの強いものとなる．また小石の多い土地では分岐したイモができる．

　長薯栽培のためには，深さ100cm程度に深耕するため，トレンチャーが用いられている．関西方面の短形品種の栽培にはそれほど深く耕す必要はない．種イモは大きいイモを切断して用いる場合と，ムカゴあるいは小切片を1年養成したものを用いる．後者の方がイモの大きさと形がよく揃う．種イモはウイルス病その他病害にかかっていないことが必要である．畦幅100〜120cm，株間約30cmとし，覆土は10〜12cmとする．長形品種では収穫時に掘り取り易いようにエンビ管を斜めに土に埋めて，その中へ種イモを植えつける方法も行われる．

　施肥は収量2.8t/10aとして，窒素12，リン酸3，カリウム15kg/10aを吸収する．イモ収量が4tになると窒素，リン酸の吸収量が増大する．基肥窒素の吸収率が低いことも考慮して，4tのイモ収量の場合は窒素27〜35，リン酸13〜25，カリウム15〜20kgと堆肥1〜2t/10a施用を標準とする．窒素は基肥には50〜70％を与え，その後2〜3回に分けて追肥する．

　植付けは普通桜花の頃を標準とする．植付け後，萌芽まで時間がかかるのでこの間に除草を行う．支柱立ては萌芽前に行う．キュウリ用のネットを高さ2mに張り，これに蔓をからみつかせる方法も普及している．無支柱栽培も行われるが，イモの肥大は悪い．支柱は高いほどイモ肥大が優れるが，倒伏するので2mが限度である．吸収根は浅く張るので乾燥に弱い．

　病害には，腐敗病，斑点病，ウイルス病などがあり，害虫としてはコガネムシ，ハムシ，センチュウ類がある．

　収穫は茎葉が黄化したら始める．一般には10月上旬から，暖地では翌春までの間に随時掘り取る．イモに傷害を与えると病害の原因となるので，掘り上げ後表皮を傷つけないようにし，陽に当てないようにして品質を保つ．

(4) 利　用

　ナガイモの栄養成分は表33.2に示すように，デンプンが主成分である．また本種に特徴的な粘質液はムチンを主成分とし，これはタンパク質と少量のマンナンからなる．タ

表33.2 イモ類の栄養成分（生イモ100g中）

成分	ダイジョ	ナガイモ	ジネンジョ	サトイモ	キクイモ
カロリー (kcal)	109	65	121	58	35
水分 (g)	71.2	82.6	68.8	84.1	81.2
タンパク質 (g)	2.6	2.2	2.8	1.5	1.9
脂質 (g)	0.1	0.3	0.7	0.1	0.2
炭水化物 (g)	25.0	13.9	26.7	13.1	15.1
灰分 (g)	1.1	1.0	1.0	1.2	1.6
無機質 (mg)					
カルシウム	14	17	10	10	13
ナトリウム	20	3	6	−	2
リン	57	27	31	55	55
鉄	0.7	0.4	0.8	0.5	0.2
ビタミン					
A (μg)	3	−	5	5	0
B_1 (mg)	0.10	0.10	0.11	0.07	0.07
B_2 (mg)	0.02	0.02	0.04	0.02	0.05
ナイアシン (mg)	0.4	0.4	0.6	1.0	1.7
C (mg)	17	6	15	6	12
食物繊維 (g)	2.2	1.0	2.0	2.3	2.0

ビタミンAはカロテンとして表示．食品成分研究調査会 (2001) から抜粋．

ンパク質は熱帯のヤム類より多い．無機質としてはカリウムが最も多い．*Dioscorea* 属のイモには，アラントイン，サポニン，ディオスゲニン，ディオスコリン，コリン，ドパミンなどの成分が知られており，これら成分の有効性や利用方法が検討されている（志和地 2008）．

　食用には，煮たり，米の粥に入れたり（薯粥），また摺りいも，とろろいもとする．粘りを用いて，かまぼこなど練製食品や，かるかん，まんじゅうの皮など菓子原料にされる．ムカゴも煮食する．中国では山薬と呼び，古くから滋養強壮に利用してきた（志和地・豊原 2005）．

3．ダイジョ

　　学名：*Dioscorea alata* L.
　　和名：ダイジョ，イセイモ，イガイモ
　　漢名：大薯，為薯，伊勢薯，伊賀薯
　　英名：greater yam, winged yam, water yam

(1) 起源・伝播・生産状況

　ダイジョは，東南アジアからオセアニア，さらに西アジアからアフリカまで広く栽培される．野生では見出されていない．*D. hamiltonii* Hook. あるいは *D. persimilis* Prain & Burk. などの，東南アジアに野生する種から由来したと考えられている．祖先種は根が深

かったが，栽培されているうちに，浅い所にイモができるものが選び出されたと考えられる．

ダイジョは紀元前100年より前にタイ，ベトナム地域から南シナ海を渡ってセレベスあたりに，そしてさらにニューギニアやポリネシアに伝わった．西方へはインドを経てアフリカへと広まった．このような伝播は当時ダイジョが航海時の食糧として使われたためと考えられる．

FAOの統計では *Dioscorea* 属の全ての種を統合して yams として示されている．しかしその大部分はダイジョとみて差し支えない．2008年産では，世界の総作付面積は約493万 ha，単収10.5 t/ha，生産量は約5,173万 t で，そのうちアフリカが全世界の90％以上を生産している．特にナイジェリアが世界の約70％を生産しており，次いでコートジボワールやガーナなどが生産が多い．中南米諸国にも少量ながら広く栽培されている．アジアやオセアニア各地に，統計には現れないが自家用に広く生産されていると推定される．これらを加えれば，上述の生産量はかなり増大するものと思われる．

（2）形態・栽培・利用

ダイジョの茎は蔓性で2〜3 m に伸び，断面は四角で四稜部は翼になっているのが特徴である（図33.5）．葉は対生，葉柄は長さ6〜12 cm，茎と同じく翼がある．葉身は長さ10〜30 cm，幅5〜20 cm である．花は腋生花序で，雄穂は立ち，長さ約25 cm，緑色である．雌穂は下垂し，雌花をまばらに着ける．大部分の品種は稔性種子を着けない．

イモは形と色彩の変化に富み，通常1個着く．大きいものは60 kg にもなるというが，普通は5〜10 kg である．形は円柱状の他に品種によっては分岐したもの，塊形のもの，先が片裂したもの，扁平のもの，扇形のものなどがある．肉色は白から赤紫まである．葉腋にムカゴが着くが，数は一般に少ない

熱帯・亜熱帯地帯を中心に温暖な温帯地方でも栽培される．わが国では沖縄，九州から東海地方，房総半島の一部にまれに栽培される．ヤムイモ類は一般に，前作に収穫した大きなイモを200〜500 g の大きさに切ってり種イモとする．大きいイモほど初期生育が優れるが，大量の種イモが必要となる．そこで，蔓を挿し木して小さな塊茎（0.5〜15 g）を形成させ，これを種イモに用いる方法が開発された（志和地 2008）．種イモを植付けてから8〜10か月で収穫される．その後3〜4か月休眠してから萌芽する．排水の良い土壌で栽培され，時に水田に栽培される．わが国で栽培されている品種のイモは不規則な塊状，または巾着形で，直径10 cm ほどである．外皮は淡褐色でひげ根は少ない．肉質は白色，緻密，粘りはきわめて強い．品種としては為薯，白長，白丸，赤丸などがある．煮食に適するほか，とろろ

図33.5 ダイジョ．星川（1970）

いもとして最上質とされ，粘り気を利用して菓子材料として高価に取引きされる．

4．カシュウイモ

学名：*Dioscorea bulbifera* L.
和名：カシュウイモ，ケイモ
漢名：何首烏芋，毛薯
英名：aerial yam, potato yam

　アジア，アフリカの両大陸にまたがって野生する唯一の *Dioscorea* で，両大陸で栽培化され，後にはオセアニアや西インド諸島へも広まった．その分布範囲は *D. alata* とほぼ等しいが，現在よりむしろ昔に主食として重要視されたと思われる．現在は農家の周辺などに半野生状態になっていて，栽培されることは少ない．このように昔は主要作物で，今は見捨てられている作物を残存作物（relict crop）という（中尾 1966）．

　茎は断面円く，刺はなく，左巻きで支柱に巻きついて約6mに伸びる．葉は対生または互生，大きいものは長さ，幅とも約30cmになる．花はやや大きく，雄花穂は長さ20cmで直立し，雌花穂はふつう1対で垂下する．地中のイモはそれほど発達せず，多くのひげ根がある（図33.6）．硬く，苦味があり，食味はよくない．蔓の葉腋にできるムカゴは灰褐色で，ときに2kgくらいになるが，一般には約0.5kg，多汁質で食べられる．しかし有毒成分を含むので除毒する必要がある．アジア系の品種はアフリカ系のものより毒性が少ないとされる．

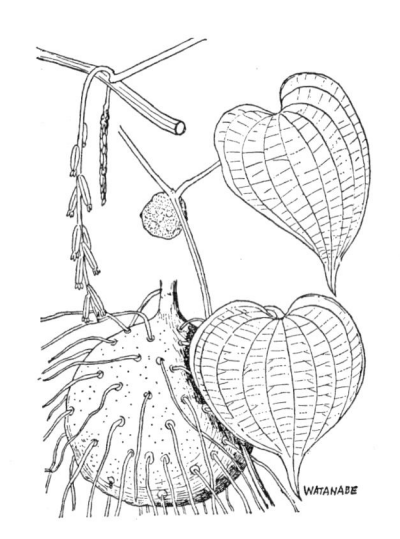

図33.6　カシュウイモ．渡辺・Coner（1969）

　わが国に栽培されるカシュウイモは分類学上は *forma domestica* Makino et Nemoto とされ，野生種のニガカシュウ（*forma spontanea* Makino et Nemoto）と区別される．わが国に栽培されるものは雄花が全く退化し，雌株のみであるため，結実することはない．繁殖はムカゴおよび地下のイモによる．イモもムカゴも細かく切り，茹でたり，煮たり，蒸したりして食べる．肉質は黄色で栗のような味がする．日本で栽培されるものは古く中国より渡来したものという．

5. トゲドコロ

学名：*Dioscorea esculenta* (Lour.) Burk.
和名：トゲドコロ，ハリイモ
漢名：棘野老，針薯
英名：lesser yam

　タイで栽培化されたと考えられる．3世紀頃には中国南部で栽培された．現在はアジアとオセアニアの熱帯各地で栽培されている．
　蔓は刺を持ち，左巻きである．葉は互生で長さ約12 cm，葉柄にも基部に刺がある（図33.7）．花はまれにしか着かない．地中にやや浅く，小型の卵円形のイモが多くできる．大きいイモは長さ15～20 cm，扇状形のものもある．イモの周皮は薄く，茶褐色で傷つき易い．肉質は軟らかく白く，デンプン質で食味が良く，淡い甘味がある．毒性はない．地ぎわの根は時に刺を有し，野獣の食害から保護している．栽培品種には刺は少ない．イモを煮食あるいはとろろ汁にして食べる．

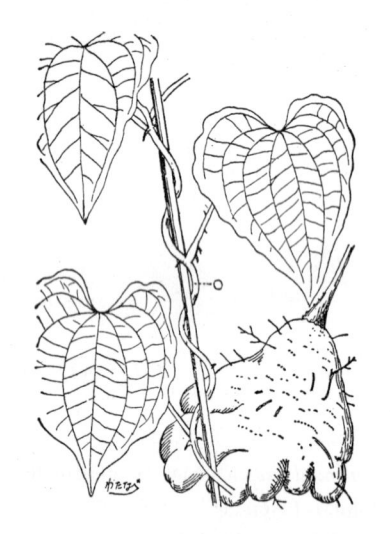

図33.7　トゲドコロ．渡辺・Coner (1969) 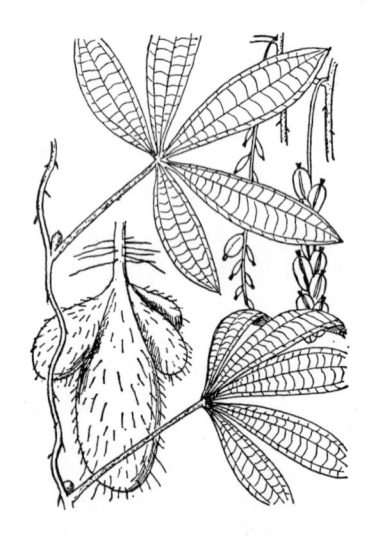　　図33.8　ゴヨウドコロ．渡辺・Coner (1969)

6. ゴヨウドコロ

学名：*Dioscorea pentaphylla* L.
漢名：五葉野老
英名：five-leaved yam

アジアの熱帯，特にインドネシアからオセアニアにかけて野生し，この両地域で栽培されている．しばしば農園の周囲の垣根などに植えられていて，飢饉の時には好適な食糧とされる．すなわち本種も残存作物である．

蔓は非常に多くの刺を持ち，左巻きである．互生する葉は5片に切れ込んで掌状になっている（図33.8）．イモは白または黄色で，多くの細いひげ根がある．有毒成分を含み，生食はできないが煮て除毒して食べる．

7. 文　献

Alexander, J. et al. 1969 The origins of yam cultivation. In Ucho. P.J. et al. eds., The Domestication and Exploitation of Plants and Animals. Duckworth. 405-425.

Bammi, R. K. et al. 1970 Various aspects of the domestication of *Dioscorea* species. XVIIIth Intl. Hort. Congress. 31.

Burkill, I. H. 1960 The organography and the evolution of Dioscoreaceae, the family of yams. J. Linn. Soc. (Bot.) 56 : 319-412.

Chapman, T. 1965 Some investigation into factors limiting yield of the white Libson yam (*Dioscorea alata* L.) under Trinidad conditions. Trop. Agr. Trin. 42 : 145-151.

Coursey, D. G. 1967 Yams. Longman, London.

Fu, Y. C. et al. 2006 Quantitative analysis of allantoin and allantoic acid in yam tuber, mucilage, skin and bulbil of *Dioscorea* species. Food Chemistry 94 : 541-549.

Gooding, H. J. 1960 West Indian "*Dioscorea alata*" cultivars. Trop. Agr. Trin. 37 : 11-30.

IITA 2001 Annual Report 2001.

川上幸治郎 1968 ヤマノイモ百科．富民協会．

水野　進 1953 薯蕷における花器の構造について．日作紀 22 : 127-128．

水野　進 1956 大和黒皮種（薯蕷）より生ずる長薯並に銀杏薯について．日作紀 24 : 207-208．

中尾佐助 1966 栽培植物と農耕の起源．岩波新書．27-35．

永井威三郎 1952 作物栽培各論2．養賢堂．366-377．

朴　柄宰・遠城道雄・富永茂人・志和地弘信・林　満 2003 ダイジョ（*Dioscorea alata* L.）塊茎の休眠並びに休眠覚醒と外的要因との関係，ダイジョ（*Dioscorea alata* L.）塊茎の休眠覚醒と内生ジベレリンとの関係．熱帯農業 47 : 42-50, 51-57．

Perseglove, J. W. 1968 Tropical Crops. Monocot. 1. Longman. 97-117.

Shiwachi, H. et al. 2002 Effect of day length on the development of tubers in yams (*Dioscorea* spp.). Tropical Science 42 : 162-170.

志和地弘信・豊原秀和 2005．ヤムイモ生産の現状と将来性．熱帯農業 49 : 323-328．

Shiwachi, H. et al. 2005 Mini tuber production using (*Dioscorea rotundata*) vines. Trop. Sci. 45 : 175-181.

志和地弘信 2008 キャッサバとヤムイモにおける生産性向上の技術と利用の新展開．熱帯農業研究 1 : 42-47．

豊原秀和 2002 ヤムイモ．日本作物学会編，作物学事典．朝倉書店．412-416．

豊原秀和 2002 ヤムイモ．山崎耕宇他編，新編農学大事典．養賢堂．4802-482．

渡辺清彦・Coner, E. J. H. 1969 図説熱帯植物集成．広川書店．911-921．

第34章　タロイモ

学名：*Colocasia esculenta* (L.) Schott
英名：taro, cocoyam, dasheen, eddo (e)
独名：essbare Blattwurz
仏名：colocase de anciens

1. タロイモ類の分類

広くタロイモと総称されるものは，サトイモ科（Araceae）の *Colocasia* 属の栽培種である。サトイモ科には，*Colocasia* 属，*Xanthosoma* 属，*Alocasia* 属（クワズイモ属），*Cyrtosperma* 属，*Amorphophallus* 属（コンニャク属）が含まれる（杉本 2002）。タロイモを，*C. esculenta* Schott と *C. antiquorum* Schott とに分ける説と，これら両者を *C. esculenta* 1種と考え，2つの変種，すなわち var. *esculenta* と var. *antiquorum* とする説がある。

一般名については，オセアニアで栽培される全てのものを，タロ（taro）としている。西アフリカで cocoyam と呼ぶものは *Colocasia* の他に *Xanthosoma* 属を含んでいる。西インドの dasheen は，親イモが大きく，これを食用とし，小イモは少ない。また，西インドの eddoe は，比較的親イモが小さく，多くの小イモが着き，後者が主な食用部である。また，日本のサトイモは eddoe の類とみなされる。

Colocasia 属の食用とされるものは，イモ形，肉穂花序の不稔部分の付器などにつき非常に多くの形態変化を持った1つの種と考えた方が適切であり，taro, cocoyam, dasheen は var. *esculenta* にまとめ，eddoe は var. *antiquorum* に分類する説（Purseglove 1968）を本章では採ることにする。この分類では日本のサトイモは var. *antiquorum* ということになる。

2. タ　ロ

学名：*Colocasia esculenta* Schott var. *esculenta* (Schott) Hubbard & Rehder
英名：taro, dasheen, cocoyam

(1) 起源・伝播・生産状況

タロイモの原産地は，インドが中心で，そこから古く原始マライ民族の移動と共にフィリピン，東インド諸島など，東南アジア地域に広まった。さらにミクロネシアやポリネシアへは，約2,000年前に広まった。マレー語の'tallas'が，後にポリネシア語の taro になったと見られている（Porteres 1960）。タヒチから5世紀にハワイに伝わり，またニュージーランド方面へも広まった。一方，インドから西方へも，古代にすでに地中海東部へ伝わっていたという。1世紀にはエジプトで記録があり，さらに地中海を横切って西

進し，アフリカに入り，ギニア海岸にも至っている．ギリシャ語の"Colocasia"は，アラビア語の'qulquas'に由来している．西インド諸島のdasheenは，コロンブス時代以降に初期の奴隷船によって伝わったものである．

タロイモの世界総作付面積は165万ha，単収7.2 t/ha，約1,177万 t の生産がある（FAO 2008）．大陸別ではアフリカで最も多く，世界の生産量の約80％を占めている．ナイジェリア，ガーナなどが主産国である．次いでアジアの生産が多い．わが国もサトイモを年間20万 t 程度生産している．また，タロイモの主食圏であるオセアニアの他，カリブ，南米でも少量ずつではあるが生産がみられる．

(2) 形 態

地下に塊茎があり，それから地上に次々に葉を出す（図34.1）．単子葉草本で，茎は伸びない．葉柄は太く直立し，長さ1～1.5 m，直径5～10 cmで，先端は細まり，基部の断面は半月形である．表皮は緑色や赤紫色を呈し，内部は膨軟な組織で多数の腔隙がある．表皮下の柔組織には葉緑体があり光合成を行う．この柔組織の中を厚膜組織からなる保護組織が縦走して条脈をなし，その内部に腔隙と維管束が位置する．葉身は長さ50～70 cmに達する大きな盾形で，品種により大きさが異なる．葉脈は放射状

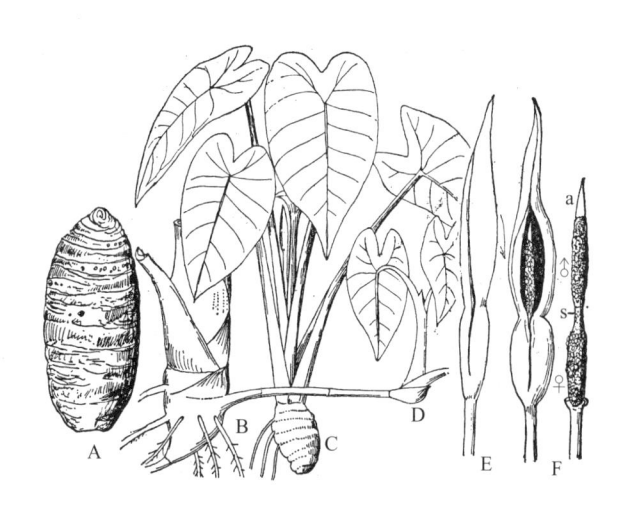

図34.1 タロイモ
A：塊茎．B：塊茎から分枝して繁殖している状況．C：全姿．D：分げつ．E：花序外形．F：仏炎苞を除いたもの，♀：雌花部，♂：雄花部，a：付器，s：不稔部．星川（1980）

に走り，裏面に太く隆起するが，表面は平滑で水をはじく．しかし軟質で破れやすい．表皮は厚膜で乳頭状突起を持った細胞で，裏面には多くの気孔が散布する．葉肉は細長い柵状細胞と海綿状組織からなる．表皮は若いうちは下位の葉の中に巻かれて錐筒状をなし，抽出後展開する．普通1塊茎から7～8枚出る．塊茎は，普通円筒形で長さ30 cm，直径15 cmにもなるものがあり，短間隔に多くの節があり，いくつかの側芽（子イモ）をつける．イモからは細いひげ根が多く出る．

花序は塊茎の頂芽部に分化し，花序の基部の花柄が伸長して抽出する．花柄は普通，葉柄よりも短い．花序は肉穂花序（spadix）で，長さは20～30 cm，全体が淡青黄色の仏炎苞（spathe）で包まれる．中央に円筒状の肉穂（花栓）があり，長さ12～20 cm，4部分よりなり，基部の4～6 cmは雌花が多く並んで着き，その上に退化した花が並ぶ部分があ

り，その部分は肉穂が細くくびれている．その上に，雄花が多く着く部分があり，その先に短い付器が着く．付器は先端が細く，白色である．多くの品種は普通は花を着けず，種子ができることはごくまれである．

（3）栽培・利用

本来，やや湿地に適し，乾燥地ではよく育たない．ハワイなどポリネシアでは，水田に栽培されることも多い．畑栽培では灌漑が必要である．畑栽培では，例えばdasheenは年2,500 mm以上の雨量のある，熱帯降雨林の焼畑では最初に植付けする作物とされる．メラネシアなどのタロ栽培も同様である．

普通，60～90 cmの間隔に種イモを植え付ける．腐植の多い肥沃地を好み，肥料としては，カリウムの施用が重要である．特に乾季のない所や，灌漑のある所では年中いつでも栽培できる．植えてから8～10か月で葉は黄化し，イモが成熟する．

トリニダードでは，親イモは掘り取り，収穫し，子イモはそのまま土に残し，再び萌芽させて栽培を続ける．最初の作で1.5～2 t/10 a，次の株出し（ratoon）では1～1.5 t/10 aほどの収量である．

熱帯では，収穫後の貯蔵はあまり長くはできず，dasheenは1か月以上の貯蔵は不可能とされる．

イモの成分は水分63～85％，タンパク質1.4～3.0％，脂質0.2～0.4％，炭水化物13～29％，繊維0.6～1.2％，灰分0.6～1.3％，ビタミンはBとCが多く含まれる．タロイモは，太平洋地域での最も主要な主食の1つである．西インド諸島でも広く食用にされており，また西アフリカでも食用とされるが，最近は新しく導入された *Xanthosoma*（後述）に，代替されている所が多い．

イモは蒸し焼きや煮て食べる．栽培品種の若干および野生のものには，シュウ酸カルシウムを多く含んでいるため，えぐいものがあるが，よく煮ればえぐ味は除くことができる．ハワイの主食であるポイ（poi）は，イモを煮て搗きつぶし，皮を除き，嫌気的に水中で醗酵させて，粘るペースト状にしたものである．デンプン粒はきわめて小粒で消化がよい．イモからデンプンを採って利用する．若い葉も水にさらした後，食用とする．野生のものや品質の劣るものは，家畜の飼料とされる．

3．サトイモ

学名：*Colocasia esculenta* (L.) Schott var. *antiquorum* (Schott) Hubbard & Rehder
漢名：里芋，芋
英名：eddoe, eddo

（1）起源・伝播・生産状況

サトイモは，*C. esculenta* が，古代に中国および日本に伝わり，そこで選抜されて生じたものと考えられる．中国では史記（200～100 B.C.）や斉民要術（A.D. 560）に，すでに栽培品種の記録がある．西インド諸島に広く栽培されるeddoeは，しばしばChinese eddoesと呼ばれ，たぶん極東からかなり近年に導入されたものと考えられる．米国南部

で栽培されるdasheenは，プエルトリコから1905年に初めて導入されたものであり，プエルトリコにはトリニダードより入ったものである．西インド地域で栽培されているeddoesの品種は，中国，日本およびハワイの日本人によって栽培されているサトイモの諸品種とほとんど同じものである（Gooding et al. 1961）．

　日本への伝来は縄文時代後期に，イネの伝来より先に伝来していたのではないかといわれている．その渡来先は中国南部から海を経てのもの，あるいは南洋から黒潮に乗り直接渡来したものと考えられている．沖縄，奄美大島などには，南洋のタロイモ栽培に似た水田栽培（タイモ，ミズイモ）が今も残っており，本州でもまれにみられる．また焼き畑栽培もわずかに山間地で行われており，これらは古代の栽培方式の名残とみられ，わが国へ渡来する以前の土地での栽培の方法が今に伝わっているものと考えられる．

　わが国では作付面積2万ha余り，10 a 当り収量約1.2 t/ha で，総生産量25万t前後である．わが国ではサトイモは慣行的な野菜として古くから季節的にもほぼ定まった需要があるが，近年は和風の食事の減少から，減産の傾向にある．

　生産地は北海道を除き，青森から沖縄まで栽培され，関東，東海，および南九州地方に生産が多い．県別では，千葉が第1位で，以下は宮崎，鹿児島，栃木などである．なお，サトイモは自家用消費が多いので，実際は統計数値より生産量は多いものと思われ，出荷量は例年生産量の約半分程度である．

（2）形　態

　茎はほとんど伸びず，地中にあり，肥大して塊茎（イモ）となる（図34.2）．イモの各節から地上部へ葉を出す．葉は長さ1～1.5 m のずいきと呼ばれる葉柄を直立し，緑色または赤紫色で無毛である．葉身は盾形，卵形，あるいは心臓形で，長さ40～50 cm，幅25～30 cm，表面滑らかで水を撥く．若い葉身は巻いているが出葉後，次第に展開する．普通1株に7～8葉がある．

　花は普通は生じないが，夏高温の年にはしばしば生ずる．花序は肉穂状（spadix）で，地上に抽出した長い茎の先に着き，仏炎苞（spathe）で被われる（図34.3）．仏炎苞は，長さ25～30 cm，幅6 cmで，上部は帯黄白色，下部は緑色である．円筒形の肉穂は長さ12 cm内外で，基部約4 cmは雌花のみが多く着き，その上部に雄花のみ着く部分があり，さらに上に無性花の着く部分があり，先端に長さ3～4 cmの細長い舌状の付器がある．

　塊茎は紡錘形で多数の節があり節間は著しく短い（図34.4）．各節からは葉を生じ，上部は生きている葉の葉柄基部に覆われるが，下部は枯れた葉柄の基部に残った褐色の繊維に覆われる．各節には，また芽と根を生ずる．芽には休眠芽と肥大芽があ

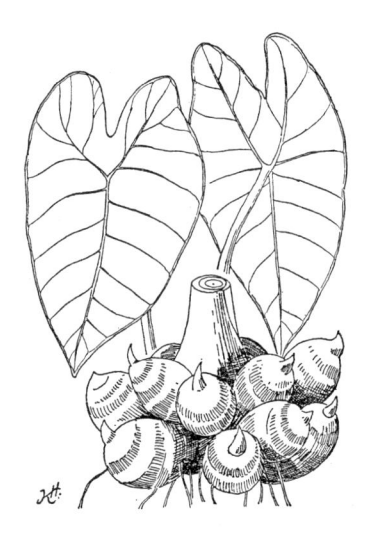

図34.2　サトイモ．星川（1980）

第34章 タロイモ

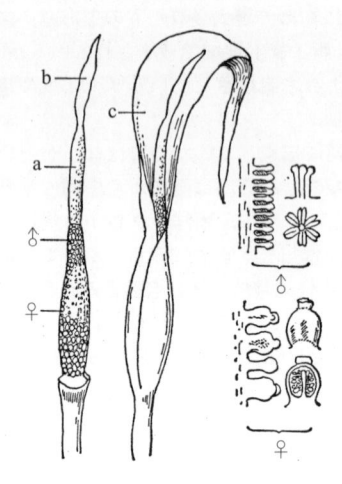

図34.3 サトイモの花序
中：外形．左：仏炎苞を除いた肉穂花序．右：花．♀：雌花部，♂：雄花部，a：無性花部，b：付器，c：仏炎苞．永井（1952）を改

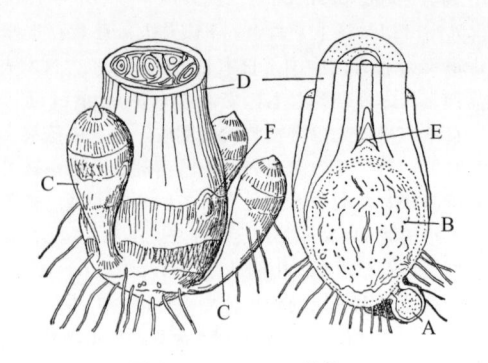

図34.4 サトイモの塊茎
左：外形．右：縦断面．A：種イモ，B：主茎（親イモ），C：子芋，D：葉柄基部，E：成長点，F：休眠芽．星川（1980）

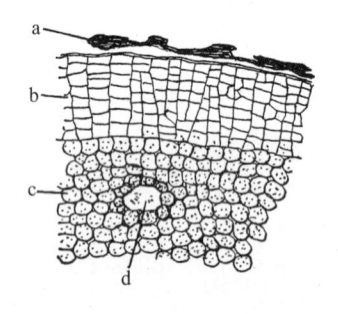

図34.5 サトイモの塊茎の組織
a：表面の木栓化皮部，b：外皮部，c：デンプン貯蔵柔組織，d：粘液分泌細胞．永井（1952）

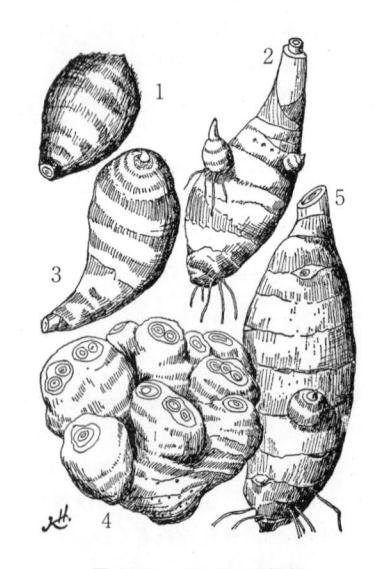

図34.6 サトイモの品種
1：土垂（子芋用），2：高知赤芽（親子芋兼用），3：海老芋（親芋兼用），4：八頭（親芋用），5：筍芋（親芋用）．星川（1980）

る．肥大芽は主として親イモ（芋）の下部にあり，発達して子イモ（芋）となる．子イモの構造も親イモと似ており，その先端の頂芽は地上に出ず，イモとして休眠するものと，分げつとして葉を出して成長するものとがある．子イモの各節から，また孫イモを生ずる．塊茎は皮部と髄部からなり，表皮部はコルク化し，次に数層の外皮部がある（図34.5）．髄部は白色，または淡黄部の柔

組織で，デンプンを含む．また組織中に粘液分泌細胞があって，イモを切断すると粘液が出る．

繁殖は子イモまたは孫イモにより，これを種イモとして植付けると，生育の初〜中期までは種イモの養分を消費して葉が生育し，種イモの上部に主茎（親イモ）ができ，秋までの生育後期に親イモから子，孫イモができる．親イモがあまり肥大せず，子・孫イモが多数生ずるタイプと，親イモが優勢に肥大し，子・孫イモと一塊をなして分離し難いタイプとがある（図34.6）．根は白色で比較的太く，根系の主部は比較的浅く広がる．

（3）品　種

サトイモの品種は，きわめて多いが，イモの出来かたと形状により，大きく数型に分けられる．

① 子イモ用品種群：分げつが盛んで，子イモは基部細長い紡錘形で，親イモから容易に離れ，子・孫イモが収穫対象とされるもの‥土垂（どたれ），石川早生，籔芋（えぐいも）など．

② 親イモ用品種群：分げつは少なく，子イモは扁球形で，親イモと密生して分離し難く，一塊となる．親イモはよく肥大し主な収穫対象となるが親イモ・子イモ兼用のものもある‥唐芋（とうのいも），八頭（やつがしら），赤芽，海老芋（えびいも）など．

③ 葉柄用品種群：ほとんど分げつせず，塊茎を生ぜず，もっぱら葉柄をずいきとして食用とするもの‥蓮芋（はすいも）など．

これらは，さらに詳しく15の品種群に分けられている．子イモ用品種はほとんど3倍体（$2n = 42$），親イモ用品種および蓮芋は2倍体（$2n = 28$）である（杉本 2002）．品種（群）のうちでは赤芽，土垂，石川早生，唐芋，八頭などの栽培が多い．

（4）栽培・利用

高温・多湿を好むが，タロイモに比べて環境に対して耐性が強い．タロイモ類の中で，最も冷涼地すなわち中国や日本など温帯北部の気候に適応して生育できる系統ということができる．発芽の最低温度は15℃，生育適温は25〜30℃で，生育期間が長い．そのため，北海道では経済的な栽培はなく，東北地方でも経済的にやや不利で栽培が少ない．関東地方でも早生子イモ用品種が主で，晩生の親イモ用品種は東海以南で栽培される．5℃までは低温に耐えられるが，霜に遭うと枯れる．

土壌は多湿が適し，耐水性は強く，5日間の冠水でも異常をきたさない（二井内 1954）．一方，土壌が乾燥すると生育を害する．土質は壌土が最適であるが，乾燥さえしなければ砂土でも火山灰土でもよく育つ．また，酸性の土地にもよく生育し得るので，酸性の強い開墾地や焼畑に栽培される．畑作が主であるが，排水のよくない場所などに植えられ，また時には湿地，水田に栽培されるものもある（水芋，田芋）．しばしば冷水田の水口や，水温上昇のための迂回水路などに小規模に作付けされる．

肥料は多くを要し，10 a当り，窒素12〜35，リン酸10〜19，カリウム12〜30 kgを与える．半量を基肥とし，残りは追肥とする．堆肥2〜3 tの施用が望ましい．普通4月頃，東北地方では5月中旬に種イモを植付ける．株間は45 cm内外とする．ムギ類やジャガイモの畦間に植付けることも多い．初期生育が遅いので，種イモを催芽して植えることも多い．また初期は雑草防除につとめ，子イモができてからは，子イモが露出しないよう，

また株元が乾燥しないように土寄せをする．敷ワラも有効である．

収穫期は早生品種は8月～9月下旬から，暖地で晩生品種は11月中旬に至る．収量は，普通10a当り1.3t，1株から1～1.5kg，多収の場合は4kgに及ぶ．貯蔵は5℃以上に保つようにする．寒地では土穴貯蔵の場合には，覆土を厚くし（30cm以上）保温につとめる．

病虫害としては，葉に生ずる疫病（Phytophthora blight），乾腐病（dry rot），汚斑病（leaf mold, blotch），および斑点細菌病（bacterial leaf spot）などがある．虫害は著しいものはない．

サトイモは連作に対し，いや地現象を示すので，輪作体系をとる．葉柄を軟化して芽芋として出荷するための促成栽培も行われる．

サトイモの栄養成分は表33.2に示すように，糖質としては，デンプンの他にグルコース，果糖，蔗糖，ガラクタン，アラバン等があり，粘質物は主としてガラクタンである．

わが国ではもっぱら食用とされ，塩茹でにして食べるほか，いも雑煮，いも汁など主食的に用いることもあるが，現在の主用途は副食蔬菜用で，汁の実，田楽などに用いられる．また，葉柄の皮を剥いで乾燥させたものはずいき（あるいはいもがら）と呼び，汁物，煮物，漬物とされ，ハスイモのような葉柄専用の品種もある．温床で葉柄を軟化させ芽芋として汁物や煮物にする．なお，ハスイモは分類学上 *C. esculenta* ではなく，*C. gigantea* Hook. f. とされるが，栽培上はサトイモの一品種として扱われている．サトイモは品種により葉柄にシュウ酸カルシウムを多く含み，えぐくて生食できないものがあるが，いずれも充分に乾燥すれば，えぐ味は失なわれる．乾燥したもの（いもがら）は貯蔵食とされ，水に戻してから煮食する．かつては，いもがらは飢饉・戦乱の際の非常食とされていた．

サトイモは地域共同体の交流や文化保存にも寄与している．わが国の東北地方では，サトイモの収穫期には，サトイモ，野菜，キノコ類などを取り混ぜて鍋にし，屋外で「芋煮会」を楽しむ風習が残っている．ハワイでは「アフプアア」と呼ばれる先住民の伝統的な共同体再生運動に，かつての主食であるサトイモが一翼を担っているという（古橋 2000）

4．文　献

Coursey, D. G. 1968 The edible aroids. World Crops 20 : 25-30.
Coursey, D. G. et al. 1970 Root crops and their potential as food in the tropics. World Crops 22 : 261.
古橋政子　2000 Toward revival of ahupuaa: A movement for Hawaiian culture revival in Waianae area in Oahu Island, Hawaii. 山折哲雄編，国際人間学入門．春風社．84-109.
Gooding, H. J. et al. 1961 The improvement of cultivation methods in dasheen and eddoe (*Colocasia esculenta*) growing in Trinidad. Proc. Amer. Hort. Soc. 5 : 6-10.
Greenwell, A. B. H. 1947 Taro-with special reference to its culture and uses in Hawaii. Econ. Bot. 1 : 276-289.
飛高義雄　1974 農業技術体系 野菜編10．農山漁村文化協会．1-33.
本多藤雄　1973 サトイモ．秋谷良三編：蔬菜園芸ハンドブック．東京．
五十嵐勇　2004 サトイモ．山崎耕宇他編，新編農学大事典．養賢堂．536.
今井　勝　2000 タロイモ　石井龍一他編，作物学（I）－食用作物編－．文永堂出版．279-285.

Irvine, F. D. 1969 Xanthosoma. In West African Agriculture, 3rd Ed. Vol. 2 : West African Crops. Oxford University Press. 177-179.

Karikari, S. K. 1971 Cocoyam cultivation in China. World Crops 23 : 118-122.

風間計博 2002 珊瑚島住民によるスワンプタロ栽培への執着. キリバス南部環礁における掘削田への放棄と維持. エコソフィア 10 : 101-120.

熊沢三郎 1967 蔬菜園芸各論. 養賢堂. 207-227.

Mathews, P. J. 1990 The origin, dispersal and domestications of taro. Doctoral thesis, Australian National University.

Matsuda, M. 2002. Taro, *Colocasia esculenta* (L.) Schott, in Eastern Asia : Its geographical distribution and dispersal into Japan. Doctoral thesis, Kyoto University.

松田正彦 2005 イモ資源の現状と課題-タロイモ栽培の現状から. 熱帯農業 49 : 314-316.

永井威三郎 1952 作物栽培各論 2. 養賢堂. 351-365.

中世古公男 1999 タロイモ 石井龍一他編, 作物学各論. 朝倉書店. 97-99.

二井内清之 1954 蔬菜の耐水性. 九州農業研究 14.

Okada, H. and Hambali, G. G. 1989 Chromosome behaviors in meiosis of the inter-specific hybrids between *Colocasia esculenta* (L.) Schott and *C. gigantea* Hook. f. Cytologia 54 : 389-393.

Plucknett, D. L. et al. 1971 Taro production in Hawaii. World Crops 23 : 244.

Pluclnett, D. L. 1979 Mechanization of taro culture in Hawaii. Proceedings, 3rd International Symposium on Tropical Root and Tuber Crops, Nigeria.

Portéres, R. 1960 La sombre aroidée cultivée : *Colocasia antiquorum* Schott on taro de Polynésie. Essai d'etymologie sémantique. J. Agric. Trop. Bot. Appl. 7 : 109-192.

Purseglove, J. W. 1968 Tropical Crops. Monocot. 1. Longmans. 61-69.

佐藤亨・川合通資・福山寿雄 1973 サトイモの物質生産に関する研究 (1). 日作紀 47 : 425-430.

杉本秀樹 2002 タロイモ. 日本作物学会編, 作物学事典. 朝倉書店. 407-411.

Tahara, M. et al. 1999 Isozyme analysis of Asian diploid and triploid taro, *Colocasia esculenta* (L.) Schott. Aroideana 22 : 72-78.

谷本忠芳 1998 農耕の技術と文化 21 : 71-98.

富山一男 1986 農業技術体系 野菜編 10. 農山漁村文化協会. 37-46.

吉野 道 2005 東アジアとオセアニアのタロ. 熱帯農業 49 : 317-322.

Yoshino, H. 1994 Studies on the phylogenetic differentiation in taro, *Colocasia esculenta* (L.) Schott. Doctoral thesis, Kyoto University.

第35章　コンニャク

学名：*Amorphophallus konjac* K. Koch
英名：Konjak, Elephant foot
漢名：蒟蒻

1．起源・伝播・生産状況

　サトイモ科（Araceae），コンニャク属（*Amorphophallus*）の多年生で $2n=26$．この属は熱帯アジアやアフリカに180種以上が分布するが，栽培種は *A. konjac* や *A. paeoniifolius* などに限られる（Sugiyama and Santosa 2008）．*A. paeoniifolius* はアジア諸国に広く分布する．同属の野生種にヤマコンニャクがある．インド原産と考えられ，古代にセイロン島やインドシナに伝播し，さらに中国へ伝わったものと推定される．一説にはインドシナ半島原産ともいわれる（星川 1987）．

　日本への伝播の経緯は定かでないが，稲作以前の縄文時代あるいは6世紀に朝鮮を経て伝来したとされる（星川 1987）．しかし，一般への普及は江戸時代とされ，18世紀に水戸藩で加工法（荒粉，精粉）が考案されると，貯蔵性や輸送性が向上し，各地で栽培されるようになった（三輪 1983）．茨城県久慈郡地方が最初の産地として知られる．

　コンニャクを栽培して食用とするのはアジア特に極東諸国で，ヨーロッパでは全く利用されていない．FAOの生産統計には記載がなく，日本以外で経営的な栽培はない．最高時（1967年）には栽培面積17,000 ha，生産量13万t（生いも）に達したが，2009年では栽培面積4,310 ha（収穫面積2,450 ha），単収は約2.7 t/10 aで66,900 tの生産量に減少している．なお，コンニャクは多年生で養成中のものがあるので，収穫面積は栽培面積の一部となる．コンニャク製品の輸入増大と消費量の減少から，収益性の低下を招き，生産量は長期的に減少傾向にある．主産地は北関東から南東北で，群馬県が生産量の約90％を占め，次いで栃木，茨城が続く．温暖な気候に適応し，北海道や北東北では実用的な栽培はみられない．

2．形態・生理・品種

　春に球茎から1本の葉柄が伸長し，3つに分岐した葉柄（小葉柄）に多数の小葉身を着けた1枚の複葉を形成する（図35.1）．葉面積は種球茎重に規制され，品種特性が大きく現れ，気象条件の影響は小さい（三浦 2000）．葉柄は0.6〜1 m，黒色の斑点がある．秋には葉は枯死し，2年目以降は新葉の形成に貯蔵養分が消費され，種いもは萎縮するが，種いもの芽の基部が肥大し新しい球茎（corm）が形成される．この新しい球茎は年々大きくなり，食品用原料として収穫される．

球茎は淡〜濃褐色，扁球状で中央部窪みに頂芽があり，この中に葉原基を包む芽苞が含まれる．芽苞の内側には2/5の開度で配列した側芽があり，これが伸びて吸枝となり，その先端が肥大して生子（子いも）が生じる．生子の内部構造は球茎と同様，周皮の内部に皮層部と髄層部があり，髄層部に多量のグルコマンナン（グルコースとマンノースからなる）が蓄積されるマンナン細胞がある．生子は成長肥大し，翌年は2年生球茎となる．頂芽や球茎の表面には，前年着生した葉や根の痕跡がみられる．種いもの頂芽には休眠があり，その期間は年生によって異なり，高年生ほど短い．生子の中には植付けても発芽がみられないものがあり，「休み玉」と呼ばれる．

地下部（球茎と生子）の肥大は葉面積が最大になる開葉後30〜40日後頃から肥大が急速に進む（図35.2）．地下部重は葉面積や光合成量に影響され，日射量が多く，高温の年に大きくなる．地下部のシンクを形成する球茎と生子の間には光合成産物の分配に関して競合が生じ，生子数（重）が多いと球茎の肥大は抑制される（図35.3）．

図35.1　コンニャク．絵：三浦邦夫

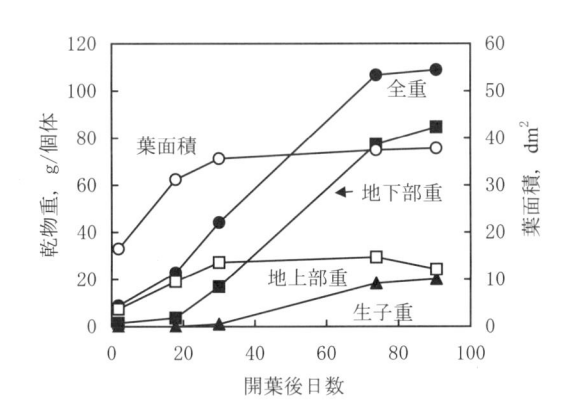

図35.2　コンニャクの葉面積と各部位の乾物重の推移
品種：あかぎおおだま，2年生．三浦（2000）を改

根は基根と新根から形成される．基根は生育初期は球茎の全面から発生し，生育に伴い球茎の上部に集中して発生する．生育中期以降には，球茎の下部や吸枝から新根が発生する．

5，6年目に花茎が抽出して開花・結実するが，種子は繁殖には通常用いない．花序は筒型の肉穂花序で，仏炎苞に包まれ，基部から雌花，雄花および付属体が着く．開花後は悪臭を放つ．受精後は子房が肥大して果房となり，夏から初秋にかけて成熟する．果

実は1〜4個の種子を含む.

栽培されている品種は少なく，かつては在来種（赤茎，白ヅル，平玉など），備中種（青茎，黒ヅル，長玉など）および支那種（南洋種，ビルマ種）の3種だけであった．これら3種は，上述のように地域により異なる品種名で呼ばれ，古くから栽培されてきた．1960年代以降，組織的な育種が行われ，これらの交雑により，「はるなくろ」（1966年），「あかぎおおだま」（1970年），「みょうぎゆたか」（1997年）が育成され，普及している．これらの交雑種は，近縁の在来種と支那種間の交雑なので，遺伝変異は小さい．あかぎおおだまが現在の主力品種で，全国の約70％を占める．品種育成は群馬県農業技術センター（指定試験）が行っているが，栄養繁殖性で多年生であることから，品種育成には20年以上を要している（内田 1998）．育種目標は，1）気象災害（低温，高温，台風など）耐性，2）病害（葉枯病，根腐病，腐敗病など）抵抗性，3）多収性，4）生子の着生量が多く増殖性に富む，5）生子の形状が機械化適性や貯蔵効率が良い球状，6）荒粉，精粉歩留が高い，7）高緯度地帯向け早生，が基本である（内田 2004）．多収性や耐病性の遺伝資源として，東南アジアに自生するコンニャク属の近縁野生種を導入して栽培種との種間交雑を行っているが，まだ新品種の育成には至っていない．

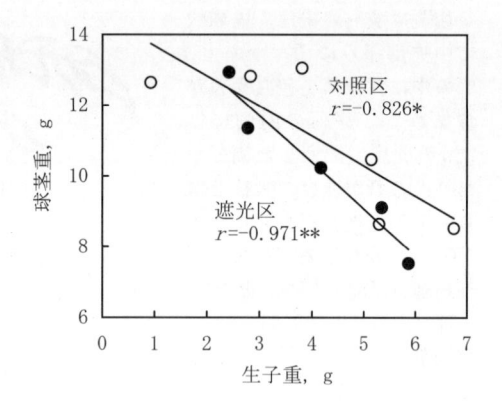

図35.3 コンニャクの生子重と球茎重との関係
品種：はるなくろ，1年生．生子重は生子数と相関あり．三浦（2000）を改

3．栽培・利用

繁殖は子いも（生子や2〜3年生の球茎）を用いる．葉面積の大小は球茎の重さに左右されるので，初期成育の確保のためには，大きい生子を種いもとすることが望まれる．1年生に比べ2年生に着いた生子の方が1.5倍ほど大きいので種用としては適している（三浦 1994）．増殖性は低く，増えにくい．効率的な増殖法として，3年生の球茎を1切片40g程度に切断して種いもとする方法もある．

植付けは平均気温が12〜14℃の時期で，関東では5月上・中旬である．畦幅約60 cmで，株間は「種球茎を5つ並べて中3つ抜く」程度が基準とされている（三浦 2002）．種球茎の必要量は，1年生200〜300，2年生450〜600，3年生750〜1,000 kg/10 a程度である（三輪 1983）．窒素は12〜15 kg/10 a施用する．無機養分のうち，カリウムの吸収量が多い．堆肥や石灰の施用効果も高い．

コンニャクは半陰性作物とされており，ある程度の遮光が地上部の生育と球茎の肥大に好影響を与える．普通子いもから製造用原料として収穫するまで3〜4年を要する．毎年春に植付けし，秋に収穫を繰り返す．食用には2〜3年以上の球茎を用いる．収穫は茎

葉が黄変し，70〜80％の株が倒伏した時が適期である．ひげ根を除いて，種用と製造用に選別する．

コンニャクは病害に弱い作物で，乾腐病，腐敗病，葉枯病，白絹病，根腐病などが発生する．このほか，センチュウ類やアブラムシの被害もある．これらの病虫害に強い抵抗性を持つ品種はないが，近年育成された品種は，比較的強いものが選ばれている．土壌伝染性の病虫害に対しては，罹病球茎を除き，連作を避けることが基本となる．

コンニャクは大部分食用に用いられ，一部糊などの原料としても利用される．球茎を薄切りにして乾燥したものを荒粉と呼び，荒粉を粉砕してデンプンや夾雑物を除いてマンナン粒子だけを採り出して摩砕したものを精粉と呼ぶ．コンニャクマンナンはグルコースとマンノースを1:2で含むグルコマンナンである．マンナンは水を加えると粘り，アルカリを加えると抱水したまま凝固する性質があるので，食用の製品はこれを利用する．精粉に水を加えて糊化し，練ったうえで石灰を加えて凝固させ，熱湯で仕上げて食用とする．

マンナンは難消化性の多糖類なので，ダイエット用の食物繊維として利用される．最近では，有害物質の排泄やコレステロール上昇抑制作用を持つ機能性食品として見直されている（Gallaher et al. 2000, Chen et al. 2006）．近年，消費拡大を目指し，コンニャクを用いた多様な加工食品が開発され，出回っている．

4．文　献

Chen, H. L. et al. 2003 Konjac acts as a natural laxative by increasing stool bulk and improving colonic ecology in healthy adults. Nutrition 22：1112-1119.
Douglas, J. A. et al. 2005 Research on konjac (*Amorphophallus konjac*) production in New Zealand. Acta Horticulturae 670：173-180.
Gallaher, C. M. et al. 2000 Nutrient metabolism - cholesterol reduction by glucomannan and chitosan is mediated by changes in cholesterol absorption and bile acid and fat excretion in rats. J. Nutrition 130：2753-2759.
星川清親　1987　改定増補　栽培植物の起源と伝播．二宮書店．
今井　勝　2000　コンニャク．石井龍一他共著，作物学（I）−食用作物編−．文永堂．257-266.
Imai, K. and D. F. Coleman 1983 Elevated atmospheric partial pressure of carbon dioxide and dry matter production of konjak (*Amorphophallus konjac* K. Koch.). Photosynthetic Res. 4：649-652.
稲葉健五・長南信雄　1984　遮光がコンニャク葉の葉緑体構造に及ぼす影響．日作紀 53：503-509.
稲葉健五　1992　種球茎の窒素含量がコンニャクの生育・収量に及ぼす影響．日作紀 61：551-554.
井上博元　1974　コンニャクにおける形態および形態形成に関する研究．日本こんにゃく協会．1-31.
加藤清一・千葉　實　1980　コンニャク種球の栽培条件と球茎の肥大について．東北農業研究 27：87-88.
川俣　稔・田口章一・塩野谷滋　1962　コンニャクの生育経過について．栃木農試報 6：29-38.
三浦邦夫　1994　コンニャク収量成立過程の解析と生子着生数制御．農業技術 49：84-87.
三浦邦夫　2000　コンニャクにおける光合成・物質生産の特徴．宇都宮大学．
三浦邦夫　2002　コンニャク．日本作物学会編，作物学事典．朝倉書店．417-420.
三浦邦夫・渡辺和之　1985　コンニャク種球茎の年生・大きさの相違と球茎肥大との関係．日作紀 54：1-7.
三浦邦夫・和田義春・渡辺和之　1999　コンニャク種球茎貯蔵中の乾物重の推移と呼吸速度の諸特性．日作紀 68：419-423.

Miura, K. and A. Osada 1981 Effect of shading on photosynthesis, respiration, leaf area and corm weight in konjak plants (*Amorphophallus konjak* K. Koch). Jpn. J. Crop Sci. 50 : 553-559.
三輪計一 1983 佐藤 庚他共著,工芸作物学.文永堂.219-236.
中世古公男 1999 コンニャク.石井龍一他共著,作物学各論.朝倉書店.101-102.
野村清一・中里筆二・三輪計一 1991 こんにゃく全書.群馬県農業改良協会.
Ohtsuki, T. 1968 Studies on reserve carbohydrates of four *Amorphophallus* species with special reference to mannan. Bot. Mag. Tokyo 81 : 119-126.
Sugiyama, N. and E. Santosa 2008 Edible *Amorphophallu*s in Indonesia – Potential Crops in Agroforestry –. Gadjah Mada Univ. Press, Indonesia.
佐藤 庚・大友健二 1973 気温,地温がコンニャクの生長と体内成分に及ぼす影響.日作東北支部報 15 : 67-69.
内田秀司 1998 高品質こんにゃく品種「みょうぎゆたか」の育成で産地の活性化を期待する.農業技術 53 : 115-118.
内田秀司 2004 工芸作物の育種,こんにゃく.山崎耕宇他編,新編農学大事典.養賢堂.970.
植田宰輔 1937 光線の強度がこんにゃくの生育に及ぼす影響について.日作紀 9 : 34-43.
若林重道 1963 コンニャクの葉形成に関する作物学的研究.広島農試報 15 : 1-85.
山賀一郎 1981 こんにゃく.栗原浩編,工芸作物学.農文協.233-254.
山賀一郎・福岡弁四郎・野村精一・鳥山悦男・阿部邑美 1966 こんにゃくの育種に関する研究.第2報 ジベレリン処理による生子増殖について.群馬農試報 5 : 50-62.
山賀一郎・野村精一・阿部邑美・今井善之助 1969 こんにゃく品種「はるなくろ」について.群馬農試報 8 : 47-58.
山賀一郎・野村精一・阿部邑美・郡司孝志・今井善之助 1970 こんにゃく品種「あかぎおおだま」について.群馬農試報 10 : 163-174.

第36章 その他のイモ類

1．キクイモ

学名：*Helianthus tuberosus* L.
和名：キクイモ
漢名：菊芋
英名：Jerusalem artichoke, sunchoke
仏名：topinambour, spirals kanlu
独名：Erdapfel

（1）起源・伝播・生産状況

　キク科のヒマワリと同属の多年草で，2 n = 102．栽培種には *H. tuberosus* の他に *H. macrophyllus* Willd.（イヌキクイモ）がある．ともに原産地は北米地域であり，この地域には多数の同属の野生種がある．古くから原住民によって栽培もしくは採集利用されていた．欧米人によって見出され，初めてヨーロッパへ紹介されたのは1603年のことで，1605年にはフランスに導入されて topinambour の名で普及された．17世紀にはまたドイツにも伝わった．日本へは江戸時代末年にイギリス人が伝えたとも，アメリカ船が横浜へもたらしたとも伝えられる．明治初年には開拓使が北海道へアメリカから導入した．なお英名の Jerusalem artichoke は，キリスト教の聖地とは無関係である．キクイモの味がアーティチョークの萼片の味と似ているためであるといわれる．
　原産地のアメリカでは，古くから太平洋岸の諸州で栽培され，近年までかなり栽培された．また17世紀以降ヨーロッパでも栽培が広まった．日本では第2次大戦後の食糧不足時代に栽培が勧められたが，普及面積は少なかった．現在ではアメリカでもヨーロッパでも経済的には生産が衰え，若干量が飼料とされている程度である．わが国でも現在はほとんど栽培されていない．わずかに徳島県や岐阜県で漬物が商品化されている（中西 2004）．往時の栽培から野生化したものがみられるのみで，いわゆる残存作物である．

（2）形　態

　茎は高さ2〜2.5 mになり，直径は2.5〜3 cmでやや木質となり，表面に粗毛が生える．ときに紫色を帯びるものがありこれを赤茎と呼び，普通の緑色のものを白茎と呼ぶことがある．よく分枝を着ける．葉は茎の下部では対生，上部では互生となり（岩崎 1969），長さ20〜30 cm，幅10 cmの楕円形で先が細く，下部の葉は心臓形，上部ほど細い．表面に粗毛を生じ，その形状はヒマワリに似る（図36.1）．
　花序は頭花で径は約7 cmで，主茎と各枝の頂部に数個ずつ着き，秋に開花する．舌状花が周囲に，内方に筒状花があり，舌状花の花弁は黄色，長さ3.5 cm程度である．雌蕊は雄蕊より長く抽出し，柱頭は二つに分かれる（図36.2）．ほとんど自家受粉する．痩果

第36章 その他のイモ類

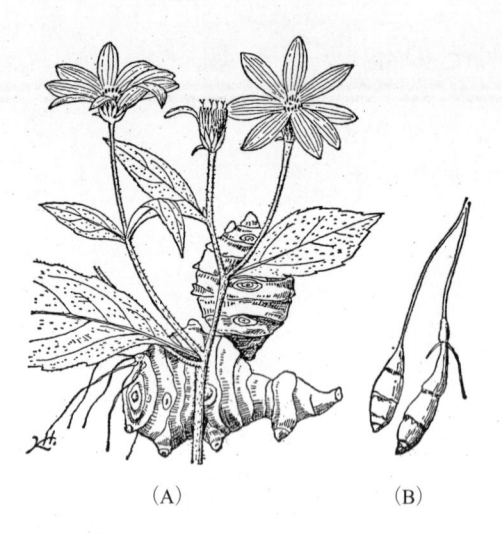

図36.1 キクイモ（A）とイヌキクイモ（B）．星川（1980）

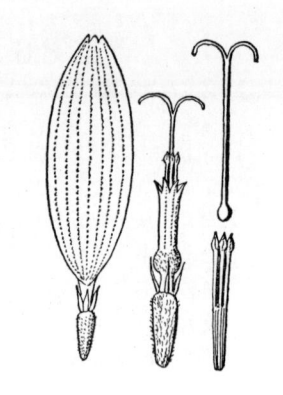

図36.2 キクイモの花．星川（1980）

は円筒状で長さ6～7 mmである．しかしほとんど不稔性であり，種子で繁殖することは少ない．

地下に主茎から多数（2～60本）の匍枝を出し，その先端が秋に肥大して塊茎となる．塊茎は不規則な楕円形あるいは分岐形である．塊茎は多くの節があり，各節に対生の芽を持つ．また節には皮毛があり，皮色は淡黄，赤紫色など品種によって異なる．肉質は白く，やや水分多く，他のイモ類のようにデンプン質ではない．塊茎は地上部の成長が停止する晩夏から秋に肥大が盛んで，霜に遭って地上部が枯れるまで形成・肥大が続く．塊茎は越冬して，翌年の春に萌芽し，子イモを繁殖すると共に自らもさらに肥大して多年生を示す．

なお，イヌキクイモ（*H. macrophyllus*）は，葉は濃緑色で大きく，早生で花は8月頃から咲き，キクイモの開花始めの頃までには花期を終える．塊茎はキクイモの半分程度で紡錘形，チョロギの塊茎に似るのでチョロギイモとも呼ばれる．イヌキクイモは関東地方をはじめ各地に，キクイモよりむしろ多く野生化している．

（3）栽培・利用

環境適応性は広く，わが国では北海道から沖縄まで栽培が可能である．特に，冷涼な気候に適し，萌芽から初期生育期はやや低温で，雨が多く，夏は高温で日照多く，あまり湿度が高くない気候の場合に収量が多い．土壌は選ばないが，粘質で排水不良の土地は収量が少ない．土壌の乾燥には強い．痩地にもよく育つ．塊茎は低温抵抗性がきわめて強く，$-30℃$でも凍害を受けないとされる（永井 1952）．このため温帯の中・北部で栽培され，わが国の北海道，中国東北部，カナダ，北ヨーロッパでも栽培される．塊茎の着生・肥大は短日条件で開始する．

塊茎を種イモとして早春に植付ける．畦幅は70～90 cm，株間は15～30 cmとし，深さは9～12 cmとする．北海道では，4月下旬～5月中旬植付け，施肥は窒素4～10，リン酸14～20，カリ10～13 kg/10 aを標準とする（中西 2004）．種イモ量は10 a当り11

〜15 kgである．一旦植付ければ，次年からは前年の残存塊茎からの萌芽をそのまま利用することもできる．中耕も匐枝が浅く横走しているので，これを切断するおそれがあり，あまり行われない．強健な成長で病虫害は少ない．

収穫は，秋に地上部が枯れた後に行われるが，暖地では翌年4月頃までの間に随時掘取る．匐枝が深く長く伸びて塊茎を着けるものがあるため，掘取りの際に全てのイモを収穫し尽くせないので，残ったものが雑草化しやすく，絶滅に苦慮する．外国では収穫後にブタを放って残イモを食べさせる場合もある．収量は10 a当り2,000〜3,000 kgである．塊茎にはジャガイモのようなコルク層ができないので，貯蔵中に腐敗病にかかり易く，掘取ったイモの長期間の貯蔵はやや困難である．

栄養成分は表33.2に併記したように，水分が多く，炭水化物は15％ほどであるが，デンプンは含有せず，その58％はイヌリンであり，イヌリンから機能性糖類のイヌロオリゴ糖やダイフラクタンの生産を目指した研究が行われている（中西 2004）．

食用としては煮食または生食する．特有の嗅気があり，風味は劣り，肉質はやや硬く，食用には一般には好まれない．欧米ではサラダとして食べる．わが国では現在では酢漬，味噌漬，粕漬などにされる程度である．

主成分のイヌリンは，デンプンよりも酸糖化が容易であるので，アルコール原料とされるほか，アセトン，ブタノール醗酵原料とされ，果糖や飴の原料ともされる．現在の主用途は飼料である．キクイモの可消化飼料成分は，ジャガイモにやや劣るが，地上部および地下部の収量を考慮すると，単位面積当り飼料価はイモ類中最も高いといわれる．

(4) 文 献

千葉弘見・香川邦雄 1950 菊芋の塊茎水分の変化に就て．日作紀 19：126-132.
千葉弘見 1952 キクイモ．佐々木喬監修，綜合作物学，工芸作物篇．地球出版．278-328.
千葉弘見・香川邦雄 1953-54 青刈菊芋の栄養収量に関する研究（1, 2, 3）．日作紀 22：129-130, 123-124, 125-126.
江原 薫 1949 菊芋の実生育成に就いて．日作紀 18：32-34.
岩崎文雄 1969 キクイモにみられた葉序の変化と生育相との関係について．日作紀 34：466-469.
Martin, J. H. et al. 2005 Jerusalem artichoke. In Marchin et al. ed., Principles of Field Crop Production. Macmillan. 905-908.
永井威三郎 1952 きくいも．実験作物栽培各論．養賢堂．336-342.
中西健夫 2004 キクイモ．山崎耕宇他編，新編農学大事典．養賢堂．642-643.
小笠隆夫・荒尾嘉夫 1940 菊芋に関する研究．(1) 菊芋の生育並びに結薯経過と之に伴う主成分含有量の推移に就いて．日作紀 12：31-40.
佐々木喬・輪田 潔 1939 菊芋の特殊栽培の一例．日作紀 10：384-389.
佐々木喬・千葉弘見 1947 菊芋の兼用栽培に就て．日作紀 17：17.

2. アメリカサトイモ

学名：*Xanthosoma sagittifolium* (L.) Schott
英名：yautia, tannia

サトイモ科（Araceae）の *Xanthosoma* 属は主に熱帯アメリカに分布し，そのうち数種がイモや葉を食用として利用される．本種の他，*X. atrovirens* C. Koch. et Bouche，*X. violaceum* Schott などである．アメリカサトイモは，熱帯アメリカ，西インド諸島原産で，古くから作物化され，コロンブスの時代までにこの地域に広く栽培されていた．その後サツマイモよりはるかに遅れて，19世紀頃から次第にアフリカに伝播した．すなわち西インド諸島からガーナに1841年に入り，*Colocasia* に似ているので一緒に cocoyam と呼ばれて栽培された．南太平洋地域にも19世紀に導入された．

アメリカサトイモは現在は熱帯アメリカ，カリブ海域の島々，西アフリカおよび太平洋地域で自家用に栽培されている．また本種は西インド諸島および西アフリカで，ココアのプランテーションで，若苗を保護する日陰用に保護作物（nurse crop）として栽培される．

タロイモによく似ており，葉は高さ約2 mにも茂る．葉身は大きく鋭三角形すなわち鏃状（sagitate）で，それが種名となっている（図36.3）．葉縁に環走脈がある．葉柄は白色や紫色のものがある．茎は地中にあって短く肥大し，長さ15～25 cmのイモとなる．タロイモのように子イモを作り，10個以上に及ぶ．

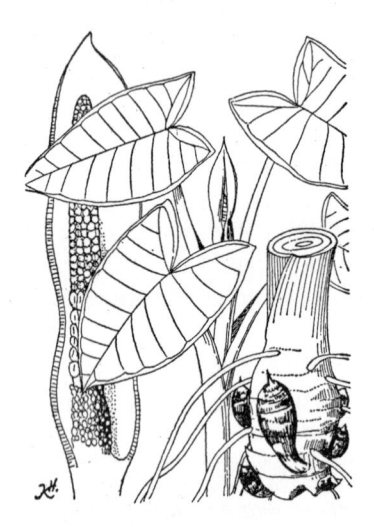

図36.3　アメリカサトイモ．星川（1980）

花序はサトイモ科の特徴の仏炎苞を持つ肉穂花序で，仏炎苞は長さ約20 cm，下1/3あたりで深くくびれていて，全体深緑色である．肉穂は長さ約15 cm，基部は雌花部分，その上に雄花部分が約3～4倍の長さを占める．そして頂部には不稔の付器部分を欠く．しかし花を着けない品種も多く，開花しても結実することはまれである．熱帯地帯で，湿潤な土壌に適する．また日陰にも耐性が強い．

塊茎で栄養繁殖し，普通親イモの上部を切って植付けるが，子イモを植付ける場合もある．植付け後9か月目頃から株ごと掘取り，成熟したイモのみ採り，再びそこへ株を植え戻し，成長を続けさせる．以降たびたび掘ってはイモを収穫することを続け，半永久的に栽培できる．トリニダードの例では，優良な系統のものは9～10か月目で10 a当り3～3.3 tの収穫がある（Campbell et al. 1962）．南太平洋地域では平均10 a当り2 tの収量である（Massal et al. 1956）．

イモはデンプン質で，蒸し焼きにしたり，煮たりして食用とする．西インド諸島ではタロイモより利用は少ない．西アフリカでは現住民の主食 fufu を製するのにタロイモより好適であるとして，好んで栽培されている．イモをすりおろして水にさらし，デンプンを採る．デンプン粒はタロイモのものより大形である．若い葉は野菜として利用されるが，蓚酸石灰を含むので，それを除く調理法が必要とされる．

文 献

Bull, R. A. 1960 Macronutrient deficiency symptoms in cocoyams (*Xanthosoma* sp.). J.West Africa Inst. Oil Palm Res. 3 : 181-186.
Campbell, J. S. et al. 1962 Recent development in the production of food crops in Trinidad. Trop. Agr. Trin. 39 : 261-270.
Gooding, H. J. et al. 1961 Preliminary trials of West Indian *Xanthosoma* cultivars. Trop. Agr. Trin. 38 : 145-152.
Massal, E. et al. 1956 Food plants of the South Sea Island. South Pacific Comm. Tech. Paper No. 94.

3．クズイモ

学名：*Pachyrhizus erosus* (L.) Urban
漢名：荳薯，地瓜，沙葛（中），刈薯（台）
英名：yam bean

マメ科の熱帯性の多年草で，中南米熱帯の原産である．新大陸発見後にスペイン人によってフィリピンに伝えられ，さらに東南アジア熱帯各地に広まり，また中国南部や台湾へも導入された．インドからはアフリカへも伝えられている．しかしいずれの地域でも栽培は少ない．わが国では沖縄や小笠原で栽培がみられる．

地上部は蔓性で2～6mになり，毛茸が生えている（図36.4）．葉は3枚の小葉よりなる複葉で長い葉柄がある．小葉は長さ6～10 cm，葉脈はやや有毛である．その形状が日本のクズに似るのでクズイモの和名がある．花は9～10月に開花，紫色でときに青または白色もある．莢は長さ15～20 cm，幅1.5 cmで表面に粗毛が密生している．種子は1莢に4～9個あり，円形で扁平，種皮は褐色である．地中に紡錘形のイモを形成する．イモは直径40 cm，重さ5～15 kg位まで大きくなる．内部は白色でデンプンを多く含む．

種子を播いて育て，支柱を立てて蔓を巻きつ

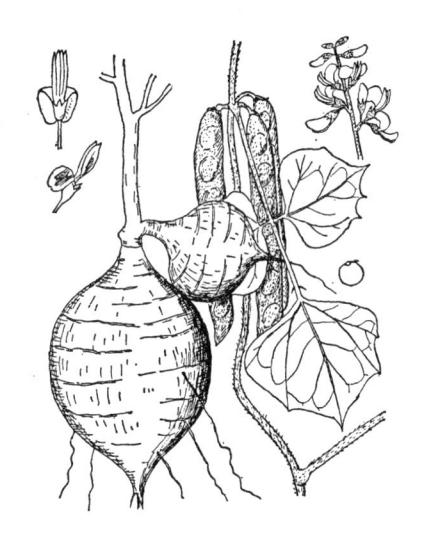

図36.4 クズイモ．渡辺ら（1970）を改

かせる．秋の開花時に花を摘み除いて，塊根肥大を促す．イモは4〜8か月で肥大し，2か年で完熟する．収量はha当り20〜50tである．

若い塊根は生食・煮食すると大根のような歯ざわりで甘い．成熟塊根には，生イモ中約11％，乾物中80％の炭水化物が含まれる．しかし葉，果実，種子と老熟塊根にはパキリジンという配糖体があり有毒であるので，成熟根はもっぱらデンプン採取に用いられる．若い莢は無毒であるから，サヤエンドウのように煮食される．葉や熟果，種子は魚毒や殺虫剤に用いられ，また下剤，皮膚病薬とされる．フィジー島では茎から繊維を採り，漁網などに用いている．

近縁の *P. tuberosus* (Lam.) Spreng. も yam beanまたは potato beanと呼ばれ，地下の大きいイモからデンプンを採る．

文献

Clausen, R. T. 1944 A botanical study of yam beans (*Pachyrhizus*). Cornell Univ. Agric. Exp. Stat. Mem. 264.

4．クズウコン（アロールート）

学名：*Maranta arundinacea* L.
和名：クズウコン，アロールート
漢名：葛鬱金
英名：arrowroot, West Indian arrowroot

クズウコン科（Marantaceae）の多年草で，南アメリカ北部および西インド諸島の原産である．コロンブスの時代までにこの地域で栽培されていた．現在はバミューダ島および西インド諸島のセントビンセント島が著名な産地であるほか，西インド諸島の各地，アフリカのザンジバル，モーリシャス，マダガスカルも産地となっている．また東南アジア一帯にも広がっている．1901年には台湾へも導入された．

イモ（根茎）の皮部に毒矢の傷をなおす薬成分が含まれているので，arrow rootの名がある．

茎は地中にあって主茎は短く，地上に葉を抽出する．葉は長い葉柄の先に，やや細い心臓形の光沢のある葉身があり，地上約1mの高さに茂る（図36.5）．葉身と葉柄の間は赤色を呈する．葉（柄）の間から高さ約2mの花柄が伸び花序を着ける．花は小

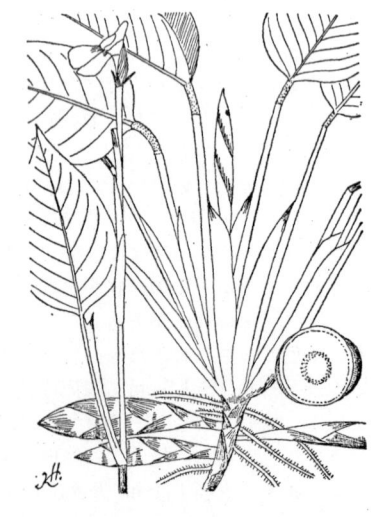

図36.5　アロールート（クズウコン）．
　　　　星川 (1980)

さく白色である．地下の茎から根茎を出し，それは地表下を横走して，長さ10〜15 cmとなり，肥大し先が尖る．根茎（イモ）はタケノコ状に細条のある薄皮に包まれていて多くの節がある．これがアロールートと呼ばれる部分で，内部は白色で，中心部は透明．多くの細い繊維が走り，粘りがある．

熱帯の高温に適し，年間降水量が1,500〜2,000 mmまたはそれ以上の地域に生育する強健な作物である．土壌は砂壌土または壌土が適し，重粘土で過湿の所では生育は不良である．海岸近くの土地に多く栽培される．

繁殖には，根茎の先端部3〜4節を切って植付けるか，または子イモ（吸芽 sucker）を植える．雨季の始めに，畦間90 cm，株間30 cm，深さ5〜8 cmに植付け，8〜12か月で収穫期となる．収量はha当り11〜17 t程度である．

根茎には約20％のデンプンを含有する．根茎を剥皮し，磨砕して，水でさらし，デンプンをとる．このデンプンをアロールートと呼び，主にアメリカやヨーロッパなどへ輸出する．デンプンは上質で消化よく，病人・幼児用に適し，薬用その他化粧料にされる．菓子原料，料理用にも優れるが，高価であるため一般用とはされない．デンプンを採ったかすは肥料とされる．

現住民は根茎を食用とするが，皮部は悪臭があるので除く．また前述の矢毒の治療に用いる他，毒を呑んだ場合の除毒，外傷，腫物の薬にも用いられる．

文　献

Raymond, W. D. et al. 1959 Sources of starch in colonial territories II : Arrowroot (*Maranta arundinacea* L.). Trop. Science 1 : 182-191.

Tomlinson, P. B. 1961 Morphological and anatomical characteristics of the *Marantaceae*. J. Linn. Soc. (Bot.) 58 : 55-78.

5．タシロイモ

学名：*Tacca pinnatifida* Forst. (= *T. leontopetaloides* (L.) Kuntze)
漢名：田代薯
英名：East Indian arrowroot, Tahiti arrowroot

タシロイモ科（Taccaceae）の熱帯性多年草．原産地は東南アジアで，非常に古くミクロネシア地域に伝えられた（Massal et al. 1956）．現在は東南アジア熱帯およびアフリカで小規模に栽培され，現地の人はアロールートと同じように，デンプンを採って食用としている．かつてはポリネシアでは主食のひとつであったというが，現在はあまり用いられなくなった．タイでも昔は栽培されたという．日本には沖縄にまで分布している．

茎は地中にあって短く，直径15〜20 cmの球状に肥大する．これから高さ1 mの大きい葉を1枚地上に抽出する．葉柄は径約2〜4 cmで直立し，その先に三叉に分かれた，径

1 mに及ぶ大きい葉身を着ける（図36.6）．花は花柄が地上へ1～2 m抽出した先に着き，黄緑色．花後結実して多数の種子ができる．主に海岸に近い土地に栽培され，野生化している．地上部が成熟して枯れてから，地中の球茎を掘取る．

球茎は軟らかく，多量のデンプンを含む．しかしイモのままでは著しく苦く，またえぐいので食用とはしない．皮をむいて，搗き砕いて，水にさらし，苦味物質を水で充分に洗い流してデンプンを採る．なお葉柄の繊維は編物（帽子用）とする．

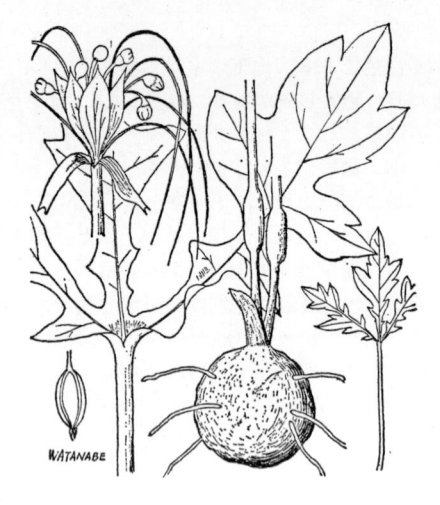

図36.6　タシロイモ．渡辺ら（1970）

文　献

Massel, E. et al. 1956 Food plants of the South Sea Islands. South Pacific Comm. Tech. Paper No. 94.

6．その他のアロールート類

英名でarrowrootと名の付く作物にはクズウコンやタシロイモの他に，科の異なるいくつかの種があるので，それらを概説する．

（1）ショクヨウカンナ

学名：*Canna edulis* Ker-Gawl.
和名：ショクヨウカンナ（食用カンナ）
英名：Queensland arrowroot, edible canna, purple arrowroot, achira

カンナ科（ダンドク科 Cannaceae）の多年草で，南アメリカ，西インド諸島原産．ペルーの海岸部では約2,500年前，トウモロコシやキャッサバが導入されるより以前から利用されていたらしい．現在はアジア熱帯地域，オーストラリアで生産が多い．

観賞植物のカンナに近縁で，草姿もよく似ている（図36.7）．草丈は3 mになり，茎葉は紫色をおびる．花の唇弁は黄色，内側は橙赤色である．繁殖には種子または根茎を用いる．植付け後約半年～8か月で収穫される．

図36.7　ショクヨウカンナ．星川（1980）

根茎の肥大した部分をトー・レ・モア（tous-les-mois）と呼び，デンプンを多く含む．煮て食べると甘味があり，サトイモに似た味がする．このイモをつき砕いて水で洗い，デンプンを採る．デンプンは約25％含まれ，デンプン粒はきわめて大きいが消化はよく，病人食，幼児食に適する．茎葉部も食用とされる．茎葉や根茎は家畜の餌とされる．

（2）インドアロールート

　　　学名：*Curcuma angustifolia* Roxb.

　　　英名：Indian arrowroot, narrow-leaved arrowroot

ショウガ科（Zingiberaceae）の熱帯性多年草で，インド中部に野生しており，またインドでは所々で栽培している．地中の短い主茎から，いくつもの紡錘形の根茎ができ，デンプンが蓄積される（図36.8）．根茎がクズウコンに似ており，クズウコンが西インドのアロールートであるのに対し，原産が東洋のインドであるところからインドのアロールートと呼ばれる．根茎からデンプンを採り食用とする．

（3）ガジュツ（シロウコン）

　　　学名：*Curcuma zedoaria* (Berg.) Roscoe

　　　英名：Zedoary

本種もショウガ科で，根茎から食用デンプンが採れる．ガジュツはヒマラヤ原産で，古くからインド，マレーシアなどで栽培され，わが国へも江戸時代に伝来して屋久島・口永良部島などで栽培されている．主として塊茎の乾かしたものを，芳香のある薬剤として用いる．

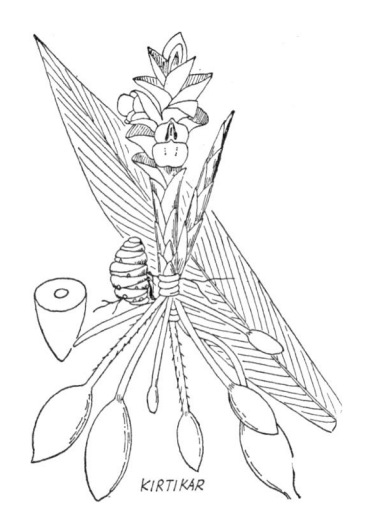

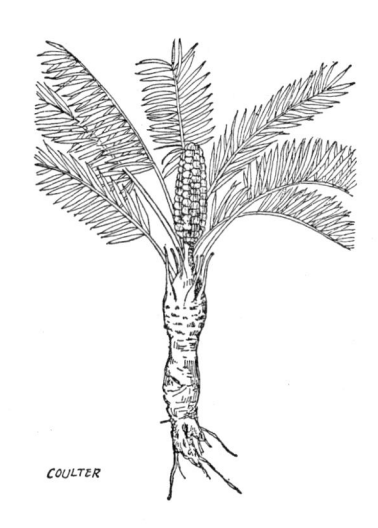

図36.8　インドアロールート．星川（1980）　　図36.9　フロリダアロールート．星川（1980）

（4）フロリダアロールート

学名：*Zamia floridana* DC.

英名：Florida arrowroot

この種はアメリカ大陸の熱帯から亜熱帯に生えるソテツ科（Cycadaceae）の小木で，その幹の基部と地下の肥大部にたまるデンプンを採取して食糧とされる（図36.9）．わが国に生えるソテツにも同様な性質があり，昔は飢餓の時にデンプンを採って食用とされた．

（5）文　献

Gade, D. W. 1966 Achira, the edible canna − Its cultivation and use in the Peruvian Andes. Econ. Bot. 20：407-415.

Imai, K. et al. 1993 Studies on matter production of edible canna (*Canna edulis* Ker.). Ⅱ. Changes of dry matter production with growth, Ⅲ. Changes of production structure with growth. Jpn. J. Crop Sci. 62：601-608, 63：345-351.

細井　淳・今井勝 2004 食用カンナにおける地上部の形態形成からみた倒伏の物理的要因とその軽減. 日作紀 73：71-76.

矢島正晴・岡　三徳・岡田益己 1988 食用カンナの乾物生産と光エネルギー利用. 日本熱帯農業学会第63回講演資料：32-33.

7．アメリカホドイモ

学名：*Apios americana* Medik.（= *A. tuberosa* Moench）

和名：アメリカホドイモ，アメリカホド

英名：potato bean, Indian potato, groundnut

マメ科の多年草で，北アメリカ原産．アメリカ北東部からフロリダおよびテキサスに至る地域で，インディアンにより栽培される．日本へは明治中期にアメリカから渡来，主に花を観賞するために，鉢作りや庭の垣に植えられたが，今は栽培は少なく，わずかに都市近郊に野生化している．なお，東北地方，とくに青森の南部地方を中心に，農家で自家用にホドと称して栽培されている．

茎は蔓性で，2～4mに伸びる．葉は5～7小葉よりなる羽状複葉，小葉柄に短毛を密生する．葉腋から花序を出し，夏に10～13個の花を着ける．蝶形花の花冠は長さ1cm余り，淡紫色で美しく，スミレに似た芳香がある．莢は線形で，多くの種子を蔵し，秋に熟すると裂開する．地中に塊茎があり，種イモから多くの匐枝を地表下

図36.10　アメリカホドイモ．星川（1980）

浅く伸ばし，1m余になる．匍枝は5～10cm毎に節があり，各節部が肥大してイモとなる．したがってイモは長い匍枝に一定の間隔で連なり，匍枝の先端部ほど細いイモがつく．イモは西洋梨形で，長さ3～6cm，太さ4cmとなる（図36.10）．

　栽培は，種イモを春（青森では6月）に畑に植付け，蔓が伸びてきたら支柱を立てる．実生では開花までに長年月を必要とするので実用的でない．排水不良地以外は土を選ばず，黒ボク土でも育つ．病害は特に目立たない．秋の降霜で地上部が枯れたら，当面の食用分を掘り取り，残りはそのまま雪積下で翌春まで置く．イモは0℃前後では障害を受けない．冬期に室内に貯蔵すると萌芽を始めてしまう．融雪後，全てを掘り取り，一部を種イモとして植える．種イモは萌芽後も消失せず，さらに若干肥大し，秋に新イモと一緒に収穫される．

　種イモも食用とされるが，形は歪形で，品質は新イモより劣る．イモは煮たり，焼いたりして食べる．味はジャガイモとサトイモの中間的で，淡い甘味があり，美味である．寒冷地でよく生育するイモ類として，食用および飼料用に，今後研究される価値がある作物と思われる．

　なお，日本には近縁種ホドイモ（*Apios fortunei* Maxim.）が野生しており，このイモも採って食用とされる．

文　献

長田武正 1972 日本帰化植物図鑑．北隆館．
最新園芸大辞典 1968 誠文堂新光社．

8．ヤーコン

　　　学名：*Smallanthus sonchifolius* (Poepp. et Endl) H. Robinson
　　　和名：ヤーコン
　　　英名：yacon, yacon strawberry

　南米アンデス高地の原産．原産地では2,000年以上の栽培の歴史があるとされる．わが国には，1985年にペルーの系統がニュージーランドを通じて導入された．キク科の多年生で，$2n = 58$である．導入系統を基礎にして，わが国では導入系統間の交雑育種により育種が試みられ，近年，新品種である「サラダオトメ」，「アンデスの雪」，「サラダオカメ」が育成され，普及が期待される．

　高地が原産で冷涼な気候に適応しており，アンデス地方ではジャガイモよりやや標高の低い地帯で栽培される．わが国では，品種を選べば，北海道・東北や西南暖地の高冷地でもよく育つ．西南暖地では，夏季の高温や干ばつで生育が停滞する．草丈は条件が良いと2mを越すまでに伸び，ヒマワリの花に似た頭状花を着ける．花は直径約4cmで黄色，舌状花に種子ができる．自家あるいは他家不和合性がある．地下部には塊茎と塊根の両方を形成し，いずれも肥大する（図36.11）．塊根は生育に伴い形成されるが，塊

第36章　その他のイモ類

図36.11　ヤーコン
左：地上部，右：地下部．写真：安本知子

　茎は短日により形成される．増殖には塊茎から苗を養成し，霜が終わった頃植付ける．密度は畦幅70～110 cm，株間50 cmかそれ以上とし，施肥は窒素，リン酸，カリウムいずれも8～20 kg/10 a程度とする（廣瀬 2002）．条件がよければ7 t/10 aほどの収穫が期待できる（中西 2004）．

　塊根を食用とする．多量のフラクトオリゴ糖を含み，食物繊維やポリフェノールも比較的多いので，整腸作用や動脈効果予防効果など，機能性食品として期待されている．生食のほか，炒め物，煮物，漬物，ジュースとして利用される．また，葉は茶としても利用される．

文献

中西健夫 2004 ヤーコン．山崎耕宇他編，新編農学大事典．養賢堂．643.
廣瀬昌平 2002 ヤーコン．日本作物学会編，作物学事典．朝倉書店．507-508.

第37章　その他の食用作物

1．サゴヤシ

学名：*Metroxylon sagu* Rottb.
和名：サゴヤシ
英名：Sago palm

（1）起源・分類・生産状況

東南アジア島嶼部やインド東部の低湿地が原産のヤシ科の熱帯性高木．ヤシ科植物には樹幹にデンプンを蓄積するものが多いが，実用的に利用されるには本種（ホンサゴ）やトゲサゴ（spiny sago, *M. rumphii* Mart.）などの，2, 3種のみである．サゴはマライ語のsagu（食料粉）に由来する．低湿地に自生し，塩類を含む汽水条件に適応する稀な作物である．生育環境条件が特殊なので，他の作物との競合が少ない．トゲの有無，デンプン含量など実用形質による区別があるが，栽培品種としては未分化である．遺伝収集がマレーシアのサラワク州で行われている．安価なデンプン原料としての潜在力の高さや，汽水条件に対する適応力などから，研究者の関心も高く，国際的な研究集会が定期的に開催されている（江原 2005）．

半作物から作物への移行過程にあり，自生のものを収穫対象とする面積は，インドネシア島嶼部を中心に，約500〜600万haと推定される．栽培は約20万haで，インドネシア，マレーシア，パプアニューギニアなどが主産地である．

（2）形態・栽培・利用

ヤシ科の単子葉高木で，樹高7〜20 mになる．10〜20年で茎の先端に花序を形成し，開花する．出穂から開花・結実までには2年も要し，その後茎が乾燥して枯死する（後藤・中村 2000）．近接株間での他家受粉で結実する．自然状態での利用〜半栽培的管理が多い．汽水条件に適応することから，塩類ストレスに耐性を持つ．根や下位の葉柄にNa^+を蓄積することによって，小葉のNa^+濃度を低く保つ機構により，塩類ストレスを回避する能力があると指摘されている（Ehara et al. 2006）．

8〜15年で樹を切り倒し，茎を1 mあまりに切断して，縦に割って幹髄部のデンプンを掻き出す．切断した幹の搬出や輸送に労力が多くかかるのが難点である．髄部の乾物率約40％，デンプン含有率約50％あり，1本の幹から最大300 kgもの乾燥デンプンが採れる．地下茎から生ずる吸枝による栄養繁殖を行う．

ニューギニア，カリマンタンなどでは，サゴデンプンを練って餅状にして常食する．採取デンプンは，製品として輸出する場合，紛状のサゴフラワー（sago flour）と粒状のパールサゴ（pearl sago）がある．製品はスープなどの料理用の他，菓子や麺類の添加料，糊料などとして用いる．葉は屋根材，樹皮は飼料や床材として利用する．髄はそのまま生食

や煮食ができ，果実，新芽，頂芽は野菜として食用とする．
(3) 文　献
江原　宏 2005 第8回国際サゴシンポジウム（EISS2005）レポート．熱帯農業49：386-387.

Ehara, H. et al. 2006. Avoidance mechanism of salt stress in sago palm (*Metroxylon sagu* Rottb.). Jpn. J. Trop. Agr. 50：36-41.

後藤雄佐・中村　聡 2000 作物Ⅱ［畑作］．全国農業改良普及協会．191-193.

Jong, F. S. 1995 Research for the development of sago palm (*Metroxylon sagu* Rottb.) cultivation in Sarawak, Malaysia. Wageningen Agricultural University.

2．アビシニアバショウ

アビシニアバショウ（エンセテ，Abyssinian banana, *Ensete ventricosum*（Welw.）Cheesm. = *Musa ensete* Gmel.）はバショウ科に属し，東アフリカのアビシニアで局地的に栽培されるバナナの一種である．その葉柄の下部，とくに基部と地中の肥大茎部には大量のデンプンが蓄積される．これを採って生デンプンを醗酵させ，餅状にして焙り食用とされる．

索 引

欧 文

Altiplano タイプ ……… 309
Aman ……………… 77
anther ear …………… 237
ASW ………………… 173
Aus …………………… 77
Bt コーン …………… 244
Bulu ………………… 81
CIMMYT …………… 174
floury-2 …………… 244
IRRI ………………… 82
opaque-2 …………… 244
Salar タイプ ………… 309
Sea-level タイプ …… 308
tassel seed ………… 237
Tjereh ……………… 81
Valley タイプ ……… 308

あ

青立ち ……………… 95
青米 …………… 105, 111
アカアワ …………… 311
アカエンバク ……… 219
赤かび病 …………… 180
秋アズキ …………… 355
秋落ち ……………… 74
秋ダイズ型 ………… 338
秋播性程度 ………… 175
アジアイネ ………… 15
アジマメ …………… 417
後作物 ………………… 2
アビシニアコムギ … 143
アフリカイネ ……… 15
アミログラフ ……… 185
アミロース ………… 108
アミロペクチン …… 108

い

維管束鞘 …………… 32
イギリスコムギ …… 139
育苗 ………………… 86
育苗センター ……… 89
異型蕊現象 ………… 299
異質倍数体 ………… 138
萎縮病 ……………… 99
移植 ………………… 86
1次枝梗 …………… 43
1穂籾数 …………… 67
1粒重 ……………… 67
イヌキクイモ ……… 496
イネカラバエ ……… 100
イネゲノム ………… 80
イネドロオイムシ … 100
イネハモグリバエ … 100
イネヒメハモグリバエ … 100
いもち病 …………… 97
いもち病型冷害 …… 97
インディカ型 ……… 16
インド矮性コムギ … 141

う

浮稲型 ……………… 16
渦性 ………………… 195
裏作 ………………… 74
裏作物 ……………… 2
ウンカ ……………… 100

え

栄養成長停滞期 …… 43
エキステンソグラフ … 185
疫病 ………………… 439
園芸作物 ……………… 1
塩水選 ……………… 85

エンマコムギ …… 139, 143

お

黄熟 ………………… 52
押麦 ………………… 204
表作物 ………………… 2
温帯作物 ……………… 2
温湯浸漬法 ………… 85

か

外穎 ………………… 21
外皮 ………………… 26
香米 ………………… 84
隔膜 ………………… 33
カスパリー線 ……… 26
活着期 ……………… 93
果皮 ………………… 22
花粉母細胞 ………… 44
ガマグラス ………… 231
カメムシ …………… 101
鴨首型 ……………… 256
カラスムギ ………… 219
仮軸分枝 …………… 434
ガルバンソ ………… 403
皮麦 ………………… 191
稈 …………………… 36
感温性 ……………… 80
還元層 ……………… 73
感光性 ……………… 80
寒肥 ………………… 177
冠根 ………………… 24
完熟 ………………… 52
観賞作物 ……………… 1
冠水抵抗性 ………… 64
感染糸 ……………… 318
乾燥地作物 …………… 2
寒地作物 ……………… 2

乾田直播 ……………… 104
乾土効果 ……………… 75
カントリーエレベーター ……… 107
官能検査 ……………… 114

き

生子 …………………… 491
生地 …………………… 185
機動細胞 ……………… 31
基本栄養成長性 …………… 80
客土 …………………… 75
キュアリング (curing) 貯蔵
 …………………………… 463
休眠 …………………… 165
強力粉 ………………… 185
極核 …………………… 46

く

草型 …………………… 81
クサビコムギ …………… 141
クラブコムギ …………… 141
グルコマンナン ………… 491
グルテン ……………… 140, 185

け

欠条種 ………………… 191
絹糸 …………………… 238
減数分裂 ……………… 44
原生篩部 ……………… 26
原生木部 ……………… 26
研磨米 ………………… 114

こ

恒温深水法 …………… 82
硬化 …………………… 89, 165
工芸作物 ……………… 1
梗根 …………………… 454
後生篩管 ……………… 26
後生導管 ……………… 26
孔辺細胞 ……………… 31

高粱 …………………… 254
護穎 …………………… 21
糊熟 …………………… 52
後熟 …………………… 165
糊粉細胞層 …………… 22
古米 …………………… 113
ごま葉枯病 …………… 98
コムギうどんこ病 ……… 180
米粒麦 ………………… 204
菰米 …………………… 305
コラサンコムギ ………… 141
根冠 …………………… 25
根原基 ………………… 27
混合型冷害 …………… 97
根鞘 …………………… 23
コンバイン …………… 106
根粒菌 ………………… 318

さ

催芽 …………………… 85
最高分げつ数 ………… 39
細根 …………………… 454
採種栽培 ……………… 84
先細米 ………………… 111
作土 …………………… 73
さび病 ………………… 180
銹米 …………………… 111
酸化層 ………………… 73
サンカメイチュウ ……… 100
三叉芒 ………………… 196

し

粃 ……………………… 67, 111
枝梗いもち …………… 98
雌蕊 …………………… 46
湿地作物 ……………… 2
湿田 …………………… 74
死米 …………………… 111
ジネンジョ …………… 473
指標作物 ……………… 283

子房 …………………… 46
子房柄 ………………… 365
縞萎縮病 ……………… 181
縞葉枯病 ……………… 99
ジャポニカ型 …………… 16
ジャワ型 ……………… 16
萩 ……………………… 313
収量構成要素 …………… 67
収穫指数 ……………… 6
雌雄同熟 ……………… 159
周皮 …………………… 26
珠孔 …………………… 46, 316
受光態勢 ……………… 65
主作物 ………………… 2
種子コーティング ……… 104
種子根 ………………… 24
珠心 …………………… 55
出穂 …………………… 47
種皮 …………………… 22
春化 …………………… 175
準強力粉 ……………… 185
漿果 …………………… 434
障害型冷害 …………… 96
蒸散 …………………… 63
小枝梗 ………………… 21
硝子率 ………………… 184
小穂 …………………… 45
小穂軸 ………………… 21
鞘葉 …………………… 23
小粒菌核病 …………… 99
食糧管理法 …………… 114
食糧法 ………………… 114
助細胞 ………………… 46
除草剤耐性品種 ………… 340
白穂 …………………… 46
飼料作物 ……………… 1
代掻き ………………… 90
白葉枯病 ……………… 99
シロバナハナササゲ …… 411
白麦 …………………… 204

深耕 ……………… 74	耐冷性 ……………… 82	**と**
浸種 ……………… 85	田植機 ……………… 92	胴切米 ……………… 111
深層追肥稲作 ……… 91	脱窒現象 …………… 73	登熟期 ……………… 94
心白米 …………… 110	脱粒性 ……………… 83	登熟歩合 …………… 67
新米 ……………… 113	タピオカ ………… 470	搗精 ……………… 113
す	タペート細胞 ……… 46	胴割れ …………… 105
髄腔 ……………… 36	タルホコムギ …… 142	胴割米 …………… 111
穂軸 ……………… 45	単軸分枝 ………… 434	止葉 ……………… 30
随伴作物 …………… 2	湛水直播 ………… 104	トラノヲウ ……… 311
スペルトコムギ … 141	湛水土中直播 …… 105	**な**
せ	短柱花 …………… 299	内穎 ………… 21, 44, 69
生育遅延型冷害 …… 95	団粒構造 …………… 74	内鞘 ……………… 26
青酸配糖体 ……… 470	**ち**	苗代 ……………… 89
整地 ……………… 90	地上子葉 ………… 319	苗立枯病 …………… 99
成苗 ……………… 86	稚苗 ……………… 86	中干し …………… 93
正方形植え ………… 93	茶米 ……………… 111	夏アズキ ………… 355
整粒歩合 ………… 112	中間型 ……………… 81	夏ダイズ型 ……… 338
背白米 …………… 111	中間型アズキ …… 355	並木植え …………… 93
節 ………………… 35	中間ダイズ型 …… 338	並性 ……………… 195
節いもち ………… 98	中苗 ……………… 86	**に**
節間 ……………… 35	中力粉 …………… 185	ニカメイチュウ … 100
折衷直播 ………… 105	中肋 ……………… 30	二期作栽培 ……… 103
折衷苗代 …………… 89	チューニョ ……… 445	肉穂花序 ………… 483
籼 ……………… 15, 77	チュベロン酸 …… 437	2次枝梗 …………… 44
センゴクマメ …… 417	長柱花 …………… 299	2条種 …………… 191
前作物 ……………… 2	直播 …………… 83, 86	乳熟 ……………… 52
全面全層播 ……… 179	**つ**	乳白米 …………… 111
前鱗 ……………… 23	ツルマメ ………… 313	乳苗 ……………… 86
そ	**て**	**ぬ**
早期栽培 ………… 102	低温順化 …………… 166	糠 ………………… 113
早晩性 …………… 80	低温処理 ………… 165	**ね**
側状施肥法 ………… 91	テオシント ……… 230	ねじれ米 ………… 111
た	デュラムコムギ … 139	熱帯作物 …………… 2
退化 ……………… 84	天然供給量 ………… 76	
タイヌビエ ……… 277	田作物 ……………… 2	
耐肥性 ……………… 81	田畑輪換 …………… 74	
	田畑輪換栽培 …… 104	

索引

の
- 農作物 ……………………… 1
- ノビエ ………………… 102, 277

は
- 葉 ……………………………… 22
- 胚 ……………………………… 22
- 胚軸 …………………………… 23
- 胚乳組織 ……………………… 22
- 胚嚢 …………………………… 46
- バインダー …………………… 106
- ばか苗病 ……………………… 99
- バクテロイド ………………… 319
- 薄力粉 ………………………… 185
- 架干し ………………………… 106
- 破生通気組織 ………………… 26
- ハダカエンバク ……………… 219
- 裸麦 …………………………… 191
- 畑作物 ………………………… 2
- 肌ずれ米 ……………………… 111
- 畑地灌漑栽培 ………………… 104
- 畑苗代 ………………………… 89
- パーボイリング ……………… 114
- 腹切米 ………………………… 111
- 腹白米 ………………………… 109
- 春肥 …………………………… 177
- ばれいしょ …………………… 432
- 晩期栽培 ……………………… 103
- パンコムギ …………………… 141
- 盤状体 ………………………… 22
- 反足細胞 ……………………… 46
- 半裸大麦 ……………………… 194
- 半無限伸育型 ………………… 338
- 斑紋米 ………………………… 111

ひ
- 被陰作物 ……………………… 2
- 肥効調節型肥料 ……………… 91
- ヒトツブコムギ ……………… 139
- 被覆作物 ……………………… 2
- ピラミッドコムギ …………… 141

ふ
- 稃 ……………………………… 21
- ファリノグラフ ……………… 185
- V字型稲作 …………………… 91
- フォーリングナンバー ……… 182
- 副護穎 ………………………… 21
- 副細胞 ………………………… 31
- 副作物 ………………………… 2
- 匐枝 …………………………… 434
- 腐化米 ………………………… 113
- 不耕起栽培技術 ……………… 348
- 不耕起播種 …………………… 179
- 不斉条種 ……………………… 191
- 仏炎苞 ………………… 483, 491
- 分げつ ………………………… 38
- 分げつ期 ……………………… 93

へ
- 臍 ……………………………… 315
- ペルシャコムギ ……………… 141
- 変質米 ………………………… 111

ほ
- 芒 ……………………………… 21
- 箒型 …………………………… 256
- 苞毛 …………………………… 44
- 保温折衷苗代 ………………… 90
- 穂首 …………………………… 36
- 穂首節 ………………………… 36
- 穂肥 …………………… 47, 94
- 穂重型 ………………………… 81
- 穂数 …………………………… 67
- 穂数型 ………………………… 81
- 捕捉作物 ……………………… 2
- 穂揃期 ………………………… 48
- 穂発芽 ………………… 176, 181
- 穂孕期 ………………………… 44

ま
- ポーランドコムギ …………… 140
- マッハコムギ ………………… 141

み
- 実肥 …………………………… 94
- 未熟米 ………………………… 105
- 水苗代 ………………………… 89
- 水ポテンシャル ……………… 65
- 密条播（ドリル播） ………… 179

む
- 麦踏み ………………………… 179
- 無限伸育型 …………………… 338
- 無限伸育性 …………………… 322
- 無効分げつ …………………… 39

め
- 芽ぐされ米 …………………… 111

も
- 基白米 ………………………… 111
- 籾 ……………………………… 21
- 籾いもち ……………………… 98
- 籾殻 …………………………… 21
- 籾摺り ………………………… 108
- 紋枯病 ………………………… 98

や
- 焼米 …………………………… 111
- 休み玉 ………………………… 491
- ヤブツルアズキ ……………… 352

ゆ
- 有限伸育型 …………………… 338
- 有限伸育性 …………………… 323
- 有効茎歩合 …………………… 39
- 有効分げつ …………………… 39
- 雄蕊 …………………………… 46

雪腐病 …………… 180	葉齢指数 …………… 44	鱗被 …………… 46
よ	薏苡仁 …………… 295	
	横白米 …………… 111	**る**
幼芽 …………… 23	ヨコバイ …………… 100	ルビスコ …………… 65
葉間期 …………… 33	4条種 …………… 191	**れ**
葉耳間長 …………… 45	**ら**	
葉鞘 ………… 22, 30		冷害 …………… 95
葉身 …………… 30	ライコムギ ………… 213	レグヘモグロビン …… 319
幼穂発達期 ………… 93	ライスセンター ……… 107	**ろ**
要水量 ………… 63, 75	ラチリスム ………… 425	
容積重 …………… 112	**り**	老朽化水田 ………… 74
葉枕 …………… 30		6条種 …………… 191
葉脈 …………… 30	緑化 …………… 88	ロングマット ………… 89
葉面積指数 ………… 34	緑肥作物 …………… 1	

JCOPY	<（社）出版者著作権管理機構 委託出版物>	
2010 新訂 食用作物	2010年8月10日　第1版発行	
著者との申し合せにより検印省略	著作者	国　分　牧　衛
ⓒ著作権所有	発行者	株式会社　養賢堂 代表者　及川　清
定価6300円 （本体 6000 円） 税 5%	印刷者	株式会社　丸井工文社 責任者　今井晋太郎

発行所　株式会社 養賢堂

〒113-0033 東京都文京区本郷5丁目30番15号
TEL 東京(03)3814-0911　振替00120
FAX 東京(03)3812-2615　7-25700
URL http://www.yokendo.co.jp/

ISBN978-4-8425-0473-5　C3061

PRINTED IN JAPAN　　　製本所　株式会社三水舎

本書の無断複写は著作権法上での例外を除き禁じられています。複写される場合は、そのつど事前に、（社）出版者著作権管理機構（電話 03-3513-6969、FAX 03-3513-6979、e-mail:info@jcopy.or.jp）の許諾を得てください。